社会转型与伦理变迁研究书系

社会转型与伦理变迁的哲学批判

晏辉 著

中国社会科学出版社

图书在版编目（CIP）数据

社会转型与伦理变迁的哲学批判 / 晏辉著．—北京：中国社会科学出版社，2023.4

（社会转型与伦理变迁研究书系）

ISBN 978-7-5227-1457-8

Ⅰ.①社… Ⅱ.①晏… Ⅲ.①伦理—变迁—研究—中国—现代 Ⅳ.①B82-092

中国国家版本馆 CIP 数据核字（2023）第 029458 号

出 版 人 赵剑英
责任编辑 冯春凤
责任校对 张爱华
责任印制 张雪娇

出 版 中国社会科学出版社
社 址 北京鼓楼西大街甲 158 号
邮 编 100720
网 址 http://www.csspw.cn
发 行 部 010-84083685
门 市 部 010-84029450
经 销 新华书店及其他书店

印 刷 北京君升印刷有限公司
装 订 廊坊市广阳区广增装订厂
版 次 2023 年 4 月第 1 版
印 次 2023 年 4 月第 1 次印刷

开 本 710×1000 1/16
印 张 42.25
插 页 2
字 数 607 千字
定 价 248.00 元

凡购买中国社会科学出版社图书，如有质量问题请与本社营销中心联系调换
电话：010-84083683

“社会转型与伦理变迁研究书系”总序

“社会转型与伦理变迁研究书系”来自于“转型期中国伦理基础变迁及其重建研究”这一课题的最终研究成果①，其主旨在于从德性论、规范论和实践论三个维度对社会转型与伦理变迁的内在逻辑关系做深入且是整体性的研究。这一研究采取了发生学的方法，将起始于20世纪70年代末的全面而深刻的改革开放运动，作为分析和论证的历史起点，坚持了“始点”即第一哲学式的论证方式，试图开创一种全新的“转型期中国伦理基础变迁及其重建研究”的书写方式，即将价值哲学、道德哲学、伦理学融会贯通的论证方式。将具体—抽象—具体、抽象—具体—抽象的逆向的思维发生学和正向的历史发生学的方法贯彻到论证过程的始终，将价值逻辑立于事实逻辑之上；最大限度地将断面思维中经段落思维而达于历史思维；在哲学的高度上见出问题的深度。

将“转型期中国伦理基础变迁及其重建研究”确立为真问题、基础性问题和根本性问题，是有着坚实的事实基础和理论依据的，无须花费更多的笔墨予以充分论证便可知晓其缘由。因为起始于20世纪

① 国家社科基金重点项目“转型期中国伦理基础变迁及其重建研究”（批准号：16AZX018），2016年6月立项，历时5年，于2021年6月18日结项。“社会转型与伦理变迁研究书系”是在该课题的最终结项报告的基础上，修改、完善而成。2020年12月又成功获批国家社科基金重大招标项目“当代中国道德观念史与道德实践史研究”（批准号：20&ZD038），这将成为“转型期中国伦理基础变迁及其重建研究”的拓展和深化，试图从发生学视角呈现当代中国之道德观念与实践的原始发生及其演变的内在逻辑。

70年末的当代中国社会转型，是我们亲身经历过的事情，而且我们现在依然在经历着这个深刻的社会变革，更重要的是，由社会转型引发的诸种深层问题也逐渐显露出来，而且具有了新的外部环境，这就是西方逆全球化浪潮的兴起，它使得当代中国的社会转型面临着新的、更加严重的困难和挑战。当代中国的社会转型，本质上不是一个事件式、断面性的，而是一个复杂的历史过程；在质的意义上，它是一个不同于前现代社会而生成现代社会的过程，无论是在经济组织方式上，社会构成方式上，如“机械团结”和“有机团结”的相互嵌入、相互共属，还是在人们的认知方式、情感结构和意志立意上，都是一个全新的过程。我们所要做的不是去怀疑“转型期中国伦理基础变迁及其重建研究”是不是一个真实的、基础性的、根本性的和全局性的问题，而是要广度开显和深度发掘社会转型的原始发生及其引发的伦理基础的变迁，因为中国式现代化新道路已经义无反顾地向我们走来，这是现当代中国社会发展的“逻各斯”、“道”，我们要么拥有这个“逻各斯”“道”，要么分有“逻各斯”“道”，如何为新的政治、经济、文化、社会、科技活动进行伦理基础的奠基，才是我们能够且应当做的事情。那么，如何进行广度开显和深度发掘呢？如何使当代的中国社会转型朝向人类活动的终极之善而坚定地运行呢？这便是“转型期中国伦理基础变迁及其重建研究”的书写方式问题。它内在地由5个专题构成，既可单独成文又可合成一体。

1. 价值哲学与中国形态的现代性：社会转型与伦理变迁的宏观伦理学研究

这是从价值哲学的高度把握中国式现代化新道路的理论方式，它为“转型期中国伦理基础变迁及其重建研究”提供了“元哲学基础”，是从总体性上把握中国形态现代性的哲学形式。它内在地蕴含着两种学术旨趣，一种是对当代中国价值哲学的发轫、发展和演变的反思与批判，指明价值哲学出场、在场、隐退、重返生活世界的复杂过程；一种是用价值哲学的原则与方法、概念与话语、运思与逻辑分析和论证作为一般范畴的现代性、作为特殊概念的社会主义现代化和作为个别范畴的中国形态的现代性，或中国式现代化新道路。它采取了由外到内的叙事方式，即从现代性的普遍性困境开始，如全球化场域下的流动性、易变性和风险性，返回到制度、教育、资本和科技这些现代性的基本要素上来，深度发掘现代化运动对中国人的“基本情绪”的嵌入和改造过程；正视和重视资本、权力、知识和技术支配世界的复杂过程；面对充满创价与代价、机遇与挑战、和解与冲突的诸种现代性困境，如何修正和完善教育理念、制度和体制，以培养更能适应现代性、改造现代性、引领现代性的现代人，因为在现代化的诸种事项中，人的现代化才是根本的、终极的。通过人而为了人，借助复杂而多变的现代化运动，促使每一个人过一种整体性的好生活，才是推行现代化运动的终极目的。缺少对现代性的总体性把握，没有对现代性困境的深度分析，“转型期中国伦理基础变迁及其重建研究”就缺少坚实的元哲学基础。全球化、中国式现代化新道路，原本就是一种典型的哲学性质的存在，它们构成了元哲学问题或哲学中的元问题，基于亲缘性原则，对此一元哲学问题只能用元哲学予以分析和论证，借以现出整体性或总体性特征。如果不是刻意固守学科分类和学科边界，那么，“价值哲学与中国形态的现代性”就是关于中国式现代化新道路的大伦理学研究，是关于现代化运动之基础价值、根本价值和终极价值的判断。

2. 问题域的确定及其构成逻辑：社会转型与伦理变迁的一般与具体哲学批判

就“转型期中国伦理基础变迁及其重建研究”这一题材所涉及的问题而言，我们将其规定为“问题域”，我们试图沿着基础性—根本性和全局性的构成逻辑来展开问题域的确定和确证。我们将对“社会转型与伦理基础变迁”的一般哲学批判确定为基础性问题，它要解决两个问题，即“社会转型与伦理基础变迁”的人性基础追问和社会根源考察。对人类欲求史的考察，构成了人性基础的追问；对前现代、现代和后现代的社会结构分析，构成了社会根源考察。而人类欲求史的发展与经济组织方式、国家治理和社会管理方式的历史变迁又是相互嵌入和相互促进的过程。我们并不是在社会革命的意义上，而是在社会进步和人的发展的意义上规定“社会转型”的，以此为基础，严格意义上的社会转型指的是由前工业社会、前市场社会向市场社会、工业社会的结构性变迁，这是人类在物质文明、政治文明和精神文明上的一次质的飞越，时至今天，这种社会转型依旧在如火如荼地进行着。尽管它产生了为前现代、前市场社会所没有的种种问题，如马克思、恩格斯在《共产党宣言》中所论述的那样：“资产阶级在它已经取得了统治的地方把一切封建的、宗法的和田园诗般的关系都破坏了。它无情地斩断了把人们束缚于天然尊长的形形色色的封建羁绊，它使人和人之间除了赤裸裸的利害关系，除了冷酷无情的‘现金交易’，就再也没有任何别的联系了。它把宗教虔诚、骑士热忱、小市民伤感的神圣激发，淹没在利己主义打算的冰水之中。它把人的尊严变成了交换价值，用一种没有良心的贸易代替了无数特许的和自力挣得的自由。总而言之，它用公开的、无耻的、直接的、露骨的剥削代替了由宗教幻想和政治幻想掩盖着的剥削。”① 由资本的运行逻辑所推动的全面的市场化，快速的生产过程和消费过程，使得整个社会都进到了一个时空高速运转的状态之中。“资产阶级除非对生产工具，从而对生产关系，从而对全部社会关系不断地进行革命，否则就不能生存下去。反之，原封不动地保持旧的生产方式，却是过去的一切工业阶级生存的首要条件。生产的不断变革，一切社会状况不停的动荡，永远的不安定和变动，这就是资产阶级时代不同于过去一切时代的地方。一切固定的僵化的关系以及与之相适应的素被尊崇的观念和见解都被消除了，一切新形成的关系等不到固定下来就陈旧了。一切等级的和固定的东西都烟消云散了，一切神圣的东西都被亵渎了。人们终于不得不用冷静的眼光来看他们的生活地位、他们的相互关

① 《马克思恩格斯文集》第 2 卷，人民出版社 2009 年版，第 33—34 页。

系。"① 这就是现代社会转型的价值二重性。起始于15世纪、发展于16—17世纪，而成熟于18—19世纪的西美国家的现代化运动（现代社会转型），是用血与火的文字将这种运动写入人类编年史的。因此，如果没有对西美国家的现代社会转型的全面考察和深入论证，便不会了解现代社会转型的事实逻辑和价值逻辑，继而也就不能做出有坚实历史根据和有充分价值依据的判断来，也就发现不了西方现代化运动给自身乃至人类造成的创价与代价。中国的现代社会转型发轫于20世纪70年代末，是典型的后发形态的现代化运动，是追赶型的社会转型。它面临着双重选择，其一，西美国家的现代化运动，经历了四百多年的历程，由它所造成的代价已昭然若揭，这有可能使得后发国家的社会转型畏首畏尾、裹足不前，但也有可能吸取其教训、借鉴其经验，砥砺前行，更加理性地、稳步地推进当代社会转型。其二，如何参照西美国家的社会转型的教训和经验，既不照抄照搬又不极端排斥，走出中国特色的现代化道路，即中国式现代化新道路。这无疑是一个重大的理论问题和实践难题。当把中西方在社会转型过程中产生的异同标画出来之后，一个更加复杂的问题便呈现出来，即社会转型在各个社会领域中的表现，它们共同构成了根本性问题。我们用"社会转型与伦理变迁之哲学原理"的形式呈现这些问题，具体表现为"社会转型与伦理变迁之经济哲学原理"、"社会转型与伦理变迁之社会哲学原理"、"社会转型与伦理变迁之政治哲学原理"、"社会转型与伦理变迁之道德哲学原理"和"社会转型与伦理变迁之精神哲学原理"五个主要的部分。"社会转型与伦理变迁之道德哲学原理"和"社会转型与伦理变迁之精神哲学原理"这两部分，原本是最为艰深而重要的部分，但限于篇幅和能力，只做了最为集中的分析和论证，更加丰富而复杂的内容只好留到国家社科基金重大招标项目"当代中国道德观念史与道德实践史研究"中加以解决了。当关于"社会转型与伦理变迁"的一般哲学和具体哲学批判完成之后，如何运用通过

① 《马克思恩格斯文集》第2卷，人民出版社2009年版，第34—35页。

这种批判给出的原则与方法、道路与环节，深入研究当代中国社会的社会转型及其伦理基础变迁与重建问题，就自然而然地突出出来。它们构成了“转型期中国伦理基础变迁及其重建研究”的全局性问题，这是理论追求和实践诉求的终极目标。在对全局性问题的研究中，我们采取了结构主义和发生学的方法。除了已经运用过的社会领域原则，还从时间结构上，把当代中国的社会转型划分成“史前史”状态、“转型过程”状态以及“后转型”状态三种类型；在空间结构上分成相对封闭状态和全球化场域两个方面。在发生学的意义上，极为细致地刻画了当代中国社会转型之原始发生的“起点”问题，严格区分了政治家、思想家和民众在社会转型之原始发生的初始状态中所起的作用，以及发挥作用的方式；细致地刻画了社会转型带给人们的“基本情绪”的深刻变化；用现代性的中国形态这一哲学研究统领对当代中国社会转型之具体过程的分析和论证。对以上三个问题的研究构成了“转型期中国伦理基础变迁及其重建研究”的第二部分：“社会转型与伦理变迁的一般哲学和具体哲学批判”。这是“价值哲学与中国形态的现代性”研究所取得的成果在具体问题研究中的应用。这是中观伦理学。

3. “转型期中国伦理基础变迁及其重建研究”的道德哲学基础：走向心灵与历史深处的道德哲学

在某种意义上，当代中国的社会转型对道德哲学和伦理学的需要是迫切的、深刻的；然而当代中国的伦理学，无论是所谓的德性论、规范论还是实践论，都未能随着社会转型的拓展和深化而深化、扩展自身；相反人们似乎自觉不自觉地在用传统的伦理学和道德哲学体系、用过往的道德观和伦理观来感知、判断和评判由社会转型引发的深刻的伦理基础变迁，尽管讨论、议论和争论显得如火如荼，但有深度、有力度的研究尚显不足，未能用整体性意识、复杂性思维和冲突性态度去认知、感悟和论证越来越复杂化的伦理变迁。令人忧虑的是，伦理学研究似乎存在着朝着“政坛伦理学”和“讲坛伦理学”

方向“急速挺进”的倾向，并非说这两种研究范式不重要、不正确，而是说它们很难深刻把握转型期中国所面对的深层的伦理问题，为此，要加大促使伦理学研究朝向理论和思想进行沉思的力度；构造一个走向心灵与历史深处的道德哲学，它构成了“转型期中国伦理基础变迁及其重建研究”的元道德哲学基础。

（1）确定伦理学的问题域及其论证方式构成了当代中国道德哲学的前提性工作。伦理学究竟该研究什么？这个看上去似乎是一个伦理学研究中的常识性问题，其实却构成了一个必须优先加以解决的基础性问题。在当代伦理学研究中，人们往往不能区分伦理学研究对象的问题域和伦理学自身的问题域，以为二者的问题域是相同的，这种认识的结果就会把人们何以要有德性、何以拥有德性和如何运用德性的问题等同于伦理学认为的核心问题，如道德与利益的关系问题，群己关系问题；道德实践上的始点与伦理学研究的始点是不同的，如果不能找到道德生活世界中的始点，那么任何一种伦理学研究就是不彻底的。为此，就必须预先引入道德形而上学、道德哲学和伦理学三个概念，梳理三者之间的内在的逻辑关系。道德形而上学是一种追问道德始点的思维方式，康德在《道德形而上学奠基》和《实践理性批判》中一直在苦苦寻找那个使人以道德的方式过一种有尊严的生活的始点，善良意志、实践法则和实践理性构成了康德式的德性论，它要回答、也能够回答在一个充满陌生关系的公共生活中，具有正当性基础的行动是如何可能的问题。道德形而上学对德性与规范之始点的追问形成了一个自足的逻辑体系，这就是道德哲学。如果把道德哲学定义为对德性与规范之何以可能、如何可能和怎样可能的追问，那么道德责任的实存以及如何履行道德责任就构成了它的核心，进一步地，人是否拥有意志自由或者说人在德性和规范上是否是自由的，构成了道德哲学的核心问题，它以绝对命令如何可能的陈述方式表达出来。那么，有理性的存在者究竟履行何种样式的道德责任，又是如何履行责任的呢？对此一问题的思考构成了直接面向行动的伦理学。至此就完成了从道德形而上学到道德哲学再到伦理学的沉思，如下 10 个前提性问题也得到了澄明：①道德与伦理的关系问题，这不仅仅是一个语言学、语义学或语言哲学问题，更是一个有关行动的道德判断问题，同时还是一个“主观意志的法”与“自在的伦理世界”的关系问题。②伦理性与伦理基础的关系问题，道德哲学和伦理学只研究那些具有伦理性质的社会事实，即具有利益相关者和相应规范的社会事实，是因其行动而成且能够为其行为担负道德责任的社会事实；为一个具有伦理性质的观念和行动进行伦理基础的奠基，构成了“伦理基础”这个概念和核心内容。③正当与善何者优先的问题。这个被元伦理学的开创者摩尔称之为伦理学基本问题第二个方面的核心问题，确实切中了伦理学基础问题的要害；什么是一般价值上的正当？什么是道德哲学和伦理学意义上的正当？④决定论与意志自由的关系问题，如果人是由自然和社会所规定了的存在者，那么他就不可能是自由的；如果他是可以决定自己的行动的善恶的，那么人世间就不会有作恶多端的人和事了。如果从纯粹学理的意义上争论不休，那么就会偏离客观的道德事实。反复进行的道德实践证明，人在意志上只具有相对的自由。能够和应当为善并非就是总是或必然地为善；绝对而普遍地为善或为恶，都不是普遍的社会事实和精神事实。⑤动机与效果的关系问题。这不仅仅是一个道德评价问题，更是一个究竟何种要素在道德选择和道德行动过程中起决定性作用的问题，我们可以在极不严格的意义上，将前者称为基于善良意志之上的义务论，将后者称之为充满功利计算的功利论；前者是自律的方式，后果是他律的方式。⑥德性的起源问题。而就对起源的解释方式而言，主要有外在起源说和内在起源说两大类。外在起源说包括上帝说、社会说和自然说，内在起源说则有康德的有限理性存在者和孟子的良知、良能说。⑦公正的观察者、正确的言说者和正当的行动者的相互关系问题。只有做到三者有机统一的人才是真正拥有德性和运用德性的人。⑧结构主义和发生学的方法问题。结构主义在研究德性、规范上具有独特的功效，它既可以分别出不同的类型，还可以分解成不同的要素，检视一下哪一个或哪一些要素在决定正当行动过程中起关键作用。然而结构主义、功能主义毕竟是将动态的行动静态化、将流动的善类型化，如若将它们发展到极端就会偏离实际的德性自身，将有生命的流动的德性当做没有生命力的固定的善来加以研究。于是，必须引入发生学的方法，通常称之为“原始发生”。它有两个思考维度，一个是德性是怎样获得的，一个是德性是怎样应用的。⑨实证主义与现象学的关系问题。在伦理学研究中，有一种强烈的自然主义或实证主义倾向，试图将人的道德判断、推理和选择实证化，试图找到一个像物理规律那样的道德规律来，人工智能的发明者和推动者有着坚定的实证主义意图和强烈的自然主义倾向。他们常常以为，只要像发明人工智能那样，构造出一个人为设置的道德自由模型，人们就会按照人工智能发明者的意图做有德性的事。而现象学则主张，人有不断变化的意向、意愿和意向性，价值判断与事实判断具有本质上的不同，看不到人的意向性和主体性便看不到人在选择的上的多样性、可以为善也可以为恶的可能性。⑩场域问题。布尔迪厄在《反思社会学引论》中集中讲述了他的“场域”理论，这对道德哲学和伦理学研究来说极为重要。在我们的伦理学研究中，很多分析和论述都是在无主体、无语境的情况下进行的，其结论似乎适合于任何一种境况，而仔细想来，又不适合于任何一种境况。诸如，西美国家的现代社会转型具有不同的国内外环境，而中国的现代社会转型则面临着极其不同的场域，比如我们不能像西美国家那样，通过国内的圈地运动和对他国的资源掠夺、军事侵略、政治支配和文化殖民的方式来实现由封建帝制向资产阶级私有制的转型；中国是在逆全球化浪潮甚嚣尘上、西方优先、美国优先的全球化背景下艰难进行现代转型的。如果离开了充满矛盾和冲突的全球化这个场域，独自研究所谓的中国形态的现代转型，就必然不能把握由这种转型所引发的伦理基础变迁；同样，如果离开了中国传统文化或文化传统而只考虑西方文明对当代中国的意义，那势必被西方文化所改造和同化；历史事实证明，一个被其他民族文化同化了的民族，也就彻底失去独立发展的内在源泉。当预先拥有了对这些前提性问题的批判，对德性和规范的考察也就有了足够的理论准备，这不仅仅是方法的建构，更是基本理论的生成。

（2）德性如何可能以及怎样可能？理论上的困境来自实践中的难题。在分析和论证中国当代社会转型的原始发生时，我们在始点的意义上遇到了一个困难，亦即，是哪个或哪些主体预先认知和感受到“前社会转型”结构的失效、无效状态？这便是道德主体问题，可有政治家、思想家和民众三种行动主体；前两者具有先在性，即他们充分感受到，只有实现现代社会转型才能摆脱普遍贫穷和全面落后的状态。那么，政治家和思想家的德性是如何生成的呢？他们又是如何运用德性于国家治理和社会管理的呢？对这些问题的追问促使我们必须回归到道德哲学和伦理学自身，因此可以说，只有预先实现道德哲学和伦理学自身的现代转型，才能找到解释和范导伦理基础变迁及其伦理基础重建的范畴群、话语体系和逻辑结构。

在德性是什么和如何可能的追问中，我们充分吸收和借鉴了中外古今重要的思想资源，尤其是心灵哲学领域里的思想。在这一领域，我们将柏拉图、亚里士多德、奥古斯丁、休谟、康德，以及现当代西方的心灵哲学作为我们考察的重点；将孟子以及朱熹对“四书”的注释和阐释，作为中国伦理文化中的重点，认真体会、深刻领会。在此基础上，我们集中论述了灵魂、心灵和德性之间的关系；在充分领悟和借鉴中外古今心灵哲学和德性论基础上，构造了一个“道德人格”理论模型。将“道德人格”作为一个可行能力概念确定下来。在“道德人格”这个概念之下，分别分析和论证了道德人格的内部构成以及各个要素单独和共同起作用的机制、机理，然后用行动概念统领道德判断、推理和选择的过程。其中，道德体验和道德推理是我们讨论的重点，它们将“道德人格”中的情感因素和理性元素有机地统一起来。如果说，通过结构主义构造和发生学的动态考察，我们给出的是一个充满流动性的德性，那么，这个流动的德性是如何培养出来的呢？为此，我们集中分析和论证了道德教化问题，提出了感受性和接受性问题；具体分析了在不同的历史场域之下，德性养成的路径和具体内容。如果说，德性为体，德行为用，体用结合方为型，那么，如何判断一个的行动是基于德性之上的德行呢？这就是行动的根据和评价的依据问题，即道德规范问题。

（3）道德规范的原始发生及其起作用的方式。康德说：“对客观原则的概念，就其对意志具有强制性来说，称之为理性命令，对命令的形式表达称之为命令式。一切命令式都用应该这个词来表示，它表示理性客观规律和意志的关系，就主观状况而言，意志并不要由此而必然地被决定，是一种强制。人们说，做这件事好，做那件事不好，但听这话的意志，决不总是去做在它看来是做了好的事情。实践上善就是由理性观念决定意志，不过并不是出于主观的原因，而是出于客观原因，也就是那些每一个有理性的东西，作为有理性东西都要接受的根据。它和乐意不同，乐意是由于只为这个人或那个人在感觉上接受的主观原因，通过感觉对意志发生影响，而不是作为理性原则，而为一切人所接受。”① 康德的意思是说，对于一个乐意追求自己快乐的人，即使明确地认识到有一个普遍有效的道德法则，但由于这个法则不是出于他的主观原因，即不是出于他的快乐愿望，他也不会十分愉悦地按法则行事。这就是说，对于一个追求快乐的人来说，遵循快乐原则而行动是必然的，而遵循道德法则而行动则不必然；对快乐对象的关切是主动关切，对按着法则去行动的关切是偶然关切。对于完全善良的意志而言，遵照客观规律、实践法则而行动，并不是被动的，而是自愿的，如上帝的意志，神圣的意志（圣人、智者）；只有对这个或那个有理性的东西、不完全意志，如人的意志，客观规律才是强制的，它以命令式表达客观要求。这就是道德规范。对道德规范的研究属于规范论，在当代中国伦理学研究中，规范论研究是比较薄弱的。“转型期中国伦理基础变迁及其重建研究”要求我们必须重构当代的规范论。我们从规范的原始发生、结构类型、规范变迁三个方面深入分析和论证了规范的起源、本质与功能，指明了道德规范与其他社会规范的区

① ［德］康德：《道德形而上学原理》，苗力田译，上海人民出版社 1986 年版，第 64 页。

别与联系；在社会转型期，各种社会规范发生结构性变迁的内在过程；一种新的更加能够体现效率与公平、正义与平等、自由与幸福的规范体系尤其是制度体系是如何可能的；能否对制度进行伦理辩护与批判？等等。在处理社会依存性、道德责任与道德规范三者之间的关系时，始终抓住社会秩序、责任根据和实践理性三个核心环节，指明，任何一种规范都根源于人们对秩序的需要，包括物与物、人与物、人与人之间的和谐状态，保持这些秩序就是每一个行动者的责任，有完全责任和不完全责任；有对自己的责任，更有对他者的责任。而履行责任的基础则是人的善良意志和实践理性。为着解决交互主体之间的协调、权力和冲突问题，人们必须把可以相互提出的有效性要求规范化、形式化。“在社会依存性场景中作为协调、权力或者冲突问题表现的、由对策性行为引起的行为规律性须用下述事实进行解释，即并非行为人自己，而是他人（也）希望实施相关行为方式。有意针对他人行为的意愿行为的内容则是一种规范。如果有人要求行为人采取某一方式的行为，那么这就意味着行为人应该按照此人意愿采取某一特定方式的行为。如果有人希望行为人可以按某种特定行为方式行为，这就表示行为人不改动按照该人的意愿以某种特定方式行为。向某一行为人表明一种意愿，即他应该或被允许采取某一特定行为方式，这就意味着他人作为‘规范制定者’为作为‘规范对象’的行为人确定一种规范。在这个意义上通常可以认为，经验上源于他人意愿而非行为人本人意愿的行为方式的原因是规范确立。如果规范制定者的目标是通过许可或禁止某一特定行为方式而限制规范对象的决策自主权，那么这就是确立‘义务规范’或‘行为规范’，反之，如果行为制定者通过明确允许行为人实施一种通常被禁止的行为方式，因此意在扩大规范对象的决策自主权，则是确立‘许可规范’。最后，如果规范制定者要求规范对象服从其他行为人的意愿，所确立的规范便称之为‘授权规范’。这种情况下，规范制定者是想扩大行为人相对于他人权力从而使后者拥有额外的行为选择性。”[①] 无论是出于协调、权力还是冲突的原因，规范的制定和实施都是相互的，具有主体交互性和利益互利性。

我们依据康德在《实践理性批判》中，在“有关善恶概念的自由范畴表”中给出的关于道德规范的四个规定性，即数量、性质、关系、情状（模态）四个方面，给出了有关道德规范的一个完整模型。这完全是一个形式上的规定，在不同的社会场域之下，其具体内容和实现方式是不同的。在社会转型期，最大的变化就是，对行动者而言的利我动机常常被置于各种动机的首要位置，这既向道德规范提出了挑战又为形成新型的、更有范导能力的道德规范提供了契机。

（4）集德性与规范于一身应用于各个活动领域的实践论。人是在行动中养成德性和制定规范的，也一定是在行动中运用德性和践行规范的。如果德性论和规范论只是为好的生活提供了主体性力量和客体性根据，那么实践论则是把这种力量和根据变成了现实的伦理世界，以及人们在这个伦理世界中对幸福的追求和体验。

起始于20世纪70年代末的当代中国社会转型，直接促成了社会活动领域的分化。在传统社会，人们生活在家国同构的状态下，开始于两汉之际的儒家伦理的意识形态化过程，在家与国之间就不再有本质的伦理区别了，它们遵循着共同的伦理规范系统。比附性思维的嵌入作用，使得家庭伦理和国家伦理没有了质的分别；经济的、政治的、科技的运行方式，使得人们在传统社会，于家与国之间未能开辟出一个可以表达公共意志的真正的社会领域来。经过社会转型，经济和文化开始摆脱政治的强制统合作用，逐渐相对独立地发挥作用。于是，一种相对独立的社会领域被开显出来，这就是婚姻与家庭领域，以友爱为基础的私人交往领域，以互相尊重、共同遵守道德规范的公共生活领域，以遵守诚实守信原则为基础、以追求利益最大化为目的的经济领域，在宪法界定的范围内、以享有平等的权利履行平等的义

---

① ［德］鲍曼：《道德的市场》，肖君、黄承业译，中国社会科学出版社2003年版，第50—51页。

务为内容的政治领域。领域的内容不同、目的有别，规则也就不同，那么，道德哲学和伦理学就必须研究不同社会领域中的德性与规范及其生成和运用问题。

首先，实践论是面向手段之善和目的之善的行动，幸福被视作是自足的、具有内在价值的、其自身就值得追求的善；但它必须与属人的善结合起来；属人的善就是令一个人处在好的状态，并使他出色地完成他的活动所必需的优良品质，这就是德性；幸福是合于德性的实现活动。

其次，必须研究各个社会活动领域里的德性和规范状态。这些不同的社会活动领域，分别为人的生活，为人们追求快乐和幸福提供着各自的基础和价值。在婚姻家庭领域，惟其是以互爱为前提、以互相履行责任为保证、以共同生活为目的而构建起的伦理生活共同体，所以家庭成员之间履行的是差序伦理，践行的是利他主义的伦理规则。它为每一个家庭成员提供着本体性安全，在朝夕相处中，成员获得了高度的认同感、归属感和安全感。经济活动以效率与公平为价值原则，遵循的是等价交换、诚实守信、童叟无欺原则，追求的是合理的利益最大化，它为人们提供着物质和精神生活资料。公共生活为人们的休闲和公共交往提供着可供分享和共享的公共设施，遵守的是相互尊重和相互协作原则。而政治领域则以正义与平等为价值原则，以提供政治保障为目的，使社会在有序的状态下运转。持此之外，与每个人的思考和行动都密切相关的伦理问题则是科技伦理和生态伦理，这显然是具有鲜明现代性的伦理难题，值得深入分析和论证。当我们依照伦理学的问题域及其论证方式——德性论—规范论—实践论的内在逻辑构造起一个自足的逻辑体系时，“转型期中国伦理基础变迁及其重建研究”的理论基础也就奠定起来了，这就是本课题的第三部分，“转型期中国伦理基础变迁及其重建研究”的道德哲学基础：“走向心灵与历史深处的道德哲学”。相较于“价值哲学与中国形态的现代性”之宏观伦理学、“社会转型与伦理变迁的一般与具体哲学批判”之中观伦理学，关于“走向心灵与历史深处的道德哲学”研究，则必是微观伦理学。

4.“转型期中国伦理基础变迁及其重建研究”的政治伦理呈现：追寻政治的“是其所是”（从手段之善到目的之善）

在起始于20世纪70年代末的中国当代社会转型的原始发生中，政治的力量起着根本性的作用。在40多年的转型过程中，政治作为一种相关于每个人的根本利益的所有方面，是以实现终极之善为目的的。政治治理国家和管理社会的方式，超越了资本的功利性和权力的强制性，它把以人民为主体的理念贯彻到了治理与管理的各个领域和层面。由这一事实逻辑和价值逻辑所决定，“转型期中国伦理基础变迁及其重建研究”必是以“政治领域”里的伦理基础变迁及其重建为研究重点，指明一种从手段之善到目的之善的基本模型和实现路径。

（1）沉思政治伦理基础变迁及其重建的微观设定。我们可以对我们的以及他者的“不再是”和“尚未是”的政治性质和政治意义有浓厚的兴趣，但我们永远都生活在“正在是”的此在状态中，我们的“实际性”就是我们的一切。我们必须关注和回答我们的政治难题。转型期中国的政治学、政治伦理学和政治哲学将面对它必须重视的问题，也必须要解决这些问题。在极不完整的意义上，我们把本有和分有政治性质的问题梳理成如下一些方面：1. 财富的快速积累与公平分配问题；2. 市场不足与市场过度问题；3. 市场社会主义与权力寻租问题；4. 个人意志与公共意志问题；公共理性与实用理性问题；5. 官僚主义的根深蒂固与经济权力和传播权力的问题；6. 政治过度与政治不足的问题；7. 被代表与主动诉求的关系问题；8. 一元主义核心价值体系与多元主义实践价值的关系问题；9. 国家工具主义与国家本质主义之间的矛盾；10. 确证主义与内敛之道家文化之间的矛盾关系；11. 政治哲学与政治是其所是之间的关系；12. 国家与市场之间的关系问题；13. 一元主义话语体系、话语权垄断与多元主义意志表达之间的矛盾关系；14. 个人利益思维与公共理性思维之间的矛盾关系；15. 好的理念与劣的体制之间的关系问题；16. 权力资本化及其边际成本问题；17. 从权力社会到政治社会的可能性及其限度问题；18. 传统文化的优与劣的问题；19. 正确的政治观和权力观如何可能的问题；20. 核心价值与共同价值问题；21. 国家治理现代化过程中的道德基础建构问题；22. 未来核心素养中的知识与德性问题；23. 国家治理中的善良意志、实践法则与实践理性问题；24. 自由与正当性基础的追问之间的关系问题；25. 人格与人格性的关系问题；26. 公正的旁观者、正确的言说者与正当的行动者之间的关系问题；27. 社会管理中的自治力问题；28. 流动的社会与固定的身份、地位、机会之间的矛盾关系问题；29. 黄色文明、红色文化、蓝色文化与绿色文明之间的关系问题；30. 意识形态话语权的国家性与世界性问题；31. 逆全球化与世界性之价值诉求之间的矛盾关系；32. 政治表达与表达政治的合理性边界问题；33. 公共权力分割与运行之中的手段之善与目的之善的关系问题；34. 边陲管理与中轴管理中的权力滥用问题；35. 权力集团的自觉与一般民众的觉醒之间的关系问题；36. 作为第四种权力形式的现代媒体的社会作用问题；37. 全球化进程中文化安全问题；38. 平等的多样化与复杂性问题；39. 城市化与公共空间分配中的正义问题；40. 现代生物技术开发与运用中的伦理问题。在此，我们无意就这些问题逐一加以分析和论证，而是将这些问题整合成一个基础性、根本性和全局性问题的逻辑序列，在整体性意识和复杂性思维的高度上做哲学意义上的探讨，出于表象上的具体问题而又止于抽象上的具体，是这种探讨所欲达到的目的。以上诸方面只是我们在思考的意义上必须考虑到的问题域，而在实际的论证和论述中，则必须将这些问题整合成一个由基础性、根本性和全局性问题构成的有机体，依照结构主义和发生学的致思范式将它们呈现在表象里、把握在意识中。

（2）伦理基础变迁及其重建的全局性问题是政治观和权力观问题。对政治的定义可有技术主义和本质主义两种，如果仅仅把政治定义为获取权力的技艺，而不追问政治的“是其所是”，那么，权力就极有可能变成权力拥有者实现私人目的的手段，权力滥用和权力不用就会普遍地出现，极端专制和无政府状态就会产生，其后果是整个社会结构的解构、价值体系的崩溃和观念体系的崩塌。对政治权力和公共职权进行合理分割和严格限制，是使权力服务于终极之善的基础，为此，就必须引入本质主义的定义方式，将权力定义为：相关于每个人之根本利益的所有方面。就根本利益说，就是被宪法合法界定了的公民享有的权利和应尽的义务，即生存权、财产权和自由权，也就是每个人追求幸福的三个基础，即身体之善、外在之善和灵魂之善；而就社会进步和人的发展的终极状态说，就是财富的积累和合理分配，合理表达公共意志，过一种整体性的好生活。所谓所有方面，就是政治观—政治制度—政治行动；而政治制度的供给与变迁又是最根本的方面，它是连接观念与行动的中间环节。对政治权力的伦理辩护与批判构成了实现这一环节的理论基础。

（3）能治与善治是现代政治伦理的核心，也是一个好政党、政府和好政治的一个有力证明。在常态化的国家治理和社会管理中，由中国共产党人领导的社会主义革命、建设和发展，始终将人民主体的理念作为坚定的信仰和信念，贯彻到政治制度和政治行动中；在手段之善的意义上，始终致力于“五位一体、协调发展”的战略，追求人与自然、人与人、人与自身的和谐；还把这种理念贯彻到了全球治理中，在提供着中国道路和中国智慧。

5.“转型期中国伦理基础变迁及其重建研究”的公共管理伦理确证：为公共管理进行伦理基础奠基

追问政治的“是其所是”是研究政治伦理基础变迁及其重建的形而上沉思，而“为公共管理进行伦理基础奠基”则是实现政治之“是其所是”的形而下确证。在这一单元，我们将严格按照观念—制度—体制—行动的内在逻辑，探讨公共管理伦理基础的建构及其实现方式。“为公共管理进行伦理基础奠基”属于“转型期中国伦理基础变迁及其重建”之“政治伦理基础变迁”的形而下问题研究，它的理论来源有两个，一个是伦理学的基本理论，由“由走向心灵与历史深处的道德哲学”提供；一个是政治哲学的理论支持，由“追寻政治的是其所是”供给。如果说，“追寻政治的是其所是”解决的是“政治是其所是的东西”的预先设定，政治信仰和政治观念的预设，制度之政治哲学的批判、意识形态的建构及其传播、国家伦理的预设及其实现方式，等等，那么“为公共管理进行伦理基础奠基”所要回答的是权力的原始发生、权力分配和运行中的伦理问题，初始性制度安排与矫正性制度变迁中的伦理问题，能治与善治的政治伦理基础，道德约束权力滥用的可能方式，等等。如果说“追寻政治的是其所是”解决的是观念和制度的正义问题，那么“为公共管理进行伦理基础奠基”解决的则是体制和行动中的伦理问题。为着不使“为公共管理进行伦理基础奠基”的研究陷入就事论事式的描述和争论中，我们采取的研究路径是学科和学说式的，或者说，从学科和学说高度概括和提炼在公共管理中产生的根本性和全局性的伦理问题，并把这一研究贯穿到当代中国的公共管理实践中来。

相较于宏观、中观和微观伦理学，“追寻政治的是其所是”和“为公共管理进行伦理基础奠基”则属于应用伦理学；它们既是刚刚建构起来的道德形而上学、道德哲学和伦理学理论的应用，也是充满生命力的生活实践对道德和伦理学理论的检验，检验它们的正确性和有效性程度。

这就是“转型期中国伦理基础变迁及其重建研究”的书写方式。其间贯穿着普遍性—特殊性—个别性的内在逻辑；遵循着从宏观伦理学到中观伦理学再到微观伦理学的致思路向；体现着历时性与共时性相统一的时空架构；实现着历史逻辑与价值逻辑的有机统一；坚持着伦理辩护与伦理批判的立场；追求着理论与实践的高度统一的目标。

目　　录

对社会转型进行人性基础追问和社会根源考察，具有伦理辩护与伦理批判的性质。康德虽然试图将人对功利的追求和对快乐的渴望从道德世界中排除除去，努力构建一个不受经验袭扰的纯粹的实践原理，以使这个原理具有普遍有效性，但在实际的生活中，人们却不能把功利和快乐从自己的动机和目的中清除出去，因为它们比实践原理更具有原初性。直至晚年，康德才从他那个高耸入云的纯粹法则中回归到人的实际性，在《实用人类学》中，把他曾在《实践理性批判》中确立起来的心灵的两个先天原则，即认识官能和欲望官能①，在《判断力批判》中确立起来的人之心灵中的三个原则即认识能力、愉快和不快的情感和欲求能力②还原到实际的人性结构中，在“人类学的教学法”的第一卷中讨论认识能力，在第二卷中讨论愉快和不快的情感，在第三卷中讨论欲求能力。指出康德对功利、快乐、幸福的理论态度的前后变化，是想说，就人性的初始结构而言，人类能够做什么和应当做什么。社会转型不过是人类能够找到的释放人性、发展人性和提升人性的一种社会方式而已；重要的不是功利和快乐的有无问题，而是如何合理地实现它们的问题。因为，人们无论怎样地显得清高，视欲求与快乐为万恶之源，也无论某些人怎样地贪得无厌、欲壑

① “因此，在这种方式下，心灵的两个先天原则，即认识官能和欲望官能，就会被发现，而且它们在其运用的条件、范围和界限方面也都被确定了，这样就给包括理论和实践在内的这个哲学体系，打下一个牢固的基础。”（［德］康德：《实践理性批判》，关文运译，广西师范大学出版社 2002 年版，第 9 页）

② “就一般心灵能力而言，只要把它们当做高层能力，亦即包含着一种自律的能力来看待，那么，对于认识能力（对自然的理论认识能力）来说，知性就是包含着建构性的先天原则的能力；对于愉快和不快的情感来说，这种能力就是判断力，它不依赖于能够与欲求能力的规定相关，并由此直接是实践的那些概念和感觉；对于欲求能力来说则是理性，它无须任何一种不论从哪里来的愉快的中介而是实践的，并作为高层的能力为欲求能力规定终极目的，这个终极目的同时带有对客体的纯粹的理智愉悦——判断力关于自然的一种合目的性的概念还是属于自然概念的，但只是作为认识能力的范导性原则，尽管引起该概念的关于某些对象（自然的对象或者艺术的对象）的审美判断，就愉快或不快的情感而言，是一个建构性的原则。各种认识能力的协调一致包含着愉快的根据，这些认识能力的游戏中的自发性使得上述概念适用于作自然概念的领域与自由概念在其后果中联结的中介，因为这种联结同时促进了心灵对道德情感的感受性。”（［德］康德：《康德著作全集》第 6 卷，李秋零译，中国人民大学出版社 2007 年版，第 206—207 页）

难填，令人嗤之以鼻，功利和快乐终究是潜藏在意识深处、立意在行动之中的原初性存在；实践法则不是终极性的，它只为人过一种有尊严的生活奠定道德基础，如果只为法则本身而遵守法则，可能符合追求道德至善的人的行动要求，却不是大多数人的实际情形。我们绝不能因为某些人过度地甚至是非法地追求功利、获得快乐，而把功利和快乐本身从人的生活中连根拔起、彻底铲除；人类的智慧在于合理地追求功利、获得快乐，过一种有限的好生活。

从哲学一般或一般哲学视角梳理人类实现社会转型的历史过程，找寻推动社会转型的人性基础和社会根源，是人类把握社会历史变迁的理论方式，它不同于宗教的、艺术的、道德的把握方式，它要用属于它自己的概念将社会转型的本质、规律、道路、环节和后果呈现在表象里，把握在意识中。而具体哲学批判则是将社会转型还原到具体的社会领域中，依照先后逻辑，依次呈现为经济—社会—政治—道德—精神领域的转型，继而以“原理”的形式呈现各个社会领域在社会转型过程中所凸显出来的历史逻辑和价值逻辑，从而表现为“社会转型与伦理变迁的经济哲学原理”—“社会转型与伦理变迁的社会哲学原理”—“社会转型与伦理变迁的政治哲学原理”……有了一般哲学基础的批判、具体哲学原理的奠基，那个具体场域下的社会转型便自然地映现出来，这就是起始于20世纪70年代末的当代中国的社会转型。如此一来，一个完整的哲学图景就被描画出来了，它将沿着普遍性—特殊性—个别性的道路展开其自身。在所指与被指之间，“原始发生”这一术语能够揭示出社会转型的发生过程及其演进规律。“原始发生”具有双重含义，其一是指，为一个重大的社会行动的发生寻找“始点”。当这个行动的发生并不因人的努力而成，而完全依赖于人以外的其他始点，那么我们就把这样的“原始发生”称为自然事件，如地震、海啸、疫情；当这个“原始发生”因人的行动而成，我们就把它称为社会事件。作为社会事件的“原始发生”就会因两个意义上的始点而成，一个是价值依据，亦即生成这个事件原是为着满足人类的某个或某些特定需要的，它揭示的是社会事件得以发生的动力；另一个是事实根据，亦即一个社会事件的发生须有主客观条件，它揭示的是事实基础。前者回答的是应该的问题，后者回答的是能够的问题。既是应该的又是能够的事情就是有理性的东西，只有有理性的东西才是可能的，也才是现实的。在“原始发生”概念的指引下，当“始点”被先行揭示出来，那么就要进一步地描画出一个社会事件得以发生的历史轨迹，它蕴含着四个部分：始点（始基、本原、实体）、环节、道路、逻各斯。当这四个部分被关联起来形成一个“流动的善”的时候，一个社会运动、社会事件的“原始发生”就算实现了、完成了。物有本末，事有始终，知所先后，则近道矣。“社会转型”的“原始发生”正是这一过程。寻找始点的过程属于对“社会转型”所进行的一般哲学批判的概念；标划“社会转型”的“原始发生”过程及其规律，属于具体哲学批判的范畴。当把对社会转型的一般和具体哲学批判还原到对当代中国的社会转型中，一幅整体性的“社会转型与伦理变迁”的画面就被标划出来了；这种标划充分地运用了感性、知性和理性三个核心范畴，并把建构性和范导性原则贯彻到了分析和论证的每一个环节之中。

第一章　社会转型与伦理变迁的一般哲学批判

“哲学批判”作为一个德语意义上的“固定搭配”，指的是对哲学所指向的对象进行确定和确证，对人类对这个对象之把握能力的程度与广度进行彻底的考察；“哲学批判”的“逻辑”是指哲学完成这种批判所应有的内在结构及其展开过程。康德在说明“纯粹理性批判”时指出：“我所理解的纯粹理性批判，不是对某些书或体系的批判，而是对一般理性能力的批判，是就一切可以独立于任何经验而追求的知识来说的，因而是对一般形而上学的可能性和不可能性进行裁决，对它的根源、范围和界限加以规定，但这一切都出自原则。”[①] 所谓原则，就是进行思考和行动时所必须坚持的最抽象但却最普遍的法则、规律、定律；当把法则变成可以言说、可以操作的知识体系时，就成为原理。“原理”可有狭义和广义之分，狭义的“原理”便是不依赖于后天的经验而先天具有的知识，即以必然性和严格的普遍性为可靠标准的知识；广义的“原理”乃是康德精心构造的有关纯粹理性批判的严密的逻辑体系。在此，我们无意去复述和评述康德的观念论和知识论，只是在相关于分析和论证社会转型与伦理变迁时才会适度地加以运用。我们的意图在于，将康德的观念论和知识论改造成用于分析和论证社会转型与伦理变迁问题的“哲学批判逻辑”。

---

① ［德］康德：《纯粹理性批判》第一版序，邓晓芒译，人民出版社 2017 年版，第 3 页。

一　“转型”与“社会转型”

“转型”一词并不是一个严格的科学术语，它是从化学领域的“构型”、“构象”以及生物学上的“进化”等词发展而来的。其意指通过改变分子结构的空间排列组合方式，使其具有新的结构与功能；或“某一基因型的细胞，从周围介质中吸收来自另一基因型的细胞的脱氧核糖核酸（DNA），而使其基因型和表现型发生相应的变化”。易言之，在生物和化学领域，某物之内部构成要素以及该物同周围他物的各种交换关系，因其有着特定而有效的组合方式，而使该物具有了相对稳定的存在方式，这种方式就叫“型”。当着事物内部各组成要素以及它同周围环境的组合关系，或发生空间排列方式上的变化，或增加或减少构成要素，从而使事物原有的相对稳定的结构及其展开方式发生变化，这一过程就被称为“转型”。转型后的事物，要么变成了他物，要么通过改变结构而增加了新的功能。在这里，“型”主要是指事物的结构，“转型”就是通过变换事物的结构，而增加或减少事物功能的过程。

逐渐地，作为上述具体概念的“转型”范畴，就被移植到社会研究领域，具有了社会学和社会哲学的性质，用来特指社会结构的变迁，如经济、政治和文化结构等。但社会转型远比一个分子或细胞的“转型”复杂得多，也困难得多。这主要是由于，构成社会之组成要素的，除了劳动对象和劳动产品等这些一般物以外更主要的是有人参与其中，而人是有需要、意志、情感和精神的。正是有了这些不可视见而只能通过理解和体验才能把捉得到的精神要素才使人与物、人与人的关系具有了新的关系结构和意义结构。一如上述，社会转型本质上是社会结构的变迁。问题的关键在于，社会结构何以成为社会转型的主要对象，并以怎样的机制来进行的。

社会结构就是人们的生产方式、交往方式和生活方式的相对稳定而持久的固化形式；这种形式的直接表达就是实质性的物与物、人与

物、人与人之间的结合状态，这种结合状态的形式、样式就是各种“看似有理性结构”，它们是为着维持、调节这些结合状态而不断被创制出来的形式性的社会规范体系；实质性的结合状态和形式性的规范体系共同构成了社会生活的“范型”，或称为社会生活模式。这种范型或模式是在人们的生产和交往中逐步形成的。其形成的客观必然性起自于人类活动的根本目的，以及在实现这一目的过程中所必然参与进来的主客观条件的制约性。“结构不是范畴，而是很多范畴的安置。当结构的结构状态的范畴安置被阐明的时候，结构的结构状态就被阐明了。其中的一些范畴始终在存在论中占有一席之地，如‘关系’或‘意义’，有些是较新的，如‘异化’和‘动态’，有些则是在最近才作为术语被接受，如‘创造性’和‘信息’。那些较老的范畴为了进入结构状况总的关联而必须被重新规定，出于同样的理由，那些较新的范畴也必须从总的关联那里得到首次的特别规定。这预设了一种读者的准备状态，即重新倾听已熟悉的词汇。与概念的常用意义直接相反的情形必须被经常考虑到。”① 描述一个结构和论述一个结构似乎有本质上的不同，虽不排除描述的目的在于描述之外，但这个目的是不容易被领悟到的，更何况用于描述所使用的范畴多半都是比附性的，要么是空间上的特征，如点、线、面、体，或长、宽、高，或菱形、圆柱体，等等。而论述则不同，它要通过罗姆巴赫所说的结构状态的范畴安置并借助对这种安置进行阐明来阐明结构。显然，只有将结构通过范畴安置才能将结构呈现在表象里、把握在意识中。于是，就描述和论述对结构的认识而言就具有了本质上的差别，如果说描述是在描画一结构的样式、外部结构，即便有更高目的但尚不清晰，那么论述的目的则在于一结构何以以此种成像被呈现，又是以何种方式成为此种样式的，更重要的还在于，论述者还要追问此一结构的意义，即此一结构向谁而言才有意义。常识论、知识论的结构及其描述与现象学的结构概念不同，它停留在日常意识和日常知识的

① ［德］罗姆巴赫：《结构存在论：一门自由的现象学》，王俊译，浙江大学出版社2015年版，第Ⅺ页。

水平上，以可普遍理解的程度使人们把握结构，其实，不用任何常识和知识，仅凭基本的感知能力即可描画结构。但人们并不论证这个结构的来龙去脉，不去追问这个结构的意义，一切都是那样自然而然。一切事物都那样自在的、自然而然地持存着，人们看到它们、听到它们，也如同它们自身那样，显得是自在地、自然而然地。这着实是一种自然的观点。而自然观点是无法提供真理的，尽管它们为揭示真理提供原始的素材。当把目的、善置于对结构的认知和理解之上，一种存在论或本体论意义上的论证、论述任务就产生了。每个人每时每刻都在遇到结构，甚至他自己就是一个结构体，但并不是所有的人都去自觉地论证和追问自身的结构，只有当他的结构、自身与他物之间的结构处在危机状态时，他才去关照这个结构；即便如此，他也不会基于自身结构之危机而追问人类意义上的结构，把基于个体而又超越个体结构的论证和追问提升到类的高度，乃是哲学的旨趣。在关于结构的论证和论述上，每个人既无意愿也无能力将日常的结构意识论和结构常识论提升到哲学意义上的结构存在论或结构本体论，但每个人却都遭遇到结构上的哲学问题，特别是当整个人类处在深度的危机状态时，就更是如此。照此看来，关于社会结构、结构变迁、社会转型、伦理变迁的研究，固然要有日常意识和日常知识的感受性、接受性，有日常水平的结构论，但必须有基于这种日常意识水平之上的哲学层面的“社会转型与伦理变迁”，这就是“社会转型与伦理变迁的一般哲学批判”的真实含义。

那么，什么才是哲学把握结构、社会转型和伦理变迁的方式呢？

（一）康德的判断力理论及其效用

康德的判断力理论具有极为丰富而深刻的内容，在思维方法上，表现为建构性原则和范导性原则的设置。将康德的建构性原则和范导性原则应用于社会转型与伦理变迁研究，是否必要与可能呢？如果我们只是泛泛地，或是为着某种“政治的”、“功利的”目的而去研究社会转型与伦理变迁，那么这种对康德之哲学原则的借鉴就是毫无意义的，因为如果不以追求确定性和明晰性为学术志向，不以追求正义和道义为学术良知，而以积累货币资本和政治资本为目的，那么任何一种追求正确、追寻正当的学术致思和学术实践都将被工具化、功利化。那这是否意味着，如若将正确性和正当性确立为研究社会转型和伦理变迁的伦理原则，就可以成功地运用康德的哲学原则于具体的致思活动之中呢？并不必然。这便是意愿与能力问题，若想强烈地澄明社会转型与伦理变迁的正确性根据、确立正当性依据，那是必然要领会和运用康德之哲学原则的；只有理解和领会了康德的哲学精神，才能准确地运用他的哲学原则。

1. 康德对建构原则与范导原则的构造。康德以“作为一种先天地立法的能力的判断力”为标题论证和论述了这一具体过程：“一般判断力是把特殊的东西当做包含在普遍的东西之下、来对它进行思维的能力。如果普遍的东西（规则、原则、法则）被给予了，那么，把特殊的东西归摄在普遍的东西之下的判断力，（即使它作为先验的判断力先天地指明了诸条件，惟有根据这些条件才能被归摄在那普遍的东西之下）就是规定性的。但如果只有特殊的东西被给予了，判断力为此必须找到普遍的东西，那么，这种判断力就纯然是反思性的。

规定性的判断力从属于知性提供的普遍的先验法则，它只是归摄性的；法则对它来说先天地确定下来的，因此它不必为自己想到一条法则，以便能够把自然中的特殊的东西置于普遍的东西之下——然而自然有如此之多的形式，仿佛是普遍的先验自然概念有如此之多的变异，它们通过纯粹知性先天地立的那些法则依然未得到规定，因为这些法则仅仅一般而言地关涉一个自然（作为感官的对象）的可能性，但这样，对于这些变异就也必须有一些法则，这些法则虽然作为经验性的法则按照我们知性的洞识来看可能是偶然的，但如果它们应当叫作法则的话（就像一个自然的概念也要求的那样），就必须在杂多之统一性的一个尽管不为我们所知的原则出发被视为必然的——反思性的判断力的职责是从自然中的特殊的东西上升到普遍的东西，因此它需要一个原则，它不能从经验借来这个原则，因为这原则恰恰应当为一切经验性的原则在同样是经验性的、却更高的原则之下的统一性提供根据，因而为这些原则相互之间的系统隶属的可能性提供根据。因此，这样一个先验原则，反思性的判断力只能当做法则自己给自己确立，不能从别处拿来（因为若不然，它就会是规定性的判断力了），也不能指定给自然，因为关于自然法则的反思取决于自然，而自然并不取决于我们力图去获得一个就这些法则而言完全是偶然的自然概念所依据的那些条件。"[①] 这是康德对建构性原则和范导性原则论述得最集中、最明确的地方。

在我们的理解能力所及的范围内，我们可以将康德的建构性原则（规定性的）和范导性原则（反思性的）简约地表述如下。其一，我们何以有先天的立法能力？关于这一点，康德在《道德形而上学原理》中说道："在自然界中每一物件都是按规律起作用。唯独有理性的东西有能力按照对规律的观念，也就是按照原则而行动，或者说，具有意志。既然使规律见之于行动必然需要理性，所以意志也就是实践理性。如果理性完全无遗地规定了意志，那么，有理性东西那些被认作是客观必然的行为，同时也就是主观必然的。"[②] 有理性者可以把规律呈现在表象里，把握在意识中，然后将这个对规律的观念变成原则，再按原则行事。那么，作为有理性的人，何以能够把规律变成对规律的原则，再按原则行事呢？"我们的知识来自于内心的两个基本来源，其中第一个是感受表象的能力（对印象的接受性），第二个是通过这些表象来认识一个对象的能力（概念的自发性）；通过第一个来源，一个对象被给予我们，通过第二个来源，对象在与那个（作为内心的单纯规定的）表象的关系中被思维。所以直观和概念构成我们一切知识的要素，以至于概念没有以某种方式与之相应的直观、或直观没有概念，都不能产生知识。这两者要么是纯粹的，要么是经验

① 《康德著作全集》第5卷，李秋零译，中国人民大学出版社2007年版，第188—189页。

② ［德］康德：《道德形而上学原理》，苗力田译，上海人民出版社1986年版，第63页。

性的。如果其中包含有感觉（它以对象的现实的在场为前提），那就是经验性的；但如果表象中没有混杂任何感觉，那就是纯粹的。我们可以把感觉叫作感性知识的质料。所以纯粹直观只包含使某物得以被直观的形式，而纯粹概念只包含一个对象的思维的一般形式。只有纯粹直观和纯粹概念才是先天可能的，经验性的直观和概念则是后天可能的。"① 那么，作为知识之来源的第二个因素究竟是怎样一种能力呢？它的名字叫"知性"。"我们若是愿意把我们的内心在以某种方式受到刺激时感受表象的这种接受性叫作感性的话，那么反过来，那种产生表象的能力，或者说认识的自发性，就是知性。我们的本性导致了，直观永远是感性的，也就是只包含我们为对象所刺激的那种方式。相反，对感性直观对象进行思维的能力就是知性。"② 关于人的先天能力，康德在《实践理性批判》的"原序"中说道："因此，在这种方式下，心灵的两个先天原则，即认识官能和欲望官能，就会被发现，而且它们在运用的条件、范围和界限方面也都被确定了，这样就给包括理论和实践在内的这个哲学体系，打下了一个牢固的哲学基础。"③ 而在《判断力批判》中，康德则认为人有三种先天能力，即认识能力、判断力和欲求能力。三种能力遵循三个原则、为着三种目的：Ⅰ. 认识能力，此种能力的先天基础是知性，其所遵循的是合规律性原则，它的应用范围是自然；Ⅱ. 愉快和不愉快的情感，它的先天基础是判断力，其所遵循的是合目的性原则，它的应用范围是艺术；Ⅲ. 欲求能力，它的先天基础是理性，其所遵循的是终极目的原则，它的应用范围是自由。从形式上看，心灵的三种先天能力及其运行是在相对独立的情境下发生的，对此，康德做出了边界清晰的规定："就一般心灵能力而言，只要把它们作为高层能力，即包含自律的能力来看待，那么，对于认识能力（对自然的理论认识能力）来说知性就是包含先天构成性原则的能力；对于愉快不愉快的情感来

---

① ［德］康德：《纯粹理性批判》，邓晓芒译，人民出版社 2017 年版，第 41 页。
② ［德］康德：《纯粹理性批判》，邓晓芒译，人民出版社 2017 年版，第 41 页。
③ ［德］康德：《实践理性批判》，关文运译，广西师范大学出版社 2002 年版，第 6 页。

说，判断力就是这种能力，它不依赖于那些有可能和欲求能力的相关并因而有可能是直接实践性的概念和感觉；对于欲求能力来说则是理性，它不借助于任何不论从何而来的愉快而是实践性的，并作为高层的能力给欲求能力规定了终极目的，这目的同时也就带有对客体的纯粹智性的愉悦。——判断力关于自然的一个合目的性的概念仍然是属于自然概念的，但只是作为认识能力的调节性原则，虽然关于某些因其自然合目的性概念的（自然的或艺术的）对象的审美判断就愉快和不愉快的情感而言是构成性的原则。认识能力的协调一致包含着这种愉快的根据，在这些能力的活动中的自发性使上述自然合目的性概念适合于成为使自然概念的诸领地和自由概念在它们的后果中联结起来的中介，因为这种自发性同时也促进了内心对道德情感的感受性。"① 从康德的论述中，人的心灵中的三种先天能力的初始根据及其运行规律、效力边界都是相对清晰而有别的，但它们均统一于人的心灵结构之上，且三种能力的运行具有内在的自发性和协调性。但从这些论述中，总是隐约感到，为何康德只把愉快与不愉快的情感体验严格限制在判断力这一能力的运用之上呢？如果不是机械论式地理解和运用康德三种能力理论，而是做扩展式讨论，那么康德的诸多理念和方法对于我们对社会转型与伦理变迁进行一般哲学批判，就具有巨大的启发和借鉴意义。

2. 运用建构性原则而指向社会进步和个人发展的一般法则的认识能力，是如何实现从特殊上升到普遍的？

一个基本事实是，被记录下来的历史都是具体的社会事件或社会事实，尽管任何一种记录和记忆都不可能是完完整整的历史本身，人们无法从具体的记录与记忆中看到普遍性的东西，普遍性的东西不是被看出来的，而是被思维出来的。把个别的东西纳入到普遍性之下加以思考的能力就判断力，而康德却严格地把此一含义的判断力限制在"自然界"，当我们把通过先天直观得来的感性材料加以特征抽提、

① ［德］康德：《判断力批判》，邓晓芒译，人民出版社 2002 年版，第 32 页。

后天统觉，一种主观和客观都有充分根据的那种“视其为真”就产生了，这就是知识。惟其知识的对象是与人的努力无关的“纯粹自然”，因而人的心灵的另外两种能力即欲求能力和感受愉快与不愉快的能力就被排除在外了；不但如此，[①] 即便在与欲求能力相关的自由规律那里，还是在与审美情趣有关的愉快与不愉快的情感那里，作为生命之本体的需要、欲望似乎都没有基础性的地位和根本性的作用。这倒不是由于康德故意否认生命之本体需要的重要性，而是与他的理论主旨有关，即：在自由规律那里，排除一切欲望、关切对意志的干扰以使行动完全出于对先天实践法则的尊重；在审美领域，使审美成为超功利的纯粹的审美需要。而对我们来说，无论是在知性、理性还是在判断力那里，人的欲求、欲望、偏好和关切是始终存在的，甚至遵循实践法则而行动也同样是为了满足各种需要。这样一来，将康德仅仅指向“纯粹自然”的建构性原则扩展到人类社会自身，看一看从特殊到普遍的逻辑进路是如何可能的。

一如上述，迄今为止，任何一个民族和国家所采取的国家治理和社会管理都是独特的，相似但不相同。当这种特殊或以文字或以集体记忆形式被记录下来之后，就成为各个民族和国家的“历史”，这些“历史”都是独特的。那么如何从这些独特的“历史”中发现普遍

---

① 康德从未否认过欲望官能、欲求能力、愉快与不愉快对人的生命的意义。在《道德形而上学原理》、《实践理性批判》和《道德形而上学》中都有明确论述。全面而准确地理解和把握康德关于欲望、欲求的哲学证明，对于理解康德的建构性原则和范导性原则极其重要。“欲望对感觉的依赖叫作爱好，所以总是表现为一种需要。可偶然决定的意志对理性原则的依赖叫作关切。只有在并不经常与理性相符合的道德意志身上才发现关切，在神圣的意志那里，没有人能找到关切。人的意志也可以对某种事物表示关切，而不出于关切而行动。前者是对行为的，主动关切，后者是对行为对象的，被动关切。主动关切是意志对理性原则的自身的依赖，被动关切则是意志，因爱好的关系，对这些原则的依赖，也就是说，理性只提供如何满足爱好需要的规律。在前一种情况下，我所表示关切的行动，在第二种情况下，我所表示关切的是使我喜欢的行动对象。”（［德］康德：《道德形而上学原理》，苗力田译，上海人民出版社 1986 年版，第 64 页脚注）在这里，康德把对行为对象的关切称之为需要，对某种喜欢的感觉的依赖叫作爱好。如若这种需要、偏好、爱好、关切在不涉及责任时，或没有利益相关者存在时，或没有相关规范予以规定和约束时，它就是合理的，且具有无须论证的合理性。人并不需要对任何一种需要、爱好、关切的合理性进行论证。

呢？或者说，个性之中如何蕴藏着共性呢？

人类对自然的认识先于对自身的认识，迄今为止，人类似乎总有一种观念，身外自然的复杂性远远高于人自身的复杂性，或许这种观念有足够的根据，但自然作为永远不被完全认知和把握的对象可能永远保持着这种复杂性。但从实践论的角度看，真正的复杂性在于人本身以及人与自然的关系。一如康德所指出的，自然的本体、初始根据永远潜存于自然界之中，而不在人的活动中、观念里，只有知晓人自身的原因性关系，只有自明自身的复杂性才能理解属人世界的复杂性、人与自然关系的复杂性。人类发展史本质上是自然史的特殊形态史，是人与自然相互分离、相互嵌入、相互作用的历史。人类发展至今所经历的各种形态无非是人与自然的交互形态、人自身的社会形态。自然界供给给人类的资源和可能性空间似乎早已给定，人类的智慧就在于在这个可能性空间里如何保持人与自然、人与人、人与自身的和谐。这就是康德意义上的建构性原则的应用，即我们从过往的和当下的诸种社会形态中，将这些特殊的形态当作包含在普遍的东西之下对它进行思考。“一般判断力是把特殊的东西当做包含在普遍的东西之下、来对它进行思维的能力。如果普遍的东西（规则、原则、法则）被给予了，那么，把特殊的东西归摄在普遍的东西之下的判断力，（即使它作为先验的判断力先天地指明了诸条件，惟有根据这些条件才能被归摄在那普遍的东西之下）就是规定性的。”当把每一个社会形态这一特殊的东西当做包含着人类社会这个普遍的东西之下加以思维，所得出的规定性的普遍结论就是，无论何种形态的社会结构，都是三种要素和三重关系的相互嵌入、相互改造和相互制约的历史过程，这就是：人—社会—自然；人与自然—人与社会—人与人。从时间逻辑看，人是自然界长期发展的产物，但人类一经作为有意识、会思考、能劳动的灵长类存在物来到这个世界的时候，它就颠倒了人和自然关系的时间逻辑，而将与其自身的关系构造成逻辑上即行动上在先的关系，即人的存在状态及其展开过程成为构造人与人、人与自然之关系的初始性要素和力量。所有的社会转型无不因为人的存在状态及其展开而发生，都是因为特定的物质价值和精神价值状态不能满足人类日益增长起来的欲求能力和不断膨胀起来的欲望体系而发生的，因此，从人的发展和社会进步的角度看，任何一种社会转型都是人类寻找和建构更加能够满足人的需要的一种努力和方式。人的存在状态及其展开方式无论在存在论、认识论还是在价值论上都具有逻辑上在先的性质。

康德把欲求和欲望问题作为心理学问题加以处理，其实是把低级欲求和欲望作为心理学问题加以处理，而把认知、判断力和自由问题作为思辨哲学、道德哲学和审美哲学加以规定。尽管康德把低级欲求和欲望作为心理学问题加以处理，但并不意味着康德对欲求与欲望的论述和论证是简单的、低级的，相反，他比心理学家对低级欲求和欲望的处理要高深得多。在讲到"偏好"与"关切"的区别时他说道："欲望对感觉的依赖叫作爱好，所以总是表现为一种需要。可偶然决定的意志对理性原则的依赖叫作关切。只有在并不经常与理性相符合的意志身上，才发现关切，在神圣的意志那里，没有人能找到关切。人的意志也可以对某种事物表示关切，而并不出于关切而行动。前者是对行为的，主动关切，后者是对行为对象的，被动关切。主动关切是意志对理性原则自身的依赖，被动关切则是意志，因爱好的关系，对这些原则的依赖，也就是说，理性只提供如何满足爱好需要的规律。在前一种情况下，我所表示关切的是行动，在第二种情况下，我所表示关切的是使我喜欢的行动对象。"① 完全可以看得出来，康德在这里虽然是在讨论欲求、偏好，但显然不是直接讨论欲求和偏好，而是从责任的角度予以规定的，对行为对象的关切就是偏好，对正当行为自身的关切则是出于责任。在《实践理性批判》中，康德对那些曾经驳难过他的《道德形而上学原理》的观点，进行了反驳："人们可能还反对我说，为什么我不先把欲望官能的概念，或快乐感觉的概念一并加以说明，不过这种责难是不公平的，因为我们正有理由假

---

① ［德］康德：《道德形而上学原理》，苗力田译，上海人民出版社1986年版，第64页。

设，心理学中已经作了这种说明。不过心理学中所举出的定义无疑是把快乐感觉作为决定欲望官能的基础（实际上平常人们正是这样做的），因而就使最高的实践哲学原理必然成为依靠经验的；这一点是有待证明的，而在这部批判中已被完全驳倒了。因此，我在这里就照应有的样子来做下面这个说明，以便照公正办法在一开始，先不决定这个聚讼未决之点。〔说明如下〕生命是一个存在者依照欲望官能的法则来行事的一种能力。欲望官能是一个存在者借其表象而成为这些表象的对象现实存在的原因的那种能力。快乐是对象或行为于生命的主观状况（亦即与一个表象在其对象的现实性方面所有的原因性能力）相互契合的表象（这里所谓原因性能力就是指一个表象可以决定主体的各种能力，行动起来以产生这个表象而言）。"[①] 在这里，康德提出了三个重要概念，"生命"、"欲望官能"、"快乐"，分析和论证了三者之间的关系。到了 1797 年，康德在《道德形而上学》中，以"人的心灵的能力与道德法则的关系"为题，对"欲求能力"、"快乐"、"情感"的关系，又作了更为深入的分析和论证。欲求能力是通过自己的表象而成为这些表象的对象之原因的能力。一个存在者按照自己的表象去行动的能力就叫作生命。

"首先，与欲求或憎恶相结合的，任何时候都是愉快或者不快，人们把对它们的感受性称为情感；但并不总是反过来说。因为可能有一种愉快，它根本不与对对象的欲求，而是已经与人们关于一个对象所形成的纯然表象（表象的客体存在与否都无所谓）相联结。其次，对欲求对象的愉快或者不快也并非总是先行于欲求，而且不可以每次都被视为欲求的原因，而是也能够被视为欲求的结果。

但是，人之所以把鉴于一个表象而有愉快与不愉快的能力叫作情感，乃是因为二者所包含的，是我们表象的关系中的纯然主观的东西，根本不是为了对象的可能知识（甚至不是我们的状态的知识）而是与客体的关系；通常在这里，甚至各种感觉，除了由于主体的性

---

① ［德］康德：《实践理性批判》，关文运译，广西师范大学出版社 2002 年版，第 7 页。

状而附着于它们的性质（例如红色、甜味等等）之外，毕竟还作为知识成分被与一个客体联系起来，但（对红色或者甜味的）的愉快与不愉快则绝对不表示客体上的任何东西，而仅仅表示与主体的关系。愉快和不快自身，确切地说正是由于上述理由的缘故，而不能进一步解释，相反，我们充其量只能指出它们在某些关系中有什么样的后果，以便使它们在应用中可以被认识。

人们可以把与欲求（对其表象如此刺激人的情感的那种对象的欲求）必然相结合的那种愉快称为实践的愉快：不论它是欲求的原因还是结果。反之，人们可以把与对象的欲求并不必然相结合的，因而在根本上并不是对表象的客体之实存的愉快，而是仅仅附着于表象的那种愉快称为纯然沉思的愉快或者无为的愉悦。我们把后一种愉快的情感称为鉴赏。所以，在一种实践哲学中所谈的鉴赏，不是一个本土的概念，而充其量只是插入的。但是，涉及实践的愉快，作为原因就必须必然地先行于对以求能力的规定，这种规定在狭义上成为欲求，而习惯性的欲求就叫作偏好，而且由于愉快与欲求能力的结合，只要这种关联被知性按照一个普遍的规则（充其量也只是对主体而言）判定为有效的，就叫作兴趣，所以，在这一场合实践的愉快就叫作一种偏好的兴趣，相反，如果愉快只能继欲求能力的先行规定而起，那么，它将必须被称为一种理智的愉快，对象上的兴趣必须被称为一种理性兴趣；因为如果兴趣是感性的，不仅仅基于纯粹的理性原则，那么，感觉就会必然与愉快相结合，并能够这样来规定欲求能力。尽管在必须仅仅假定纯粹的理性兴趣的地方，我们不能把偏好的兴趣强加给它，但是，为了方便语言的应用，我们却可以承认对只能是一种理智愉快之客体的东西的偏好有一种源于理性兴趣的习惯性欲求，在这种情况下，偏好就不会是这后一种兴趣的原因，而是它的结果了，而且我们可以把它称为不受感官约束的偏好［理智的偏好］。

还应当把情欲（心血来潮的欲望）与欲求本身区别开来，情欲是规定欲求的诱因。情欲任何时候都是感性的、但尚未达到欲求能力的任何行动的心灵规定。从概念上看，如果使欲求能力去行动的规定根据是在其自身里面，而不是在客体里面发现的，那么这种欲求能力就叫作一种根据喜好有所谓或者有所不为的能力。如果它与自己产生客体的行为能力的意识相结合，那么，那它就叫作任性。但是，它不与这种意识相结合，那么，它的行为就叫作一种愿望。如果欲求能力的内在规定根据，因而喜好本身是在主体的理性中发现的，那么这种欲求能力就叫作意志。所以，意志就是欲求能力，并不（像任性那样）是与行动相关来看的，而是毋宁说与使任性去行动的规定根据相关来看的，而且意志本身在自己面前真正说来没有任何规定根据，相反，就理性能够规定任性而言，意志就是实践理性本身。就理性能够规定一般欲求能力而言，在意志之下可以包含任性，但也可以包含纯然的愿望。可以受纯粹理性规定的任性叫作自由的任性。而只能由偏好（感性冲动［刺激］）来规定的任性则是动物的任性。相反，人的任性是这样的任性：它虽然受到冲动的刺激，但不受它规定，因此本身（没有已经获得的理性技能）不是纯粹的，但却能够被规定从纯粹意志出发去行动。任性的自由是它不受感性冲动规定的那种独立性。这是它的自由的消极概念。积极的概念是：纯粹理性有能力自身就是实践的。但是，这只有通过使每一个行动的准则都服从它适合成为普遍法则这个条件才是可能的。因为作为纯粹理性，运用于任性而无视它的这个客体，它作为原则的能力（而且在此是实践原则的能力，因而是作为立法的能力）就可能由于缺乏法则质料，只是使任性的准则对普遍法则本身的适应性的形式成为任性的至上法则和规定根据，而且既然人出自主观原因的准则并非自动地与那些客体的原因相一致，所以，它只能绝对地把这个法则当做禁令或者戒律的命令式来颁布。”①

将康德这一冗长的论述和论证抄录于此，并非仅是为了告诉人们，人类实现的任何一种社会转型都是为着满足已有的需要、新型的需要，而是为了指出，怎样的欲求、欲望，怎样的占有欲、表达欲，是推动人们实现社会转型的直接动力。康德为我们提供了一个关于需

---

① ［德］康德：《康德著作全集》第 6 卷，李秋零译，中国人民大学出版社 2007 年版，第 218—220 页。

要、欲求、情欲以及这些欲望与理性之关系的现象学证明。我们要做的工作是，如何把这一现象学证明应用到对社会转型与伦理变迁问题的分析和论证之中。

路径与道路似有不同，路径是技术的，而道路则既是本体的又是技术的。道为体路为用，路是为实现道而做的设计和安排。道可有两种，作为结果的状态，这个状态于追求这个状态的人而言，就是目的，是一种和谐，一种价值；作为过程的持存，在追求和谐、价值的过程中所经历的流动。依照这一初步分析，面向“社会转型与伦理变迁”这一课题的研究路径就被清晰地标划出来，作为目的看的道，作为手段看的路。本课题研究的终极目的是要标划出“社会转型与伦理变迁”之原始发生和历史流变的事实逻辑和价值逻辑。前者是实然的，即能够以此种和彼种方式发生和演进的客观必然性，它基于人们能够做什么；后者是应然的，一种好的政治、好的经济组织方式、一种整体性的好生活，如何通过社会转型与伦理变迁及其伦理重建的发生与演变予以实现。如若呈现“社会转型与伦理变迁”之发生与演变的双重逻辑，就必须构造一个呈现和把握这一双重逻辑的路径来，这就是抽象与具体的致思路径。而在把握世界的诸种方式中，理论的方式是最高级的形式。马克思在写于 1857 年 8 月下旬的《政治经济学批判》导言中，在批判黑格尔把实在理解为自我综合、自我深化和自我运动的思维的结果这种幻觉之后，精辟地阐述了抽象与具体的关系，指出：“整体，当它在头脑中作为思想整体出现时，是思维着的头脑的产物，这个头脑用它专有的方式掌握世界，这种方式是不同于对于世界的艺术精神的、宗教精神的、实践的精神的掌握的。”① 理论把握世界的方式之所以不同于甚至优越于其他方式，乃在于这种方式是第一条道路和第二条道路的有机统一。“在第一条道路上完整的表象蒸发为抽象的规定；在第二条道路上，抽象的规定在思维行程中导致具体的再现。”② 我们通过直观的方式，感知或观察到了个体、

① 《马克思恩格斯文集》第 8 卷，人民出版社 2009 年版，第 25 页。
② 《马克思恩格斯文集》第 8 卷，人民出版社 2009 年版，第 25 页。

组织、集体、国家以言说和行动的方式如此这般地进行着，他们有各自的动机和目的，他们也以各种形式为自己的言说进行着辩护或论证，借以显示是如何公正、民主，如何全心全意、殚精竭虑地为他者和社会努力着，这就是他们的道德观念和道德实践。作为当事人或旁观者的我们，根据我们自己的道德观念对他们的言说和行动，对他们的辩护和论证，进行道德判断，于是一种要么一致、要么相异、要么背离、要么冲突的道德情境就被共出了。这就是具体。然而，这只是感知的具体，现实的具体，是我们的认识得以发生的逻辑起点，然而它却是因为是后果式，不知其起因，不知其来历，因而是没有得到规定，没有被说明的具体；于是，它越是个性化，就越是抽象。“从实在和具体开始，从现实的前提开始，因而，在政治经济学上从作为全部社会生产行为的基础和主体的人口开始，似乎是正确的。但是，更仔细地考察起来，这是错误的，如果我，例如抛开构成人口的阶级，人口就是一个抽象。如果我不知道这些阶级所依据的因素，如雇佣劳动、资本等等，阶级又是一句空话。而这些因素又是以交换、分工、价格等等为前提的。比如资本，如果没有雇佣劳动、价值、货币、价格等等，它就什么都不是。因此，如果我从人口着手，那么，就是关于整体的一个混沌的表象，并且通过更切近的规定我就会在分析中达到越来越简单的规定；从表象的具体达到越来越稀薄的抽象，直到我达到一些最简单的规定。于是行程又得从那里回过头来，直到我最后又回到人口，但是这回人口已不是关于整体的一个混沌的表象，而是一个具有许多规定的和关系的丰富的总体了。”① 作为研究路径的抽象和具体，在自然科学以及人文社会科学那里都适用，所不同的是，自然科学所研究的是与人的行动无关、即便有关也完全遵循机械规律的物理事实，而人文社会科学所研究的对象一定是与人的行动相关甚至就是人的行动本身，它所遵循的是社会规律和思维规律、价值规律，因而更加复杂。在这里，有两种具体和两种抽象：一个是作为思

① 《马克思恩格斯文集》第8卷，人民出版社2009年版，第24页。

维起点的现实的具体，它是直观的，可用各种感觉加以描述的现实，却是因为是没有得到规定的，因而是抽象；一个是经过去掉繁茂芜杂的假象而把握到的原因的、即作为事物之逻辑起点的具体，它虽然是思维形式上的抽象，却是包含着未来道路和结果的具体，是简单的规定。“具体之所以具体，因为它是许多规定的综合，因而是多样性的统一。因此，它在思维中表现为综合的过程，表现为结果，而不是表现为起点，虽然它是现实的起点，因而是直观和表象的起点。在第一条道路上，完整的表象蒸发为抽象的规定；在第二条道路上，抽象的规定在思维行程中导致具体的再现。”① 马克思进一步阐述道：“具体总体作为思想总体、作为思想具体，事实上是思维的、理解的产物；但是，决不是处在表象和直观之外或凌驾于其上而示威着的、自我产生着的概念的产物，而是把直观和表象加工成概念这一过程的产物。”② 当代中国的社会转型与伦理基础变迁，正是我们通过对各种关于道德事实的表象和直观进行加工而形成的概念和命题。我们直观和表象到的只是各种现象，而不是那个隐藏在背后的作为“本体”而存在的原因及其展开逻辑。从这一追问中，我们发现，“当代中国的社会转型及其伦理基础变迁”作为道德哲学和伦理学的对象，也依然不是马克思意义上的许多规定的综合，即劳动、雇佣劳动、私有制，生产、分配、交换和消费，于是我们当要继续追问和寻找决定社会转型及其伦理基础变迁之原始发生的初始根据，这就是社会主义市场经济以及建基于这个市场经济之上的社会主义制度、体制；社会主义制度之下的劳动、所有制，生产、分配、交换和消费；社会主义制度的优越性就在它在劳动、所有制、现代生产逻辑之上，最大限度地创造了手段之善和目的之善。而社会转型及其伦理基础变迁正是在创造手段之善和实现目的之善过程中所表现出来的伦理性质和伦理基础。这就是马克思所说的“具体之所以具体，因为它是许多规定的综合，因而是多样性的统一。”社会主义市场经济发生史、社会主义制

① 《马克思恩格斯文集》第 8 卷，人民出版社 2009 年版，第 25 页。
② 《马克思恩格斯文集》第 8 卷，人民出版社 2009 年版，第 25 页。

度发生史与社会主义道德观念与道德实践发生史是三位一体的过程，没有道德与伦理的规定，经济发生史和制度发生史就缺少正当性基础，因而否认伦理与道德约束性作用就会产生道德虚无主义；如果不顾及经济与制度的基础性地位而将伦理与道德无原则地贯彻到社会生活的任何领域任何层面，就会出现泛道德主义。道德虚无主义和泛道德主义恰恰是我们在研究“社会转型及其伦理基础变迁”过程中必须警惕的两种错误倾向。

（二）从结构主义到发生学研究方法

1. “先验还原”与“本质还原”相统一的现象学方法。现象学之于我们的意义固然有许多方面，但最为重要的则是方法论意义，而“先验还原”和“本质还原”又是这种方法论意义中的核心部分。“先验还原”是要完成两个“悬置”或“加括号”，朝向“我思”主体的悬置指的是，若想把握一个对象，先将先见、成见、偏见悬置起来，将日常的经验、常识悬置起来，求得一个“纯粹自我”，这是一个“排除作用之剩余”。经过若干排除、悬置之后，一个由“自我”、“我思”为核心要素的“纯粹自我”就被构造出来了，“纯粹自我似乎是某种本质上必然的东西；而且是作为在体验的每一实际的或可能的变化中某种绝对同一的东西。纯粹自我在以特殊意义上完完全全地生存于每一实显的我思中，但是一切背景体验也属于它，它同样也属于背景体验；它们全体都属于为自我所有的一个体验流，必定能转变为实显的我思过程或以内在方式被纳入其中。按康德的话说，‘我思’必定能伴随着我的一切表象。”① 一如笛卡儿所做的工作那样，我们可以怀疑任何事情，直至最后一个事项即“怀疑”本身，这是不能被怀疑的，因为只有使这个“怀疑”自身持续地进行着，“怀疑”的行为系列才能实现，“我思”作为“怀疑”剩余乃是“怀疑”工作的最大成果，它不只具有否定意义，在积极的意义上，通过质

① ［德］胡塞尔：《纯粹现象学通论》，李幼蒸译，商务印书馆 1992 年版，第 151 页。

疑、怀疑而获得具有确定性和正确性的知识。胡塞尔的“悬置”工作同样是为了获得一个可靠、可信的“主体”，它是我们获得知识、真理的本体，这个本体就是“纯粹意识”，它含有自我和我思两个要素。“如果在对世界和属于世界的经验主体进行了现象学还原之后留下了作为排除作用之剩余的纯粹自我（而且对每一体验流来说都有本质上不同的自我），那么在该自我处就呈现出一种独特的——非被构成的——超验性，一种内在性中的超验性。因为在每一我思行为中由此超验性所起的直接本质的作用，我们均不应对其实行排除；虽然在很多研究中与纯粹自我有关的问题可能仍然被悬置不问。但是就直接的、可明证论断的本质特征及其与纯粹意识被共同给与而言，我们将把纯粹自我当作一种现象学材料，而一切超出此界限的与自我有关的理论都应加以排除。”① 简约地说，所谓“先验还原”就是要彻底排除经验、常识、成见、偏见对“我思”的干扰作用，我们虽然不能彻底清除它们，但可以将它们悬置起来，尽一切可能不使它们起阻碍和偏离作用，尽管我们永远无法将它们从自我中彻底清除出去，若此，自我也就不再是一个完整的自我了。不要以为胡塞尔殚精竭虑地所进行的排除行为是一种“独断论”，是一种毫无实践意义的“主观游戏”，相反，这是我们试图获得知识和真理所必须预先完成的“主观游戏”。

既然“先验还原”的目的旨在获得“真”，那么就必须实现从“先验还原”到“本质还原”的过渡。这就是朝向客体的“本质还原”。作为“先验还原”的成果、业绩，纯粹意识可直面事物自身，在纯粹意识中，事物自身与自我形成了一个双向互逆结构：纯粹意识只有以符合事物本质的方式才能将事物的本质呈现在本质直观之中，而意见、情绪、常识、成见就是与事物本质不相符合的把握方式，它们使事物的“真”陷入“遮蔽”、“掩盖”的状态中。反之，事物的本质只有以向自我敞开的方式在纯粹意识中“招至前来”，它才能从

---

① ［德］胡塞尔：《纯粹现象学通论》，李幼蒸译，商务印书馆 1992 年版，第 151—152 页。

"遮蔽"状态中解救和解放出来，置于"澄明"和"解蔽"状态之中，这就是"真"的"被给予性"。不是自我通过纯粹意识生成了、造就了真，而是真因自我而被呈现出来，现出它无比的光亮和光彩来。一如马克思在《德意志意识形态》的一个脚注中所说的："只有物以人的方式同人发生关系，我才以人的方式同物发生关系。"通过"先验还原"和"本质还原"，自我通过"纯粹意识"完成了双向过渡和相互嵌入，被呈现在表象里、被把握在意识中的"事物本质"不再是一个点、线和面，而是一个整体。当这个整体被呈现在"纯粹意识"中时，一种关于事物自身的"本质直观"就被建构起来了。

"先验还原"和"本质还原"的目的在于获得"真"，即在于获得一个事物的"是其所是"，那么，"社会转型与伦理变迁"的"是其所是"是什么呢？如何通过"先验还原"和"本质还原"而获得社会转型与伦理基础变迁的"真"呢？将我们关于市场经济、制度体系和具有一定道德观念的行动者的先见、成见和偏见"悬置"起来，成为一个"有理性且无偏见的观察者"① 即公正的旁观者，去呈现"社会转型与伦理变迁"的"本质"，这个本质就是，建立社会主义市场经济，在社会主义政治制度保障下，实现公平与效率、正义与平等、自由与幸福的过程；在创造善型的过程中，既要预先标划出目的之善，这种目的之善具有典型的伦理性质，又要创造出实现目的之善的手段之善。如若给出了目的之善却用恶的手段去实现它，那仍不能称为是一个好的社会。

2. 系统论奠基与生成论奠基相结合的发生学方法。为一个系统寻找一个初始性元素或力量，这个初始性元素或力量就叫本体。作为本体，这些存在者先行于其他存在者而持存，它们不仅时间上在先，逻辑上也在先。万物由它们产生然后又复归于它们。哲学家探讨本体并非仅仅是哲学家的个人偏好，在人性结构中原是有其深刻基础的，这就是人对确定性的渴望，只有找到"始基"、"原初性存在"，才能

① ［德］康德：《道德形而上学原理》，苗力田译，上海人民出版社 1986 年版，第 42 页。

找到那个因其自身而存在的无制约者；只有发现了这个无制约者才能掌控其自身及其由它开显出的若干后继者；也只有找到了这个自因性存在，才能明了事物的发展逻辑，即逻各斯，我们要么拥有逻各斯，要么分有逻各斯，以使该事物朝向人所希望的方向演进。追问本体的何所是、何所为与何所向都是为了追求秩序，追求世界之序是追问自然本体的价值基础。在可变的生活世界中，追求自然之不变的东西，乃是人类孜孜以求的事情。何以至此？人类本身本质上是既渴望确定性又追求变动性的类属，没有确定性，一切便不可能预期，其所希望的东西便不可能出现；没有变动性，便不可能有机遇和机会，一切创新便不可能，新的欲望、欲求就会成为无望，一切的求新、创新，一种更好的生活就不会出现。人要要么是拥有逻各斯、要么是分有逻各斯，按逻各斯的指引行事，又试图摆脱逻各斯的羁绊，将自己的价值诉求贯彻到底的类属，它始终游离于不易、变易和简易之中。为“社会转型与伦理变迁及其伦理基础的重建”进行系统论奠基就是要找到推动它变迁的初始性力量。一如上述，市场经济的建立与发展，社会制度体系的变革与完善，是导致它变迁的直接原因，那么又是什么力量推动人们去建立市场经济和完善制度体系呢？这就是个体、由个体的相互联结和形成的群体、组织，而人是有需要、目的、目标的，这些目标作为价值是用来满足人的各种需要的，因此追求有意义的生活就构成了人的终极目的。以此观之，“社会转型与伦理变迁”就是人类借助经济组织方式和社会制度体系实现手段之善和目的之善的过程。关于社会转型与伦理变迁的内部结构、道德观与伦理观的具体内容，将在下一个单元的设计中加以详细论述。当个体、群体、国家被突显出来，作为推动经济发展和制度变迁的初始性和基础性力量，是如何完成经济、政治和文化（道德观念）之间的相互嵌入、相互制约和相互促进的呢？这正是我们要在这里展开论述的核心内容。

为着获取人们所需要的生活资料，人类必须以个体或个体之联合形式，去认识和改造自然。但在获取生产生活资料的活动中，生产对象、生产工具和生产主体都是以客观实在的方式而存在的，人们绝不能像在观念领域那样，可以超出经济的范围而随意构想。相反，在生产活动中，生产主体必须考虑各种要素之间有效的结合方式，以求投入最少而产出最多，即求得最大效率。而要做到这一点，生产活动必须在一定的规则下进行，这个规则的规范化形式就是技术制度体系。显然，这个技术制度体系就构成了人与物之间有效结合方式的模式或范型。严格说来，技术制度是不受社会制度体系以及由此所决定的人们的社会地位和利益分配关系制约的，因为无论哪个阶级，其组织生产的目的是大体相同的，这就是一定数量和质量的劳动产品。但人们的社会地位和利益分配关系，却可以通过影响人们进行生产的积极性和态度进而影响到技术制度所实施的有效程度，并最终影响到生产力的发展和社会的进步。换言之，在社会规范体系中，除了技术制度之外还有经济制度、政治制度和文化制度，较之前者，后面这些制度在社会转型中具有更为重要的地位和作用。

当人们走出生产活动领域（主要是主客体间关系）而进到产品的交换、分配和消费领域（主要是主体间关系），人与人之间或矛盾或一致的关系，便由先前的隐蔽形式发展为现在的公开形式。为着确保生产活动之外的其他活动能够有效地进行，并使得每个个体得到他应得到的分配份额，用来约束和范导人们各种交往活动的社会规范体系就必然地出现了。但社会规范体系的产生并不是一个自发的过程，而是人类意识之外化的产物。这是一个人类自身进行自我整合的过程，是人类意识秩序化的要求。但社会规范体系一旦作为人之本质力量对象化之产物存在以后，就成了一个相对独立的存在物，进一步地也就成了人类进行认识、批判和改造的对象。这种批判和改造的过程，实质上就是社会转型的过程。那么具体说来，它是以怎样的机制完成的呢？

社会规范体系原本是人们进行生产活动和交往活动的规范化形式，因此，人们建构社会规范体系的目的，旨在通过建构一个生产活动和交往活动的价值框架，以使这些活动得到秩序保证和意义说明，从而达到活动者所预期的目的。所以，任何一个规范体系的建立，在一定时期内，与人们的活动是一致的。在活动和规范之间保持着必要的张力，在这个张力之下，规范对活动保持着较强的容纳能力，提供着较大的可能性空间，这是一种“看似有理性结构”。在这个限度内，活动从规范那里得到的是支持、保证和说明，以及进行自我评价的价值尺度，唯其有了这个尺度，活动才获得了规定和意义。但是，活动和规范之间从来就不是完全一致的。任何社会规范体系从其建立的初时起，就已经包含了扬弃自身与他物的种子。这是因为，社会规范体系是作为人类意识之外化的产物而存在，而人类意识就其本质而言乃是革命的和批判的，它要通过对包括社会规范体系在内的现存事物的批判而走向可能世界。所以，人类意识与其自身之产物的社会规范体系之间，一开始就存在着矛盾。当这一矛盾激化到非借助现实的行为超出原有规范体系所规定的价值框架不可的时候，也就是，当规范和活动之间失去了必要的张力，规范非但不能为活动提供秩序保证和意义说明，反而束缚其发展时，社会转型也就到来了。简言之，社会转型实质上是社会结构的变迁，具体表现为借助于社会规范体系的重建而实现的生产方式、交往方式和生活方式的转型；社会转型的动因起自于人类意识与意义结构的完满性与社会规范体系非完满性的矛盾；社会转型的目的旨在寻求一个更加合理的社会结构，为人的生活提供更为有效的社会环境和价值保证。

二　社会转型的人性基础追问

人类为何孜孜以求于生产方式的变革、何以通过解决上层建筑与经济基础的矛盾而生产越来越多的生产资料、创造更多的生活资料？原是为着满足人的越来越发展和丰富起来的需要的。在人的“是其所是”的本质规定中，一切的观念、认知、情感和意志以及基于这些规定之上的制度、体制和行动，都是基于对人的需要的确定、确证和满足之上的。任何一种形态的社会转型无不与满足已有的需要、生成新的需要相关；哪怕是虚假的、有害个体之身心健康与社会秩序的需要，也会成为实现社会转型的动力。然而，人类却无法详细和全面地描述人类需要的生成史、发展史和满足史，人们只能在用文字表达出来的历史、学术和理论文本中，去体会和领悟欲求发展史和欲求满足史。这对于理解和把握社会转型乃是一个艰苦而细致但非常重要的理论工作。

（一）利己主义与享乐主义观念史、规范史与批评史

在我们已有的、现有的伦理学研究中，我们对一种观念、思想的研究往往执着于这个具体的观念和思想本身，此种研究范式存在着严重的缺陷。第一，缺少场域感。任何一种观念和思想貌似与具体的历史场域保持着足够的空间距离，这正是理论和思想的特点，因为如若将理论和思想完全附着在具体历史事实之上，那么它们就绝对不会有足够的反思和批判的空间，从而因为就事论事而成为意见和情绪，看得见的、直接说出的东西未必是真实的、本质的东西。但理论和思想却从未脱离开丰富多彩的、跌宕起伏的历史活动。第二，缺少历史感。虽不排除在人类观念史和思想史上，有些观念和思想显得与众不同，在后来的观念史中也缺少后继者，但绝大多数的观念和思想是连续的，前后承接的，利己主义和享乐主义观念史就属此类。我们将理论和思想形态的观念史相对清晰地梳理出来，就是要弄清观念的逻辑与历史的逻辑到底具有怎样的关系。社会结构及其变迁如何影响到了利己主义和享乐主义的观念，而这种观念一经生成又如何反身嵌入人们的心灵之中、历史活动之中，利己主义和享乐主义的观念如何又催生了新的情感和意志，推动了新的社会制度体系的设置。只有这样，我们才能真正弄清社会转型与伦理变迁的内在逻辑关系。在社会结构、结构转型、快乐、欲望、道德与伦理之间，快乐和欲望乃是一个联结社会转型与伦理变迁的中介，因此，对西方利己主义和享乐主义之观念史、规范史和批评史的梳理，所再现出的并非仅仅是这种观念史自身的演进逻辑，更是揭示了决定这种演变的社会结构变迁史。无论从理论上还是从实践上看，对这一双重逻辑史的梳理都不是可有可

无的事情。

从形式上看，利己主义和享乐主义的原初形态乃是伊壁鸠鲁的快乐论。伊壁鸠鲁写道："快乐是幸福生活的起点，也是目标。因为我们将快乐作为我们第一种天生的善，而且是我们作每一次选择，每一次逃避的起点。"经过约一千年的沉寂，利己主义在资本主义原始积累的早期阶段的霍布斯那里找到了"安身立命"之所。霍布斯在《利维坦》中简明扼要、直截了当地表达了自己的观点："一个人的一切自愿行为，其目的都在于为自己获取好处。因为没有人会白白给予，除非对他自己有利；因为礼物是自愿的；而所有自愿行为的目的都是为了给自己带来好处。"如若不考虑社会结构及其运行逻辑与快乐主义和享乐主义的关系，但就人的本性而言，人自身就会天然地存在着因其为我性、向我性和利我性而有追求快乐和享乐的自然倾向。这种倾向全然不是后天培养的，而是先天具有的。

尽管在古希腊哲学的早期阶段，哲学家虽然并不否认快乐对于人的本体论意义，但坚决否认把追求快乐看作是人的全部。赫拉克利特说："思想是最大的优点，智慧就在于说出真理，并且按照自然行事，听自然的话。思想是人人共有的。每一个人能够认识自己，都能明智。如果想要理智地说话，那就必须用这个人人共有的东西武装起来，就像城邦必须用法律武装起来一样，而且要武装得牢固。然而人的一切法律都是靠那唯一的神圣法律养育的。因为神圣法律从心所欲地统治着，满足一切，战胜一切。……智慧在于一件事，就是认识那善于驾驭一切的思想。"① 在赫拉克利特看来，真正的幸福不是满足人的低级需要，而是拥有思想，做正义之事。"最优秀的人宁愿取一件东西而不要其他的一切，这就是：宁取永恒的光荣而不要变灭的事物。可是多数人却在那里像牲畜一样狼吞虎咽。如果幸福在于肉体快乐，那就应当说，牛找到草吃时是幸福的了。最可靠的人所认识、所坚持的事情，是可以相信的；正义当然会懂得抓住谎言的制造者和帮

① 《西方哲学原著选读》上卷，北京大学哲学系外国哲学史教研室编译，商务印书馆1981年版，第15—16页。

同作证者。如果一个人的愿望都得到了满足，这对他是不好的。"①实事求是地说，承认和赞美高级的快乐或幸福，并不排除满足低级需要快乐的自然合理性，只要这种满足是在正义的范围内。这是一种颇为值得深入研究的社会现象，在关于对自然、社会和人本身的研究中，能够沉思者且以理论和思想记录下来，并为后人传颂的，通常都不是普通人的感受和观点，而是具有一定修养和地位的人的观点、体验和思想，于是，这些以思想文本存储下来的体验和思想，究竟在多大程度上反映和代表普通民众的体验和观点呢？这里确实存在一个如何看待快乐、幸福的程度和性质问题，哲学家们多半都主张高级的快乐和幸福，即便是后来的伊壁鸠鲁、约翰·穆勒、霍布斯、边沁等人坚持的快乐论，也决不是低级的、粗俗的快乐主张。这除了被记录下来的通常是有一定修养和思想的精英者的体验和思想之外，更为重要的则是，真正推动社会发展和人类进步的一定是高级的需要，如像赫拉克利特所主张的那样，拥有思想，做正义之事。正是在这个意义上，古希腊哲学中的各种快乐与幸福主张，基本上都是杰出者或精英者的理论和思想。他们从生产资料和生活资料的生产过程中游离出来，成为知识和思想的生产者和创造者；他们通常具有较高的社会地位，要么是贵族，要么是拥有足够闲暇时间的人；他们不再为日常的、基本的物质生活而操劳，惟有如此，才能考虑德性、节制、好生活问题。事实证明，物质生产与精神生产的分工、日常生活和非日常生活的分化，对于推动社会进步和人的发展是多么重要。

德谟克利特以"人应当怎样活着"为题，深入分析和论证了思想、节制、生活与享乐之间的关系。"卑劣地、愚蠢地、放纵地、邪恶地活着，与其说是活得不好，不如说是慢性死亡。追求对灵魂好的东西，是追求神圣的东西；追求对肉体好的东西，是追求凡俗的东西。应该做好人，或者向好人学习。使人幸福的并不是体力和金钱，

① 《西方哲学原著选读》上卷，北京大学哲学系外国哲学史教研室编译，商务印书馆1981年版，第18页。

而是正直和公允。作了可耻的事而能追悔，就挽救了生命。蠢人活着却尝不到人生的愉快。智慧生出三种果实：善于思想，善于说话，善于行动。人们在祈祷中恳求神赐给他们健康，不知道自己正是健康的主宰。他们的与节制戕害着健康；他们放纵情欲，自己背叛了自己的健康。人们通过享乐的节制和生活的协调，才得到灵魂的安宁。缺乏和过度惯于变换位置，引起灵魂的大骚动。摇摆于这两个极端之间的灵魂是既不稳定又不安宁的。因此应当把心思放在能够办到的事情上，满足于自己可以支配的东西。不要光是看着那些被嫉妒、被羡慕的人，思想上跟着那些人跑。倒是应该把眼光放到生活贫困的人身上，思想他们的痛苦，这样就会感到自己的现状很不错、很值得羡慕了，就不会老是贪心不足，给自己的灵魂造成苦恼了。不应该贪图那些不属于自己的东西，而应该满足于自己所有的东西……法律的目的是使人们生活得好。可是要达到这个目的，一定要人们愿意幸福。对遵守法律的人，法律才是有效的。”①不难看出，德谟克利特不但主张一种有节制的、有思想、能自主的生活，因为只有这种生活才是真正的好生活，而且把快乐、幸福、自由、法律、正义有机结合起来加以讨论，这样就大大扩展了所论题材的边界，将道义和正义原则引入讨论之中，尤其是对生活贫困的人们的关注和关爱，直接引发了对利己主义和享乐主义的道德批判，这一立意对以后我们对现代性语境下的利己主义和享乐主义的道德批判，提供了古希腊哲学式的批判与辩护。

正如色诺芬在《回忆录》中说，“苏格拉底所关心的不是自然，而是人事。”前苏格拉底的自然哲学家，尽管偶有讨论人事的，但更喜欢研究天上的事情。“至于他自己，则愿意不时地愿意讲讲与人类有关的事情，研究研究什么是虔诚的，什么是不虔诚的；什么是适宜的，什么是不适宜的；什么是公道的，什么是不公道的；什么是明智的，什么是不明智的；什么是刚毅的，什么是怯懦的；什么是治国之

① 《西方哲学原著选读》上卷，北京大学哲学系外国哲学史教研室编译，商务印书馆1981年版，第47—49页。

本，什么是一个善于治人者的品质；以及其他的题目。”① 苏格拉底虽然未留下任何文字，但从后苏格拉底哲学家那里得知，他是古希腊哲学中的转折点，他提出了一个令后来的哲学家们在研究人自身时所孜孜以求的总命题：认识你自己。而认知自己的过程和后果就是发现自己是一个“有学问的无知者”，尤其在实践理性知识方面，“美德即知识”，“毋过”，过一种经过理智思考的好生活，等等。更为重要的是，要把快乐和幸福同对城邦的命运的思考有机结合起来，感知城邦的危机、领悟城邦的命运、改变世俗的无知，才是真正试图过整体性的好生活的智者。在苏格拉底看来，人生最大的悲哀不在于生活艰难、地位高下，而在于把对城邦即将面临的危机甚至灾难预知地告诉给城邦民众，民众非但不听劝告反而误解他、嘲笑他，甚至要结束他的生命，以维护所谓的世俗的正义。不要以为这是与对利己主义和享乐主义批判无关的事情，一个相对为好的社会，一定是一个适度发展需要和适当实现欲望的社会，而不是将生理的需要、物质的欲望激发到没有任何尺度的社会。苏格拉底对世俗生活和世俗正义的批判，具有前现代性的批判意义。苏格拉底把自己比作一只牛虻，它要不停地提醒和警示公民，不要做毫无思考的、得过且过的人，“我这个人，打个不恰当的比喻说，是一只牛虻，是神赐给这个国家的；这个国家好比一匹硕大的骏马，可是由于太大，行动迂缓不灵，需要一只牛虻叮叮它，使它的精神焕发起来。我就是神赐给这个国家的牛虻，随时随地紧跟着你们，鼓励你们，说服你们，责备你们。只要一息尚存，我永不停止哲学的实践，要继续教导、劝勉我所遇到的每一个人，仍旧像惯常那样对他说：‘朋友，你是伟大、强盛、以智慧著称的城邦雅典的公民，像你这样只图名利，不关心智慧和真理，不求改善自己的灵魂，难道不觉得羞耻吗？’如果我发现他自称有美德而实际上没有，我就责备他把重要的事情看成不重要，把无价值的东西看成有价

① 《西方哲学原著选读》上卷，北京大学哲学系外国哲学史教研室编译，商务印书馆1981年版，第58—59页。

值。我把这些话再三地向我所遇到的每一个人说，不管他年轻年老，不管他是公民还是侨民，但是特别要对本邦的公民说，因为他们是我的同胞。要知道，我这样做事执行神的命令；我相信，我这样事神是我们国家最大的好事。因此，我不做别的事情，只是劝说大家，敦促大家，不管老少，都不要只顾个人和财产，首先要关心改善自己的灵魂，这是最重要的事情。我告诉你们，金钱并不能带来美德，美德却可以给人带来金钱，以及个人和国家的其他一切好事……我这些年来不营私业，不顾饥寒，却为你们的幸福终日奔波，一个一个地访问你们，如父如兄地敦促你们关心美德——这难道是出于人的私意吗？如果我这样做事为了获利，如果我的劝勉得到了报酬，我的所作所为就是别有用心的。可是你们现在可以看得出，连我的控告者们，尽管你们厚颜无耻，也不敢说我勒索过钱财，收受过报酬。那是毫无根据的。"① 苏格拉底对快乐与幸福、城邦之善与好生活的坚定信念和伦理主张，深深地影响着柏拉图和亚里士多德，过有节制的生活是整个古希腊哲学家的道德观点。在柏拉图看来，人的灵魂结构与城邦秩序具有同构性，国家由四种美德组成：智慧、勇敢、节制和正义，而灵魂也由智慧和节制支配情欲，而不是相反。如果说智慧、勇敢是不同的人所具有的美德，那么，节制则是对所有人的要求。"人的灵魂里有一个比较好的成分和一个比较坏的成分；好的控制坏的时，就是他'当自己的主人'。这当然是褒词。如果他由于教养不良、交友不善，因而好的成分少，被居多数的坏成分所控制，那就说他'当自己的奴仆'，没有决断了。这是贬词。"人就如同一驾马车，既有欲望又有理智，人既是马车又是驭马者，只有理智、智慧控制欲望时，马车才能走上正道。"我还要指出，多种多样的、五花八门的欲望、快乐和痛苦，大都见于儿童、妇女、奴仆以及号称自由的人的大量平民当中。至于那些遵循理性约束的、听从心灵的正确意见指导的有节制的欲望，则只见于少数人中；这些人是出身良好并且教养良好的。"一

① 《西方哲学原著选读》上卷，北京大学哲学系外国哲学史教研室编译，商务印书馆1981年版，第67—69页。

如柏拉图所说，每一个灵魂中都有好坏两种成分，如何使好的成分控制坏的成分，从而使灵魂达到和谐，有知识和教养的人会自我节制，而没有知识和教养的人则靠国家和法律的管制，但节制作为美德并不仅向没有知识和教养的人而提出，它是向所有人提出的道德要求。“因为它不像勇敢和智慧。勇敢使国家得到勇敢的名声，智慧给国家赢来智慧的称号，却各自体现在某一等人身上。节制的作用与它们不同，它伸展到整个国家，使所有的琴弦都和谐一致，使所有的人，包括那些在智力方面、体力方面、人数方面、财产方面以及其他各个方面最强、最弱的和中间的人，全部通力写作，合奏一支交响曲。所以，无论在国家里面，还是在个人身上，上等成分和下等成分在谁该统治谁的问题上如果意见一致，我们说这就是节制。这样说是完全正确的。”① 亚里士多德把古希腊哲学中关于欲望、节制、行动、美德、国家等问题的论述作了继承和总结，他甚至把幸福作为自在的、具有内在价值的最高善确立为人生的终极目的，但必须指出的是，他所主张的幸福论却与近现代的利己主义、享乐主义甚至功利主义所主张的欲望、快乐、幸福有本质上的不同，但亚里士多德幸福论的伦理学还是为近现代的快乐主义和功利主义思想奠定了基础。

人是追求善的且注定要过集体性生活的政治动物。在人所追求的所有善中，似有一种善是终极的、最高的善，追求别的善都是为了获得这个终极善，而不是相反。“显然并不是所有目的都是完善的。但是最高善显然是某种完善的东西。所以，如果有一种目的是完善的，这就是我们所寻求的东西；如果有几个完善的目的，其中最完善的那个就是我们所寻求的东西。我们说，那些因自身而值得欲求的东西比那些因它物而值得欲求的东西更完善；那些从不因它物而值得欲求的东西比那些既因自身又因它物而值得欲求的东西更完善。所以，我们把那些始终因其自身从而不因它物而值得欲求的东西称为最完善的。与所有其他事物相比，幸福似乎最会被视为这样一种事物。因为，我

① 《西方哲学原著选读》上卷，北京大学哲学系外国哲学史教研室编译，商务印书馆1981年版，第118—119页。

们永远只是因它自身而从不因它物而选择它。而荣誉、快乐、努斯和每种德性，我们固然因他们自身故而选择它们（因为即使它们不带有进一步的好处我们也会选择它们），但是我们也为幸福之故而选择它们。然而，却没有一个人为着这些事物或其他的别的什么而追求幸福。”① 然而，如若认为亚里士多德是主张幸福是唯一值得追求的终极善，且是无条件地欲求，那就绝对误解甚至是歪曲了他的幸福论。相反，亚里士多德笔下的幸福绝非生物学、生理学意义上的单纯的、低级欲求的满足，而是在理智德性和道德德性的界限内的伦理实现。幸福与属人的善密切关联。人不同于其他事物的善而为其自身特有的善就是属人的善，这就是德性。“如果所有实物的德性都是这样，那么人的德性就是使得一个人好又使得他出色地完成他的活动的品质。”② 德性就是令一个人生活得好并使他出色地完成他的活动所需要的能力体系以及这些能力的充分发挥所形成的优良品质，于是，幸福不是别的，正是合于德性的实现活动，如果德性不止一种，那么合于最好的德性的实现活动就是幸福。与人有关的善有三种：身体之善、外在之善和灵魂之善。其中前两种善都属于虽经努力却不必然拥有的善，只有灵魂之善才如此，沉思就是最自足的善，它因其自身而被追求，也因其自身而得到完善。如此一来，亚里士多德就在德性论和规范论之间将幸福与德性有机地结合起来。其合理性在于，就行动者而言，幸福是终极之善，拥有德性且充分运用德性都是为着那个自足的幸福自身，因而幸福是首要价值，而德性是次要价值；在主体间的公共生活中，其他人的幸福构成了我获得幸福的约束性条件，我获得幸福不得妨碍其他与我同类的他者获得幸福，此时，德性就是首要价值，规范就是首要价值。尽管有把德性手段化、工具化的风险，却是有人性根据和社会基础的。即便是把沉思作为自足的善的人，也有

---

① ［古希腊］亚里士多德：《尼各马可伦理学》，廖申白译，商务印书馆 2003 年版，第 18 页。

② ［古希腊］亚里士多德：《尼各马可伦理学》，廖申白译，商务印书馆 2003 年版，第 45 页。

最基本的身体之善和外在之善的要求和最低限度的满足。只要德性而驱除任何快乐和幸福的主张，只要利己主义和享乐主义而不要德性与规范的主张，都同样是不可取的。

伊壁鸠鲁学派是古希腊唯物主义者和无神论哲学家伊壁鸠鲁（Epicurus，前341—前270年）创立的哲学派别。伊壁鸠鲁的著作很多，但大都失传，现仅留下来三封信和一些残稿。他继承和发展了德谟克里特的原子论，既承认必然性又承认偶然性。伊壁鸠鲁派宣扬无神论，认为人死魂灭，这是人类思想史上的一大进步，同时提倡寻求快乐和幸福。但它们所主张的快乐决非肉欲物质享受之乐，而是排除情感困扰后的心灵宁静之乐。伊壁鸠鲁派生活简朴而又节制，目的就是要抵制奢侈生活对一个人身心的侵袭。伊壁鸠鲁就曾发誓要放弃政治生活，但这并不意味着要对现实世界漠然置之。他认为最大的快乐是友谊，而个人的幸福就在友谊和社会之中。伊壁鸠鲁的学说包括准则学、伦理学和物理学三个部分。而在准则学中，感觉、前观念和情感则是最为核心的部分，快乐和幸福就相关于情感。3世纪以后，伊壁鸠鲁的学说成了基督教的劲敌。在中世纪，伊壁鸠鲁成了不信上帝、不信天命、不信灵魂不死的同义语。文艺复兴时期，由于卢克莱修《物性论》的发现和出版，扩大了伊壁鸠鲁学说对早期启蒙思想家的影响。17世纪P. 伽森狄全面恢复了伊壁鸠鲁学说，它直接影响了17—18世纪英、法唯物主义哲学和自然科学。伊壁鸠鲁的社会契约说是近代社会契约论的直接先驱，他的伦理思想对英国J. 边沁、J. S. 密尔等的功利主义发生了影响。伊壁鸠鲁的学说被他的历代弟子奉为必须遵守的信条。伊壁鸠鲁的著名学生有麦特罗多洛、科洛特和继承伊壁鸠鲁学园领袖的赫尔玛可。伊壁鸠鲁的哲学正像他那时代所有的哲学（只有怀疑主义是部分的例外）一样，主要是想要获得恬静。他认为快乐就是善，并且他以鲜明的一贯性坚持这种观点："快乐就是有福的生活的开端与归宿。"第欧根尼·拉尔修引过他在《生命的目的》一书中所说的话："如果抽掉了嗜好的快乐，抽掉了爱情的快乐以及听觉与视觉的快乐，我就不知道我还怎么能够想象善。”又说：“一切善的根源都是口腹的快乐；哪怕是智慧与文化也必须推源于此。”他告诉我们说，心灵的快乐就是对肉体快乐的观赏。心灵的快乐之唯一高出于肉体快乐的地方，就是我们可以学会观赏快乐而不观赏痛苦；因此比起身体的快乐来，我们就更能够控制心灵的快乐。“德行”除非是指“追求快乐时的审慎权衡”，否则它便是一个空洞的名字。例如，正义就在于你的行为不至于害怕引起别人的愤恨——这种观点就引到了一种非常类似于“社会契约论”的社会起源学说。作为真理第三条准则的感情主要是指快乐和痛苦，主要用于人的选择活动。伊壁鸠鲁认为，人的道德选择符合趋乐避苦的自然感情。他的伦理学所依赖的正是这一感情标准。伊壁鸠鲁学派的快乐主义把幸福等同为快乐是伊壁鸠鲁伦理学的主要特色。“快乐”在当时已成为一个经常讨论的主题。在此问题上存在着两种倾向：一是，昔兰尼派倾向于把快乐归结为自然欲望的满足，他们提倡的快乐主义流俗为享乐主义；二是，柏拉图和亚里士多德倾向于把快乐视为幸福的外在条件或标志，不承认快乐与德性之间的内在联系。伊壁鸠鲁在这两种倾向中发展出自己独特的快乐主义。伊壁鸠鲁肯定快乐与德性之间相互蕴含：“若不谨慎、光荣和公正地生活，便不能快乐地生活，若不快乐地生活，便不能谨慎、光荣和公正地生活，因为德性与快乐生活自然相联，快乐生活与德性不可分离。”快乐主义的伦理观是感觉主义的准则学的延伸。按照感觉、前定观念和感情三条准则来衡量，快乐无可辩驳地具有崇高的价值。感觉证明了快乐为善、痛苦为恶这一常识的正确性，感情显示了趋乐避苦的自发性和自明性。另外，视快乐为幸福也是在人类生活中形成的前定观念。因此，快乐的伦理价值是显而易见的真理。伊壁鸠鲁虽然把快乐与幸福相等同，却坚决反对把快乐与享乐相等同。他强调人们应当谨慎地选择快乐。如果一种快乐和另一种快乐同样持久和强烈，则彼此不相上下。如果有些事情使放荡的人快乐，还能让他平安无事，对此不必加以谴责。但是，事情并非如此。不是所有的快乐斗志的选取，也不是所有的痛苦等应该避免。有些快乐后面跟随着痛苦，有许多痛苦后面快乐接踵而至。而且快乐的强度也有差别。精神快乐大于肉体快乐，精神痛苦比肉体痛苦更坏。因此，伊壁鸠鲁宣称，选择明智生活的快乐，是聪明智慧的职责。而研究哲学，了解自然是人们获取选择相关知识的途径。在这里，快乐是同柏拉图、亚里士多德所推崇的德性，即聪慧、勇敢、节制和正直联系在一起的。伊壁鸠鲁区分了动态快乐和静态快乐，前者是欲望的要求和满足，如娱乐和高兴，后者是痛苦的消除，如无饥无渴、无欲无求的轻松状态。他坚持静态快乐高于动态快乐。其理由是：最高的幸福是不可增减的，人们在动态快乐中得到的享受或强或弱。只有在静态快乐中才能处于平稳不变的幸福状态。伊壁鸠鲁认识到，享乐无止境，欲望对快乐的追求和满足是贪得无厌的。伊壁鸠鲁所谓的静态快乐或无痛苦状态指身体免遭痛苦和心灵不受干扰两个方面，或用肯定的方式表述，指身体健康和心灵宁静。伊壁鸠鲁认为这两个方面相互影响，身体遭受痛苦时心灵不能宁静；反之，心灵受到干扰时身体健康也会受损害。但是，他更加强调心灵的快乐，宁静的心态是静态快乐的主要特征。伊壁鸠鲁把它和审慎的生活相联系，认为这种生活才是最高的善。他本人对自己的伦理思想身体力行，一生过着宁静生活，赢得追随者的信任和尊重。无论从理论上看还是从实践上看，伊壁鸠鲁都没有提倡享乐主义或纵欲主义。然而，在历史上，有些不实之词加在了伊壁鸠鲁头上，这固然出自后人的误解和穷奢极欲的罗马贵族的曲解，但伊壁鸠鲁快乐主义确实包含着某些易被曲解和利用的因素。首先，伊壁鸠鲁虽然区分了动态快乐和静态快乐，但并未否认动态快乐。相反，他认为动态快乐增加了快乐的种类，丰富了快乐的体验。人们在痛苦时主要通过对快乐的回忆和期待来摆脱痛苦，而动态快乐所提供的体验是回忆和期待的来源，因而是达到静态快乐的手段和途径。其次，他虽然强调心灵快乐高于身体快乐，但在不影响健康的条件下，并不排斥身体快乐；伊壁鸠鲁甚至说：“胃的快乐是一切善的起始和根源，智慧和文雅也与之相关。”“必须再次强调的是，一切官能享受只有在不妨碍身体健康和心灵宁静的前提下才能被认作快乐。”伊壁鸠鲁学派社会观伊壁鸠鲁虽以快乐为道德的目的和标准，但并不像有些研究者所断定的那样，导致一种个人主义的伦理观。相反，他认为，快乐主义的原则应用于社会，产生出要求社会合作、正义和友谊的道德准则。伊壁鸠鲁学派与社会契约论认为语言是社会合作的基础，正义也是社会协定的产物。伊壁鸠鲁说：“正义不是绝对的，而是在这一个或那一个地方的人们相互交往中产生的常规协议，规定一个人不伤害别人，也不被别人所伤害；“非正义不是绝对的坏事，而是因为怀疑有人逃脱那些有权惩罚坏事的人士的注意而产生的恐惧。”正义或非正义只在能够相互协商的生物之间才能产生，只在实际交往的具体环境中才能产生。很明显，正义是一种社会德性。“总的来说，正义对一切人都是相同的，因为它对人们社会关系有用。正义的用处在于摆脱伤害和恐惧，可以说，生活在社会中的人只有依靠正义才能达到完全的快乐。伊壁鸠鲁特别注重友谊，因为友谊给人安全感，是长久快乐的可靠保障。虽然友谊的目的是快乐，但这绝不意味着友谊是谋取个人私利的手段。他说，赋予利益比接受利益更快乐；最大的痛苦莫过于朋友的痛苦。他告诫人们说，友谊比食物更重要：“你应当注意的是与谁吃喝，而不是吃喝什么。因为没有朋友相伴的进食是狮子和狼一般的生活。友谊的可贵之处在于体现了静态快乐和动态快乐的统一。并且，友谊的稳固性和长久性提供了永不枯竭的快乐源泉。可以说，伊壁鸠鲁的快乐并不是个人孤独的感受，而是被友谊集体化了的社会情操。在实践中，伊壁鸠鲁学派是一个友爱的社会团体，他们之间深厚的友谊是快乐主义的最好注脚。

从上述关于伊壁鸠鲁之哲学思想的一般性理解中，特别是他关于快乐、幸福观念及其对后世的影响中，我们总结出这样几点，第一，他的快乐和幸福主张与其之前的古希腊哲学家的主张具有倾向性程度和明确性程度上的不同，他似乎把先前的快乐和幸福观推进到了哲学乃至伦理学的核心，尽管他一直努力过一种恬淡的生活，但从未否认过快乐对于人的本体论意义。第二，他似乎不再从人的心灵结构自身寻找约束欲望、快乐的根据，也较少从外在的法律结构中去寻找，而是建构了基于每一个快乐者之自愿基础上的契约论，这一点对于理解发生于近代的社会转型对伦理变迁的根本性作用显得极为重要，这是“自律的发明”的第二种形态，第一种是古希腊哲学家所共同主张的理智、节制、理性，这是一种来自内心的自律，而契约则是来自主体间可以相互提出的有效性要求，因而是来自外部的主体间的“自律”。

在伊壁鸠鲁之后，古希腊和罗马便进入到了一个所谓“希腊化时期”或“希腊化时代”。希腊化时代是指从公元前 323 年亚历山大大帝逝世到公元前 30 年罗马征服托勒密王朝为止的时代。这一时期地中海东部地区原有文明区域的语言、文字、风俗、政治制度等逐渐受希腊文明的影响而形成新的文明特点，在 19 世纪 30 年代以后逐渐被西方史学界称为“希腊化时代”。在希腊化时代产生了斯多亚学派，后受犬儒学派影响。早期的斯多亚学派带有宿命论和禁欲主义倾向；到了中期，抛弃斯多葛学派的唯物辩证主张，倾向宗教和神秘主义。晚期的斯多亚学派则主张宿命论和禁欲主义。斯多葛学派认为世界理性决定事物的发展变化。所谓“世界理性”，就是神性，它是世界的主宰，个人只不过是神的整体中的一分子。在社会生活中斯多葛学派强调顺从天命，要安于自己在社会中所处的地位，要恬淡寡欲，只有这样才能得到幸福。他们自称是世界主义者，打破了希腊人和野蛮人之间的传统界限，宣扬人类是一个整体，只应有一个国家，一种公民，即宇宙公民。而这个国家也应由智慧的君主来统治。这种理论是为马其顿统治希腊服务的。在国家观方面，斯多葛学派认为，国家不是人们的意志达成协议的结果，而是自然的创造物。斯多葛学派把宇宙看做是美好的，有秩序的，完善的整体，由原始的神圣的火种演变而来，并趋向一个目的。人则是宇宙体系中的一部分，是一个小火花。因此，人应该协调自身，与宇宙的大方向相协调，最终实现这个大目的。

在利己主义和享乐主义观念史、规范史和批评史上，斯多亚学派是古希腊晚期从伊壁鸠鲁的快乐论和契约论走向外在于人的主宰而又反求诸己的历史进程的一个重要环节，在获得快乐和幸福的道路上，人的自治能力和自制品质越来越交由世界理性或神性去掌管。尽管在斯多亚学派内部，在逻辑学、自然哲学和伦理学之间的先后次序上有不同的比喻和主张①，但有德性以及过一种有德性的生活却是人的根本，“道德就是顺应人的本性的生活”。芝诺第一个在他的《论人的本性》里主张主要的善就是认定去按照自然而生活，这就是按德性而生活，因为自然引着我们到这上面。克雷安德在他的《论愉快》里也这样说，还有波西多纽与赫卡通在其《论目的》以及《论主要的善》里也这样说。其次，按照美德生活，也就等于是按照一个人对那些由自然而然发生的事情的经验而生活，像克吕西普在他的《论主要的善》的第一篇里所讲的。因为我们每个人的本性都是普遍本性的一部分，因此，主要的善就是以一种顺从自然的方式生活，即顺从一个人自己的本性和顺从普遍的本性，不做人类的共同法律惯常禁止的事情，那共同法律与普及万物的正确性是同一的，而这正确性也就是宙斯，万物的主宰与主管。其次，这件事情正好是快乐的人的美德和人生完满的快乐，如果一切事情都是按照与每一个人的天才的和谐做出，并且与万物的主宰和主管的意志相关联的话。”② 在斯多葛学派早期代表的观点中可以清晰地看出，像伊壁鸠鲁那样公开主张快乐和幸福是人生的目的，在他们的论述中已经越来越少地被明确坚持和论证，相反，他们把主要的善或根本的善看作是遵从理性而生活，自然的本性和心灵中的理性是人们做出选择的根据。西塞罗严厉批评伊壁

① “斯多葛派把哲学比作一个动物。把逻辑学比作骨骼与腱，把自然哲学比作有肉的部分，把伦理哲学比作灵魂。他们还把哲学比作鸡蛋，称逻辑学为蛋壳，伦理学为蛋白，自然哲学为蛋黄。也拿肥沃的天地作比，逻辑学是围绕天地的篱笆，伦理学是果实，自然哲学则是土壤或果树……但是另外一些人则把逻辑学放在第一位，自然哲学放在第二位，伦理学放在第三位。”（《西方哲学原著选读》上卷，北京大学哲学系外国哲学史教研室编译，商务印书馆 1981 年版，第 192 页）

② 《西方哲学原著选读》上卷，北京大学哲学系外国哲学史教研室编译，商务印书馆 1981 年版，第 195—196 页。

鸠鲁，说他不能理解神圣的永恒幸福。“我同意神灵存在，请告诉我神灵的起源、住处、形体本性和精神本性以及生活方式吧，因为这是我所要知道的。”① 西塞罗批评伊壁鸠鲁说：“在这些方面，你大讲其无法无天的原子统治；你像人们所说的那样，用原子构造和创造出地上出现的一切。可是首先就没有原子这种东西。因为没有一样东西是无形体的，全部空间都充满着形体，所以根本不能有什么虚空，也没有什么看不见的形体。”② 在西塞罗看来，肉体和灵魂是矛盾的，肉体对灵魂而言就像是牢狱，“死亡是不朽的灵魂摆脱肉体牢狱”。“我们被关在肉体的牢狱里的时候，我们是迫不得已而劳苦工作，因为我们的灵魂是天上的东西，降落地下，当然不合于其神圣而永恒的本质……灵魂是如此迅急活泼的东西，能记忆过去，能推测未来，能通解艺术科学，能有如许之发明，既如此之广大无边，其本质一定是不死的了。灵魂既是永久活动，并且是自动，所以灵魂也永远没有终止，因为灵魂不会抛弃其自身。灵魂既是纯粹而无杂质或异质掺于其间，所以灵魂永远也不会分散，当然不会消灭。”③ 西塞罗坚定地说，“灵魂摆脱了肉体的桎梏才有智慧”，“公正的灵魂离开了躯壳就直升天府”。从西塞罗的论述中，古希腊哲学中的有德性的幸福论，伊壁鸠鲁的快乐本性论，都已渐行渐远，人的好生活的依据和根据越来越旁落到神那里，内心的宁静也越来越表现为听从神的指令，而较少依照心灵理性的指引。在斯多葛学派的思想家中，有一个人倒有几分特殊，这就是塞内卡。有人质疑他，说他的生活不符合他的学说，因为塞内卡虽然讲克制物欲，自己却腰缠万贯，生活奢侈。对此，他为自己的生活与学说不一致做了强烈的辩护，不过他的学说与斯多葛学派的核心主张还是完全一致的：“肉体的快乐是不足道的，要紧的是精

① 《西方哲学原著选读》上卷，北京大学哲学系外国哲学史教研室编译，商务印书馆1981年版，第199页。

② 《西方哲学原著选读》上卷，北京大学哲学系外国哲学史教研室编译，商务印书馆1981年版，第199页。

③ 《西方哲学原著选读》上卷，北京大学哲学系外国哲学史教研室编译，商务印书馆1981年版，第201页。

神安宁。”身体的无痛苦和灵魂的无纷扰、安宁是塞内卡所主张的好生活。“我们要寻求一种真正的‘好’，不是表面上的好；它是纯粹的、始终如一的，它的深处隐藏着它的价值。”

（二）功利主义伦理学

伊壁鸠鲁的快乐论是功利主义的原初形态，18 世纪法国哲学家爱尔维修把利益、正直与情感结合起来加以考虑。继 18 世纪法国功利主义者爱尔维修之后，英国的边沁和穆勒使功利主义成为一个系统的伦理学理论。边沁认为苦乐感情是人性或道德的基础。功利主义把是否给他人和自己带来益处作为判断行为是否正当的理由，事实上只是一个实际生活中的事实，它并不是真正的伦理学问题，伦理学的使命在于找出保证一个人或组织经常做出正当性行动的最终力量来，而作为后果主义代表的功利主义无法解决这个伦理难题。

（三）康德义务论的伦理学

在某种意义上可以说，康德是真正为现代社会寻找伦理基础的伦理学家。在一个以独立人格平等交往的人群中，一种可普遍化的法则如何可能？一种视每个人为目的而不仅仅当作手段的行动如何才是必然的呢？为着保证一个人的行为是正当的，且是必然性地正当，需优先确立三个条件：先天法则（你要按照你意愿别人对待你的方式对待别人）；善良意志（只按先天法则去做的意愿，而不顾及此行为是否带来好与坏的效果）；实践理性（排除各种诱惑和困难以把善良意志贯彻下去所需要的自治力量，即自律）。但康德伦理学只是从精神形态上为现代社会提供伦理支持，至于各个具体领域的伦理问题似乎尚未进入他的学术视野。

（四）契约论伦理学

契约论伦理学是解决现代社会之道德基础问题的另一种进路。尽管它有反对将任何形而上的实体作为道德来源的风险，但仍不失为一种道德思考方式。约有两种契约论，第一种遵从霍布斯的观点，按照这种观点，契约论的主要动机在于保护自己不受他人虐待行为的伤害；另一种则是卢梭的观点，契约论的主要动机在于创造和谐社会。第一种从自我利益（利己主义）的立场立论，并且认为每个人必须与他人协商以使自己的特定利益达到最大化；而第二种则从“平等尊重的道德理想”出发，希望协商者们能够考虑到一种“普遍”利益和愿望而非个体利益和愿望。在现当代，虽不能证明罗尔斯直接受到了霍布斯契约论的影响，但人们通常把罗尔斯视为契约论的代表。他在《正义论》开篇就写道，正义之于社会就像真理之于思想一样，具有首要价值。

（五）批判、修正、完善现代道德理论及摆脱现代道德困境的立场与主张

西方始自近代以来的现代化运动引发了突出的道德难题，使人们陷入诸种道德困境之中，法国女哲学家薇依称此为“拔根”。以鲍曼、齐美尔、利奥塔、吉登斯、贝克、麦金泰尔等为主要代表的后现代主义者对此进行了理性分析和道德批判，提出了颇具建设性意味的后现代主义主张。近30年来，西方应用伦理学的发展也是突飞猛进，诸如政治伦理、经济伦理、环境伦理、公民伦理，但这些学科或理论都是在西方现代化的建制过程中产生并为其服务的，而中国的道路是特殊的。思想和方法可以借鉴，环境和思维方式是独特的。

在粗略地梳理了西方思想家在构建现代社会之伦理基础的诸种努力中所提供的丰富多彩的理论和策略时，我们发现，他们只是基于他们的社会场域进行思考的，并非为了我们。中国近30年的伦理学发展，无论是在基本理论方面，如湖北大学的江畅教授在德性论方面，北京师范大学的廖申白教授在伦理学的基本结构方面，还是在应用伦理学方面，如中国社会科学院伦理学研究所的甘绍平、余涌研究员编写的应用伦理学教材，清华大学万俊人、卢风教授编写的应用伦理学教材，都有长足的进步并产生了广泛的社会影响。但是基于转型期中国的社会结构变迁，集中研究伦理基础变迁及伦理基础重建的学术作品还十分有限。因此，无论从学科建设，还是从个体生活和集体行动中的重大伦理问题看，由社会结构转型引发的伦理基础变迁以及伦理基础的重建都是一个亟待研究和解决的重大理论问题与实践课题。

（六）中国社会转型及其困境

社会转型从性质上有两种类型：一是伴随社会制度的变更而来的社会转型；一是在社会制度自我发展、自我完善过程中而实现的社会转型。社会转型范畴主要是从人类历史进步和个人全面发展的角度来规定和立论的，它不同于主要从政治角度说的社会革命。近年来，许多人提出疑问，我们已经是社会主义，还要向何处转？在这些人看来，社会主义已是一个完满的概念和完善的体制，似乎不再需要更新和发展了。我们以为，中国向何处转不只是一个理论问题，更主要的则是实践问题。我们已经和正在进行社会转型，并将继续下去，这已是不可否认的历史事实和历史趋势，问题不在于用什么概念来表达这一历史过程，而在于怎么转，如何用科学的价值观来范导和推进社会转型。

迄今为止，人类社会已经历了三次大的社会转型，一是由以采集为主的原始社会到以种植业为主的农业社会，二是由农业社会到以生产为主的工业社会，三是由工业社会到以服务和能源、信息开发为主的后工业社会。当然，这只是从整个人类历史进程的角度说的，不同的国家和民族，由于多种条件的限制，并非都要经历历史发展的这三个典型阶段。人类历史发展呈现出普遍性与特殊性的统一，即便采取相同的发展道路，也未必就以相同的方式来进行。印度学者 A. R. 德赛曾在 20 世纪 70 年代写成的一篇文章《重新评价“现代化”概念》中明确指出，在走向现代化的进程中，和资本主义现代化相比，社会主义仍不失为一条有效的发展道路。事实证明，我们正处于由农业社会向工业社会、由计划体制向市场体制的转型时期。由于我们所进行的是如何使社会主义与市场经济形式有效地结合起来这一史无前例的历史实践，因此特定的文化背景和时空特征，使我们面临种种特殊的社会历史难题，这些难题构成着我们社会转型中的种种困难。

从主体角度观之，西方国家的社会转型（现代化过程）经历了一个由自发到自觉的过程，其前没有可供参照的模式，因而是原发国家，而我们的现代化建设则是一个自觉的过程，我们有可资借鉴的经验和模式，因而是追赶型发展中国家。

从时间维度来看，西方市场经济模式经历了一个由不完善到完善的发展过程，其间有几百年的历史。而在不甚严格的意义上，我们的市场经济仅有十几年的时间。

从空间结构来看，西方的市场经济是在世界历史交往形式远没有确立的前提下开始的；而我们则是在知识、信息和技术全球化、世界经济一体化的背景下进行的。

这也就从根本上决定了中国社会转型所必然出现的诸多社会问题。

西方市场经济在其久远的历史流变中，其负面效应所造成的个体压力和社会压力是逐渐呈现的，并在这种不断呈现中寻求解决问题的路径。在寻求解决问题的办法时，它们常常采取侵略战争这种形式，或攫取他国的自然资源和人力资源，以补国内资源之不足；或转嫁国内各种压力于他国，以缓解国内各种矛盾。而我们则是以历史浓缩的形式，把社会转型中的各种社会问题几乎是同时地呈现出来，因此它所造成的物质压力和精神压力乃是倍加的，致使人们极度地不适应。这种不适应极有可能使人们不能以正确的态度对待市场经济以及它所带来的诸多社会问题，因而也就很难找到行之有效的解决办法。在寻求解决办法的过程中，我们已不能像原初的西方国家那样，采取非人道的战争形式，只能在加强国际交流与合作的基础上，发掘自身的自然资源潜力和人力资源潜力，依靠自己的力量来解决问题。因为，建立一个不同国家之间互惠互利、相互促进、共同发展的全球性的发展体系，已不单纯地是发展中国家的问题，更是一个重大的全球性问题。

西方市场经济在其产生、发展和完善过程中，曾付出了极大的物质代价和精神代价。这些代价都以史实的形式在我们推行市场经济以前预先地呈现给我们了。因此，为着避免在走向现代化的进程中所付出的重大代价，我们极有可能在力求避免代价的同时，而使市场经济本身以畸形的形式缓慢地演进。由于市场经济有着与其自身不可分割的代价方式（模式代价），于是，我们有可能在既要求市场经济迅速而健康地发展，又想避免其模式代价之间摇摆不定，以致缩手缩脚，步履艰难。

西方发达国家已进入以知识为中轴、以技术为先导、以信息为纽带、以开发和服务为主要领域的后现代社会，而我们却处在走向现代化的进程中。这种历史进程上的巨大差距和时间上的共时性，使我们承受着双重压力：市场经济本身带来的诸多社会问题，同时还要面对与西方国家大体相同的人类困境——生态失衡、空气污染、资源匮乏、地区冲突、信仰危机、价值失落，等等。这是我们必须接受的当代人类图景，同时也构成了社会转型时期的重大社会问题。面对艰难的困境，根本的出路在于选择正确而有效的方法，有计划有步骤地适当、适时地加以解决。逆水行舟，不进则退。

三　寻找摆脱困境的出路

追求社会的发展与进步是人类活动的永恒目标。社会进步实质上是通过人与物的有效结合方式而实现的人的进步。这种进步就其所借以实现的途径和手段而言，包含着物的因素和人的因素两个方面。在物的因素已被确定的情况下，如何通过最佳资源配置以求得最大化价值，就取决于人的因素了。这除了以生产和技术水平为主的心智力量以外，社会的规范、制度体系就成了最为紧密的。而说到底，社会的规范制度体系实质上就是一个文化和文化结构的优化问题。我国的社会转型是以经济体制改革开始的，中经政治体制的改革而发展为现阶段的文化结构的转型。这种转型历程充分说明，在社会变迁中，文化结构的转型较之于经济结构和政治结构的转型，乃是更为根本、更为艰难的部分。因此，当社会转型进行到一定程度，社会诸多问题 就或直接或间接地表现为深层的文化问题。因为从宽泛的意义上来说，任何经济活动和政治活动都是特定领域的人类文化活动，都有人的信仰、信念、意志、情感和价值标准在其中。具体说来，在摆脱困境的实际操作中有这样一些方面。

（一）建构现实的而不是虚幻的信仰体系。

信仰是一个民族、国家乃至个人进行生产活动、交往活动和精神活动的动力，同时也是使自己的观念和行为趋向已设定的价值理想的心理过程。信仰在整个社会文化体系中处于核心地位，它把人们的观念和行为整合为一个较为一致的模式，使之具有一定的凝聚力和向心力，并借助于此，人们在生产和日常生活中形成一种健康、饱满的精神状态。因此，信仰什么，如何信仰即成了如何进行社会转型的关键问题。

从信仰的对象来看，有社会理想信仰和宗教崇拜信仰；从信仰发生的机制来看有理性信仰和非理性信仰。而在实际的社会信仰活动中，它们又往往是结合在一起的。但这绝不是说，社会理想信仰和宗教崇拜信仰就没有了本质区别。宗教崇拜信仰因其信仰对象是虚构出来的幻想存在物，信仰的结果只能是心理、情感和精神需要的某种满足，这种满足是以超脱现实世界和消极方式来实现的，它未使现存的事物发生任何根本性的变化。而社会理想信仰则不同，它是立足于现实而走向未来的，其目标是使现实世界革命化。尽管它也需要心理、情感和精神的支持，但本质上社会理想信仰则是社会理想的产物。在社会转型期，我们倡导的是社会理想信仰而不是宗教崇拜信仰。

社会理想信仰是人们对既定社会理想的信赖与追求。社会理想的确立，是居于社会重要地位的权威集团依据对现存世界的价值分析而建构出来的社会发展模式，这种模式必须代表人民大众共同的愿望，否则社会理想信仰就成了少数人的事情，因失去了强大的群众基础而不能实现。所以，只有当社会理想信仰变成了群众进行生产和革命之坚定信念的时候，才具有现实性。中国的现代革命和新中国成立后的社会主义建设，是以共产主义为其信仰对象的。因它体现了人民大众的共同利益和要求，就使得社会理想信仰和个人信念有效地结合起来，这是中国革命和社会主义建设取得成功的根本保证。

但随着生产活动、交往活动以及由此所决定的日常生活结构的变化，社会信仰对象也发生相应变化：一是信仰对象完全变成了另一个；一是信仰对象在内涵和外延上发生了变化，增加了新的内容。伴随着这种变化，人们的信仰也必然会出现一定程度的波动，对原有信仰对象的怀疑，对眼前短期而有效的价值目标的全力追求；同时又不满足于此，在追求眼前利益的同时，又在苦苦地追求着更为长远的价值理想。我们把这种因信仰对象发生变化而导致的人们在心理、情感和精神上的“无主状态”称之为信仰危机。信仰危机常常和社会转型相伴而生。

在由计划经济向市场经济的转型过程中，“信仰危机”确属一个重大社会文化现象。如何摆脱危机实现信仰重建，直接关系到我们的社会转型能否沿着正确的方向顺利进行。首先必须指出，伴随社会转型而出现的信仰危机，不是因原有信仰对象（共产主义）的“消失”而产生的，而是伴随原有信仰对象在内涵上不断丰富而出现的。在某种意义上，这一危机仍是推动社会发展以求人的全面进步的一个良好契机。但既是一种危机，又总是说明了原有信仰对象的某种缺欠和不足；既是一种契机，又必定包含着实现信仰重建的有利条件。问题的关键在于，如何正确认识这种不足以及实现信仰重建的必要性和艰巨性。

在现代革命以及社会主义建设中，共产主义以一种价值理想的形式，作为人民大众的信仰对象，并成功地推动了革命和建设事业的完成，这是由当时的实践水平和意识水平决定的。第一，当时的主要社会问题是国家政权问题，因此夺取政权以求得全人类的最后解放，建立一个人人平等的社会就成了革命和建设的根本任务，反映这一任务从而代表群众之根本利益的共产主义思想体系就成了不可怀疑的信仰对象。至于这种理想社会究竟具有怎样的社会结构、实现到何种程度，在当时的实践水平和意识水平上是不可能被考虑到的。第二，二战以后，随着西方列强对弱小国家的殖民统治而开始的世界历史交往形式虽已初步确立起来，但我们在共产主义思想体系指导下而进行的社会革命和社会建设，基本上是在原有文化传统和文化氛围下进行的；对西方的经济、科技、制度和文化采取全面批判态度的意识形态体系，使我们基本上失去了把社会主义与西方的工业化进程加以比较和借鉴的可能性。因此，共产主义思想体系作为信仰对象，在当时的历史条件下，仅以精神价值和精神动力的方式而发挥其社会作用的。质言之，当时社会需要水平的低层面、社会需要结构的简单性（夺取政权、解决温饱），直接决定了当时的共产主义概念在内涵和外延上的匮乏和不足。

这种不足和匮乏，一当社会结构发生变化以及由此决定的社会需要结构和水平发生相应变化的时候，就更加明显地表现出来了。即是说，在由计划经济到市场经济的社会转型时期，伴随着实践水平、意识水平和需要水平的不断提高，人们对共产主义的信仰也发生了极大的变化，人们似乎开始怀疑甚至不再信仰它了，代之而起的是社会世俗层面的对利益和金钱的追求；货币似乎成了衡量一切的价值尺度。这一事实表明，人们的信仰出现了危机。这种危机反映出两个方面的问题：第一，共产主义不是一个完满的概念和体系，它不是一种既成的存在物，而是一种现实的运动过程，在不断的自我发展和完善中求得自由、平等和进步。所以，一当人们带着完满的共产主义概念面对社会主义建设中出现的种种弊端时，便从先前的信赖走到了怀疑甚至否定共产主义的一端，继而失去了对各种社会对象进行正确评价的价值尺度。现在的问题是，在社会转型期我们应该信仰什么，实现信仰重建的条件和措施有哪些。首先，社会主义必须也必然是我们的信仰对象。市场经济作为一种合理而有效的经济活动模式，与社会主义完全可以有机地结合在一起。问题的关键在于如何实现这种结合。市场经济作为一种最佳资源配置方式，首先要求的是自由、平等、公正和效率原则，这与社会主义精神是完全一致的。但在计划体制下这种精神为何没有得到实现呢？这是由于，在计划体制下，社会主义精神与实现这种精神的管理体制是分离的；经济和文化决策上的政治化，利益分配上的平均化，日常生活上的一律化，使得社会生产和社会交往不是依据客观规律进行，而是依据主观愿望来组织。这就从根上失去了为实现社会主义精神而需要的现实基础。于是，人们就把对计划体制之种种弊端的认识推广到社会主义精神上，结果连社会主义本质也给否定掉了。所以从实质上说，社会主义转型乃是一个为社会主义精神寻找合理基础的过程。

其次，对社会主义的重新信仰已不再是一个自发的而是一个自觉的过程。但要完成这一任务，至少要做到：（1）对社会主义要有一个科学认识。这是社会主义信仰的理性前提。社会主义是在不断修正和完善中体现其优越性的。若是以一种完满的观念来认识社会主义发展中出现的各种问题，就很难正确把握社会主义本质。（2）社会信仰从来就不是个人自发的过程。若是没有权威人物或权威集团借助各种媒介进行的宣传、影响和灌输，社会信仰就难以形成和发展起来。要使人们再度信仰社会主义，没有使个体自由而全面发展的社会条件和社会环境是不可能的。要做到这一点，没有一个合理而有效的社会制度体系是不可能的。如此一来，制度建设就成了实现信仰重建从而完成社会转型的根本保证。

（二）建立健全合理的社会制度体系。

社会整合所借以实现的手段，除了通过理想层面即社会信仰之外，更为主要也是更为根本的则是社会制度体系。社会转型时期，各种社会规范和制度体系的完善与实施，是一个不断修改、补充、完善和发展的过程，这一过程必须体现社会主义精神，否则它就不能为社会主义信仰提供根本保证。

前已述之，社会规范体系的建立是人类秩序意识之符号化的产物。即是一种理性化的过程，自然也就包含着建立各种规范体系之合理基础的“批判”过程，没有了这种前提性的批判，规范体系极有可能建立在非理性如情感、意志基础之上，其结果往往是重大社会决策的失误，以及由此导致的社会发展的低速度和低效益。计划体制下，制度和规范体系的建立与实施，一般来说是没有价值分析和合理化论证这一过程的，而是直接进入社会生活领域的。由于人们对社会规范体系的建构原则及其合理基础不甚清楚，因而对这一规范体系所体现出的社会主义精神的认识也是模糊的。这是由当时的社会实践水平和意识水平决定的。历史的惯性使建国后的人们仍以革命时期的那种革命态度和革命热情，来进行决策、生产和交往，因此，寻求建构社会主义制度体系之合理基础的工作，还没有提到日程上来。原因在于，人们对社会主义本质的认识还只是观念的；只有当生产实践和交往实践而不再是革命实践提出什么是社会主义的时候，社会主义制度体系的建构与实施才会真正落到实处，人们才去寻找这种建构的合理基础。这一过程大体开始于20世纪70年代末。这就是由计划体制到市场体制的社会转型。社会转型标志着人们的社会意识水平有了质的飞跃，对社会主义的认识不再是情感、意志和主观愿望层面的了，而是社会理性水平的认识。换言之，社会转型时期，人们对建构社会制度体系的合理基础和原则有了较为明确的认识，这就是公平效率原则。社会制度体系能否体现公平效率原则，直接反映出该制度体系的合理性和人道性；有利于谁和不利于谁的倾向性。

社会规范体系既是人们进行生产和交往活动的合理化形式，所以其第一原则应该是效率原则，这是由人类进行生产和交往的目的决定的。社会规范体系若是失去了人类的合目的性，即不能为人们获取生活资料满足各种需要提供秩序保证和意义支持，其合理性是大可怀疑的。第二，社会规范体系至少在理想上是否有利于一切人，直接标示出该规范体系的公平程度。社会规范体系若不能为所有的人获得平等竞争、平等交往和平等分配的机会提供保障，那么该规范体系也就失去了最起码的合理性。但必须指出，把公平效率立为规范体系的建构原则，与该规范体系完全体现这一原则是有相当距离的，完全体现公平效率原则的规范体系是不存在的。我们所能做的是最大限度地体现这一原则，其中根本的出路仍在于规范体系的健全与完善。

社会制度的完善是在不断地社会实践中实现的。社会规范都有一定范围和一定强度的约束力。从约束的性质来看，可分为强制的和非强制的。强制的是指具有法律效力的那部分；非强制的是指虽没有法律效力但适用范围更为广泛的那部分。在具体的社会实践中，加强和完善具有法律效力的那部分体系就具有了特别重要的意义。社会转型时期一些重大社会现象如以权谋私、权钱交易、侵害公民权利等等，已不再是道德问题，而是一个法律问题了。但这些现象却经常发生且屡禁不止。这充分说明，社会转型时期，社会规范体系还远没有健全和完善起来。解决问题的根本出路仍在于制度本身，这就是制度制约制度。这有两个关键内容，第一，建立适用于新的活动领域的规范体系。市场经济提高了人们进行生产和交往的社会化程度。生产所用时间的缩短和日常生活时间的延长，使人们的活动空间、活动效率较之从前极大地提高了，由此所结成的社会关系也复杂了。这些新的活动领域和新型关系需要新的规范体系来进行约束和范导。然而，这些新的规范体系还远未建立和完善起来，一些不合理社会现象的长期存在，正是这种不健全的直接表现。第二，在社会规范体系中，除了用来约束和范导人们的经济活动、政治活动和文化活动的经济、政治和文化制度之外，还应有用来约束和评测权力适用范围和运用效益的制度体系。没有这部分规范，权力的使用极有可能超出它所适用的范围，使得行使权力的人获得权限以外的利益。在计划体制下，权力制约机制是通过一律化的共产主义观念体系来完成的，共产主义观念的弱化，要求权力制约机制要通过制度来完成，这是市场经济所必然要求的。然而这部分规范还远未建立和完善起来，因而也就不能很好地体现公平效率原则。在社会转型期，国家和政府除了用制度这一强制手段来整合人们的行为之外，更为根本的则是观念的整合方式。因为制度的约束和范导作用只有通过观念的方式才能真正实现，人们的合理行为是他律与自律有机统一的结果。因此，在加强制度建设的同时，思想文化建设就成了另一个重要的方面。

（三）思想文化建设既是市场经济的必然要求，又是市场经济进一步发展的坚实基础。市场经济与其说是一种经济行为，毋宁说是借着经济的形式而实现的伦理活动。市场经济的伦理内涵正是思想文化建设的根本内容。效率原则要求从事各种社会活动的人们，必须有较高的文化素质和管理水平。合理的知识结构是提高社会活动效率的根本保证，同时也是人们形成伦理意识和伦理行为的重要前提。市场经济作为一种契约伦理活动，打破了计划体制下那种依靠自然情感和革命情绪把人们联系起来的伦理关系；契约伦理原则上要求人们具有公平和效率意识。这样，就有可能形成一个尽可能普遍有效的理性尺度，去匡正和范导人们的行为。当这种理性尺度以“绝对命令”的形式发挥其职能时，理性尺度就变成了评价尺度，有了这样的尺度，人们的评价活动和评价对象才可以被置于客观公正的基础上，社会公平也才有可能。

在思想文化建设中，除了知识的习得、技术的提高和公平意识的强化之外，职业道德建设也是极为重要的方面。职业原本是一个具有宗教意义的伦理范畴。在西方传统文化中，有着一种信仰上帝和攫取金钱乃是不可调和的观念。于是，如何把二者结合起来就成了近代宗教改革运动中出现的解释上的难题。通过对宗教圣典和上帝的重新释义，人们找到了由宗教信仰通达世俗活动的根本路径，这就是，对世俗功利的全面追求乃是对上帝真诚的爱。解释难题的消解，禁欲与金钱之间的通联，使人们把对上帝的爱化为对世俗利益的追求，逐渐地也就形成了对世俗活动的敬重和负责精神。这就是马克斯·韦伯所说的新教伦理与资本主义精神。敬业、精业、勤俭、诚实、守信成了职业概念的主要内涵。在这种职业观念的指导下，职业和职位实现了有效的分离。职业是就完成某一社会工作的质量和敬业精神而言的；职位是就完成职业所赋予的要求以后所得到的报偿所说的。由职业到职位的过渡需以前者的有效完成为其前提。这就使得从业者主要着眼于职业本身的效率和伦理要求，而不是职业以外的某种东西。当从业者全身心地投入到职业中去的时候，他分明是在借着职业的伦理要求而为着他人和社会服务。在中国的传统社会以及现今的社会转型时期，在人们的观念中，职业和职位是直接合一的；事实判断和价值判断是缺少中介而直接过渡的。即是说，当我拥有某一职业时我就必定拥有某个职位，因而即可获取某些特殊的利益报偿。如此一来，一个从业者在他从事某一职业（特别是权力部门）之前，已把该职业所带来的利益作为他的主要动机了；一当机会成熟，不是为了职业而仅仅是为了职位的愿望也就实现了。职业观念的缺失以及监督、评测和惩罚机制的不健全，为这种实现提供了主客观条件。这就不难发现，在社会转型时期，职业规范建设和职业道德强化乃是不可缺少的两个方面。

总之，中国的社会转型，不只是经济结构、政治结构，更主要的是文化结构和意识结构的转型。其中信仰重建是核心，制度完善是关键，文化建设是目的。信仰重建构成文化结构中理想文化层面的内容，没有合理有效的信仰体系，社会转型就失去了意义支撑，制度体系的完善也就失去了最高的指导原则，也就不能体现公平效率原则。社会规范体系的重建与完善，是社会主义信仰落到实处的根本保证，也是把信仰和职业道德联系起来的有效环节。科学文化知识和职业道德水平的提高，构成了文化结构中实践文化层面的内容，它既是完成社会转型的必要前提又是这种转型的必然结果。而在实际的运作中，信仰重建、制度完善和文化建设乃是“三位一体”的，其中制度完善是关键。简言之，在社会转型期，相对于政治整合而言，文化整合乃是摆脱困境的根本出路。

在当下的伦理学研究中，约有三种思维空间范式：断面思维、段落思维和历史思维。每一种范式都有它的合理性，因为论题不同，它所呈现的时空长度就不同。断面思维适用于就某一个具体断面上的理论和实践问题进行就事论事式的沉思，它可以不顾及此一论题前后延展和空间拓展的必要性与可能性，而只就问题本身的结构、特征、性质进行集中讨论，从而体现了具体性。但任何一个理论和实践问题都不是孤立存在的，它是在历史和社会的网络中被界定和规定的。因而就必须引入段落思维，它是将一个论题置放在较长时段里加以考察，以便呈现论题的时代性，如近代性、当代性和现代性。此种思维方式可以在纯粹知性的空间内将前后相继和空间共在“悬置”起来，直接分析和论证近代性、现代性和当代性自身，以呈现断代史的相貌。此种致思范式在一定程度上改进了断面思维的缺陷，但也可能出现脉络庞杂、支脉繁多这一局面，虽面面俱到却都流于表面。历史思维是将某一个或某一些重大理论和实践问题纳入整个民族史、国家史和人类史加以考察，如道德观念和道德实践的发生史。断面思维、段落思维和历史思维对于研究“社会转型与伦理变迁”都有不同程度的适用性，其内在逻辑是，没有对具体道德问题的研究，如公民伦理、婚姻家庭伦理，等等，就不可能有断代史意义上的“伦理变迁”；没有对“社会转型与伦理变迁”的断代史讨论，又如何判定人类道德意识和道德实践的进步性的退步性呢？

四 “社会转型与伦理变迁”如何成为理论问题和实践难题？

如果从空间距离来说，“社会转型与伦理变迁”对于正在经历这种变迁的中国人而言，作为问题的“社会转型和伦理变迁”无疑是当代中国伦理学的重要理论任务，因为对中国伦理学理论工作者而言，它具有切近性，相反，西方近代开始的现代化运动以及由此引发的伦理变迁则具有空间隔离性，西方人以他们自己的方式感知着、探讨着与我们相似的问题。

对当代中国伦理学研究的理性检视，乃是对学术界对“社会转型与伦理变迁”问题之认知、把握过程的反思性回顾。一如中国的改革开放那样，中国当代伦理学也经历了不断修正、矫正、完善和发展的复杂过程，取得了令人瞩目的理论成果，它充分体现在三个层面，即辩护、反思与建构的伦理学嵌入生活世界的方式。

每一时代的人们都在造成着道德问题，也都殚精竭虑地在解决着这些问题。然而无论从理论研究的层次还是从日常思维的角度看，人们常常过于怀念或崇敬别一时代的品德而悲观于自己时代的道德问题。事实上，没有无道德问题的时代，也没有无品德的社会。关键在于，如何厘定特定时代之基础性的、根本性的和全局性的道德问题。考察这些问题的现状、性质、所起作用的方式以及对好生活的影响。伦理学以政坛、讲坛和论坛的形式发挥着属于其自身的社会功能。基于伦理学发挥社会功能的三种方式，立足于当下社会现实、借鉴传统伦理资源、指明伦理发展的可能形态，无疑是中国伦理学的一个理论任务。

（一）辩护与批判：政坛伦理学的合法性

一如伦理道德在任一社会都是不可或缺的社会力量和精神状态那样，伦理学也以其特有的方式发挥着它的辩护、教化、批判和预设功能。伦理道德是一种复杂的社会现象，但其核心内容却是两项：德性与规范。规范是正当行为的规范化形式，而德性则是“主观意志的法”。无论是何种形式，伦理道德均要通过个体的善良意志和实践理性来“劝导”意志，以获得幸福或行为的正当性。规范个体行为的正当性要求，既来自自身，也来自他者，更来自政府。任何一个时代从未轻视过对个体的“劝导”工作，政府会像制定法律那样创设伦理规范，以规约人们的意志和行动，使之朝着它所希望的方向发展。政府倡导某种伦理范型可能以使民众过一种好生活、一种值得过的生活的名义而推行它，但直接动因则是进行有效的社会治理。以政府的名义践行的伦理道德规范通常有两种生成方式，一种是由政府组织而由所谓的“伦理学工作者”编纂的伦理规范体系，此种伦理体系可能考虑个人完善和社会进步的客观需要，但主要是顾及政府的“偏好”，无论是内容安排、结构设计还是措辞技巧都以政府的可接受性为基础。作为意识形态之伦理道德体系之另一种生成方式是，由所谓圣贤所创造的伦理学说，以及受这些学说影响而形成的日常道德思维和道德生活实践，例如儒家伦理。儒家伦理初创之时并无为权力者集团服务从而成为意识形态的意图，然而一经被权力者集团纳入到他们的支配逻辑，圣贤们所创造的伦理学说就会按照意识形态的轨迹发展下去。经过“罢黜百家、独尊儒术”的意识形态运动，儒家伦理成为支撑人们日常生活的价值基础，同时也变成了权力集团进行社会教化的重要武器。任一种伦理道德一经成为意识形态便会陷入两难境地：既要顾及生活实践的可能性和民众的接受性，还要考虑对支配活动而言的有效性。而支配的逻辑与生活的逻辑本质上是两种不同类型的运行逻辑。意识形态化的伦理与真实生活之间可能有三种组合方式：基本匹配、基本无关、意识形态伦理替代生活伦理。在实际的生活中，这三种情况可能都会出现。如果将三种情况进行价值排序，其间呈现价值递减。

针对如上复杂情形，政坛伦理学理应对其自身的合法性身份和正当性地位进行深入分析和研究。无论着眼于历史经验还是立足于当下实际，政坛伦理学的存在都是合理的。问题不在于这种伦理学是否应该存在和必然存在，而在于政坛伦理学的言说方式和服务路径。其言说方式必须符合意识形态的要求，即必须以辩护与论证的立场和态度为其服务；服务路径表现为依赖于体制所给定的可能性空间，于体制以外言说体制以内的事情被证明是最有风险的事情。因此，政坛伦理学如要发挥其作用，就必须取得权威者集团的信任与同意，亦即获得言说与行动的合法性。即便如此，政坛伦理学也依然存在一个实现合理性程度的问题。倘若一味地为现世的支配行为进行辩护和论证，而缺少最基本的批判精神，那么，经由政坛伦理学论证、由政府所倡导的伦理范型就会因为缺少“群众基础”而流于形式。出于此种考虑，政坛伦理学工作者应摈弃那种仅把辩护和论证作为糊口之手段，或作为赢得“席位”之途径的想法和做法。辩护与批判是政坛伦理学所必须坚持的态度，辩护应建立在批判的基础上，一如没有经过思索的生活是不值得过的生活一样，未经过理性省察的伦理范型也是不值得推荐和实践的伦理。

现代中国伦理学的发展虽已经过一个世纪的心路历程，但伦理学真正作为一门学科被建立起来则不过30余年的时间。30余年来，政坛伦理学虽不是伦理学发展的主流形态，但很多时候，即便在讲坛伦理学和论坛伦理学的语境下，也仍不缺少政坛伦理学的影子。如以一种客观而公正的态度看待政坛伦理学的存续方式，那么政坛伦理学的存在与影响就不仅是应然的也是必然的，一种普遍有效的“先天实践法则”和形式多样的“道德规范”如能借助某个权威而通行天下，则无疑是一种十分和谐的状态和“至乎其极”的境界，然而此种状态和境界似乎没有出现在现世中，只是一种“理想模型”。在批判与辩护的双重要求下，政坛伦理学究竟该如何作为呢？

首先，寻找既合于历史的逻辑又合于支配的逻辑更合于生活的逻辑的伦理范型乃是政坛伦理学的首要任务。在计划体制下，以集体主义为基本原则的共产主义道德体系，不仅是政坛伦理学所推崇的伦理范型，同时也是事实上的由意识形态所践行的伦理范型。在此种语境下，政坛伦理学无须给共产主义道德体系以正当性基础之说明，人们只管如此行为，无须追问如此行为的正当性基础为何。这是由政治统合经济和文化从而使政治标准通行于天下的社会结构所决定的，建基于这种社会结构基础之上的伦理学还缺乏足够的批判与反思的气质，于是，辩护与论证就成为伦理学的基本功能，政坛伦理学也就自然而然地成为伦理学的主流形态，尽管讲坛伦理学和论坛伦理学的发展已经初具规模。改革开放40多年来，转型期中国发生了结构性变迁，政治一统天下的局面被打破，经济和文化开始作为独立的社会力量而发挥作用。基于资本的运行逻辑之上的商业气息、原子主义思维方式和消费主义价值观、欲望的神圣激发、以市场为导向进行资源配置的市场经济、快速发展起来的科学技术为现代社会的建立与发展提供了内在动力、社会环境和物质手段，当这三个要素被并置在一起的时候，一个全面的生产和消费运动就开始了。在此种背景下，什么才是社会之主流的伦理范型呢？或者说何种类型的伦理体系才能支撑转型中国健康发展呢？对此，政坛伦理学应勇于担负历史责任。其次，转型中国之主流形态伦理范型必然呈现为复杂结构。依照主体思维，也就是按照对谁而言谁应该做什么，可把主流形态的伦理范型作结构上的分类。进一步地，还必须考虑关于伦理学基本问题的分类方式。摩尔把伦理学的研究对象归结为两大类："第一类问题可以用这样的形式来表达：哪种事物应该为它们自身而实存？第二类问题可以用这样的形式来表达：我们应该采取哪种行为？我已力求证明：当我们探讨一事物是否应该为它自身而实存，一事物是否就其本身而言是善的，或者是否具有内在价值的时候，我们关于该事物，究竟探讨什么；当我们探讨我们是否应该采取某一行为，它是否是一正当行为或义务行为的时候，我们关于该行为，究竟探讨什么。"根据这种方式，伦理学应该分成伦理价值目标和伦理道德规范，前者追求的是：我们为什么而做；后者强调的是为着这个价值目标我们该做什么。转型时期的中国之主流伦理范型应包括以下内容。第一，整个社会的基本伦理价值目标。公平、效率、民主、自由与幸福是转型中国的基本价值目标。通过市场经济这种经济组织方式追求日益丰富的生活资料，通过体现差别原则和平等原则的分配制度，以使每个劳动者分得必要的生活资料，满足人们日益增长的物质文化和精神文化需要；为人们的生产、交往和生活提供秩序保证，使每个公民享有基本的公民权并履行公民义务；每个人通过日益广泛的公共交往和日常交往、通过享用丰富的生活资料获得自由和幸福。第二，政党的核心价值观。为了实现转型期中国的基本价值目标，中国共产党人提出了合乎理性要求的价值观：深入学习和落实科学发展观，构建和谐社会。第三，必须遵守的道德规范。《公民道德实施纲要》是每个公民能够做到也应当做到的道德要求；"八荣八耻"是针对各阶层公民提出的道德规范。在符合历史规律、先进文化和人们根本利益要求的基础上，构建既是可能的又是正当的伦理价值体系，无疑是政坛伦理学之重要的理论任务。

（二）传播与教化：讲坛伦理学的合理性

伦理学作为一门实践科学，兼有传播与教化的职能，能够传播的对象是伦理知识，能够教化的内容是伦理精神，集知识与教化于一身、融知与行于一体是中国传统伦理学的根本特征。伦理首先表现为一种知识，但又不仅仅是一种知识。这种知识之所以具有知行合一的内在要求，取决于这种知识不只是关于人是什么的概念，而且是关于人应当成为什么样的人的知识。就这种知识的来源和去向来说，必定是出于人的实践而又归于人的实践，这就是“美德即知识”的意蕴。能够称之为“美德”的知识，就其与实践关系的密切程度来说有伦理实践知识和伦理理论知识。这种区分一定意义上更适合于西方的伦理传统。从亚里士多德以来，伦理学作为一门学科始终不曾中断其丰富与发展。与此有别，中国的伦理传统基本上没有实践的伦理知识和理论的伦理知识的分别。惟其如此，中国伦理传统就有了两个方面的优势：普通的道德理性知识和哲学的道德理性知识都较为发达；有两个劣势：不能从大众道德哲学过渡到道德形而上学，再从道德形而上学过渡到实践理性批判。道德形而上学和实践理性批判属于道德哲学的范畴，它们可以作为伦理知识，却很难普及化为日常道德理性知识从而具有教化的功能。在中国的伦理传统中，虽然道德哲学显得不足，但伦理学却是极为发达而成熟的。无论是蕴藏在人们日常生活的伦理知识，还是《论语》、《孟子》、《大学》和《中庸》都有极强的教化功能，儒家伦理通过意识形态化的道路，最终演变成了普及化的伦理体系，以至于成为支撑人们日常生活的最为坚实的伦理基础。君为臣纲、父为子纲、夫为妻纲；仁、义、礼、智、信既是理论形态的伦理知识，又是实践形态的伦理知识。可以说，“四书”“五经”作为“经典教材”成为进行伦理熏染的范本。私塾教育也成为讲坛伦理学的典范。无人怀疑更无人指责，儒家伦理之作为讲坛伦理学的合理性，因为它确实效果卓著。不但有孔孟招收门徒进行仁、义、礼、智、信方面的对话、研讨、争论，还有家庭、家族、村社范围内的、无处不在、无时不有的“伦理讲说”和“传授心法”。在传统社会，讲坛伦理学是在师徒和父子之间进行的，虽无今日之专门的讲坛伦理学，却有日常的讲坛伦理学。

然而，近30年来，中国的讲坛伦理学逐渐成为“纯知识”类的伦理学了，如果说还有什么可以称之为教化的内容的话，那也只是政治的“强化”，而不是与现实的、日常生活相融合的教化。以集体主义为基本原则的道德体系，无疑反映了那个时代的政治诉求。这个道德体系不仅是讲坛伦理学的核心内容，而且也是政坛伦理学、论坛伦理学的核心内容，这是由于政治统合经济与文化的缘故。在此种语境下，伦理道德作为一种德性和规范被整合到政治之下，反之，一切政治活动都要以道德的名义通行天下，伦理道德被提升到了政治的高度，成为一种意识形态，俨然具有了无处不在、无时不有的权威力量，事实上，这是一种幻象。伦理道德不再成为一种相对独立的社会力量，发挥其批判、辩护与教化功能，而仅仅变成了进行政治辩护的手段、政治驯化的工具。更为重要的还在于，它使伦理学这样一种实践科学变得不可能。基于政治需要之上的伦理学体系同基于生活和历史逻辑之上的伦理学肯定有别。当经济与文化开始相对独立地发挥它们的社会功能的时候，当伦理学不再充当政治的附庸而成为相对独立的实践科学的时候，作为学科形态的伦理学的建设才会提到日程上来。

在现代性语境下，讲坛伦理学或作为学科的伦理学，与传统伦理学有着很大的不同。在一个合法界定的城邦伦理共同体中，古希腊时期的伦理学是集政治、学术和教化于一体的，这种一体化是通过自由、民主和城邦精神而建立起来的。在以家庭为轴心的中国传统社会，其伦理学也是集政治、学术和教化于一身的，只是这种统一是建立在差序格局之上的，是血缘和地缘伦理学。家与国的同构化，使得德性之美与城邦之善之间具有了逻辑必然性，此所谓：“一家仁，一国兴仁；一家让，一国兴让；一人贪戾，一国作乱；其机如此。此谓一言偾事，一人定国。”（《大学》）而在一个以原子主义思维方式和消费主义为根本特征的现代社会，原本合一的伦理学开始分化为政坛伦理学、讲坛伦理学和论坛伦理学，这种分化的社会基础在于现代社会的从领域合一到领域分化的结构性变迁过程。伦理学内部的分化实质上是“是”与“应当”（价值）的分化，知识与教化的分离。在这种分化中，作为实践科学的伦理学有被科学化、知识化的内在要求和倾向。尽管这种内在要求和倾向可能会导致伦理学的“拔根”（薇依语）后果，[①] 不再关注行动者而只着眼于行动本身的正当性，但使伦理学成为一门拥有特定范畴、致思方法和逻辑关系的理论体系，依然是中国伦理学的内在要求。在推进中国伦理学学科建设上，特别是在教材建设上，我们取得了长足的进步。在借鉴和吸收西方伦理学学术资源基础上编制了多个版本的伦理学教材。笔者以为，作为讲坛伦理学之文本的伦理学教材，应着重考虑如下一些方面。首先，作为伦理学之根据的前提批判问题。伦理学作为一门实践科学，是否需要前提批判的功夫，是一个需要优先加以考虑的问题。任意一种彻底的伦理学无不需要一种牢靠的哲学前提。关于这个哲学前提的设置需求助于道德哲学的分析与研究。康德要在讨论具体的道德问题之前预先产生“道德形而上学原理”，他要预先考察道德的基础和来源问题。道德基础回答的是道德产生和存在的必要性问题，道德来源回答的是道德的可能性问题。人是有理性的存在者——尽管是不完全的，因而是自在的目的，人能够把自己视为目的，也必然和必须把别人视为目的；因为每个有理性的存在都是如此：总把自己视为目的，总能尊重自己为最高、终极的目的；而别人都是相似的我、相同的我，在自尊的基础上，也必须尊重他人，尊重他人为自在的目的，而不仅仅是手段。尽管道德形而上学原理有多种表述方式，但其共同基础则是自尊、尊重和敬重。那么道德如何可能呢？“约束性的根据既不能在人类本性中寻找，也不能在他所处的世界环境中寻找，而是完全要先天地在纯粹理性的概念中去寻找。”[②] 只有把道德基础建立起来，伦理学体系

① 法国女哲学家薇依在《扎根：人类责任宣言绪论》一书中，将现代社会的诸种社会现象概括为“拔根”现象。像爱、真理、正义、平等这样的人类价值乃扎根于人类心灵之上的，然而在一个由资本的运行逻辑所控制的现代社会里，这些人类价值都被连根拔起。伦理学中由行动者向行动本身的转移实质上是这种“拔根”现象的一个重要方面。

② ［德］康德：《道德形而上学原理》，苗力田译，上海人民出版社 1986 年版，第 37 页。

才是有根基的，因而也才是牢靠的。其次，德性是否可教的问题。亚里士多德、康德和朱熹在不同时代、用不同的话语言说着相同的道理："德性在我们身上的养成既不是出于自然，也不是反乎自然的。首先，自然赋予我们接受德性的能力，而这种能力通过习惯而完善。其次，自然馈赠我们的所有能力都是先以潜能形式为我们所获得，然后才表现在我们的活动中。"① 康德对人是靠着理性这种能力而具有善良意志从而具有道德这一点坚信不疑："我们终究被赋予了理性，作为实践能力，亦即作为一种能够给予意志以影响的能力，所以它的真正使命，并不是去产生完成其他意图的工具，而是去产生在其自身就是善良的意志。"② 在中国传统伦理理论中也不乏关于德性是否可教问题的讨论。朱熹在讨论《大学》之纲领（大学之道，在明明德，在亲民，在止于至善）时说："明德者，人之所得乎天，而虚灵不昧，以具众理而应万事者也。但为气禀所拘，人欲所蔽，则有时而昏；然其本体之明，则有未尝息者。故学者当因其所发而遂明之，以复其初也。"③ 朱熹在解释"格物"、"致知"之意时更是精当确凿地指出了"美德可教"的根据："所谓致知在格物者，言欲致吾之知，在即物而穷其理也。盖人心之灵莫不有知，而天下之物莫不有理，惟于理有未穷，故其知有不尽也。是以大学始教，必使学者即凡天下之物，莫不因其已知之理而益穷之，以求至乎其极。至于用力之久，而一旦豁然贯通焉，则众物之表里精粗无不到，而吾心之全体大用无明矣。此谓格物，此谓知之至也。"④ 无论是亚里士多德的"行动"、康德的"善良意志"还是朱熹的"明明德"，都将道德的可能性建立在主体性之上。道德基础论证问题、德性是否可教的问题应是伦理学优先加以解决的问题。而在我们现行的伦理学体系中，这种前提批判的

---

① ［古希腊］亚里士多德：《尼各马可伦理学》，廖申白译，商务印书馆 2003 年版，第 36 页。

② ［德］康德：《道德形而上学原理》，苗力田译，上海人民出版社 1986 年版，第 45 页。

③ （宋）朱熹：《四书章句集注》，中华书局 2011 年版，第 4 页。

④ （宋）朱熹：《四书章句集注》，中华书局 2011 年版，第 8 页。

功夫显得比较薄弱。再次，道德主体问题。目前讲坛伦理学所使用的教材，一个基本的特征是个体伦理倾向。在关于谁的道德、可以向谁提出道德要求的问题上，几乎所有的教材都是个体德性论。事实上，以个体为唯一的道德主体不符合现代伦理要求，一个基本的事实是，个体因没有德性或道德水平不高，甚至因“道德败坏”而造成的社会影响，常常不如经济主体（企业）、权力主体（行政机关）因制造假冒伪劣产品、渎职、滥用职权而造成的损失为大。应当做什么不应该仅限于向个体提出，经济和政治行为的正当性基础也必须成为伦理学教材所安排的内容。

（三）批判与预设：论坛伦理学的真理性

如果说政坛伦理学的主要职能在于说明与辩护，表达的是一种态度与立场；讲坛伦理学的主要职能在于证明与传播，提供的是一套理论和学术；那么，论坛伦理学的主要职能则在于批判与预设，以供给思想和价值为己任。论坛伦理学的致思范式是批判与预设，其基本理论是立足于当下、指称于过去、指向于未来。指称于过去体现的是批判与继承的功夫；立足于当下依靠的是分析与批判的能力；指向于未来需要的是预设与信念的气魄。伦理学起于“是”但不止于“是”，必须基于“是”而升达于“应当”。“应当”并非主观上的“自以为是”而事实上并不“是”。“应当”作为一种“价值承当”基于“是”而又高于“是”，是基于对“是”的分析与批判之上的“预先给予”。伦理学本质上是面向未来的事情。黑格尔曾就伟大人物与公共舆论的关系精辟地说道：“公共舆论中有一切种类的错误和真理，找出其中的真理乃是伟大人物的事。谁道出了他那个时代的意志，把它告诉他那个时代并使之实现，他就是那个时代的伟大人物。他所做的是时代的内心东西和本质，他使时代现实化。谁在这里和那里听到了公共舆论而不懂得去藐视它，这种人决做不出伟大的事业来。”①

① ［德］黑格尔：《法哲学原理》，范扬、张启泰译，商务印书馆 1961 年版，第 334 页。

伦理学如何要在充满谬误与真理的公共舆论中发现真理并把它告诉他那个时代呢？

普遍、特殊与个别。政坛伦理学表达态度，讲坛伦理学构建体系，论坛伦理学生成思想。生产思想的根本道路在于发现问题、体会问题、分析问题，最终要解决问题，因此，问题意识是论坛伦理学的活的灵魂。作为伦理学之表象的问题（难题）有三大类。其一，普遍问题适合于任何人类社会，只要有人类存在，只要人们愿意生活下去并意欲过上好生活，这些问题与难题就在所难免。例如，德性之本（道德基础论证）、道德与伦理、德性与善（目的论与义务论）、善与正当、自律与他律、良心与舆论、德性的养成、德性之美与城邦之善、普世伦理，这些伦理问题贯穿于人类活动始终，在不同国家和民族那里也会经常遇到，变化的不是这些问题，而是这些问题的呈现方式，以及人们解决这些问题的不同道路与方法。其二，特殊问题适合于几个社会形态的伦理问题或难题，如市场社会条件下的伦理问题，应用伦理学就属于这些伦理问题的学科形态。现代性不仅是一个描述性概念，更是一个规范性范畴．用来指称由资本的运行逻辑所推动的世界性的生产和消费运动。这种运动不但改变着传统的伦理结构，同时也要求着与这种运动相适合的道德思维方式和道德实践模式。如同一块银币的两面，现代化运动在带给人们富足与消费的同时，也把人们的生活压缩成单一的物质生产和物质享用。作为问题的现代性在道德上集中表现为如下一些问题：原子主义和快乐主义思维方式成为主流形态；消费伦理替代节俭美德；操作伦理重于关怀伦理；行动者逐渐让位于行动本身（规范伦理胜于美德伦理）；伦理学学科建设陷入困境。这些问题既是西方国家在现代化过程中所遇到的问题，也是我们在建立完善的社会主义市场经济过程中所遇到的问题，属于特殊问题。其三，个别问题属于某个国家、民族在特定历史阶段所遇到的伦理问题，如转型中国所遇到的问题，就不仅仅是一个现代性语境下的伦理难题，也不仅仅是一个复兴美德伦理学的问题，其复杂性远远超出人们想象的程度。用西方伦理传统以及救治现代西方伦理困境的诸种谋划来解决中国当下的伦理难题不是一个恰当的选择，中国问题只能由中国人用中国人的智慧来解决。中国特色不只是问题有特色，还包括解决问题的道路与方法有特色。只有把普遍、特殊与个别统一起来才能有效地解决中国特色的伦理问题。

可能、现实与必然。任何一种“应当”都是一种可能，而任何一种现实都是实现了的可能，然而只有合事实逻辑与价值逻辑于一体的现实才是必然的；伦理学所追求的不是一般的现实，而是具有必然性的现实，只有具有必然性的“应当”才是真正的“应当”。康德始终坚信，绝对命令是无条件的、必然的，尽管它并不能保证每个有理性者都必然地按照绝对律令去行动，但绝对律令本身是不能受到质疑的。人是目的而不仅仅是手段作为最高的道德原则始终潜藏于人类本性之中，但在具体的历史活动中，这个最高的道德原则只是保证了自身的自足性，体现了自身的最高价值，事实总是有缺陷的。论坛伦理学就是要善于构造康德那样的“道德形而上学原理”；对现实的道德事实和道德观念做出正确分析和正当批判；对伦理道德的未来形态做出可信的预设。

“原理”与“应用”。现代伦理学与古代伦理学的一个本质区别在于：前者是领域伦理学，后者是统一伦理学。只有在统一伦理学的境遇下，才有普遍有效的道德规范。而在领域伦理学境况下，只有康德式的道德原则而无统一的道德规范，因此，“原理”只是一个学科概念，而不是一个实践范畴，一个普遍有效的原则和一个普遍有效的规范是有很大区别的。在传统社会，既有普遍的原则又有普遍的规范。在现代性语境下，由精细的社会分工所导致的生活领域的分化，使得统一的规范陷入困境，于是，认为应用伦理学是某个伦理学原理在实践领域中的应用的观点，被证明是缺少根据、缺乏说服力的。领域分化的重要根据是：经济和文化开始作为一种相对独立的社会力量发挥作用；私人生活领域与公共生活领域开始有了相对清晰的边界；经济活动领域中的伦理问题表现为公共经济政策和经济制度的合理性以及经济主体的伦理意识与伦理行动、道德观念与慈善活动；政治活动领域中的伦理问题表现为权力的界定方式、政治权力分割的正义论基础、行使政治权力的正当性基础、公务员的德性结构与品德修为；精神活动领域中的伦理问题表现为好生活的回归、幸福感的提升、意义的创造与体悟；家庭领域、科技领域、生产与消费领域，等等，都有各自的伦理难题。事实证明，不同领域里的伦理难题是不同的，解决这些难题的道德规范也是不能通约的，在此种境遇下，寻找适合于各个具体活动领域的道德规范就既无必要也不能。切实可行的道路是，制定适合于具体领域的道德规范，并为这种规范提供有效论证，行动主体要为他的行动提供正当性说明。总之，应用伦理学并非是某个伦理原理的具体应用，而是由传统伦理思维方式向现代道德思维方式的转换。如果不能深入领会伦理学中行动者到行动本身的现代转换，如果不能正确理解由美德伦理学向规范伦理学的现代转向，就不能很好地领会复兴美德伦理学的内在价值诉求，更不能掌握应用伦理学的精神实质。

政坛伦理学、讲坛伦理学和论坛伦理学并不是严格的学科术语，它们不像经济伦理学、生命伦理学等应用伦理学学科那样，有严格的学科对象，有清晰的学科边界。它们只是一个描述性的概念，用来指称伦理道德发挥社会作用的方式，其间的界分不是题材上的差异，也不是伦理道德在本质上的区分，而是言说者言说伦理道德的话语方式，以及用伦理道德去做什么。它们不是独立的伦理学体系，而是规范伦理学的不同形式。其间并不存在本质上的冲突，而是出于不同目的、为着不同目标而进行的言说、陈述和论述。道德叙事和话语系统上的差异所体现的是伦理学呈现方式的多样性，这种多样性正是伦理学之生态学的集中表现。中国伦理学之未来形态的“理想模型”可能是，集政坛伦理学、讲坛伦理学与论坛伦理学于一体，融辩护、证明与预设于一身，追求“是”与“应当”的统一，分析与规范的一致。这种统一与一致不仅仅是一种价值诉求，也是一种历史的必然。

从伦理变迁的性质上看，可能丢失了传统伦理或伦理传统中的优秀部分；保留或改造了伦理传统中的正确部分；生成了新的伦理范型，因此用辩护、论证与批判三种致思范式把握伦理变迁是恰当的。关于伦理变迁中的相合、并置于冲突的细致方面，我们将在下一个单元深入分析。

一如上述，虽然中国形态的“社会转型与伦理变迁”对于当代中国伦理学而言具有切近意义，但作为一种历史事实，它优先在西方国家发生。在西方现代化运动中，“社会转型与伦理变迁”表现为社会结构变迁与伦理观建构的双重逻辑。

在西方，关于转型社会之伦理基础变迁及其重建问题的研究，因为其所遇到的问题不像转型期中国所遇到的那样集中而迫切，所以在西方的伦理文化资源中，很难找到直接论述由社会转型所引发的伦理基础的变迁以及伦理基础重建的材料，但这绝不意味着，关于现代社会之伦理基础的研究是匮乏的，相反西方伦理思想家为我们提供了丰富的学术资源。这种资源是双重的：一部分是为市场社会或现代社会之伦理进行奠基的；另一部分是对现代社会所造成的伦理问题进行批判、修复、矫正和完善的。

五　中国社会转型与伦理变迁的全球化视野

1. 西方语境下的道德困境及其解决策略。

首先，西方肇始于15世纪末而成熟于18世纪下半叶、发展于整个20世纪的现代化运动，其伦理基础的建构及其演变，基本上是在西方文明轨道上进行的，属同质化演进，尽管如麦金泰尔所说，西方的现代化运动丢失了始自古希腊的美德，从而要在美德之后重新塑造美德，但它是对同一种美德体系的修复、矫正和完善，因此关于这一完善过程的理论形式和实践形态，于我们而言只有借鉴的意义，绝不可以照抄照搬。

其次，就当代西方关于现代性与现代道德困境的理论研究，也多半是在原有理论基础上的解释和改进，如契约论的主要代表斯凯伦、美德伦理学的重建者安斯库姆，几乎没有从整体上提供摆脱现代道德困境的战略设计和策略安排。转型期中国的伦理基础变迁及其重建问题乃是现代性语境下的中国问题。

2. 从整体上反思和建构转型期中国之伦理基础变迁及其重建问题的伦理学理论亟须拓展和深化。

初步统计，近五年来，国内学者以“现代性与现代道德困境”为题目或为主题发表的文章有12703篇，数量不少、质量不足。要么是辩护式的、要么是批判式的、要么是情绪宣泄式的。我们固然需要批判和指责，但更需要理性的分析和建设的方案；需要既有学科高度又有问题深度的理论建构。

（1）学术价值：①把我多年来研究伦理学基本理论所取得的理论框架和方法体系，运用于对转型期中国之伦理基础变迁及其重建问题的研究中来；通过对重大现实伦理问题的研究，从理论高度解决“重建美德伦理学：世界语境与中国立场”问题；建构一个具有足够解释能力的伦理学基本理论体系，即：伦理学的书写方式（幸福论的伦理学，以亚里士多德为代表；功利主义伦理学，以边沁和穆尔为代表；义务论的伦理学，以康德为代表；契约论的伦理学，以卢梭、霍布斯、洛克、康德、罗尔斯、斯凯伦为代表；儒家伦理学中的心灵哲学）、心灵与德性：美德伦理学、规范与责任：规范伦理学、德性与生活：实践伦理学。②建构一种具有建构性和范导性的道德思维方式或伦理学方法。一是伦理性的确证问题，伦理学应该研究具有伦理性的事实，即社会事实，它构成了道德规范的基础；精神事实，它构成了德性的人性基础。二是伦理基础的确证，为具有伦理性的事实提供伦理基础才是恰当的、现实的。道德虚无主义和泛道德主义都是在理论上没有明了伦理学边界和道德边界的直接后果。

（2）应用价值：①由社会转型引发的道德危机不是某个方面和层次，而是整体的危机。如何正确认识这种危机并理性地提出摆脱困境的方案和道路，乃是本课题所要集中解决的问题。②以学术的方式提供一种道德思维方式，要从整体上体会和认识当下的道德困境，面对日益复杂化的社会关系，不能用线性思维和平面思维，而必须用复杂性思维认识和解决各种道德难题。在解决伦理基础重建的方式上，少些情绪表达，多些理智分析。以人们能够接受的方式，提出伦理基础重建的具体方案，如精英集团的德性培养、制度的伦理基础建构、权力的伦理辩护与批判；于民众而言，做一个能够正确思考和正当行动的有理性者。本课题不可能直接解决当下诸种道德危机，而只能通过影响人们的道德思维、道德情感和道德行为的方式，摆脱道德危机，共同建构一个良序社会。因为只有每个人都拥有最基本的德性，创造和分配最大公共善的良序社会才是可能的。

3. 社会转型及其复杂性。社会转型特指由传统社会向现代社会的结构性变迁。它不是同一种体制的修复和完善，而是完全的另一种观念、制度和行动体系，它是社会进步和人的发展的意义上的结构性变迁。从时间跨度上看，西方的社会转型肇始于 15 世纪末、成熟于 18 世纪下半叶、发展于 20—21 世纪；粗略计算，西方的社会转型已经历了 500 多年，其所引发的问题是逐渐出现的。中国的社会转型始于 20 世纪 70 年代末 80 年代初，只有 40 多年的时间。它以集中的、压缩的方式呈现给人们，其复杂性不言而喻。首先，它是一种观念重叠。传统的价值观（权力观、财富观、幸福观、道德观、审美观）；现当代中国的革命观、平等观；近现代西方的自由观、平等观、正义观，三种价值观交织在一起，如何构建一个具有社会主义特质的主流价值观，无疑是复杂而艰巨的。其次，它是一个结构重叠。从地域空间看，它表现为城乡二元结构、城市中的强势与弱势结构。从关系结构看，它呈现出亲缘关系、功利关系与公民之间关系的重叠。最后，它是一个问题重叠。基础性问题，任何一个建构市场社会的国家都会遇到的，即三种危机：人与自然、人与人、人与自己；特殊性问题，社会主义到底选择何种政治、经济和社会体制，才能体现社会主义的优越性；个别性问题，转型期中国可有三种文化资源：传统的黄色（黄河、黄土地）文明、现当代中国的红色文化、近现代西方的蓝色（海洋）文明，能否集各种文化、文明之所长构建真正属于中国社会主义特色的绿色文明，无疑具有重大的政治意义和社会意义。当普遍性、特殊性和个别性问题集中向我们走来，就形成了一个必须正视和重视的问题丛，旧的问题尚未清晰，新的问题接踵而来。毫无疑问，转型期中国处在高风险状态。危机，既是风险又是契机。社会转型的复杂性与困难性直接引发了伦理基础的变迁，一如社会问题那样，伦理、道德问题也以全面而集中的方式向我们走来。

4. 伦理基础变迁及其复杂性。第一，从熟人社会到陌生人社会的转型所导致的由伦理到道德的变迁。由家庭、家族和村社构成的熟人社会，既是人们生存和生活的自然空间，也是他们的社会空间。在这个被严格限制起来的空间里，人们朝夕相处，千百年来不曾改变。人们只需接受和践行先人或先哲供给的伦理道德体系即可，无须变革和创新。人们只是伦理的践行者，而不是道德的自觉者。作为伦理的践行者，只管照章行事而不问其是否正确和正当；作为道德的自觉者和实践者，自知其该如何行动，怎样的道德认知才是正确的，怎样的道德行动才是正当的。当人们既处在熟人社会又处在陌生人社会时，就会茫然失措、手足无措。第二，从私人生活领域到公共生活领域的转型所导致的由家庭伦理到公共伦理的变迁。在儒家那里，在齐家、治国、平天下之间；在孝、慈、敬、仁、信之间具有相互通达的道路，而这种一以贯之的逻辑只有在家国同构的社会历史语境才是可能的。由传统的自然经济、计划经济向市场经济；由政治整合一切向政治、经济、文化和社会相对独立运行的社会结构的转型，逐渐建构起了一个完全不同于家庭、家族、村社的公共生活领域，而建构和维系公共生活领域的伦理基础则完全不同于私人生活领域的伦理基础。前者作为“机械团结”是靠自然情感和日常经验来维系的；后者作为“有机团结”是靠公共理性和公民伦理来维系的。第三，由不变社会到变动社会的转型所导致的由道德习惯到道德判断和道德推理的变迁。流动性和变动性是现代性社会的根本特征，人与自然、人与人、人与自己的关系似乎处在变动不居之中。依照千百年来不变的道德情感或道德直觉显然不能正确看待和正当对待不断变化的各种关系，这就要求行动者必须形成自己具有鲜明理智因素的道德概念、判断和推理。第四，由道德习惯到道德选择的转型所导致的由耻感到道德责任的变迁。耻感是外在的，道德责任则是内在的。只是迫于外在的道德谴责和道德惩罚才不为恶，乃是明显的他律方式，它不具有必然性，一当外在约束变弱或消失，失当行为就极有可能发生。在这种意义上，人只是一个伦理人而不是道德人。而道德责任则是自知其如何行动也必须如何行动。依照康德的表述就是：当且仅当，只有按照你意愿别人对待你的方式对待别人才是道德的，这是自己向自己制定的道德法则。自己都不遵守自己为自己制定的道德法则，这是不能接受的事实，只有自律的行动才是必然的。责任就是出于对客观规律（道德法则）的尊重而产生的行为必然性。第五，由非反思、非批判到怀疑、质疑、批判和建构的转型所导致的由接受伦理环境到建设伦理环境的变迁。在传统的熟人社会，人们生活于其中的伦理环境基本上是由长辈、先哲、贤人的话语和行为构成的，普通民众只能接受它而不能质疑和批判它，更不能改变它，进言之，民众的道德评价几乎是无效的。而在一个广泛交往且强调每个人自主性的现代社会，伦理环境建设、修复和完善逐渐相关于每一个人，民众的道德评价愈来愈成为一个不可忽视的道德力量。这就要求每一个公民要成为一个拥有理性且无偏见的观察者、言说者和行动者。第六，由这五种转型和变迁所导致的伦理—道德的错置或错位现象。其一，用熟人思维建构现代社会；其二，用私人伦理处理公共伦理关系；其三，用传统的权力观处理现代政治关系；其四，用耻感伦理代替责任伦理；其五，用他律处理本应自己担负的公共事务。道德危机与道德困境已经成为阻碍转型期中国健康发展的心理—情感、精神—观念因素，重建伦理基础势在必行！

5. 伦理基础重建的领域、内容与途径。第一，从行动者看，伦理基础重建的最为原初的要素是，从传统的德性结构向现代德性结构的转型。这就是：从自发到自觉：他者—自我—自我与他者的融合；从情感到理性：情感—理性—情感与理性的统一。第二，从领域看，伦理基础的重建表现为个体美德到社会伦理的转型，即个体美德—公民伦理—城邦之善。①人格、尊严与德性之美。②公共理性与公民伦理。③从德性之美到城邦之善。第三，从内容看，伦理基础重建集中表现为道德观、制度伦理和行为正当性的重建。总地说来，伦理基础的重建必须按照韦伯所说的信念伦理（关怀伦理）和操作伦理两条道路进行。信念伦理表现为道德信仰和道德信念的当代建构，它是一种道德承诺，是一种客观上不必然而主观上必然的视其为真，直接决定着个体美德与城邦之善的建设方向和发展程度。操作伦理表现为规范体系和奖惩制度的设置，它既是制度与规范及其运用，又是这种运用的社会后果，即伦理环境。简约地说伦理基础的重建就是：德性的培养和伦理的建设。

6. 如何认知与判断市场社会与德性结构之间的冲突与张力？市场社会并不仅是一种资源配置方式，毋宁说，它是一种新型的生产方式、交往方式和生活方式；不可否认它比以往任何一种社会运行模式更有效率，它最大限度地激发了人们创造财富和享用财富的积极性与创造性，却造成了三种疏离化：自然的过度开发、人与人之间认同感与归属感危机、心灵失序。这些都是典型的伦理问题。它使过往的道德经验失去了现实根据，诚信、责任、让渡等优良品质被淹没在功利主义和利己主义的打算之中。它解构了原有的德性，又可能生成更具进步意义的德性，那这个新型的德性该怎样生成呢？

7. 转型期中国的伦理基础变迁及其重建面临双重困境。我们既需要为市场社会进行伦理奠基，又要对由市场社会引发的道德危机与困境进行伦理批判。当伦理辩护与伦理批判交织在一起的时候，极有可能使我们陷入两难境地：尚未充分释放市场社会的魅力便开始接受市场社会带来的风险与危机了。享受尚未开始忍受接踵而至。但危机本身就是双重的，既是危险又是机会。在市场社会带给人们的代价尚未完全表露出来之时，便开始修复、矫正和完善市场社会的缺陷。也许转型期中国在伦理重建的理念与道路上能够提供世界经验，或中国经验的世界意义。

8. 伦理基础重建的复杂性和艰巨性也许超出了我们知性能力和

实践能力。首先，谁来引领这种重建工作？政治精英、经济精英、科技精英和社会精英承担着比弱势人群和边缘人群更多的道义和责任。其次，在重建的内容上，如果从领域看，可有婚姻家庭伦理、公共生活伦理、经济伦理和政治伦理；从环节或要素看，可有观念重建，如权力观、财富观、幸福观，制度重建和行为方式重建。第三，在重建的道路与程序上，何种要素具有优先性？哪个领域、哪个人群的德性的重构具有优先性？当自律已经失效，他律的方式如何展开？

对转型期中国伦理基础变迁及其重建的复杂性、矛盾性和冲突性的揭示和论证，需要具体哲学批判来完成；而一般哲学批判则是对社会转型与伦理变迁的人性基础追问和社会根源考察；具体哲学批判将把一般哲学批判所揭示出来的问题，还原到具体的社会领域中，通过具体考察和深度论证，给出一个可检验可证明的“哲学原理”来。

关于“社会转型与伦理基础变迁及其重建”这样一个题材，可有多种致思方式和阐释方式，其中最简便的一种便是，将由起始于20世纪70年代末的社会改革运动所引发的伦理道德问题，一一罗列出来，继而对之进行分类和判断，之后就伦理基础重建的具体内容找出具体的道路来。而最复杂的一种致思方式则是从一般哲学上追问促使人类不断进行社会转型的人性根源、发掘实现社会转型的社会基础，然后将人性根源的追问和社会基础的发掘转换成社会具体领域的结构性变迁，以及由此引发的具体德性、规范与行动的变迁；即便是对具体领域之伦理基础变迁问题的研究，也不做纯粹的现象的描述和类型的划分，而是将社会转型与伦理基础变迁之间的整体性、复杂性和冲突性揭示出来，呈现出本质来，现出其规律来。将课题还原成问题和难题，是这种致思方式所必须坚持的理性原则。如要贯彻这一理性原则，就必须实现基于断面思维中经段落思维而达于历史思维；只有在长时段的历史持存中，才能见出社会转型与伦理基础变迁的内在逻辑来。

第二章　社会转型与伦理变迁的经济哲学原理

对社会结构转型与伦理基础变迁的人性基础追问和社会根源考察，完成的是对社会转型与伦理变迁的一般或元哲学规定，体现的是康德哲学意义上的建构原则，当把这种元哲学规定还原为具体活动时，有关社会转型与伦理变迁的具体哲学原理的建构就提到日程上来。依照问题的内在逻辑结构及其展开方式，有关社会转型与伦理变迁的领域哲学或部门哲学原理，便沿着由基础性问题—根本性—全局性问题而扩展开来，这就是社会转型的经济哲学原理—社会哲学原理—政治哲学原理—道德哲学原理—精神哲学和伦理学原理。

一　社会转型之经济哲学原理的唯物史观基础

在寻找社会转型的初始根据的道路上，经济决定论和观念决定论都无法真正解释社会转型的复杂性、矛盾性和冲突性，因为经济决定论既否定了人的观念的作用，也忽视了社会的、政治的要素，而观念决定论虽然强调了社会转型中的人的观念、情感、意志等主体性要素，却否认了人类在创造物质财富和精神财富以满足人的各种需要时所必需的“物”的方面的基础性作用，如自然条件、资源状况，等等。地理环境决定论固然过度强调了自然资源和气候条件对人的观念、情感和意志的决定作用，但也确实揭示了自然地理环境对社会转型的基础性作用。事实证明，人类任何一种形态的社会转型都是主体性要素与客体性要素共同作用的结果。如何构建社会转型的经济哲学原理，是研究社会转型与伦理基础变迁的第一哲学基础，构成了问题结构中的基础性问题。劳动、生产方式、交换方式、财富积累和分配方式，等等，直接决定着人们的生活状态和质量，也决定着人们的经济伦理观。

（一）方法与“原理”

既然是“经济哲学原理”，那它必是建构性的，我们既无能力也无必要给出人类全部经济活动的发生史和演变史，而是要从这些过往的和当下的经济事实中，运用康德式的先天知性呈现人类经济活动的规律，借以发现经济转型与伦理基础变迁的内在逻辑关系。在方法论上，构建社会转型与伦理变迁的经济哲学原理，必须充分运用马克思在论述“政治经济学方法”时阐明的哲学方法，即理论把握世界的方式。马克思在《1857—1858 年经济学手稿》的“政治经济学的方法”部分，论述了“具体”与“抽象”的方法：“具体作为思想总体，作为思想具体，事实上是思维的、理解的产物；但是，决不是处于直观和表象之外或驾于其上的思维着的、自我产生着的概念的产物。整体，当它在头脑中作为思想整体而出现时，它是思维着的头脑的产物，这个头脑用它所专有的方式掌握世界，而这种方式是不同于对世界的艺术精神的，宗教精神的，实践精神的掌握的。”① 理论把握世界的方式之所以不同于甚至优越于其他方式，乃在于这种方式是第一条道路和第二条道路的有机统一。“在第一条道路上完整的表象蒸发为抽象的规定；在第二条道路上，抽象的规定在思维行程中导致具体的再现。”② 各种经济现象，如人口、买卖、生产、消费，都是我们的感觉和直观对象，它们以其自身固有的样式而不是以我们主观期望的样式在那里发生着、变化着，这便是“具体”。然而这个具体是个别的、特殊的，是没有经过思考和论证的，因而是没有获得规定

---

① 《马克思恩格斯文集》第 8 卷，人民出版社 2009 年版，第 25 页。
② 《马克思恩格斯文集》第 8 卷，人民出版社 2009 年版，第 25 页。

的直观事实。为着获得对这些具体的说明和解释，我们就必须采取回溯的方式，沿着结果—原因的道路由果溯因，这便是马克思所说的，“第一条道路是完整的表象蒸发为抽象的规定”，这是思维的逻辑。这个抽象的规定是思维对繁茂芜杂的现象进行概括、抽离、总结的结果，从而获得了似乎是主观认识结果的假象，但实质上是回到事情本身的结果，是胡塞尔先验还原和本质还原的结果。但思维运行至此尚未实现思维的目的，那就是必须从那个抽象的规定回到有生命的具体，这就是马克思所说的，“在第二条道路上，抽象的规定在思维形成中导致具体的再现”。“抽象的规定”展开其自身为他物，并通过他物印证自己、证实自己，证实自己是他物的根源，是他物得以生成的初始性力量。这种证实和展现自身为本体的过程，绝不是认识主体之纯粹认识的结果，而是事物自身的生成与演进逻辑，表述的逻辑不过是事物自身逻辑的认识形态。马克思创造性地发现了理论把握世界的方式，而且非常娴熟地将其运用到了对经济规律、思维规律继而对社会发展规律的发现和论证上，当然，这是一个极其艰苦的探索过程。

“我学的专业本来是法律，但我只是把它排在哲学和历史之次当做辅助学科来研究。1842—1843 年间，我作为《莱茵报》的编辑，第一次遇到要对所谓物质利益发表意见的难事。莱茵省议会关于林木盗窃和地产析分的讨论，最后关于自由贸易和保护关税的辩论，是促使我研究经济问题的最初动因……为了解决使我苦恼的疑问，我写的第一部著作是对黑格尔法哲学的批判性的分析，我的研究得出这样一个结果：法的关系正像国家的形式一样，既不能从它们本身来理解，也不能从所谓人类精神的一般发展来理解，相反，它们根源于物质的社会关系，这种物质的生活关系的总和，黑格尔按照 18 世纪的英国人和法国人的先例，概括为‘市民社会’，而对市民社会的解剖应该到政治经济学中去寻求。我在巴黎开始研究政治经济学，后来因基佐先生下令驱逐而移居布鲁塞尔，在那里继续进行研究……自从弗里德里希·恩格斯批判经济学范畴的天才大纲发表以后，我同他不断通信交换意见，他从另一条道路（参看他的《英国工人阶级状况》）得出同我一样的结果……1848 年和 1849 年《新莱茵报》的出版以及随后发生的一些事变，打断了我的经济研究工作，到 1850 年我才能在伦敦重新进行这一研究。英国博物馆中堆积着政治经济学史的大量资料，伦敦对于考察资产阶级社会是一个方便的地点，最后，随着加利福尼亚和澳大利亚金矿的发现，资产阶级社会看来进入了新的发展阶段，这一切决定我再从头开始，批判地仔细钻研新的材料……我以上简短地叙述了自己在政治经济学领域进行研究的经过，这只是要证明，我的见解，不管人们对它怎样评论，不管它多么不合乎统治阶级自私的偏见，却是多年诚实研究的结果。”① 从马克思的自述中不难看出，马克思终其一生地研究政治经济学并以此作为科学基础，制定出实现人类解放的具体道路，正是伦理动机和科学精神完美统一的结果。而这一结果的集中体现便是创立唯物史观。

关于唯物主义历史观，马克思、恩格斯在《德意志意识形态》中有这样一段话：“这种历史观就在于：从直接生活的物质生产出发阐述现实的生产过程，把同这种生产方式相联系的、它所产生的交往形式即各个不同阶段上的市民社会理解为整个历史的基础，从市民社会作为国家的活动描述市民社会，同时从市民社会出发阐明意识的所有各种不同理论的产物和形式，如宗教、哲学、道德等等，而且追溯它们产生的过程。……这种历史观和唯心主义历史观不同，它不是在每个时代中寻找某种范畴，而是始终站在现实历史的基础上，不是从观念出发来解释实践，而是从物质实践出发来解释观念形态，由此还可得出下述结论：意识的一切形式和产物不是可以通过精神的批判来消灭的，不是可以通过把它们消融在‘自我意识’中或化为‘怪影’、‘幽灵’、‘怪想’等等来消灭的，而只有通过实际地推翻这一切唯心主义谬论所由产生的现实的社会关系，才能把它们消灭；历史的动力以及宗教、哲学和任何其他理论的动力是革命，而不是批判。这种历

① 《马克思恩格斯文集》第 2 卷，人民出版社 2009 年版，第 588—594 页。

史观表明：历史不是作为‘源于精神的精神’消融在‘自我意识’中而告终的，历史的每一阶段都遇到一定的物质结果，一定的生产力总和，人对自然以及个人之间历史地形成的关系，都遇到前一代传给后一代的大量生产力、资金和环境，尽管一方面这些生产力、资金和环境为新的一代所改变，但另一方面，它们也预先规定新的一代本身的生活条件，使它得到一定的发展和具有特殊的性质。由此可见，这种观点表明：人创造环境，同样，环境也创造人。每个个人和每一代所遇到的现成的东西：生产力、资金和社会交往的总和，是哲学家们想象为‘实体’和‘人的本质’的东西的现实基础……各代所遇到的这些生活条件还决定着这样的情况：历史上周期性地重演的革命动荡是否强大到足以摧毁现存一切的基础；如果还没有具备这些实行全面变革的物质因素，就是说，一方面还没有一定的生产力，另一方面还没有形成不仅反抗旧社会的个别条件，而且反抗旧的‘生活生产’本身、反抗旧社会所依据的‘总和活动’的革命群众，那么，正如共产主义的历史所证明的，尽管这种变革的观念一经表述过千百次，但这对于实际发展没有任何意义。”①

在1959年1月写成的《〈政治经济学批判〉序言》中，马克思又总结道：“人们在自己生活的社会生产中发生一定的、必然的、不以他们的意志为转移的关系，即同他们的物质生产力的一定发展阶段相适合的生产关系。这些生产关系的总和构成社会的经济结构，即有法律的和政治的上层建筑竖立其上并有一定的社会意识形式与之相适应的现实基础。物质生活的生产方式制约着整个社会生活、政治生活和精神生活的过程。不是人们的意识决定人们的存在，相反，是人们的社会存在决定人们的意识。社会的物质生产力发展到一定阶段，便同他们一直在其中运动的现存生产关系或财产关系（这只是生产关系的法律用语）发生矛盾。于是这些生产关系便由生产力的发展形式变成生产力的桎梏。那时社会革命的时代就到来了。……无论哪一个社

① 《马克思恩格斯文集》第1卷，人民出版社2009年版，第544—545页。

会形态，在它所能容纳的全部生产力发挥出来以前，是决不会灭亡的；而新的更高的生产关系，在它的物质存在条件在旧社会的胎胞里成熟以前，是决不会出现的。所以人类始终只提出自己能够解决的任务，因为只要仔细考察就可以发现，任务本身只有在解决它的物质条件已经存在或者至少是在生成过程中的时候才会产生。大体说来，亚细亚的、古代的、封建的和现代资产阶级的生产方式可以看做是经济的社会形态演进的几个时代。资产阶级的生产关系是社会生产过程的最后一个对抗形式，这里所说的对抗，不是指个人的对抗，而是指从个人的社会生活条件中生长出来的对抗；但是，在资产阶级社会的胎胞里发展的生产力，同时又创造着解决这种对抗的物质条件。因此，人类社会的史前时期就以这种社会形态而告终。”①

无论学者怎样认为马克思的这段论述是人们对马克思原意的误解，但有一点无疑是肯定的，这就是，马克思、恩格斯尽管在1846年的《德意志意识形态》中已经提出了唯物史观的基本观点，并指出其与唯心史观的本质区别，但时隔13年之后再次集中论述唯物史观的核心观点，一定不是随意地重复已有的观点，也绝不会比已有的观点更不准确、不充分。对于学术研究而言，厘清马克思、恩格斯创立唯物史观的心路历程，并以清晰而准确的语言呈现这种逻辑，自然是重要的，也是一个突出的学术成就，但本质上不会使马克思、恩格斯的唯物史观增加任何一个思想元素，更不意味着这些学者丰富了甚至发展了、超越了马克思、恩格斯的唯物史观。问题的核心在于，一如马克思所说，我所得到的且一经得到就用于我的政治经济学批判的理论即唯物史观，并不是终极目的，不是把这个理论摆放在那里，供人们去研究，去转述和引述，徜徉在自己的理论之上洋洋得意，这正是马克思所严厉批判甚至是深恶痛绝的做法。比创立唯物史观更重要的是，依照这个“原理”和“方法”去研究现实的社会结构，研究人们的生产力和生产关系，如何在建构生产方式的过程中造成了不平

---

① 《马克思恩格斯文集》第2卷，人民出版社2009年版，第592页。

等，造成了非人道的社会事实。直面社会事实自身，构建好的政治和国家，促使每个人过整体性的好生活，永远是理论的终极目的，一个理论不能指导实践，更不能接受实践的检验，那么这个理论要么是虚假的，要么是没用的。从马克思 20 年如一日地进行政治经济学批判以及由此得出的唯物史观，我们能够坚持的是唯物史观的科学立场和伦理精神。

1. 唯物史观视阈下的社会经济形态。马克思说："大体说来，亚细亚的、古代的、封建的和现代资产阶级的生产方式可以看做是经济的社会形态演进的几个时代。资产阶级的生产关系是社会生产过程的最后一个对抗形式，这里所说的对抗，不是指个人的对抗，而是指从个人的社会生活条件中生长出来的对抗；但是，在资产阶级社会的胎胞里发展的生产力，同时又创造着解决这种对抗的物质条件。因此，人类社会的史前时期就以这种社会形态而告终。"① 在这一段引文中，有几个极为重要的理论信息值得深入分析和论证。

第一，关于社会历史形态和社会经济形态的分类问题。马克思在这里所说的四种形态即亚细亚的、古代的、封建的和现代资产阶级的生产方式既像是社会历史形态分类又像是社会经济形态分类，但从马克思的本意看，显然不是纯粹的人类历史上的经济形态问题，而是经济的社会形态问题，这就从根本上决定了，马克思所欲解决的问题不是纯粹的经济形态的历史演进问题，进言之不是梳理经济学意义上的人类经济形态史，而是不同经济形态的社会后果或社会效应，也就是考察不同经济形态的社会意义和政治意义。为着准确理解和合理运用马克思的思想，必须预先构建"社会的经济形态"和"经济的社会形态"两个概念，借以标示经济与社会、经济与政治的复杂关系。与这两个概念相对应的恰是马克思的经济基础和上层建筑概念，而用以准确表达经济基础范畴的核心概念是生产力和生产关系，二者的统一构成生产方式。从生产方式角度考察经济行为，就是"社会的经济形

① 《马克思恩格斯文集》第 2 卷，人民出版社 2009 年版，第 592 页。

态”范畴，社会作为一个复杂的有机体，除了经济形态之外还有社会形态、政治形态和意识形态。而用以表达社会形态的概念是经济基础和上层建筑，二者的统一被称之为“社会形态”。人们固然可以单独研究经济形态史和意识形态史，但作为有机体的社会则是在经济基础和上层建筑的相互嵌入、相互作用中运行的。马克思、恩格斯的唯物史观的伟大之处正在于，既强调了经济活动的基础性作用，又强调了上层建筑的强大的反作用，始终观照客体性要素与主体性力量的交互过程。

第二，价值哲学视阈中的唯物史观。唯物史观不是机械的、死板的命题、结论，作为“原理”和“方法”，它是变化中的方法和流动中的原理；是变动和流动中的思维和思维的逻辑。价值哲学视阈中的唯物史观首先呈现的是一种事实逻辑，即一种更能够创造财富和分配财富的经济组织方式是如何可能的，那么，这种更有效率的经济组织方式是如何产生的呢？对此，马克思、恩格斯深刻地指出：“社会的物质生产力发展到一定阶段，便同它们一直在其中运动的现存生产关系或财产关系（这只是生产关系的法律用语）发生矛盾。于是这些生产关系便由生产力的发展形式变成生产力的桎梏。那时社会革命的时代就到来了。……无论哪一个社会形态，在它所能容纳的全部生产力发挥出来以前，是决不会灭亡的；而新的更高的生产关系，在它的物质存在条件在旧社会的胎胞里成熟以前，是决不会出现的。所以人类始终只提出自己能够解决的任务，因为只要仔细考察就可以发现，任务本身只有在解决它的物质条件已经存在或者至少是在生成过程中的时候才会产生。”① 其复杂性在于，通常情形之下，生产力发展到一定程度便同在其中运动的生产关系发生矛盾，即是说，生产力在其自身的自我更新中，其可能性空间已经远远超出了现存的生产关系的内在可能性，于是生产力强烈要求生产关系进行变革；反过来说，现存的生产关系已经无法容纳快速发展起来的生产力，然而另一个值得

① 《马克思恩格斯文集》第2卷，人民出版社2009年版，第591—592页。

深入思考的问题却是，是什么主客观因素促使人们去更新生产工具、构建新的经济组织方式？显然，推动生产方式革命的动因绝不能从生产方式自身去寻找，而要到复杂的生产关系、社会关系、利益关系、精神结构中去寻找。如此一来，便陷入了社会存在与社会意识相互决定即相互论证的假象。在学术和理论研究中，经常存在相互论证或循环论证的现象，但真正细究起来，并非研究者故意制造循环论证，而是被论证的对象确实存在着相互决定的情形。认识的复杂性永远都不及研究对象本身的复杂性。以此观之，唯物史观所揭示的生产方式的革新、革命问题，绝非生产力与生产关系相互之间无法容纳那样简单，经济基础与上层建筑的关系始终或直接或间接地决定着生产方式的革命。而无论是主观因素还是客观条件，生产方式的革命都是有其自然的、社会的和精神的可能性空间的，人们只能在这些可能性空间内寻找突破现有生产方式的要素，构建实现生产方式革命的道路。这就是唯物史观所承认的事实逻辑，它决定于人类能够做什么，超出自然限制和人类限度的任何设想都是缺乏根据的空想甚至是幻想。决定人们能够做什么的另一个根据便是人类应当做什么，能够做什么决定了生产方式革命的正确性边界，应当做什么决定了生产方式革命的正当性边界，而后一种边界恰恰是价值逻辑问题。事实逻辑与价值逻辑的有机统一才是唯物史观的真正原则。

第三，如何理解“人类社会的史前时期就以这种社会形态而告终”？很明确，马克思把“亚细亚的、古代的、封建的和现代资产阶级”这四种类型看作是“经济的社会形态演进的几个时代”，可以确立为人类社会的史前时期。那么，马克思是依照何种根据把这四种类型视为人类社会的史前时期呢？显然，这不是一个简单的事实判断，若此，就可以得出结论说，自从人类开始在地球上出现并开始通过劳动创造人本身及属人世界之时起，人类就开始了它的历史，那为何把上述四种类型称之为人类社会的史前时期呢？那意味着，这四种类型尚不是真正的人类历史，或不是人类充分其本质的历史。显然，这不是一个事实分析而是价值论证。毫无疑问，做出此种判断的根据在于生产方式这个概念。从生产力角度分析，这四种方式在生产力发展水平上呈现出逐步提高的态势，但都是有一定发展而尚未充分发展的状态，特别是资产阶级社会，虽已快速发展但仍旧没有充分发展。从生产关系方面论证，四种“经济的社会形态”之所以相对有别，除了在生产力水平上的差异，更加重要的是生产关系的结构及其社会后果。生产关系是人们在生产过程中生成的各种不同的地位以及由此决定的利益关系，进一步的问题就是，只有从不同阶层的人在生产过程的地位以及占有财富的多少来判定生产力是否发展以及发展到何种程度的意义。在《詹姆斯·穆勒〈政治经济学原理〉一书摘要》、《德意志意识形态》、《共产党宣言》、《1857—1858 年经济学手稿》，乃至《资本论》中，马克思都从不同角度、不同层面上比较和论述了“现代资产阶级”在生产方式上“优越”于其他社会经济形态的领域和层面，对此，恩格斯在《共产党宣言》1888 年英文版的一个加注中，就“至今一切社会的历史都是阶级斗争的历史”这一结论指出：“这是指有文字记载的全部历史。在 1847 年前，社会的史前史、成文史以前的社会组织，几乎还没有人知道。后来，哈克斯特豪森发现了俄国的土地公有制，毛勒证明了这种公有制是一切条顿族的历史起源的社会基础，而且人们逐渐发现，农村公社或者曾经是从印度到爱尔兰的各地社会的原始形态。最后，摩尔根发现了氏族的真正本质及其对部落的关系，这一卓绝发现把这种原始共产主义的内部组织的典型形式揭示出来了。随着这种原始公社的解体，社会分裂为各个独特的、终于彼此对立的阶级。”① 这里明显地具有两个根据，一个是事实根据，一个是价值根据。从马克思、恩格斯的相关论述中，他们始终是在两个根据的有机统一中，看待经济史和社会史的。在以上那个加注中，恩格斯把“社会的史前史、成文史以前的社会组织”称之为原始共产主义，“农村公社”实行公有制，公社内部实行平等分配，甚至平均分配。如果仅从人们在公社内部的平等地位而言，无疑

① 《马克思恩格斯文集》第 2 卷，人民出版社 2009 年版，第 31 页。

是一个极好的社会，然而它却是“原始的共产主义”、“粗陋的共产主义”，原因就在于它是以生产力极不发达、生活资料极为匮乏为前提的，贫穷与落后基础上的平等主义、平均主义乃是最低层次的社会平等。随着铁器的生产和广泛运用，生产力有了明显的提高，更随着部落之间的争夺和战争，战败的人沦为奴隶，由此开始，生产资料和生活资料开始逐渐垄断在少数人手里，而大部分人沦落为被剥削和被压迫者，从此便开始了马克思、恩格斯所说的“阶级斗争的历史”：“自由民和奴隶、贵族和平民、领主和农奴、行会师傅和帮工，一句话，压迫者和被压迫者，始终处于相互对立的地位，进行不断的、有时隐蔽有时公开的斗争，而每一次斗争的结局都是整个社会受到革命改造或者斗争的各个阶级同归于尽。”① 这着实是一个历史悖论，生产力不发达、生活资料匮乏、物质生产和精神生产都处于较低状态，却是公平的、平等的状态，甚至是绝对平均主义制度。当人类殚精竭虑地制造更有生产能力的工具系统，发展自己的劳动能力，从而产品有了剩余，有更多的生产资料和生活资料共出，却产生了两极分化，出现了剥削和压迫。对此，如何评价阶级社会的价值呢？从个体和阶级角度看，压迫和剥削无疑代替了原始公社内部的平等和平均，因而对被压迫和被剥削阶级而言，无疑是不平等、非人道的；但对整个人类社会而言，又具有给予充分肯定的人类价值或类价值。马克思、恩格斯正是在历史逻辑和价值逻辑、唯物史观和价值观的辩证统一中，分析和论证资产阶级社会的价值二重性的。

2. 唯物史观视阈下资本主义经济形态的价值二重性。在社会转型的经济哲学原理的思考域限内，经济转型的价值二重性乃是一个普遍性问题，而资本主义经济形态的价值二重性问题更具典型性，它构成了唯物史观之“原理”与“方法”的重要方面。

“资产阶级在历史上曾经起过非常革命的作用。”这种革命作用具有积极和消极两个方面的意义。“资产阶级在它已经取得了统治的地

① 《马克思恩格斯文集》第2卷，人民出版社2009年版，第31页。

方把一切封建的、宗法的和田园诗般的关系都破坏了。它无情地斩断了把人们束缚于天然尊长的形形色色的封建羁绊，它使人和人之间除了赤裸裸的利害关系，除了冷酷无情的‘现金交易’，就再也没有任何别的联系了。它把宗教虔诚、骑士热忱、小市民伤感这些情感的神圣激发，淹没在利己主义打算的冰水之中。它把人的尊严变成了交换价值，用一种没有良心的贸易自由代替了无数特许的和自力挣得的自由。总而言之，它用公开的、无耻的、直接的、露骨的剥削代替了由宗教幻想和政治幻想掩盖着的剥削。”

“资产阶级抹去了一切向来受人尊崇和令人敬畏的职业的神圣光环。它把医生、律师、教士、诗人和学者变成了它出钱招雇的雇佣劳动者。资产阶级撕下了罩在家庭关系上的温情脉脉的面纱，把这种关系变成了纯粹的金钱关系。”

“资产阶级除非对生产工具，从而对生产关系，从而对全部社会关系不断地进行革命，否则就不能生存下去。反之，原封不动地保持旧的生产方式，却是过去的一切工业阶级生存的首要条件。生产的不断变革，一切社会状况不停的动荡，永远的不安定和变动，这就是资产阶级时代不同于过去一切时代的地方。一切固定的僵化的关系以及与之相适应的素被尊崇的观念和见解都被消除了，一切新形成的关系等不到固定下来就陈旧了。一切等级的和固定的东西都烟消云散了，一切神圣的东西都被亵渎了。人们终于不得不用冷静的眼光来看他们的生活地位、他们的相互关系。”①

资产阶级把旧有的充满地位差别的神圣关系，把充满敬畏的宗教关系，把充满温情脉脉的家庭关系都变成了赤裸裸的金钱关系；它把人们之间的精神关系、感情联系变成了简单的功利关系、雇佣与被雇佣的关系；资产阶级拆除了以往社会赖以存续的坚固的社会基础，颠覆了过往社会的一切稳定性，使一切都处在变动不居的状态之中，充满了偶然性，也充满了风险。显然，马克思、恩格斯是以辩护与批判

① 《马克思恩格斯文集》第2卷，人民出版社2009年版，第33—35页。

的态度论述资产阶级和资本主义经济形态的价值二重性的。从生产、分配、交换与消费的角度看，资产阶级更是把国内市场拓展到国际空间中，从而建立起了世界市场，这为后来的世界化和全球化准备了经济基础。

"不断扩大产品销路的需要，驱使资产阶级奔走于全球各地。它必须到处落户，到处开发，到处建立联系。资产阶级，由于开拓了世界市场，使一切国家的生产和消费都成为世界性的了。"资产阶级通过建立世界市场也使得经济活动的正义性与非正义性随着时间的推移而变成了世界性的空间正义问题。"使反动派大为惋惜的是，资产阶级挖掉了工业下的民族基础。古老的民族工业被消灭了，并且每天都还在被消灭。它们被新的工业排挤掉了，新的工业的建立已经成为一切文明民族的生命攸关的问题；这些工业所加工的，已经不是本地的原料，而是来自极其遥远的地区的原料；它们的产品不仅供本国消费，而且供世界各地消费。旧的、靠本国产品来满足的需要，被新的、要靠极其遥远的国家和地带的产品来满足的需要所代替了。过去那种地方的和民族的自给自足的闭关自守状态，被各个民族的各方面的互相往来和各方面的互相依赖所代替了。物质的生产是如此，精神的生产也是如此。各民族的精神产品成了公共的财产。民族的片面性和局限性日益成为不可能，于是由许多种民族的和地方的文学形成了一种世界文学。"① 由生产和消费的世界化和全球化所造成的诸种后果，一方面看，它使民族工业失去了坚实的基础，一切文明民族如若生产下去，就必须主动融入世界性的生产和消费过程中。但另一方面，生产与消费的世界化也打破了民族的片面性和局限性，这就极有可能使物质生产和物质财富、精神生产和精神财富变成世界性的从而成为全人类的共同财富。

除了世界性的生产与消费之外，生产工具的改进、交通工具的发达，也使得世界性历史交往形式成为可能，一种普遍化的资产阶级文

---

① 《马克思恩格斯文集》第2卷，人民出版社2009年版，第35页。

明极有可能代替隔离状态下的民族的、地方的文明。“资产阶级，由于一切生产工具的迅速改进，由于交通工具极其便利，把一切民族甚至最野蛮的民族都卷到文明中来了。它的商品的低廉价格，是它用来摧毁一切万里长城、征服野蛮人最顽强的仇外心理的重炮。它迫使一切民族——如果它们不想灭亡的话——采用资产阶级的生产方式；它迫使它们在自己那里推行所谓的文明，即变成资产者。一句话，它按照自己的面貌为自己创造出一个世界。”① 世界经济体系的建立，世界历史交往形式的形成，各个民族如若想生存下去，就必须进到资产阶级的文明体系中来，这就极有可能产生双重文化效果，使野蛮民族摆脱野蛮性而逐渐形成现代文明；使拥有灿烂传统文化的民族丢掉自己的文明而被迫融入充满世俗、功利、竞争、冲突的现代文明体系之中。

由资产阶级造成的世界经济还有一个更加重要的价值二重性问题，即世界性的国际联盟或世界无产阶级是否可能的问题。关于这个问题，马克思、恩格斯在《德意志意识形态》中就有论述。资产阶级作为生产资料和生活资料的占有者与无产阶级作为劳动力的出卖者，其间的矛盾已经达到了不可调和的地步，由这种对立关系所造成的异化，只有在生产力成为世界性的力量，交往也成为世界历史性的时候，才能克服。“这种‘异化’当然只有在具备了两个实际前提之后才能消灭。要使这种异化成为一种‘不堪忍受’的力量，即成为革命所要反对的力量，就必须让它把人类的大多数变成‘完全没有财产’的人，同时这些人又同现存的有钱有教养的世界相对立，而这两个条件都是以生产力的巨大增长和高度发展为前提的。另一方面，生产力的这种发展（随着这种发展，人们的世界历史性的而不是地域性的存在同时已经是经验性的存在了）之所以是绝对必需的实际前提，还因为如果没有这种发展，那就只会贫穷、极端贫困的普遍化；而在极端贫困的条件下，必须重新开始争取必需品的斗争，全部陈腐污浊

① 《马克思恩格斯文集》第2卷，人民出版社2009年版，第35—36页。

的东西又要死灰复燃。其次，生产力的这种发展之所以是绝对必需的实际前提，还因为：只有随着生产力的这种普遍发展，人们的普遍交往才能建立起来；普遍交往，一方面，可以产生一切民族中同时都存在着‘没有财产的’群众这一现象（普遍竞争），使每一民族都依赖于其他民族的变革；最后，地域性的个人为世界历史性的、经验上普遍的个人所代替。不这样，（1）共产主义就只能作为某种地域性的东西而存在；（2）交往的力量本身就不可能发展成为一种普遍的因而是不堪忍受的力量：它们会依然处于地方的、笼罩着迷信气氛的‘状态’；（3）交往的任何扩大都会消灭地域性的共产主义。共产主义只有作为占统治地位的各个民族‘一下子’同时发生的行动，在经验上才是可能的，而这是以生产力的普遍发展和与此相联系的世界交往为前提的。共产主义对我们来说不是应当确立的状况，不是现实应当与之相适应的理想。我们所称为共产主义的是那种消灭现存状况的现实的运动。这个运动的条件是由现有的前提产生的。此外，许许多多人仅仅依靠自己劳动为生——大量的劳力与资本隔绝或甚至连有限地满足自己的需要的可能性都被剥夺——，从而由于竞争，他们不再是暂时失去作为有保障的生活来源的各种，他们陷于绝境，这种状况是以世界市场的存在为前提的。因此，无产阶级只有在世界历史意义上才能存在，就像共产主义——它的事业——只有作为‘世界历史性的’存在才可能实现一样。而各个人的世界历史性的存在，也就是与世界历史直接相联系的各个人的存在。”① 劳动与劳动产品的分离、劳动者与生产资料和生活资料的分离、劳动及其产品的资本化，造成了全面的异化；而生产力和交换、交往关系的世界化，造成了世界性的普遍贫困，这就极有可能形成世界性的无产阶级，而无产阶级只有以世界历史性的形式消灭私有制、消灭异化，才能最后解放自己和人类，亦即只有解放全人类才能最后解放自己。资产阶级把生产、分配、交换和消费推广到世界各地，形成了世界历史性的统一体，这个

① 《马克思恩格斯文集》第1卷，人民出版社2009年版，第538—539页。

统一体为世界无产阶级进行世界性的革命从而解放全人类创造了条件。“资产阶级日甚一日地消灭生产资料、财产和人口的分布状态。它使人口密集起来，使生产资料集中起来，使财产聚集在少数人手里。由此产生的结果就是政治的集中。各自独立的、几乎只有同盟关系的、各有不同利益、不同法律、不同政府、不同关税的各个地区，现在已经结合为一个拥有统一的政府、统一的法律、统一的民族阶级利益和统一的关税的统一的民族。”①　而这一切均得益于由资本主义生产方式所推动的生产力的全面发展。“资产阶级在它的不到一百年的阶级统治中所创造的生产力，比过去一切时代创造的全部生产力还要多，还要大。自然力的征服，机器的采用，化学在工业和农业中的应用，轮船的行驶，铁路的通行，电报的使用，整个整个大陆的开垦，河川的通航，仿佛用法术从地下呼唤出来的大量人口——过去哪一个世纪料想到在社会劳动里蕴藏有这样的生产力呢？”②

在此，我们以忠实文本的形式，引证和论述马克思、恩格斯关于经济形态的变革所产生的各种意义，就这些意义的确证和论证而言，马克思、恩格斯始终都是从多种形态的比较中分析和论证生产方式的革命过程及其后果的；对经济的社会形态、社会的经济形态的变迁所产生的价值，也始终从辩护与批判之有机统一的立场上加以论述。这为我们构建社会转型与伦理变迁之经济哲学原理奠定了本体论原则和方法论基础。

（二）唯物史观之于构建经济哲学原理的本体论原则和方法论基础

在引证和论证马克思、恩格斯关于资本主义经济的价值二重性过程中，我们已经清楚地认识到，生产生产资料和生活资料无疑是人类的根本活动，甚至是首要的活动：“我们首先应当确定一切人类生存的第一个前提，也就是历史的第一个前提，这个前提是：人们为了能

① 《马克思恩格斯文集》第2卷，人民出版社2009年版，第36页。
② 《马克思恩格斯文集》第2卷，人民出版社2009年版，第36页。

够‘创造历史’，必须能够生活。但为了生活，首先就需要吃喝住行以及其他一些东西。因此第一个历史活动就是生产满足这些需要的资料，即生产物质生活本身，而且，这是人们从几千年前直到今天单是为了维持生活就必须每日每时从事的历史活动，是一切历史的基本条件。”① 生产、劳动作为感性活动，乃是属人世界的感性基础。“这种活动、这种连续不断的感性劳动和创造，这种生产，正是现存的感性世界的基础，它哪怕只中断一年，费尔巴哈会看到，不仅在自然界将发生巨大变化，而且整个人类世界以及他自己的直观能力，甚至他本身的存在很快就没有了。”② 如果不是刻意地不顾或否认社会事实，生产生产资料和生活资料的活动永远都是人类的基本活动，因为它不但创造了人本身，还创造了整个属人世界。但我们绝不能由此得出结论说，经济活动是唯一重要的，甚至形成根深蒂固的经济决定论。恩格斯在写给约瑟夫·布洛赫的信中说道：“根据唯物史观，历史过程的决定性因素归根到底是现实生活的生产和再生产。无论马克思或我都从来没有肯定过比这更多的东西。如果有人在这里加以歪曲，说经济因素是唯一决定的因素，那么他就是把这个命题变成毫无内容的、抽象、荒诞无稽的空话。经济状况是基础，但是对历史斗争的进程发生影响并且在许多情况下主要是决定着这一斗争的形式的，还有上层建筑的各种因素：阶级斗争的各种政治形式及其成果——由胜利了的阶级在获胜以后确立的宪法等等，各种法的形式以及所有这些实际斗争在参加者头脑中的反映，政治的、法律的和哲学的理论，宗教的观点以及它们向教义体系的进一步发展。这里表现出这一切因素间的相互作用，而在这种相互作用中归根到底是经济运动作为必然的东西通过无穷无尽的偶然事件向前发展。否则把理论应用于任何历史时期，就会比解一个简单的一次方程式更容易了。我们自己创造着我们的历史，但是第一，我们是在十分确定的前提和条件下创造的。其中经济的前提和条件归根到底是决定性的。但是政治等等的前提和条件，甚

① 《马克思恩格斯文集》第1卷，人民出版社2009年版，第531页。
② 《马克思恩格斯文集》第1卷，人民出版社2009年版，第529页。

至那些萦回于人们头脑中的传统，也起着一定的作用，虽然不是决定性的作用。但是第二，历史是这样创造的：最终的结果总是从许多单个意志的相互冲突中产生出来的，而其中每一个意志，又是由于许多特殊的生活条件，才成为它所成为的那样。这样就有无数互相交错的力量，有无数个力的平行四边形，由此就产生出一个合力，即历史结果，而这个结果又可以看做一个作为整体的、不自觉地和不自主地起着作用的力量的产物。因为任何一个人的愿望都会受到任何另一个人的妨碍，而最后出现的结果是谁都没有希望过的事物。所以到目前为止的历史总是像一种自然过程一样地进行，而且实质上也是服从于同一运动规律的。但是各个人的意志——其中的每一个都希望得到他的体质和外部的、归根到底是经济的状况（或是他个人的，或是一般社会性的）使他向往的东西——虽然都达不到自己的愿望，而是融合为一个总的平均数，一个总的合力，然而从这一事实中决不应做出结论说，这些意志等于零。相反，每个意志都对合力有所贡献，因而是包括在这个合力里面的。”[①] 恩格斯在这封信中还就为什么会有人批评马克思、恩格斯因过度强调经济的基础作用而陷入经济决定论问题，做了说明。任何一种理论的形成和传播都是有具体环境和条件的，超出了这些条件，理论的应用就会出问题，甚至会犯错。唯物史观也是如此，它只是一个基本原则，而不是一个无须任何条件限制的绝对真理。

唯物史观之于构建经济哲学原理的本体论原则和方法论基础的意义在于，第一，唯物史观揭示了物质生活资料生产方式的变革如何引发了社会结构的变迁，如何引起了宗教、法律、文学、哲学的革命；揭示了当旧有的生产关系不再能够容纳新的生产力要素时，即旧有的生产关系已经成为新的生产力发展的桎梏时，改变旧有生产关系而创造新的生产关系的变革就到来了。然而，更为复杂的情形在于，这个生产力的发展、生产关系的变革的具体过程是如何发生呢？只有从历

---

① 《马克思恩格斯文集》第 10 卷，人民出版社 2009 年版，第 591—593 页。

史发生学角度才能呈现经济变革的复杂情形。一如韦伯在《新教伦理与资本主义精神》一书中所描述的，新教对宗教教义的重新阐释解放了人们对金钱和财富的看法，为获取剩余财富提供了正当性基础的证明。第二，除了将对经济发展、经济转型做实证研究之外，还必须引入道德哲学或伦理学的维度。要从经济转型的社会意义、政治意义、精神价值等多个方面去界定和规定它的道德意义。这正是我们构建社会转型与伦理基础变迁之经济哲学原理的立意所在，如果不从经济转型寻找整个社会转型的坚实基础，便找不到社会变革的基础性力量；如果没有道德哲学或伦理学这个相关于正当性基础追问的致思维度，便也无法证明经济转型的社会意义和人类意义。于是，我们试图从经济转型内部结构的复杂性出发，揭示经济变革的道德意义。

二　经济转型之内部结构的复杂性及其意义的多样性

经济在人类生活中虽不是唯一的要素，却是基础性的要素，其基础性地位已由马克思反复指出。从事实的角度看，经济就是一个人们为了生存和生活不得不进行的物质和精神生活的生产的过程，是一种客观的劳动或生产过程。[①] 在中国语言环境下，“经济”就是“经世济民”的意思，经世济民就是使社会繁荣，百姓安居的意思，这是古代贤士的立世准则。“经世济民”，是我国古代圣贤对“经济”一词的理解。《抱朴子·审举》谓：“故披洪范而知箕子有经世之器，览九术而见范生怀治国之略。”《晋书·殷浩传简文（司马昱）答书》：“足下沈识淹长，思综通练，起而明之，足以经济。”可见，“经邦济世，强国富民”是历代中国有志向、有作为的知识分子的崇高思想境

① 劳动和生产有何区别？马克思在《资本论》中较少使用生产而是使用劳动，这是论证技术上的安排还是价值本体上的差别？在我们看来，劳动所蕴含的意义远远超过生产，着眼于劳动论证经济的社会和人类意义不仅仅是一个方法上的安排，更是一个价值本体的预设。对此一问题的深入分析和论证将在后续的研究中展开。

界，经济学应该是“经世济民”之学，充分体现经济学厚生、惠民的人文主义思想。“经世济民”，是以探求经济运行规律为己任的经济学人不懈追求的目标，它将个人的知识、能力奉献社会，将个人的成才抱负融入为最广大人民造福之中，这是社会进步需要的个体素质的完善与人格信念的升华。可以看出，这是对经济的一种极为常识性的理解，这也是为何在中国经济学说史上，很少见到类似于西方那样的经济学理论，而多以中国经济史研究见长。王亚南是中国近现代经济学领域少有的具有开拓性意义的经济学家，他的《中国半封建半殖民地经济形态研究》和《中国经济原论》是其研究中国经济的力作，《中国官僚制度研究》是研究中国政治制度的经典著作，但类似于亚当·斯密的《国民财富的性质与原因研究》和马克思的《资本论》这样的著作却很难在这个文化语境下产生，因此关于经济复杂性问题的研究，人们多半都是从西方经济学理论中加以利用。如果把常识性的成语“经世济民”转换成对经济活动本身之复杂性的研究，那么理论上的复杂性就即刻呈现出来。如果将经济视作理解人类生产、分配、交换和消费物质与精神生活资料的总体性概念，那么生产和劳动就成为理解经济活动的核心范畴。

（一）经济的实体形态

经济之原初的实体形态乃是“质料”，即用以创造满足人的各种需要的价值元素所需要的原料、材料，在这些价值元素中，有些是自然赐予给人的，如阳光、水、空气、野生动植物，它们无须经由人的创造便可进入享用状态，在原始人那里，野生的动植物就是他们的食物，其衣食住行所用原料都来自自然预先供给的材料，所以，采集和狩猎就成为人类最初的经济形态，即原始经济。除此之外，自然界供给人类的并不是直接的生活资料，而是创造生活资料所需要的各种质料，于是将各种质料进行重组，要么解构原有的质料，要么合成新型的质料，以使它们成为满足人的各种需要的生活资料，完成这一艰巨任务的基础就是劳动。“可以根据意识、宗教或随便别的什么来区别人和动物。一当人开始生产自己的生活资料，即迈出由他们的肉体组织所决定的这一步的时候，人本身就开始把自己和动物区别开来。人们生产自己的生活资料，同时间接地生产着自己的物质生活本身。人们用以生产自己的生活资料的方式，首先取决于他们已有的和需要再生产的生活资料本身的特性。这种生产方式不应当只从它是个人肉体组织存在的再生产这方面加以考察。更确切地说，它是这些个人的一定的活动方式，是他们表现自己生命的一定方式、他们一定的生活方式。个人怎样表现自己的生命，他们自己就是怎样。因此，他们是什么样的，这同他们的生产是一致的——既和他们生产什么一致，又和他们怎样生产一致。因而，个人是什么样的，这取决于他们进行生产的物质条件。"① 由此决定，生产生活资料的劳动构成了人的第一种社会性存在，劳动的内在结构及其运行逻辑也构成了第一性原理。因为劳动不但创造了一个属人世界，更是创造了人本身。于是，经济转型的秘密只有通过阐明劳动的复杂性才能得到揭示。劳动的复杂性首先表现为实体与实体之间的相互嵌入、相互构造的过程和关系。

没有任何一种劳动形态是抽象的，都是一定社会历史条件下的劳动者运用其劳动力作用于劳动对象的过程，然而，在不同具体形态劳动的背后存在着一个劳动一般，只有规定了劳动一般，劳动的本质和规律才能得到确证。"劳动首先是人和自然之间的过程，是人以自身的活动来中介、调整和控制人和自然之间的物质变换过程。人自身作为一种自然力与自然物质相对立。为了在对自身生活有用的形式上占有自然物质，人就使他身上的自然力——臂和腿、头和手运动起来。当他通过这种运动作用于他身外的自然并改变自然时，他就同时改变自身的自然。他使自身的自然中蕴藏着的潜力发挥出来，并且使这种力的活动受他自己控制。"② 由此看出，劳动乃是一个由积极的、主动的实体即劳动者，通过充分发挥自身潜藏着的潜力而作用于另一种实体即自然的过程；作为一种物质变换过程，劳动既使身外的自然发

① 《马克思恩格斯文集》第 1 卷，人民出版社 2009 年版，第 519—520 页。

② 马克思：《资本论（纪念版）》第 1 卷，人民出版社 2018 年版，第 207—208 页。

生改变也使自身的自然发生变化。而这种物质变换的过程绝非是随意的、任意的，置任何一种后果于不顾，相反，它是有明确目的的，且这个目的是先行于劳动而呈现在劳动者的表象里、把握在意识中的。这个目的作为一个客观规律支配着劳动者的劳动，决定着物质变换的方向。

“劳动过程结束时得到的结果，在这个过程开始时就已经在劳动者的表象中存在着，即已经观念地存在着。他不仅使自然物发生形式变化，同时还在自然物中实现自己的目的，这个目的是他所知道的，是作为规律决定着他的活动的方式和方法的，他必须使他的意志服从这个目的。但是这种服从不是孤立的行为。除了从事劳动的那些器官紧张之外，在整个劳动时间内还需要有作为注意力表现出来的有目的的意志，而且劳动的内容及其方式和方法越是不能吸引劳动者，劳动者越是不能把劳动当做他自己体力和智力的活动来享受，就越需要这种意志。”① 无论是出于意愿还是出于被迫，劳动都是一个可描述的客观的物质变换过程，因而本质上乃是一种技艺或制作。是因劳动者的活动而成的事情，是可变化的、遵循逻各斯而进行的创制过程。惟其如此，在实体的意义上，劳动就是一个分析命题，即当目的已经给定，余下的就是寻找或创制手段的过程。作为一种技艺、一种制作，它以创造某种具体的善为目的，这个善在可享用的意义上可有直接的价值和间接的价值。直接享用的善就是物质生活资料和精神生活资料，间接享用的善就是生产生活资料所需要的生产工具系统、交通系统、通信系统；还有一些是满足奢侈需要的物品。在这些可制作的劳动产品中，任意一种产品的生产都必须遵循生产规律，并不决定于人的主观意志；无论是直接的还是间接的善，都是物与物、人与物之多种组合中的一种，然而却不是随便的一种。

马克思把劳动过程的构成要素简化为三种，“劳动过程的简单要素是：有目的的活动或劳动本身，劳动对象和劳动资料”②。马克思

---

① 马克思：《资本论（纪念版）》第 1 卷，人民出版社 2018 年版，第 208 页。

② 马克思：《资本论（纪念版）》第 1 卷，人民出版社 2018 年版，第 208 页。

把土地视作劳动的一般对象，因为人类无论怎样改变劳动方式，土地的基础性作用是不变的。除了土地，所有那些通过劳动只是同土地脱离直接联系的东西，都是天然存在的劳动对象，如在原始森林中砍伐的树木，从地下矿藏中开采的矿石。相反，“已经被以前的劳动可以说过滤过的劳动对象，我们称之为原料”。一切原料都是劳动对象，但并非任何劳动对象都是原料，劳动对象只有在它已经通过劳动而发生变化的情况下，才是原料。劳动对象和原料构成了劳动过程中的客体性要素的被改造的部分，类似于“巧妇难为无米之炊”中的“米”。我们在这里只是指出了劳动对象和原料的客体性和原初地位，没有了它们，没有了这个“米”，就会出现“巧妇难为无米之炊”；指出劳动对象和原料的基础性地位，尚不能回答经济转型的社会意义和人类意义问题，因为劳动对象和原料的归属问题尚未进到规定的状态中来。事实证明，土地、矿藏、森林、河流、高山、湖泊等劳动对象和原料作为自然给定人类的恩赐，其分布状况并不能从根本上决定劳动的性质和社会意义，只有在归属问题上，才有鲜明的道德意义。

“劳动资料是劳动者置于自己和劳动对象之间、用来把自己的活动传导到劳动对象上去的物或物的综合体。劳动者利用物的机械的、物理的和化学的属性，以便把这些物当做发挥力量的手段，……劳动者直接掌握的东西，不是劳动对象，而是劳动资料。”① 劳动资料的主要形态是劳动工具系统和生产技术结构。在原始人那里，劳动工具通常都是自然提供的物体，或稍微经过打磨、加工后形成的工具系统，如用于狩猎的弓箭、长矛，用作耕种土地的器具。“一般说来，劳动过程只要稍有一点发展，就已经需要经过加工的劳动资料。”由劳动资料的不断革新和普遍使用所引起的经济形态的革命，通常仅限于劳动方式和劳动效率的变化，而不会引起劳动之社会性质的根本改变，即是说，劳动工具的革命只会引起劳动过程之于劳动者的劳动强度和危险程度的变革，而不会造成引起劳动之社会伦理意义的革命性

① 马克思：《资本论（纪念版）》第1卷，人民出版社2018年版，第210页。

变革。因为，劳动资料的变革、工具系统的革命只有通过提高劳动者的劳动技能来实现，因此垄断了劳动技术和生产工具而没有占有劳动者的劳动能力，就不会出现马克思所批判的资本主义生产方式那种异化的情形。但是，生产工具的革新、人工智能技术的革命在现代经济体系中的作用以及由此引起的劳动伦理问题，却是我们必须要加以深入分析和论证的课题。“各种经济时代的区别，不在于生产什么，而在于怎样生产，用什么劳动资料生产。劳动资料不仅是人类劳动力发展的测量器，而且是劳动借以进行的社会关系的指示器。在劳动本身中，机械性的劳动资料（其总和可称为生产的骨骼系统和肌肉系统）远比只是充当劳动资料的容器的劳动资料（如管、桶、篮、罐，其总和一般可称为生产的脉管系统）更能显示一个社会生产时代的具有决定意义的特征。”① 由劳动资料的现代性发展所造成的诸种伦理问题，我们将在下一个单元加以论证。

当把劳动者、劳动资料、劳动对象有机组合起来构成一个完整的劳动过程的时候，作为劳动过程之目的的产品就被揭示出来了，因为如果没有劳动产品给出，一切劳动就没有了意义。“可见，自劳动过程中，人的活动借助劳动资料使劳动对象发生预定的变化。过程消失在产品中。它的产品是使用价值，是经过形式变化而适合人的需要的自然物质。劳动与劳动对象结合在一起。劳动对象化了，而对象被加工了。在劳动者方面曾以动的形式表象出来的东西，现在在产品方面作为静的属性，以存在的形式表现出来。劳动者纺纱，产品就是纺成品。”② 至此，马克思给出了关于一个经济活动的完整的劳动形态：“劳动过程，就我们上面把它描述为它的简单的、抽象的要素来说，是制造使用价值的有目的的活动，是为了人类的需要而对自然物的占有，是任何自然之间的物质变换的一般条件，是人类生活的永恒的自然条件，因此，它不以人类生活的任何形式为转移，倒不如说，它为人类生活的一切社会形式所共有。因此，我们不必来叙述一个劳动者

---

① 马克思：《资本论（纪念版）》第 1 卷，人民出版社 2018 年版，第 210 页。

② 马克思：《资本论（纪念版）》第 1 卷，人民出版社 2018 年版，第 211 页。

与其他劳动者的关系。一边是人及其劳动，另一边是自然及其物质，这就够了。”①

从这一烦琐的似乎不重要的论述中，我们呈现出了一个经济形态的本体论基础，这就是以实体形态表现出的劳动者、劳动资料、劳动对象，以及把三者有机统一起来的劳动过程。经济转型的各种意义以及对这些意义的各种论证都将从对劳动过程的分析和论证中给出。从技术角度考察，生产工具系统变革和生产技术的革命，其所引发的道德意义主要针对劳动者的劳动强度和危险程度而言，但又不止于此，人工智能的飞速发展，节约了劳动力，解放了劳动者，资本技术构成的提高使得劳动价值构成降低，大量的劳动者被机器所替代，对解放劳动者无疑是积极的，但失去劳动岗位的劳动者又有可能沦为失业者、无产阶级的风险。如果社会不为离开繁重劳动领域的劳动者提供后续的就业机会，那么劳动工具和生产技术被垄断在资本所有者手里，那么由技术进步所引发的社会退步就会抵消掉科技革命的进步意义。技术资本家可能比土地资本家和货币资本家对劳动者的控制与支配更广泛而持续，它使一般性的“按劳分配”陷入困境，信息技术和人工智能的飞速发展，极有可能将所有人的意志和行动置于技术的控制之下，置于权力与资本的支配之中。因此，最为重要的问题在于，人类每一次的经济转型究竟引发了怎样的伦理和道德问题，如何客观地看待和对待这些问题。

（二）经济的关系形态和利益形态

生产或创造物质生活和精神生活资料的过程，并不止于它是一种自然的过程，即劳动一般，它还是一个社会过程和精神过程，即劳动具体。自然过程体现的是人的劳动能力即生产力，而社会过程和精神过程体现的是生产关系和劳动的人类意义。如果我们只是着眼于劳动能力、劳动技能，简言之，只是着眼于人类如何快速地创造财富和享

---

① 马克思：《资本论（纪念版）》第1卷，人民出版社2018年版，第215页。

用财富，继而实现增殖，像一些经济学家所做的那样，他们只关心利润，而不关心利润的社会化，不关心每个劳动者在劳动过程中的地位和作用，他们要把劳动的伦理意义排除在他们的研究视野之外，他们要成为资本和利润的辩护者，要成为没有社会良知的经济人、工具人。然而，劳动的伦理意义是内含在劳动过程之中的，甚至可以说，如果没有了伦理意义，劳动也就不会存在了。当我们直面劳动自身时，生产关系始终制约着甚至决定着劳动力的培养和使用。所谓生产关系，是每个生产者在生产过程中的地位与作用，这可以从两个角度加以认识，一个是手段论意义上的，一个是目的论意义上的。毫无疑问，拥有劳动知识、劳动技能和劳动积极性的劳动者一定是劳动过程的核心要素，具有这些能力的人在劳动过程中一定处在核心地位，他们直接决定着劳动效率，决定着劳动财富的数量与质量。依照平等原则，在劳动过程中，具有主导地位或具有高超劳动技能和劳动积极性的劳动者，理应获得更多的劳动份额，以体现多劳多得、优劳优酬的原则。这就是劳动过程中的利益关系，它集中表现在不同的劳动者与劳动生产资料和劳动产品即生活资料的关系。在劳动的利益关系这个概念之下，约有两种情况，一个是，劳动过程中不同的劳动者与生产资料和生活资料的关系。在平等原则之下，多劳多得、优劳优酬乃天经地义的分配原则。但在人类劳动史上，人类似乎从来没有精确地实行过这一原则，且不说那种明显的非对称关系，即便是在同工同酬的相对公平的状态下，同一种性质的劳动、同一种数量的劳动，劳动者与其劳动所得也未必是完全对等的。如若在共同的劳动之下，在劳动者与其劳动所得之间，人们并不可以追求对等关系，甚至要淡化乃至抹平这种关系，却感到心安理得，此时就不能简单地使用平等原则，借以批判这种不对等关系。相反，只有实现这种不对等关系才能维系不同劳动者之间、劳动者与非劳动者之间的良好关系，看不到这一点而一味地将多劳多得、优劳优酬的产品分配原则贯彻到任何一个历史阶段、贯彻到劳动的各个领域，那就会抹杀劳动的社会意义和人类价值，更看不到人类有超越机械地运用平等分配劳动产品这一社会状态的可能性，借以回归劳动的伦理本体地位。在特定的历史场域和社会关系中，劳动关系之外的非劳动者虽然没有参与劳动，却同样可以分得必需的劳动产品，过着似乎是“不劳而获”的生活，但劳动者非但没有对这种“不劳而获”的生活感到不安、怨恨、愤怒，反而感到欣慰。这种情形恰恰是人类所向往的状态，它可以是私人生活性的，也可以是公共生活性的。因此，不用历史的眼光和发展的态度看待劳动的实体形态、关系形态和利益形态的，那么劳动的伦理意义、经济转型的伦理后果、重建经济活动的伦理基础等诸多问题，就不能得到令人信服的分析和论证。

三 经济转型与伦理变迁的一般性考察

从价值中立的立场上考察人类经济史、经济活动转型史，是一项具有重大意义的理论工作，在性质上可以称之为“客观因果性陈述”。它的理论意义就在于，通过描述经济活动演变史、经济类型变迁史，寻找提高经济活动效率的核心要素，如劳动者的机能、积极性，科学技术的发明与运用，经济组织方式对劳动效率的决定作用，等等。它的实践价值就在于，将决定劳动效率的核心要素标划出来，借助理论理性、创制理性和实践理性，将决定劳动效率的核心要素整合起来，建构一个更能体现劳动效率的经济制度和经济体制。然而，提高劳动效率、创造更多财富，固然是人类始终的一个愿望和目标；追求和享受快乐与幸福也始终是终极目的，但这绝非意味着，拥有越来越多的财富是获得快乐和幸福的充分条件，在某种意义上，它只是一个必要条件。将获得财富和享用财富就一定获得快乐和幸福的观念贯彻到经济制度和经济体制中，贯彻到劳动产品的分配和产品消费的宣传中，正是现当代经济的基本逻辑。因此，不去深入研究劳动过程、劳动产品、劳动关系和利益关系之于人的复杂的意义关系，就不可能深刻揭示劳动与生命、生活意义的复杂关系。由此决定，在“客观因果性陈述”基础上必须开显出“意义妥当性陈述”来。只有在

"客观因果性陈述"和"意义妥当性陈述"的有机统一中，才能深刻地揭示出经济转型与伦理变迁的内在逻辑关系来。人类从未离开过"能够"而独立地考虑过"应当"问题；也从未离开过"应当"而纯粹地考虑"能够"问题。不预先确证这一事实，便不能准确地描画"经济转型与伦理变迁"的关系史。所以，对经济转型与伦理变迁的历史性考察就内在地包含着叙述和论述两个要求，没有叙述，经济转型的伦理属性或伦理性质就没有了根基；没有论述，经济转型的伦理后果就不能被呈现出来。惟其如此，将经济转型与伦理变迁的内在逻辑关系完整而准确地澄明出来，并不是一件轻而易举的事情。

（一）前现代社会状态下的经济类型与伦理关系

预先呈现研究"经济转型与伦理变迁"之内在逻辑关系的核心范畴和理论依据，对于清晰而准确地描画经济转型的事实逻辑与价值逻辑，显得极为重要。社会转型与社会形态变迁既有区别又有联系，前者着眼于人类为着追求一个更加有劳动效率、更能创造财富的理想社会而不断探索社会结构的过程，而社会形态作为经济基础与上层建筑的统一强调的则是生产资料和生活资料的所有权问题。如果试图清晰而准确地描述经济转型与伦理变迁的关系，就必须既要坚持能够做什么的"效率"原则，还要坚持应当做什么的"公平"、"正义"原则。那么我们以什么样的理据来划分前现代社会和后现代社会呢？如果不考虑科技因素，也不考虑劳动者个体的劳动技能，而仅仅考虑怎样一种经济活动安排才是有效率的，那便可以肯定地说，市场经济。然而，如果仅仅从市场经济这种单一的经济组织方式来考察劳动效率，那显然不能回答市场经济何以是相对有效率的经济组织方式。于是，我们不得不把市场经济放置到复杂的社会结构中加以考察，因此，从整体性和复杂性角度看，市场经济是在起始于 15 世纪末、发展于 16—17 世纪而完善于 18—19 世纪的现代化运动中建立和完善起来的。如果没有宗教改革运动，没有新教伦理的激发，资本主义精神便不可能发生；如果没有日益精细而完善的社会分工，劳动和生产的专业化就不可能开展起来；如果没有经济哲学、政治哲学和精神哲学的蓬勃兴起，自由、民主、平等、正义的理念与精神如何彰显开来；如果没有对需要、欲求和欲望的诠释学革命，人的欲望的神圣激发和无限度地满足怎么可能运动起来。而将这一切统合起来的概念就是“现代社会”。现代社会通过过程和属性来呈现自己，过程就是现代化运动，属性就是现代性。现代社会由三个支点构成，欲望的神圣激发，它提供了动力；市场的发现与运用，它提供了环境；科技的迅猛发展与广泛应用，它提供了手段。当动力、环境和手段被并置在一起的时候，现代化运动就运行起来，它构造了一个完全不同于过往社会的社会结构，也生成了一系列全新的社会性质。在这个意义上说，市场经济的建构与运行是迄今为止人类所能实现的最大规模、最具颠覆性质的经济转型，于是我们就把现代社会作为标划经济转型的分水岭和根据。

就经济活动说，在前现代社会，原始经济和自然经济是两种典型的经济类型，劳动过程、劳动关系和利益关系都在这两种经济类型中展开。所谓原始经济是指，在人类劳动能力极弱的境况下主要靠自然恩赐的生活资料而生活的社会状态，狩猎和采集是原始经济的两种类型。严格说来，狩猎和采集均不属于劳动范畴，因为它们都没有使劳动对象发生结构的变化，更没有构造出新的物质来，它们可以解除人的饥饿、取暖，满足行走、使用之需。原始人不过是把自然生长着的动物和植物经过初步的加工，变成食物，变成日用品。由于劳动能力低下，食物匮乏，因此，在人口极少的情况下，只有保证最低的人口数量，整个家庭和部族才能存活下来，这就决定了原始经济的原始伦理性质，即，绝不会把在狩猎和采集过程中处于主导地位的人置于高高在上的、拥有特权的地位上，相反，“优越者”的优越性反倒成了他要担负更多责任的条件，因为只有实行按需分配，甚至是依照弱势群体优先的原则分配极为匮乏的食物，才能保证每一个家庭成员能够存活下来。每一个家庭成员的生存状态和身体状况构成了其他成员能够存活下去的条件；“优越者”如果没有了其他家庭成员的持存，他也不可能持存。面对有限的天然食物实行按需分配，与其说是一种原始美德，倒不如说是原始人的生存法则。狩猎与采集及其天然食物的分配的伦理基础并无现代社会意义上的德性、规范和实践，因为它们与正确的思考和正当的行动，与利己和利他动机的冲突与选择无关。惟其没有私有观念，只有原始的共同观念，所以讨论原始人在原始经济活动中的伦理基础及其变迁是没有实质意义的。时至今日，狩猎经济在极少的民族中还依旧保留着，但他们已经不是原始人那种极为原始状态下的狩猎了，而是充分使用和享用现代科技产品、日用生活品和交通工具的生活状态了。他们之所以依旧保持着狩猎的"传统"，除了在他们所生活于其中的自然条件更适合狩猎而不适合大规模从事农业和工业之外，在他们的观念、情感、意志和行为习惯中，依旧相对完整地保留着与狩猎这种原始经济相融合的情感世界和精神世界，进言之，与狩猎经济相适应的伦理结构也相对完整地保留着；而充满竞争甚至欺诈的现代经济行为，在他们那里则较少出现。在这里，我们既没有美化现代狩猎经济的伦理状态的意图，也没有谴责和批判现代市场经济之弊端的动机，而只是客观地描述、分析和论证。

农业经济本质上是自然经济，这里的自然有两层含义，一层是生产方式和生活方式的自然性，一层是家庭、家族和村社的自然性。农业作为不同于原始经济的经济组织方式，既相同于又不同于它：它是狩猎和采集的固定化形式，即将动物进行圈养，甚至人工干预繁殖，从而形成了牧业、家禽、家畜业；将野生植物通过移植，在更适合于它们生长的自然环境中进行集中种植，甚至通过人工栽培、嫁接，培育出新的植物来，这就是农业。农业经济本质上是自然经济、生态经济，植物的栽种、施肥、灌溉、锄禾、收割、晾晒、收藏，都必须在自然给定的可能性空间内进行，春夏秋冬、四季更替，春耕、夏锄、秋收、冬藏，每一个环节都必须遵循自然规律。农业没有改变动植物可以食用、使用的性质，改变的只是它们的生长和生存空间及生存方式；它不是通过改造自然而完成的，而是用尊重自然而完成的。所以说，种植和养殖本质上是照看、照料和呵护，人不能揠苗助长，只能提供条件助力成长、生长。这就是农业经济乃是生态经济的本义，也可以说是自然经济的外部伦理即生态伦理特征。

从自然经济的人际关系考察它的伦理性，也颇有一番韵味。首先，虽然农业生产不完全符合马克思所给出的劳动定义，但我们仍旧可以用劳动过程的内部结构和外部结构考察它的伦理性与伦理基础。在家庭和家族中，劳动者通常都是家庭成员中的青壮年，他们世代从事的农业劳动都是相同的，无须专门的劳动技能，而是在共同劳动中习得劳动技能、积累劳动经验。由于农业劳动基本上是在自然给定的条件下进行的，在各种自然条件中，劳动资料起着至关重要的作用，而土地又是最主要，失去了土地劳动者就失去了一切。土地是固定的劳动资料，它把劳动者牢牢地固定在自己身上。由于每个人和每个家庭分得一定面积的土地，而不同家庭在土地的归属上是有明晰边界的，除非发生大的农民战争，或颠覆性的土地制度改革，否则，土地的所属关系是固定的。由于是自给自足的经济形式，每个家庭或家族都是独立的生产单位，邻里之间几乎不存在交换关系，更不存在劳动力的买和卖。如果有，那也是村社内部的、家庭之间的互助，他们是自愿的，是良好邻里关系的集中表现。家庭与家庭之间，户与户之间，基本上不存在劳动产品的交换关系，因为他们各自生产的产品是相同的，无须进行交换，也无更多的剩余产品进行交换。至于农历上的大型节日，邻里之间互送具有节日象征的食物，也只是一种情感表达，信任表示，绝无交换的性质。礼物与商品截然不同，赠送礼物就是目的，既无通过互赠换回自己所需的产品，更无通过交换获取增殖。进言之，被劳动创造出来的生活资料不是用来交换的，而是用来各自享用的。或许在中国漫长的封建社会，在某个时期、某些领域有土地买卖和劳动力买卖的事实，但绝非商品经济形态下的买与卖。在中国封建社会的土地制度史中，虽然没有规定土地可以完全私有化，可以自由买卖，但土地则是完全以私有使用的方式存在的。所有权归国家所有，但使用权则完全掌握在家户手里。没有广泛而持续的土地买卖和劳动力买卖，就不可能发展出商品经济来，而依然是自然经济。

“在中国社会，土地自由买卖的事实，似乎就在统制土地分配最称严格的均田制度时代，亦不曾绝迹。比如在历代均田制中，对于宽狭乡土地的调剂，就设定了可以买卖的变例。甚至在推行均田制度最严格的唐代，亦允许永业田乃至口分田的变卖。均田制崩溃以后，一般的庄园固不必说，就是当作封建王侯贵族僧道们直接榨取基础的皇庄、寺观庄院、官田、军功田等等，其最初的取得虽或由于赠赐或抢夺，其消失与解体，却有许多是由于拍卖。至若以种种形式存在于民间各地的所谓祭祀田或公产，原本经由一族或一姓誓约不许变卖的，后来代远年湮，终究由种种原因予以变卖处分了。这一切，表明土地当作商品来买卖，即使是通过许多限制来进行的，终归是由来已久，不自今始了。我们前面曾说，土地的自由买卖。是劳动力自由买卖的前提条件，那么，说中国历代有了相当程度上的土地买卖自由，是否就可据此断定中国早已有了同一程度的劳动力买卖的自由呢？”①

即便有土地买卖，继而有一定数量和程度上的劳动力的买卖，也不能证明，在中国古代、近代的经济活动中，出现了商品经济甚至是市场经济。由土地买卖而引发的劳动力的买卖，本质上是自然经济的扩展形式，它并没有根本改变劳动产品的所有方式和使用方式。

其次，以家庭或户为基本生产单位的自然经济，有着和这种经济组织方式相融合的伦理基础与伦理关系。其一，自然经济本质上是生态经济。它不以改变自然为前提，相反，它以尊重和敬畏自然为基础。尽管它从自然中不能反观自己，而是感到巨大的异己的力量，但人们并未从这种异己关系中产生对自然的憎恨，而是产生了对自然的极度依赖，以及依赖感之上的天人合一观念。这着实是一个悖论，劳动能力的低下、劳动工具的简化，造成了人在自然面前的非主体性状态，然而却保留了足够的自然优先性。“这里和任何其他地方一样，自然界和人的同一性也表现在：人对自然的狭隘关系决定着他们之间

① 王亚南：《中国经济原论》，商务印书馆2017年版，第57—58页。

的狭隘关系，而他们之间的狭隘关系又决定着他们对自然界的狭隘关系，这正是因为自然界几乎还没有被历史的进程所改变。”① 其实，人在自然面前必须表现出主体性地位，正是现代人的观念，而古代的自然观则是自然优先性基础上的天人合一观念。其二，惟其劳动与享用之间具有直接关系，所以自然经济条件下，不可能产生出消费的观念、奢侈的观念。人们虽然在物质上过着简朴的生活，但在情感和精神世界却保持在丰富的状态中，人和人之间的自然情感和社会情感使得人们之间保持着深厚的感情和高度的信任。由于产品不是用来交换的，而是用来生活的，且在家庭和家族内部践行着利他主义伦理原则，所以，只有在此种情形之下，才会出现马克思笔下的劳动者与其劳动产品、劳动过程、人的社会本质和类本质之间的印证关系。“假定我们作为人进行生产。在这种情况下，我们每个人在自己的生产过程中就双重地肯定了自己和另一个人：（1）我在我的生产中物化了我的个性和我的个性的特点，因此我既在活动时享受了个人的生命表现，又在对产品的直观中由于认识到我的个性是物质的、可以直观地感知的因而是毫无疑问的权力而感受到个人的乐趣。（2）在你享受或使用我的产品时，我直接享受到的是：既意识到我的劳动满足人的需要，从而物化了人的本质，又创造了与另一个人的本质的需要相符合的物品。（3）对你来说，我是你与类之间的中介人，你自己意识到和感觉到我是你自己本质的补充，是你自己不可分割的一部分，从而我认识到我自己被你的思想和你的爱所证实。（4）在我个人的生命表现中，我直接创造了你的生命表现，因而在我个人的活动中，我直接证实和实现了我的真正的本质，即我的人的本质，我的社会本质。”② 在马克思这段关于劳动者与其劳动过程、劳动产品和他的产品满足别人的需要的过程中证明自己和实现自己的本质力量的论述中，充满着理想的浪漫的气息，证明了劳动具有伦理本体地位。那么，如若这一判断能够成为现实，它应该具备何种条件呢？是否可以

---

① 《马克思恩格斯文集》第1卷，人民出版社2009年版，第534页注①。

② 《马克思恩格斯全集》第42卷，人民出版社1979年版，第37页。

断定，自然经济条件下，劳动者与其劳动产品与劳动过程之间是否具有马克思所论述的那种景象呢？疑问之一，如若劳动者通过劳动反观自己、证明自己和实现自己，那么这在任何一种社会状态下皆是如此呢？在自然经济条件下，劳动产品不是用来交换的，而是用来生活的，劳动者可以在自己的产品中反观自己和实现自己，因为技艺本身就是一种自我证明的过程。疑问之二，在别人享受或使用我的产品时，我意识到我的劳动和产品满足了另一个人，物化了我的本质，也物化了另一个人的本质。如若是与自己朝夕相处的人享用了我的产品，我意识到我不但满足了他们的需要，而且创造了他们的生命。疑问之三，我认识到，在我的产品满足了你的需要的时候，因你对我的感恩而使我感受到，我的本质力量被你的爱所证实。在自然经济条件下，我的具有血缘关系的人，即使在日常的交往和生活中，相互间都充满了爱，在我的产品满足了你的需要的时候，你获得了使生命持存下去的条件，而更加感恩我。感恩我的付出，我的艰辛。疑问之四，我通过我的产品、我的产品满足你的需要，从而证实了我的人的本质，我的社会本质。在自然经济条件下，家庭成员之间通过劳动而密切地结合在一起，通过自然情感而紧密地生活在一起；通过共同劳动，通过享用共同的劳动财富，基于自然关系而又具备了社会性质，不但证实了个人的本质，也证实了人的社会本质。

或许这样的论述、表述并非马克思的原意，但也至少反映了自然经济条件下，劳动者与劳动产品、劳动产品与享用产品的人之间的对象性关系，一种相互印证、相互证明的关系。如果马克思的本意并不仅仅指自然经济条件下，劳动者与其产品、产品满足需求者的关系这一狭隘范围，而是指整个社会的劳动状态，甚至可以说，当劳动产品满足了超出家庭成员之外的更加广泛的其他社会成员的需要，才能更好地、真正地实现劳动者的人的本质、人的社会本质，个体本质与类本质之间实现了相互共属，相互印证，那么，在何种政治制度和经济制度之下，才能实现这一理想呢？显然不是在资本主义制度之下，因为如马克思、恩格斯所说，资本主义是最后的也是最完备的私有制。

只有彻底消灭资产阶级私有制，建立社会主义和共产主义；只有当由整个社会来自觉地组织劳动，自觉自愿地按照需要来分配劳动财富时，马克思所描述的人作为人来进行生产的景象才能出现。那么，资本主义制度之下的经济类型又是如何发生和发展的呢？它具有怎样的伦理性质呢？

（二）现代社会状态下的经济类型与伦理关系

有充足理由说，始自 15 世纪末的现代化运动，开启了一个迄今为止相对有效率的经济组织方式，这就是市场经济。市场经济是一个悖论性的经济运行模式，在其原始发生过程中，是和劳动资本化、资本私有制化紧密联系在一起的。在它把财富快速地生产出来供给整个社会的同时，它也把私有制推向了最高、最后的状态。在“经济转型与伦理变迁”这个理论和现实问题中，有市场经济发生和发展所引发的伦理基础的变迁是最具广度、深度和力度的。在一定意义上可以说，在世界化和全球化场域之下，世界性的人们在享用市场经济带给人们的各种创价的同时，也在承受着由市场经济的世界化带给人们的各种代价。而在我们看来，市场经济的本义是以市场为导向进行资源配置，以生产、分配、交换和消费为运行逻辑，以获取最大化收益为目的的经济组织方式。但当它与资本主义制度结合在一起，就会在私有制的道路上走向极端的利己主义：个人利己主义、集团利己主义和国家利己主义的“完美结合”。

但有一点是可以肯定的，那就是，市场经济的建立与发展是人类迄今为止所实现的最大规模的经济转型。从深度上看，它制造了各种矛盾，并把矛盾推向了冲突的状态；从广度上，这只看不见的手被资本家和西美国家这两只看不见的手所掌控，变成了它们进行军事打击、经济扩展、政治强制和文化殖民的手段。但一如市场经济作为一种最大限度地创造财富并根据市场规则分配财富的经济组织方式，可以被资本主义制度利用，也同样可以为社会主义制度服务，甚至可以创造性地将其变成最能实现人类终极之善的经济类型。对此，在“经济转型与伦理变迁”这个题材之下，我们必须讨论如下几个问题，（1）市场经济的建立与发展何以是迄今为止人类所实现的最有广度、深度和力度的经济转型？（2）它是如何解构前现代社会的经济类型及其伦理基础的？（3）对市场经济进行伦理辩护与批判的根据和理由在哪里？（4）资本主义市场经济能否为社会主义市场经济的建构与健康发展提供成功的经验和失败的教训？在回答这些问题之前，预先从整体性上把握现代性，或将市场经济放置到现代性中加以规定，是极其必要的。

（三）现代性的哲学面孔：作为整体性范畴的现代性

无论是全身心地拥抱，还是全面地拒斥，现代性都以它不可抗拒的方式向人们走来；它不断变换自己的面孔，好像天生就有着超凡的变脸艺术，让人着迷、迷恋，又让人迷茫、迷惑；它把超过过往时代的价值呈现给了人们，也把前所未有的难题和风险抛给了人们。现代性越来越像霍布斯笔下的“利维坦”。在对待现代性的情感上，人们爱恨交加，既求之不得却又挥之不去。对这个变化多端、神秘莫测的现代性的把握和领会可有多种学科形式，如社会学、教育学、政治学、心理学的，等等，而哲学的把握方式则是独特的，它用知性创制的范畴，借助哲学式的话语体系，见出现代性的内在逻辑，领悟现代性的真实面目，呈现现代性的哲学面孔。哲学作为一种理论把握世界的方式，其本质乃是一种追问方式，而其所追问的乃是事物的“是其所是”，对事实的追问所见出的是事实逻辑，对应当的追问得出的是价值逻辑。而这种追问本身又可分为系统论奠基和生成论奠基两种基本范式。系统论奠基在于为一个事实或现象的出现找到初始性根据，它是本体，是始基，万物由其产生而又回归于它。生成论奠基旨在还原本体、始基展开自身为他物又复归于自己的原始发生过程。如事物或现象得以发生的根据不在人的活动中，而在他物自身中，那么它所体现的便是因果性，如若人是事物得以发生的根据，那么这就是原因性问题。但哲学不只是一种追问事物“是其所是”的方式，同时也是一种立场、态度和理想，它要通过一种考察“能够”和“应当”而指向一种目的之善或终极之善。这种善超越了个人的经验、体验和追求，而达于类的诉求。故而可以说，哲学是关于人类活动的反思、批判与预设，更是对人类命运的观照。依照这样的规定，哲学之于当代生活世界的意义就集中体现在对现代化、现代性和现代生活意义的反思、批判与预设上。一如马克思在“政治经济学的方法”中所指出的：“整体，当它在头脑中作为思想整体出现时，是思维着的头脑的产物，这个头脑用它专有的方式掌握世界，这种方式是不同于对于世界的艺术精神的、宗教精神的、实践的精神的掌握的。”① 理论把握世界的方式之所以不同于甚至优越于其他方式，乃在于这种方式是第一条道路和第二条道路的有机统一。“在第一条道路上完整的表象蒸发为抽象的规定；在第二条道路上，抽象的规定在思维行程中导致具体的再现。”② 哲学以它特有的学科高度和问题深度把握现代化、现代性和现代生活。

1. 现代化—整体性高度。整体性是哲学把握当代生活世界的第一原则，更是把握和领会现代性的基本原则。所谓整体性乃是事物自身所体现出来的空间上的结构性和时间上的流动性，而现代化就是一个颇具整体性的社会运动过程。从空间结构看，现代化由动力、环境和手段三个要素构成，从时间维度观之，它是一个自我生成、自我演化的过程。对前者的沉思体现的是系统论奠基，对后者的把握体现的是生成论奠基。欲望的神圣激发构成了现代化的动力，观念的革命、市场的开发、制度的设计、资源的配置，都以激发人的欲求为目标，这就把人的权力欲、金钱欲和生殖欲激发到了前所未有的地步，而被激发起来的欲望又立刻反身嵌入生产、交换和消费中，从而构成一个与社会结构的双向互逆结构。然而被激发起来的欲望却常常超出了自然的限制和人性的限度，现代社会的诸种问题和难题都与欲望的神圣激发有着必然的联系。为着实现这个被激发起来的欲望，人类找到了

① 《马克思恩格斯文集》第 8 卷，人民出版社 2009 年版，第 25 页。

② 《马克思恩格斯文集》第 8 卷，人民出版社 2009 年版，第 25 页。

一个据说能够快速积累财富并快速消费财富的社会环境，这就是市场经济。市场万能论和理性无限论曾一度支配着人们的观念。市场经济作为一套复杂的社会设置，从两个层面使人们的占有欲望和表达欲望再一次地被激发起来。首先是现代生产逻辑的确立，即生产—分配—交换—消费。它从根本上打破了自然经济场域下劳动与享用的直接对等性，简单的需要体系支配着简单的劳动过程，反之，简单的劳动过程又决定简单的享用。“人们对自然界的狭隘关系决定着他们之间的狭隘关系，而他们之间的狭隘关系又决定着他们对自然界的狭隘的关系，这正是因为自然界几乎还没有被历史的进程所改变。”① 而现代生产逻辑则使生产与消费之间发生了时间上的间隔，首先必须为别人生产，最后才能为自己创造。其次，完成生产与消费之间隔的手段是交换。市场经济打破了物物交换的简单逻辑，而植入了极为复杂的货币中介。如果说生产与消费的分离为欲望的再次激发提供了实体性的基础，那么现代货币和金融体系则为此提供了符号—虚拟基础。货币作为一种符号系统就是一种“能指”和“所指”的奇妙组合，作为一种符号，货币就是意味着，对这种“意味着”，人们无须专门的知识就可以很快地达成共识，这就是，货币既意味着财富，又意味着享用，积累货币就是积累财富和符号。人们在观念上可以对可数的货币符号进行任意拆解和整合，既可以分解成小的消费，又可以整合成大宗的享用。更加神奇的是，货币将人们带入一个任意想象的虚拟享用境地，而被想象出来的财富和享用又反身嵌入人们的现实的竞争、争夺甚至掠夺的行动中。而欲望、市场的迅速激发和快速扩张又依赖着快速发展起来的现代科学技术。现代传媒的迅速发展，又把人们置身于一个可视听的消费世界，最为令人喜忧参半的是人工智能的飞速发展，它既可能使人之过往的想象甚至幻想变成现实，也有可能使人走上不归之路，尤其是现代生物技术的发展，借助基因图谱的绘制、基因链的改组，使得于人而言最为宝贵的财富——人类基因变得面目全

① 《马克思恩格斯文集》第1卷，人民出版社2009年版，第534页注①。

非而不可复制。现代化运动是复杂的过程，其所造成的后果更是复杂的。用过往的线性思维、段落思考和面相认识便无法认知和把握这个多面孔的现代化过程。哲学意义上的整体性既是一种学科意义上的高度，又是问题思考上的深度，它所要求于人们的是整全的知识体系和全面的判断能力。

通过资本的运行逻辑，民族与国家的地理边界被打破，极具地方性知识的民族与国家文化的藩篱被拆除，余下的所有事情，就是要几乎所有的民族和国家都要在全球化这个罗盘上统一运转。飞速发展的现代科技，以及快速发展的现代传播系统，将古老的时空观改造成现代式主观时空。在物理空间框架下，就人类所能够居住的地球而言，空间距离依旧如往日那样长短，但时间的缩短使得空间被严重压缩。人类从未有像今天这样，表现出空前的依赖性，即便是一个地方性的事件，也很快在强大媒体的推动下成为全球性新闻。经济链条的世界化，使得每个国家的生产、分配、交换、消费都要依赖国际市场。基于普遍依赖关系之上的整体性突出地表现为正向与反向两种性质，所谓正向的整体性是指，由于在国际化市场中，通过一种被共同认可的交易规则，每个交易者可以通过资源配置和等价交换获取收益，因为离开国际化舞台很难获得更大的发展空间。所谓反向的整体性，是指在全球化过程中，先发国家利用其军事、资本、科技优势垄断了经济、政治和科技领域的话语权，当这些领域的游戏规则于它们有利时，就大力地推广、宣传、维护；当这些规则也使那些发展中国家受益且日益强大起来，它们就修改规则，或退出原有的规则体系，奉行所谓的优先战略。自现代化运动肇始之日起，不同民族和国家之间就始终交织着推动现代化、进入现代化和阻止现代化、逆全球化的博弈甚至斗争。以此观之，用哲学意义上的整体性概念分析和论证现代化运动，必须坚持创价与代价两种判断标准，引入全球正义的思考立场。作为整体概念的现代化运动，其共时性和历史性上的结构，充分地表现在现代性的复杂性问题上。如果把现代化视作根据和前提，那么现代社会及其根本属性——现代性则是现代化运动所取得的业绩。

2. 现代性—复杂性程度。起始于现代生产逻辑而发生的现代化运动，直接构造了一个复杂的现代社会结构，而这个结构的展开过程又衍生出了不同于前现代而为现代所特有的属性，这就是现代性。现代性呈现出了极其明显的复杂性，这不仅表现在内部结构上是复杂的，其呈现方式也是多样的，矛盾的、冲突的、纠结的。首先，在三重关系上具有了新的形态和性质。人与自然、人与人、人与自身的关系是人类社会永恒的三重关系结构，但在不同的历史场域下，三重关系的构造方式及其状态却是不同的，甚至相去甚远。现代化运动的一个直接后果就是改变了传统的人与自然的关系，它沿着向外和向内两条路线展开这种“革命性”的改造过程。所谓向外的路线便是人们用日益发展和成熟起来的科学技术向身外的自然进行持续的探索、发掘和开掘。在认识上，人们要使世界图像化，将感性世界整合到知性世界中来，借以体现世界的被给予性，最终实现“人为自然立法”。在行动上，试图将自然改造成人所希望的样子，不再顾及自然的先在性，不再倾听自然的声音，一切都要基于我、听于我、为了我。在向内的道路上，人也运用各种技术开始改变人自身的自然，借以实现人的所谓身体之善和种群延续。要么是通过改变基因结构延年益寿、强化种族优势；要么改变面容提升颜值，将身体视作任意改造的客体。如果说在前现代社会，人们是用禁欲的方式抑制身体，那么在现代社会则是用纵欲的手法开发身体。于是，在对待自然的关系上，不但相互作用的方式是多样化的，因而是复杂的，其所导致的不确定性和风险性也是复杂的。在人与人的关系上，一如马克思所说，它打破了“人的依赖关系”，建立起了“物的依赖关系”，“以物的依赖性为基础的人的独立性，是第二大形式，在这种形式下，才形成普遍的社会物质变换、全面的关系、多方面的需求以及全面的能力体系。”[①] 马克思对基于商品生产和交换的普遍交换及其后果，是用辩护与批判相统一的立场加以论述的。无论是《1844 年经济学—哲学手稿》、《共

---

① 《马克思恩格斯文集》第 8 卷，人民出版社 2009 年版，第 52 页。

产党宣言》，还是《1857—1858年经济学手稿》，都充分体现了这一点。现代性就像一块银币的两面，创价与代价相伴而生、相向而行。这种悖论现象表现在人与人的关系上，集中于观念、关系和行动中。在观念上，一种功利主义、实用主义、个人主义、利己主义充斥在许多领域，一如马克思所说，商品拜物教产生了形而上学怪诞，人与物的关系变成了头脚倒立，不是人支配物而是物支配人；人与人缺少了信任、同情和扶持，而是充满了计算、算计和狡计。一种不顾正当性基础的任性表现于生活的许多领域。认同感和归属感的缺失，使人和人之间丧失了本体性安全。在关系上，变动性与风险性使得人们之间的信任和扶持变得飘忽不定；一种出于善良意志的公共道德行为常常被人误解和曲解，虚假道德和真实道德没有了清晰的边界。在心理和精神活动中，心灵失序导致人们在情绪与情感上的两种极端，即激情与冷漠并存。人们愈来愈少过去那种承认、认同、宽容，而是充满了抱怨、埋怨、怨恨，甚至仇恨；羡慕、尊重被嫉妒和仇恨所替代。在社会活动中，权力、地位、身份、机会愈来愈垄断在少数人手里，社会资本常常被捆绑在权力资本和货币资本之中，而被积累起来的资本又成为既得利益，不同的既得利益者勾连在一起成为一个相当顽固的既得利益集团。虽没有马克思笔下的劳动资本化、资本自由化这种普遍现象，但劳动的本体地位已被消解到社会的边缘，人们只是关注劳动的结果，劳动者在自己的劳动产品中不能反观自己、证明自己，其所关心的是微薄的劳动报酬。在价值与意义的关系上，人们创造了使人幸福的前提却没有创造幸福本身，人们似乎陷入一种快乐悖论和认同悖论之中。越是追求快乐越是求之不得；越是想得到他者的认同和肯定就越是得不到。异质意志和选择意志并没有使人培养起公共意志来，更没有培养出对公共善的追求，形成一种既作为善良意志又作为公共理性的实践理性能力来。在人与自身的关系上，我，作为最为初始的根本，在三个层面被确立为根本的、主要的甚至是唯一的主体，在存在论上，我直接感受到的是我的存在，我无时不在、无时不有地感受到我的需要、欲望，没有人能像我自己这样体验到我的喜、怒、哀、乐；我认识到了我自己的特长，我有别人不具有的优点；在价值论上，觉得只有我自己才是最值得存在的人，我是最有意义的存在者。这种目中无人、旁若无人的认知、态度和趋向，常常使人任性，随性而为。

复杂性作为现代性的重要标识，其所表述乃是一种客观事实，可从多个角度加以描述；同时，其所表达的也是一种价值立场，即人们对现代性的价值判断和心理取向。当这些客观事实和价值事实被重新厘定之后，所能呈现出的乃是现代性之复杂性表征的根本要义，即不确定性和风险性。造成这种不确定性的根源有两种，即自然的和人为的。现代化、现代社会和现代性充分证明了，市场万能论和理性无限论是靠不住的承诺，一如康德所说，面向其初始原因不在人这里而在自然那里的客观世界，人的理性是有限的；但由人的行动而构成的实践领域，人的理性是可以自主的。人应该成为立法者，也必须成为守法者。欲望的神圣激发，权力欲、金钱欲和生殖欲的膨胀，使人们愈来愈不顾及事物自身的"是其所是"，天人之道、人伦之道和心性之道时隐时现、若即若离。如何回归天道、人道和心性之道，乃是提升确定性和防范风险的根本道路。

3. 世界性：流动性广度。在时空意义上，现代性的外部形式便是世界化、全球化。在全球化的道路上，并非每一个民族和国家都是自愿的、平等的。依照主动性和被动性、平等和不平等的程度，可把一些民族和国家视作现代化的上游国家，而其他则视为中游和下游国家。马克思在《德意志意识形态》中描述了世界化的原始发生过程，首先是从欧洲发展起了市场经济，而市场经济的神奇功效就在于它可以通过资本的运行逻辑打破传统的地理边界和文化屏障，而将"每一个毛孔都滴着肮脏的血"的资本渗透到世界的每一个角落。而作为现代化上游的先发国家，主要是英美两个老牌的资本主义国家，要么通过非人道的侵略、掠夺、战争，攫取其他国家和民族的资源，或通过形式上平等而实质上是不平等的贸易而获取贸易优势。更加重要的是，在国家交往中，它们几乎垄断了处理国际事务所遵循的游戏规则的制定权和解释权，并通过军事的、资本的、科技的力量，将自己风行的价值观推行到世界各地，通过经济控制、军事威胁、政治控制和文化殖民，使世界化沿着极不平等的道路前行。从积极的方面着眼，通过资本的逻辑，将马克思所说的“普遍的社会物质变换、全面的关系、多方面的需求以及全面的能力体系”推进到整个世界的范围内，为形成利益共同体创造了条件。但在资本的逻辑替代政治的逻辑的全球治理中，老牌的资本主义国家面对日益强大起来的发展中国家和不发达国家，深感其长久以来的垄断地位受到威胁，于是一种逆全球化或反全球化浪潮甚嚣尘上。国家主义、单边主义、优先政策使得日益发展起来的全球化、世界化陷入原有秩序的解构和新秩序的茫然中。如果说，在马克思所描述的资本主义原始积累和资本主义扩张的岁月里，一种资本主义的观念支配个人的观念和国家的政策，那么进入21世纪初，一种新型的个人利己主义、集团利己主义和国家利己主义支配着资本主义国家的政治精英和国家治理。在20世纪末至21世纪初，似乎出现了多样化的、可融合的全球化的曙光，但现在这种曙光似又若隐若现。于是，如何在世界化和全球化过程中构建一个政治多极化、文化多样化的人类命运共同体，乃是整个世界人们的事情。

由资本的运行逻辑所导致的全球化使得流动性变得极为突出，这不仅表现在资源、人员、价值在全球范围内流动，其所造成的风险、冲突也在全世界范围内展开，整体性与复杂性也在不断加强的流动性中日益凸显出来。

首先，现代性形态逐渐呈现出多样性。如果不是仅仅以先发国家的现代化过程作为考察对象，而是将全球化作为一个整体性概念加以分析和论证，那么在历时性形态上，现代性呈现出先后出现的三种样式：初创—片面的现代性、自反—冲突的现代性、重构—平等的现代性。马克思在《资本论》第1卷第二十四章的“所谓原始积累”部分指出：“劳动者的奴役状态是产生雇佣工人和资本家的发展过程的起点。这一发展过程就是这种奴役状态的形式变换，就是封建剥削转化为资本主义剥削。要了解这一过程的经过，不必追溯太远。虽然在14和15世纪，在地中海沿岸的某些城市已经稀疏地出现了资本主义生产的最初萌芽，但是资本主义时代是从16世纪才开始的。在这个时代到来的地方，农奴制早已废除，中世纪的顶点——主权城市早已衰落。”[①]“为资本主义生产方式奠定基础的变革的序幕，是在15世纪最后30年和16世纪最初几十年演出的。”[②]这便是初创—片面的现代性。所谓初创乃是“原始积累”之意，“原始资本的积累”和“资本的原始积累”都包含着马克思所说的“掠夺”的性质。在资本主义快速发展的时代里，农民、山民、牧民、手工业者被剥夺了属于自己的生产资料，继而也就失去了生活资料，他们不得不涌向城市，充当廉价劳动力。不仅如此，资本的运行逻辑也借着军事的、宗教的、政治的形式越过本土开向其他民族和国家，掠夺他国的人口和资源。尽管资本主义取得了历史合理性的形式，却是以严重的世俗不合理为代价的，人类追求平等的愿望常常是通过实质性的不平等向前推进的。在资本主义由肇始经过扩展再到世界化，其间充满了各种军事侵略和经济掠夺，因此在某种意义上说，先发国家是以不发达国家甚至落后国家的停滞甚至衰退、种族灭绝为代价的。20世纪70年代末，一些发展中国家和地区，先后进行多种形式的经济、政治变革，在相对稳定的国际环境中，加入世界贸易组织，参与国际化。虽然上游国家和中游、下游国家之间在形式平等的规则之下实现这不平等的交换，如先发国家向发展中国家和不发达国家输出的是资本、技术和规则，而攫取的是稀缺资源、劳动力和产品，把用于开发和生产产品的“废物”留在生产国，但后者却也获得了快速发展经济的国际环境、条件和机会。总地来说，始自20世纪70年代末以来的全球化，无论是先发国家还是发展中国家都获得了不同程度的发展，也出现了共同治理的趋势，尽管优先发展起来的资本主义国家总是试图在所有国际事务中保持优势地位、获得优先发展权，但也要充分顾及追赶型国家

① 马克思：《资本论（纪念版）》第1卷，人民出版社2018年版，第823页。
② 马克思：《资本论（纪念版）》第1卷，人民出版社2018年版，第825页。

的国家话语权和经济地位，因为，逐渐发展起来的世界经济体系是每一个意欲发展自身的国家所不可或缺的国际环境和条件。日益发展和壮大起来的发展中国家，在国际事务中获得了越来越多的话语权，经济、科技、人才实力也快速壮大起来，这使得先发国家愈益感到压力，不仅仅是经济、人才和科技方面的压力，更重要的是精神上的危机感。于是由西方主导的现代化运动导致了自反性效应，即由自己主导的现代化日益生发出反对自己的力量，为着消除这种压力，便开始公开解构自己建构起来的各种游戏规则，通过解构以保持自己原有的军事、经济、科技，特别是心理优势，这就把现代化运动引向自反性状态，这就是自反—冲突的现代性。这充分证明了，现代性并非铁板一块、一种模式，它是不断变动的。逆全球化或反全球化浪潮的兴起并非是一种消极现象，它正是不同地区、民族和国家在同一个世界体系中相互竞争、博弈的开始，是一种求得动态平衡的趋向。早在 1845 年秋至 1846 年 5 月，马克思在和恩格斯合写的《德意志意识形态》中就曾预测，随着生产力的发展，随着生产力与交往行式之矛盾的充分展开，一种世界性的“联合体”就可能产生，虽然这种产生是在充满矛盾、不平等的情形之下发生的。“这种‘异化’当然只有在具备了两个实际前提之后才会消灭……而这两个条件都是以生产力的巨大增长和高度发展为前提的。另一方面，生产力的这种发展（随着这种发展，人们的世界历史性的而不是地域性的存在同时已经是经验性的存在了）之所以是绝对必需的实际前提，还因为如果没有这种发展，那就只会有贫穷、极端贫困的普遍化；而在极端贫困的情况下，必须重新开始争取必需品的斗争，全部陈腐污浊的东西又要死灰复燃。其次，生产力的这种发展之所以是绝对必需的实际前提，还因为：只有随着生产力的这种普遍发展，人们的普遍交往才能建立起来；普遍交往，一方面，可以产生一切民族中同时都存在着‘没有财产的’的群众这一现象（普遍竞争），使每一民族都依赖于其他民族的变革；最后，地域性的个人为世界历史性的、经验上普遍的个人所代替。不这样，（1）

共产主义就只能作为某种地域性的东西而存在；（2）交往的力量本身就不可能发展成为一种普遍的因而是不堪忍受的力量：它们会依然处于地方的、笼罩着迷信气氛的‘状态’；（3）交往的任何扩大都会消灭地域性的共产主义。共产主义只有作为占统治地位的民族‘一下子’同时发生的行动，在经验上才是可能的，而这是以生产力的普遍发展和与此联系的世界交往为前提的。”① 这实际上是指，随着生产力的普遍发展，而这种发展必然造成基于普遍交换之上的广泛交往，从而形成世界历史性的存在，而生产者也只有作为经验上的普遍的存在，才能获得普遍性；若此，“没有财产的”的存在者就会成为世界性的，而生产的社会性与产品私人占有的矛盾就会成为世界性的矛盾，这就有可能使得不同民族的无产者联合起来，通过推翻私有制而建构起一个世界共产主义。共产主义不是应当确立的状况，而是一种消灭私有制实现人类整体性平等的现实运动。“此外，许许多多人仅仅依靠自己劳动为生——大量的劳力与资本隔绝或甚至连有限地满足自己的需要的可能性都被剥夺——，从而由于竞争，他们不再是暂时失去作为有保障的生活来源的工作，他们陷入绝境，这种状况是以世界市场的存在为前提的。因此，无产阶级只有在世界历史意义上才能存在，就像共产主义——它的事业——只有作为‘世界历史性的’存在才有可能实现一样。而各个人的世界历史性的存在，也就是与世界历史直接相联系的各个人的存在。”② 马克思在175年前既已推断出世界历史交往的形成以及由此产生的哲学人类学后果，所不同的只是随着世界市场的形成、世界普遍交换和交往的出现，并未形成普遍的世界历史性的个人存在，也没有出现联合起来的世界性的无产阶级，但这绝不能说马克思的观点是不合历史逻辑的，相反，马克思在1846年所预测的基于生产力的普遍发展所必然造成的世界历史交往的曙光已经初现，而建立在各个民族充分发展之上的全人类的共同生产力、共同的财富以及

① 《马克思恩格斯文集》第1卷，人民出版社2009年版，第538—539页。
② 《马克思恩格斯文集》第1卷，人民出版社2009年版，第539页。

普遍的世界交往，将成为每个人自由而全面发展的实际前提。为着实现这目标，就必须解决劳动者的产品为劳动者所有的问题。或许，这样的历史状态尚未出现，实际出现的则是以国家为基本单元所进行的世界化或全球化，为着实现人类正义就必须解构在初创—片面现代性状态下的不对称、不平等的状况。追赶型国家在自知、自愿基础上，自觉地进行社会变革，积极投身于全球化的运动中来，逐渐融入全球化的进程中，也有了足够的自信参与甚至决定一些解决国际事务的话语权。

其次，相对确切地说，真正的全球化是近半个世纪的事情，这并非是一个断代史意义上的判断，而是一种价值判断。其一，后发国家参与全球化的性质不同于此前的过程。此前是被先发国家在军事、经济、科技的强制之下被动进入的，而始自20世纪70年代的全球化则是在自愿、自知、自觉的基础上主动融入全球化过程的。其二，在近半个世纪的全球化进程中，尽管先发国家利用其各种优势对其他国家进行军事威胁、经济封锁、政治支配和文化殖民，但大规模的、持续的、野蛮的军事掠夺并未出现，这就为后发国家通过持续的社会变革而逐渐确立在国际关系中的地位创造了条件。然而，由先发国家制定的各种游戏规则在保证它们的优势地位的同时，也逐渐壮大了发展中国家在全球经济链条中的比例的地位，强化了它们在国际事务中的政治话语权，这就逐渐威胁到了先发国家的优势地位和优势心理；军事、经济、科技安全出现危机，更加深重的则是文化安全，可称之为本体性安全危机。这种情形，我们称之为“自反—冲突性的现代性”。这一命名完全是针对先发国家而言的，第一，其所制定的游戏规则在使自己发展的同时也使其他国家壮大起来，继而发展出了不利于甚至反对其所倡导的价值观以及其所制定的游戏规则，如民主、平等、自由。一方面，把这些价值确立为普世价值；另一方面又仅对自己有效。第二，在行动上，不断修改甚至退出自己曾制定的游戏规则，以阻止对它们所谓不利的全球化，这就是拟全球化或反全球化。自反—冲突性的现代性乃是流动的现代性中的一个特定状态，是长期处于优势地位的先发国家面对“风起云涌”的后发国家的壮大，所采取的应对行动。这种应对行动所映现出的本质则是不同民族和国家在全球化过程中进行不断博弈的过程，优先思维、单边战略都不利于构建利益、安全、生存共同体，即人类命运共同体。零和博弈乃是不可持续的，只有相互让步、谋划共赢，才会构建高级形态的现代性：重构—平等的现代性。那么“重构—平等的现代性”如何可能？

四　市场经济与经济转型

市场经济的建立与发展何以是迄今为止人类所实现的最有广度、深度和力度的经济转型？确定和确证这一事实有何意义？第一，世界化和全球化已是不争的事实，要么被动地被拖入全球化，要么主动地融入全球化，这是每一个国家和民族都必须深思熟虑和认真对待的问题。无论是全身心地拥抱还是全面地拒斥，现代性都以它不可阻挡之势，招致前来、不招即来。而市场经济又是现代化运动最为基础的部分，它为其他社会因素的现代化创造了条件，而其他社会因素一经现代化又即刻反身嵌入市场经济中，要么支配着资本的运行逻辑，要么改变着运行逻辑。第二，迄今为止，虽有后市场经济的元素在生成、在发展，如生态经济、数字经济、虚拟经济、人文经济，但它们本质上都是市场经济的不同表达形式，并未从根本上改变市场在现代经济体系及其运行过程中的核心地位。一如我们曾反复强调的那样，市场经济是一悖论性的社会事实，是代价与创价、风险与机遇、失败与成功、希望与失望的混合体，任何一种只要创价、机遇、成功和希望而去掉其他不利因素的想法和做法都是不切实际的，它要以已是、在是和将要是的形式义无反顾地走着它自己的路，指明和证明市场经济是迄今为止最具广度和深度的经济转型，蕴藏着继续存在和发展的可能性空间，对于构建和完善社会主义经济制度、体制和运行方式，具有重大的理论意义和实践价值。

或许，人们始终有着这样的疑问，由市场经济的建立与运行所引发的伦理基础的变迁是最广泛而深刻的，那么对这一结论的证明就应该以“市场经济”为核心词展开分析和论证，然而事实却不是这样，有时以资本主义、资产阶级为核心词，有时又以现代化、现代社会和现代性为核心范畴，这种核心概念的混合、混用是否意味着一种思维上的混乱呢？首先需要确定和确证的是，人们只有用整体性、复杂性和冲突性思维（这本身就是现代思维的一个本质特征）来认知、理解和把握现代化、现代性、市场经济、资本主义和资产阶级才能总体性上标划出现代社会的整体风貌。其次，当我们试图分离出现代社会的基础性要素时，我们就会使用市场经济这一核心概念；当我们刻画一种经济、政治与文化浑然一体的国家体系时，我们会突出资本主义和资产阶级这两个范畴；当我们从整体性上描画当代世界状况时，我们会充分运用现代化、现代性、现代社会这一组概念。如资本主义这个范畴，它就不是一个单一概念，而是一个由几个范畴组合而成的复合体：资本的运行逻辑是它的经济形态；制度和体制是它的政治形态；意识形态是它的观念体系。当资本、制度和意识形态被有机地组合在一起的时候，一个完整的资本主义形象就被建构起来了。不了解这一点，就不会深刻地理解资本主义的所作所为。令人迷惑的不是资本主义那些让世界人民感到震惊的想法和做法，而是我们不能全面了解和彻底理解资本主义的本质。又如同现代社会这个范畴，它是一套复杂的社会设置，资本的世界运行逻辑是它的经济基础；不同社会制度的并存、矛盾与冲突是它的政治表现；原子主义思维和主体性理念、欲求合理与理性无限、增殖与消费是它的观念体系。当我们建构了这样一个既注重整体又不忽视具体的范畴体系之后，对“市场经济与经济转型”的分析和论证也就有了充分的学理依据。

关于资本主义、市场经济、现代性在人类历史上的作用，马克思恩格斯在《共产党宣言》中作了全面的论述。从私有制和阶级斗争的角度看，资产阶级把私有制发展到了最完备的状态，把阶级斗争推进到了最极端的状态。“从封建社会的灭亡中产生出来的现代资产阶级社会并没有消灭阶级对立。它只是用新的阶级、新的压迫条件、新的斗争形式代替了旧的。但是，我们的时代，资产阶级时代，却有一个特点：它使阶级对立简单化了。整个社会日益分裂为两大敌对的阵营，分裂为两大相互直接对立的阶级：资产阶级和无产阶级。”[①] 资产阶级私有制与以往的私有制不同，它使雇佣工人变成了真正的除了出卖劳动力之外便一无所有的阶级，成了真正的无产阶级。“现代的资产阶级私有制是建立在阶级对立上面、建立在一些人对另一些人的剥削上面的产品生产和占有的最后而又最完备的表现。”[②] 资产阶级将马克思所描述的劳动者与其劳动过程、产品和享用者之间的对象性的引证和证明关系改造成了全面的异化关系，然而，正是通过使资本整个社会化[③]的过程创造出了比任何一个过往的时代都大得多的生产力和财富。因此，从资本运行逻辑的创价和世界性后果来看，它使各个领域的革新、更新甚至是革命变成一股强大的力量，使变革、变化变成了不变的东西。资本主义借助市场经济把社会上的一切都变成了商品，变成了用来交换的产品，一切东西，那些曾被尊崇为美德的良知似乎也要通过买卖关系证明它的使用价值；既然在资本主义世界里商品变成了一切使用价值的承担者和价值的表现形式，那就必须高度重视和深度发掘商品的重要价值。“资本主义生产方式占统治地位的社会的财富，表现为‘庞大的商品堆积’，单个的商品表现为这种财富的元素形式。因此，我们的研究就从分析商品开始。”[④] 资本主义生产方式把一切物都变成了商品，然后又把商品变成了一切财富的元素形式，它打破了国家和民族之间的空间界限，冲破了不同文化和观念之间的藩篱，它把利润和增殖推进到了世界的每一个角落。因此，不了解商品和货币就不能理解资本的运行逻辑，也就不能深刻揭示产生剩余价值的秘密；因此由市场经济的建立与发展所引发的伦理基础

① 《马克思恩格斯文集》第2卷，人民出版社2009年版，第32页。

② 《马克思恩格斯文集》第2卷，人民出版社2009年版，第45页。

③ “资本是集体的产物，它只有通过社会许多成员的共同活动，而且归根到底只有通过社会全体成员的共同活动，才能运动起来。因此，资本不是一种个人的力量，而是一种社会力量。”（《马克思恩格斯文集》第2卷，人民出版社2009年版，第46页）

④ 马克思：《资本论（纪念版）》第1卷，人民出版社2018年版，第47页。

的变迁是革命性的、颠覆性的，它抽掉了甚至击垮了前市场经济的自然经济的伦理基础，它将浓郁的商业气息和强烈的利己心渗透到人的各种社会关系之中。

布劳代尔则通过对资本主义发生史和演变史的考察，从经济史的角度给出了人们建构和发展市场经济所引发的伦理后果。布劳代尔在《十五至十八世纪的物质文明、经济和资本主义》的第二卷的上卷，集中论述了“市场与经济”和“资本、资本家、资本主义”，虽然并未给出有关“市场”、“市场经济”、“资本主义”的明确或精确定义，却用大量实证材料描述了市场的形成过程和资本、资本家、资本主义的产生过程。[①] 在《资本主义的动力》这本小薄册子中，布劳代尔明晰地指出了市场经济和资本主义都有世界化的倾向。市场经济的世界化是借着普遍的交换完成的，正是通过交换不同的商品在世界范围内流通；也正是通过交换，人们实现了满足需要的多样性和生活方式的多样化，其间并无恶的因素。“从15世纪到18世纪，市场经济这个快速生活区不断拓宽。拓宽的征兆，证明拓宽的标记，这就是市场价格越过空间呈现出的链条变化。在全世界，在对此已有许多观察的欧洲，在日本，在中国，在美洲……价格都在变动。”[②] 而资本主义又借着逐渐世界性的市场、交换，简言之借着逐渐世界化的市场经济而将自己也推广到世界中去。“诚然，今日资本主义的规模与范围出现了令人难以置信的变化。它是随着基础交换和运作手段令人难以置信的扩展而水涨船高的。但是，万变不离其宗，我怀疑资本主义的性质发生了彻头彻尾的变化。”但“资本主义仍然建立在剥削国际资源、利用国际机遇的基础上，换言之，它以世界为存活的范围，至少它是

---

① ［法］费尔南·布劳代尔：《十五至十八世纪的物质文明、经济与资本主义》，第二卷，第二、第三章，顾良、施康强译，商务印书馆 2018 年版，第 144—260 页，第 261—440 页。

② ［法］布劳代尔：《资本主义的动力》，杨起译，生活·读书·新知三联书店 1997 年版，第 27—28 页。

向全世界伸展的。它当前的最大目标是：重整全球主义的起鼓。”①资本主义如果离开了物质生活和市场经济，它就绝不能变成世界性的。“我更加坚信我自己慢慢归顺的意见，即资本主义是地地道道地从顶端的、或伸向顶端的经济活动中衍生出来的。如此说来，这个强悍的资本主义是由两层垫子托着的，一层是物质生活，一层是结构紧密的市场经济，资本主义代表的是高利润领域。鉴此，我把资本主义定位在定点上。”② 布劳代尔一再强调指出，资本主义与市场经济是不同的，无论在时间逻辑还是在事物的逻辑上，市场、市场经济都是先于资本主义而发生的。但人们对二者通常是不加区分地使用的，认为将市场经济推广到世界各地就是把资本主义扩展到整个世界，这就为资本主义的世界性扩张提供了坚实基础。布劳代尔指出：“通常，人们对于资本主义与市场经济不加区别，之所以如此，是因为二者从中世纪至今总是同步发展的，是因为人们经常将资本主义说成是经济进步的驱动力和经济进步的充分的展现。其实，一切都驮在物质生活的巨大脊背上。物质生活充盈了，一切也就前进了，市场经济也就借此迅速地充盈起来，扩展其关系网。资本主义一贯是这种扩充的收益者。”③ 布劳代尔将市场经济与资本主义区别开来，而将前者视为一种提升物质生活水平的经济组织方式，推行市场经济未必造成剥削、不公正，而推行资本主义则必然造成极端利己主义、不平等和不公正，这一观点对于研究市场经济的伦理性和伦理基础问题极为重要；进一步地，何种政治制度对于如何规避市场经济的劣势而发挥的它的优势起着根本性的作用。

如果从语义学或字源学考察，“资本主义”就一套关于“资本”观念体系，而人们用“资本主义”所指称的社会现实却并非仅仅是

① ［法］布劳代尔：《资本主义的动力》，杨起译，生活·读书·新知三联书店 1997 年版，第 76 页。

② ［法］布劳代尔：《资本主义的动力》，杨起译，生活·读书·新知三联书店 1997 年版，第 77 页。

③ ［法］布劳代尔：《资本主义的动力》，杨起译，生活·读书·新知三联书店 1997 年版，第 42 页。

关于“资本”的观念体系，而是经济力量以外的另一种力量，这就是政治力量。于是把资本主义视为一个以经济为基础的政治体系才是接近于事实的理解方式。如果说布劳代尔有把资本主义与市场经济对立起来的倾向，即资本主义追求垄断，而市场经济追求自由、平等、正义、民主，于是垄断与竞争是矛盾的，因此只有摆脱资本主义的垄断与束缚才能真正发挥市场经济的自主性、自治性作用。而沃勒斯坦则提出了一个更有相容性的观点：“资本主义是以不断地吸收政治实体的经济损失，而将经济上的所得分配于‘私人’手中为基础的。我所论证的不过是，资本主义作为一种经济模式是基于这个事实，经济因素在一个大于任何政治实体能够完全控制的竞争场所中起作用。这给了资本家们一种以结构为基础的策略自由。这使得世界体系的持续经济扩张成为可能，虽然它的酬报的分配是很不均衡的。只有另一种世界体系能够维持高水平的生产率和改变分配体系，并把在政治上和经济上作决定的水平重新统一起来。这构成了世界体系的第三种可能形式，一个社会主义世界政府。”① 在他看来，世界体系是一个由政治、经济、文化、地理等多种要素构成的一个有机体，经济的因素无疑是其中最基础的部分，却不是最根本的部分。经济既可以在政治不予控制的条件下相对独立地发展，也可以在政治的完全控制下发展。究竟采取何种模式不同的国家有不同的道路，同一个国家在不同的历史时期也有不同的道路。因此，把政治与经济完全等同和完全分开都不符合实际。

从以上三种理论的论证中，虽然角度不同、立场有别，但有一点是共同的，那就是，市场经济无疑是全球化进程中最具代表性的经济组织方式。我们的任务不是要通过占有大量历史材料而去描画市场经济和资本主义的发生史和演变史，而是要分析和论证由市场经济的建构与发展所引发的社会结构的变迁、伦理基础的变迁，对市场经济的价值二重性做出有足够根据的判断。在这一判断中，我们必须充分理

① ［美］伊曼纽尔·沃勒斯坦：《现代世界体系》（第1卷），郭方等译，社会科学出版社 2013 年版，第 422 页。

解和把握马克思对市场经济的分析和判断，在此基础上，我们要对资本的世界运行逻辑的人类学后果做出伦理学分析和论证。

五　马克思人类学范式视野中的市场经济

马克思是以辩护与批判的态度看待资本主义的（市场经济是资本主义的经济形态）。马克思站在整个人类价值的高度，着眼于资本主义的世俗合理性和历史合理性，基于工人阶级的价值立场，考察资本主义的价值性，这是一种人类学范式的思考方式。以此种方式看待资本主义，就具体化为：作为其前提的资本原始积累的二重性；作为其过程的劳动之异化和社会关系之物化；作为其结果的社会时间之节约和人的全面联系与发展之可能。

如同一块银币的两面，市场经济是悖论性的存在物，当人们沉浸在由市场经济带给人们的效率与富足之后，其代价也以模式代价和过程代价的形态不断呈现给人。其实，早在市场经济产生和发展的初期，一些睿智的思想家就已经注意到了市场经济的价值二重性问题，其中马克思是最为突出的一个。

（一）马克思的人类学范式

作为资本主义起始阶段的见证人，马克思亲身体验了资本主义给人带来的价值，也预感到了由它造成或由它引起的反价值。[①] 马克思用一种超出俗人的态度即辩护与批判的态度对待资本主义的价值二重性问题，伦理动机与科学精神结合地如此完美和谐，以至于能够有效

① 法国著名经济史学家布劳代尔在《资本主义动力》一书中也谈到了这个问题。布劳代尔认为，马克思没有使用“市场经济”而是使用了“资本主义”，这决不是由于马克思的智慧所限而未能发现或发明“市场经济”这个概念，因为那时“市场经济”尚未成为一个普遍使用的范畴。而使用“资本主义”这个概念却有两个优势：第一，可以描述资本主义社会的经济活动及其规律；第二，可以从意识形态的高度对资本主义制度做出符合工人阶级利益的评价，这恰好实现了马克思所一直坚持的科学分析与伦理动机的统一。第三，市场经济着眼于以市场为导向而进行的资源配置方式，而资本主义则是一种复杂的社会设置，其涵义与复杂性远远超出了经济的意义。

地完成价值与事实的统一、分析与规范的结合。近年来，学术界出现的马克思哲学依然在场的讨论，表明了马克思当年用以研究他生活于其中的资本主义社会的立场、方法在今天依然有它的效用。无论是回归、走进还是走近马克思，都表明了思想家的影响不是身体在场而是思想在场。不是我们适应了马克思的思维方式，而是马克思的思维方式适合于梳理由现代化运动造成的现代性所给人们带来的问题，并指明一种解决问题的路向。至少有这样两点是值得讨论的，一是马克思曾经面对的问题今天依然存在，甚至更加明显，如类价值的消失，劳动之人学价值的遮蔽；二是用以研究这些问题的致思范式日益显示出其效用，这就是人类学范式。因此，在经济全球化背景下，不但马克思的问题在场，马克思的人类学范式依然在场。

人类学与人类学范式是两个既相区别又相联系的范畴。“人类学”源于古希腊文，是一门研究人本身及其文化的横跨自然科学和社会科学的综合性学科。它要研究人的自然性和社会性这两种基本属性，以及在两种基本属性之上的生物性、社会性、文化性和精神性。研究人的生物性就要研究人体结构、人体结构与其他与人相近的动物的区别。“正确理解人体的结构，和把我们的四肢和器官同别的动物同样的四肢和器官作一番比较，这就要求有解剖学和生理学的基础知识。”① 在这些知识的指导之下，人类愈来愈清楚了人类揖别其他动物而独秀于灵长类动物之上的心路历程，并能够清晰地说出人与猿在手脚、毛发、脑结构、行走、感觉、判断等诸多方面的区别。② 把整个人视为一个类，他们与其他动物区别开来的东西是为人类中的各个族类所共同具有的，但就人类本身说，可能性上、事实上也确实存在着许多种族。把各个种族或民族区别开来的是它们的生活环境、生活方式、思维方式，而这一切构成了文化学

① ［英］爱德华·B. 泰勒：《人类学：人及其文化研究》，连树声译，广西师范大学出版社 2004 年版，第 31 页。

② 参见［英］爱德华·B. 泰勒《人类学：人及其文化研究》，连树声译，广西师范大学出版社 2004 年版，第 31—48 页。

和文化人类学研究的范围。

人类学范式不是人类学与范式的概念拼凑，也不是看待问题的人类学视角，而是一种致思范式和价值立场。在学术界，人类学范式尚无通用的用法，在哲学界有人类学思维范式的提法和应用。哲学作为一种理论自觉乃是一种理性活动，无论其追问世界的方式还是表达其哲学主张都必须是理性的。人类学思维范式的雏形可追溯到维科那里，至马克思则明确地建立了人类学思维范式，明确将哲学还原为人类生活，归结为对人类生活的反思。人类学思维范式必有其内在的合理性依据，其优势在于，不再拘泥于或客观地或主观地解释世界。因为，若从客观世界出发，便无以合理地通达于自我，若从自我出发，则无以通达于客观世界。人类学思维范式对此问题的解决首先是改变了问题的提法。“人的思维是否具有客观的真理性，这并不是一个理论的问题，而是一个实践的问题。人应该在实践中证明自己思维的真理性，即自己思维的现实性和力量，亦即自己思维的此岸性。关于离开实践的思维是否具有现实性的争论，是一个纯粹经院哲学的问题。”“社会生活在本质上实践的。凡是把理论导致神秘主义方面去的神秘东西，都能在人的实践中以及对这个实践的理解中得到合理的解决。”① 人类学思维范式的要义在于这样几点：（1）人类生活永远是人文社会科学的原始文本，任意一种学科的终极性主旨都在于增进人类的幸福；（2）但把谁的利益、谁的幸福作为人文社会科学研究的终极目的却直接决定着此一学科的价值立场；（3）把最大多数人的利益与幸福作为经济分析之人类学范式的终极目标是我们根本的价值立场。海德格尔指出：“‘人类学’这个名称并不是指某种关于人的自然科学研究。它也不是指在基督教神学中被确定下来的关于受造的、堕落的和被拯救的人的学说。它标志着那种对人的哲学解释，这种解释从人出发并且以人为归趋来说明和评估存在者整体。”② 人类

① 《马克思恩格斯选集》第 1 卷，人民出版社 1995 年版，第 16、18 页。

② ［德］海德格尔：《世界图象的时代》，《海德格尔选集》（下），孙周兴译，上海三联书店 1996 年版，第 903 页。

学范式是由资本的世界运行逻辑所导致的人类思维方式的变迁。当代人类学所关注的是整个人类的生存境况，以及造成诸多问题的社会根由。在此种意义上，马克思哲学至少在以下两点上充分展现了人类学范式的理论魅力：它不再拘泥于哲学前提的设定，而是试图显现资本主义的原始发生；它不再停留于一般性地对资本主义的义愤之上，而是把为无产阶级服务的价值立场立于历史生成论之上。马克思对资本主义之人类学范式的考察集中表现在三个方面：作为其前提的资本原始积累的二重性；作为其过程的劳动之异化和社会关系之物化；作为其结果的社会时间之节约和人的全面联系与发展之可能。

（二）资本原始积累：世俗合理性与历史合理性

资本是资本主义得以运行的灵魂，而关于资本的缜密分析则构成了对资本主义研究的逻辑前提：资本原始积累构成了历史前提；对资本之根本性的研究则构成了资本理论的前提。资本原始积累的历史过程对所有人来说决不是一个积累财富的、愉快的、幸福的过程，毋宁说，它是使大量善良的弱势者失去生产资料和生活资料从而走向苦难的历程。① "而对他们的这种剥夺的历史是用血和火的文字载入人类编年史的。"② 马克思曾用了相当的笔墨描述了封建者是如何通过强制手段使大批城市里的学徒、侍从和农民离开土地而成为无产者的。③ 关于资本

---

① 关于原始积累的含义与性质，佩罗曼写道："'原始积累'这个词本身，就浸透着对人类行为的痛苦影响。首先，'原始'一词暗示一种在比较近代的更隐秘的剥削方式中所罕见的野蛮行为。它也暗示这种原始积累人们通常与资本主义联系起来的那种积累之前。最后，它还暗示一些可能跟'原始'世界有关的东西，那里资本的积累还不像别的地方那样发达。第二个词'积累'提醒我们，这一过程主要是社会的一小部分人对资本和财富的积累，或者像马克思描述的那样，是'社会财富对世界的征服。它是受剥削的人类物质领域的外延，同时也是资本主义者的直接的或间接影响的外延。至少在资本主义的早期阶段，原始积累是积累过程的核心因素。很多当代学者都承认，在古典政治经济学家写作的年代，原始积累无处不在。但是据我所知，还没有人意识到，古典政治经济学家也是原始积累的'同谋'。他们通常隐秘地支持能深化原始积累过程的政策。"［英］迈克尔·佩罗曼：《资本主义的诞生——对古典政治经济学的一种诠释》，裴达鹰译，广西师范大学出版社 2001 年版，第 2—3 页。

② 马克思：《资本论》第 1 卷，人民出版社 1975 年版，第 783 页。

③ 马克思：《资本论》第 1 卷，人民出版社 1975 年版，第 784—832 页。

原始积累的人道主义立场在其他的经济学家和经济史学家那里也有较为充分的表达，他们从历史的、法律的角度再现了资本“原始积累的秘史”。马克思没有停留于对资本原始积累的历史叙述上，而是从世俗合理与历史合理及其悖论的视角探讨了资本原始积累的二重性问题。

如何评价资本原始积累的价值无疑是一个极为困难的事情，原因在于历史合理性与世俗合理性的内在冲突。我们一直主张，经济行为决非一种简单的劳作、交换、消费等事项，而是一种基于经济活动之上的政治、技术、文化和精神过程，包括习俗、禁忌、伦理、宗教、法律在内的社会文化和精神体系都逐渐地构建出来，并一经被构建出来就以其特有的方式影响着经济活动，当这些物质的、经济的、文化的力量组合在一起，构成一个庞大的“看似有理性结构”时，所有的财产、利益、产权以及建立其上的世界观、宗教观、伦理观等都包含其中。这就是世俗合理性。世俗合理性会使人们形成一种特定的体验、经验的生成方式和累积方式，对现存的事物形成一定的认同感、亲近感，它们共同决定着人们对待新事物的态度和取舍方式。然而，人们生活于其中的这个意义世界并非总是如此，它不断地由一种状态转向另一种状态。其根由在于人类是一个不断通过其外化活动创造意义的存在物。“人类存在从本质上说，是不可避免的外在化活动。在外在化的过程中，人向实在注入了意义。每一个人类社会都是外在化了的、客观化了的意义大厦，它总是力图成为一个有意义的整体。每一个社会都在建造一个在人看来是有意义的世界，这是一项永不会完结的事业。秩序化或宇宙化，意味着把这个对人来说具有意义的世界，等同于世界本身，前者以后者为基础，并在基本结构上反映它或来源于它。”① 而每每构造一个新的意义世界都会造成对已有意义结构的改造，它毁灭了、丢失了一些意义，同时也产生了新的意义。然而创造意义的过程不是无成本和代价的，它总要牺牲一部分人群或某个阶层的利益，使他们失掉意义或对现有的世界感到无意义甚至失

① ［美］彼得·贝格尔：《神圣的帷幕：宗教社会学理论之要素》，高师宁译，上海人民出版社1991年版，第35页。

望、绝望。而每一次有意义的社会转型都累积了新的内容，这对整个人类来说是必要的，也是必然的。这就是历史合理性。当我们站在世俗合理性的角度评价原始积累时，它就是一个使农民失去生活资料的过程，一个失掉已有意义世界的过程；而从历史合理性的立场去看待原始积累时，它可能开启了人类走向现代社会的历程，但这种历程是伴随着某种暴力、某种卑鄙甚至龌龊："对直接生产者的剥夺，是在最声名狼藉、最肮脏、最卑鄙、最可憎的欲望的支配下，伴随着最无情的野蛮手段进行的。"康芒斯在分析了决定资本主义产生与发展的若干要素之后，把起关键作用的因素归结为"物质的、经济的和道德的力量"。他说道："以上所述使我们能区分前面提到的三种力量，事实上它们是不可分割的，但是在不同的问题上它们突出的程度也是不同的。第一个是物质力量，也就是暴力的力量，统治者赋予臣民的特惠权就是以此为基础并受到保护。这是封建时代所见到的主要力量。第二个是经济力量，它只在物质力量已经受'合法程序'限制的时候，以及商业革命使财产权树立起来的时候才开始形成；而且即使在那个时候，也一直要等到现代经济情况已经出现财产力量后，经济力量才显露出来，财产力量是指仅仅抑制别人所需而并不属于他们所有的力量。第三个是道德力量，然而这种力量也可以'不道德地'加以使用；这是一种不凭借暴力或经济力量的个人影响的力量，这种力量只有当不平等的物质和经济力量消灭以后才会出现。就是这三种具有相对重要性的力量，才能区别三大类型继续经营的机构。这些机构中包括政府——它是以害怕物质力量或暴力为基础的；工商业——它是以害怕经济力量或贫困为基础的；各种显然不同的现代文化、宗教或道德机构——它们是以害怕舆论为基础的，由于害怕暴力或贫困，这种舆论是受不到支持的。"① 在马克思人类学范式视野中，资本原始积累以及后续的资本运行具有丰富的人类学内涵。

① ［美］约翰·R. 康芒斯：《资本主义的法律基础》，寿勉成译，商务印书馆 2003 年版，第 83—84 页。

（三）作为过程而存在的劳动分离与异化

1. 资本的运行是劳动本身与劳动结果的分离过程。具有人类学意义的劳动范畴在马克思那里占有十分重要的位置，它是揭示人之活动秘密的一把锁钥。劳动是人的一种品质，但又不仅是一种品质，它还是一种能力。借助于劳动这种品质与能力，人创造出了一个属人的世界。在人类学范式的视野内，劳动原本是人的本质力量的对象化，它造成了两种对象性关系：一是人与其产品之间的印证关系；二是人与人之间通过满足需要而建立起来的认同与证明关系。你作为人同我的产品有一种人的关系；你需要我的产品；因此，我的产品对你来说是作为你的愿望和你的意志的对象而存在的。但是，你的需要、你的愿望、你的意志对我的产品来说却是软弱无力的需要、愿望和意志。换句话说，你的人的本质，因而也就是同我的产品有必然内在联系的本质，并不是你支配这种产品的权力，并不是你对这种产品的所有权，因为我的产品所承认的不是人的本质的特性，也不是人的本质的权力。相反，你的需要、你的愿望、你的意志是使你依赖于我的纽带，因为它们使你依赖于我的产品。这实际上是一个悖论：每个人都是片面的，每个人都面临着依靠其自身无论如何都无法解决的矛盾：需要的多样性与生产满足这些需要的能力的有限性之间的矛盾。合作是每个人从根本上解决这一矛盾的唯一途径。合作除了能够产生合作剩余之外，还能相互提供各自需要的东西，这种东西便是产品。而一当产品成为连接两个人的中介或纽带时，就存有产品是目的而把产品生产者视为手段的危险。这时，我们不是因为每个人都是片面者因而需要相互合作和相互支撑而发生关系，而是为了谋得你的产品而发生关系。因此，我们彼此把自己的产品看作是一个人支配另一个人而且也支配自己的权利，这就是说，我们自己的产品顽强地不服从我们自己，它似乎是我们的财产，但事实上我们是它的财产。我们自己被排斥于真正的财产之外，因为我们的财产排斥他人。在此种情况下，“我们彼此进行交谈时所用的唯一可以了解的语言，是我们的彼此发生关系的物品。我们不懂得人的语言了，而且它已经无效了；它被一方看成并理解为请求、哀诉，从而被看成屈辱，所以使用它时就带有羞耻和被唾弃的感情……我们彼此同人的本质相异化已经到了这种程度，以致这种本质的直接语言在我们看来成了对人类尊严的侮辱，相反，物的价值的异化语言倒成了完全符合于理所当然的、自信的和自我认可的人类尊严的东西。"① 在异化的环境里，劳动作为基础或前提性的活动，丧失了它的人性的、美的、伦理的意义，它仅仅变成了人们进行谋生的手段。当人们使用或消费我的产品时，唯一能够感觉到的或记得起的是我的产品给他带来的快感、愉悦，仅此而已。我的个性留存于产品中的印记早已在交换的过程中被清除掉了。我可以自娱自乐地玩味我的产品映现给我的个性、我个性的特点，但仅仅是孤芳自赏。当我不能从我的产品的使用者或消费者那里得到肯定和赞美时，劳动及劳动产品的人性、美学、伦理意义便不能通过社会的形式得以完成，人与人之间的认同与赞美已不再可能。人与人之间原本可以指望借助于善的、五光十色的产品而完成人性的沟通、意义的交流，而今，恰恰由于产品横亘于我们之间，才使得我们相互见面却无法照面，我们都变成了符号：产品的生产者和产品的消费者，仅此而已。个性、个性的特点已被抹平，我们都变成了生产者一般和消费者一般。人们只注意那些光怪陆离、千姿百态的商品，既无心思也无能力体悟那些浸透在商品中的商品生产者的智慧和艰辛，只有当人们去领略文化遗存时才少许有这样的感觉。另一方面，由于劳动失去了原始的意义，从而也使人们置身于一个没有自由并试图逃避的“荒谬世界”。劳动产品与劳动者不再是证明、反观、印证关系，而是制约和统治关系；在此基础上，劳动过程、劳动资料、劳动者与人性之间（个人与类之间）均变成了非人的关系。马克思的这种分析与结论并非主观想象，也并非一种主观价值判断，它是通过商品生产与商品交换来实现的，是毋庸置疑的历史事实。

---

① 《马克思恩格斯全集》第 42 卷，人民出版社 1979 年版，第 36 页。

2. 商品生产与商品交换：社会关系的物化。资本主义生产方式占统治地位的社会的财富，表现为“庞大的商品堆积”，单个的商品表现为这种商品的元素形式。这是我们直观到的一个基本事实。正是商品这种简单而又神秘的东西隐藏着资本主义的一切秘密。初看上去，商品好像是一种很简单很平凡的东西，然而却充满着“形而上学的微妙和神学的怪诞”。商品是一个可感觉而又超感觉之物。商品的神秘性质不是来源于商品的使用价值，而是由于劳动产品采取商品形式这一点，是从这种形式本身来的。说到底，商品形式的奥秘不过在于：商品形式在人们面前把人们本身劳动的社会性质反映成劳动产品本身的物的性质，从而把生产者同总劳动的社会关系反映成存在于生产者之外的物与物之间的社会关系。商品的拜物教性质不过是借助于商品关系而发生的人与人之间颠倒关系的反映。这种反映是有着两个不可或缺的逻辑环节的。首先是产品转换成商品的过程，也即物的形式与关系转换成社会的形式与关系。其次是社会关系又转变成物的交换与物的占有的关系。作为各不相同的物品来说自然互不相同，具有不同的自然属性，要用不同的尺度来计量，是不能通约的；而作为价值，一切商品在质上等同而在量上不同，因此可以相互计量，可以按照一定的量比例相替换（相交换，可以相互兑换）。价值是商品的社会关系，是商品的经济上的质。作为价值，一种商品按一定的比例同时是其他一切商品的等价物。作为价值，商品是等价物；商品作为等价物，它的一切自然属性都消失了；它不再和其他商品发生任何特殊的质的关系，它既是其他一切商品的一般尺度，也是其他一切商品的一般代表，一般交换手段。作为价值，商品是货币。马克思对商品交换的机制与本质作了精辟的总结：“过程简单地说是这样：产品成为商品，也就是说，成为单纯的交换要素。商品转化为交换价值。为了使商品同作为交换价值的自身相等，商品换成一个符号，这个符号代表作为交换价值本身的商品。然后，作为这种象征化的交换价值，商品又能够按一定的比例同任何其他商品相交换。由于产品成为商品，产品成为交换价值，产品开始在头脑中取得了二重存在。这种观念上的二重化造成（并且必然造成）的结果是，商品在实际交换中二重性地出现：一方面作为自然的产品，另一方面作为交换价值。也就是说，商品的交换价值取得了一个在物质上和商品分离的存在。"① 而产品作为交换价值的规定，必然造成这样的结果：交换价值取得一个和产品分离即脱离的存在。同商品界本身相脱离而自身作为一个商品又同商品界并存的交换价值，就是货币。

在资本主义条件下，产品的商品形式所固有的矛盾和以商品形式为基础的资本主义生产方式所固有的矛盾以货币的形式得以发展，它存在产生危机的可能性。货币没有造成这些对立和矛盾；而这些矛盾和对立的发展造成了货币似乎先验的权力；货币并不是产品的商品形式固有矛盾的原因，而是这种矛盾的直接结果，只是这种结果的集中表现而已，但货币一经被普遍化却又加深了这种矛盾。一切商品都是暂时的货币；货币是永久的商品。分工越发达，直接产品就越不再是交换手段。必须有一种一般交换手段，也就是说，必须有一种不依赖于每一个人的特殊生产的手段。在货币上，物的价值同物的实体分离的了。货币本来是一切价值的代表；在实践中情况却颠倒过来，一切实在的产品和劳动竟成为货币的代表。在直接的物物交换中，不是每一种物品都能和任何一种物品相交换，一定的活动只能和一定的产品相交换。货币之所以能够克服物物交换中包含的困难，只是由于它使这种困难一般化，普遍化了。在市场社会里，人对人的依赖关系变成了人对物的依赖。"活动的社会性，正如产品的社会形式以及个人对生产的参与，在这里表现为对个人是异己的东西；不是表现为个人相互间的关系，而是表现为他们从属于这样一些关系，这些关系是不以个人为转移而存在的，并且是从毫不相干的个人相互冲突中产生出来的。活动和产品的普遍交换已成为每一单个人的生存条件，这种普遍交换，他们的相互联系，表现为对他们本身来说是异己的、无关的东西，表现为一种物。在交换价值上，人的社会关系转化为物的社会关

① 《马克思恩格斯全集》第46卷（上），人民出版社1979年版，第89页。

系；人的能力转化为物的能力。”① 在这种场合下，人们信赖的是物，而不是作为人的自身。但人们为什么信赖物呢？显然，仅仅是因为这种物是人们相互间的物化的关系。商品拜物教直接演变成货币拜物教，因为货币是物的社会关系的符号形式。任何别的抵押品都可以直接对抵押品持有者有用，而货币只是作为“社会的抵押品”才对他有用，但货币所以是这种抵押品，只是由于它具有社会的即象征性的属性；货币所以能拥有社会的属性，只是因为各个人让他们自己的社会关系作为物同他们自己相异化；而人本身，当他把自己的产品交由商品交换与消费的社会链条时，便立刻隐遁其身，不但别人对人本身毫无兴趣，就连他自己也逐渐忘掉了自己，他只关心和记得他的产品如何被别人买走。

然而，恰是把人们的社会关系给以物化的市场社会（资本主义）在给人们造成异化的同时，又蕴涵着突破其自身而向更高阶段迈进的条件。“在世界市场上，单个人与一切人发生联系，但这种联系又不以单个人为转移，这种情况甚至发展到这样的高度，以致这种联系的形成已经同时包含着突破它自身的条件。”②

（四）市场经济的人类学后果

马克思在《资本论》第二版跋中公然申明自己对待资本主义的思维方式：应该历史地辩证地看待商品生产与交换的普遍化的二重价值，这就是建立在世俗合理性与历史合理性分析之上的、关于市场经济之人类学后果的考察。

1. 由以物的依赖性为基础的人的独立性向建立在个人全面发展和他们共同的社会生产能力成为他们的社会财富这一基础上的自由个性的迁移如何可能。市场经济为实现自由、平等、所有权和个人利益提供着更多的基础和环境。人类无论以何种方式组成社会，也无论采

① 《马克思恩格斯全集》第46卷（上），人民出版社1979年版，第103—104页。

② 《马克思恩格斯全集》第46卷（上），人民出版社1979年版，第108页。

取何种样式的技术手段和经济组织方式，有一点是共同的，那就是，每个人总以一定的方式占有社会权力，也即占有社会提供给人们的可配置性资源。在市场经济条件下，“每个个人以物的形式占有社会权力。如果你从物那里夺去社会权力，那你就必须赋予人以支配人的这种权力”。黑格尔以市民社会的概念描述了市场经济状态下的个人与社会的关系。“具体的人作为特殊的人本身就是目的；作为各种需要的总体以及自然必然性与任性的混合体来说，他是市民社会的一个原则。但是特殊的人在本质上是同另一些这种特殊相关的，所以每一个特殊的人都是通过他人的中介，同时也无条件地通过普遍性的形式的中介，而肯定自己并得到满足。这一普遍的形式是市民社会的另一个原则……在市民社会里，每个人都以自身为目的，其他一切在他看来都是虚无。但是，如果他不同别人发生关系，他就不能达到他的全部目的，因此，其他人便成为特殊的人达到目的的手段。但是特殊目的通过同他人的关系就取得了普遍性的形式，并且在满足他人福利的同时满足自己。由于特殊性必然以普遍性为其条件，所以整个市民社会是中介的基地；在这一基地上，一切癖性、一切秉性、一切有关出生和幸运的偶然性都自由地活跃着；又在这一基地上一切激情的巨浪，汹涌澎湃，它们仅仅受到向它们放射光芒的理性的节制。受到普遍性限制的特殊性是衡量一切特殊性是否促进它的福利的唯一尺度。”①马克思把“以物的依赖性为基础的人的独立性”即产品采取交换价值的形式与先前的社会形态以及未来的社会形态关联起来考察“交换价值”的合理性。“人的依赖关系（起初完全是自然发生的），是最初的社会形态，在这种社会形态下，人的生产能力只是在狭窄的范围内和孤立的地点上发展着。以物的依赖性为基础的人的独立性，是第二大形态。在这种形态下，才形成普遍的社会物质交换，全面的关系，多方面的需求以及全面的能力的体系。建立个人全面发展和他们共同的社会生产能力成为他们的社会财富这一基础上的自由个性，是

① ［德］黑格尔：《法哲学原理》，范扬、张企泰译，商务印书馆1961年版，第197—198页。

第三个阶段。第二个阶段为第三个阶段创造条件。因此，家长制的，古代的（以及封建的）状态随着商业、奢侈、货币、交换价值的发展而没落下去，现代社会则随着这些东西一道发展起来。”① 以交换价值为主要形态的市场经济历史合理性就在于，它打破了人们原有的狭小的生产、交往和生活的界限，而使人们走进一个全面交往和联系的社会状态，为个人的自由而全面发展创造了条件。其根本原因在于，这种经济组织方式为人们提供了一个极为广泛的分工与协作的空间。交换与分工互为条件。因为每个人为自己劳动，而他的产品并不为他自己使用，所以他自然要进行交换，这不仅是为了参加总的生产能力，而且是为了把自己的产品变成自己的生活资料。以交换价值和货币为媒介的交换，诚然以生产者相互间的全面依赖为前提，但同时又以生产者的私人利益完全隔离和社会分工为前提，而这种社会分工的统一和相互补充，仿佛是一种自然关系，存在于个人之外并且不以个人为转移。普遍的需求和供给相互产生的压力，促使毫不相干的人发生联系。对此，马克思不无肯定地说，“平衡代替了实际的共同性和普遍性”。人们说过并且还会说，美好和伟大之处，正是建立在这种自发的、不以个人的知识和意志为转移的、恰恰以个人相互独立和毫不相干为前提的联系即物质和精神的新陈代谢上。“毫无疑问，这种物的关系比单个人之间没有联系要好，或者比只以自然血缘关系和统治服从关系为基础的地方性联系要好。同样毫无疑问，在个人创造出他们自己的社会联系之前，他们不可能把这种联系置于自己支配之下……这种联系是各个人的产物。它是历史的产物。它属于个人发展的一定阶段。这种联系借以同个人相对立而存在的异己性和独立性只是证明，人们还处于创造自己社会生活条件的过程中，而不是从这种条件出发去开始他们的社会生活。这是各个人在一定的狭隘的生产关系内的自发的联系。”② 交换价值蕴涵着向高级社会阶段跃迁的条件与基础，这就是劳动之美学意义和伦理意义的回归，以及由剩余劳动

① 《马克思恩格斯全集》第46卷（上），人民出版社1979年版，第104页。
② 《马克思恩格斯全集》第46卷（上），人民出版社1979年版，第108页。

造成的剩余时间的产生，时间具有了人类学意义。

2. 社会时间的人类学意义。没有一个人不生存在时间里。时间是生命的延续形式，拥有了足够的时间就可以延长生命，并使生命更加亮丽，因为时间为使人的生活成为美好的生活提供了条件与机会。时间赋予每个人以同样的意义，时间面前人人平等。每个人可能由于其各自的背景存有差异，使用社会时间的途径与方式不同，但就整个人类说，日益发展的社会分工和科学技术为提高劳动效率创造了条件，因而也才有了必要劳动时间和剩余劳动时间之分别。人无法改变自然——物理时间，使其多一分钟或少一分钟。但在自然时间里，除去用于恢复体力保持生命所需要的必要的自然时间（如睡眠、饮食）之外，还有人们可根据需要所支配的时间，这就是社会时间。社会时间是在保证人的健康基础上用于生产、交往和生活的时间。以交换价值为核心的商品社会里，资本的构成以及资本的运行使社会时间分成了必要劳动时间和剩余劳动时间。劳动时间始终是商品与货币的基础，无论商品和货币怎样彰显其拜物教式的魔力从而遮蔽劳动的基础作用和人学意义，都无法取消劳动的基础性和原初性。马克思详尽地论述了劳动时间、商品与货币三者之间的内在关联。

首先，劳动时间是商品与货币的基础。“特殊商品同货币相交换的比例，即一定的商品量可以转化的货币量，决定于物化在商品中的劳动时间。作为一定的劳动时间的体现，商品是交换价值；在货币上，商品所代表的劳动时间份额，不仅被计量，而且包含在它的一般的、符合概念的、可以转换的形式中。”[①] 亚当·斯密说，劳动时间是用来购买商品的最初的货币。在非交换的场合下，凝聚在产品中的劳动是被感受的、体验的，而不是计量的，劳动及其产品都以独一无二的形式存在着，作为劳动之结果的产品似乎不是产品，而类似于工艺品，因为它是独一无二，不可重复的，劳动者生产其产品时的心智特征似乎从其产品中依稀可见，产品的使用者在享用时总是赞叹生产者的高

① 《马克思恩格斯全集》第46卷（上），人民出版社1979年版，第114页。

超技艺和劳动艰辛。因此，工艺品是创造出来的，而不单纯是生产的过程。即便普遍交换的背景下，劳动，按其本质说是不能通约的，劳动只能相似而不能相同。不同类型、不同质的劳动是无法进行比较的，如果非要进行比较的话，唯一的途径也只能在于用劳动的自然形式即过程的流动即时间作为标尺，用劳动时间比较劳动乃是比较劳动的一种强制形式，而只有人们非得进行交换时，劳动的比较才成为必然和必需。“劳动时间本身只是作为主体存在着，只是以活劳动的形式存在着。从劳动时间本身可以交换（本身是商品）来说，它不仅被规定了，而且在质上也被规定了，并且，不仅在量上不相同，而且在质上也不相同；它决不是一般的、自我等同的劳动时间；作为主体的劳动时间同决定交换价值的一般劳动时间不相符合，正象特殊的商品和产品同作为客体的劳动时间不相符合一样。”① 当同类物品被批量制造出来，其间几无差别时，工艺的性质就消失了，产品的个性被磨平，留存下来的只是一个消费品而已。这就是交换价值成为主流形态的商品社会的本真状态。它虽然磨去了凝结在产品中的劳动者的个性、思维和艰辛，但它却把劳动时间置于前所未有的核心的位置。“与劳动时间不同的货币的必然性，正是由于下述原因产生的：一定量的劳动时间不应当表现在自己直接的和特殊的产品上，而应当表现在某种间接的和一般的产品上，即表现在与含有同一劳动时间的其他一切产品相等和可以兑换的那种特殊商品上；——这种劳动时间不是包含在一种商品中，而是同时包含在一切商品中，因而包含在代表其他一切商品的一种特殊商品中。”② 这种特殊商品就是货币。但劳动时间本身不能直接成为货币，换句话说，这等于要求每个商品应当成为它自己的货币。正因为劳动时间实际上始终只是存在于特殊产品中：作为一般对象，劳动时间只能象征性地存在，它恰好又存在于成为货币的那种特殊商品中。劳动时间并不是一般的、与商品的自然特性相脱离和相分离的交换对象而存在。然而，要直接实现货币的条件，劳动时间又必须作为这样

---

① 《马克思恩格斯全集》第 46 卷（上），人民出版社 1979 年版，第 118 页。

② 《马克思恩格斯全集》第 46 卷（上），人民出版社 1979 年版，第 115 页。

的交换对象而存在。正是劳动——交换价值中所包含的劳动时间——的一般性即社会性的物化，使劳动的产品成为交换价值，使商品具有货币的属性，而这种属性又意味着有一个独立存在于商品之外的货币主体。劳动时间、商品、货币是不同类型的存在，其间包含着矛盾，而这种矛盾恰是通过劳动时间被物化为商品和货币来解决的。一定的劳动时间物化在具有特殊属性并与需求发生特殊关系的一定的特殊商品中；而作为交换价值，劳动时间必须物化在这样一种商品中，这种商品只表现劳动时间的份额或数量而同劳动的自然属性无关，因而可以变形为——即交换成——体现着同一劳动时间的其他任何商品。这是一个悖论：劳动时间要实现其自身必须通过商品和货币，而一当采取后两种形式，劳动时间的意义就被遮蔽了，它只有通过遮蔽的形式才能显现其自身。但劳动时间的核心地位并未取消。

其次，资本具有双重功能：扩大所使用的活劳动和缩小必要劳动。劳动时间、商品、货币之间的矛盾本身包含着解决其自身的契机，这就是劳动在资本的运行下被分割成必要劳动和剩余劳动，劳动时间被划分为必要时间和剩余时间。也正是在这个意义上，商品的普遍化亦即交换价值的确立又为使劳动还原其原初意义创造了条件。

“因为剩余劳动或剩余时间是资本的前提，所以资本是建立在下面这样的基本前提上的：在维持个人和繁殖后代所必需的劳动时间以外还有一个余额……随着生产力的发展，必要劳动时间在减少，因而剩余时间在增加。”① “财富就是可以自由支配的时间，如此而已。”剩余时间有两种涵义，一是作为工作日中我们称为必要劳动时间的那部分以外的余额而存在的；二是作为同时并存的工作日的增加而存在的，这是由于劳动力的数量的增加而带来的工作日数量的增加。而资本本身就蕴藏着增加剩余劳动的趋势。“我们已经看到，资本的规律是创造剩余劳动，即可以自由支配的时间；资本只有推动必要劳动同工人进行交换，才能做到这一点。由此产生了资本要尽量多地创造劳

① 《马克思恩格斯全集》第46卷（上），人民出版社1979年版，第376页。

动的趋势；同样也产生了资本要把必要劳动减少到最低限度的趋势。”[①] 由于剩余价值主要来源于购买劳动力即可变资本那部分，因此，在不变资本已经给定的情况下，减少必要劳动、缩短必要劳动时间就成了增加剩余价值的关键。资本的趋势是既要使人的劳动过剩，又要使人的劳动无限增加。价值只是物化劳动，而剩余价值只是超过再生产劳动能力所必需的那部分物化劳动而形成的余额。这就是“以物的依赖性为基础的人的独立性”阶段的社会劳动与剩余时间的性质与状况。要使人的劳动的原初意义回归人的生活世界并使剩余劳动时间真正具有人类学意义，只有彻底消灭私有制从而使个人的全面发展和他们共同的社会生产能力成为他们的社会财富才有可能。

最后，共同劳动与人类学意义的社会时间。劳动意义的回归以及剩余时间的合理使用，从根本上说来，取决于造成劳动异化和剩余时间滥用的前提的彻底改造。在私有制和交换价值为主要形态的商品社会里，劳动首先是私人劳动，而要使他的个别的、特殊的私人劳动对他来说具有意义，成为他获得必要的生活资料的基础，就必须使他的私人劳动一般化，亦即商品化和货币化；必须首先造成对自己来说是异己的物的依赖性，才能使自己作为劳动者和消费者而存在。这是一个矛盾：如果用不着以商品、货币和交换价值为媒介就可实现交换，那就得取消造成资本之基本矛盾的前提：私人劳动与社会劳动的对立以及造成这种矛盾的原因——私有制。要想使单个人的劳动同时也使他的产品直接成为货币，成为已经实现的交换价值，那就等于把它直接规定为一般劳动，这就恰好否定了使劳动必须成为货币和交换价值并依赖于私人交换的那些条件。使单个人的劳动直接成为货币的要求，只有在这种要求不再能够提出来的条件下，才能得到满足。即是说，只有当社会统一组织、分配和使用个体的劳动，而每个人不再亲自以货币和交换价值为媒介去实现自己的目的的时候，人的全面需要和全面发展才有可能，劳动和社会时间也才会真正显现它的人学价

① 《马克思恩格斯全集》第46卷（上），人民出版社1979年版，第378页。

值。“如果共同生产已成为前提，时间的规定当然仍然有重要意义。社会为生产小麦、牲畜等等所需要的时间越少，它所赢得的从事其他生产，物质的或精神的生产的时间就越多。正像单个人的情况一样，社会发展、社会享用和社会活动的全面性，都取决于时间的节省。一切节约归根到底都是时间的节约。正像单个人必须正确地分配自己的时间，才能以适当的比例获得知识或满足对他的活动所提出的各种要求，社会必须合理地分配自己的时间，才能实现符合社会全部需要的生产。因此，时间的节约，以及劳动时间在不同的生产部门之间的有计划的分配，在共同生产的基础上仍然是首要的经济规律。这甚至在更加高得多的程度上成为规律。”① 说到底，要使劳动回归美学的和伦理学的意义，并使社会时间具有人类价值，就必须重构一种使其可能的社会设置，一种制度安排和资源分配方式，社会主义市场经济也许就是这样一种社会设置。

可以说，马克思能够在 100 多年前非常敏锐地体察到资本主义（市场经济是它的经济组织形式）包含的内在矛盾，且非常深刻地揭示出资本主义内在地蕴藏着的解决自身矛盾的条件与可能，关于社会时间的人类学审视更具有前瞻性。资本主义就如同一块银币的两面，当它用血与火的文字书写它的带有几分残暴、掠夺、剥削的历史的同时，也把整个人类推进到了建立全面联系从而蕴涵着人的全面需要和全面发展的可能性空间。

六　资本的世界逻辑及其人类学后果

在当今生活世界中，似乎没有任何东西能像资本那样，穿越时空的隧道，冲破文化的屏障，在整个世界范围内取得全面的胜利，这是资本的世界逻辑。何以至此？它给人类带来了什么？它将把人引向何方？如果我们不是在国家的、民族的、地域的和组织的，总之不是狭

① 《马克思恩格斯全集》第 46 卷（上），人民出版社 1979 年版，第 120 页。

隘的角度去看待经济行为的人文向度，而是在海德格尔人类学意义上，那么，无论从经济主体的多元性、共同性和冲突性，从经济类型的多样性、广泛性，还是从由经济行为所引发的生活问题如心理问题、精神问题看，今天的世界图景已与从前大不相同了，特别是对发展中国家而言。资本在世界范围内的“普及”以及由此造成的全球化后果是我们必须正视也必须重视的课题，而只有当问题被当作课题由人提起时，问题才变成了难题和困境。由经济全球化所引发的问题决不是一种单一的经济现象，毋宁说，它不过是由于资本在全球范围内的“普及”而导致的社会文化现象。这些社会文化现象和问题不能归因于更不能还原于经济事实。当我们沿着如下的逻辑追问经济全球化现象时，追问的方式就便成了人类学式的追问方式：是何种动力促发人们将资本的运作逻辑推广到整个世界的范围内；资本何以有如此之大的魔力；经济全球化如何体现人类意义上的代内公正和代际公正；资本的逻辑与生活的逻辑具有怎样的关系。基于经济现象而又不止于经济意义，这就是看待资本之世界逻辑的基本含义。海德格尔在哲学的意义上表达了相同的意思，只是这种表达更具人学意义：“对于现代之本质具有决定性意义的两大进程——亦即世界成为图象和人成为主体——的相互交叉，同时也照亮了初看起来近乎荒谬的现代历史的基本进程。这就是说，对世界作为被征服的世界的支配越是广泛和深入，客体显现越是客观，则主体也就越主观地，亦即越迫切地突现出来，世界观和世界学说也就越来越无保留地变成一种关于人的学说，变成人类学。毫不奇怪，惟有在世界成为图象之际才出现了人道主义。而正像在希腊的伟大时代中不可能有世界图象这类东西，同样地，那时也不可能有一种人道主义发挥作用。所以，比较狭窄的历史学意义上的人道主义无非是一种伦理学—美学的人类学。在这里‘人类学’（Anthropologie）这个名称并不是指某种关于人的自然科学研究。它也不是指在基督教神学中被确定下来的关于受造的、堕落的和被拯救的人的学说。它标志着那种对人的哲学解释，这种哲学解释从人出发并且以人归趋来说明和评估存在者整体。”① 我们将在文化人类学和哲学人类学意义上对资本的世界运行逻辑进行分析，前者属于分析的范式，目的在于再现资本之世界逻辑的具体过程及其内在逻辑；后者属于规范的类型，意图是给出看待资本之世界逻辑的价值立场。分析与规范的统一是我们必须坚持的原则。

（一）经济全球化的人性基础与制度环境

本体论承诺对于一个试图弄清事物本质的哲学研究来说，似乎是必要的，也是可能的。本体论承诺是一种致思方法，在分析之前预先给出一个“理想类型”。作为一个分析的范型，“理想类型”是一个原始模型，一切分析由此发端；作为一个价值判断的根据，“理想类型”是一个自足的善，其他的善恶判断都依此做出。事物本身并不存在本体问题，一如亚里士多德所言，此物或彼物都是个别，它们有不同的实体要素，结构不同，功能也各异，既不可通约，也不能过渡。而人要把握这些种种个别，总要建基一个使他物立于其上的前提、本体，这个本体并非真的是一个可以视见的物体立在那里，它是人用以把握事物的一个纽结，用以陈述他的世界观的逻辑起点，这个起点是思维的终点，表述的起点。这个起点是一个抽象，因为它已经不再是事物本身，而是若干事物的共性在头脑中的表象，共性永远散见在具体的事物之中，它自身不会自动地聚集起来，并像一个可视见的物体那样立在那里，相反，共性是人们进行抽象思维活动的产物；惟其是一种抽象，它才是具体，因为它把具体事物的共同点在表象中聚集起来，抽象的东西才是普遍的，具体是个别的。“具体之所以具体，因为它是许多规定的综合，因而是多样性的统一。因此它在思维中表现为综合的过程，表现为结果，而不是表现为起点，虽然它是实际的起点，因而也是直观和表象的起点。在第一条道路上，完整的表象蒸发为抽象的规定；在第二条道路上，抽象的规定在思维行程中导致具体

① ［德］海德格尔：《世界图象的时代》，《海德格尔选集》下卷，孙周兴译，上海三联书店 1996 年版，902—903 页。

的再现……具体整体作为思想总体、作为思想具体，事实上是思维的、理解的产物；但是，决不是处于直观和表象之外或驾于其上而思维着的、自我产生着的概念的产物，而是把直观表象加工成概念这一过程的产物。整体，当它在头脑中作为思想整体而出现时，是思维着的头脑的产物，这个头脑用它所专有的方式掌握世界，而这种方式是不同于对世界的艺术的、宗教的、实践精神的掌握的。"① 哲学把握世界的方式在于，将作为思维之结果的抽象的具体当作一种"理想类型"去分析直观和表象所面对的具体的事实，以及基于事实之上的直观和表象。人的非自足性和未完成性就是我们用以分析不断发展变化的人的基本结构的展开方式的"理想类型"。

人作为人，在不同的时代，面对不同的环境会采取不同的生产方式、交往方式和生活方式，从而形成不同的世界观和生活观。而且人总要借助于中介作用于环境，科学和技术是这种中介的主要形态，商品和货币也是这种方式，但这些均不过是人与物、人与人的交往方式而已。而人之为人的根据并没有发生质的变化，如人的非自足性、未完成性，社会历史不过是这种根据和本质的展开方式以及这种展开过程的结果。非自足性和未完成性是人的基本结构和状态，但在不同的社会历史条件下，这种结构和状态的展开方式与展开结果却是不同的，因此，不同的时代有不同的人性。这种不同不是指的人的基本结构和状态发生了根本性的变化，而是有了不同的实现方式，并由此带来了不同的问题。"假如我们想知道什么东西对狗有用，我们就必须探究狗的本性。这种本性是不能从'效用原则'中虚构出来的。如果我们想把这一原则运用到人身上来，想根据效用原则来评价人的一切行为、运动和关系等等，就首先要研究人的一般本性，然后要研究在每个时代历史地发生了变化的人的本性。"②

由人的非自足性和未完成性所决定，人必须索取和占有，尽管这种索取和占有常常超出人的必要的、合理的需要的边界。索取与占

① 《马克思恩格斯全集》第46卷（上），人民出版社1979年版，第38—39页。

② 马克思：《资本论》第1卷，人民出版社1975年版，第669页。

有、享用与显现始终是人类做任何一种事情的原初动力，一些似乎无法用这种动力加以解读的行为，其实不过是这些动力的变通形式或替代形式。为着这种目的，人类不断地寻找解决问题的途径与手段，就途径而言，主要是解决通过何种形式的资源配置方式才能实现收益最大化；就手段说，主要是发明能够节省人的体力和智力而又能提高劳动效率的科学技术。在寻找资源配置方式上，有两个要素起着关键性的作用：自然环境；社会治理的理念，即思维方式。尽管自然环境决定论夸大了地理环境的作用，但也确实揭示了自然环境在社会治理模式中的重要作用。古希腊的城邦文明与中国的农业文明的不同总是反映了它们各自不同的自然环境的差异。当然不能把这种差异视为决定性的因素，社会治理理念也是非常重要的，这种理念主要有原子主义和整体主义两种范式。在实际的社会治理中并没有极端形态的原子主义和整体主义。当这种思维方式与自然环境结合在一起的时候，一个相对完整的社会形态或社会运转模式便构建起来。农业文明的社会整合方式经常是整体主义的，由此出发的行为根据和由此解释的评价标准是家庭、家族、氏族、集团和国家，只有得到这些立于个人之上的组织的认可，其想法和行动才具有合法性，合法性较之合理性具有优先性。可以说，只要有人群存在，只要人群中的个体意愿生活下去，社会秩序、社会整合就是必要的，就有共同体对个体的支配。“支配”乃是共同体行动中最重要的环节之一。对此韦伯描述道：共同体行动最初的雏形是：单纯依据习惯而发生的习俗化行为，亦即“习俗”，而后转变成在他人期待下的、相互间特定的行为，亦即基于“谅解”而形成的所谓“共同体行动”。当此种特定的行动发生而伴随着某种约束力时，习俗即转化为“习律”。尽管并非所有的共同体行动皆含有支配的结构，然而在大部分种类的共同体中，支配仍然扮演着极为重要的角色。任何一种支配性结构如专制的和民主的，都具有支配的功能，但支配的性质却有很大不同。韦伯将强制性地维持秩序及惩罚侵害秩序者等事务，特别是当成一己之任务的人，称为“强制干部”，将具有强制性质的支配机构称为“强制机构”。由此决定，

“团体可分为：a. 自律的（autonom）、b. 他律的（heteronom）、c. 自治制的（autokephal）、d. 他治制的（heterokephal）四种。自律之不同于他律在于：团体的秩序并不是由团体之外的人所制定的，而是根据团体成员之作为成员的资格而制定出来。所谓自治制，是指领导者与团体干部乃是依循团体本身的秩序而被任命，不同于他治制是经由团体外的人来任命。”① 自律、自治制的支配与他律、他治制的支配同为支配的类型，但与市场的关系却是不同的。他律的、他治制的支配类型较之自律的、自治制的支配类型更容易造成秩序，更便于社会治理，却无效率；而自律的、自治制的支配更多是将矛盾和冲突交与自治者去处理，通过对话、协商，通过重复博弈见出具有普遍性的游戏规则，却更有效率，因为它为每个自治者提供了更大的表达自己的意志，追求更多利益的可能性空间。按照亚当·斯密的古典政治经济学的设计，市场一定是一个自利、自律、自治的领域。而这样一个至少看上去是自由的经济领域，必定有一个与之相匹配的行政管理制度存在，正是一个自律的、自治制的“支配类型”才为自由市场提供了政治保障。在韦伯看来，与家长制支配与家产制支配相比，官僚制支配有其特殊的功能模式：Ⅰ. 原则之一是各部门有依据规则——法律或行政章程——而来的、明确的“权限”。（1）为了官僚制支配团体之目的所必要的、一般性的活动，被清楚分派为官吏职务。（2）为了执行职务所必要的命令权力，也有明确的分配；附随于命令权力的强制手段，亦受到规则的明确限定。（3）为了规则性与持续性地履行这些职务，并行使相应的权利，有计划地供应所需物资；只有在一般规则下够资格的人才被任用。Ⅱ. 原则之二为官职层级制与审计制。有一套明确制定的、官府间上下关系的制度，其间下级官府是在上级的监督之下。此一制度也提供被支配者，遵照既定程序，向相关上级申诉下级单位之决定的可能性。Ⅲ. 近代的职务运作乃是以原本草案形式保留下来的文书档案，以及由幕僚与各种书记所组成的部门

---

① ［德］韦伯：《支配社会学》，康乐、简惠美译，广西师范大学出版社 2004 年版，第 8 页。

为基础的。Ⅳ. 职务活动——至少是所有专业化的职务活动——通常都以彻底的专业训练为前提。Ⅴ. 职务发展完全成熟之际，职务活动即会要求官吏的全力投入。Ⅵ. 业务的执行须遵照一般规则，这些规则必须是：多少是明确的、多少是全面包罗的以及可以学习的。[①] 这种追求行政效率的官僚制已不再是目的本身，而变成了为经济和社会服务的手段与环境。

正是这种政治运作模式为市场的孕育与发展提供了政治环境。而在一个相对自由、独立、自利的交换领域，人的索取与占有、消费与张扬被神圣地激发起来。这是市场经济优越于其他经济组织方式的主要方面，至少现在来看是这样。而市场经济从来就不是一个单一的经济组织方式，毋宁说，它是一种社会结构、一种支配类型、一个个体发挥其潜能的空间。如果不是在纯粹意识形态的意义上称谓，这就是资本主义。资本主义首先是一种制度体系；其次是一种资源配置方式；最后是一套价值观体系。对此，韦伯作了精辟的总结。凡是利用企业方法以满足人类团体所需要的产业之处，即有资本主义，无论其需要的内容是什么。说得更具体些，一个合理的资本主义经营就是利用资本计算制度（Kapitalrechnung）的经营，换言之，即根据近代簿记与收支的平衡结算的方式以确定其收益能力的一种经营。显然，韦伯的这个不甚严密的定义，揭示的是狭义的资本主义概念，至于与这种“资本计算制度”相匹配的其他条件和基础并未反映出来。韦伯接着论述道：“近代资本主义产生的最起码的前提就是：合理的资本计算制度得成为一切供应日常所需的大营利经营的规范。这样的计算制度又需要：（一）占有一切物质的生产手段（土地、设备、机器、工具等），这些都成为可由独立经营的私人企业所自由处置的财产。这是现代才有的现象，只有军队一项，在各处均为例外。（二）市场之自由，换言之，在市场上没有任何对贸易的不合理限制。这类限制可能是具有阶级性质的，例如一个阶级有一定的生活形态，消费也可

---

① ［德］韦伯：《支配社会学》，康乐、简惠美译，广西师范大学出版社 2004 年版，第 22—24 页。

能因阶级身份而类型化，或者有阶级垄断权的存在，例如市民阶级不得拥有骑士领地，骑士及农民不得经营工业。在这种情况下，无论是自由劳动力或商品市场都无法存在。（三）合理的技术，归结而言就是最大可能程度的计算，此即意味机械化，这是资本主义式会计制度的前提。这不独适用于生产及商业，所有为了准备及运送货物的开支，无不适用。（四）有可以计算的法律。想要合理地经营资本主义形式的工业企业，就必须有可以预先算定的判断及管理。此种条件，无论在希腊城邦时代，亚洲之家产制国家时期，或斯图亚特王朝以前的西方国家，都不具备。（五）自由劳动力之存在。他们不但在法律上可以自由地——而且在经济上亦须被迫——在市场上不受限制地出卖自己的劳动力。缺少此种出卖自己劳力的无产群众（一个被迫出卖劳力以维生的阶级），而只有不自由劳动者，则与资本主义的本质相矛盾，其发展亦不可能。换言之，即须有形式上自由，而实际上则是为饥寒交迫不得不出卖劳力的工人存在，生产成本才有可能事先确定。（六）也是最后一个条件是，经济生活的商业化。亦即企业之股份权与财产权通常都以商业化的工具（证券）来代表。简言之，对于各种需要的满足，必须有可能完全以市场机会与纯利的计算为基础。商业化固然是资本主义的特征，然而此一特色的出现，势必强化了另一前所未有的因素，亦即投机的重要性。不过，只有在财产采取了可流通的有价证券形式后，投机才具有充分的重要性。”① 除此之外，还有银行制度、信用制度等。这些构成了支撑资本主义发展的制度安排。如果我们把资本主义看作一种文化现象，那么除了制度文化和器物文化（技术、建筑、交通、城市、社区、信息网络等）外，还有思想文化，韦伯称之为“资本主义精神”。促使资本主义产生的除了作为外在因素的地理因素、战争的需求和奢侈品的需求之外，“归根究底，产生资本主义的因素，乃是理性的持久性企业、理性的簿记、理性的技术及理性的法律。不过，这还不算完全，我们还得再

---

① ［德］韦伯：《经济与历史　支配的类型》，康乐等译，广西师范大学出版社 2004 年版，第 152—154 页。

加上：理性的精神（rationale Gesinnung）、理性的生活态度以及理性的经济伦理（rationales Wirtschaftsethos）。”① 这种理性主义精神对于推动资本主义的发展起到了信念与规则的作用。营利欲的存在是普遍的，有人觉得，在理性主义与资本主义的现代，较诸其他时代有更强烈的营利欲望，韦伯批评说，这实在是幼稚的想法。近代资本主义的企业者，不见得就比东方的商人具有更强烈的营利欲。不受任何信念、良心束缚的营利欲常导致经济上不合理的结果。“如果营利欲的存在是普遍性的，那么有意义的问题就该是：在怎样的情况下能将营利欲正当化或合理化，从而创造出资本主义企业性质的合理制度？”② 禁欲的新教伦理与资本主义有着必然的联系。

指出资本主义是一复杂的社会结构、社会样态，目的在于揭示其自身便存在着一种被推广到世界各地的精神。当具有这种精神的集团、民族或国家试图通过将资本的运作逻辑推广到其他国家，从而实现经济、文化甚至政治目标的时候；当相对落后的集团、民族或国家试图通过引进先发国家的资本与设备、科学与技术、模式与理念的时候，真正的全球化时代才会到来。

（二）资本之世界逻辑的自身根据

资本之世界逻辑不过是市场经济这种经济组织方式在全球范围内被普遍接受的一个经济后果。但资本之所以能够充当打开市场的“先锋”必有其独特的功能，否则它不会有如此之大的魔力，可以穿越时空，跨过国界，它是世界通用的文字，无须翻译，无须解读，具有最低智力水平的人都可以感觉得到，因为人们都需要它。

资本、资本主义、市场经济具有怎样的关系？这既是理解资本之世界逻辑的认识前提，也是把握经济全球化之本质的理论基础。现代

① ［德］韦伯：《经济与历史　支配的类型》，康乐等译，广西师范大学出版社 2004 年版，第 181 页。

② ［德］韦伯：《经济与历史　支配的类型》，康乐等译，广西师范大学出版社 2004 年版，第 182 页。

意义上的“资本”这个词大约出现于1630年。《牛津英语词典》为这个词下了一条简明的定义：“用于再生产的财富积累。”任何一种财富都是与人们的需要相联系的，它意味着能够满足人的某种需要。由于财富是稀缺的，所以人总有积累财富的欲望。不过积累财富的目的却各不相同，有的是为了日后有生活保障，而有的则是为了显示自己的地位，满足荣耀上的需求。“有时人类也可以积累一些财富，但他们往往把这些财富用来炫耀，并不能提高普通人的生活水平。埃及的金字塔代表着巨大的财富积累，但它是为法老的阴间生活服务的。虽然建造金字塔雇用了大量劳力，但建造金字塔并未能像建筑公路和运河那样产生持久的发展效益。建造金字塔是传统的人类社会使用财富积累的代表性方式。”① 看来，财富的要义有二：一是有用；二是凝聚着人类劳动。每个时代的人们都会或多或少积累财富，从宽泛的意义上说，这些财富就是他们继续生产和继续生活的资本，这里的资本就是基础，就是条件。而狭义的资本却不是一般的财富，而是能够带来剩余价值的价值；资本就是价值，但价值如果不参与生产和流通，继而不参与增殖过程，或作为消费品退出生产和流通而进入消费领域，或作为货币进入贮藏领域充当支付手段或世界货币，那它仅仅是宽泛意义上的资本，而不是真正的资本。在马克思看来，资本不是一个实体，一个要素，而是一个流动，这个流动最初表现为商品流通，最后表现为货币。“商品流通是资本的起点。商品生产和发达的商品流通，即贸易，是资本产生的历史前提。世界贸易和世界市场在十六世纪揭开了资本的近代生活史。如果撇开商品流通的物质内容，撇开各种使用价值的交换，只考察这一过程所造成的经济形式，我们就会发现，货币是这一过程的最后产物。商品流通的这个最后产物是资本的最初的表现形式。”② 毋庸置疑，商品交换早已有之，货币也早已有之，却不能称为资本主义。马克思说，为了认识货币是资本的

① ［美］托马斯·K. 麦格劳：《现代资本主义：三次工业革命中的成功者》，赵文书、肖锁章译，江苏人民出版社2000年版，第3—4页。

② 马克思：《资本论》第1卷，人民出版社1975年版，第167页。

最初的表现形式，不必回顾资本产生的历史。这个历史每天都在我们眼前重演。现在每一个新资本最初仍然是作为货币出现在舞台上，也就是出现在市场上——商品市场、劳动市场或货币市场上，经过一定的过程，这个货币就转化为资本。货币是资本的最初的表现形式，但并非意味着，有了货币就有了资本和资本主义，相反，只有货币采取了资本的形式才是如此。因此，资本和资本主义的产生和存续必须以商品生产的普遍化和货币采取资本这种形式为前提。这是一个劳动过程与价值增殖过程的统一，实体过程与虚拟过程的统一。

交换活动古已有之，且交换的意义绝对比现在丰富。20世纪法国民族学之父马塞尔·毛斯在其著名的论文《论礼物：古代社会里交换的形式与根据》中，对交换的多重意义作了精辟的论述，它们更少经济意义而更多文化意义或人类学意义。“在先于我们社会的各个经济与法律中，我们从没有看到在个人之间进行的集市过程中存在着简单的财产、财富产品的交换。首先，并不是个人们，而是一些集体相互承诺，进行交换和订立契约；订立契约的人都是一些有道德的人：氏族、部落、家族，它们或是以同一地区面对面的不同群体方式，或者通过各自酋长的中介、或是同时以这两种方式相互交往和敌对。而且，它们交换的东西绝对不是财产和财富、动产与不动产、经济上有用的东西。它们首先是礼节、筵席、仪式、军事服务、女人、儿童、舞蹈、节日、集市，交易市场只是其中的一个片段，其中财富的流通只是非常普遍的和永恒的契约的诸用语之一。最后，这些供应活动与回馈活动是通过礼品和礼物、以自愿的方式进行的，虽然它们终究是有严格承诺的，否则就会有私人的或公共的战争。我们建议过把它们全部称作为‘完整的供应系统’。这些制度的最纯粹的类型是以澳大利亚或北美的各部落中两个胞族的联姻为代表的，其中，各种仪式、婚姻、继承财产、权利与利益的联系、军事的与司祭的等级，都是互为补充的，以部落的这两个部分的合作为前提的。”① 日本学者栗本

① ［法］马塞尔·毛斯：《社会学与人类学》，佘碧平译，上海译文出版社2003年版，第114页。

慎一郎把毛斯的观点进一步发展为："由交换或者赠予所产生的'有罪'和'有责'的观念，可以说就是经济伦理上的'罪'的观念，其根源就是具有内在力量的物的灵魂；有义务根据这种力量去解释咒语的就是 reus。所以，reus 也含有'有义务解释和实现祈愿'（voti reus）的意思。因此，被认为是存在于物中的'灵魂'所具有的力量，无疑是决定人类经济活动中'道德'或'犯罪'等概念的东西。"① 交换活动和货币是资本和资本主义得以产生的必要前提，只有产品不再是简单的产品而是作为商品生产大量生产出来，并经过交换分配到各个消费领域去的时候，货币才作为资本而存在，换言之，货币才是资本的表现形式。在一个交换普遍化、资本货币化的社会里，似乎一切都要通过货币表现其价值，通过交换实现其价值；于是，交换完全去掉了文化的、人类学的意义，剩余下来的仅是经济的目的了。交换不再是承接和表现人类学意义的形式和手段，而变成了目的本身。不过在目的背后还有一个终极性的目的：增殖。增殖是资本的唯一目的。那么，增殖是如何实现的呢？如果不考虑法律与道德的限制，实现增殖的途径可谓多种多样，敲诈、欺骗、诈骗都是常用的却是违法的形式。在合法的范围内，增殖可能主要有两种形式：通过生产实现增殖；通过商业资本实现资本。在一定历史阶段，它们都是合法的，但商业资本常常受到道德责难。因为商业资本只在流通领域内进行——G—W—G′——这是一个矛盾，因为，它并未使 W 发生任何实质上的变化，不过是使之发生了空间上的移动。"商业资本只能这样来解释：寄生在购买的商品生产者和售卖的商品生产者之间的商人对他们双方进行批判"。富兰克林就是在这个意义上说："战争是掠夺，商业是欺骗。"商业资本的最极端形式就是高利贷资本，它把商业资本的形式——G—W— G′——变成了简单的 G—G′，用货币去直接赚钱。这与货币充当交换媒介的性质相矛盾，从商品交换的角度是无法解释的，对此，亚里士多德说，货殖有两种，一种是商业方

① ［日］栗本慎一郎：《经济人类学》，王名等译，商务印书馆 1997 年版，第 158 页。

面，一种属于经济方面。后者是必要的，值得称赞的，前者以流通为基础，理应受到谴责，因为它不以自然为基础，而以互相欺骗为基础。所以，高利贷者受憎恨完全理所当然，因为在这里，货币本身成为赢利的源泉，没有用于发明它的时候的用途。货币是为商品交换而产生，但利息却使货币生出更多的货币。利息是货币生出的货币，因此在所有的赢利部门中，这个部门是最违反自然的。在中世纪的教会经济伦理精神中，用钱去直接赚钱也是受到批判的：商人的经营固然无罪，但总非上帝所喜。及至现代社会，商业资本和高利贷资本已相当发达，银行和信用社是最为典型的营利性组织。无论我们怎样去谴责利息的存在，但利息是资本运转过程中一个不可或缺的一个环节，资本与利息无关，而与能够带来利息的货币的“魔力”有关。

诚然，从货币的职能看，货币无论如何不能产生出利息，但利息的存在却是实在的、毋庸置疑的事实，事情只能这样去理解：交付利息的贷款者是将作为资本形式的货币投入能够带来利润的生产领域或服务部门，当来自这些领域的利润除了偿付贷款利息之后尚有剩余时，贷款才是必要的，利息才是可能的。质言之，资本可能以货币形式开端，但它一定以商品生产为关键环节。“资本主义生产方式占统治地位的社会的财富，表现为‘庞大的商品堆积’，单个的商品表现为这种财富的元素形式，因此，我们的研究就从分析商品开始。”①而商品作为用来交换的产品，又决定于劳动在不同领域的分工。分工愈是精细和专业化，交换就愈是必要。那么，产品为何要采取商品形式且非得通过交换来完成呢？其必然性在于，人类不断寻找能够使其生活更好、能力更全面的社会形式，以商品生产为基本逻辑的现代社会就是人类寻找到的社会形式之一。关于这种社会形式较之先前社会形式的优势，马克思在《1857—1858 年经济学手稿》中作了总结：“每个个人以物的形式占有社会权力。如果你从物那里夺取社会权力，那你就必须赋予人以支配人的这种权力。人的依赖关系（起初完全是

① 马克思：《资本论》第 1 卷，人民出版社 1975 年版，第 47 页。

自然发生的），是最初的社会形态，在这种社会形态下，人的生产能力只是在狭窄的范围内和孤立的地点上发展着。以物的依赖性为基础的人的独立性，是第二大形态，在这种形态下，才形成普遍的社会物质变换，全面的关系，多方面的需求以及全面的能力体系。”[①] 基于社会分工之上的商品生产与商品交换，使得生产者与交换者从事活动的终极目的（生活）与其活动本身相分离，其生产与交换常常不是为着自己，而是为着他者，只有为他人生产了他所需要的东西，我才能达到不是为着我自身而是为着增殖的目的。生产与交换的增殖目的是这样地简约而直接，它把毛斯所论述的附着在交换之上的经济以外的需要全部剔除掉，人们是为了增殖才交换，而不是为了建立亲近关系才去互换礼物。可以说，在以商品生产为基本逻辑的现代社会，被裸化的不只是自然，还有人本身。

通过生产和服务，资本所有者实现了增殖。但这种增殖不是自动实现的，它必须通过劳动来完成。从人类活动看，劳动无非是劳动者利用劳动工具作用于劳动对象从而造成劳动产品的过程，我们看到的只是一个物质改变其形式或结构从而产生新的功能的过程，增殖是看不出来的。而对于资本所有者来说，他是通过关心商品的生产而关心增殖的，这种增殖是计算出来的，它体现了韦伯的所谓理性的计算精神。何以至此呢？因为，参与商品生产过程的不变资本和可变资本都以商品的形式出现，都是可以计算和量化的要素。然而通过生产而得到的只是资本的物的形式，即商品，而商品必须转换成可以代表一切的货币才能成为离开生产领域，进到流通领域，再进到生产领域。“货币转化为资本的这整个过程，既在流通流域中进行，又不在流通领域中进行。它是以流通领域为媒介，因为它以在商品市场上购买劳动力为条件。它不在流通领域中进行，因为流通只为价值增殖过程作准备，而这个过程是在生产领域中进行的。”[②] 资本通过商品来完成，通过货币来实现。货币何以有如此之大的作用呢？

---

① 《马克思恩格斯全集》第46卷（上），人民出版社1979年版，第104页。

② 马克思：《资本论》第1卷，人民出版社1975年版，第220页。

商品是不能直接交换的，因为它们是不同的实体，而不同的实体是无法过渡和通约的。而商品又必须进行交换，这是由它的本性所决定的。因为商品作为用来交换的劳动产品，其直接目的是交换，而交换并非简单地换回另一种产品，它不是毛斯意义上的互换礼物，其最终目的是获得利润。在资本的意义上，商品交换的实质既不是W—G—W，也不是G—W—G′。因为，在W—G—W中，商品既是交换的起点又是交换的终点，作为连接起点与终点的货币—G仅仅是一种手段，一种中介而已，而一当以商品—W作为终点，W便进入消费领域，交换过程便告结束。在G—W—G′中，起点和终点是货币—G，商品—W成了连接G和G′的中介，但G和G′无论怎样地不同，它都没有使W发生任何变化，未增加任何一个具有使用价值的分子。因此，它们都不能反映资本的本质。资本的本质是能够带来剩余价值，尽管在G和G′之间存在剩余价值的表象，但这是一种假象。资本之真实的逻辑应该是：首先表现为一定数量的货币；其次表现为商品的生产过程，资本转换成生产资本和商品资本，也即是物的形式；最后转换成增加了的货币。简言之，资本的初始形态和终极形态是货币，而关键形态是商品，资本本身不是为着商品，而是增殖，即增加了的货币，但资本必须通过商品。因为没有普遍的商品交换便没有普遍化或唯一化了货币。于是，可以把资本的复杂性简化为：资本是一种流动，它不断变换其形态［G—W（商品生产）—G′］，但增殖的本质却没变，变的是形式，不变的是品质。其目的不是要商品和货币，而是要增加了的货币。如此看来，商品与货币成了资本表现其自身的玩偶，在这个追求利益最大化的舞台上，商品与货币不过是资本的面具，它们仅仅是演员，而导演一定是资本。但面具与玩偶又是那样的重要，商品和货币就像两根支柱，缺少哪一个都会使资本不复存在。

但货币充当资本的原初形态和终极形态，商品不过是连接这两个形态的中介，却从根本上改变了产品世界，甚至改变了人的整个生活世界。其一，它把世界分成需求世界和供给世界，余下的问题就是如何将两个世界连接在一起。为着这个目的，手段可谓琳琅满目、花样翻新，它要通过技术手段诱发人们的购买欲望，哪怕这种购买是一种虚荣、奢侈与浪费，对资本来说，能够卖得出去，能够获得增殖就是绝对真理。广告就是这种诱发手段的直接形式。其二，货币的普遍化使得生产活动变成了一种虚拟的过程，一如海德格尔所说，这是一个世界图像的时代。在生产之前，增殖的表象已经历历在目，虚拟的事实已被构建出来，这是对即将进行的资本的逻辑的一种先行画出，一种先行把握。其三，货币还把人的生活带进一个虚拟的世界——虚拟享用，其伦理后果我们将在“消费主义的伦理边界”部分详加讨论。因为，在现代社会，货币已经远远超出了马克思所给出的五大职能，而把人们带进了一个虚拟享用的世界。“人类的最大进步之一是在旧世界的形态之外发现了新世界，这种发现就是要在两种数量之间建立一个新的比例关系；不是通过直接的比较，而是在这样一个事实上说它们可以比较，即，如果两个量中的任何一个都与第三个量相关，那么在这两个相关的关系中，它们或者是相等或者不相等。”① 货币就是这第三个量，它原本是为其他两个量服务的，但现在，它却成了决定那两个量的尺度。货币本身除了具有收藏的直接价值之外，并无其他的使用价值，它可以什么都不是，但一定是什么都是，因为它变成了一种符号。它是一切使用价值的抽象，只有抽象的东西才是普遍的东西。

货币既是一种符号，它就是一种“意味着”，既意味着财富又意味着享用。作为财富之符号形式的货币，与实体形态的财富不同，实体形态的财富受到各种自然条件的限制，储存和保鲜都要付出成本，而货币却不受任何条件的限制，所有空间极其有限。但它的虚拟性却打开了货币拥有者的想象空间，由于货币可以兑换一切，货币拥有者便可以依据自己的优势需要而使用他的货币。既可以把分散的货币集中起来，购买大宗产品，又可以把集中起来的货币分散开来使用。更重要的还在于，货币拥有者可以根据有限的货币构想无限的需要，有

① ［德］西美尔：《货币哲学》，陈戎女等译，华夏出版社 2002 年版，第 80 页。

限世界无限风光。被虚拟构造起来的需要常常超出人的实际能力，被聚集起来的人类需要超出了自然和社会的承受能力，而陷入极度的消费、奢侈甚至浪费之中，提前消费就是一种典型的形态。

货币—商品—资本—享用，这就是资本的运行逻辑。由此看来，资本并非是一实体，而是一种机制和增殖，机制是运行过程，增殖是运行的终极目的。商品与货币是资本的表现形式，在今天，资本有商品与不限于商品和货币两种形式，还有人力资本和社会资本等说法。但在此意义上，资本仅指能够带来收益的要素或条件。马克思意义上的资本指的是一种机制和增殖，生产资本、货币资本、人力资本和社会资本不过是实现增殖的要素。而资本的运转除了上述要素和机制之外，另一个重要的条件就是市场，市场是资本得以运转的社会环境，因此供给与需求的关系和矛盾始终是现代经济学的主题。发现和培育市场是实现增殖的重要工作。

总结起来，资本首先是一种利用市场借助商品与货币追求增殖的运行机制；商品与货币是资本的存续形式，其中货币与商品不同，它不是一般的商品，而是一种使不同商品能够过渡和通约的符号，不同的货币之间也可以比较和互换。如此一来，商品和货币可以借着国际市场的开拓，超越国界而在整个范围内运转起来。资本的这种世界逻辑趋势首先取决于自身的极具穿透力的功能：能够带来最大化的增殖；日益丰富和提升的商品为使生活变得丰富创造了条件。惟其资本的运行有着如此明显的功能，因而常常被许多国家、地区和组织所采用，它被证明为迄今为止相对有效率的资源配置方式。然而，商品、货币无论具有怎样的拜物教的性质，它们都不能变成具有灵魂的东西，都不能像人那样按照自己的意志去创造人所需要的东西。相反，商品、货币、资本倒不过是人的灵魂的产物，是受灵魂支配的东西。在人面前，商品、货币和资本之所以显得怪异，充满了形而上学的微妙和神学的怪诞，那是由于："商品形式在人们面前把人们本身劳动的社会性质反映成劳动产品本身的物的性质，反映成这些物的天然的社会属性，从而把生产者同总劳动的社会关系反映成存在于劳动者之外的物与物之间的社会关系。”① 资本的世界逻辑不过是资本拥有者为着增殖的目的而把资本推广到世界各地的直接后果；或者是试图借着资本快速发展起来的国家、地区和组织主动向资本所有者租借其资本的结果。这种过程早在20世纪中叶就已经开始了，至20世纪80年代达到了全面化的程度，这就是我们今天所言称的“经济全球化”。这是一种怎样的过程呢？

（三）经济全球化：侵略、殖民还是双赢

可以说，世界历史交往形式早在国家产生之前就已开始了，只不过是这种交往还是地区性或地域性的，而且交往总是充满了掠夺。直至12世纪，伴随经济目的的军事侵略才打破了地区的界限，变成了洲际性的“交往”；至15世纪，欧洲殖民者把这种“交往”推进到世界的许多地方。但我们不能把这种交往称为经济全球化，而是殖民化，其侵略性质和不公正毋庸置疑，无论这些殖民者给这种侵略以怎样的美妙词句，都无法改变由侵略给被殖民者造成的痛苦与不幸，因为它们根本就没有接受这种以侵略形式进行的“世界交往”的意愿。20世纪中叶，世界历史交往形式发生了重大变化。二战结束以后，民族国家纷纷独立，被殖民的国家已不复存在，尽管仍有被殖民地区存在。独立之后的国家通常都是发展中国家和不发达国家。无论从军事力量、经济实力、技术水平、管理技术方面，还是从生活水平方面看，差距都是明显的。如何快速发展起来甚至追赶西方发达国家，是摆在发展中国家和落后国家面前的艰巨任务。而可供它们选择与借鉴的模式，只有西方发达国家的市场经济模式，因为这种模式较之传统的经济组织方式更能激发人的积极性，充分发挥主动性和创造性，从而带来效率。对许多发展中国家和落后国家来说，市场经济似乎可以解决一切问题，于是便形成了市场经济是救世主的幻象。观念的革命是实践革命的先导，观念的渴望和实际的需求，促发了开始于20世

---

① 马克思：《资本论》第1卷，人民出版社1975年版，第88—89页。

纪80年代的经济全球化进程，资本的世界逻辑已成不可阻挡之势。以经济全球化为表现形式的世界历史交往形式与先前的军事掠夺不同，它取得了形式上的公平：资本供给者和接受者互得其益。几乎无人怀疑，在这种形式上的公平背后会包含着不公平的可能。二十几年的历史实践证明，由经济全球化所引发的问题已经远远超出了经济的范畴，而具有了政治、文化和安全的性质。我们最初把经济全球化定义为：经济全球化是指资本、技术、管理在全球范围内的配置。今天看来，这个定义至少存在如下几个方面的问题：其一，它仅仅是一个事实判断，仅仅揭示了这一过程是怎样进行的，未能揭示它的价值性质，做出价值判断，没有把公正引入价值判断之中。它反映了人们对经济全球化的认识水平还是相当肤浅的。其二，未能充分认识到市场经济本身的无价值性和反价值性，人们把主观上需要的东西当成了市场经济实际具有的东西，没有认识到市场经济是创价与代价的统一。其三，未能把在经济全球化过程中造成的问题与市场经济本身的问题区别开来，用市场经济的创价性为全球化中的不公正做辩护。其四，没有把资本的世界逻辑与资本主义的世界化区别开来。商品、货币、技术、资本作为器物性的存在，是隶属于所有者的，它们不过是所有者用来与物和人的交道手段与方式，通过器物性的存在支配世界，是新型的殖民方式。因为，用军事力量毫无缘由地侵略别国已不再可能，至少不像先前那样容易。于是，经济全球化的人类学后果就被明确地区分成了两个层面：其一，资本逻辑本身的人类性问题，如物质主义的生活方式；功利主义的价值观念；消解信仰之后的精神虚无；意义拔根的生活世界。这是推行市场经济体制的国家所共同面对的问题，是真正世界性的问题。其二，资本之世界逻辑过程中的公正问题，如创价意义上的资源掠夺和经济殖民，代价方面垃圾、废料、危险品在发展中国家和落后国家的堆积；文化意义的上殖民，将属于自己的主流文化强加于另类文化之上。前者是生活本身的问题，后者是生活前提和条件问题。前者是资本的价值问题，后者是资本主义的问题。关于资本逻辑的人类性问题，我们在第二章和第六章做专门讨论，在此，我们将集中讨论经济全球化过程中的国际公正问题，亦即资本主义的世界性问题。

1. 资本、资本主义与全球化。“资本”、“资本主义”是我们把握“全球化”概念同时也是分析全球化过程中国际公正问题的一个概念前提。

资本是“用于再生产的财富积累”。资本首先是财富，或者能够带来价值，或者满足人的各种需要。其次是再生产，如果这些财富不用于再生产而是进入消费领域，或作为权力和精神的象征，如埃及的金字塔、中国的紫禁城、雅典的帕提农神庙、欧洲中世纪的城堡。它们都不是现代意义上的“资本”。

“资本主义”这个词比“资本”一词更新、更难以定义，这个词直到19世纪中叶才出现，当时是作为“社会主义”的反义词而出现的。那么，“资本主义”到底意味着什么呢？“我们至少可以说，资本主义制度建立在市场经济基础之上，强调私有制、创业机会、技术革新、契约的神圣不可侵犯、以货币形式支付劳动报酬以及信贷。在资本主义制度下，财产必须是‘可以分割的’，即可以自由买卖；商品和服务的价值取决于别人愿意为之付出什么样的价格。在资本主义社会之前，人们普遍持有一种准宗教式的‘公平价格’的观念，认为一个人要是索取超过‘公平价格’的价格就会危及自己的灵魂，贷款购物的行为——哪怕是为了投资——也是有问题的。从旧观念到新思想的转变是一个漫长的渐进过程，直到现在还没有结束。我们常常对无节制的消费信贷感到愧疚（这往往是正确的），这便是旧价值观念的遗留。”① 关于资本主义的研究可按照三条进路进行：作为政治活动与现象的资本主义；作为经济活动与现象的资本主义；作为社会—文化活动与现象的资本主义。在三个维度的框架下，资本主义远远超出了资本所涵盖的内容，它不再是一种简单的资源配置方式，而是一个整体的社会运动。

---

① ［美］托马斯·K. 麦格劳：《现代资本主义：三次工业革命中的成功者》，赵文书、肖锁章译，江苏人民出版社2000年版，第4页。

作为社会—文化活动与现象的资本主义。它研究的是在社会与文化的结构与过程领域发生的革命性变革。首先，资本主义是一种信仰。资本主义的本质就是一心一意追求未来财富与财产。衡量资本主义的尺度是财富和收入的多少。资本主义建立在对经济增长的信仰之上，对个人、家庭、公司、企业，甚至整个国家来说，经济增长是可能的，也是值得追求的。与对经济增长这种幻象相对应的是对科学技术的坚信不疑，认为科学技术是实现经济增长的根本出路。科学技术的祛魅功效恰与世俗化信仰相契合，社会的价值与规范逐渐服从于并内嵌于市场的力量之中，世俗化与物质主义价值观使人的精神世界、宗教世界被还原为物质化的过程。“我们所谓世俗化意指这样一种过程，通过这种过程，社会和文化的一些部分摆脱了宗教制度和宗教象征的控制。当然，在我们谈及西方现代史上的社会和制度时，世俗化就表现为基督教教会之撤出过去控制和影响的领域——它表现为教会与国家的分离，或者对教会领地的剥夺，或者教育之摆脱教会权威。然而，当我们谈及文化和各种象征时，我们暗示了世俗化不只是一个社会结构的过程。它影响着全部文化生活和整个观念过程，并且可以从艺术、哲学、文学中宗教内容之衰落，特别是从作为自主的、彻底世俗的世界观的科学之兴起看到它。”① 世俗化意味着，前工业社会的以看似有理性结构形式出现的信仰已经转化为对世俗世界的情真意笃，严格地说，这已不是信仰了，而是对实利的追求与确信，因为任何可视见的物是不能作为信仰对象的。世俗化影响普通人的最明显的方式之一，是对宗教的“信任危机”。换言之，世俗化引起了传统宗教对于实在的解释之看似有理性的全面崩溃。世俗化在意识层次上的这种表现，在社会—结构层次上有与其对应的关联物，前者是主观的世俗化，后者是客观的世俗化。就主观方面而言，普通人在宗教问题上的倾向是不确定的。在客观方面，普通人面对着种种对实在作宗教解释或其他解释的力量，这些不同的解释无法让渡和通约，相互冲突

---

① ［美］彼得·贝格尔：《神圣的帷幕——宗教社会学理论之要素》，高师宁译，上海人民出版社1991年版，第128页。

而无法融和，这些力量争夺着他的忠诚，但没有一种力量处于可以强迫他表示忠诚的位置。其次，资本主义是一种消费观。虚拟经济和虚拟享用使人生发出了趋于虚拟的消费观。消费常常与真实的需要无关，消费行为演变成了显现地位、权力、修养的过程。只要消费着就有意义，我消费我存在。

作为政治活动与现象的资本主义。随着市民社会的兴起，在经济上愈来愈独立的资产阶级强烈要求政治上的相应权利，其主要表现就是法律与制度的完善。在法律上，不同于以往法律体系的一个重大变化，就是私人权利的优先地位，用私权限制公权是基本的法律原则。在政治结构和政治活动中，不同于国家意识形态领域的一个公共领域被建构起来，这是国家意志与公民意志的交汇处，民主不仅仅是一种观念，更是一种制度安排。国家之公共政策如社会保障、失业保险、养老保险制度都要体现公共意见。它把国家行为和公务员行为置于一个民主的监督之下。官僚制意味着，公务员也有类似于经济人那样的弱点：有限理性、投机倾向和利益最大化偏好。作为理性化结果的科层制大大减少了滥用职权的可能性，但仍需各种类型的监督。

作为经济活动与现象的资本主义。经济史是资本主义的第三种书写模式，“它研究的是在物质生产和技术、分配、交换等领域所发生的革命性变化——广义地说，是生产力和资本主义生产关系的不断扩张的问题。”① 在资本主义的框架内，以生产、服务、技术、分配、交换形式出现的经济活动，所涉及的主要是人与自然的关系和人与人的关系。在人与自然的关系上，有人主张应该在资本主义的经济视野内理解环境问题。环境史所呈现的是，人类力量是如何塑造和改变“自然”以及如何建构人工环境和空间结构的，自然与文化环境是如何促进又限制人类的物质活动的，反过来，人类的物质活动是如何促进又限制“自然的系统”以及文化的发展的。世界历史不过是人对象化自己的本质力量的历史，“工业的历史和工业的已经产生的对象

① ［美］詹姆斯·奥康纳：《自然的理由：生态学马克思主义研究》，唐正东、臧佩洪译，南京大学出版社2003年版，第96页。

性的存在，是一本打开了的关于人的本质力量的书，是感性地摆在我们面前的人的心理学”①。近代以来，世界是通过社会化劳动（技术与社会劳动的分工、权力与劳动者的社会性分工）来被塑造的，人的作用力或人类的力量变成了以技术为手段、以劳动为基础的物质性力量，劳动被视为是文化与自然之间的中介力量，自然的历史，在某种程度上成了劳动的历史，只有在技术与劳动的意义上才能了解环境。“环境史可以从资本主义的发展以及它所产生的政治、经济、社会—文化及环境的革命性变迁的角度加以认识，也可以从政治的、经济的、社会—文化的及环境的历史书写的角度加以认识。在这一意义上，环境史是资本主义时代所有历史书写模式的一个顶峰（或者，谦虚一点讲，它是存在于资本主义时代所有的历史书写中的一根看不见的链条）。”② 技术史与环境史具有同构化的印记。在人与人的关系上，资本主义是一系列经济制度。亚当·斯密的那只看不见的手并非意味着有一个类似于神灵那样的第三方来帮助解决各自利者之间的冲突，毋宁说，它是各自利者为着各自的利益而重复博弈的结果。为降低交易成本，各方之间的“默契”是必要的，也是可能的，因为人们既有理性有限和投机的弱点，又有加强合作的愿望。“交易成本经济学一再提到两种行为假定，即有限理性和投机。第一个假定认为，代理人主观上是想理性行事的，只不过是要在有限的范围内才这样做。这一点是千真万确的，并且会对人们合同主题的方法起着巨大的影响。第二个假定认为，不能指望代理人会自觉信守诺言，因为他们在追求自己的目标时，会甩开协议的文字｛规定｝，背离协议的精神。”③ 合作的规范化形式就是制度。这些制度是内生的，而不是诱致性的。与认为经济问题都要依靠法庭来解决的看法不同，“交易成本经济学则认为，对各种合同关系，主要是靠私人秩序所形成的各种

① 《马克思恩格斯全集》，第42卷，人民出版社1979年版，第127页。

② ［美］詹姆斯·奥康纳：《自然的理由：生态学马克思主义研究》，唐正东、藏佩洪译，南京大学出版社2003年版，第111页。

③ ［美］奥利弗·E. 威廉姆森：《资本主义经济制度：论企业签约与市场签约》，段毅才、王伟译，商务印书馆2002年版，第540页。

制度来治理，而不是通过‘法律至上论’来解决”[①]。“市场”尽管含有交易场所的意思，但在资本主义经济范围内，市场更指交易主体和交易规则。整体地看，资本主义就是一个以市场经济为基础、以科学技术为手段、以制度设计与安排为保障、以追求增殖为动力的社会运动。

就目前流行的看法，“全球化”指的是资源、技术、资本、管理在全球范围内的配置，简约地说，就是“经济全球化”。如果我们从人类学的视角看待全球化现象，讨论的主题就变成了，在这一过程中物体运动是以何种方式进行的，更明确地说，它讨论的是运动物和流动者是如何被识别、同化、边缘化和被拒斥。人类学看待全球化的方式，一如被称为英国社会人类学家之父、功能学派的主要代表人物之一的雷蒙德·弗思所说，必须经历一个由重视古代社会即原始社会的社会现象的研究转向对当代人类共同问题的研究的过程：“今天的人类学已不是只研究过去，或只研究文明世界以外的原始社会了。它的一个重要使命是探讨在欧化影响下的生活领域，甚至研究我们西方的社会制度……人类学家的兴趣不只是怀旧，不只是研究残存的古代习俗和远离文明的人类社会制度，他们也不只是想缅怀人类历史的远古时代。今天世界上的多数民族，甚至最不发达的社会的民族，都与文明，特别是西方文明，发生某种积极的联系。”[②] 人类学作为一门较为年轻的学科，只有不到 100 年的历史，在一个时期内，人类学家们又从好古的兴趣出发，满足于研究“原始”的习俗，忽视甚至有意排除对非西方人民和西方文明接触后所发生的变化的研究。近 20 年来，他们在研究文化接触的后果，特别是研究现代文明世界在文化上强加于人所引起的变化方面，尽了很大的努力。“人类学对现代世界有何意义？之所以出现这个问题是由于许多人认为它所研究的总是多

① ［美］奥利弗·E. 威廉姆森：《资本主义经济制度：论企业签约与市场签约》，段毅才、王伟译，商务印书馆 2002 年版，第 4—5 页。

② ［英］雷蒙德·弗思：《人文类型》，费孝通译，华夏出版社 2002 年版，第 149、156 页。

多少少在远处生活的‘别的人’。为了在这个世界上有发言权，它就必须迫近现实，‘把经济学和政治学的任务接受过来’。”① 但人类学从其诞生之日起就不纯粹是一个分析的学科，而是有着价值立场的，不论人类学家是否意识到这一点。可以说，迄今为止有名望的人类学家大都出自欧美，他们在研究土著民族的风俗、婚姻、交易、制度、巫术、宗教、灵魂时，不免有自己的表象图式和价值判断：有人是为了科学也为了好奇去研究这些深刻变化，希望能找到一些变迁的规律；有人认为，若是要控制这些变迁使之符合人民的利益，一定得先明了它们；有人认为西方的技术发展与道德标准对很多落后的人民有用。因此，如果说“全球化”即是西方化或殖民化，那它首先表现的就是人类学意义上的西方化。因为，“群伙—部落—酋邦—国家这个图表正像在政治类型中国家—无国家这个更为简单的二元论一样，是以被殖民的边陲的民族志材料为基础的。”② 关于全球化问题的研究，主流形态的观点大都出自欧美国家。来自发展中国家和落后国家的学者，主要从经济学角度加以论述。1998 年诺贝尔经济学奖获得者印度经济学家阿马蒂亚·森在《伦理学与经济学》（1987）和《以自由看待发展》（1999）中表达了对贫穷、落后进行关照的强烈愿望，一如联合国时任秘书长安南对《以自由看待发展》一书所评价的那样，“全世界贫穷的、被剥夺的人们在经济学家中找不到任何人比阿马蒂亚·森更加言理明晰地、富有远见地捍卫他们的利益。通过阐明我们的生活质量应该不是根据我们的财富而是根据我们的自由来衡量，他的著作已经对发展的理论和实践产生了革命性的影响。联合国在自己的发展工作中极大地获益于森教授观点的明智和健全”。联合国出版的《人类发展报告》就是按照森的理论框架设计的。诚然，森也谈到了全球化过程中存在西方化的危险：“西方文化和生活方式

① 瓦茨拉夫·胡宾格尔：《人类学与现代性》，中国社会科学杂志社编：《人类学的趋势》，社会科学文献出版社 2000 年版，第 118 页。

② ［美］乔纳森·弗里德曼：《文化认同与全球性过程》，郭建如译，商务印书馆 2003 年版，第 14 页。

在削弱破坏传统生活方式和社会道德上的压倒性力量，对任何一个关注传统价值和本土文化模式的人，这确实是一个严重的威胁。当代世界由西方支配，而且尽管昔日世界统治者的帝国式权威已经下降，西方的支配地位仍然强大如故——在某些方面，特别是在文化事务上，甚至比以前更强大。在可口可乐和 MTV 的帝国，太阳永不落……当今全球化的世界对本土文化的威胁，在相当大程度上是不可避免的。”① 森揭示了对发展中国家和落后国家来说，全球化乃是一个充满悖论的过程：全球贸易和商业可以如亚当·斯密所预见的那样为每一个国家带来更大的经济繁荣。但是也可能会既有赢家，又有输家。解决悖论的出路在于两点：其一，处理好经济世界与文化世界的关系。当代世界的交往和交换要求基本的教育和训练。其二，在可行能力的视角，社会上不同群体的人们都应该能够积极地参与制定应该保存什么、放弃什么的决策。② 不可否认，森不但在西方主流形态经济学中注入了伦理的尺度，如正义、自由、平等，还把后发国家的贫穷、疾病、文化作为经济发展的重要课题。但总地说来，在经济学领域，对经济全球化过程中发生的洲际、国家间的不公正问题的关注还是不够的。有的西方学者对布罗代尔和沃勒斯坦的全球化理论和经济世界中心论提出了颠覆性的批判，指出：“与布罗代尔、沃勒斯坦以及许多人的错误说法相反，我们的研究也必然导致一个结论：近代早期的历史不是由一个欧洲的世界体系的扩张塑造的，而是由一个早就运转着的世界经济塑造的，我以前就论证过布罗代尔和沃勒斯坦的模式与理论是如何与他们自己的论证和分析自相矛盾。”③ 因此，真正的世界经济/体系也是不可能被塞进沃勒斯坦的以欧洲为中心的“现代世界体系”的普洛克路斯忒斯的结构的，因为全球范围的世界经济

---

① ［印度］阿马蒂亚·森：《以自由看待发展》，任赜、于真译，中国人民大学出版社 2002 年版，第 242 页。

② ［印度］阿马蒂亚·森：《以自由看待发展》，任赜、于真译，中国人民大学出版社 2002 年版，第 243 页。

③ ［德］贡德·弗兰克：《白银资本：重视经济全球化中的东方》，刘北成译，中央编译出版社 2005 年版，第 434 页。

/体系没有单一中心，至多有一个多中心等级结构，中国很可能处于这个结构的顶端。因此，尽管在地域内或某些地区间有某种中心—边陲关系，但也很难确认有一个由中心—边陲关系构成的单一中心结构。贡德·弗兰克总结说：“回顾我过去的研究，当时我和我的许多读者感兴趣的是‘发展’、‘现代化’、‘资本主义’以及‘依附’等概念。这些概念都是普洛克路斯忒斯式的空洞概念；因为马克思、韦伯及其信徒们的根本缺陷就在于，他们不是在真正的世界经济/体系中，而是在欧洲的特殊性中寻找资本主义的‘起源’、‘原因’、‘性质’、‘机制’以及‘本质’。所有这些所谓本质上的特殊性，无论使用名称，都是出自同一种欧洲中心论视野，而根据本书的考察，这种欧洲中心论视野在历史真实中——即在‘如其实际’的‘普遍历史’中——绝对找不到任何依据。它们都出自欧洲/西方种族中心主义，而这种欧洲/西方种族主义作为西方殖民主义和文化帝国主义的一个组成部分而被传播到全世界。”① 可以看出，贡德·弗兰克关于经济全球化的历史考证以及基本观点和立场，无疑是全球化理论与实践的坚决的批评者，但他们始终是西方人的目光与立场。而对于发展中国家来说，全面而深刻地分析经济全球化的人类学后果，依然是迫切的理论任务。

2. 全球化过程中的经济公正。经济全球化最先发生在生产和交换领域，这是一种资本运作的全球化。欧洲最大的一家集团公司总裁对全球化发表了如下看法：他的集团可以因此享有完全的自由，想在哪建厂就在哪建厂，愿意多长时间就多长时间，愿意生产什么就生产什么，愿意购进就买，同时还可以尽可能少地承担劳动法和社会规章方面的制约。所以有人主张，经济全球化首先是金融全球化，因为作为资本表现形式的商品和货币于全球化过程中，货币又有着首要的意义。全球化就是金融的积累方式，准确地说是以美国为中心、“金融

① ［德］贡德·弗兰克：《白银资本：重视经济全球化中的东方》，刘北成译，中央编译出版社2005年版，第446页。

占主导地位”的积累方式，它构成了当代自由世界秩序的实质内容。[①] 在经济的意义内，全球化作为一个描述性概念，指的是资本在其他地区的运行；作为一种思维和行为，指的是投入到制造业或主要服务业活动中的大垄断集团，在物质与非物质商品的生产和营销领域中，具有战略采取某种“全球”性思维和行为方式。这种思维和行为方式尤其针对以下几点：“1. 有支付能力的市场；2. 基础原材料、工业生产能力、特别是无处不在的技术革新能力方面的资源；3. 国内外主要竞争对手的战略；4. 最后当然是针对可能影响资本增殖的政治事件。因此‘全球化’一词表达了一种‘按照企业管理逻辑组织整个地球活动的控制论观念’。”[②]

作为资源分配与资源垄断意义上的经济公正。在狭义上，资本指的是参与增殖的要素，包括资源、设备、技术、人力，等等。在诸项资本中，只有资源才是天然的，而其余的都有人为的成分。因此，经济竞争首先是资源的竞争。资源作为潜在的增殖，只有作为一个要素参与到增殖中去的时候，它才是可计算的，有收益的。然而资源的自然分配与人的意志无任何关系，它与个人、组织甚至集团的“出世”是一种偶然的关系，但一当“出世”便获得了与它密切关联的资源的初始所有权，正是这种初始所有权构成了国际经济公正的天然根据。自然资源在地球上的分布是极不均匀的，在二战之前，一些强势国家可以借着军事的力量掠夺别国的资源。二战结束以后，资源及其初始所有权受到管制，进入 20 世纪 90 年代以后，资源在国际的流动重又活跃起来。对资源在全球范围内的流动进行公正分析，存在根据上的矛盾。就代内公正来看，落后国家出卖资源换取生产资料、生产技术或生活资料，乃是双方合意的结果，它取得了形式上的公正。但

---

① ［法］弗朗索瓦·沙奈：《资本全球化》，齐建华译，中央编译出版社 2001 年版，第 2 页。

② ［法］弗朗索瓦·沙奈：《资本全球化》，齐建华译，中央编译出版社 2001 年版，第 8 页。

技术、设备、资本是一些可替代性元素，而自然资源却是不可替代性元素，[①] 因此开掘得越多，留给后代的就越少，不符合代际公正原则。如果从实际状况看，对输出资源的地区和国家来看，代内和代际公正都受到了不同程度的损害。20 世纪 90 年代以来，伴随着国际自然资源流动总额的快速增长，资源流动方式呈现新特点：其一，自然资源总的流动方向依然由资源分布区流向资源消耗区。发达国家凭借强大的资本优势，从发展中国家和落后国家通过资源贸易获取维持人口生存发展的自然资源，并尽可能地将本国的自然资源作为自然资源基地储存起来。其二，发达国家大量的资本流向资源开采行业，越来越多的资源控制在发达国家手中。其原因在于，有些发达国家资源不足，不得不依赖于进口原料，如日本；而另一些发达国家如美国，购买其他国家的资源成本更加低廉，它们有意保存本国资源储量留待以后开发。美国矿产资源非常丰富，但其采矿许可证审批和环保审查严格，国内普遍存在反采矿情绪，大都把采矿注意力转移到其他国家。通过银行贷款以及资本市场融资，将资金投入到矿产资源丰富且采矿利润高的国家，所获得的矿产资源及其加工品在国际市场出售。另一种形式就是发达国家在其他国家投资兴建农场。农业生产资料的供给，雇佣当地廉价劳动力进行生产，然后将农产品在国际市场上销售。由于

---

① 从计算的角度看，自然资本提供的价格是无法确定的，而只有消耗了一般人类劳动的产品才能计算其价格，这就为用可计算的技术、设备、人力、管理等资本兑换自然资源留下了极大的博弈空间。关于自然资源的不可替代性问题，英国可持续发展研究专家诺伊迈耶说："某些形式的自然资本极其基本的和根本的生命支持功能，而任何别的资源都不能这样做，这是使人类生命在地球上成为可能的那种功能。它所表现出来的生态系统和生物多样性在某种程度上是多功能的，也是其他资本所没有的。它们是有生命——人类和非人类——的基础。人类能够在没有人造资本或其他形式资本的条件下生存下去，而且从很大程度上来说，过去就是如此；但没有生态系统的作用，人类就难以生存。自然资本的突出的价值不是让人使用化石原料，而是自然界让人类生命得以生存下去：它提供了粮食、水、新鲜空气和能够忍受的气温等生态条件。某些形式的资本是独一无二的，一旦遭到破坏就很难恢复，也就是说，对某些形式的自然资本的破坏是不可逆的或者至少是准不可逆的。一般地说，其他资本不是这样的情况。人造资本总是可以重新建造，如果它被破坏了的话。"［英］埃里克·诺伊迈耶：《强与弱：两种对立的可持续性范式》，王寅通译，上海译文出版社 2002 年版，第 126—127 页。

科技的迅猛发展，互联网和其他通信方式的推广，为在全球范围内进行资源的生产和供给提供了便捷的方式和可靠的保障，资源在全球范围内的流动更为迅速、高效。其三，随着发达国家经济由工业社会转向后工业社会，由生产—开发型经济向循环—生态型经济转型，制造业逐渐向发展中国家和落后国家转移，造成后者对自然资源的消耗和进口增长更快，对自然资源的依赖性增强，相反，发达国家对制造业所需的自然资源的依赖程度却有所减弱。如果不是仅从货币形态着眼，而从实体性的经济要素分析，自然资源的流动是单向的，而不是对等的。它会造成两种经济后果：第一，潜在资源愈益减少，降低潜在竞争力，与代内和代际经济公正相违背。第二，矿山开采、农业生产、制造业除了需要原始的资源外，其生产、加工、贮藏、运输等需消耗大量的辅助性原料，如土地、水、空气、石块等，这些资源随同原始资源一起被消耗掉了，资源枯竭是可能的后果。在开采、生产、制造过程中还会造成大量的污染：空气、水、耕地。特别是农业，人工肥料的作用，土地肥力降低；而且人工农业产品在“品位”上已远不如自然生长的产品为“鲜”。

生态赤字问题是全球化过程中国际经济公正的又一重要内容。以往认为的生态系统的功能价值是无限的观点受到了质疑，生态学家和经济学家采用不同方法对全球生态系统对人类福利的贡献进行了价值评估。评估报告认为，全球生态系统每年的功能价值为16亿—54亿，平均为33亿，相当于全世界GNP的1.8倍。对于消费水平较高的国家，本国的资源不足以支持在目前水平下的生态功能消费，人均资源量小于人均生态功能消费量，出现了生态赤字。而实际上，该地区或国家的人民却过着非常富足的生活，如日本和美国。就生态占用空间而言，美国居民人均生态占用空间10.9公顷，为全球之最，是全球平均水平（2.4公顷）的4.5倍；而孟加拉国最低，人均0.6公顷。生态占用空间最大的是美国，为2901.7万平方公里，最小的是冰岛，仅1.8万平方公里。人均占用生态空间可以反映一个国家居民的资源消耗强度，生态占用空间越大，资源消耗越多。就能够提供的生态占用空间而言，全球人均水平为2公顷，新西兰、冰岛的人均生态占用空间供给能力最强，分别为26.8公顷和21.8公顷，城市化水平最高的新加坡和中国香港特别行政区最低。①

经济公正问题除了表现为自然资源的全球化流动不平衡之外，还表现为发展中国家和落后国家一定程度上变成了废料库和垃圾场。英国《金融时报》2004年7月27日发表文章说，中国是世界工厂，但它也正在变成世界垃圾场，发达国家应为中国环境退化承担部分责任。中国近20年来，日益严重的环境危机已成不争的事实。

“先生产后生活”代价惨重。中国30%的地方降下了酸雨，如果许多城市的碳氢化合物、二氧化硫以及氮氧化物排放量依然以目前的速度增长，到2010年，这些城市的空气将根本无法呼吸。以“先生产，后生活为指导思想的计划经济给环境造成了巨大的破坏。中国只有约一半的国土面积适宜居住，占全球人口1/5的14亿中国人大部分挤在只占世界可耕地7%的一小部分土地上。工业化和城市化速度的加快，可用土地越来越少。近20年来，约有两亿人从农村进入城镇，预计到2020年，还将有3亿农民进入城市。中国环境问题与其他国家的环境问题有质的不同。在大多数地方，环境的退化只是一定程度上，而在中国则是绝对的。

重视经济效益，忽视环境治理。制造业和能源开发是20多年来的支柱性产业之一，其污染程度高于其他行业。一个环境研究机构的一份研究报告指出，中国的空气污染给公民健康造成损害带来的损失每年占国内生产总值的2%到3%，如果这种局面继续下去，到2020年，中国将为此付出大约3900亿美元，占国内生产总值的13%。在中国11个规模最大的城市中，烟尘和空气中悬浮的其他颗粒每年造成5万人过早死亡，40万人患上慢性支气管炎。研究报告表明，如果不改变当前的状况，到2010年，每年过早死亡的人数将达到约38万人，而到2020年，这一数字将增至55万人。1982年，中国政府关

① 《发展的基础——中国可持续发展的资源、生态基础评估》，中国21世纪议程管理中心可持续发展战略研究组，社会科学文献出版社2004年版，第246页。

于自然保护的一个条款被写入宪法，最近又提出“以人为本”的科学发展观，近来又提出循环经济发展模式和构建和谐社会的主张，并在实际的操作中也制订了计划和实施步骤。这些都表明，政府与公民都已意识到环境危机的迫近，并决心恢复生态，改善生活。到 2020 年，中国希望降低对煤炭的依赖程度，使煤炭从目前占能源需求近 70%降至 60%，转而强调使用其他一些清洁燃料，如天然气、核能、水力发电、风能以及其他可再生的资源。

汽车投资过热，环境污染加重。中外合资企业的投资领域总是那些能够见效快、收益大的行业。近年来，以汽车为中心的发展模式成为中国经济增长的支柱，世界上所有的大型汽车制造商，或承诺进行大规模投资。汽车投资过热现已受到质疑：以此为拉动经济快速发展的方式是否明智。一方面，汽车排放的尾气加重了已经非常严峻的空气污染状况；另一方面，公路、停车场和其他关键的基础设施还在吞噬原本就很稀少的可耕地资源。华盛顿地球政策研究所所长莱斯特·布朗说：“每增加一百万辆汽车，就需要将两万公顷土地铺成公路。如果这些土地是农田，那就意味着粮食产量要下降 8 万吨。”

“环保赤字”巨大，费用安排困难。为治理环境，费用支出就不可避免。为节约能源和其他自然资源就得提高汽油价格、水价、电价、煤价；为了修建不会对环境造成破坏的新基础设施，需要提高相关税费。据一家环保智囊机构推断，到 2020 年，柴油和汽油的税费会上涨 60%。从许多方面来说，这些费用是用在弥补过去 20 年过快的工业化进程造成的“环保赤字”。目前还不能准确估算弥补这一环保赤字会对中国制造业的竞争力造成多大影响，不过这样做势必会让中国付出巨大代价。有人指出，一方面，中国是世界工厂；另一方面，它又在成为世界垃圾场。中国的环境退化是一个全球性的问题，为此，发达国家也应该为改善中国的环境承担一部分责任，不过，目前这还是一厢情愿的事情，因为至今尚无统一的制度安排来要求政府和组织担负适当的社会责任。

救治环境的现实之路：社会责任运动。全球化过程中的经济公正问题，除了生产、贸易之收益方面的公正之外，还有经济责任问题，公平分配收益就必须公正分配责任，得收益愈多者所负责任就愈大。自20世纪90年代以来，国际上形成了一个声势浩大的社会责任运动浪潮，各国无不感受到它的存在和巨大影响。追求经济利益是所有企业的最高目标。现在社会责任运动在全球广泛开展，这一运动要求企业在赢利同时承担社会责任，比如遵纪守法、保护环境、保障人权、反对腐败等等，也就是说，企业行为要合乎社会道德规范，最终实现可持续发展。社会责任运动首先是在西方发达国家发展起来的，是生态和平运动的一个必然结果。不过，到目前为止，究竟何谓社会责任，国际上尚无一个统一的定义，现行的各种社会责任标准也不尽一致：有的将社会责任限定于企业，社会责任就是企业的社会责任（CSR）；有的将社会责任扩大到所有的社会组织，即社会责任（SR）。在最为接近的意义上，社会责任是指：基于全球化和生态环境的客观要求，具有合法性的社会组织在经营管理过程中必须承担的于人和社会有益的责任，包括：遵纪守法、保护环境、保护消费者权益、遵守劳工准则和劳资关系、尊重人权、保障职业健康安全、反腐败、强化团体合作和支持关系、创建旨在增进人类精神的文化活动、强化慈善事业活动。社会责任的主体具有广泛性，并不限于企业，适合于包括公共部门在内的任何组织：政府和非政府组织。组织的社会责任具有国际性，因为，许多组织的足迹已遍布世界各地，它有义务为它因获取收益而造成的现实或潜在的损害承担责任，包括精神补偿、情感安慰和费用支出。

目前，国际社会责任运动的推动方式主要以社会责任标准作为其实施和验证的工具与手段。现行的社会责任标准主要有三大类：通过代表制程序制定的政府及政府间组织的标准，包括国际劳工组织的有关公约，联合国人权宣言等；非政府组织制定的民间标准，包括联合国全球契约（GC）、道德贸易行动（ETI）准则、SA8000等；各跨国公司自身制定的供应链行为准则。作为全球最具权威的标准化组织，国际标准化组织（ISO）适应国际社会责任运动的要求，于2002年专门成立了社会责任顾问组，就ISO制定社会责任国际标准进行了系统的可行性研究。2004年4月，社会责任顾问组完成了可行性研究，并向ISO技术管理局（TMB）提交了一份长达90页的《社会责任工作报告》，同时向全球发布以征求意见。2004年6月21日至22日，ISO社会责任标准国际研讨会在斯德哥尔摩召开。来自全球66个ISO成员（包括有中国在内33个发展中国家）的355名代表参加了此次研讨会。在随后召开的ISO/TMB会议上，ISO/TMB就社会责任国际标准化做出了相关决议：ISO将立即开始准备制定正式的社会责任国际标准，预计，该项国际标准将于2007年完成制定工作。

不可否认，社会责任运动以及后来的法制化和制度化的社会责任国际标准的制定工作，为限制、减少、消除在全球化过程中因企业追求单纯的经济利益而造成的环境污染、人权践踏后果，奠定了可行的、强制化的基础。但对发展中国家来说，社会责任运动又是一个极大的挑战。这除了因为，规则及其标准的制定是在西方价值观和话语权力下进行的，规则及标准更有利于西方发达国家的生产标准和环境指标，还由于，一旦把规则及标准国际化、普遍化，就会给我国某些中小型劳动密集型出口企业带来巨大的生存压力：一方面须在本已微薄的利润（跨国公司的价格挤压加上同业激烈竞争的结果）中拿出部分利润去改善劳工工作条件和待遇；另一方面须维持企业的正常运转并进一步发展。这无疑是一个悖论。但从可持续发展角度看，社会责任运动对发展中国家来说是拯救环境的必由之路。

技术迁移与技术控制。科学技术作为经济发展的手段，随着全球化的到来也参与到经济活动之中，成为全球化之所以可能的最为重要的条件。可以设想，如果没有现代技术，特别是通信技术和网络技术，资本之世界逻辑的时代根本无法出现。可以毫不夸张地说，科学技术已经渗透到了经济活动的任何一个环节，产品的生产、运输、保鲜、储存，证券、股票的投入、计算、转移，等等，缺少了技术这一环节是几乎不可能的。在一定意义上可以说，技术已经成了实现支配和控制的一种力量。技术的每一次进步，在大大解放生产力的同时，更深层且渗透性地施展了它的监督与控制的能力。

海德格尔结合近代以来的形而上学、理性祛魅揭示了技术存在的三个层次：技术是什么？技术是一种人在自己与物之间完成的设置；技术的本质是什么？技术是使物显现其真理的手段，是使物的隐蔽性进入敞开的澄明之境的过程，因而是一种解蔽的方式；现代技术的本质是什么？现代技术是一种座架和促逼，是物的真理被遮蔽的过程，一如理性不再受人支配，反倒理性支配人那样，技术变成了一个无法控制的外在力量。也有西方学者从功能和价值的角度去分析技术。“通过控制自然和所有人类活动而将共同的人类理性有系统地运用到解决问题的过程中，这种运用便是技术。首先，技术不仅仅是偶然产生或发现的东西，它通常是有学科、不断积累的系统性研究成果。其次，它不仅是一种智力推测或者理论模式，而是可以被运用到解决实际问题过程中的知识。再者，这种人类理性的系统运用必须在共同的社会环境下运作，这样，某种由某个个人所做的发明在被其他人作为工具、加工过程或者工作对象而使用之前不能算作技术。因此，技术活动具有旨在扩大及改善人类控制周围的自然和社会力量的能力。”①从这一定义中我们倒是可以看出，技术具有控制的功能；技术作为解决问题的知识和工具具有一定的普遍性，因为它是一客观的因素，受政治和意识形态影响较小。由于这两点，技术才有迁移的必要和迁移的可能。在全球化规程中，技术迁移就像资本一样，超越国界被运用到它能够去的任何地方。甚至可以说，资本正是借着技术之穿越国界的特质才有了世界性的逻辑。那么技术是如何在全球范围内被广泛使用的呢？技术真的像其允诺的那样为第三世界“送来”发展吗？“技术既是价值的携带者，亦是价值的破坏者”。技术迁移中的价值问题涉及相互关联的两个方面：一是技术本身的价值二重性问题；二是在迁移过程中实现的控制的目的，技术和资本一起成为经济帝国主义的

① ［美］丹尼斯·古莱特：《靠不住的承诺——技术迁移中的价值冲突》，邾立志译，社会科学文献出版社2004年版，第5页。

两根支柱。

技术控制与话语权力。在信息革命到来之前，生产技术、工程技术居主导地位，它们的主要作用是节省人的体力并提高劳动效率，尚不能控制人的智力和理性。“作为电讯与数据处理结合的产物，信息革命有史以来第一次用系统和科学的方式，使驾驭人类智力和理性成为可能。”信息和信息资源的占有从来都是资本主义社会的一个组成部分，与任何技术环境无关。在信息技术被广泛运用之前，国家和组织都在寻找各种手段和途径实现对信息的管理和控制，进一步地控制权力。在此我们不必讨论“信息革命”是一种技术手段和创新问题，因为这是形式主义的理解；我们的意图在于团体内部和团体之间的管理和控制问题。如果我们从政治学和文化学角度着眼，技术就变成权力的载体和控制的手段。政治方面探讨的是工作场所乃至整个社会中管理和控制之间的关系；文化方面关注的是权力的微政治，也就是福柯称之的权力存在的微小形式。于是，信息和传播技术对日常生活的结构、方式、组织和惯例产生了塑造性的影响，信息/知识和权力具有了必然的联系。信息和传播技术的政治与文化功能，对资本主义社会的凝聚和再生产都极为重要。由信息技术和信息管理所引发的现代监督与控制的转型并非由于信息革命本身，只是它充当了这样的形式。根本原因在于，全球化语境下的经济形态发生了质的改变。民族经济和国际市场的关系、金融和工业阵营的关系、技术创新的管理、生产和消费的调和、分散的多国联合公司的衔接——所有这一切都成为经济管理中的迫切问题。经济活动的总量以及经济关系的复杂性程度证明，单靠纯粹的经济依赖性（斯密的看不见的手）已经无法应对变化多端的世界经济形式。“经济活动量已达到使行政调节比市场调节更有效和更有利的水准”；“看得见的管理之手取代了看不见的市场作用之手”。经济管理在跨国资本时代必然朝着由一个“领航者”进行行政控制的过程发展。“提高经济业绩的最保险的机会在信息处理领域”。在此种背景下，“权威性资源”（权力、控制）越来越融于“分配性资源”（规划、管理）之中：权力通过精确合理的社会管理和规则来体现自己。有了信息处理机制，监控行为的能力得到了极大的拓展。发达资本主义社会的这种严密精确的管理形式融进了它们的文化、生活方式和盛行的社会关系之中。媒体在权力以及管理和控制过程中起着关键性的作用，拥有媒体便拥有了一定的公共权力。它的作用是双重的：进行记录、监督和控制，在信息技术面前似乎无任何秘密可言，当然这只对拥有信息和信息技术的人来说是这样，而对没有或失去信息和信息技术的国家、组织和个人来说，常常成为被记录、监督和控制的对象；引导与诱使“跨国资本时代的世界市场，需要全球的市场调研和广告宣传，需要有以一个特定产品或公司为代表来进行市场监督和控制以及发起劝说性宣传的能力”①。前工业化社会是需求决定生产和产品，现在是产品和宣传引导消费，广告不但提供产品信息，还引领消费方式和生活方式。

技术迁移中的价值冲突。由于经济实力差异巨大，在科技投资上以及科技分布上也就极不均衡。正由于这种状况才存在技术迁移的必要与可能。20 世纪 70 年代末以来，科学、技术与工业活动之间的关系发生了突发性变化，使高科技成为一种往往非常关键的竞争力要素，这样一种竞争的特征实际上影响着整个工业体系。下面是研发支出的集中状况。

“1995 年，所有经合组织国家为研发共耗资大约 4100 亿美元。美国大约占这个总数的 43%，欧盟国家约占三分之一（32.5%），日本占 18.5%，所有其他经合组织国家约占 6%。经合组织国家在这方面的支出约占世界总开支的 95%以上。工业中的研发开支，特点是资源高度集中的少数大企业集团内部，这些企业的研发开支几乎可以超过所有政府部门（国防部和能源部除外）、甚至超过一些大国的预算。美国国家科学基金于 70 年代末公布的数字表明，美国 50%以上的工业研发是由前 20 家工业集团出资的。80 年代公布的有关日本工业研发集中状况的数据，进一步证实了这个结论，并且还表明，该结

① ［英］凯文·罗宾斯、弗兰克·韦伯斯特：《技术文化的时代·从信息社会到虚拟生活》，何朝阳、王希华译，安徽科学技术出版社 2004 年版，第 123 页。

论不仅适用于美国。日本前五家公司承担了汽车业大约70%的研发，电子业的55%，纺织业的50%，冶金业的78%。只有在化学工业中才会看到更广泛分布的工业科研能力。”① 通常情况下是发达国家把技术迁移到其他国家或地区。完成这种迁移任务的除了政府间的技术合作之外，主要是由跨国公司进行的。就目前而言，跨国公司国际技术的发展主要有五种方式：跨国基础上的私人技术生产；通过在国外收购或用不对称关系兼并技术；通过合作、合伙与国外交叉交换和平等交换知识和技术；保护国外知识和技术创新；在公司所属国以外或以跨国为基础实现资本技术升值。无论是通过政府还是跨国公司将技术输出到国外去的过程，就是技术迁移的过程。技术迁移“是技术知识从先进国家到发展中国家的转移或交换，这种知识通常在建立和运作新的生产设施时需要，它在发展中国家里非常缺乏或者完全没有”②。技术迁移的实质是西方化的过程；在形式上，技术迁移是平等的，因为出于收益之外的技术迁移不是普遍的形式。现代技术在全球的传播趋势是，所有社会将按照西方社会特有的效率、理性和解决问题的思维方式而建立标准的“存在合理性”。技术迁移中的价值冲突主要有以下几个方面：其一，技术提供者的标准与技术购买者的标准之间的冲突。富裕国家的大公司为什么要向欠发达国家的买主出售技术呢？一位公司官员说，如果有人花钱购买的话，任何一家美国公司都会愿意转让技术并且想方设法对技术加以控制以防止竞争对手得到它。这番话表明了三个标准：金钱利益、控制权、超越对手的竞争优势。在技术迁移过程中，跨国公司之间确实存在某种基本的共同标准。如果技术能够使它们占据更大的市场或者增加对市场的控制，它们自然乐意转让技术。获利是基本的要求，但比利润更重要的是取得有利的战略地位从而在未来的整体市场行销中取得控制权。而提供技

① ［法］弗朗索瓦·沙奈：《资本全球化》，齐建华译，中央编译出版社2001年版，第143页。

② ［美］丹尼斯·古莱特：《靠不住的承诺——技术迁移中的价值冲突》，邾立志译，社会科学文献出版社2004年版，第5页。

术的跨国公司却说，它们是拯救人类的技术救星。这种说法是否合理，视其与第三世界技术购买者的标准的一致性程度而定。第一，新近购买的技术应该与国家的发展相协调。第二，必须在重要的经济领域具有自主权。对进口技术的国家来说，还有另外一些同等重要的标准：降低购买价格、充分利用本地资源、减少对外依赖。对技术领域的计划人员来说，也有两个重要目标：第一，使大众在观念上接受技术、在实践中熟悉技术。而要实现这一目标就得增加费用，如技术培训、制定鼓励措施等。第二，技术分门别类，多种多样，必须选择适合于自己情况的技术。由于技术转让者与购买者在标准上存在差异，经常引发利益冲突："利用转让技术在众多的市场上占有一席地位；向对手发动攻势或者采取措施保护自己；从已经开始或正在进行中的研究与发展项目中获得更多的利益；在本国内部对付因生态环境和实验室条件而带来的压力；充分利用国际合同容易取得贷款这一优势。而技术购买者的动机却相反。他们的希望是：进口的技术能够帮助他们在本地或国际市场上保持竞争力；更有效地解决现存的问题；加强他们的'现代化'形象；取得发达国家管理、金融和技术人才的帮助；帮助他们实现工业化；生产和销售新产品和服务；取得更大的利润；保持与国外'发达'国家的联系。"① 跨国公司曾一再承诺，他们自己是技术拯救的救星。它们的"逻辑"是：如果第三世界采用新技术，它们就能脱离痛苦、生产得到提高、人人都会富裕；跨国公司是向贫穷国家带去技术的最佳渠道，因为它们具有全球管理技能、迅速动员各种资源的能力、从各地招聘各类人才的本领、把握机会快速反应的能力以及它们对研究与发展所做的巨大投资。诚然，技术迁移给发展中国家和落后国家的发展提供了技术支持，但决非像跨国公司所承诺的那样，快速地摆脱贫困，变得人人富裕。虽不能完全怀疑这种承诺的有效性，但完全相信它甚至把技术视为摆脱贫困的唯一出路，无疑是十分危险的做法。实际情况是，由技术到富裕和幸福与变

① ［美］丹尼斯·古莱特：《靠不住的承诺——技术迁移中的价值冲突》，邾立志译，社会科学文献出版社 2004 年版，第 95 页。

迁尚有若干条件和环节，新技术要与本国的资源、设备、人员、文化结合起来才能发挥作用。技术的硬性移植以及削足适履式的运用，使技术购买者付出了极大的代价：阿根廷低洼盆地的开发、拉丁美洲的精密仪器、巴西的冷冻食品，等等。“技术迁移的高昂代价”表现在很多方面。[①] 这确实是一个悖论，在全球化进程中，几乎没有哪个国家能够脱离全球经济的干系而独自发展，对发展中国家和落后国家来说，代价是双重的：既要承受推行市场经济所带来的困境，因为体制转轨是要付出成本的；同时还要承受先发国家给发展国家造成的压力。解决问题的关键在于，树立科学的发展观至关重要；要根据具体条件引进技术。

3. 风险社会的来临。距离存在是客观的，且距离的存在是有价值的。“我认为有时正是距离证实了存在。”距离的价值就在于：它是事物的存在方式；它是事物区别开来的方式。“风险”、“危险”、“危机”诸概念都是相对于生命体而言的，因为任何一个生命体如若存活下去，都需要基本的生存条件和环境。条件和环境不是任意的，而是对生命体有帮助的那一类；而无帮助的甚至有害的那些则构成了潜在的危险或风险。准确来说，“危险”主要指自然而然的那些有害物体或自然现象，如导致身体伤亡的物体、自然灾害（地震、台风、泥石流），这些物体和现象人为的因素较少；“风险”主要指由人的活动或产品引起的对人的身心健康有损伤的危害，它们与人的活动密切关联[②]；“危机”往往与事件相关，有时称为“危机事件”，“危机事件”是指那些导致社会系统或其子系统的基本价值和行为准则趋于崩溃，在较大程度上和较大范围内威胁到人们生命和财产安全、引起社会恐慌和社会正常秩序与运转机制瓦解的事件。危机事件之所以能

---

① 参见［美］丹尼斯·古莱特《靠不住的承诺——技术迁移中的价值冲突》，邾立志译，社会科学文献出版社2004年版，第141—170页。

② 有人用“风险”特指现代化以来的社会状况：“风险的概念直接与反思性现代化的概念相关。风险可以被界定为系统地处理现代化自身引致的危险和不安全感的方式。风险，与早期的危险相对，是与现代化的威胁力量以及现代化引致的怀疑的全球化相关的一些后果。”［德］乌尔里希·贝克：《风险社会》，何博闻译，译林出版社2004年版，第19页。

够对“社会可能性”造成致命的威胁，源自于危机事件的固有特征。危机事件包括：政治性危机事件：战争、革命或武装冲突、政变、大规模的政治变革（如东欧剧变等）、政策变迁（如国有经济改革、社会保障制度改革等）、大规模恐怖主义活动、腐败、其他政治骚乱；社会性的危机事件：社会热点问题的变迁、社会不安（social unrest）、社会骚乱（riots）、游行示威、罢工、小规模的恐怖主义活动等；宏观经济性的危机事件：恶性通货膨胀或紧缩、国际汇率的巨幅波动、股票市场的大幅度震荡、失业率居高不下或上升、利率的大幅度变化；生产性的危机事件：工作场所安全、导致人身严重伤害的职业病、产品安全、生产设施与生产过程安全等；自然性危机事件：雨量的变化（干旱、大水泛滥、山洪暴发等）、地震、台风或龙卷风、流行性传染病。

“风险”、“危险”、“危机”存有共同的特征：结构不良性、危险性和不确定性。结构不良是相对于结构良好而言的，它描述的是，由于规则或要素受到破坏致使系统处于瘫痪和无序状态。结构不良导致危险的产生，“风险”、“危险”、“危机”总是把人置于危险的境地，对生命体而言是一种无价值甚至反价值的状态。“风险”、“危险”、“危机”通常是人无法预知、预测和预防的，惟其如此，它才会引起秩序混乱和社会恐慌。

可以说，由人的理性和能力的有限性以及自然的未知性、复杂性和多变性所决定，“风险”、“危险”、“危机”会伴随人类始终。但全球化以来，“风险”、“危险”、“危机”愈来愈突出且呈现新特点：自然性的危机事件愈来愈具有人为的性质；危机事件愈益具有全球性；发展中国家和落后国家的风险是重叠的；人类学意义的风险日益加剧。

应该说，并非由于资本的世界逻辑才使人类面对风险，毋宁说，是资本的世界逻辑把已有的风险传播到世界各地，并在世界各地制造了若干新的风险，而这些随时产生的风险又随着资本的世界流动以及信息技术的高度发达而迅速蔓延开来。在古典工业社会，财富生产的

“逻辑”统治着风险生产的“逻辑”，而在风险社会中，这种关系被颠倒了过来。“占据中心舞台的是现代化的风险和后果，它们表现为对于植物、动物和人类生命的不可抗拒的威胁。不像19世纪和20世纪上半期与工厂相联系的或职业性的危险，它们不再局限于特定的地域或团体，而是呈现出一种全球化的趋势，这种全球化跨越了生产和再生产，跨越国家界限。在这个意义上，危险成为跨国界的存在，成为一种新型的社会和政治动力的非阶级化的全球性危险。”①

来自自然界的风险。如果说在前工业社会自然性的危机事件主要是来自纯粹自然的“变脸”，而人由于无知和无能无法规避和应对，导致瘟疫流行、生灵涂炭，那么，工业社会以来倒是由于人的“故意”。1992年，许多政府和公民聚集在里约热内卢，商讨当今最严重的生态威胁——气候变暖、温室效应、物种锐减、水资源污染和枯竭、有毒物品的大量堆积。然而，在制定里约热内卢议程之前，一个关于全球化和自由贸易的议程却像飓风一样横扫全球，将已经取得的环境上的成果毁于一旦，增加了环境压力，并产生了新的生态危机，如基因工程有机体的出现。当人们步入又一个千禧年的时候，无知、固执、倔强的人类依然漠视着自然的神性和价值。对环境保护的管制受到破坏以至被解除，“第三世界的农民、部落、田园以及手工业社会的那种可持续发展的生计遭到破坏，第三世界的人民正在沦为新的全球环境难民”②。占世界人口三分之二的贫困民众生活在南方国家，它们依靠自然这一资本维持生计。发达国家为了掠夺自然资源、倾倒废料而破坏、改变或者接受他们的生态系统，这给贫困民众带来了不应由其承担的负担。在这个全球化的、解除贸易管制的商业世界中，一切都可以交易，只有经济力量才能决定权力和控制，资源从穷国流向富国，与此同时污染却从富国流向穷国。世界银行首席经济学家劳伦斯·萨默斯在由他负责撰写的1992年世界发展报告中认为，将污

① ［德］乌尔里希·贝克：《风险社会》，何博闻译，译林出版社2004年版，第7页。

② 范德纳·希瓦：《处于边缘的世界》，［英］赫顿、吉登斯编《在边缘：全球资本主义生活》，达巍等译，生活·读书·新知三联书店2003年版，第154—155页。

染严重的工业迁移到第三世界国家在经济上是有意义的。“你我私下里说，世界银行难道不应该鼓励将更多的污染工业转移到欠发达国家中去吗?”萨默斯从三个方面论述了增加第三世界污染的经济学逻辑。第一，第三世界的工资水平很低，因此在贫困国家中，污染引起疾病和死亡所造成的经济代价最低。“将污染工业转移到工业最低的国家，这一逻辑并没有错误，我们应该勇敢地面对它。”第二，“我一直认为，那些污染极低的非洲国家与洛杉矶或墨西哥城相比，它们的空气质量高得缺乏效率。”第三，贫困国家很穷，它们不可能为环境问题而感到焦虑。

来自自然界的风险，多半是由于人类急功近利造成的。当人类不顾一切地向自然发起挑战的时候，实际上是在向人类的生存极限挑战。当人类彻底改变了身外的自然和人自身的自然的时候，穷途末路时也就到来了。“由于科技加速进步，生态危机出现，自然与社会的对立变得成问题了。这里可以看到，我们称之为自然的东西，长期以来被归纳进工业进程中去了，它变得危机重重……我称这一进程为风险社会或世界风险社会。”① 我们讨论风险问题也是在全球化的视野内进行的。

来自现代化本身的社会风险和精神风险。就风险的方向说，全球化视野内的风险无论怎样地类型繁多，但也无非三个方向：人与自然之间的来自自然的风险，其实也是来自人类的对自然的风险；来自人与人之间以及人与作为活动之规范化形式的组织之间的风险；个人与人类、共同体以及自身之间的风险。与此相对应，风险便在内容上分成自然风险、社会风险和精神风险。这些风险都与现代化运动有着必然的联系。

社会风险指的是基于资本之世界逻辑之上的人与人之间、人与组织之间的脆弱的连接方式，以及由此方式带来的怀疑、不信任和不安全感。这种脆弱性的原点在于资本的“魔力”：思维方式与利益归属

① ［德］乌尔里希·贝克、约翰内斯·威尔姆斯：《自由与资本主义：与著名社会学家乌尔里希·贝克对话》，路国林译，浙江人民出版社 2001 年版，第 21 页。

上的原子主义；生产与经营中的计算主义；秩序构建和社会管理上的理性主义。原子主义首先是一种思维方式，这种思维方式的原始根源在于人的自我统一性，因为每个依凭感觉得到的是与他物的不同、差异，其空间距离是实在而可知的；而与自己的距离则始终是反思意义上的距离，只有把自己视为认知和反思的对象时，这种距离和差异才在头脑中显现出来，人的所作所为与其自身具有天然的一致性。但这种天然一致性并非决定着，人在任何时候都一定以我为原点去看待事物和对待事物。人看待事物的方式对待事物的方式深深地受着文化的影响，关键在于是何种类型的文化。工业社会或资本社会的文化类型恰在于鼓励人们以一种个人主义的方式去看待和对待，个人的权利是社会一切事物是否具有合法性的本体论前提，而市场与交换的计算主义设置、用以保证效率与公平的制度安排又为个人主义的全面展开提供了社会保障。“个体化的存在通过很多定性访谈和研究已经在经验上得到证明。它们都指向了一个核心的关注点：对控制个人自己的财富、时间、生活空间和身体的要求。换言之，人们要求发展他们自己的生活观念并且能够据以行动的权利。”① 如此一来，人与人的关联方式便由先前的血缘之上的家庭与家族关系（亲情）、立于作为家族关系之同构的社会人伦关系之上的准血缘关系（友情），压缩和简化成了人与物的关系。借助资本的“魔力”，人真正地社会化了，他可以通过商品和货币与任何一个人联系，只要他愿意。然而，真正的社会关系并不一定就是真实的，因为，人与人隔着物的中介，能够望见的是物而不是人。能够谋面的人很多，却不熟悉，因为他们根本就不想熟悉。所以说，工业社会是一个现代的封建社会是准确的。个体活动的空间距离被拓展到先前根本不可能的地方，而心理距离却同样被拉大到如此之远，以至于以往的亲密关系被蚕食殆尽。“旧的力量失去了‘道德’；新的市民道德令其为自己服务，将之套在自己的车上。”一如马克斯·舍勒所言：“各种征象表明，生活秩序在衰亡，

① ［德］乌尔里希·贝克：《风险社会》，何博闻译，译林出版社 2004 年版，第 113 页。

而我们还在这种生活秩序的力量和方向下生活。在这许多征象中，我们看到，最令人确信无疑的恐怕莫过于深深的陌化这一征象了；在今天，就生活秩序而言，陌化以其特别的秩序完全占有了最佳的头脑和最强的心灵。”① 陌化不是个别现象和个别事件，而是一种经常化和普遍化的征象，就像资本那样无处不在、无时不有。“陌化并非触及我们生活秩序的这一或那一个别方面或某类现象，而是触及我们的生活秩序之总体；陌化不得不如此，因为它最终是针对保障这一生活秩序能长期存在下去的一类人的。”② 但极端的个人主义终归难以长久下去，它不得不处理因过于考虑自己的意志而发生的各种矛盾和冲突，而要结束这种冲突可能要采取极端的道德立场，其结果不得不求助于一个外在于它的第三方：法官、法庭。这种包括法官和法庭在内的制度设计安排是博弈的过程、理性化的结果，是一种“看似有理性结构”。最低限度的制度以符号的形式被摆放在那里，成为人们共同分有的理念，这种理念似乎已从灵魂深处被拔根出去，人们愈来愈依赖于身外的制度，哪怕成本再高，也无须双方当事人通过直接的对话解决，而是借助交纳费用的形式仰望法官给予解决，法的理念之根由个人转向拥有法律技术的裁决者。福柯说，自近代以来，人们愈来愈依靠“外在技术”而不是“内在技术”来整合社会；吉登斯把制度远离人的灵魂、意志而成为与人相对峙的过程称之为制度的抽离化。③

精神风险指的是，人们殚精竭虑地生产着生活的条件却没有生产着生活本身。价值概念原本是一个非常丰富且富有灵气的概念，而今它仅用来表述使用价值和交换价值（价格），变成了商品和货币的计量单位，先前的内容如风俗、惯例、巫术、宗教、圣义、终极关怀要么被物质价值所同化，要么不合要求而剔除。意义的迷失已经成为人

① ［德］马克斯·舍勒：《资本主义的未来》，罗悌伦等译，三联书店 2003 年版，第 1—2 页。

② ［德］马克斯·舍勒：《资本主义的未来》，罗悌伦等译，三联书店 2003 年版，第 3 页。

③ 参见吉登斯《现代性与自我认同》，第一、二章，赵旭东、方文译，生活·读书·新知三联书店 1998 年版。

人都能感觉得到却又难以言说事实，似乎既没有愿望和兴趣，也没有能力生产用以支撑人能够生活下去、愿意生活下去的意义系统。有价值却无意义的世界是现代风险的终极形态。资本的世界逻辑把增殖借着科学和技术、工业和贸易扎根在了世界的各个角落，却又把意义的世界从人类的心灵深处连根拔起，拔根是与扎根同时进行的，然而最终的结果可能是使所有的现代化的扎根失去了全部的意义。可以说，资本的世界逻辑，其意义不在于它本身，而在于人类学后果。

至此，我们从人类所经历过的各种经济类型的比较中，给出了市场经济是迄今为止最具广度和深度的经济组织方式，它与政治、文化、地理等多种因素嵌在一起，构成了复杂的、充满矛盾和冲突的现代世界体系。表面来看，市场经济作为继自然经济之后被人类选择的经济组织方式，从其原始发生之时起就消解着、改造着自然经济的运行方式及其伦理基础；在带给人们各种伦理性的后果的同时，也把代价和风险一同呈现给了人类。还不止于此，它还引起了社会结构、政治结构和精神结构的变迁，其中社会结构的变迁就是由经济转型所引发的直接后果。

第三章　社会转型与伦理变迁的社会哲学原理

社会哲学是关于社会结构转型的原始发生、演变道路及其诸种意义的哲学沉思。一如我们在“社会转型与伦理变迁的经济哲学原理”一章所指出的，经济组织方式的演变具有客观的可能性空间，表现为客体性和主体性要素的相互嵌入和构合作用，其终极根源在于自然的限制和人性的限度，这便是社会转型的事实逻辑问题。社会转型也同样要在自然限制和人性限度所给定的可能性空间中发生和演变。社会转型与伦理变迁的社会哲学原理所要解决的问题是，社会结构的变迁及其演变道路是由何种原因造成的，又是如何发生的，沿着怎样的道路发生的，这是事实逻辑问题；人类完成的每一次社会结构变迁具有怎样的意义，特别是它的伦理—道德意义，应然的意义与实然的意义具有怎样的比例关系，这是价值逻辑。

一　社会转型与伦理变迁之社会哲学原理的一般规定

人们从来不缺少对社会的感知、认知、体验和判断，因为人们始终生活在社会之中，离开了社会的人就如同离开了水的鱼儿，一刻也不能存活。但真正细究起来，究竟什么是社会，为什么人只能生活在社会之中，那么个别人就会无语，一些人就陷入沉思，而另一些人就会试图给出定义。总之，对于什么是社会、什么是好社会，人们要么没有答案，要么各有各的答案。从事理论研究的人要在日常感知、日常意识和日常知识基础上，试图给出本质性的定义，而能够给出充满逻辑性且用抽象概念表述的定义的方式，似乎只有社会学和社会哲学，虽然其他科学也都直接和间接地涉及社会或论述到社会，但并不关注社会的本质，更不会去发掘社会结构变迁的内在机理及其人类学和伦理学意义。而对于社会学特别是社会哲学来说，揭示社会结构的原初性根据、呈现社会结构变迁的内在机理、指明一种好的社会结构，正是社会哲学的任务。

（一）语义学或语言哲学视阈中的“社会”

“社”。甲骨卜辞以“土”为“社”，战国时加“示”成为“社”。“社”本义指土地神，又指祭祀土地神，由此引申指祭祀土地神的日子或地方。周代以二十五家为“社”，故而“社”也引申为一种基层行政单位，后还引申指某种从事共同活动的集体组织，现代也指某些机构。（1）会意。从示从土。土亦声。社土同字。本义：土地神。（2）同本义。社，地主也。（《说文》共工之子 句龙为社神。）《春秋传》社，土也。《论衡·顺鼓》以社以方。《诗·小雅·甫田》。传：“社，后土也。”命民社。《礼记·月令·仲春》。注：“社，后土也。”故社，祭社也。《荀子·礼论》。注：“社，土神。”故祀以为社。（《国语·鲁语上》）注：“社，后土之神也。”不谓之“土”何？封土为社，故变名谓之“社”，利于众土也。（《白虎通·社稷》）（3）又社者，土地之神也。后土为社。（《左传·昭公二十九年》）（4）又如：社伯（城隍神）；社鼠（原指土地庙中的老鼠，后用来比喻仗势作恶的坏人）；社长（即社神，土地）；社主（古谓社稷之神；古谓土地神的神主）；社鬼（即“社公”。古称土地神）；社神（古代称土地神）；社稷神（即“土地神”、“谷神”）；社公（旧称土地神）。（5）土地之神的神主。用命赏于祖，弗用命戮于社。（《书·甘誓》）。（6）祭祀社神之所。旧时茅店社林边，路转溪头忽见。（宋·辛弃疾《西江月》）。（7）又如：社稷坛（旧时帝王祭土神谷神之所）。（8）台湾高山族的基层社会组织［commune］。史书上称“土社”、“番社”，每社自八九户至几百户不等，头目多由群众选举，少数世袭。(9) 集体性组织；团体［society］吾社之行为士先者，为之声义。（明·张溥《五人墓碑记》）。(10) 又如：社友(同社之人)；社家（内行人)；社陌（社会，社团)；社条（社团组织制定的条例)。(11) 社日，祭祀社神的日子，佛狸祠下，一片神鸦社鼓！（宋·辛弃疾《永遇乐·京口北固亭怀古》）。(12) 又如：春社；秋社。(13) 机构。(14) 为他人办理某种业务的机构。如：广告社。(15) 政府的一个部门或行政单位。

从“社”的字源学和语义学考证，乃有二义，其他含义均由此二义引出。其一，土地神。在农业社会，土地是人们进行生产、交往和生活的基础，也是一切生物生存、生长的源泉，构成了包括人类在内的一切有生命存在物的本体性条件和环境。惟其土地具有本体性地位，人们才把土或土地视为神，或由某种最高的神秘力量主宰着土地。“土地神”、“社神”既是对土地之本体地位的承认、确认、敬重和敬拜，也是一种试图与土地亲和一体的努力。当把这种敬拜和亲和变成一种集体行动时，“社”的第二个含义就具备了。其二，日子、地方和集体。日子和地方表示的是祭拜或祭祀土地神、社神的时间和空间，虽然具有变动性和流动性，但基本上是固定的，即祭祀或祭拜土地神的日子和地方。这是“社”的时空结构。这里的关键是“集体”，是一定数量的个体为着一个目的或目标进行的集体行动，其集体行动的逻辑就是共同的祭祀行为，借此行为以表达对土地的亲和之感、敬拜之意，以获得土地供给人类的本体性安全和生活来源。从“社”的两层含义可以进一步推论出“社”的性质，这就是它的“公共性”，它发生在家庭、家族的自然边界之外，无论是祭拜的日子和祭拜的地点，都是在家庭劳作和家庭关系之外确定的；是家庭和家族之外的若干非同一个家庭成员组成的集体行动；目的或目标是共同的，祭祖和祭祀土地神具有极大的不同，不同家庭之间的祭祖无须统一的时间和空间，相反，社神和土地神是统一的，是一而不是多，它不会因为不同的家庭成员而变得因人而异，它是每个祭祀者之共同的对象。以此可以断定，“社”发生于家庭和国家之间，正是这一点，“社”，从最初的土地神和祭祀土地神的含义而发展为现代意义上的单位、组织和结构。

会（拼音：huì，kuài），是汉语通用规范一级字。最早见于甲骨文。本义未明，可能是积聚禾谷的意思，引申为聚合、会合。由此义引申为盟誓、聚会、相遇、符合，还引申出两个名词义：一是器盖儿；二是都会，即人口集散之所。又由相遇义引申为机会和副词义恰、适逢。由符合义引申为领悟、理解、能进行、熟悉或擅长，还引申为应当。读音“kuài”，主要用于由聚合义引申出的计算、总计义。作为会（kuài）的会（huì）一定是从会的本义引申出的“副词”。

将作为单体字的“社”和“会”合二为一变成一个合体字“社会”，是从哪个朝代开始的，或者说作为合体字的“社会”最早出现在哪部典籍中，似乎已无从查找，据说出现在唐代。汉语中的“社会”一词是中西交流融合的结果，英语中的“society”和法语中的“societe”均源出于拉丁语“socius”，意为“伙伴”。日本学者在明治年间将英文“society”一词译为汉字“社会”。近代中国学者在翻译日本社会学著作时，袭用此词。社会犹“会社”，在汉语中本意指人与人之间互相联系而结成的组织，如结社、集会等，如商务印书馆1936年出版的《汉语词典》对社会一词的解释是：1. 各个人之集合体，其组合之分子具有一定关系者；通常亦泛指人群言。2. 旧日里社逢节日之集会行赛。

现代通常意义上的“社会”一词来自日本，对于西文“society”一词，近代学者严复曾译为“群”，日人则译为“社会”，值洋务运动，时兴师夷，大量学者通过转译日文翻译著作来学习西方，而双音节词又比单音节词更为适合当时的汉语口语，故而并不太严谨的“社会”一词反而击败了更为准确的“群”，牢牢地扎根于汉语中，流传至今。在现代社会，以“社会”取代“群”也确有其语言哲学或语义学之根据，因为“社会”作为“社”与“会”的合体字，有着为“群”所不具有的动词含义和名词词义。

事实上，考证出“社会”一词的最早和最准确的出处，对于对“社会”的词源学和语义学研究可能具有知识论意义，但对于社会结构变迁的社会哲学研究而言，并无实质性意义。对我们重要的是，介乎家庭和国家之间的社会是如何产生的，其构成方式和演进逻辑是怎样的，又是因何种因素而导致社会结构发生历史性变迁，我们试图基于“社会”的本义、中介转义而开出新义来。

“社会”的词源学和语义学考察给予我们的知识论启发在于，无论是作为本土概念和语言，还是作为翻译词汇，似乎都晚于被概念所指称的对象，进一步地说，社会作为一个事实，或许从人类诞生之日起既已存在。“社会”、“socius”、“society”，从能指和所指两个角度看，都是记叙性和描述性的，不具备典型的分析和规范功能。而人类社会发展到今天，作为实体性和精神性存在的“社会”已经远远超出了作为原初概念的“社会”所拥有的记叙性和描述性功能，而是更多地具有了分析和规范的功能。在此，我们试图把“社会”概念的记述和描述、分析和规范有机地统一起来，在语言哲学的视阈下，对“社会”进行界定和规定，借以呈现出它的本质规定和外部特征。

1. 作为事实概念的“社会”。任何以“科学”名义出现的理论都以确定的、特定的事实为研究对象，不仅如此，人的任何认知也以事实为对象。那么“社会”是何种意义上的事实呢？

首先，“社会”是一“物理事实”。所谓物理事实是指，以实体形态存在的诸种现象，它们都在可识见、可触摸的意义上具有共性。在浩瀚的宇宙中，地球只是无数星体中的一个，且是适合有生命存在者生存的星体；而人类只是地球中诸种生物中最特殊的一种，是灵长类动物中的精英者；人类发展史与地球实存史相比，只是地球史中的一个特定段落。这就意味着，人类的认知和行动所及的边界就是人类社会的边界，而这个边界可能已经遍布于地球的所有角落，但仍有没有打上人类活动印记的物理事实。在这个意义上，作为物理事实的社会乃是指，被人类的认知和行动改造过、打上人类印记的实体性存在。严格说来，这里的印记有形式的和实质的两类，已经进入人类的认知视野但尚未经过人类改造的实体，如海洋、原始森林、稀有动物、未知矿藏，属于形式意义上的实体，可称为自在自然；被人类认知和行动改造过的实体，可称为人化自然；或是未经人类改造或是经过人类改造，但却尚未知晓其结构和演化路径的实体，如各种病毒。总之，作为物理事实的社会乃是指，或直接进入或经人类改造而进入人类生活空间的诸种实体以及由此形成的具有关联性的物质实存系统。在这些物质系统中，有些实体可以直接成为人的生活环境和生活条件，如植物、动物、阳光、水、空气、大地，等等。但如果人类只是依赖这些自然预先给定的环境和条件而生活，那么人类就一定停留在类人猿以及前类人猿的生存水平上。而人类毕竟是发展出了超出类人猿而为人类特有的能力即劳动和意识，劳动推动了人类意识的发生和发展，而日益发展起来的意识又反身嵌入劳动中，使原始劳动发生了结构性变迁和技术水平的飞跃，现代社会意义上的劳动已经越来越隐去了原始劳动中的自然性和身体性，加诸了更多的社会性和精神性。于是，作为物理事实的社会就愈来愈具有人类性，即社会性，如“社会”概念的字源学与语义学所给出的初始含义，祭祀、敬拜、集体、行动。其次，“社会”是一集体性事实。如果说，作为物理事实的“社会”具有制造或创造的性质，那么作为社会性或集体性的“社会”则是被构造的。由自在自然成为人化自然的过程，本质上是人类选择和制造的结果，自然界虽然提供了人类用以创造生活资料所需要的全部质料，也提供了一些天然的“食物”和生活环境与条件，但并未提供全部生活资料。用以创造生活资料的质料并不能成为生活资料，必须经过人的改造过程。而这种改造过程本质上不是单个人的劳动而是集体劳动。在劳动发展史上，集体性和共同性始终是劳动的本质规定。创造共同的生活资料、创制共同的秩序构成了集体行动的价值逻辑。于是，作为社会性集体性的社会，就不再是物理事实的简单堆积和任意摆放，而是根据个人意志和公共意志加以制造和分配的实体性世界。表面看来，社会是物质系统的制造和有序分布，实质上是自然（物质）关系、人际关系和精神关系的构造过程，可用“生产”概念加以分析和论证。从劳动、生产、关系、系统、情感、意志考察，社会就是一定自然范围内的物质系统。然而，这个物质系统却不是物的任意堆积，而是一定关系状态下的有序“摆放”。

其次，“社会”是一“关系事实”。马克思说，关系概念只对人有效。即是说，动物不对周围的事物发生关系，对于人而言，人与周围的事物只有作为关系存在，周围的事物才能进入人的视界和实践系统。只有当物以人的方式同人发生关系时，人才以人的方式同物发生关系。“只有当物按人的方式同人发生关系时，我才能在实践上按人的方式同物发生关系。”① 所谓关系是指，物与物之间、人与物之间、人与人之间相互作用、相互影响的过程以及由此产生的后续效应。依照普遍联系的观点，没有任何事物是可以孤立存在的，无论是主动的还是被动的、有意的还是无意的。对无生命物质而言，以任何方式同周围的他物相互关联都是没有意义的，因为它不需要任何他物。而生命物则不然，它们都是需要着的存在物，它必须依赖他物，否则便不能实存。有生命存在物是需要环境和条件的，而这些环境和条件绝大多数都不是自己创造出来的。人以外的有生命的存在物是既成的、等待性的，它们只能消费或享用自然界赐予它们的食物和生存环境，而不能创造它们所需要的条件和环境。而对人而言，几乎所有的关系都是人主动构造的，他既可以选择和改造已有的关系，又可以构造新的关系。“凡是有某种关系存在的地方，这种关系都是为我而存在的；动物不对什么东西发生‘关系’，而且根本没有关系；对于动物来说，它对他物的关系不是作为关系而存在的。”② 人则不同，虽然他也像其他生命存在物那样，可以直接享用自然赐予的阳光、水、空气、植物、动物，但仅有这些是绝对不够的，他必须生产或创造更多的自然不曾直接提供的价值物。人是通过创造属人世界而创造人本身的，于是，除了人自身（人口）的生产之外，物质生活资料和精神生活资料的生产就成了人的根本事项。

---

① 《马克思恩格斯全集》第42卷，人民出版社1979年版，第124页注①。

② 《马克思恩格斯文集》第1卷，人民出版社2009年版，第533页。

在亚里士多德的三种理性中，只有创制理性即技艺是生产性的，理论理性（沉思）作为把握不变事物且追问和追寻事物之原因的能力和品质，虽然也极具创造性，却不是实质性的，即人们不是通过沉思和而生产生活资料的，它只是使世界发生观念性的改变。因人的行动而成的事情，即原因在人这里的事情，乃是分有逻各斯的行动，但只有基于创制理性之上的技艺才是生产性的，而在实践理性指导下的交往和生活则是非生产性的，即它所改变的是财富、机会、地位、荣誉、运气的所有关系，而不是它们的有无与多少。然而，无论是基于理论理性、创制理性，还是基于实践理性，无论是沉思、技艺还是实践，人们在这些活动中都会结成一定的关系，或分工或写作，或一致或冲突，或嵌入或影响。在确定性的意义上，我们就把这种相互嵌入、相互影响的过程及其后续效应称之为社会，拥有这些关系也就拥有了“社会资本”。人们无时无刻不在生产着关系，也在不断地解构已有的关系，因为这些过程和效应要么不适合一个人、一个人群，或不适合一个民族和国家；而改变的了关系未必都是有利于个体的发展和社会的进步。关系一经生成就会变成有形和无形的力量，反身嵌入人的思考与行动中。

马克思从四个方面深刻分析和论证了社会作为对象性的、生成性的关系而存在的实质。“我们首先应当确定一切人类生存的第一个前提，也就是一切历史的第一个前提，这个前提是：人们为了能够‘创造’历史，必须能够生活。但是为了生活，首先就需要吃喝住穿以及其他一些东西。因此第一个历史活动就是生产满足这些需要的资料，即生产物质生活本身，而且，这是人们几千年前直到今天单是为了维持生活就必须每日每时从事的历史活动，是一切历史的基本条件。”①借助劳动人类生产了物与物的关系，通过解构与合成，使原有的质料变成了可以满足吃喝住行以及其他需要的资料；劳动还生产了人与物的关系，通过改变原有的物与人不相适应的关系而成为具有一致性或

---

① 《马克思恩格斯文集》第1卷，人民出版社2009年版，第531页。

同质性的对象化和对象性关系；劳动还生产了人本身，通过创造一个于人有价值的属人世界而创造人本身。所以，“第二个事实是，已经得到满足的第一个需要本身、满足需要的活动和已经获得的为满足需要而用的工具又引起新的需要，而这种新的需要产生是第一个历史活动。”[①] 亦即把自然性需要发展成社会性的、精神性的需要。马克思继续说道，紧跟人与自然、人与自身的自然关系而来的第三种关系便随即产生出来：“一开始就进入历史发展过程的第三种关系是：每日都在重新生产自己生命的人们开始生产另外一些人，即繁殖。这就是夫妻之间的关系，父母和子女之间的关系，也就是家庭。这种家庭起初是唯一的社会关系，后来，当需要的增长产生了新的社会关系而人口的增多又产生了新的需要的时候，这种家庭变成为从属关系了。”[②] 关于家庭关系与社会关系的关系问题，马克思在这里提出了一个对于建构社会转型之社会哲学原理具有重要方法论意义的观点：“这时就应该根据现有的经验材料来考察和阐明家庭，而不应该像通常在德国所做的那样，根据‘家庭的概念’来考察和阐明家庭。”[③] 家庭是广义的社会概念的初端形式，是以血缘和自然感情为基础构建起来的社会，在它内部实行着利他主义的分配原则，它不推行各尽所能、按劳分配的原则，而是按需分配；它把家庭成员之间的差别保持在极高的伦理位置上，它非但没有把差别发展成矛盾乃至冲突，反而成为形成代内伦理和代际伦理的坚实基础。毫无疑问，作为社会之特殊形态的家庭，显然不是我们要真正讨论的对象，因为严格说来，它还不是真正的社会，但却是我们讨论社会问题所不可缺少的时间逻辑起点。

其三，社会是一精神事实。社会作为主体间性的相互构造、相互嵌入和相互维系的过程及其后续效应，固然以物质的形式表现着，但却以精神的方式表达着，甚至可以说，任何一种物质关系都是在精神的支配下进行的，因此不深入分析和论证社会的精神事实形态便无法

① 《马克思恩格斯文集》第 1 卷，人民出版社 2009 年版，第 531—532 页。
② 《马克思恩格斯文集》第 1 卷，人民出版社 2009 年版，第 532 页。
③ 《马克思恩格斯文集》第 1 卷，人民出版社 2009 年版，第 532 页。

揭示社会的本质。黑格尔把精神扩展到整个宇宙中，包括人在内的整个世界都是在一种精神的支配下运转的，且整个精神必须经历主观精神、客观精神和绝对精神的演进过程，这是它的宿命。把社会视作一个精神事实，乃是指，社会的构造者、参与者都是有需要、欲求、意图、目的、动机、情感和思维的存在者，无论是主动地去构造社会，还是被动地拖入社会，他们要么经济无意识和潜意识“不假思索”地进入到了社会；要么是通过实践意识而选择性地进入社会；要么是通过理论理性、创制理性和实践理性去构造社会。总之，社会成员是充满精神的行动者。另一个含义是，基于血缘、地缘之自然情感和社会情感，或基于共同的社会心理和共同的宗教信仰而形成的民族精神和国家精神，这些精神为每个社会成员所认同、体认和享用。离开了这些共同的精神体系，社会成员就失去了本体性安全。

社会，作为一个有机的整体，有相对固定的生存空间和这个空间内的“附着物”，它们构成了社会的物理事实；社会又是互动的、构成的，是具有一定精神结构的个体相互嵌入和互助的过程，且以后续效应的形式将这种嵌入过程持存下去，这就是关系事实；无论是物理事实还是社会事实，它们都是在主体形态和客体形态的精神支配下进行的。至此可以说，社会是自然、社会和精神三种要素相互构合而成的有机整体。对社会的这一规定显然是极其初步的，更为复杂的情形尚需通过其他概念加以揭示。

2. 社会是介于家庭和国家之间的广阔领域。从字源学或语义学角度可以看出，社会是在家庭关系以外的，或许有家庭成员参与其中但更多地是由非血缘关系的人参加的活动。在人类更早的时候，如在雅典城邦中，举办大型的祭祀活动、宗教活动，都是在家庭关系以外，在公共性的广场、坡地举办的，其目的显然不是为了强化家庭关系，也不是为了构建社会成员与城邦之间的关系，而是为了祭拜共同的神或抽象的对象。它有或明或暗的集体行动规则，明显的就是被遵循的仪式，或由长者、长老主持的仪式，或由统一的礼仪统领下的集体行动；暗含的则是仪式感以及仪式感背后的对神的敬畏、崇敬之情。毫无疑问，这种以宗教或祭祀形式出现的集体活动不是为着生产什么、创造什么，从财富的有无看，它们显然是非以生产性的，但对从事或参与集体行动的每一个成员而言却是极为重要的精神活动，个体在祭祀或祭拜中获得了认同感、归属感，获得了精神上的安慰，获得了精神上的本体性安全。这种集体获得的伦理基础来自于被表达出来的各种宗教仪轨、仪式、禁忌、程序、程式，这是规范伦理；还有内心对于神的敬畏、敬拜、虔诚，这是德性伦理；还有在固定的时间和地点举行的各种集体行动，这是实践伦理。于是，在这种集体性的活动背后蕴含着的是每个体的相对完整的道德人格。惟其如此，这种集体行动既不同于家庭成员之间的日常活动和日常关系，因为后者多半都是世俗化的、物质化、具身性的，既要有情感性的表达，还有身体性的在场；而后者不但要有身体上的在场，还要有精神上和情感上的在心，要有正其心、诚其意。同时，这种集体行动由不同于城邦中的关系，即权利和义务的对等关系。在城邦中，每个人的地位、责任、德性是被城邦规定了的，而在集体行动中，每个成员的地位、责任是被共同规定了的，祭祀、宗教活动中的长者、掌管者并无特殊的政治身份，在共同的祭祀和敬拜对象面前，每个人是平等的，其间绝无权力和财富上的竞争甚至冲突。

显然，这里所说的社会，乃是特殊一类的集体行动，它虽然满足了任何一种社会行动和社会形式所具有的空间上的确定性和行动性质上的非生产性这些要求，但它却不是娱乐性的、政治性的。事实上这样一类社会行为并不是我们要在“社会转型与伦理变迁的社会哲学原理”中所要集中研究的对象。不可否认，在前现代社会状态的社会结构中，具有宗教和祭祀性质的集体活动对于人的整个生活而言是极其重要的，尽管它也有向家庭和国家活动领域延展自己的功能，但决不构成这种集体行动的核心意图，换言之，无论是宗教和祭祀活动的成员还是主持者，都没有强烈的意愿和意图将这种集体行动延展到家庭中、扩展到城邦行动中，相反，倒是有着防范家庭行为和城邦行动“入侵”集体行动的心理。随着现代化运动的肇始，更随着金钱欲、权力欲和生殖欲的无限度地“开发”，也随着科学技术的“无孔不入”，这些宗教和祭祀性的集体行动，要么被压缩了，要么被商业行动替代了。代之而起的则是另外两种社会行为：消费—娱乐运动；公共理性—公共意志运动。

在研究狭义的、介于家庭和国家之间的社会现象时，必须始终坚持的思维范式是：内容与形式的有机统一、权利与责任的对等一致、发展与进步的相互关联。内容构成目的，形式构成手段。权利向行动者而言，责任向他者而言。发展与进步乃是衡量任何一种社会形式的创制和持存是判断是否推动社会进步和人的发展历史根据。依照这样三个根据，我们就把狭义的社会分成了两大类、四个类型：根据生产性与非以生产性根据划分，可有非生产性的宗教—祭祀活动、消费—娱乐活动；包括“市民社会”在内的生产性活动。

在非生产性的宗教—祭祀活动和消费—娱乐活动之间，似乎存在着此消彼长的态势，虽然其间并不存在非此即彼的运行机理，但始自现代化运动之后的随着消费—娱乐活动的快速崛起，宗教—祭祀活动逐渐式微却是一个不容忽视和否认的事实。人类历史是由不同时代的人们在各自自然环境、社会环境和文化环境下创造各自历史的过程，虽然自从有文字记载以来的人类史是连续的，但却是具有鲜明的时代性的历史。人类社会发展史不仅仅是时间记录史，更是物质活动和精神活动的记述史。当人类处于消费—娱乐活动相对弱化的状态时，却有丰富的精神活动予以补充；当人类徜徉于甚至陶醉于不知疲倦的消费—娱乐运动时，却以失去丰富的精神活动为代价。或许人类从事物质活动和精神活动的能力体系是平衡的，用于他种行动的能力为多，留给此种活动的能力就少。

当人类在家庭和国家之间开显出了一个包括“市民社会”在内的广阔空间时，狭义的社会就有了一个全新的形态、结构和功能，它以完全不同于前现代社会的宗教—祭祀活动和较弱的消费—娱乐活动的方式改造着家庭、影响着城邦，这就是市场的建构、商人的崛起、资本家的涌现，以及由这些元素共同作用而形成的现代社会：实体意义上的商品社会的形成，以及家庭观念和权力概念的公共理念。它们不是前现代社会的人们所遭遇到的事情，而是现当代的人们所遭遇到的难题与困境。它可能使前现代社会的伦理精神变得若隐若现甚至隐匿消失，一如麦金太尔所要努力的那样，去追寻美德，但现代社会却也开启了一个走向整体性、世界性、普遍性社会的新纪元。这正是“社会转型与伦理变迁的社会哲学原理”所要集中讨论的问题。

（二）社会转型与伦理变迁之社会哲学原理的一般规定

显然，这里的“社会转型”是指介于家庭和国家之间的狭义的广阔社会空间的结构性变迁，这绝不是指一个物理空间上的转变，亦即在总的物理空间内，社会活动空间的扩大是以家庭活动空间和国家活动空间的缩小为前提的。真实的情形应该是，社会活动空间的扩展是指家庭和国家以外的力量在增长，且以不同于家庭和国家力量元素迅速向二者扩大它的影响，它表现为社会活动领域的分化和社会核心活动领域从合一到分离的过程。如若将社会的核心活动领域划分为经济、政治和文化三大领域①，那么在类型学上可有三种：Ⅰ. 以政治为轴心，统合经济和文化，它的运行轴心是权力、地位、身份，经济活动和文化都要在政治的统合之下运行；其后果是，社会处在高度“自治”状态，它依靠强大的国家体系将一切破坏国家机器、威胁社会稳定的异质因素排除在外，从而使社会处在超稳定结构中；它抑制了人们的个性、积极性和创造性，同时也抑制了经济活动自身的创新和求变，从而使整个社会处在相对贫乏的状态和低欲求的状态。Ⅱ. 以经济为轴心，支配政治和文化，以机器、资本和技术为轴心；实用主义、技术理性、功利主义是它的核心价值观，它将利益最大化原则和商业气息贯彻到了社会生活的各个方面；虽然带来了财富的快速激

① 将社会活动的核心领域划分为经济、政治和文化，其理由在于，第一，它们分别为社会提供着最基本的价值系统，经济为社会提供物质生活资料和精神生活资料；政治为社会提供秩序保证；文化为人们的生活提供意义支持。第二，它们坚持相对有别的价值原则，经济活动坚持效率与公平原则；政治坚持正义与平等原则；文化自由与幸福原则。一个相对为好的社会结构就是每个核心活动领域里的价值原则都得到了较好的贯彻。

烈，但也使自身的自然和身外的自然处在前所未有的改造之中；由于过度开发和消费，有可能造成人与自然的生态危机、人与人之间的社会危机、人与自身的心灵危机。Ⅲ. 以文化为轴心统合经济和文化，它以德性、知识和人才为中心来进行政策设计、制度安排，进行国家治理和社会管理。事实上这三种类型，作为一种“理想类型”主要用于分析社会历史事实，因为没有任何一种已经出现和正在出现的社会结构及其运行模型符合三种情形之一；但大体说来，Ⅰ属于前现代社会，Ⅱ属于现代社会，Ⅲ则属于后现代社会。

我们在这里所要规定的社会转型，正是第二种情形，亦即Ⅱ，其所描述的是经济和文化从先前的政治的强力统合之下分离出来，相对独立地发挥各自的功能，我们把这种情形称为从领域合一到领域分离的过程。这种分离只具有相对的意义，因为迄今为止似乎尚未出现在经济、政治和文化之间保持完全平衡的状态，要么表现为资本的力量强于政治和文化，要么表现为政治强于资本的力量。每个民族和国家选取何种样式的组合方式，并非仅由主观力量所能决定了的。对我们有重要意义的是，当经济和文化从先前的强力政治的统合下分离出来、相对对立地发挥功能之后，会产生何种后果；如何正确认识、判断和分析这种后果，指明一种相对为好的社会转型应该是怎样的。

介于家庭和国家之间的更加广泛的活动空间的开显正是这种社会转型的一个直接后果。在可感知的范围内，这个被逐渐开辟出来的狭义社会空间以实体和观念两种形态呈现出来。实体的形态表现为生产性的经济活动领域和非生产性的消费—娱乐领域；观念的形态表现为公共性的社会舆论的生产和传播。

市场经济作为近代社会转型的一个直接后果是，它开辟出了一个不同于家庭和国家的“市民社会”领域。必须指出的是，“市民社会”并不是一个具有强烈的阶级矛盾和阶级冲突色彩的概念，对此，黑格尔在《法哲学原理》中给予明确规定和论证。“市民”这个概念的最初含义是指资产者，是拥有资本且可以运用资本获取最大化利益的阶层或人群，逐渐地由这些人群构造出了一个由生产、分配、交换和消费四个环节构成的现代生产逻辑；它把与生产和消费有关的人群分成两大类：供给者和消费者。而要促使现代生产逻辑能够有效地运行起来，就必须预先创造出并充分运用如下三个前提条件：第一，社会分工。没有高度、细致的社会分工，便不可能有专业化，而没有专业化就不可能提高劳动效率。“劳动生产力上最大的增进，以及运用劳动时所表现的更大熟练、技巧和判断力，似乎都是分工的结果……有了分工，同数劳动者就能完成比过去多得多的工作量，其原因有三：第一，劳动者的技巧因专业而日进；第二，由一种工作转到另一种工作，通常损失不少时间，有了分工，就可以免除这种损失；第三，许多简化劳动和缩减劳动的机械的发明，使一个人能够做许多人的工作。”[①] 关于社会分工的巨大作用，马克思指出：“每个民族之间的相互关系取决于每一个民族的生产力、分工和内部交往的发展程度。这个原理是公认的。然而不仅一个民族与其他民族的关系，而且这个民族本身的整个内部结构也取决于自己的生产以及自己内部和外部的交往的发展程度。一个民族的生产力发展的水平，最明显地表现在该民族分工的发展程度。任何新的生产力，只要它不是迄今已知的生产力单纯的量的扩大，都会引起分工的进一步发展。”分工愈是发达就愈是引起整个社会的分化，而日益分化的社会更加剧了分工的进一步发展。“一个民族内部的分工，首先引起工商业劳动和农业劳动的分工，从而也引起城乡的分离和城乡利益的对立。分工的进一步发展导致商业劳动与工业劳动的分离。同时由于这些不同部门内部的分工，共同从事某种劳动的个人之间又形成不同的分工。这种分工的相互关系取决于农业劳动、工业劳动和商业劳动的经营方式（父权制、奴隶制、等级、阶级）。在交往比较发达的条件下，同样的情况也会在各个民族间的相互关系中出现。分工的不同发展阶段，同时也就是所有制的各种不同形式。这就是说，分工的每一个阶段还决定个人劳

---

① ［英］亚当·斯密：《国富论》，郭大力、王亚南译，商务印书馆2015年版，第3—6页。

动资料、劳动工具和劳动产品方面的相互关系。”① 不但在同一工种内部实现分工，即便是在整个社会成员的分层中，社会活动领域和社会功能的分化也日益深入。没有这些日益发展的劳动分工和社会分化，就不可能有市民社会的产生。

第二，利己动机。利己动机并非是一个人性假设问题，而是一个自然事实。由人的非自足性和非完满性状态所决定，由人的能力的有限性和欲求的无限性的矛盾所支配，人的向我性、利我性和为我性是无须后天培养即可存在的自然倾向。人并不具有先天的损人利己行为，却天然具有朝向损人利己的“潜质”。任何一种国家治理和社会管理都是直接相关于人的利己与利他的复杂设置。市场经济的发现、市民社会的建构本质上就激发人的利己动机、充分发挥人的潜能的社会设置；同样，市场经济和市民社会又是合理限制人的利己动机的规范体系。人类能够找到释放人的潜能的社会安排，也同样可以创制规约人的欲求的规训和惩戒机制。因为，毫无限制的物欲横流、随心所欲、任性妄为，势必是自取灭亡。没有利己动机，没有行动与欲求直接关联，人的生产、分配、交换和消费也就失去了根本的动力。

第三，市场自治。市场拥有一种自我纠正、矫正和修复能力，这种能力并非来自利他动机，并非是市场进出者有高尚的品德，将利益让渡给他人，恰恰相反，人人都想着自己的利益，都追求利益最大化，然而，如若每个人都损人利己，那么最终的结果便是人人都不能实现利己的动机。这就是亚当·斯密那只“看不见的手”的理论。“一只看不见的手引导他们对生活必需品做出几乎同土地在平均分配给全体居民的情况下所能做出的一样的分配，从而不知不觉地增进了社会利益，并为不断增多的人口提供生活资料。当神把土地分配给少数地主时，他既没有忘记也没有遗弃那些在这种分配中似乎被忽略了的人。后者也在享用着他们在全部土地产品中所占有的份额。”② 亚

① 《马克思恩格斯文集》第1卷，人民出版社2009年版，第520—521页。

② ［英］亚当·斯密：《道德情操论》，蒋自强等译，商务印书馆1997年版，第230页。

当·斯密在《国富论》中再一次论述了“看不见的手”的理论。“他通常既不打算促进公共的利益，也不知道自己是在什么程度上促进那种利益。由于宁愿投资支持国内产业而不支持国外产业，他只是盘算他自己的安全；由于他管理产业的方式目的在于使其生产物价值能达到最大程度，他所盘算的也只是他自己的利益。在这场合，像在其他许多场合一样，他受着一只看不见的手的指导，去尽力达到一个并非他本意想要达到的目的。也并不因为事非出于本意，就对社会有害。他追求自己的利益，往往使他能比在真正出于本意的情况下更有效地促进社会的利益。”① 在我看来，“看不见的手”的理论只是将了市场经济活动中的正外部性问题，即经营者并无直接的爱好去增进社会公共利益，然而却在利己的动机之下，实现了这个并非出于他本意的目的。然而，真正把社会分工、利己动机和市场自治整合起来变成一个有机的经济活动时，维系这个经济活动基础的并非那只简单的“看不见的手”，而是那些可以反复运用的游戏规则。这才是我们构建“社会转型与伦理变迁之社会哲学原理”的事实根据和价值依据。

对生产性的市场经济或市民社会之伦理性质的确定和确证，为它进行伦理基础奠基，构成了“社会哲学原理”的第一项任务。从规范伦理学来说，维系生产、分配、交换和消费的秩序基础是等价交换原则和成本收益法则。所谓等价交换原则表现为利己互利行为，即：只有预先满足他人的需要才能最后满足自己的需要，这才是市场的法则。“毫不相干的个人之间的互相的和全面的依赖，构成他们的社会联系。”② 在市场经济中，一切使用价值只有转换成交换价值，然后再转换成使用价值，经营者的利己动机才能实现。对此，马克思深刻地指出：“一切产品和活动转化为交换价值，既要以生产中人的（历史的）一切固定的依赖关系的解体为前提，又要以生产者互相间的全面的依赖为前提。每个个人的生产，依赖于其他一切人的生产；同

① ［英］亚当·斯密：《国富论》，郭大力、王亚南译，商务印书馆2015年版，第428页。

② 《马克思恩格斯文集》第8卷，人民出版社2009年版，第51页。

样，他的产品转化为他本人的生活资料，也要依赖于其他一切人的消费。这种互相依赖，表现在不断交换的必要性上和作为全面中介的交换价值上。经济学家是这样来表述这一点的：每个人追求自己的私人利益，而且仅仅是私人利益；这样，也就不知不觉地为一切人的私人利益服务，为普遍利益服务。关键并不在于，当每个人追求自己私人利益的时候，也就达到私人利益的总体即普遍利益。从这种抽象的说法反而可以得出结论：每个人都妨碍别人利益的实现，这种一切人反对一切人的战争所造成的结果，不是普遍的肯定，而是普遍的否定。关键倒是在于：私人利益本身已经是社会所决定的利益，而且只有在社会所设定的条件下并使用社会所提供的手段，才能达到；也就是说，私人利益是与这些条件和手段的再生产相联系的。这是诗人利益；但它的内容以及实现的形式和手段则是由不以任何为转移的社会条件所决定的。”① 正是这种社会依存性情形、交互主体性和利益相互性才决定了市场的那只“看不见的手”的产生及其运用。如果没有这种质料性的利益相关性，亚当·斯密的那个主观为自己客观为别人的“原理”就不可能形成。

然而，如果每一个具有利己动机的经营者总是抱着侥幸的、损人利己的目的而说谎、欺诈，那么，即便拥有严厉的规训和惩戒，也不能完全阻止违背等价交换原则和违约赔偿法则的行为。外在的约束力必须通过内在的善良意志和实践理性而起作用，他律是有条件的，自律是无条件的；如康德所说，即使对责任没有直接爱好，却依旧依照行动法则而行事，虽然没有直接的道德价值，但同样是值得肯定的。“卖主不向无经验的买主索取过高的价钱，这是合乎责任的。在交易场上，明智的商人不索取过高的价钱，而是对每个人都保持价格的一致，所以一个小孩子也和别人一样，从他那里买东西。买卖确乎是诚实的，这却远远不能使人相信，商人这样做是出于责任和诚实原则。他之所以这样做，因为这有利于他。此外，人们也不会有一种直接爱

① 《马克思恩格斯文集》第 8 卷，人民出版社 2009 年版，第 50—51 页。

好，对买主一视同仁，而不让任何人在价钱上占便宜。所以，这种行为既不是出于责任，也不是出于直接爱好，而是单纯自利的意图。”① 可以看出，康德对这种遵法则而行动的合于责任的行动的道德价值是给予否定的，但如若保证每一个商人都能够不计功利后果地出于责任而行动，那么，市场经济的互惠互利法则就不能实现，财富的增长、交易的扩大、公共利益的增加，都会受到影响。

无论是出于利己动机，还是通过利他途径，商品生产和交换必须遵循自由平等原则，即便是在资本主义生产方式之下，也同样如此。马克思不无批判式地说道：“劳动力的买和卖是在流通领域或商品交换领域的界限以内进行的，这个领域确实是天赋人权的真正伊甸园。那里占统治地位的只是自由、平等、所有权和边沁。自由！因为商品例如劳动力的买者和卖者，只取决于自己的自由意志。他们是作为自由的、在法律上平等的人缔结契约的。契约是他们的意志借以得到共同的法律表现的最后结果。平等！因为他们彼此只是作为商品占有者发生关系，用等价物交换等价物。所有权！因为每个人都只支配自己的东西。边沁！因为双方都只顾自己。使他们连在一起并发生关系的唯一力量，是他们的利己心，是他们的特殊利益，是他们的私人利益。正因为人人只顾自己，谁也不管谁，所以大家都是在事物的前定和谐下，或者说，在全能的神的保佑下，完成互惠互利、共同有益、全体有利的事业。”② 显然，马克思是用批判的立场承认资本主义生产方式之下的自由、平等、所有权和利己心的，事实证明，在社会主义市场经济条件下，这同样是市场规则，根本的区别在于资本主义私有制是以雇佣工人失去生产和生活资料的为前提的，而社会主义公有制是以人民为主体而遵循市场法则。

至此，完全可以有理由说，作为实体性的狭义社会的市场经济或“市民社会”，从其发生之时起，就蕴含着双重价值取向，一方面，

① ［德］康德：《道德形而上学原理》，苗力田译，上海人民出版社 1986 年版，第 46—47 页。

② 马克思：《资本论（纪念版）》第 1 卷，人民出版社 2018 年版，第 204—205 页。

它把人的欲求、利己心前所未有地激发起来了，从而极有可能将人的行为导向个人利己主义、集团利己主义和国家利己主义的方向；但同时人类也一同发展起了约束人的欲望和利己心、利己行为的理性能力，从而开辟了既追求快乐和幸福又使社会有序存续的规范体系。

基于这种分析和论证，我们将充分推动一种积极自由、防止一种消极自由。所谓积极自由是指，将市场经济或市民社会中的契约精神、理性精神、效率观念和进取精神拓展到国家治理和社会管理中；将自由、平等、民主、正义原则贯彻到权力的分割与运行中。它们类似于亚里士多德的理智德性和道德德性，也相当于进取型道德和协调性道德。它们是现代观念体系中求真向善趋美的精神力量。这也正是我们构建“社会转型与伦理变迁之社会哲学原理”所力求开显的精神资源。所谓消极自由就是不作为的义务，应该把经济活动中的利己动机、计算原则、等价交换意识严格限制在商品生产和交换领域，防止将这些原则迁移到以血缘和自然情感为基础、以利他主义为道德原则的家庭中，利己主义在家庭伦理关系中是没有余地的。相反，让渡、呵护、牺牲才是家庭伦理的基本面向。

在介于家庭和国家之间的广阔活动空间中，除了实体性的、生产性的市场经济或市民社会之外，还有一种活动方式就是基于消费—娱乐目的的日常交往。当每一个具有消费欲求和娱乐目的的个体，出于意愿或共同使用或分别使用公共资源时，就产生了陌生人之间的交往；表面看来，他们是有各自目的的消费者，但却是具有同样权利和义务的公民。没有任何个体或集体可以毫无理由地将其他公民视作手段，仅仅视作手段，而将自己视作目的。康德的实践法则理论在这种公共生活和公共交往中具有普遍有效性，它是交往者可以相互提出的有效性要求。市场的发现、交换的扩大、交易的便捷，使得出于消费—娱乐目的的公共交往越来越持久而普遍，如何养成一个可以反复运用的公民伦理就成为能否建构一个有序的、充满平等、尊重和关爱的公共交往的德性根据和规范基础。从德性论的角度看，这些可以相互提出的有效性要求，表现在人的观念、情感、意志和行动上，就是平等、尊重和礼让（关爱）；从规范论的角度看，就是康德给出的“有关善与恶概念的自由范畴表”。

1.
量
主观的、按照准则的（个人的意志意见）
客观的、按照原则的（规范）
先天地既是客观的又是主观的自由原则（法则）

2.
质
践行的实践规则（指令性的）
舍弃的实践规则（禁止性的）
例外的实践规则（除外性的）

3.
关系
与人格的关系
与个人状态的关系
个人与其他个人的状态的交互关系

4.
模态
允许的事情和不允许的事情
义务和违背义务的事情
完全的义务和不完全的义务①

康德的这个“善恶概念的自由范畴表”用量、质、关系和模态四个维度呈现了道德规范与道德责任（义务）的对称关系，我们将其如实地抄录与此，意图在于，第一，在规范论的意义上，至少在道德哲学和伦理学意义上，似乎没有任何人能够像康德这样，通过外部形式结构把道德规范与道德责任的对称关系如此清晰地表述出来；第二，在这个极为简约的外部形式结构中，蕴含着我们进一步讨论道德规范的可能性。

如像所康德认为的，人有意志和理性按照对事物的规律的表象即按照原则而行动这一点是成立的，那么行动者所遵循的准则从量上规定就有三种：第一种，他所遵循的准则仅对他自己有效，可称之为主

① ［德］康德：《康德著作全集》第5卷，李秋零译，中国人民大学出版社2007年版，第71页。

观的、个人的意志和意见。显然这是一种实用的、技术的、自爱的、幸福的、功利的原则；如若遵循这一准则而行动并没有利益相关者存在，那么它就有自在的合理性，它就不可能是道德的准则（当然，如果将责任扩展到自我关系之中，令自己快乐和令自己生活得以提升，乃是对自己的不完全责任，令自己的生命处在健康或恢复到健康状态是完全责任，对自己有效的准则也称之为道德准则）；如果他的行动有利益相关者存在，但他的行动或者有利于或者非利于他者的人格或状态，那么他的行动就是合于责任的行为，无论他对这种合于责任有直接爱好还是没有直接爱好，他所遵循的规则依旧不能成为道德准则。在这里有一个更加深入的问题需要分析，即行动者遵循的等价交换原则、诚实守信原则，而这个原则恰是被普遍遵守的道德准则，然而康德说，如果行动者对合于这个责任的行为没有直接爱好，而只对遵循诚实守信原则带来的增殖有直接爱好。所以，“这种行为既不是出于责任，也不是出于直接爱好，而单纯是自利的意图。”[①] 那么，康德为何把合于责任行为视为没有道德价值的行为呢？而把纯然出于责任的行为视为真正的道德行为呢？这与其说是康德旨在追求一个持续的道德行为是如何可能的效果，倒不如说是由他的道德哲学的理论目的所决定的。如果尊重现实的生活世界的真实情形，倒不如说，反乎和出于责任的行为是较少的情形，而合乎责任的行为则是普遍的情形，这就是在论证规范的发生和践行时所指出的根源，即交互性和互惠性。第二种，客观的、按照原则的规范被视为对任何一个行动者有效，却不是道德准则，如功利原则和自爱或幸福原则，像功利观主义所认为的那样，每个人都有追求快乐和幸福的欲求，也有获得它们的权利。然而康德却认为它们不能够成为一个普遍有效的从而必须被遵守的法则，因为不同的人对快乐、幸福，功利与权利有不同的理解，有不同的判断标准。那这是否有足够的根据和理由驳倒功利主义的主张呢？事实证明，功利主义是最难被驳倒的道德观。比如约翰·穆勒

---

① ［德］康德：《道德形而上学原理》，苗力田译，上海人民出版社 1986 年版，第 47 页。

的如下观点就颇容易被人接受从而成为普遍的观点，因为普通的人通常都是这样认为、推理和行动的。“目的问题，其实就是关于什么东西值得欲求的问题。功利主义学说主张，幸福是值得欲求的目的，而且是唯一值得欲求的目的；其他事物如果说也值得欲求，那仅仅是因为它们可以作为达到幸福的手段……可是，功利主义是否否认人们欲求美德、认为美德是不应当去欲求的一种东西呢？恰恰相反。功利主义学说不仅认为美德应当被欲求，而且认为应当为了美德本身、无私地去欲求美德。不论功利主义伦理学家对美德之为美德的原始条件持何种看法，也不论功利主义伦理学家怎样相信，行为和品性之为美德只是因为它们促进了美德之外的另一个目的，一旦它们认可了这些看法，并根据这种看法确定了什么是美德之后，就不仅在一切有利于达到终极目的的手段中将美德列为首要的善，而且承认，人们在心理上很可能将美德视为一种自身为善的东西，而不依赖于任何目的；他们还认为，人们除非把美德当作本身值得欲求的一种东西来加以热爱，即便美德在个别的场合不会产生——它一般会产生的、并且也是它赖以成为美德的——其他一些值得欲求的后果，否则他们就不是处在一种健康的、与‘功利’相符合的、最有利于公众幸福的心态之中……美德便是这样一种善。人们原本并不欲求美德，也没有欲求它的动机，但它有利于产生快乐。特别是有利于抵御痛苦。由于美德与快乐和痛苦具有这种关联，人们会感到他本身就是一种善，并且会像欲求其他任何善那样强烈地欲求它。美德不同于爱好权钱名利的地方在于，对权钱名利的追逐可以并确实常常使得个人读其他社会成员造成损害，与此相反，没有任何事物能够像培养对美德无私的热爱那样，为其他社会成员带来如此大的福利了。因此，功利主义标准虽然宽容和允许各种后天获得的欲望，只要它们对公众幸福的损害不超过它们对公众福利的促进，但它更加欣赏和需要对热爱美德的培养，以为那是公众幸福的首要条件，因而是头等重要的大事。根据以上的考虑可以得出结论说，真正说来人们欲求的唯有幸福。人们无论欲求什么东西，如果不是把它当作达到自身之外的某个目的、从而最终达到幸福的手段，那么就是把它自身当作了幸福的一部分，而且除非它已成了幸福的一部分，否则就不会因为自身而被人欲求。那些为了美德本身而欲求美德的人，或者是因为，对美德的感受便是一种快乐，或者是因为，对没有美德的感受则是一种痛苦，或者是因为两者兼而有之。事实上，快乐和痛苦几乎不可分离，而总是结伴而行的，一个人若因具备某种程度的美德感到快乐，那么他就会因不具备更多的美德而感到痛苦。如果这种美德不能使他感到快乐，那种美德不能使他感到痛苦，那么他就不会爱好或欲求美德了，或者，他会仅仅因为美德能给他或他所关心的人带来其他的福利而欲求美德。"[①] 可以想象，约翰·穆勒的福利观、幸福观和道德观比康德的纯粹的实践法则理论更容易被人接受，因为他讲出了绝大多数人的感受和观点，所以才会是最难驳倒的道德观。那么，在康德看来，尽管功利主义讲出了一般人的观点，反映了一般人的心声，那他为什么还如此坚定地认为，功利观和幸福观不能成为判别行动是否正当的根据呢？那就是，从各个不同的福利和幸福的质料中无法共出一个普遍有效的法则来，若此就必须在人的先天概念中寻找根据。而我们倒是认为，功利主义和康德的义务论或许都有其自身无法克服的缺陷：功利主义强调了功利、福利、快乐和幸福这些质料而未能得出普遍有效的、形式的实践法则来，像康德那样的绝对命令的三种陈述；而康德则过于执着于一个摆脱任何经验材料而只有纯形式的实践法则，以至于距离现实的生活世界、特别是与一般大众的心理和观念相去甚远而无法践行。第三种，在康德看来，只对行动者有效的规则是个别的，对绝大多数人有效的准则是特殊的，它们都不足以成为普遍的法则。只有先天地既是客观的又是主观的自由原则才是普遍的法则，这就是那个在观念认其为普遍法则，在行动中将其变成普遍法则，在后果上既把人人都是目的而不仅仅是手段的绝对命令变成行动的唯一动机，又把你要按照你意愿别人对待你的方式对待别人这一通俗易懂的绝对命令变成了切实的行

① ［英］约翰·穆勒：《功利主义》，徐大建译，商务印书馆 2014 年版，第 42—47 页。

动，总之，行动的正当性就是行动者所要实现的目的。当这一目的实现之后，人们先前所意愿的功利、福利、快乐、幸福、绝大多数人的幸福等质料就会自然而然地共出，但我们却不能把它们视作决定是否行动的理由和评判行动是否正当的根据。

当这个普遍有效的实践法则从各种规范系统中被分离出来之后，这个以“应当”表现出来的命令式，在质（性质）上就被规定为三种类型：践行的实践规则（指令性的）、舍弃的实践规则（禁止性的）和例外的实践规则（除外性的）。这里似乎存有疑问，既然只有出于责任的行动才具有道德价值，那除了“践行的实践规则（指令性的）”为何还有“舍弃的实践规则（禁止性的）”和“例外的实践规则（除外性）”两种呢？事实上，只有在实质性的实践规则的分类上才能见出道德责任的类型来，这就是应为的责任，即指令性的实践规则；不为的责任，即禁止性的实践规则。而“除外性的实践规则”则是道德责任之外的情形，即与道德责任相关，但却不必然课以责任的那种情形，也就是那种虽无故意作恶的动机，却有恶的结果，对这个恶的结果人们采取了道德宽容的态度和立场，因为它是例外。一个经常或始终为善的人，当他在特定情形之下超出他的道德能力而做出违背他善良意志的行为，属于“不得已”、“好的动机坏的结果”那种情形。应该说，康德对于实际的道德生活中的复杂性情形的观察和分析是极为细腻和细致的。但也必须指出，在指令性的和禁止性的实践规则中，我们看到的似乎只是完全责任的情形，即作为的和不作为的完全义务，而没有看到不完全义务和责任那种情形，即鼓励但不必然的行为，如让渡、牺牲，等等。这是人类在处理权利和利益冲突、国家或人类处在极其危险的境地而由个别人做出的行为，它是高尚的、值得高度赞美的行为，惟其是不必然的、只是自愿的、非指令性的实践规则，所有是征得人们敬仰、敬佩和钦佩的行为。如若不考虑除外的情形，而在应为和不为的情境中，实践的规则就表现为被鼓励的行为、被要求的行为和被禁止的行为。被要求的行为是维系社会依存性情形的伦理基础，让渡和牺牲则是高出伦理性质而具有道德性质的行为。

当实践规则在性质上被规定为被鼓励的、被要求的、被禁止的三种类型之后，接续的问题就是对象即质料问题，即是针对什么的应为和不为。被实践规则所保证的对象（质料）有两种，即人格和状态。人格与自尊和尊严相关，状态与功利、福利以及一个人所处的整体状态有关。当指向人的人格和尊严时，实践规则所要求的是，既要自己尊重自己为人，也要尊重他人为人，前者是自尊，后者是尊严。当实践规则指向状态时，道德命令所要求的是，通过你的行动既令自己的生活条件得以改善、处在整体性的好的状态中，亦令他者如此。这是一种交互性和互惠性，是主体间可以相互提出的有效性要求。在具体的交互主体性中，还有一种情形就是，该行动既涉及自尊和尊严又相关于福利和快乐。这便是“善与恶的概念方面的自由范畴表”中的“关系”。

在“模态”中，具有三种性质的实践法则面对人的人格和状态，在道德责任上，就分解成了基于“事情”之上的义务与责任。“事情”就是质料，义务和责任就是形式，就是以祈使句和命令句表达出来的道德命令。而就“事情”说可有“允许的事情和不允许的事情”，“义务和违背义务的事情”。前者是被授权的事情，经他者授权和同意，我获得做某件事的资格，他扩大了我的决策自主权，但我同时也就承担了作为和不作为的责任，即授权者向我提出的有效性要求。关于授权乃是一个复杂的情形，有些授权就是同意、承认，如我的行动的利益相关者有权向我提出有效性要求，他的意志构成了我行动的外在根据，将他的要求变成我的责任继而变成我的内在要求，成为我的善良意志。在被授权的事情上，我并不先天具有做出这一事情的权利，我之所以愿意接受授权是因为它有利于我的福利、快乐和幸福。而所谓“义务和违背义务的事情”，既可以指被授权的事情的“义务和违背义务”，也可以指因我先天具有的权利而行动的“义务和违背义务”。无论是授权的事情还是因自在权利而行动的事情，在道德义务和责任方面即可有完全的责任和不完全的责任，即如前所述，对自己和对他人的完全责任和不完全责任。

康德的有关“善与恶的自由范畴表”不是现当代社会得以维系其秩序的最高原则，而是最低原则，即法则。法则的生成，人们对法则的认知、理解和践行，需要长时期的培养，需要深入地感受和体验。只有养成并能够充分运用与普遍法则相对应的公民德性（公德），一种和谐的日常的公共交往和公共生活才能被建构起来。这对于通过建立和完善市场经济从而生成现代公共交往和公共生活的发展中国家而言，则是一个艰巨的任务。

除了实体性的、生产性的市场经济、市民社会这个公共活动之外，还有一种潜存于各个活动领域、既不同于私人生活又不同于政治生活指向公共善的、观念性的社会形式，这就是公共性的社会舆论。这是一个非常复杂的精神事实，虽然是无形的，但却是核心性、根本性的精神力量。它决定着人们能够在这个观念指导下最大限度地实现人类的终极之善。对此需要专门讨论。

二　意志、理性与团结：社会转型与伦理变迁之社会哲学原理的精神面向

为实体性、生产性的市场经济和市民社会，为非生产性的市场的公共交往和公共生活提供共同的精神支持与行动依据的是意志、理性和团结。这三个概念既是我们把握“社会哲学原理”的思维纽结，也是健康的、完善的社会得以运转的关键环节。任何一种形态的社会都不是本源性的，都是一定数量的个人在相互嵌入和在集体行动中形成的过程及其后果，是主体性的客体形态。而主体性内容才是逻辑上在先的元素，而这些元素中，意志、理性和团结乃是关键要素和环节。

必须在道德人格或人的基本情绪这个总体性概念中考察意志、理性和团结；它们不是孤立的人格要素，而是与其他要素相互嵌入在一起，共同决定一个人的思考与行动。在健康的意义上，一个个体如要

正确思考和正当行动，就必须有健康的人格和稳定的情绪结构，而无论个体生活于其中的社会是以怎样的形式存在的。我们就把这个道德人格和基本情绪结构称之为人的精神面向中的“元结构”。

（一）意志

意志属于这个“元结构”中的非理性部分，是将信仰和信念、情感和情绪联结到行动上的中间要素，是前行动结构中的最后一个主观成分。这些前行动结构要素，在一个具体的行动尚未发动之前是可以预先存在的，行动者也会时时处处地感受到这些主观或主体性要素的存在。然而，如果这些主体性要素不能对象化到行动中，要么变成积极的推动力量，要么变成滞阻行动的消极成分，那么它们就是毫无实践意义的纯想和纯念。在某种意义上可以说，人类所发动和完成的任何一次社会转型都是从改变人格结构或基本情绪结构开始的，亦即从改变原有的信仰和信念、情感和情绪、意志和理性开始的，然后将改变了的主体性要素对象化到行动中，通过行动再对象化到客体那里，继而形成新的社会结构及其运行方式。那么，由始自近代的现代化运动所开启的市场经济、市民社会过程，是如何基于变化了的人格结构和基本情绪结构而发生的呢？这些已经变化了的社会结构及其运行方式又是如何将自身反身嵌入人的人格结构和基本情绪结构之中的呢？

意志，就其性质和作用而言，可以两种表现形式，一种是动机，一种是意志力。每一个体都是一目的系统，而就这些目的的来源说，通常都是从人的存在状态及其展开方式而来的。目的是相对于自身的状态和状况而言的，是试图从某一状态转向另一种状态的内在趋向，是一种对已有状态的摆脱，因为它令设计目的者不满意，是对新状态的预先拥有，因为它是令目的设计者愉悦的状态。由于个体是一个集生物性、社会性和精神性于一体的需求者，因而也就有着各种目的，即同时存在着多种由此种状态转向别一种状态的内在倾向。但受时空限制，一个个体不可能在同一时空内实现各种目的、满足各种欲求，所以必须根据境遇将目的进行迫切性程度或重要性意义上的排序，我们就把在一个具体行动中需要优先加以满足的欲求、需要实现的目的称之为动机；动机是一个行动的直接意图，是被意识到了的目的；它是目的丛中必须优先给予考虑的、迫切的要求。当客观的目的变成主观的要素时就呈现为意图、意愿和意向，它是一种尚未展现出来的主体性力量。行动者的积极性、创造性均由这种主体性力量给出。相对而言，由内在于主体的目的转换成意图、意愿或意向是一件容易的事情，困难的是如何将这些意图、意向变成现实的行动，通过行动实现目的和意图。这就需要行动者要有顽强的意志力将意图贯彻到行动的各个环节中，然后再将行动坚持到底。这种意志力就是实践理性。“在自然界中每一物件都是按照规律起作用。唯独有理性的东西有能力按照对规律的观念，也就是按照原则而行动，或者说，具有意志。既然规律见之于行动不然需要理性，所以意志也就是实践理性。如果理性完全无遗地规定了意志，那么，有理性东西那些被认作是客观必然的东西就是客观必然的行为，同时也就是主观必然的。也就是说，意志是这样一种能力，它只选择那种，理性在不受爱好影响的条件下，认为实践上是必然的东西，也就是，认为是善的东西。如若理性不能完全无遗地决定意志；如若意志还为主观条件，为与客观不相一致的某些动机所左右；总而言之，如若意志还不能自在地与理性完全符合，象在人身上所表现的那样，那么这些被认为是客观必然的行动，就是主观偶然的了。对客观规律来说，这样的意志的规定就是必要性。也就是说，客观规律对一个尚不彻底善良的意志的关系，被看作是一个有理性的东西的意志被一些理性的根据所决定，而这意志按其本性，并不必然地接受它们。”①

在康德关于意志的这段精彩论述中，我们既要进入康德的语境中，更要进到康德论述意志的历史语境中。首先，康德论述意志的方式在康德之前的西方哲学系统中，很难找到它的原型或影子。在亚里士多德的德性论中，在他的道德词典中，几乎没有“意志”这个概

① ［德］康德：《道德形而上学原理》，苗力田译，上海人民出版社 1986 年版，第 63 页。

念，而康德全部伦理学都是关于意志的。在奥古斯丁的基督教教化哲学中，虽有“意志”和“意志自由”概念，但多半是在同上帝意志的相互关系中而被规定的。唯独在康德道德哲学中，意志被置于最为根本的、核心的地位。问题的根本不在于是否把意志立为道德哲学的核心词，而在于，意志何以成为一个根本性的实践问题。因此，只有将康德的道德哲学置于它所产生的历史场域中才能理解它、把握它，应用它。道德词典的建制并非哲学家自身的个人喜好，毋宁说，它是时代问题的哲学形态。其次，当我们把康德意志论置于康德所生存和生活于其中的那个历史场域中时，我们发现，康德虽然从未离开过那个看上去十分闭塞的小城柯尼斯堡，但他的哲学视野和学术胸怀却是现代性的，同时也是世界性的。在这个意义上可以说，康德是率先研究现代性问题的道德哲学家。我们试图沿着康德的论证逻辑来分析和论证从前现代社会向现代社会转型过程中，人们在意志上所发生的根本性的变化。

如果把意志规定为动机，规定为一个行动的动力，那么核心问题就是如何通过行动实现动机。于是，对行动者而言，他的核心任务就是创造能够通过行动实现动机的条件，包括主观条件和客观条件。如果实现动机的行动不涉及他者的利益，即没有利益相关者存在，那么如何实现动机就是一个分析命题，即当目的已经给定，余下的事情就是如何准备条件实现目的的问题。在此种情形中，就不存在康德所说的意志的冲突问题，也不存在通过理性规定意志的问题。尽管这里同样涉及意志和理性问题，但它们都是分析命题的要素，而不涉及正当问题。这里的意志就是利己动机，亦即如何使自己的行动效用最大化；这里的理性就是实用理性，即效用最大化，技术理性，即程序合理、手段有效、路径正确。这种具有分析命题性质的动机—行动结构，在任何一种社会状态下都是基础性的，如若没有了追求利益最大的动机，那么人类个体与整体也就失去了求得进步与发展的动力。

具有分析命题性质的动机—行动结构虽然构成个体和人类全部行

动结构中的基础部分，成为个体的必要性的使命，但却不是动机—行动的全部内容。个体的动机—行动结构是在社会依存情形下、在交互主体中、在互惠互利中被界定和规定的，无论是在行动的主体性构成还是在客体性结构中，都有他者和社会的元素或影子。当一个行动具有利益相关者时，动机—行动将如何展开呢？这属于综合命题性的行动结构，它在前提、过程和结果三个环节上都是综合命题性质的。在动机环节，行动者依凭自己基本的道德理性知识可以判断出自己行动的相关于善恶的复杂性质；在自利或利己动机的生成与运作中已有他者利益（人格的和状况的）相伴而生；这就产生了两种意志，一种是一般意志，即向我而言的、有利的动机，另一种是特殊意志，即向他者而言的有利的动机。两种动机或意志的编排次序可以有三种，即康德所说的，相关于责任的三种行为：出于责任、合乎责任和反乎责任。对此，康德给出了严格的判断标准，即只有出于责任的行为才具有道德价值，合于和反乎责任的行为则无道德价值。具有道德价值的行为是从不问我的行为是否产生好的效果，无论是对他者还是对行动者而言，而只问是否依先天实践法则即绝对命令而行动。这是一个近乎严苛的选项，它完全排除了现实生活中的实际情形。在我们的理解中，如果把康德的严苛的标准转换成相对普遍的选取模式，那么是否可以说，出于责任的行为具有强的道德价值，而合于责任的行为具有弱的道德价值，而反乎责任的则一定没有道德价值，甚至是负向的道德价值。

在一般意志和特殊意志的纠结中，尤其是在二者不可兼得的情形中，行动者如何进行动机排序呢？此时，作为动机的意志就演变成了实践理性，即抑制利己动机而确立利他动机的能力。这就是康德所说的“意志是这样一种能力，它只选择那种，理性在不受爱好影响的条件下，认为实践上是必然的东西，也就是，认为是善的东西。如若理性不能完全无遗地决定意志；如若意志还为主观条件，为与客观不相一致的某些动机所左右；总而言之，如若意志还不能自在地与理性完全符合，象在人身上所表现的那样，那么这些被认为是客观必然的行动，就是主观偶然的了"①。作为实践理性的意志，不仅仅表现在动机的价值排序上，还表现在行动的过程之中，甚至可以说，在行动中所遭遇到的困难、纠结、焦虑要远远高于前行动状态时的情形，主要表现内心的冲动和外部的诱惑。善良意志的坚守比善良意志的确立更困难，也更重要。在行动中，当利我的要素在增强、获得快乐、幸福的欲望在增长，如何将前行动状态所确立下来的基督教的情感主义的道德律令、康德理性主义的绝对命令和儒家的功利主义行为准则贯彻下去，在行动过程中变得异常困难。在巨大的诱惑面前、在强大的欲求面前，是坚守还是放弃，成为考验意志力是否坚定的关键环节。半途而废者有之，违背善良意志而不择手段者有之。在多种可能性中选择自制、自律是极其艰难、困难的，因为它是唯一正确的可能性。为善的只有一天，而为恶的路却千万条。

在后果中，无论产生善的或恶的结果，行动者自有他的判断和推理，也必有他的情感和情绪，其中始终渗透着意志、动机、意志力和实践理性的元素。在自我评价中可有赞美、肯定和自责三种情形。如果说在行动前，行动者将善与恶的后果给予前置，以通过想象力预先体验自责、肯定和赞美的心理状态，那么在行动结束时，则是在现实地体验这种状态。这种后置式的体验对于行动者的自我矫正、修正，革除旧习、以换新貌，起着极为重要的作用。那么，在何种历史场域下，康德所言的实践理性对意志的决定作用才会成为一个普遍性问题呢？

（二）理性

对于个体的思考与行动而言，理性都是必不可少的要素。不同社会历史场域下，个体是否拥有理性、如何运用理性无疑是值得重视的问题，但决不是有无问题，而是理性结构及其运用方式问题。进言之，在任何一种社会状态下，个体和类都需要有理性，否则最基本的

---

① 康佳：《道德形而上学原理》，苗力田译，上海人民出版社 1986 年版，第 63 页。

生活资料都无法获得，然而，社会的复杂性程度不同，个体间的嵌入和互动方式不同，因此，理性的结构及其运行方式也就不同。

在此，我们不拟对理性本身作极为细致和周密的讨论，而只就人的有目的的活动来论证它。人的任何活动都是有目的的，无目的活动本身并非意味着没有目的，只是那个目的不明确或不迫切。作为一个整体性概念，理性由认知、判断、推理这些活动以及进行判断和推理所使用的知识构成；作为活动，理性就是人的意识和思维能力以及这些能力的运用；作为观念体系，理性就是那些可用的有效知识。毫无疑问，人并不先天具有知识，但人具有形成知识的天赋、潜能，这就是制造概念，用概念将经验杂多进行归纳和演绎形成知识；任何知识都是综合的，概念并不产生知识，原理也不产生知识，只有把概念和原理整合起来才会形成知识。感性无知性则罔，知性无感性则空。具有基本感知器官的人无须进行后天训练即可感知对象，如眼睛、耳朵等器官无须训练，天然具有看和听的功能。通过看和听，人们获得了关于对象的表象，但这些表象还不是知识，只有对这些表象进行加工、整理、特征抽提，形成对对象的本质、演变规律的判断和推理才是知识。它必须满足三个以“真”为内容的真，即：认知对象为真；对这个真的对象的认知和把握为真；依照这个认知和把握对同类事物的判断和推理也必须为真。总之，知识就是人们在认识和实践中可以反复运用且证明是正确的判断和推理，它以命题、定理、原理表达出来。亚里士多德说，灵魂把握真的方式有五种，“我们假定灵魂肯定和否定真的方式在数目上是五种，即技艺、科学、明智、智慧和努斯”①，为获得真，认知对象要准确，认知方式要正确，即认知正确和正确认知。科学是把握不变事物的方式，其表现为人的能力就是思辨理性或理论理性；技艺是把握可变且可制作的事物的方式，表现为创制理性；智慧是把握因我们的行动而成的事物的方式，表现为实践理性能力。三种理性分别对应拥有逻各斯、分有逻各斯和遵循逻各斯

① ［古希腊］亚里士多德：《尼各马可伦理学》，廖申白译，商务印书馆 2003 年版，第 169 页。

而行动。如若就因人的行动而成的事情来分析和论证人的实践理性能力，那么它就分为直接获得某个具体善的行动和获得善但必须符合适度原则的行动，前者就是实用理性、技术理性，后者就是价值理性或目的理性；虽然二者都含有判断和推理的环节，亦即都有实践推理的性质，但目的不同。一种是仅向行动者有效的获得善的行动，一种是既对他者有效又对行动者有效的行动，这是一种混合形态的行动类型，再有一种是仅向他者有效的行动，这便是康德所谓的具有道德价值的行动。出于功利主义、利主义动机的行动所运用的是实用理性和技术理性；出于利他主义动机的行动所用的则是价值或目的理性；但二者发生冲突时，经常的解决方案是习惯的、惯例的方式，就是前现代社会的方式，相反，如果经常的解决方案是充分且公开运用理性，将康德的先天实践法则嵌入动机、行动过程和结果中，则是现代社会的方式。从前现代向现代的结构性变迁，所改变的不是理性的有无问题，而是理性的组成部分及其运行方式问题。

（三）团结

“团结”这一概念很少出现在我们的学术话语中，作为一个政治学范畴倒是经常出现在实际的政治行动中；在日常意识和日常话语中，“团结”经常被作为一个反思性概念加以运用，借以表达某种“祈使”和“命令”，即抑制私人利益、个人意志和利己动机努力而积极与其他人有机整合在一起，采取集体行动，以达到共同目标。如果不是进行描述而是被劝告和命令，则“团结”带有被要求的性质。如果将“团结”概念与“行动”、“合作”、“配合”等概念关联起来，那么问题的实质就被澄明出来，假如有缺陷的、不完整的个体，必须通过集体行动、过集体生活才能使自己获得他所欲求的快乐和幸福，那么怎样一种集体行动才是有效的，维系这一有效行动的基础是什么。这正是“社会转型与伦理变迁之社会哲学原理”所要集中论证的课题、难题。

理解“团结”概念和运用“团结”概念的一个前提性工作，是确证这一概念在理解和把握人们采取集体行动的目的和基础时的准确性和有效性问题。“团结”这一概念直接来源于涂尔干，他在《社会分工论：高级社会组织的研究》中的“第一部分”“劳动分工的功能”和“论文与书评”中的“家庭社会学导论”集中使用了“有机团结”和“机械团结”这两个概念，除此，涂尔干还提出了一些同样具有原创能力的概念，“社会团结”、“集体意识”、“功能”、“社会容量”、“道德密度”以及“社会分化与社会整合”等，通过对“机械团结”与“有机团结”、“环节社会”与“分化社会”以及“压制性制裁”与“恢复性制裁”的纵向划分，探讨了历史演进的基本规律。概念既是思维的纽结、事物的本质，也是人们把握事物之规律的灵魂；构造了一个自足的、明晰的概念，也就意味找到了一种把握事物的本质与规律的致思方式。“团结”概念所给予我们的启发不仅仅是一种致思范式，而是现代社会构成的内在逻辑。

“我们至少能够明确地确立两大社会类型，所有过去和现今的社会都只是这两大社会类型的变种。一方面，我们区分了无组织的社会，或者我们称之为无形的社会，范围包括由相关个体组成的原始人群一直到城邦；另一方面，是确切意义上的国家，它起源于城邦，终于我们今天的大规模民族。对这两种社会类型的分析，可以使我们发现两种形式截然不同的社会团结。前一种类型是意识的相似性和观念与感情的共同体所带来的结果。另一种类型则相反，是功能分化和分工的产物。可以说，前一种类型的结果，就是通过混同和相互关注把各个心灵结合起来，以组成一个聚集而成的人群，除了进行集体行动之外，不再有其他能力。在后一种类型中，专门功能相互依赖所造成的结果，是每个人都拥有自身的活动领域，即使当他与其他人分不开的时候也是如此。正因为后一种形式的团结让我们意识到了能够把高等动物的各个器官结合起来的力，所以我们把它成为有机团结，而对前一种团结来说，我们则为其贴上了机械团结的标签。”关于社会结构的复杂性以及构成社会的多样性和多元性，以及“有机团结”和“机械团结”与社会真实情形的对称性问题，涂尔干接着说：“尽管该术语不会让人非常满意，但我们也找不到更好的术语了。严格说来，尽管人们可能会说这两种团结类型缺一不可、同时存在，但我们还是在原始社会中找到了机械团结比较纯粹的形态，在这样的社会中，意识以及有机体之间的相似性甚至达到了无法分辨的地步；个体完全包纳在集体之中；传统和习俗支配着最细枝末节的私人事务。另一方面，在大规模的现代社会中，我们可以充分地发现团结的高级形式，这是由分工造成的结果：甚至当各个部分强化了整体统一性的时候，它们也仍然保持着自身独立性。这一论断使我们确定了每一种形式的团结得以发生变化的功能条件。我们已经看到，在扩展得不够的社会中——社会成员之间的联系更亲密，生活共同体更完整，思维对象几乎具有一种纯粹的同一性——相似克服了差异，进而整体超出了部分。相反，当群体的各个要素越来越多，不再维持持续的联系，在这片不断扩大的战场上，随着对手数量的增加，战争的强度也逐步升级，个人若要维护自身，就必须彼此产生分化，每个人都必须选择自己的工作和生活方式。这样，分工就成了社会平等的首要条件。将当代社会与以往社会分离开来的伟大革新，就是社会容量和密度的同步增加。它或许是能够对一切历史产生决定作用的主要因素之一。无论如何，上述原因都可以解释社会团结已经经历过的转型过程。”① 涂尔干的“机械团结”和“有机团结”理论为我们前现代和现代社会的构型提供了一个全新的思考方式。

韦伯则从社会学角度论述了“社会行动”的类型：“如同所有行动一般，社会行动也可以依下列的方式分类：（a）目的理性式，是通过对周围环境和他人客体行为的所决定的行动，这种期待被当作达到行动者本人所追求的和经过理性计算的目的的‘条件’或‘手段’；（b）价值理性式，是通过有意识地坚信某些特定行为的——伦理的、审美的、宗教的或其他任何形式——自身价值，无关于能否成功，纯由其所信仰的所决定的行动；（c）情感式，尤其是情绪式，是通过当

① 《涂尔干文集》第1卷，渠敬东译，商务印书馆2020年版，第492—493页。

下的情感和感觉状态所决定的行动；（d）传统式，是通过根深蒂固的习惯所决定的行动。”① 如果将韦伯的观点与涂尔干的观点密切地关联起来，可以看出，他们所论对象是一致的，那就是在从前现代社会向现代社会转型过程中，人们采取行动的基础和人们之间相互嵌入、互动、构造的复杂过程。在此，我们试图将意志、理性和团结密切地关联起来，更加细致地论述在社会转型过程中行动基础的变化以及人们之间互动、嵌入的内在机制。

（四）两种场域—转变机理

从前现代社会到现代社会的转型，是迄今为止人类经历的最具本质性的建构性变迁，市场经济的建立，现代生产逻辑的生成，狭义活动空间的开显与拓展，从根本上改变了人们的认知、思考与行动，重构着人们之间的互动方式。

1. 前现代社会的意志、理性与团结。在前现代社会状态下，就每个人采取行动的主观动机而言，较少出现极端利己主义倾向；较少出现康德笔下的用实践理性来规定意志，意志，动机，或被理性完全无遗地决定；或不顾及理性的约束、法则的惩戒，而一意孤行、随心所欲。经常的情形则是按照韦伯笔下的传统式、情感式、他人意志式而行动。在意志的性质上，尚未出现同质意志和异质意志之间的矛盾与冲突，也没有出现相同意志和选择意志的矛盾与冲突。在由血缘、亲缘和地缘关系构成的生活共同体之中，朝夕相处、集体劳动、共同生活，培养出了相似甚至相同的认知方式、情感结构和行动模式；每一个个体都是在集体关系和行动中被界定和规定的，整体主义的思考和选择明显优先于个体主义的动机和思考。在人们的嵌入和互动中，形成了千百年来不曾改变的行为规范——习惯、惯例、习性、禁忌，人们会不假思索地按照这些规范而行动；由于规范体系是自然而然形成或传承下来的，人们既没有能力、意愿，也没有必要去反思和批判

① ［德］韦伯：《社会学的基本概念》，顾忠华译，广西师范大学出版社 2005 年版，第 31—32 页。

这些规范的合理性，它们作为“看似有理性结构”具有自在的权威性、强制性、嵌入性；对这些规范的认知和把握，是在反复进行的日常生活中习得的，无须刻意记忆和理解便可“照章行事”，父母和长辈的身体力行、言传身教已把这些规范置于无可怀疑的地位。除此之外，未成年人或晚辈如要独自选择行动，必须获得父母和长辈的许可，行动者遵从的意志乃是他者的意志，即便有所怨忧也要不动声色，更不可任性妄为。每个人的思考与选择都是被有限的活动和交往空间规定好了的，人们思考和行动的边界就是这个朝夕相处、且须臾不可分离的生命和生活共同体——家庭、家族和村社。在这个可能性空间里，机会没有可供选择的其他行为方式，理论理性和创制理性完全处在“无意识”状态，相反基于狭义的实践理性之上的“情感智慧”倒是极为发达。尊老爱幼、孝敬父母是普遍有效的实践法则，尽己之力之谓孝，尽己之心之谓敬。细致入微地想象和体会父母、长辈的内心感受，并使其愉悦，需要的是丰富的情感智慧，长辈、父母对待子女的方式亦复如是。这就是“机械团结”。没有选择的空间也就无须理性的思考，也就没有利己和利他的激烈冲突，继而没有出于利己却又必须利他的内心纠结。简化的规范体系对应着简单的互动、简单的关系；虽无利己之心、只有利他之行，却有稳定回馈；听从父母和长辈的意志，也得到了他们的照料与呵护；父母全身心地照看子女，得到是女的孝敬。

在传统的农业社会，家与国似乎是没有分界的，这倒不是二者具有完全一致的使命和功能，而是按照同一种德性、规范和实践去治理和管理；家国同构不是指治理和管理的内容须是完全一致，而是认知、思维、判断、推理、选择和行动是同一种模式。不同角色以及角色伦理的同构化，使得家庭伦理可以外延到国家的行动中。在此种场域下，既不同于家庭又有别于国家的公共理性、公共意志是无法形成的。

2. 现代社会状态下的意志、理性与团结。在现代社会状态下，市场经济的建构、市民社会的形成，人们在家庭与国家之间开辟除了广阔的活动空间。我的意识、我的意志、我的体验被逐渐唤醒；当人们愈益感到过往的家规、族规、村规都是对个性的限制、甚至是抹杀的时候，一种抗拒传统、走出家庭、进入社会的意志和意识被培养起来。社会分工的快发发展，介于家庭和国家之间的多种多样的职业领域和活动空间的开辟，为每个人的自主选择提供了机会。于是，先前的那种狭义的实践理性即“情感智慧”面对各种矛盾和冲突的活动和关系，显得手足无措、无所适用；行动的依据开始发生实质性的改变。传统式的、情感式的行动方式越来越受到限制，毫无自然感情、毫无了解的陌生人交往在一起、聚集在一起，往日的利他动机逐渐被今日的利己打算所替代。如若每个行动者都基于自己对快乐和幸福的欲求而自私自利、损人利己、相互攻击，那么必然会因各自的利己动机和行动而发生激烈的冲突，其结果便是共同毁灭。人类的智慧就在于，当把人们的占有欲、金钱欲和生殖欲快速激发起来的时候，它也创制出了规训与惩罚的机制，类似于涂尔干的“压制性制裁”和“恢复性制裁”也被创造出来。人们必须在机械团结之外寻找有机团结的道路。在此种境遇下，韦伯所说的以“目的理性”和“价值理性”为基础的行动开始产生。“目的理性”、“价值理性”和“行动的情感模式”各自的含义是什么？其间具有怎样的关系？

“行动的情感模式倾向和价值理性式倾向之间的差别，在于后者是通过对行动的终极立场的有意识揭橥，和始终一贯地按部就班朝向其信奉的价值。除此之外，它们俩有着共同的特色：即行动的意义对它们而言，不是那种看得见的成功，而纯粹以做出这些特定的形式的行动为依归。总之，情感式行动是为了满足那些直接的报复、享受、热爱、喜乐和抒发直接感情的需要——无论它们是以何种被动或升华的方式出现——做出反应的行动。纯粹的价值理性行动，是当一个人不顾及他可预见的后果，只求维护他对其义务、荣誉、美感、宗教情操、忠诚或某件‘事务’重要性的信念而义无反顾的行动。在我们的概念定义中，价值理性行动是一种始终依循着‘诫命’或‘要求’的指引，并以此为己任的行动。只有当人类行动是指向这类要求时，我们才将其归为价值理性行动——即使这些指向常呈现为不同程度的大多数时候也相当分散的片段情况。”[①] 很明显，行动的情感模式倾向和价值理性式倾向，所追求的并不是通过行动或获得的可视见的成果，后者是对他认为是终极价值的追求，是对宗教情操、道德至善、审美愉悦、纯粹义务的坚定信念和追求；后者是对行动对内心感受和体验的追求。不论这种行动是直观的、直觉的，还是理性的，它们都依循诫命而进行的，都具有明显的超功利性。这在前现代社会似乎是困难的，即便出现也是个别的。

“目的理性的成立，是行动者将其行动指向目的手段和附带结果，同时他也会理性地衡量手段之于目的、目的之于附带结果，最后也会考量各种可能目的之间的各种关系。无论如何，它既非情感式（尤其不是情绪式），亦非传统式的行动。对于彼此竞争或冲突的目的与结果间作抉择，在另一方面可以是带有价值理性指向的：这时候，行动只有其手段部分属于目的理性的范围。或者行动者可以在面对竞争和冲突的目的时，不涉及对‘诫命’和‘要去’的价值理性指向，只单纯地将其视作给定的主观需求，并在量表上排列出他自己有意识地衡量后的轻重缓急顺序，如此他便可以按照这一顺序尽可能地满足他的需求（所谓的‘边际效用’原则）。价值理性和目的理性的指向之间因此可以存在着各式各样的关系。但是，从目的理性的观点而言，价值理性始终是——而且当它愈将所指向的价值提高为绝对价值，则愈益表现为——非理性的。因为人们愈只一味顾及行动的自身价值（纯洁的信念、美感、绝对的善、绝对的义务），那么便愈不会去计较行动的后果为何。不过，绝对的目的理性行动基本上一样也只是一种建构出来的边界情况。”[②] 一如价值理性那样，在一个分工更加精细、劳动与交往呈现多元化的公共生活空间，确实存在着行动本身就

① ［德］韦伯：《社会学的基本概念》，顾忠华译，广西师范大学出版社 2005 年版，第 33—34 页。

② ［德］韦伯：《社会学的基本概念》，顾忠华译，广西师范大学出版社 2005 年版，第 34 页。

是目的的价值理性式的行动，虽然它不是普遍的，但却是高尚的、高贵的，它超出了世俗的欲求，而以遵循“诫命”和“要求”为依归。康德的绝对命令就属于价值理性式的行动。除此，目的理性式的行动也同样具有合理性和合法性，其间贯穿着意志、理性。就其行动自身说，当一功利目的（目的理性）一经确定下来，寻找或构建实现目的的环境、条件和手段的任务就突显出来，这是实用理性和技术理性的结合。当在同一个行动中行动者面临不同目的之间的选择时，他会依据这些目的对自己的重要性程度而进行价值排序。

但绝不能由此得出结论说，每个人无论是追求终极价值、工具价值、快乐体验，还是在行动中充满精致的利益计算，就一定是利己主义的，充满了恶；相反，当它们变成每一个或主动或被动进到公共交往和公共生活空间的人的共同追求时，它们就具有了自在的合理性。构成善恶的不是这些目的自身，而是实现这些目的的行动的所涉及的他者的利益，才构成了判断善恶的质料根据，被共同承认和践行的普遍法则成为判断善恶的形式依据。自由和平等、承认和尊重成为公共交往和公共生活的规范基础与精神价值；只有在反复进行的公共交往和公共生活中，一般意志与特殊意志的冲突、选择意志与共同意志的博弈才会成为问题；也只有在不断解决这些问题的行动中，保证每个人都自在地是目的而不仅仅是手段的法则才能建构起来；真正体现行动者和交往者的文明程度的自由和平等精神才能培养起来。

总之，在市场经济和市民社会的推动下，在社会分工的要求下，开辟出广泛的真正体现公共话语和公共意志的公共活动空间，就是实现从前现代社会向现代社会转型所取得的人类意义上的成就。只有基于私人性而又超出私人性而生成高密度的社会性和精神性，才是人类走向高级社会的标志，也是建构和维系高级社会的精神基础。如此看来，在“社会转型与伦理变迁之社会哲学原理”这一论题之下，作为意义总体的“社会”即不仅仅是生产性的市场经济和市民社会，非生产性的消费—娱乐活动，更是观念或精神形态的公共理性和公共精神。这种理性和精神本质上不是在家庭和国家中养成的，而是在介于二者之间的公共交换、交往和公共生活中生成，因此，作为观念或精神形态的公共理性和公共精神才是现代社会转型的最大的成就。

公共理性和公共精神虽发于心、介于情和终于意，但必须现于外，这就是“公共舆论”。

三　公共理性与公共精神的社会形式：公共舆论

基于个人意志和利益，而又超越个人利益而达于公共善，是现代社会运行的价值逻辑；缺少了前者，创造公共善就失去了动力；失去了后者，前者就失去追求快乐和幸福的社会保障。如果将生成于公共生产、交换、交往和公共生活中的公共理性和公共精神，适度地扩张到国界和私人生活领域，那么一种趋于和谐的整个社会才能被建构起来。能否形成公共理性并充分运用公共理性，不仅是理论上的难题，也是实践上的困境。

对社会舆论（公共舆论）[①] 的“沉思”可有日常意识和现象学两种，前者极有可能是起于经验、感知而止于议论；而后者则致力于把握社会舆论的“是其所是”，借助先验还原给出一个有关社会舆论的“本质还原”，其旨趣在于把握社会舆论的“真理”。除了将“真理”呈现在表象里把握在意识中，借以显现出社会舆论的原始发生及其演进逻辑，更为重要的是将其“还原”为具体情境中的社会和精神“现象”，这就是“场域”思考，只有将现象学中无人称、无主体的社会舆论还原成具体场域中的“现象”时，它的主体、客体、中介及其有机链接才能得到确证和澄明，这就为“归责”奠定了基础。社会舆论伦理学本质上乃是个人意志与公共意志之间的正当性博弈，而伦理学就是要为制造舆论、传播舆论、接受舆论、改造舆论行为进

---

① “社会舆论”与“公共舆论”是蕴含关系，前者蕴含着后者，但后者并不从前者直接共出；作为指向公共善的能力和理性，“公共舆论”是充分且公开运用公共理性的过程和结果，是在各种立场、观点和情绪的博弈中生成出来的以“真理”为依归的立场、情感、理论和思想。我们在这里将二者混同使用，意在“公共舆论”虽蕴藏在“社会舆论”中，但必须经过反复博弈才能给出。

行正当性基础论证，指明一种正当的社会舆论是如何可能的，为此提供德性论和规范论建构。

社会舆论是不可否认的社会事实，或许它与人类历史同样长久。并非每个人都有制造舆论从而影响他人的意愿和能力，也不必然有对各种舆论进行评价和接受的兴趣，但社会舆论却始终相伴左右、挥之不去，因为每个人都是在特定场域下生产、交往和生活的。个人、集团、政府、政党、国家既有制造舆论影响他人的愿望和能力，也有接受各种社会舆论之影响的可能性和必要性。问题的根本不在于是否承认社会舆论的存在，而在于如何生成一个具有正当性基础的社会舆论，这是好社会和好生活的精神基础，而只有经过反思和批判、经得起正确性和正当性检验的社会舆论才能成为这种精神。

（一）社会舆论现象学

只有完成对有关社会舆论的何所知、何所求和何所向的证明，才能给出有关社会舆论何所是的整体性陈述。何所知描述的是人们对社会舆论的感知、判断与推理，就其理性程度而言可有两种，一种是日常意识和日常语言水平的，起于经验和止于议论，既无意愿也无能力对其所感知和判断的社会舆论进行正确性与正当性的证明，更不想对自己的议论进行反思，如若所有的人都如此这般地自在与自发地看待和对待舆论，那么一种体现公共意志的社会舆论就无法共出。于是，一种追问和追寻社会舆论之正确性与正当性的致思范式就会出场、在场，这就是社会舆论现象学。何所求回答的是我们想望什么，即我们制造舆论和评价舆论的动机与目的是什么，是出于个人意志还是出于公共意志，是出于纯粹的个人支配还是为着集体行动的逻辑？何所向完成的是对各种动机和目的的合理性所进行的反思和批判，可有自我批判与反思和共同反思与批判两种。在全球化和世界化已成不可阻挡之势的现代场域下，个体、集体、政党、国家、人类所需要的正是体现正确性和正当性的社会舆论，而这种舆论的给出是非得经过现象学的反思与批判不可的。

（1）将“先验还原”与“本质还原”运用于社会舆论研究的可能性及其限度。现象学之于我们的意义固然有许多方面，但最为重要的则是方法论意义，而“先验还原”和“本质还原”又是这种方法论意义中的核心部分。“先验还原”是要完成两个“悬置”或“加括号”，朝向“我思”主体的悬置指的是，若想把握一个对象，先将先见、成见、偏见悬置起来，将日常的经验、常识悬置起来，求得一个“纯粹自我”，这是一个“排除作用之剩余”。经过若干排除、悬置之后，一个由“自我”、“我思”为核心要素的“纯粹自我”就被构造出来了，“纯粹自我似乎是某种本质上必然的东西；而且是作为在体验的每一实际的或可能的变化中某种绝对同一的东西。纯粹自我在以特殊意义上完完全全地生存于每一实显的我思中，但是一切背景体验也属于它，它同样也属于背景体验；它们全体都属于为自我所有的一个体验流，必定能转变为实显的我思过程或以内在方式被纳入其中。按康德的话说，‘我思’必定能伴随着我的一切表象。”① 一如笛卡儿所做的工作那样，我们可以怀疑任何事情，直至最后一个事项即“怀疑”本身，这是不能被怀疑的，因为只有使这个“怀疑”自身持续地进行着，“怀疑”的行为系列才能实现，“我思”作为“怀疑”剩余乃是“怀疑”工作的最大成果，它不只具有否定意义，在积极的意义上，通过质疑、怀疑而获得具有确定性和正确性的知识。胡塞尔的“悬置”工作同样是为了获得一个可靠、可信的“主体”，它是我们获得知识、真理的本体，这个本体就是“纯粹意识”，它含有自我和我思两个要素。“如果在对世界和属于世界的经验主体进行了现象学还原之后留下了作为排除作用之剩余的纯粹自我（而且对每一体验流来说都有本质上不同的自我），那么在该自我处就呈现出一种独特的——非被构成的——超验性，一种内在性中的超验性。因为在每一我思行为中由此超验性所起的直接本质的作用，我们均不应对其实行排除；虽然在很多研究中与纯粹自我有关的问题可能仍然被悬置不问。但是就直接的、可明证论

① ［德］胡塞尔：《纯粹现象学通论》，李幼蒸译，商务印书馆 1992 年版，第 151 页。

断的本质特征及其与纯粹意识被共同给与而言，我们将把纯粹自我当作一种现象学材料，而一切超出此界限的与自我有关的理论都应加以排除。”[①] 简约地说，所谓“先验还原”就是要彻底排除经验、常识、成见、偏见对“我思”的干扰作用，我们虽然不能彻底清除它们，但可以将它们悬置起来，尽一切可能不使它们起阻碍和偏离作用，尽管我们永远无法将它们从自我中彻底清除出去，若此，自我也就不再是一个完整的自我了。不要以为胡塞尔殚精竭虑地所进行的排除行为是一种“独断论”，是一种毫无实践意义的“主观游戏”，相反，这是我们试图获得知识和真理所必须预先完成的“主观游戏”。

既然“先验还原”的目的旨在获得“真”，那么就必须实现从“先验还原”到“本质还原”的过渡。这就是朝向客体的“本质还原”。作为“先验还原”的成果、业绩，纯粹意识可直面事物自身，在纯粹意识中，事物自身与自我形成了一个双向互逆结构：纯粹意识只有以符合事物本质的方式才能将事物的本质呈现在本质直观之中，而意见、情绪、常识、成见就是与事物本质不相符合的把握方式，它们使事物的“真”陷入“遮蔽”、“掩盖”的状态中。反之，事物的本质只有以向自我敞开的方式在纯粹意识中“招至前来”，它才能从“遮蔽”状态中解救和解放出来，置于“澄明”和“解蔽”状态之中，这就是“真”的“被给予性”。不是自我通过纯粹意识生成了、造就了真，而是真因自我而被呈现出来，现出它无比的光亮和光彩来。一如马克思在《德意志意识形态》的一个脚注中所说的：“只有物以人的方式同人发生关系，我才以人的方式同物发生关系。”通过“先验还原”和“本质还原”，自我通过“纯粹意识”完成了双向过渡和相互嵌入，被呈现在表象里、被把握在意识中的“事物本质”不再是一个点、线和面，而是一个整体。当这个整体被呈现在“纯粹意识”中时，一种关于事物自身的“本质直观”就被建构起来了。

“先验还原”和“本质还原”的目的在于获得“真”，即在于获

① ［德］胡塞尔：《纯粹现象学通论》，李幼蒸译，商务印书馆 1992 年版，第 151—152 页。

得一个事物的“是其所是”，那么，社会舆论的“是其所是”是什么呢？如何通过“先验还原”和“本质还原”而获得社会舆论的“真”呢？在对社会舆论进行哲学分析和论证中，除了胡塞尔的现象学还有康德的思辨哲学，二者不可偏废，因为他们分别为我们深入分析和论证社会舆论提供了致思范式：系统论奠基和生成论奠基。① 前者回答的是，社会舆论作为一个系统或体系，其原始发生和持存的初始性根据是什么，只有确定了这个初始性力量、原初性根源，它的责任才可以找到归属处。而后者描述的是，一个社会舆论现象的原始发生及其持存的过程，只有明了这个发生过程的内在逻辑，才能找到抑制甚至消除错误舆论、促发甚至扩大正当舆论的方法与道路。没有原初性力量的见出便不会有责任主体的确定；没有发生逻辑的显现就不会有“扬善抑恶”之方法与道路的设计。社会舆论绝非一个简单的“表达”、“发声”、“议论”、“讨论”和“争论”等日常现象，而是一个借助“表达”、“发声”和“议论”而生成一个“公共意志”以支配意志和行动，从而获得社会秩序、进行有效治理和管理的过程，同时也是一个不同集团、政府、政党和国家之间争夺话语权、支配权的过程。

2. 系统论奠基中的社会舆论。先行确立社会舆论的主体是解析社会舆论系统的关键。从谁是社会舆论的主体看，可有三种：个体、集体和政党。任何舆论的发生都根源于“支配”这种最为原始的欲望，宽泛地说，任何有生命的存在物都有支配的欲望，而这种欲望是植根于有生命存在者的存在状态的，这就是非自足和非完满的存在状态。基于这种状态，一种天然的行为就被确立下来，这就是占有和表达，占有是从外到内的获得，表达是从内到外的支配。然而，在植物

① 人们通常把现象学这一哲学方法和流派归属在胡塞尔的名下，其实作为一种哲学的致思方式，在笛卡儿的“怀疑哲学”那里便有了雏形，康德的思辨哲学本质上就是现象学式的，通过建构性原则建构了一个知识性的观念论世界，通过范导性原则构造了一个信念论的道德世界。黑格尔以《精神现象学》为名，给出了人类意识和精神之原始发生及其演变的一个完整图像。“社会舆论现象学”这个标题含括了康德的思辨哲学和胡塞尔的现象学哲学两个内容。

和动物那里，占有和表达并不形成舆论，即便有表达的意向，但也只是本能性的“表示”。而人则不同，他要把表达有意识地呈现给周围的他者，有影响甚至支配他者之意志与行动的意愿，至于这种表达究竟能够产生多远、多强的支配效果，则不决定于他的主观意愿。由个体发出的表达并不成就“舆论”，只有由若干相似或相同的个体表达形成集体性或群体性的表达时，才会形成舆论，舆论具有公共性，因而任何舆论都是社会舆论。舆论之公共性的程度取决于产生社会舆论之公共事件的影响程度，以及社会舆论得以传播的手段，一种反映共同或公共意志的个体表达不能借助有效的传播手段，产生空间上的广泛性和时间上的持续性效应，就依旧不能形成社会舆论。于是，社会舆论的产生必须具备三个要件，其一，每个个体以及由个体整合而成的集体必须有表达其意志的意向和意向性。无论发生何种社会事件，也无论这种事件产生何种性质和何种程度的影响，受到事件直接和间接影响的个体与集体均无表达立场和意志的愿望与行动，则社会舆论就无法产生。虽不排除个别个体和集体从来没有对社会事件表达立场和意志的强烈愿望，或即便有愿望也引而不发，也不能得出所有个体和集体都会如此的结论，因为社会舆论普遍而持续存在乃是不可否认的事实。其二，必有公共性的社会事件产生。所谓公共事件是指，此事件直接影响到生命、财产和社会秩序，或事件所产生的后续效应；这些公共事件既可以是持续存在的政治事实，如国家治理和社会管理，也可以是突发的公共危机，如恐怖事件、极端政治事件、公共卫生危机。产生社会舆论的主体既可以是事件的在场者、当事人，也可以是直接和间接的旁观者。其三，日益发展起来的传播技术。在相互隔绝的社会状态下，真正的社会舆论是难以形成的，如若有，也只是单一的意识形态化的“教化”，即国家意志支配下的政治舆论。

依照这三个要件，我们便可以在“系统论奠基”的视野下，讨论社会舆论的类型、本质和正当性问题。一如上述，个体有强烈愿望表达对公共事件的立场、态度和观点，却不能通过适当的传播媒介传递到他者、集体和政党那里，即便传递到他者那里却由于停留于情绪、意见、态度之上，缺少反思和批判，不能形成经得起检验的观点，就无法成为公共性的观点，因而无法形成社会舆论。只有个体的观点涉及特定人群或所有人的利益，或涉及国家意志和利益时，才会引发广泛争论、议论和讨论，从而形成社会舆论。无论个体的观点是正确的还是错误的，正当的还是失当的，也无论他者的议论和争论是肯定的、赞同的、赞美的，还是讽刺的、批判的、谴责的，都可以称之为社会舆论。由个体发起但以集体或组织的名义发出的“表达”，可称之为集体性的立场和观点，它虽然表面上是无人称的、非人格化的，但组织内部的构成者却是有人称和人格的，只是它们以集体的名义而给出。而这种以集体名义给出的表达既不指向公共事件，又不造成公共效应，便不会构成社会舆论。由政府和政党给出的公共政策设计、各种制度安排、各种行动实施，以及意识形态支配，任何时候都会成为社会舆论本身或社会舆论对象，因为，这些意识形态、政策、制度、体制和行动通常相关于部分或全体公民的根本利益，无论它们是否实现还是违背正义、平等和自由原则，都会使社会舆论本身或成为公共舆论对象。

于是，从类型学考察社会舆论，便可以根据不同的分类标准将社会舆论划分如下①：根据主体划分，可有个体、集体和国家舆论三种，其中前两种是构成性的，即必须经过由个别表达和个人意志向集体意志与公共表达转换，因而是自为而构成的；而国家舆论则自在地具有社会舆论的性质，尽管它是通过国家的自为的方式而给出的，因而是自在而自为的。

从何种性质的舆论角度划分，可有辩护、批判和建构三种形态。辩护性的社会舆论是为已经成为公共性“话题”的主张和观点提供理由或根据的议论或论述。作为被辩护对象的立场和观点可能是普遍的，也可

① 在文化人类学中，“类型学”是一种极为重要的研究方法，当我们无法统一地揭示文化的本质时，我们就可以通过“类型学”呈现不同文化类型的不同构成与特征来找出它们之间的差异，通过差异而现出文化的本质来。人们在社会舆论上的差异、矛盾甚至冲突，可能有根本利益上的差异、矛盾和冲突，但也有文化上的深刻根源。

能是特殊的，还可能是个别的，判别的标准因所根据的利益的公共程度而定。在全球化和世界化已成不可抗拒的历史趋势的语境下，中国政府提出了构建人类命运共同体的主张和观点，因其所关注的是人类的共同命运、共同利益，所以业已成为一种颇具建设性的国际舆论。在处处充满风险和危机的现代性场域下，各个民族和国家只有共同克服现代化运动自身的缺陷、克服极端个人利己主义、集团利己主义和国家利己主义，才能创造出人类学意义上的公共善，人们才能真正分享和共享全球化带来的公共财富。任何一个试图构建人类共同家园、共同抵御全球性的风险的民族和国家都会支持和拥护“构建人类命运共同体”这一国际舆论，为这一指向人类共同利益的主张和观点提供理论依据和事实根据；同时对只顾个人、集团和国家利益而损害他国甚至整个人类利益的主张和观点进行批判。这是一种具有辩护与批判双重逻辑的社会舆论形态。对社会舆论进行单一批判的社会舆论形态是指，对明显违背人类共同利益的主张和观点所进行的批判。当世界化和全球化正在朝着超越民族和国家的利益考虑而构建人类命运共同体的方向演进的时候，一种强烈的逆全球化浪潮在西方主要国家兴起，它们在资本逻辑的运行过程中，将商人思维贯彻到国际关系和全球治理的各个环节、各个领域，试图将西方优越、美国优先的价值观变成主流形态的国际舆论，将发展中国和欠发达国家永远置于现代化运动的中游和下游，通过军事打击、经济封锁、政治干预和文化殖民，固化和强化西方所谓的优越和优先地位。如果说在稳定的社会状态下，单边主义和优先主义的主张与观点尚未触及人类共同利益的底线，坚持这种主张和观点的个人与国家尚未自觉地反思这种主张的国际危害，那么在突如其来的公共卫生危机在全球范围内迅速蔓延开来，需要世界人民共同抗疫的语境下，那种独断论式的西方中心论、美国优先论就会受到无情的事实批判。另一种单一的舆论批判所指向的对象是那些明显落后于时代发展要求的主张，如封建论者和革命论者所主张的观点。这些观点虽然不是当下社会中主流形态的社会舆论，但却是一种很强势的“声音”。建构的社会舆论是以学术、理论和思想形态表现出来的主张和观点。虽然在日常意识和日常语言的水平上从不缺少求真向善趋美的情绪、意见和意向，但实难成为理论化、系统化和科学化的观点并借助大众传播媒介而成为建设性的社会舆论，此种形态的社会舆论通常是由从事科学和理论研究的工作者供给的，他们借助知性提供的范畴、在理性原则（体现正确性的科学原则、体现正当性的正义和平等原则）的指导下，将事实逻辑和价值逻辑统一在客观因果性陈述和意义妥当性陈述中，前者是知识性的“视其为真”，后者是信念论的“视其为真”。社会越是复杂，越是充满矛盾和冲突，学术、理论和思想形态的社会舆论的创造和传播就越是重要，因为只有经过反思和批判的立场与观点才会有充分的理论依据和坚实的事实根据。

从深刻性和有效性程度划分，社会舆论可有时尚性、功利性和真理性三种形态。如若把社会舆论比作一条河流，那么，漂浮在河水表面上的就是时尚性的社会舆论；身居中间层次的则是功利性的社会舆论；而深藏在河流底部的则是真理性的社会舆论。社会结构的复杂性决定于生产方式、交往方式和生活方式的复杂性，一旦建构了一个复杂多样的社会结构，复杂多样的社会舆论也就生成了。当基于普遍消费之上的现代生活方式被建构起来之后，一种朝向娱乐性、时尚性、即时性的观念和行为就会出现，它们或以作品的形式或以人物的形式，或借助现代传播媒介，或通过直接的视听，将这种观念和行为快速传播开来，一时间成为一些人崇拜、膜拜和效仿的价值取向与生活方式，出于功利目的的媒体通过立体式的“涂层”、以老少皆宜、喜闻乐见的方式，于自觉与不自觉之间将时髦和时尚嵌入了人们的心灵之中，人们或表达或议论或评价，一种弥漫着、充满着消费、自我、娱乐性的社会舆论就会产生。这种时尚性的舆论常常是自发的、顺意的、易于理解和模仿的，只问其是否快乐，而不问其是否正当。由于缺少正确性和正当性的反思与批判，娱乐性、时尚性的社会舆论是漂浮在文化结构中的浅薄、低端文化，容易产生也容易消失，很难成为正确引导观念和行为的核心力量。因为，它们常常是被激发起来的权力欲、财富欲和生殖欲在消费与娱乐行为中的表现，是解构性的而非建构性的；尽管普遍有效但却是物质需要或生物性需要得到满足后的舒适、闲适与快乐。功利性的社会舆论是某个阶层、阶级、政党基于特定的经济利益关系和本阶级的共同利益而表达出的立场与观点，它是经过反思和论证后给出的观点、理论，以及利益相关者对这一观点的辩护和论证。在阶级社会，功利性的社会舆论实质上就是占统治地位的阶级以“普世价值”的名义、借助国家意志而表达出的本阶级的意志、立场和观点，其目的在于借助君主权力、规训权力达到支配和控制他者的目的；在阶级已基本消灭的社会主义社会，功利性的社会舆论表现为以人民为主体、以好生活为目的的社会主义意识形态，它是社会舆论的中心、核心和轴心，是包含哲学、政治、文学、宗教和法律在内的整体性的观念体系，是经得起手段之善和目的之善反思与批判的主张和观点。它要最大限度地体现正确性、正当性和普遍有效性，从而实现它的政治目的。真理性的社会舆论是基于而又超越于时尚性和功利性社会舆论、指向普遍价值的学术、理论和思想，惟其是通过范畴和学术话语陈述出来的逻辑体系，不易被人理解和接受，却是具有充分事实依据和价值根据的主张与观点，它不宜出现在日常的广告宣传中，也不直接出现在意识形态中，而是出现在专业性的书刊和各种形式的论坛中。惟其充满了晦涩从而不易被理解和接受；又因为蕴含深刻而不得不理解和接受。

3. 生成论奠基中的社会舆论。当社会舆论的系统论奠基完成之后，一个接续的工作便随之而来，这就是社会舆论的发生和演化问题。如果说系统奠基完成的是对社会舆论之主体的确定、正当性基础的追问、深刻性和有效性的考察，那么生成论奠基要完成的任务则是始自个体、群体和政党的社会舆论是如何发生的，又是如何演变的，三种主体形态的社会舆论之间又是怎样相互矛盾、冲突而又相互制约、相互嵌入的。“先验还原”和“本质还原”试图将社会舆论呈现在“本质直观”中，那么将社会舆论回归到谁的舆论就是“主体还原论”。

虽然说舆论都是群体性的立场、观点以及对某种立场和观点的议论、争论、评价，但任何一种立场和观点的提出一定是由具有道德人格、拥有一定理性能力并有表达意愿的人优先提出的，这种个性化的立场和观点或由于践踏与否定了过往的社会事实和人类普遍价值信念，而招致群体性的攻击、谴责与批判，从而成为批判性的社会舆论；或提出了符合人类普遍利益与共同价值的立场和观点，而受到普遍赞同和辩护，从而成为辩护性的社会舆论。由此看来，由某个人或某些人提出而由众人或认同与辩护，或谴责与批判而形成的公共性议论和评价，就是日常生活意义上的社会舆论。评价的主体是众多的，既可以是普通民众，也可以是从事科学研究的专业人员，还可以是政治领袖、政治精英和公职人员；被议论和评价的对象也是多种多样的，既可以是一个事件，也可以是个人和群体的观点与行为。由于被议论和评价的对象是多向度、多层次的，评价者也是价值多元和地位相异的，于是，面对同一个公共事件，或同一个、同一类人的所言所行，就会出现“见仁见智”的面貌，多样性、多元性是日常生活之社会舆论的突出特点。由于具有即事性和即时性，此种社会舆论容易产生也容易消失，但在不断变化、日新月异的日常舆论背后总是潜藏着深刻的、稳定的价值认知、信念和追求。在各种立场和观点的辩论、争论中，一种朝向正确和正当的观点就会溢出，它会自动累积到人类共同的价值体系中。这就是黑格尔所说的，社会舆论既值得重视又不值得一顾。国家或政治精英集团不会就一般性的社会事件、个人或群体的认知、评价和行动轻易地做出判断和评价，除非这些事件、认知与行动已经触及国家的形象、安全和民众的根本利益，即便是做出判断和评价，也是极为慎重的，充满理性的；相反，来自个体、群体的判断、意见和建议，既可以是有理有据的表达，也可以是情绪化、过激式的爆发。“因此，公共舆论又值得重视，又不值一顾。不值一顾的是它的具体意识和具体表达，值得重视的是那在具体表达中只是隐隐约约地映现着的本质基础。”[①] 公共舆论是真理与谬误相混杂的观念领域，虽然任何个人、集体都有先天的权利、资格，自由地

① ［德］黑格尔：《法哲学原理》，范扬、张企泰译，商务印书馆1961年版，第334页。

表达自己的意志，但这决不意味任何一个被表达出来的意志都是合理的。“个人所享有的形式的主观自由在于，对普遍事务具有他特有的判断、意见和建议，并予以表达。这种自由，集合地表现为我们所称的公共舆论。”① 公共舆论自身不具有判别自身是否正确和正当的根据、标准与能力，因此对公共舆论的反思与批判就是必要的。“既然公共舆论本身不具有区别的标准，也没有能力把其自身中实体性的东西提高到确定的知识，所以公共舆论而独立乃是取得某种伟大的和合乎理性的成就（不论在现实生活或科学方面）的第一个形式上条件。”② 对公共舆论的批判和改造是政治家与思想家的事情。“公共舆论中有一切种类的错误和真理，找出其中的真理是伟大人物的事。谁道出了他那个时代的意志，把它告诉他那个时代并使之实现，他就是那个时代的伟大人物。他所做的是时代的内心东西和本质，他使时代现实化。谁在这里和那里听到了公共舆论而不懂得去藐视它，这种人决做不出伟大事业来。”③ 把公共舆论中的真理和他那个时代的意志呈现在表象里、把握在意识中，以理论和思想的形式诉诸现实，是思想家的事情；把历史的声音和人民的心声呈现于理念中、实现在治理中，乃是政治家的任务。作为伟大人物，思想家把时代精神变成了观念，政治家把时代精神变成了行动。

作为伟大人物，政治家所“值得重视而又不值一顾”的公共舆论乃是来自民众、理论和思想工作者对国家观念与行动的判断、意见和建议，它们以“真理”和“谬误”的样式、以“形式的主观自由”呈现着他们的意志。政治家并不总是被动地从已有和现有的公共舆论中找出“真理”，而是积极主动地去生产和再生产“国家意志”，并及时有效地将“国家意志”传达到每个公民那里，从而成为强大的精神性的支配力量，这就是以“意识形态”形式产生和表现出来的

---

① ［德］黑格尔：《法哲学原理》，范扬、张企泰译，商务印书馆1961年版，第331—332页。

② ［德］黑格尔：《法哲学原理》，范扬、张企泰译，商务印书馆1961年版，第334页。

③ ［德］黑格尔：《法哲学原理》，范扬、张企泰译，商务印书馆1961年版，第334页。

公共舆论。以意识形态形式表现出来的公共舆论，无论从其生成路径、传播方式，还是从发生效力的性质看，都与狭义的社会舆论有着根本的区别。①

政治家与国家是怎样的关系呢？黑格尔深刻地指出："国家是伦理理念的现实——是作为显示出来的、自知的实体性意志的伦理精神，这种伦理精神思考自身和知道自身，并完成一切它所知道的，而且只完成它所知道的。"② 在黑格尔这种拟人化的论述中，政治家是"实体性意志的伦理精神"的领悟者、实现者，那么什么才是"实体性意志的伦理精神"呢？这就是由国家的本质所决定的最大限度地实现每个人的意志，在现代政治哲学的意义上，国家"是其所是"的东西就是最大限度地创造财富和平等地分配财富、提升社会的自治能力、使每个人都有意愿和能力过一种整体性的好生活。然而，要实现国家的这个"是其所是"，政治家就必须拥有和使用政治权力和公共职权，沿着生产和再生产国家治理和管理模式、创造和运用观念体系即意识形态的双重逻辑，进行支配。反映国家意志的意识形态就是国家形态的公共舆论，那么这个"公共舆论"的内部构成是怎样的？又是怎样产生和发挥作用的呢？这便是国家形态之"社会舆论"的原始发生问题。马克思在广义意识形态的立场上，给出了人类意识和

---

① 社会舆论、公共舆论和意识形态，三者之间的交叉关系和各自边界具有如下情形，狭义的社会舆论是指由某个或某些人提出尔后被一个群体或所有民众所认可、认同的立场和观点，它的表现形式就是议论、讨论，判断、意见和建议；当它指向一般性的社会事件时就是一种非政治性的舆论，可称之为社会舆论，当它指向特定的政治事实时，就是政治性的舆论，可称之为公共舆论，因其是表达政治，所以是一种政治表达。意识形态是由政治家或权力集团生产和再生产出的意识与观念体系，本质上是以国家意志的名义对公民意志与行动所实施的支配行为。一个体现正义、平等和自由原则的国家治理与社会管理，一个重要的环节就是要把意识形态形式的意识和观念变成民众共同认可、认同的价值体系，既作为评价的依据，又作为选择的根据。因此，必须把社会舆论、公共舆论和意识形态纳入同一个问题域中来，因为它们是"舆论场"中的有机组成部分。在目前的政治哲学和政治伦理学研究中，通常都把政治性的公共舆论排除在社会舆论研究之外，这就遮蔽了"舆论场"的整体性、复杂性和冲突性，掩盖了不同形态的社会舆论之间相互博弈、相互嵌入从而整合出一个体现公共意志的舆论的可能性，导致对社会舆论的研究既缺少学科高度又缺乏问题深度。

② ［德］黑格尔：《法哲学原理》，范扬、张企泰译，商务印书馆1961年版，第253页。

观念体系的产生演变规律和本质："思想、观念、意识的生产最初是直接与人们的物质活动，与人们的物质交往，与现实生活的语言交织在一起的。人们的想象、思维、精神交往在这里还是人们物质行动的直接产物。表现在某一民族的政治、法律、道德、宗教、形而上学等的语言中的精神生产也是这样的。人们是自己的观念、思想等等的生产者……意识在任何时候到只能是被意识到了的存在，而人们的存在就是他们的现实生活过程。如果在全部意识形态中，人们和他们的关系就像在照相机中一样是倒立呈像的，那么这种现象也是在人们生活的历史过程中产生的……"① 而无论是整个社会的意识、观念，还是占统治阶级的意识和观念，都是以物质生产和物质生活为基础，并随之而变化的。"因此，道德、宗教、形而上学和其他意识形态，以及与它们相适应的意识形式便不再保留独立性的外观了。它们没有历史，没有发展，而发展着自己的物质生产和物质交往的人们，在改变自己的这个现实的同时也改变着自己的思维和思维的产物。不是意识决定生活，而是生活决定意识。"② 从这里所引述的马克思的观点看，在《德意志意识形态》中，还没有明确区分广义和狭义意识形态，在 1859 年 1 月写的《政治经济学批判》序言中，开始把建立在经济基础之上的思想上层建筑称之为"意识形态"："人们在自己生活的社会生产中发生一定的、必然的、不以他们的意志为转移的关系，即同他们的物质生产力的一定发展阶段相适合的生产关系。这些生产关系的总和构成社会的经济结构，即有法律的和政治的上层建筑竖立其上并有一定的社会意识形式与之相适应的现实基础。"③ 如马克思所论，基于物质生产、物质交往和物质生活之上的意识和观念体系，并非只有国家形态一种，尚有个人、群体、阶层、阶级的形态，其间并不总是一致的，但也并不总是矛盾的、冲突的，而是相互制约和相互嵌入的。不同的是，由国家供给的意识和观念，如政治的、法律的、

① 《马克思恩格斯全集》第 3 卷，人民出版社 1979 年版，第 36 页。
② 《马克思恩格斯全集》第 3 卷，人民出版社 1979 年版，第 50 页。
③ 《马克思恩格斯文集》第 2 卷，人民出版社 2009 年版，第 591 页。

宗教的、道德的，具有强制性、广泛性、持续性、普遍性，惟其如此，反映经济基础的意识形态因其具有政治性才有了最大的公共性，它是相关于每个人之根本利益的意识和观念体系。然而，在不同的历史场域下，如何将意识形态变成民众共同认可和认同的公共意志，成为公共舆论，既作为评价的根据，又作为选择的依据，则具有不同的道路和性质。

除了群体性的社会舆论和政治性的公共舆论之外，第三种舆论形式便是由理论家与思想家创造出来的理论和思想。惟其是通过特定范畴、专业话语，依照严格的思维逻辑和表述逻辑而陈述出来的经得起检验的观点，所以可以称之为“知识”，是既有主观根据又有客观根据的那种“视其为真”。然而，知识、理论和思想作为真理的呈现方式，理应成为人们进行正确思考和正当行动的意识与观念基础，但却为何不能成为非政治性的社会舆论和政治性的公共舆论呢？为何难以被治理者和管理者接受而成为实践法则呢？因其是抽象的，所以不易被理解和掌握；因其是历史的声音和民众的心声之理论表达，所以不易被出于个人意志的统治者所接受。但人类历史上从不缺少表达和追求真理的人，也从不缺少体现天人之道、人伦之道和心性之道的理论和思想。这些理论和思想不因其被一般民众和统治者所接受而光芒四射，也不因被拒斥、束之高阁而黯淡无光，相反，理论和思想因其自身而光彩夺目。因为理论和思想是以理性的方式表达出来的“时代精神”，所以是有机的公共舆论。“公共舆论是人民表达他们意志和意见的无机方式。在国家中现实地肯定自己的东西当然必须用有机的方式表现出来。”① 用有机的方式表现“国家中现实地肯定自己的东西”，就是用理论和思想的方式，而表现者可以是政治家，也可以是理论和思想家。而政治家如若成为有机的表达者，就必须将政治家和思想家集于一身，即黑格尔所说的，他知道自己是人格化的国家伦理理念，他要实现这一理念。在人类历史上，集思想家与政治家于一身

① ［德］黑格尔：《法哲学原理》，范扬、张企泰译，商务印书馆 1961 年版，第 332 页。

的伟大人物虽寥若晨星却也不乏其人。但在绝大多数语境下，则是群体性的社会舆论、意识形态化的公共意志和真理性的理论与思想的并存。群体性的社会舆论虽然具有广泛的群众性，但常常因过于个性化而难以成为公共意志或公共精神，即便是以某个人群、某个阶层的形式出现，也由于过分偏执于本群体利益而难以形成公共意志。以理论和思想形式出现的公共舆论虽然具有理论上的普遍性，却难以变成普遍有效的实践法则。以意识形态形式出现的国家意志，虽有可能借助政治权力和公共职权的强制性力量而强迫民众接受和践行，但难以成为真实的公共舆论。惟其各种形态的社会舆论、公共舆论和国家意志都存有缺陷，所以其间的冲突是可能的，其间的博弈是必要的，只有经过彻底的反思和批判，一种相对有效的公共理性和公共价值才能共出。而这一复杂而有机的过程，一定是在具体的场域下进行的，这就是“社会舆论场域学”所要深入讨论的主题。

（二）社会舆论场域学①

“社会舆论场域学”试图完成的工作是，将先行标划在表象和意识中的社会舆论还原到具体的历史场域中来，将已经发生和正在发生的社会舆论本身描画出来。因为，只有将价值逻辑深深地植根于历史的事实逻辑之中，它才是可靠的、可信的。

“场域”（field）理论是由法国著名社会学家布尔迪厄提出并运用的社会学理论。“惯习”（habitus）、“资本”（capital）、“场域”（field）是由他所创设的统领其社会学理论的“知性范畴表”，在此我们无意去介绍布尔迪厄是如何创设这个范畴表的，更无意去转述他的各种学术成就，而是想借用这个范畴表分析和论证社会舆论、公共舆论和国家意志是如何发生的。“从分析的角度来看，一个场域可以被定义为在各种位置之间存在的客观关系的一个网络，或一个构型。正

① “场域学”这一概念并不是一个严格的学术用语，在本书中，它是试图从具体的社会背景中寻找社会舆论生成和演进逻辑的一种努力，目的在于将通过“先验还原”和“本质还原”而完成的“本质直观”还原为客观的历史过程。

是在这些位置的存在和它们强加于占据特定位置的行动者或机构之上的决定因素之中，这些位置得到了客观的界定，其根据是这些位置在不同类型的权力（或资本）——占有这些权力就意味着把持了这一场域中利害攸关的专门利润的得益权——的分配结构中实际的和潜在的处境，以及它们与其位置之间的客观关系（支配关系、屈从关系、结构上的对应关系，等等）。”① 场域是被构成的，是不同群体在各自所处的位置上依据自己掌握的权力（资本）相互嵌入、相互影响而形成的有形和无形的语境、境遇。人们可以无人称式地分析和论证场域的内部构成及其生成逻辑，这可能是社会学的学术旨趣，而我们要做的工作是一个具体的场域是如何形成的以及在这个场域中人们是如何表达自己的判断、意见和建议的。布尔迪厄在谈到“一个场域运作和转变的原动力”时说道：“一个场域的动力学原则，就在于它的结构形式，同时还特别根源于场域中相互面对的各种特殊力量之间的距离、鸿沟和不对称关系。正是在场域中积极活动的各种力量——分析者之所以将这些力量筛选出来，把它们看作对场域的运作关系重大的因素，正是因为这些力量造成了场域中至关重要的差异——确定了特定资本。只有在与一个场域的关系中，一种资本才得以存在并且发挥作用。这种资本赋予了某种支配场域的权力，赋予了某种支配那些体现在物质或身体上的生产或再生产工具（这些工具的分配就构成了场域结构本身）的权力，并赋予了某种支配那些确定场域日常运作的常规和规则，以及从中产生的利润的权力。”② 处于特定场域之中的个人或组织皆拥有一定的位置，这个位置相应地匹配着一定权力，拥有各种位置和权力的个人或组织相互合作又相互竞争，他（它）们既在各自具有相对清晰边界的域限内活动着，如艺术场域、宗教场域、经济场域、政治场域，遵循着各自特有的运行逻辑，他（它）们之

① ［法］布尔迪厄、［美］华康德：《反思社会学引论》，商务印书馆 2015 年版，第 122—123 页。

② ［法］布尔迪厄、［美］华康德：《反思社会学引论》，商务印书馆 2015 年版，第 127 页。

间又相互嵌入、相互影响，既像是游戏又像是争斗："作为包含各种隐而未发的力量和正在活动的力量的空间，场域同时也是一个争夺的空间，这些争夺旨在维续或变更场域中这些力量的构型。进一步说，作为各种力量位置之间客观关系的结构，场域是这些位置的占据者（用集体或个人的方式）所寻求的各种策略的根本基础和引导力量。场域中位置的占据者用这些策略来保证或改善他们在场域中的位置，并强加一种对他们自身的产物最为有利的等级化原则。而行动者的策略又取决于他们在场域中的位置，即特定资本的分配。他们的策略还取决于他们所具有的对场域的认知，而后者又依赖于他们对场域所采取的观点，即从场域中某个位置点出发所采纳的视角。"① 从布尔迪厄的论述不难看出，"场域理论"或"场域学"与其说是一种严密的逻辑体系，倒不如说是一种分析和论证问题的视角与方法，将这一视角和方法运用于社会舆论的分析和论证，可能或产生意想不到的效果。

社会舆论、公共舆论和意识形态（国家意志）本质上都是一种基于意志之上的判断、意见和建议，作为一种表示或表达，舆论发生在特定场域之中，从外部结构看，既可以是横向的表达，如个体、个体和群体之间，群体与群体和个体之间，国家与国家之间；也可以是纵向的，国家对群体和个体、个体和群体对国家。从内部结构看，各种形态的表达者都是在特定的社会位置上、基于一定的资本（权力）而针对他者表现出的一种意愿和意向。虽不排除个别表达仅仅是"说说而已"，既无能力也无意愿影响他者，甚至支配他者，但绝大多数的表达都有影响和支配他者意志与行动、左右舆论倾向的意愿，虽然并不保证会产生这种效果。如果把外部结构和内部结构有机结合在具体的场域中，那么，社会舆论的原始发生就会被清晰地呈现出来。我们试从图前现代性、现代性和当代性三种历史场域出发描述社会舆论、公共舆论和意识形态的原始发生及其演变过程。一个社会的进步

① ［法］布尔迪厄、［美］华康德：《反思社会学引论》，商务印书馆 2015 年版，第 128 页。

程度充分地体现在它的开放程度以及建基在开放程度之上的社会自治力的提升程度。

1. 前现代性场域中的社会舆论[①]。我们可以从生产、交往和生活方式三个角度揭示前现代性状态下的社会结构及其展开方式，以及由此决定的社会舆论的生成及其演变。当家庭承担着物质生活资料的生产和人口生产的双重功能时，社会结构通常处在家国同构的社会状态下。农业经济和手工业生产作为主要的生产方式，使得社会处于自给自足的状态下。低下的生产能力与低水平的消费体系，无法创造出更多的产品剩余，也没有进行普遍交换的需求。家庭、家族和村社既是生产空间、交往空间，也是生活空间。国家与家庭之间没有可供通达的广阔领域，人们对国家知之甚少，甚至根本就无法知晓。现代意义上的社会舆论尚不存在，而以议论、评论形式出现的日常社会舆论仅限于家庭、家族和村社中，由民众针对政治事实所发生的公共舆论根本无法产生，由国家生产和再生产的意识形态，作为国家意志的精神体现，也很难直接贯彻到家庭、家族和村社中；反之，即使没有国家意识形态的精神支配，家庭、家族和村社也依旧正常运转，因为普遍有效的家规、族规和村规使这个非政治性的属人社会处在高度“自治”的状态下。人们过着固定的、千百年来不曾改变的熟人生活。据统计，在封建社会共发生农民起义 120 余次，但都没有彻底改变中国传统社会的家国同构结构，政治事实、政治意识、政治哲学，总之，一切于政治有关的意识和观念都无从发生，因此，黑格尔笔下的“值得重视又不值一顾”的“公共舆论”就绝无发生的条件；公共性、公共理性和公共价值更是无法想象的观念和行动；除去因自然原因而发生的“公共危机”，政治性的公共事件无法进到日常的熟人生活领域，人们拥有根深蒂固的权力意识和权力观念，却几乎没有政治意识和政治观念。如果非要讨论“社会舆论”现象，那也只限于讨论熟

---

① 前现代性、现代性和后现代性作为一组极为时尚的学术范畴，从西方话语体系中引入中国学术领域里，虽然颇受怀疑、争议，甚至遭到拒斥、谴责，但仍不失为一种可选择的认知方式。一个范畴的有效性程度取决于它揭示事物之“是其所是”的程度。

人社会中熟人之间的日常议论和评论，并无政治哲学意义。

2. 现代性场域下的社会舆论。现代性是用以描述现代社会之种种特征的概念，而特征是过程性和后果性的，导致这些过程和后果得以产生的是现代化运动以及由此形成的现代社会。而现代社会的建构乃是由三个根本要素的相互嵌入而造成的结果：欲望的神圣激发提供了动力，市场的发现和运用提供了环境；科学技术的快速发展提供了手段。当三个要素并置在一起的时候，一个完整的现代化运动就开始了。现代化运动最为直接的后果就是在家庭与国家之间开辟出了一个广阔的空间，这就是“市民社会”，或市场经济为主要形态的公共领域。这不是一个独立的物理空间，而是一个人们依照平等和自由原则相互交换与交往的社会空间。如果没有这样一个既相关于又不同于家庭和国家的公共空间，家国同构状态下的社会舆论就不可能发展出黑格尔所论述的既有谬误又有真理、既值得重视又不值一顾的“公共舆论”来。

其一，在社会结构上，作为社会基本活动领域的经济、政治和文化开始由先前的政治统合经济和文化的“领域合一”向三者相对独立地运转从而各自独立发挥功能的“领域分离”转变，这是一种“革命性”的社会转型和结构变迁。只有当经济相对独立地发挥作用，一个以追求效率和公平的市场体系才能建立起来，因为每个人只有在经济上有了足够的独立性，才有可能拥有表达其意志的话语权，对一般性的和公共性的事件表达判断、意见和建议。文化领域从先前的意识形态禁锢中解放出来，出现了“百花齐放，百家争鸣”的局面，在反复进行的交换和交往中，培养其独立进行表达的意识和能力。

其次，市场的发现和广泛运用，使得每个人的自我意识被逐渐建立起来，一种立体性的“我”在三个层面上被构造出来：在存在论层面，我切实地感受到我的需要结构，我的欲望类型，我时时处处感受着、体验着我的各种是否得到满足而产生的内心状态，或满足、快乐和幸福，或失望、沮丧、愤懑；我和我自己合二为一，我是我自己的知情人、倾诉者。在认识论层面，我认识到自己的个性，我的优点，我有依仗自己的优点、个性而“从心所欲”的理由；我有夸大自己、抬高自己而贬低、蔑视他者的强烈倾向。在价值论上，我是最值得存在的存在者，只有满足了我的身体之善、外在之善和灵魂之善，世界才有意义，我的生命是我最大的政治，满足我的一切需要是我永远都不可剥夺的权利。整体性之“我”的生成，把原本潜存在人性中的向我性、利我性和为我性发展成了现实的实用主义、功利主义、享乐主义和利己主义。自我意识的觉醒、自我判断力的提高，为各种社会舆论的形成创造了主体性条件，然而，觉醒了之后的“我”既可以公正地表达，成为一个“公正的旁观者”，从而形成一个具有正确性和正当性的社会舆论；也可能在利己主义推动下，出于恶的动机，制造假象、编制谎言、混淆视听，以满足自己的利己目的。

其三，在权力意识和权力概念基础上，针对政治权力和公共职权在分割和运行过程中的各种“瑕疵”现象，政治意识和政治概念逐渐被确立起来，这就为形成政治舆论奠定了基础。在日益拓展和深化的公共领域中，无论是政治事实还是私人生活都被置于公共领域之中，接受人们的反思和批判，人们既可以理性地也可以情绪化地议论、讨论和争论，一种只求表达而不问正确和正当的舆论倾向就可能产生。

其四，民众、理论家、政治家等各种主体交织在一起，在各自动机支配下，在各自能力所及的范围内，以各种方式表达着、议论着、争论着；或辩护、吹捧，或挖苦、讽刺、谴责；或摆事实、讲道理；或监控、压制、制裁，等等。一个良莠并存、真假难辨、善恶混杂的“舆论场”在生成着、演变着，如同恩格斯所说，一切都要拿到理性法庭面前，接受理性的审判。

其五，人类总能在繁茂芜杂的舆论假象中识别出、甄别出真理来，并以可言说的方式示给众人。公共领域造就着自由的甚至是任性的个体，但公共领域也会生成普遍有效的实践法则，用以约束个体的自由、惩罚个体的任性。“具体的人作为特殊的人本身就是目的；作为各种需要的整体以及自然必然性与任性的混合体来说，他是市民社会的一个原则。但是特殊的人在本质上是同另一些这种特殊性相关的，所以每一个特殊的人都是通过他人的中介，同时也无条件地通过普遍性形式的中介，而肯定自己并得到满足。这一普遍性的形式是市民社会的另一个原则。”① 马克思就市场经济造成的普遍依赖性问题深刻地说道：“一切产品和活动转化为交换价值，既要以生产中的(历史中的)一切固定的依赖关系的解体为前提，又要以生产者互相间的全面的依赖为前提。每个人的生产，依赖于其他一切人的生产；同样，他的产品转化为他本人的生活资料，也要依赖于其他一切人的消费。”② 以交换经济、市场经济为基本结构的市民社会的生成，为每个人自由地表达其意志创造了条件，也为他的自由表达确定了边界、建制了原则。“在市民社会中，每个人都以自身为目的，其他一切在他看来都是虚无。但是如果不同别人发生关系，他就不能达到它全部的目的，因此，其他人便成为特殊的人达到目的的手段。但是特殊目的通过同他人的关系就取得了普遍性的形式，并且在满足他人福利的同时，满足自己。由于特殊性必然以普遍性为其条件，所以整个市民社会是中介的基地；在这一基地上，一切癖性、一切禀赋、一切有关出生和幸运的偶然性都自由地活跃着；又在这一基地上一切激情的巨浪，汹涌澎湃，它们仅仅受到向它们放射光芒的理性的节制。”③

现代化运动就像一块银币的两面，创价与代价相随，机会与危险并存，自由与原则共生。不断拓展和深化的公共生活领域为人们出于意愿依靠能力来表达自己的意志，从而博弈出一个公共舆论来创造了社会基础，为出于公共善之目的而进行议论、讨论、争论、判断、建议提供了机会，也为一些人出于利己的恶劣目的而制造假象、歪曲事实、造谣中伤、混淆视听、蛊惑民众提供了条件。真相与假相共存、真理与谬误相伴，在当代场域下，舆论乱象更加严重。

---

① [德] 黑格尔：《法哲学原理》，范扬、张企泰译，商务印书馆 1961 年版，第 197 页。

② 《马克思恩格斯全集》第 46 卷（上），人民出版社 1979 年版，第 102 页。

③ [德] 黑格尔：《法哲学原理》，范扬、张企泰译，商务印书馆 1961 年版，第 197—198 页。

3. 当代场域下的社会舆论。当代中国场域下的社会舆论，一如中国形态的现代性那样，呈现出一个问题丛状态。首先，在经济组织方式上，通过建构和完善社会主义市场经济，已具备了进入世界经济体系并日益起主导作用的实力，在生产技术和交换规则上，已经是世界经济一体化了，尽管严重地受到逆全球化浪潮的严重影响。但在一定程度和一定层次上，我们的政治和文化尚有传统社会的一些痕迹，依旧有官僚主义、形式主义的观念行为。其次，就如同中国的现代性乃是重叠形态的现代性那样，当代中国语境下的社会舆论也同样呈现出重叠式结构，呈现出内有压力、外有冲突的态势，存在从差别到矛盾再到冲突的风险。

第一，在内部结构上，呈现出量多质低的态势。在某种意义上可以说，社会舆论的多样性乃是社会开放性、自治性程度的重要标志，却不能由此得出结论说，社会舆论之量的增加就一定意味着社会在文化上的进步，相反量多质高才是它的标志。在纵横两个向度上，社会舆论都呈现出多样性的趋势。从横向来看，人们对非政治性的公共事件都表现出了浓厚的兴趣，表达其立场、观点、判断、意见和建议的方式也多种多样，既可以是自媒体，也可以是公共媒介。就形成社会舆论的“素材”而言，既可以是娱乐人物的日常行为，也可以是政府官员的违纪违法事件。这些时尚性的社会舆论几乎占到了媒体“新闻”的绝对量，一种猎奇、好事、幸灾乐祸的心理支配着人们，每传送一条娱乐信息就如同发现了一个秘密。由此形成的社会舆论如同河流表面的漂浮物，空中的柳絮，随波逐流、随风而去。这是消费社会、娱乐时代的必然产物。无聊的争论、随意的评论，这种不求正确只求娱乐的社会舆论既不反映时代精神也不代表目的之善。从纵向角度看，以政治事实为判断、议论和评价对象而形成的公共舆论，无论从原始发生还是从演变逻辑来看，都存在着亟待改进的方面。其一，一种指向目的之善的公共舆论为何难以形成？其原因有两点，一是意识形态的开放与宽容程度问题。如果说在传统社会的边陲管理中，国家的政治意志和政治行动无法直接贯彻到日常社会领域，普通民众因无法知晓国家意志和行动，也感受不到它们的支配性作用，而无法形成一种以追求正义、平等为价值原则的公共舆论，那么在公共领域日益拓展和深化的场域下，国家意志和政治行动业已成为最大的公共事件而呈现在公共议论、讨论和判断之中，如若彻底阻止出于善良意志而进行的公共性反思与批判，也就堵塞了培养公共理性并以此为基础追问和追求公共善的道路。如若在充满开放、反思和批判的当代场域下，依旧实施福柯意义上的君主权力、规训权力，而不顾生命权力，[①]那势必造成民众、理论与思想工作者在认知、评价和对政治事实上的两种极端行为，即冷漠与激情。拥有理智感和正义感的民众和理论、思想工作者对政治事实保持沉默；少数试图积累政治资本的功利主义者则是无尺度、无限度、无原则地谄媚、辩护。一种被普遍期望的舆论生态就不可能产生，没有声音或只有一种声音都是舆论生态被解构的表现。多样性是舆论生态的本质与特征。二是除了少数理论和思想工作者，绝大多数民众不具备自然、社会科学知识和道德理性知识，如果缺少严肃的政治态度和政治追求，即便是面对严肃的政治事实，也会将政治舆论娱乐化为社会舆论，或将日常舆论政治化。“泛化”和“窄化”是人们难以形成体现正确性和正当性原则的社会舆论和政治舆论的两个障碍。如果没有纵向的通畅的个人意志与国家意志之间的相互反思与批判，一种基于公共理性之上的价值共识就难以共出。

第二，在外部结构上，充满差别、矛盾甚至冲突的国际舆论，既潜藏着危险又蕴含着生机。现代化运动肇始于15世纪下半叶、发展于16、17世纪而成熟于18世纪下半叶；至19世纪末20世纪初，美国异军突起，成为继西欧资本主义之后的全球资本主义。如

---

① 相较于军事、经济、文化权力，政治权力具有合法性、强制性、广泛性、持续性、不可溯及以往等特征。对政治权力的界定可有两种类型，Ⅰ. 政治权力是能够排除各种抗拒以贯彻其意志，而不问其正当性基础为何的可能性；Ⅱ. 政治权力是能够排除各种抗拒以贯彻其意志，而必问其正当性基础为何的可能性。两种界定方式的唯一区别就在于“不问”和“必问”。只有必问其正当性基础为何的国家治理和社会管理，才是好的政治，由此形成的社会才是好社会。

若把现代化运动比作一条河流，英美等资本主义则是现代化的上游国家，发展中国家则是中游国家，而欠发达和不发达国家则是下游国家。人类近现代史本质上是在西方国家的主导下叙写的，其叙事方式也是依照西方思维和主流价值观进行的。这是一种极不对等的现代化过程，西方国家不但垄断了世界资源的配置和财富分配，还垄断了制造国际舆论、主导世界舆论和运用国际舆论的话语权。20世纪90年代初，随着冷战思维的结束，一种相对宽容的全球化、世界化快速发展起来。经过40多年的改革开放，随着中国在国际舞台上经济、政治、文化、科技、外交等各项数据所占比例的增加，打破了原有的由西方国家主导的现代化运动，全球化的叙写方式和叙事方式都将加入中国元素。

（三）社会舆论伦理学

如果说现象学为把握社会舆论的原始发生、结构类型和本质规定提供了理论基础，场域学为社会舆论的原始发生和演进逻辑提供了事实根据，那么，伦理学则要为制造舆论、控制舆论和运用舆论的行为奠定道德基础。

伦理学并不为任何一个与个体和类的利益相关的事情进行伦理基础的奠基，它只为因人的观念和行动而成的事情进行归责。判断一个现象能否成为伦理学的研究对象，基于如下三个事实，其一，这个现象具有利益相关者；其二，与个体和类的利益相关的事情被证明是因人的观念和行动所致；其三，是可以为其进行伦理基础奠基的行为。社会舆论的产生、传播、反思、批判是一个典型的伦理现象。首先，能够构成和形成舆论的初始性的判断、意见和建议，无论是谬误还是真理，都是判断和表达者的故意行为，无论这种故意行为是意向还是意向性的；只要是故意所为且产生利益相关者的观念和行动，就是具有伦理性质的事情；且有能力为他的行动后果负责。其次，无论判断和表达者对评价对象是否做到信息周全，也无论是因他的判断、建议和表达而引发的公共性评价产生预期和非预期的效果，他都该为他的行动担负责任。最后，与社会舆论相关的责任者可有两种，一个是造成引发公共性评价之事实的发动者，如疫情暴发以来，公共卫生危机管理者因官僚主义、形式主义或为逃脱责任而缓报、瞒报、不报，从而错失最佳防控时机，由此而引发的强烈、激烈的公共性评价，形成强大社会舆论，那么这个造成后果的人就是原初性的责任人，因为评价者无论是对正义行为进行不正义评价、还是对不正义行为进行正义评价，至多会影响人们的判断，或混淆视听、或左右舆论，但都不至于影响或改变因玩忽职守而错失防控良机这一事实。另一个是故意制造虚假信息，或故意歪曲事实，或处心积虑地通过掩盖事实而逃脱罪责，也必须担负道德责任。前者是行动者的责任，后者是评价者的责任。有关社会舆论之伦理性质的确证和伦理基础的奠基，以如下逻辑而展开其自身。

1. 有关一般社会舆论的道德哲学批判与伦理基础奠基。严格说来，社会舆论、公共舆论和政治舆论（意识形态）均属于“舆论”，都是某种判断、建议，都是基于特定意志之上的表达，只是因其评价的对象和评价的主体不同才相对区别开来。所谓一般社会舆论是指，针对非政治性的公共事件的真假、美丑、善恶而由一般民众做出的判断、意见和建议。这些公共事件可能与人们的切身利益有关，但并不相关于人们的根本利益，对这些公共事件的判断也不会影响国家及其职能部门的政策设计、制度安排和体制设计。但决不能由此得出结论说，既然是非政治性、娱乐性、时尚性的社会舆论，便可以随意表达、任意评价，相反，任何一个具有利益相关者的观念和行动都存在伦理性质与道德责任问题。一个充分的理由是，一个行动者的德性结构和行为方式通常是稳定的，在看待和对待各种事情上会表现出相对稳定的特点，较少出现针对较小和较大事件而表现出的差别较大甚至是完全相反的道德判断和道德选择，这就是不以善小而不为、不以恶小而为之的道德根据。因此，对各种形态之舆论的道德哲学批判和伦理基础奠基将会遵循同样的原则和标准。

（2）善良意志作为道德动机对于做出正确判断具有原初作用。意志的主体是具有人格结构的现实的人，而人格是由信、知、情、意四个要素组成的有机体，其中意是联结信、知、情与行动的关键要素。对人之意志的研究，心理学的规定与解释是最基础的，或是最基本的，《当代西方心理学新词典》认为，意志是人自觉地确定目的，并支配行动去克服困难以实现预定目的的心理过程。意志是人类特有的心理现象，也是人的意识能动性的表现。其主要特征：（1）明确的目的性，即意志行动总是自觉确定和执行目的行动。（2）与克服困难直接相联系，即只有克服各种困难才能实现预定的目的。（3）直接支配人的行动，即意志主要是为完成一定的目的任务而组织起来的行动。它对行动的调节既可表现为发动和进行某些动作或行为，也可表现为制止和消除某些动作或行为，前者是作为的意志，后者是不作为的意志。当代神经心理学、神经生理学乃至脑科学为人类研究意志现象提供了科学依据。关于意志的一般哲学原理无疑要充分了解、理解和充分运用这些科学理论，但意志本质上并不仅仅是一个科学的、可数据化、可模型化的过程或品质，毋宁说，意志乃是一个动机、意愿、意向、意向性的过程，且是一个可以对其正当性进行哲学分析的过程和品质。

将有关意志的一般哲学原理应用于人的观念、行动和评价（社会舆论）时，似有不同的向度和程度。当把意志用于支配观念和行动时，欲求的是一个所意愿的过程和行动，意志作为动机的善与恶直接决定着观念和行动的性质，以及由观念和行动所造成的过程与结果的伦理性质。当一个个体、集团和国家成为一个具体行动的发动者、承担者和受益者时，他（它）就一定是该行动的责任者，无论他（它）是否为该行动的受益者。从社会舆论的原始发生看，没有舆论所判断和评价所议论的公共事件产生，便不会有社会舆论形成，公共事件相较于社会舆论而言，乃是时间上在先的事情，人们用以形成社会舆论的认知方式、知识体系和德性结构则是逻辑上在先的事情。为详尽论证社会舆论的正确性和正当性，我们不妨把成为社会舆论之议论对象的公共事件的发动者、承担者和受益者称为第一责任人。任何一个具有伦理性质、行动者必为其担负道德责任的行动一经生成，就在客观上就成为利益相关者和非利益相关者进行评价的对象，如若这种评价逐渐演变成众人共同参与的事情，就形成了社会舆论。社会舆论虽不像一个具体的观念和行动那样具有明确的伦理性质与明晰的道德责任，以及由行动造成的或善或恶的后果，但社会舆论同样存在是否正确和正当的问题，也同样具有归责问题，于是我们就把制造舆论、支配舆论和运用舆论的人称为第二责任人。

判断一个具有公共性质的舆论是否是正确和正当的，必须充分考虑动机、能力和后果三个要素，而将动机、能力和后果有机地关联起来恰好构成一个完整的舆论行动。就一个舆论的原始发生看，最为原始的要素就是动机，它是评价者的意向和意向性；意向是某种试图评价某个公共事件的心理倾向，是虽然尚未表达出来却已经在意识中发生了的事情，只是尚无足够的动力或勇气将其传达给他者，这是任何一个对鲜活的生命、生活和社会充满感受性、充满移情、同情、激情的人所必须具有的内心活动，对这一内心活动的感受就叫作“内感知体验”。意向性是把意向变成具有特定评价对象的过程，如果说“意向”是喜怒哀乐之未发谓之中，那么“意向性”则是发而皆中谓之和。中也者，天下之大本也；和也者，天下之达道也。中与和、大本与达道正是动机问题，是遵道而行。如若出于追求正确和正当动机，正义、公平地去认知、判断和推理公共事件，那么其所求的乃是一个既有充分的事实根据又有坚实的道德依据的立场和观点；自知其是同情的流露、正义的表达。如若出于掩盖事实、混淆视听、摆脱罪责之目的，就必须做出不合事实或违背事实的评论；自知其所表达是失当的立场和观点。毫无疑问，一个健康“舆论场”的形成一定是以善良意志为前提的，道德哲学所欲求的正是这个善良意志的培养、养成和正确运用。简单说来，就是《大学》“右经一章”所说的“正其心”、“诚其意”，“正其心”者在求善之意，是起于心意以内求真、向善、趋美的由己性；“诚其意”是不欺的“诚之者”。于是，在制造舆论的动机上就有三种情形发生，只是揭露某种社会事实，表达自己对事实的态度和立场，并无将自己的“揭露”成为公共讨论的对象，从而形成社会舆论的动机；既有揭露社会事实的动机，又想使自己的“揭露”成为公共讨论的对象，以扩展的形式实现自己对社会现象的批判；借助对社会事实或社会现象的极端评价引起公愤以实现攻击、报复之目的，至于是何种原因造成了这种极具攻击和报复的动机结构，则不是我们讨论的题材。

制造或导致社会舆论的动机及其目的主要有三种情形：[①] 善良意志，通过揭露社会的诸种瑕疵，达到警示世人、治病救人的目的；混合意志，揭露瑕疵，虽无解构社会之目的，但以释放谴责、批判之情绪以报复社会为根本动机；解构意志，置基本事实于不顾，偏执一隅，以致病制人为目的。由三种动机所推动的立场和观点，都有可能成为公共性议论、讨论的对象。无论是否能够为自己的动机进行伦理辩护，但一种揭露、披露，一个立场、观点已经从个体的实施和言说变成公共性“题材”，就必然会产生“溢出效应”，即原本是某个或某些行动者自知的情形下，自愿、自动发动的，而一旦离开主体而成为公共性“题材”，它就会按照公共舆论的产生和运行逻辑而展开其自身，一种无法收回的“道德承诺”就会变成毫无效果的虚假承诺。

社会舆论的“溢出效应”约有三种情形：放大效应，即一种揭露、披露，一个立场、观点会在持续扩展的传播中逐渐远离真相，甚至遮蔽了真相；工具效应，被域内或域外的别有用心者加以改造、涂层、置换，以达到舆论制造者不曾预想、或预想却难以达到讽刺、谴责、批判、攻击、报复等目的；政治效应，其揭露和披露的社会事实乃是一般性的、或非政治性的现象、事件，其立场与观点也并无明显

---

① 在当代场域下，一种建构性的、辩护性的立场和观点很难成为公共讨论的对象，相反，解构性的、批判性的甚至是破坏性的立场和观点则极易成为社会舆论的焦点，因此这里所讨论的“善良意志”不是指前者，而是指后一种情形。过度关注社会的“非常现象”且乐此不疲地沉浸其中，企盼产生放大或轰动效应，乃是一种病理学意义上的舆论动机。当社会舆论被消极的甚至是攻击的动机所支配时，一种解构性的情绪和力量就会聚集起来，对社会秩序的安全阈限会构成威胁。

的政治性质，却可以被域内、域内的他者改造成政治事实，以达到惩罚甚至颠覆本国之国家安全的目的。地方事实世界化、地方舆论国际化乃是一个必须高度重视的社会舆论现象，这是充满差别、矛盾甚至冲突的全球化运动的一个直接后果。一旦产生“溢出效应”，[①] 舆论的主体已无力承担和兑现任何道德责任，因为一种揭露、披露，一个立场、观点一旦经历了披露、观点—舆论—社会舆论的运行逻辑，就变成了远远超出舆论制造者之实际能力的“公共事件”，这种不可控的“代价转移”乃是一个典型的舆论伦理现象。

3. 实践理性与意志表达。一如康德所说，在人性中既有“向善”的取向又有“趋恶”的倾向，完全的善和完全的恶似乎难以找到。一个好的政治治理和好的社会管理就是为“扬善抑恶”创造制度环境和舆论环境。在熟人社会，真心为善者多，故意为恶者少；在社会舆论中，故意歪曲事实、制造假象、支配舆论，以实现自己恶劣之目的，可谓鲜矣，因为交往人数有限，交往范围狭小，故意为恶代价过高；虽有人言可畏之忌惮，但恶语中伤者少。在此种场域下，实践理性与意志表达之关系就不会作为问题而出现。而在反复交换、广泛交往的现代场域下，流动性、变动性、突发性作为现代社会的突出特征，使得社会舆论的发生和演变都具有了新的构成方式。

实践理性之于动机的意义在于实践理性的特殊作用。实践理性先后出现在亚里士多德和康德哲学中，在亚里士多德的哲学体系中，理论理性、创制理性和实践理性是理性的三种形态，其中理论理性是拥有逻各斯而把握不变事物的能力，创制理性和实践理性是虽不拥有但可以分有逻各斯而把握可变事物的能力。创制理性是创

① “溢出效应”也可称之为“溢出原理”：自溢，揭露、披露事实，表达立场、提出观点，动机在于产生广泛而持续的舆论效应，借以获得社会成员的广泛承认和赞许，以满足对存在感、认同感和成就感的强烈渴望；外溢，有强烈获得这些揭露、披露、立场与观点的外部需求者，未必是预先商定的结果；互溢，事实的揭露、披露者与需求者之间有合谋事实，互惠互利、各得其益。如若特定事实的揭露、披露者对这一行动所能产生的“溢出效应”有足够的认知、判断和推理，对“溢出效应”可能产生的严重后果有足够清醒的预判，仍依旧坚定地如此而为，那么他一定是绝对责任的担负者。

造某种制品的技艺，是因人的技术理性而成的事情；实践理性也是因人的努力而成的事情，但其所求的不是因人的行动而成的过程和结果，而是正义、平等的性质以及造成这种性质所需要的优良品质，这就是属人的善。正义感、怜悯、同情、勇敢、友爱等，就是这种优良品质的诸种表现。而在康德那里，实践理性则是道德哲学中的核心词，它与实践法则和善良意志共同构成个体的德性结构。在理解和借鉴已有思想的基础上，我们试图对实践理性与社会舆论的关系做深入分析和论证。

在熟人社会，人们对自身以及他者之观念与行动进行判断和评价从而形成社会舆论时，常常是直观的、自然的，几乎不对舆论得以发生的动机之善恶性质、过程与后果之伦理性质进行预先考察、过程坚守和结果反思，也不追问舆论的正确与正当。原因有二，其一，被判断和评价的对象通常都是日常生活意义上的事实，而不是非常状态下的公共危机；其二，判断和评价者尚不具备运用实践理性知识进行道德推理的意识和能力。建立和完善社会主义市场经济虽有 40 多年的历程，但在对公共事件进行意志表达时仍有浓重的直观、自然的特征，少有反思和批判的功夫，从众、避责心理依旧根深蒂固。对公共事件的判断、意见和建议常常出现两种极端，一个是漠不关心、冷若冰霜，似乎置身于生活世界之外；一个是随意、任意表达，只求表达的快乐，不问表达的后果。这是一种在社会舆论上的严重错置：用前现代的思维构造现代性，用直观的、自然的方式制造舆论。在社会舆论的制造、传播和评价上缺少的不是意愿和机会，而是实践理性。

实践理性在形成公正而有效的社会舆论中具有如下三个方面的重要作用，其一，在动机的原始发生和实施过程中，能够将善良意志置于其他动机之上，将由恶劣动机所导致的质料和形式意义上的损害和伤害前置到想象中，提前产生愧疚感、负罪感和罪恶感；其二，在舆论的产生和传播过程中，能够把善良意志贯彻到各个环节、各个层次，以顽强的意志力抗拒内心利己的冲动、抵御外部利益的诱惑，不做善良意志的背叛者；其三，在社会舆论产生的诸种后果上，能对好的结果予以肯定和坚持，对不良后果予以反思和矫正。

总之，现代性场域下正确且公正的社会舆论所要求于人们的是善良的动机、完善的知识、公正的判断。善良动机的形成既来自行动者的自制力又来自外部的规训与惩罚；完善的知识来自学习和践行，没有相关的自然科学、社会科学和人文科学知识，针对公共事件所表达出的判断、意见和建议就缺少足够的事实根据，也无法做出有科学依据的判断，没有一定的道德理性知识，就无法给出合乎平等和正义原则的道德判断，只有既有客观根据又有主观根据的规范才能成为法则，法则是道德规律的理性表达；在信息相对充分的条件下，根据普遍有效的实践法则，对公共事件进行符合正确和正当标准的判断、推理的能力就是一种判断力，一个完善的判断力只有在反复进行的交换和交往中才能形成，它并不为人所先天具有，而是在不断实践中养成和运用的，好的判断是在好的环境下形成的，却可以在坏的环境下丢失。总括地说，动机、知识和判断力构成了形成正确、正当社会舆论、构建和谐“舆论场”的道德基础。

4. 有关公共舆论的道德哲学批判与伦理基础奠基。如果把社会舆论界定和规定为针对一般性的公共事件做出的非政治性的判断、推理，表达出的立场和观点，那么公共舆论就是针对政治事实而做出的判断和推理以及由此形成的公共性议论和评价。在传统社会的边陲管理中，由普通民众的判断、意见和建议所形成的社会舆论通常是非政治性的，由先哲、智者针对国家治理和社会管理所建构的建设性的政治谋划，作为一种公共性判断、立场和观点，很难为广大民众所知晓，尽管是相关于政治事实的判断和谋划，却也难以成为公共舆论。在由市场经济所推动的中轴管理模式下，政治权力和公共职权的支配性作用已经扩展到社会领域的几乎所有方面，这就会产生两种完全不同的效应，其一，如果使政治权力和公共职权变成没有约束的支配性力量，就会出现将君主权力和规训权力置于生命权力之上的局面，因为一如上述，政治权力和公共职权具有排除各种抗拒以贯彻其意志而不问其正当性基础为何的支配性力量，而这正是阶级社会的状况。其二，将政治置于政治权力和公共职权之上，再把政治界定和规定为最大限度地满足公民之根本利益的治理和管理模式，将“以人民为主体”的观念变成政策、制度、体制和行动的价值观基础，这就把阶级社会的将权力置于政治之上的倒置逻辑为置目的之善于手段之善之上的正义逻辑，因为一个充满正义的社会一定是将生命政治置于权力政治之上的社会。马克思、恩格斯所主张和努力的终极目标就是彻底消灭导致目的之善与手段之善倒置的私有制，“共产党人到处都支持一切反对现存的社会制度和政治制度的革命运动。在所有这些运动中，他们都强调所有制问题是运动的基本问题，不管这个问题的发展程度怎样”[①]。这里所说的“现存的社会制度和政治制度”正是资产阶级的私有制，“现代的资产阶级私有制是建立在阶级对立上面、建立在一些人对另一些人的剥削上面的产品生产和占有的最后而又最完备的表现”[②]。

在人类历史上曾出现过以社会主义命名的国家114个，尽管到今天只有5—6个国家自称是社会主义国家，但中国特色社会主义制度从其诞生之日起就呈现出不可比拟的制度优势，它从根本上建构了以人民为行动主体和价值主体的制度体系；构造出了以人民过上整体性的好生活为目的之善的核心价值体系，把政治权力和公共职权视作手段之善的观念体系。在近百年的社会主义发展史上，尽管我们从未放弃建设社会主义实现好生活的信念，从未泯灭以人民为主体的观念，但由于如下两个原因，我们并未很好地实现这一目的，这就是“能够”和“应当”问题。人的理性能力是有限的，迄今为止的任何一种国家制度和社会管理模式都是人类能够找到的相对为好的，不可能做到绝对为好，社会主义制度就是人类能够找到的相对更好的制度，因此，只有不断深化和拓展社会改革才能做得更好。在能力所限定的范围内，并不能保证每一个拥有政治权力和公共职权的人都能够一心一意地、殚精竭虑地通过权力这个手段之善最大限度地实现目的之

① 《马克思恩格斯文集》第2卷，人民出版社2009年版，第66页。

② 《马克思恩格斯文集》第2卷，人民出版社2009年版，第45页。

善，相反，少数当权者将人民赋予的权力变成了谋得私利的手段；或玩忽职守、少作为不作为，现一心为公之虚、行官僚主义、形式主义之实。在交换和交往日益深化和拓展的现代场域下，现代媒介的飞速发展，使这些未能体现目的之善的政治和行政现象被置于公共性议论、讨论、反思和批判的场域之中，于是，以政治性的公共事件、现象为反思和批判对象的公共舆论逐渐产生出来。无须论证，公共舆论的发生、发展和完善乃是社会进步和完善的重要标志。另外，我们也必须看到，当代场域下的公共舆论尚存在者诸多不足和缺陷，这就为对公共舆论进行道德哲学批判和伦理基础奠基创造了必要性和可能性。

第一，政治德性的重建具有本体地位。无论对于造成公共舆论对象的当权者而言，还是对政治性的公共事件进行判断、反思和批判者而言，重建政治德性都具有本体论的意义。在通过政治权力和公共职权实现目的之善的过程中，政治德性具有逻辑上在先的性质，它决定着执政能力向何处运行、如何运行。如若没有道德德性的约束和指导，理智德性可以向任何一个方面发展，而道德德性规定了理智德性必须朝向平等和正义。一个完整的政治德性就是由理智德性和道德德性两个部分构成的统一体。理智德性作为一种能力体系，就是对逻各斯、对规律、道德认知和把握能力，以及用观念指导行动的能力，它通过反复的训练而得来，需要时间。道德德性是在两极之间或多极之间寻找“中道”或“中庸”并意愿遵道而行的能力以及能力的充分运用而形成的优良品质。政治德性并非是不同于人的基本德性的另类形态，相反，人的德性只有一种基本的范型，只是在看待和对待不同的事物和关系时表现为不同的形态，如在看待一般性的、非政治的公共事件时，其所表现出的判断、意见和建议就是一般性的社会舆论；针对政治事实而表达出的立场和观点以及由此形成的公共性议论、争论和辩论，就是公共舆论（政治舆论）。与公共舆论相关的政治德性并不单独为评价者所拥有，更为拥有且行使政治权力和公共职权的个人及其集团所拥有。事实上，后者在形成公共舆论上更加根本，因为一种好的国家治理和社会管理只是依靠强大的公共舆论的反思、批判这种外在的力量来表现和实现，那么一种持续的国家治理体系和治理能力现代化就根本不可能。于是，相关于公共舆论的政治德性就在两种主体和三个方面展开其自身，第一，从公共舆论得以生成的初始根据来看，拥有且行使政治权力和公共职权的个体及其集团的观念与行动构成了公共舆论的“素材”，没有政治事实给出便没有公共舆论现出，而且只有在普遍的交换和广泛的交往已经形成的语境下才能现出；第二，如若个人和集团在拥有政治权力和公共职权的同时，也同时垄断了被称之为第四种权力形式的传播媒介，且使公共议论、反思与批判处在高风险状态，那么民众表达其判断、意见和建议的手段和场域就无法形成。第三，当普遍的交换和广泛的交往已经形成，民众、理论和思想工作者、政治家均可以依照自己的观念与意志表达其对政治事实的态度、立场和观点时，能否公正客观地表达具有正当性基础的判断和观点呢？可能但不必然，其根本原因就在于能力的有限性和德性的非完整性。就造成公共舆论得以存续的对象看，任何一种国家治理和社会管理都不是完满的，总是存在着诸多方面的缺陷，要么因执政能力不足所致，要么因以权谋私所成，因此，公共舆论的持存也就有了根据。从公共舆论的发生及其实现效力的机制看，并非所有的公共性议论、辩论都是正确的、正当的，都有黑格尔所说的值得重视的成分和不值一顾的方面，即便有经得起正确性和正当性检验的公共意志给出，却也未必为权力的拥有者和行使者所接受。权力者集团的感受性、接受性和承受性构成了公共舆论产生普遍效力的充分必要条件。那么为政治事实的创造者和评价者所共同具有的政治德性到底是什么呢？

第一，观念论。政治观和权力观构成了政治事实和公共舆论的观念基础。政治观就是如何对政治的根本观点，可有技术主义和本质主义两种定义模式：政治是人们获得权力的技艺，舆情调研、分析和运用就是技术，演讲、沟通、运势、造势就是艺术，没有行之有效的技艺，便无法获得权力，即便是受人拥戴爱戴的政治领袖也必须预先拥有权力，否则其为民造福的鸿鹄之志就无从实现。但如果把政治仅仅理解为一种获得权力的技艺，那势必陷入权术的偏执之中，充满政治压迫和经济剥削的阶级社会无不如此。如若实现政治的目的之善就必须追问什么才是政治的“是其所是”，这种追问的方式就是从本质主义对政治进行界定和规定：政治是相关于每个人之根本利益的所有方面，即生命权、财产权和自由权。为着实现这些权利，政治的直接目标就是快速积累并合理分配财富、提升社会自治能力、每个人都有意愿也有能力过一种整体性的好生活。政治是相关于权力的观念、制度、体制和行动，如若把政治仅仅界定为获取权力的技艺，而不问权力的用处和用法，那定是把权力置于政治之上，用手段代替目的，如果用政治去分割和约束权力，就必须把权力定义为：权力是可以排除各种抗拒以贯彻其意志而必问其正当性基础为何的可能性。当把目的之善和正当性意识贯彻到治理、管理与公共议论中，一种真正朝向正确和正当的公共舆论才能生成。

第二，知识论。在现代性场域下，全球治理、国家治理和社会管理呈现出整体性、复杂性和冲突性等特点，如若实现一个有效的管理和治理、追求一个正当的公共舆论，就必须具备足够的知识，包括事实知识和道德知识两个方面。事实知识是对公共政治事件发生起因、过程、性质、效应等方面内容的准确把握；道德知识是对公共政治事件的伦理性质进行判断和推理时所必须具备的知识，如正当、正义、责任、归责；相对命令、绝对命令；伦理冲突、无法归责的道德承诺，等等。没有相对完善的道德知识就难以做出有充分根据的道德判断和推理。

第三，实践论。观念和知识是行动的两个必要前提，但由观念内化于行、由知识进到判断则是一个极为复杂的过程。将观念和知识导之以行的关键因素，就是公共理性，它既是一个价值目标又是实现目标的能力。作为公共精神的“社会有机体”或好社会乃是人们在信念、认知、情感和意志上的共同感和共通感。康德称之为“普通的道德理性知识”，把拥有且能够充分运用普通的道德理性知识的人称之为“有理性而无偏见的观察者”：“一个有理性而无偏见的观察者，看到一个纯粹善良意志丝毫没有的人却总是气运亨通，并不会感到快慰。”① 在“逐渐形成普遍的社会物质变换、全面的关系、多方面的需要以及全面的能力的体系”的场域下，价值共识和公共理性到底具有怎样的规定呢？“政治社会，以及事实上每个合理和理性的行为体，不管是个人、家庭，或者社团，甚至某种政治社会的结盟，都有明确表达其计划，将其目标置于优先秩序之中，以及相应地做出决策的方式。政治社会这样做的方式就是它的理性。它做这些事情的能力也是它的理性，虽然是在不同的意义上：它是一种知识和道德权力，扎根于人类成员的能力之中。”② 罗尔斯在指出了公共理性作为一种实践能力之后便明确规定了公共理性所指向的对象：“公共理性在三个方面是公共的：作为公民的理性，它是公众的理性；它的目标是共同的善和基本正义问题；它的性质和内容是公共的，因为它是由社会的政治正义概念所赋予的力量和原则，并且对于那种以此为基础的观点持开放态度。”③ 但也必须充分地看到，通过建立和完善社会主义市场经济而构建一个中国形态的现代社会，也不过是一个40余年的历程，过往社会和年代的思维方式与价值观念还在不自觉中起着作用，某种直觉的、经验的甚至是想象的行动和评价还根深蒂固地存在着，对自由与民主的理解也是极其片面的，错把任性当自由，错把随意当民主。矫正、改造过往社会的陈旧观念和直觉思维，而成为充分且公开运用理性进行行动和评价的人，需要一个艰苦的自我更新、自我改造的过程。

第二，伦理生态建设的重要意义。生态概念是否包含和谐含义？在扩展的意义上，或在现代生态学的意义上，生态乃指生物的存在状

① ［德］康德：《道德形而上学原理》，苗力田译，上海人民出版社1986年版，第42页。

② ［美］罗尔斯：《公共理性的观念》，参见《协商民主：论理性与政治》，詹姆斯·博曼、威廉·雷吉主编，陈家刚等译，中央编译出版社2006年版，第68页。

③ ［美］罗尔斯：《公共理性的观念》，参见《协商民主：论理性与政治》，詹姆斯·博曼、威廉·雷吉主编，陈家刚等译，中央编译出版社2006年版，第68—69页。

态及其展开方式，以及不同生物之间的相互嵌入、相互支持、互为条件、共在共生的内在关联。伦理生态是指个体、组织、民族、国家之间相互嵌入、互为条件、共在共生的内在关联。这种关联不是自在的而是自为的，是个体、组织和国家在积极的行动中构建出来的，因此，任何一个生存和生活于其中的个人和组织都有责任来维护这个关联。若以个体为原点界定和规定这个关联，那么伦理生态就表现为个体与社会、个体与个体、个体与自身三种联系，由此决定，他也就担负着三重道德责任。在代内伦理的范围内，伦理生态对每一个在世的人都有着直接和间接的意义；在代际伦理的框架下，当下的伦理环境为下一辈人准备着伦理基础。在伦理生态中，"舆论场"是一个极为重要的方面，它是以个体、群体、政府、政党为主体就某个具体公共事件所表达出的判断、意见、建议、立场和观点，由于被议论的公共事件具有多面性，更由于人们对公共事件的发生、扩展、演变不能做到信息周全，判断、议论者可以找到多个角度、站在不同立场进行争论，这就构成了一个或相合、或矛盾、或冲突的舆论空间。正是在持续的、激烈的争论和辩论中，真理与谬误才能逐渐被确证出来。一个健康的充满正义的"舆论场"不是只有一种声音，一种立场，每个表达者都必须有对正义的追求，每个人也必须确信，别人也如我一样，在尊重事实的基础上，获得正义本身，或接近正义的"真相"。而要做到这一点，无论是个体还是政府和政党，都要在正义与道德宽容之间找到一个平衡点，力争成为一个充分且公开运用理性的旁观者、言说者和行动者。

至此，我们相对完整地论述了"社会转型与伦理变迁之社会哲学原理"的核心观点，指明介于家庭和国家之间的广阔的活动空间，蕴藏着人们都是目的而不仅仅是手段的先天实践法则，它有可能将这种法则发展成为以自由、平等为核心价值的公共精神；这种精神有将其自身扩展到政治生活和私人生活的可能性。但由于公共生活中的自愿平等原则、自由负责精神是非强制性的，并非依靠外在的强制性力量而推行的，同时，以追求利益最大化为目的的资本，以支配和监督为职能的权力，都有可能将其自身嵌入公共交往和公共生活中来，从而解构公共舆论。于是，如何构建政治生态就成为如何实现现代社会转型的关键，构建“社会转型与伦理变迁之政治哲学原理”也就成为一个迫切的理论工作。

第四章　社会转型与伦理变迁之政治哲学原理

并非人类历史的任何一个阶段都是政治性的，但人类历史一经进入政治性的状态，各种活动的治理和管理就具有了新的形式，这就是国家的产生和持存。引发人类社会变革的原因有许多，其中经济和政治是最根本的要素。其复杂性在于，经济转型的动因可能有政治的因素，但往往不是直接的；政治的转型、权力的更迭却往往因经济因素而引起。我们不拟描述和论述任何一个政治转型和权力更迭现象，而是着力分析和论证具有进步意义的政治转型，这便是与始自 15 世纪与市场经济的建构和完善相互嵌入、相互贯通的政治变革。将其视作是进步意义的，意指它有利于实现经济活动中的效率与公平原则、政治活动中的正义与平等原则、文化活动中的自由与幸福原则。市场经济的发轫、发展如何推动着现代政治体系的建构与发展，而日益发展起来的现代政治体系又是如何反身嵌入经济、社会和文化活动中的，以至于在现代社会结构中，政治越来越成为中心要素？政治的转型和权力的更迭如何改变着原有的政治伦理结构，又生成着怎样的政治伦理？在现代政治伦理中，是否具有两面性或复杂性？自由、民主、平等是否具有历史性和民族性？这些都需要做出具有历史根据和学理依据的分析和论证。因为，在现当代社会生活中，决定人类整体性进步的力量越来越表现为政治的进步和发展，“政治转型与伦理变迁”也就自然而然地成为现当代社会转型与伦理变迁中的核心问题。

一　在经济转型、社会转型和政治转型之间：时间逻辑与价值逻辑

从现代社会转型的原始发生中，经济转型具有时间上在先和逻辑上在先的性质。从一般概念的逻辑演进中，可以再现市场经济发生、发展的历史轨迹。交换行为古已有之，人类早期的交换行为，可能仅有社会学和人类学意义，而不具有经济意义；即便发展到普遍的物物交换（W—W），也仅仅具有丰富生活样式、满足多重需要的性质，因为交换的目的是互通有无、丰富消费，而不是为增殖。所以交换经济是商品经济和市场经济的"史前"形式，在性质上是完全不同的。在原始经济中，即便是简单的交易、交换行为，也都渗透着灵魂和心灵的性质，即所谓"默契交易"。关于默契交易的案例有许多。希罗多德在《历史》一书中，记载了迦太基的腓尼基人同"海格立斯角"（直布罗陀海峡）对岸的非洲黑人之间进行的默契交易。根据希罗多德的记述，渡海而来的迦太基商人一到交易地，就把交易物摆放在海边，然后返回到船上点燃报信的烽火；见到信号的非洲人很快出现在海边，放下与物品相当的黄金，随后迅速离开；迦太基人再一次过去，检验一下黄金的数量，自忖合意便留下物品带走黄金；否则就将黄金原封不动地放好，回到船上等待着非洲人增加黄金。在日本，阿伊努人（北海道阿伊努同千岛阿伊努）在千岛海边进行过类似的默契交易。从北海道航海去千岛的阿伊努人，把船停泊在海边，趁村民隐遁山林之际把商品放在海边，然后返回到船上。村民们随后过去放下等价物，取走商品。最后，北海道阿伊努人再度到海边取走等价物。在我国历史上，类似于默契交易的活动也很多，只是不叫作默契交易而称之为"鬼市"。《唐书·西域下》："西海有市，贸易不相见，置有物旁，名鬼市"；《避暑录话》："鬼市夜半而合，鸡鸣而散。"此外还有"腥臊海边多鬼市，岛夷居处无乡里"的诗句。这些"默契交易"、"鬼市"与原始人的宗教、惯例、禁忌是密切关联的。"交易本身当然是以共同体的自然需要为基础的，人们是出于

生存的需要才去进行交易。但是，那些非要避讳的对方又是谁呢？他们是敌人吗？还是传染病患者？犯罪集团？邻近的部族？抑或是妖魔鬼怪？——他们是妖魔鬼怪。在神话传说中，鬼、妖、龙、仙人、仙女、雪妖、巨人、小人、仙鹤、仙狐等等，大都象征地表现'异人'（外来者、异族人）。我们知道，鬼或仙人实际上并不存在，他们不过是原始人用以表现对自己共同体外部的人所特有的一种恐惧的意象。这种象征的意象就是'异人表象'"。①

依照桑巴特和韦伯的经济史结论，市场早已存在，"交换经济"、"商品经济"和"市场经济"是逐渐递进的关系，"市场"和"市场化"是有区别的，只有把依照交易规则进行的交易行为变为经常的、普遍化的社会行为时，商品经济和市场经济才成为可能。

这是栗本慎一郎给出的一个交易图表：

交易与交易者的各种关系

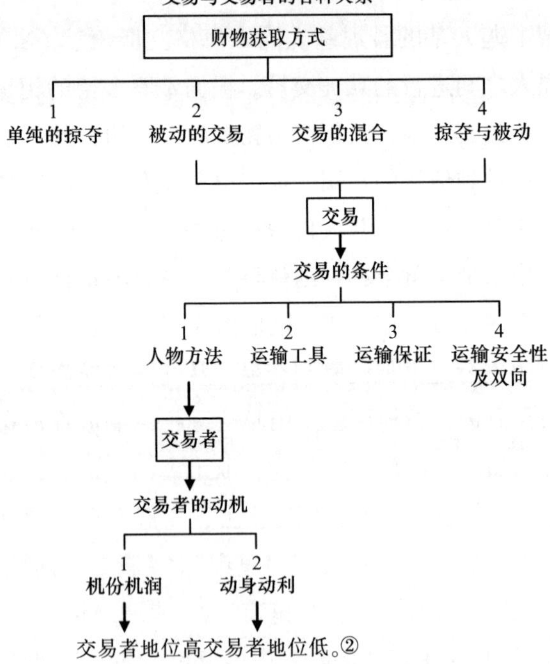

① ［日］栗本慎一郎：《经济人类学》，王名等译，商务印书馆1997年版，第76页。
② ［日］栗本慎一郎：《经济人类学》，王名等译，商务印书馆1997年版，第37页。

经济人类学家也从经济史的角度提供注解："波朗尼指出：把交易、货币、市场视为本质上不可分割的三组元素，这是产生于市场经济观念的一种误解。他称之为'市场经济的三位一体'。从亚里士多德到马克思，人们一直把经济的专业化和分工当作'交易—货币—市场'发展的产物，即把这些制度（波朗尼把交易、货币市场统统称为制度）的发展，看作仅仅是经济发展过程中的一个局部，'交易是市场中财物的转移，货币是辅助财物转移的交换手段'。然而，'交易的形态和货币的种种用法与市场的形成无关，毋宁说它们是先于市场而出现并逐渐在我们的经济生活中成为举足轻重的东西'（波朗尼）。并且，即使是在有市场的地方，需求—供给的机制也未必就是联动的。在非市场社会，价格（等价）由什么来决定，这是一个极为重要的问题。最初的等价当然是由传承与权威来决定。"① 由交易、货币和市场的交互作用并逐渐衍生出一种完整的社会经济组织方式——市场经济，其间经历了若干过程与环节，描述这些过程与环节对于人们来说已经极为困难，它经历了几个乃至十几个世纪的累积过程。但市场经济的原始发生还是以几个极为明显的历史事项为其表征的。"要了解这一过程的经过，不必追溯太远。虽然在十四和十五世纪，在地中海沿岸的某些城市已经稀疏地出现了资本主义萌芽，但是资本主义时代是从十六世纪才开始的。"②

从经济学和经济史学家的描述与论述中可以看出两点，第一，从交换经济到商品经济再到市场经济，其间经历了漫长的历史过程；第二，从市场的形成和交易行为的发生看，政府或政治权力的直接干预较弱。而真正影响利用市场进行交易、交换，从而发展出以增殖为目的的市场经济来，传统的伦理观和宗教观起着至关重要的作用。因此得出结论说，经济转型先行于社会转型和政治转型而发生，是有充分根据的。我们的旨趣不是要梳理市场经济的发生、发展史，而是要分

---

① ［日］栗本慎一郎：《经济人类学》，王名等译，商务印书馆 1997 年版，第 32—33 页。

② 马克思：《资本论》第 1 卷，人民出版社 1975 年版，第 784 页。

析和论证，以市场经济的建构为标志的现代经济转型如何引发了政治结构的变迁，如何改变着国家治理和社会管理模式，而实现转型之后的政治结构又是如何影响经济活动的。更进一步的问题是，如果经济活动中的效率与公平原则、社会活动中的尊重、承认、自由和平等原则不能拓展到政治活动中，进言之，如果政治权力和公共职权被垄断在少数人手中，且实行专制治理，那么逐渐发展起来的市场经济的自治性和社会交往的公开性、公共性就会逐渐受到抑制；相反，政治结构只有采取朝向终极之善的运行逻辑才能促使经济和社会协同发展。

（一）从经济和社会转型到政治转型：可能性及其限度

如果依照涂尔干的机械团结和有机团结理论，现代意义上的国家即民族国家的产生，一定是晚于经济转型的，但由此却不能得出结论说，现代民族国家是随着市场经济的产生而发展起来的，而市场经济产生之前的国家则只能称作城邦。这样的结论不具有普遍的解释能力，因为它不构成我们讨论的题材，所以我们将集中研究市场经济的发生、发展如何催生了现代国家。

在欧洲中世纪，生活在社会最底层的人，为了生计，不得不从事为城邦伦理和基督教教义同时所禁止或批判的活动：买卖。然而这些的人，为着摆脱生活上的窘迫，开始从事买卖活动，在艰苦的经营活动中，他们培养出了买卖人特有的品格和精神，这就是被经济史学家所赞美的“企业家的伦理气质”和“资本主义精神”。从主体看，拥有这种气质和精神的人乃是那些从事买卖活动的商人，犹太人、日耳曼人、苏格兰人似乎是主要力量。桑巴特曾在《现代资本主义》中描述了这些人所具有的“企业家的伦理气质”，韦伯则在《新教伦理与资本主义精神》对宗教教义的重新诠释中，阐释了新教改革对资本主义的影响。从外部结构看，商人把世界分成了需求世界和供给世界，以至于后来供求关系变成全部生产和交换行为的社会基础。这些商人从社会最底层经过艰苦努力成为逐渐富裕的阶层之后，成为后来的资本家。他们深深地感受到，严苛的封建制度限制着他们的发展，要改变这种只有经济地位而没有政治地位的矛盾状况，资本家、资产者和资产阶级①就必须夺取政权。所以始自16世纪的尼德兰资产阶级革命开启了全面的资本主义时代。17、18世纪，世界历史继承前一时期的巨大转折和变化，向着更为深广的方向发展。在欧洲和北美，封建主义的基础受到冲击，资产阶级革命的时代来临。继尼德兰革命之后，英国爆发了资产阶级革命，为资本主义制度的确立开辟了道路。欧洲大陆的主要封建国家也陆续进行改革，推行富国强兵政策，客观上推动了资本主义的发展。在此期间，欧洲国家进一步加快了殖民扩张的步伐。经过激烈的斗争，英国最终成为世界上最大的殖民国家。在社会巨变的大潮中，欧洲政治思想领域出现了启蒙运动，为资本主义社会提供了一套政治构想。在法国，爆发了轰轰烈烈的大革命，摧毁了封建专制统治，为资产阶级掌权开辟了道路。在英属北美

① 资产阶级的英语“bourgeoisie”来自法语，源于意大利语的“borghesia”，而后者又是源于从希腊语“χωριό”演化而来的“borgo”，意思是村庄。因此“borghesia”就是指在村庄中心拥有房子的自由人。资产阶级出现于中古时期的意大利，那时住在村庄中的居民开始变得比住在附近乡间的人还要富有。因此他们可以获得相对较多的权力和影响力，越来越接近统治阶级和神职人员，同时逐渐远离平民阶级。这种中古时期的资产阶级原型就是磨坊拥有者，他们能够快速地对当地经济产生重大影响力，以至于可以对统治者表达否决权。资产阶级首先在意大利的威尼斯、佛罗伦萨等城市出现，原因是意大利同欧洲的两个商业世界联系密切。意大利不仅从地中海贸易中得到好处，而且是西欧、北欧同东方各国贸易的中间商，从中得到了利益。在商品和贸易活动的哺育下，意大利的一些城镇商品经济繁荣起来，为资本主义萌芽提供了条件。在此之后，资产阶级这一新兴阶级陆续在中欧、西欧兴起，逐渐形成一个独立阶级。在接下来的世纪里，资产阶级这个名词则较适合用来指称最初的银行家，以及那些从事新兴活动如贸易和金融的人。19世纪之前，这个词大部分情况下指的就是低于贵族、高于农奴和无产阶级的广大人群。在马克思主义里，资产阶级被定义为在生产商品的社会中拥有生产资料，占有工人劳动的阶级，和资本家实际上是相同的意思。马克思主义认为无产阶级（赚取薪资者）与资产阶级在本质上是互相敌对的，比如说，劳工自然都希望薪资能够越高越好，然而资本家却希望薪资（即成本）能够越低越好。换句话说，资本家会剥削劳工。如果将拥有生产工具定义为一个人对某个特定的生产工具拥有完全的控制，那么在21世纪的现代社会中，已经剩下非常少的资产阶级了。在当代的马克思主义用语中，资产阶级是指那些控制了公司机构的人，控制的方法有通过对公司大多数股份的掌握、选择权、信托、基金、中介或关于市场业务的公开发言。因此“资本家”是指财富主要通过投资得来的人，而他们不需要工作以求生。在现代非马克思主义的中文用法里，资产阶级（或布尔乔亚）和普罗大众（普罗是从无产阶级Proletarian的头音而来）时常被用来指称富人与穷人，而不一定是指拥有或不拥有生产工具的人。

殖民地，建立了新兴的美国。不同国家的资产阶级革命在原因上虽有各种不同，但在性质上似乎是一致的。英国利用地处大西洋的航路要道的有利条件，积极进行海外贸易和殖民掠夺。圈地运动积累了巨额资本，使得资本主义迅速发展。资产阶级力量日益壮大，要求掌握政治权利，进一步发展资本主义。国王查理一世的专制引起普遍不满。17 世纪时，英国国王竭力推行封建专制，鼓吹“君权神授”，认为国王的权力是神授予的，不可违抗。资产阶级和新贵族的权利受到侵害，他们利用议会同国王展开斗争。斯图亚特王朝的封建专制阻碍了英国资本主义的发展。在法国，国王占绝对统治地位，王权至上和法国严密的等级制度与第三等级（工匠，城市平民，农民）处于最低的位置。新航路开辟以后，欧洲的主要商道和贸易中心从地中海区域转移到了大西洋沿岸。英国人利用有利的地理位置拓展对外贸易，进行殖民掠夺。在此期间，制造业等工场手工业得到很大发展，还出现了采用资本主义经营方式的牧场和农场。由工场主、商人、银行家和农场主等组成的新兴资产阶级成长起来。有些贵族虽然保留着贵族头衔，却也从事一些资本主义性质的经济活动，他们被称为新贵族。

资产阶级革命的直接后果就是建立了新兴的资产阶级政权，开启了资本主义制度统治的时代。英国 1689 年通过了限制王权的权利法案；建立了由议会制约国王权力的君主立宪制。英国是世界第一个建立近代政治制度的国家，它不仅为本国的发展开辟了道路，更标志着人类社会跨入了一个新时代。1781 年美国人民最终打败了英国军队，取得了独立战争的胜利。1787 年美国制定宪法，确定了三权分立的共和政体。美国独立战争的胜利不仅为本国的发展开辟了道路。也为世界被压迫民族的解放指明了道路；同时它确立的共和政体，在世界上也产生了深远影响。法国 1793 年 5—6 月罗伯斯庇尔掌握了领导权，并实施了一系列革命政策，使革命到达顶峰，结束了专制统治，沉重打击了欧洲其他国家的君主专制制度。法国大革命充分显示了人民群众的伟大力量，虽经历了几次王朝复辟，但共和政体最终确立起来。

从资产阶级发生、发展史，资本主义发生史和资本主义国家发生史之间内在的历史逻辑可以看出，在资本主义的主体形态、经济形态和政治形态之间呈现出的是由内到外、由弱势到强势的转换趋势，进一步的历史事实是，市场经济作为一种经济组织方式，从来都没有独立运行过。当它还在社会的最底层慢慢生长的时候，当商人、资产者尚未强大到足可以推翻封建制度的时候，市场经济是在封建贵族的宽容之内生长着的；当日益强大起来的新兴资产阶级深深地感受到，不推翻封建制度就不能使自己快速发展的时候，那它必然要进行政治革命，推翻封建制度，建立资本主义制度，构建资产阶级政权。这是基本的历史事实。这里的问题不在于资产阶级是如何从最初的买卖人发展为商人、资本家，最后成为资本主义国家的构造者的，而在于如下两点，第一，只有完成资产阶级从经济人到政治人的转变，才能完成从经济转型到社会转型再到政治转型的飞跃；进一步的规律是，实现从经济转型到政治转型之飞跃的主体是同一的，这同样是历史事实；如若拥有经济权力和政治权力的人并非同一个主体，而是不同的人群，那么拥有政治权力的人群如何才能主动地建构一套推动市场经济向广度和深度发展的政治制度呢？结果可能会是两个，一种是拥有政治权力的人会坚定地认为，经济必须为政治服务，如若经济权力损害到了政治权力则必须用政治权力压制、抑制经济权力，其结果是抑制了经济的发展，这种情形似乎影影绰绰地出现在封建社会的中后期。另一种情形是，实现权力与资本的合谋，是拥有权力和拥有资本的人互惠互利、各得其益；虽然保留了市场经济的发展空间，但在社会财富的分配上却造成了严重的两极分化。第二，资产阶级自觉、自愿地实现了从经济人到政治人的转变，继而构建了有利于市场经济发展的政治体系，然而它又建构了比封建私有制更完备的私有制：资产阶级私有制。对资产阶级的这种历史二重性，马克思、恩格斯在《共产党宣言》中作了精彩的描述和精辟的论述。恩格斯在1883年德文版序言中说道：“贯穿《宣言》的基本思想：每一历史时代的经济生产以及由此产生的社会结构，是该时代政治的和精神的历史的基础；因此

（从原始土地公有制解体以来）全部历史都是阶级斗争的历史，即社会发展各个阶段上被剥削阶级和剥削阶级之间、被统治阶级和统治阶级之间斗争的历史；而这个斗争现在已经达到这样一个阶段，即被剥削被压迫的阶级（无产阶级），如果不同时使整个社会永远摆脱剥削、压迫和阶级斗争，就不再能使自己从剥削它压迫它的那个阶级（资产阶级）下解放出来。"[①] 随后，马克思、恩格斯又在《共产党宣言》中梳理了资产阶级的产生过程，"从中世纪的农奴中产生了初期城市的城关市民；从这个市民等级中发展出最初的资产阶级分子"[②]。最初的资产阶级既充分地利用了逐渐发展起来的贸易、航海、殖民地，又推动了新的生产方式即市场经济的发展，尤其是国内和国际市场的发现。"以前那种封建的或行会的工业经营方式已经不能满足随着新兴市场的出现而增加的需求了。工场手工业代替了这种经营方式。行会师傅被工业的中间等级排挤掉了；各种行业之间的分工随着各个作坊内部分工的出现而消失了。但是，市场总是在扩大，需求总是在增加。甚至工场手工业也不再能满足需要了。于是，蒸汽和机器引起了工业生产的革命。现代大工业代替了工场手工业；工业中的百万富翁、一支一支产业大军的首领、现代资产者，代替了工业的中间等级……由此可见，现代资产阶级本身是一个长期发展过程的产物，是生产方式和交换方式的一系列变革的产物。"[③]

资产阶级起初更多是一个具有经济意义的概念，市场的发展、交换关系的普遍化，使城关市民逐渐成为最初的资产阶级；资产阶级从最初的"磨坊拥有者"到后来的资本拥有者，再后来，它就试图用资本的力量对抗旧有的封建制度，逐渐地，资产阶级就在经济意义上发展出了它的政治意义。但资产阶级绝不会丢掉它赖以立命的资本，当它把资本和权力统一起来完全控制在手中的时候，资产阶级就变成了集生产方式（资本）、政治制度（权力）和意识形态（文化）于一

① 《马克思恩格斯文集》第 2 卷，人民出版社 2009 年版，第 9 页。
② 《马克思恩格斯文集》第 2 卷，人民出版社 2009 年版，第 32 页。
③ 《马克思恩格斯文集》第 2 卷，人民出版社 2009 年版，第 33 页。

身的绝对统治者。资产阶级实现从经济转型到政治转型绝非一个一朝一夕、轻而易举的过程，相反，将经济权力转换为政治权力乃是一个复杂而艰难的过程。“资产阶级的这种发展的每一个阶段，都伴随着相应的政治上的进展。它在封建主统治下是被压迫的阶级，在公社里是武装的自治的团体，在一些地方组成独立的城市共和国，在另一些地方组成君主国中的纳税的第三等级；后来，在工场手工业时期，它是等级君主国或专制君主国中同贵族抗衡的势力，而且是大君主国的主要基础；最后，从大工业和世界市场建立的时候起，它在现代的代议制国家里夺得了独占的政治统治。现代的国家政权不过是整理整个资产阶级的共同事务的委员会罢了。”① 这就是资产阶级发生、发展史；也是资产阶级概念从最初的经济概念逐渐发展成具有政治概念的发生、发展史；同时也是资本主义发展史，即资产阶级经济史、政治史和观念（文化史），虽然从其来源说，资本主义观念史是从经济活动史和政治活动史发展而来，但它一旦稳定下来、固定下来，就成了马克思所说的固定的、神圣的东西。一种观念、一种文化只有达到固定化、神圣化的地步，才被视为无须改变也不能改变的“绝对真理”。马克思、恩格斯说，“资产阶级在历史上曾经起过非常革命的意义”，这不但表现在经济上，也表现在政治上。从资产阶级历史作用的二重性出发，以辩护与批判的辩证态度，深入分析和论证，与建立市场经济这一经济转型相适应的政治转型的内在逻辑关系，对于建构“社会转型与伦理变迁之政治哲学原理”而言，乃是前提性的理论任务。

（二）资产阶级的历史二重性：现代政治转型的社会基础批判

资产阶级为达到自己的目的所进行的经济转型和政治转型，究竟具有怎样的人类意义，要视其消灭压迫和剥削、实现人类正义、平等和自由的程度而定。马克思、恩格斯说“资产阶级在历史上曾经起过

① 《马克思恩格斯文集》第 2 卷，人民出版社 2009 年版，第 33 页。

非常革命的意义"，这从很多方面的论证中可以看出。但同样的事实是，这个曾经的革命者起初是以全人类的名义推翻封建专制而建立市场经济和现代政治制度的，经济的发展、政治的进步和观念的革命都从这种现代转型中产生；被人们向往的人类终极价值，如民主、平等、自由、正义、进步、科学、幸福，要么由政治家提出，要么由思想家给出。然而，这些良好的愿望、美好的词句也可以成为资产阶级实现其目的的名义和口号；当资产阶级把私有制发展到最高级、最完备的状态时，当它不再需要动员无产阶级以及其他一切可以团结的力量和它一起推翻封建制度时，当它完全可以依靠政治和资本的权力而进行全面的支配时，它就像当时和封建贵族相对立、相对抗那样，现在便和工人阶级相对立和对抗了。"资产阶级用来推翻封建制度的武器，现在却对准资产阶级自己了。但是，资产阶级不仅锻造了置自身于死地的武器；还产生了将要运用这种武器的人——现代的工人，即无产者。"①

资产阶级在人类政治上的意义究竟在哪里呢？这是研究现代政治转型所必须正视和重视的问题；相反，如果我们采取回避的或过于偏见的态度，反而无法认清资本主义制度的本质、资本主义制度相对于封建制度之优势的历史性，相对于社会主义制度之劣势的历史性。

首先，在经济、政治和文化之间，资本主义制度构建了一个使这三个最为基本的社会构成要素各在其位、各尽其能、各负其责的位置上，使经济活动保持在相对自主、自由的运行状态中，惟其如此，才有了亚当·斯密那只"看不见的手"的理论。每个人都带着利己心去从事生产和交换，每个人都试图使自己利益最大化，结果却不自觉地促进了公共善的增加，增加了他人的福利。"一只看不见的手引导他们对生活必需品做出几乎同土地在平均分配给全体居民情况下所能做出的一样的分配，从而不知不觉地增进了社会利益，并为不断增多的人口提供生活资料。当神把土地分配给少数地主时，他既没有忘记

① 《马克思恩格斯文集》第2卷，人民出版社2009年版，第37—38页。

也没有遗弃那些在这种分配中似乎被忽略了的人。后人也在享用着他们在全部土地产品中所占的份额。”①土地分配是如此，投资各种产业也会产生这种效果。“由于每个个人都努力把他的资本尽可能用来支持国内产业，都努力管理国内产业，使其生产物的价值能达到最高程度，他就必然竭力使社会的年收入尽量增大起来。确实，他通常既不打算促进公共的利益，也不知道自己是在什么程度上促进那种利益。由于宁愿投资支持国内产业而不支持国外产业，他只是盘算他自己的安全；由于他管理产业的方式目的在于使其生产物的价值能达到最大程度，他所盘算的也只是他自己的利益。在这场合，像在其他许多场合一样，他受着一只看不见的手的指导，去尽力达到一个并非他本意想要达到的目的。也并不因为事非出于本意，就对社会有害。他追求自己的利益，往往使他能比在真正出于本意的情况下更有效地促进社会的利益。我从来没听说过，那些假装为公众幸福而精英贸易的人做了多少好事。事实上，这种装模作样的神态在商人中间并不普遍，用不着多费唇舌去劝阻他们。”② 对亚当·斯密的“看不见的手”的理论，马克思在《1857—1858 年经济学手稿》中曾作了批判性的改造：“一切产品和活动转化为交换价值，既要以生产中人的（历史的）一切固定的依赖关系的解体为前提，又要以生产者互相间的全面的依赖为前提。每个个人的生产，依赖于其他一切人的生产；同样，他的产品转化为他本人的生活资料，也要依赖于其他一切人的消费。这种互相依赖，表现在不断交换的必要性上和作为全面中介的交换价值上。经济学家是这样来表述这一点的：每个人追求自己的私人利益，而且仅仅是私人利益；这样，也就不知不觉地为一切人的私人利益服务，为普遍利益服务。关键并不在于，当每个人追求自己私人利益的时候，也就达到私人利益的总体即普遍利益。从这种抽象的说法反而可

---

① ［英］亚当·斯密：《道德情操论》，蒋自强等译，商务印书馆 1997 年版，第 230 页。

② ［英］亚当·斯密：《国富论》，郭大力、王亚南译，商务印书馆 2015 年版，第 428 页。

以得出结论：每个人都妨碍别人利益的实现，这种一切人反对一切人的战争所造成的结果，不是普遍的肯定，而是普遍的否定。关键倒是在于：私人利益本身已经是社会所决定的利益，而且只有在社会所设定的条件下并使用社会所提供的手段，才能达到；也就是说，私人利益是与这些条件和手段的再生产相联系的。这是私人利益；但它的内容以及实现的形式和手段则是由不以任何为转移的社会条件所决定的。"① 是市场经济这种经济组织方式造成了"看不见的手"的社会效果，每个人都在考虑自己的利益，而不是优先考虑他人和公共利益，结果却造成了公共利益的增长，何以至此？是人的相互依存性情形造成的后果。然而，如果这种依赖仅限于生活资料和情感上的依赖，是无法造成这种"意外效果"的，只有在相互交换的场景下才能出现。亦即：若要使自己的利益追求最大化就必须优先满足别人的需要，满足别人的需要是满足我的需要的前提，因为自己的产品只有被别人买走，只有使自己的产品变成上品，使自己产品的使用价值变成价值时，他的利己动机才能实现，这是市场经济的目的论规则。并非人的良好意愿造成了公益的增长，而是这种经济组织方式要求着或造成着这种效果，这是利己动机和利己行为的公共效应。为着这一公共效应，每一个交换者就必须遵循等价交换原则，这是市场经济的技术论规则。

那么，市场经济的这种始自利己但却利他的运行逻辑，能否扩展到政治活动中呢？历史证明，无论资产阶级或资本主义制度有着怎样的超出之前制度的"原始性"、"野蛮性"，但在革命的或进步的方面，确实将市场经济中的平等、自由、所有权、利己动机等价值元素推广到了政治活动中。由经济转型经由社会转型而达于政治转型，并非直接的、直线式的，相反，它必须实现从经济伦理向政治伦理的飞跃，这便是社会转型与伦理变迁的真正涵义。在此，我们试图将对"资产阶级的历史二重性"在政治伦理上的意义的分析还原到现代政

① 《马克思恩格斯文集》第 8 卷，人民出版社 2009 年版，第 50—51 页。

治转型之伦理基础的建构问题的分析和论证中来。

其次，对资产阶级或资本主义制度的政治伦理基础的建构、维系与变迁的研究，必须在具体的历史场域中进行。一如资本主义制度曾经是革命的但却逐渐走向保守的甚至是倒退的那样，它的政治伦理基础似乎也在走着一条“创新”—“内卷”—“退化”的道路。人类从未放弃过对美好社会的向往和追求，但却从未完全实现这一愿望，或许永远都走在追求的道路上。但有一点是可以证明的，那就是人类对美好社会的追求都是在主体性力量和客体性资源所规定的可能性空间内进行的；可能有最糟糕的制度，但却没有最好的制度。一种具体的社会制度被视为相对好的一种，那是因为它把实现美好社会所需要的基本要素建构起来了，如把快速创造财富并合理分配财富的经济组织方式即市场经济建构起来了，把实现正义与平等的政治制度建构起来了，把实现自由和尊严的文化制度建构起来了。然而，这里的复杂性在于，体现美好社会的价值原则和实现这些原则的制度和体制并非同一种力量，一个是就终极目的而言，一个是就实现这个目的的手段而言；应该不断矫正和完善的不是这些价值原则，而是实现原则的制度设计和体制安排。当人们错认为一种制度只能适合于某一种价值原则时，就必然产生只有将那个价值原则和实现那个原则的制度和体制一同铲除时，才能最终消灭那个不合理的社会。殊不知，效率与公平、正义与平等、自由与幸福是人类共同追求的价值，它不会因不同的社会制度而改变它自身，因为这些价值原则是从人类个体及其构成的共同体和社会中的原初状态中生发出来的。并非哪个社会制度创造出了这些原初性的价值原则，而是这个社会制度能够最大程度地实现这些价值原则。当人们把价值原则的普遍性和社会制度的普适性混同在一起的时候，就必然要采取只有去掉价值原则的普遍性才能铲除制度的普适性的认知方式和行动逻辑。如果目的是错误的，那么再正确的手段，其结果也是错误的；如果目的是正确的，那么只要手段正确，结果就是正确的。由把手段的正确性等同于目的的正确性的思维方式所造成的观念上的混乱和实践上的偏离，是非常值得深刻检视的观念和行动。

二　社会转型与伦理变迁之政治哲学原理的内容构成

政治学、政治伦理学和政治哲学都是朝向政治事实的理论沉思，政治学是追问和追求政治行动之运行规律的科学，强调的是我们能够做什么，更倾向于技术主义和实用理性；而政治伦理学是对政治观念、制度和行动的正当性问题的考察，是在能够基础上对“应当”的追问和追寻，倾向于实践理性；而政治哲学则是在能够于应当基础上对何以能够和应当的前提与政治行动之终极目的的追问和追寻。而从谁的政治观念、政治制度和政治行动的角度看，可有政治家、思想家和一般民众的政治观与政治行动；而在这三个行动主体中，一般民众在政治观和政治行动，多半是滞后与被动的，从他们的生产、交往和生活中，很难有先知先觉先行者，原因在于，在经济权力、政治权力、军事权力和社会权力的构成中，一般民众很难掌握其中的一种或几种；既然是一般民众，无论在社会中所处的地位、所具有的力量、发挥作用的程度都是非中心化、非核心化的。当我们说人民群众是历史的创造者的时候，主要是指，无论从生产质料的生产还是从生活资料的生产来看，劳动者以及由劳动者组成的人民群众都是主体，且永远是主体；但从国家治理、社会管理的角度看，构成一个好社会，提升国家治理的能力和社会治理的能力，创造并供给一组先进的观念，构建一套政策和制度体系的，则是那些代表劳动群众意志和利益的政治精英、经济精英和科技精英；当他们代表人民群众的根本利益和核心意志时，他们就是群众的中的一员，是有思想、有觉悟、有领导和组织能力的一员；当这些曾经代表先进思想和制度、代表劳动者根本利益和意志的精英者，在各种欲望和诱惑面前，背叛了人民的意志，将个人占有、支配和表达置于人民利益之上时，则人民有权夺回属于人民群众的权力。如果直面已然的和实然的政治事实，如马克思、恩格斯所说，迄今为止的、有文字记载的人类历史都是阶级斗争的历史，都是在各种经济活动和经济关系中居统治地位的阶级对其他阶级进行压迫和剥削的历史。资产阶级也曾经是被剥削和压迫阶级，但在市场经济的发轫、发展中，一部分人从城关市民中脱离出来，成为有产阶级，最后发展为资本家，变成了资产阶级。然而，市场经济中的自由、平等、权利、利己原则，也会越出经济活动，而成为政治活动领域中的价值原则，于是，如何在政治活动中形成和贯彻正义与平等、民主与自由就变成了“社会转型与伦理变迁之政治哲学原理”的核心内容。当在非资产阶级政治活动中形成的资产阶级政治观念逐渐成熟和强大起来之后，拥有这种政治观念的政治精英就会以普遍的价值原则为口号，动员全体被剥削和压迫的阶层或社会成员，揭竿而起、进行革命，推翻封建帝制，建立资产阶级民主国家，于是就把先前的政治观念变成了政治制度，继而用制度进行国家治理和社会管理，进行资产阶级式的约束和管制。

从文献记录来看，被以文字形式记录下来的政治观念多半是思想家的观点和理论，似乎没有一本十分细致而周全的记录体式的文献，描述了政治家或政治精英集团是如何具体地进行国家治理和社会管理的，最多是对一些政治事件的记录。而“社会转型与伦理变迁之政治哲学原理”所要追问的则是一种政治观念是如何形成的，又是如何通过政策、制度和行动而贯彻下去的，在这一思考路径之下，我们试图给出一个政治行动的初始模型，之后用历史的和现实的材料来证明这个模型的解释能力和指导能力。

（一）政治行动的主体形态

只有先行对“政治”概念作界定和规定，才能对“政治行动”做出规定。我们可以从技术主义和本质主义两个角度来定义政治。

技术主义的定义：政治是获取权力的技艺。技术是一种用科学的手段去调查和统计民众的政治意愿，在相互竞争的权力角逐中，民众的政治倾向；艺术是竞争者向民众进行的各种政治宣传、营造影响民众政治倾向的社会氛围，通过演讲彰显权力竞争者的政治抱负、理想和实施策略，借以树立自己的政治形象、塑造政治人格魅力。在这一定义中，强调的是如何获取权力，而运用权力达到何种目的，似乎不在这一概念中。如此一来，决定获取权力的目的，就会有如下几种可能：其一，完全服务型，即全心全意为民众谋利益，人民对幸福生活的渴望和追求，是获取权力者所努力的方向；其二，完全利己型，将各种政治动员和宣传作为达到自己占有与支配目的的手段；其三，以服务为手段达到利己的目的，这是一种更加高级的支配模式；其四，以利己的方式实现利他的目的。从总的趋势看，完全服务型和完全利己型是最困难的两种。如果站在可理解、可接受的立场上看，获取权力本是就是一种偏好，如果没有通过对权力的占有而满足支配的欲望，那么对权力就不会有过多的兴趣，但我们却不能由此得出结论说，获取权力的欲望本身就是恶的，因为占有和表达的欲望原本就是从人的非自足、非完满的状态中生发出来的，倘若人们对包括权力在内的任何一种价值物都失去了兴趣，那么不但个体即便是人类也就不可能存在下去了。另一方面，如若每个人对权力都有同等程度的欲望，那么人们也会因为获取权力而进行殊死的斗争，最后因为无法达成和解而两败俱伤，无法生存下去。于是，我们在弱的伦理的立场上看，无论用权力达到什么目的，获取权力本身就具有先在性和合理性。那这是否意味着，政治上的善人，也必须以善的方式获取权力呢？人类历史上的禅让制似乎并不是一个普遍的权力法则，而普遍的现象倒是激烈的权力斗争。因此，如果以强的伦理的态度来对待权力的获取问题，那么政治上的善人若以善的方式来获取权力，那么他即使是出于完全服务型的目的，那么他也不会获得权力，因为权力的拥有者通常不会自动放弃权力，即便他是一个昏君或恶贯满盈的皇帝，也不会因对自己恶的行为的反思和悔过而自动地将权力移交给那些能够为民服务的智者、贤人。以此可以说，如果过分执着于政治的技术主义定义而不顾及终极目的，那么在获取权力问题上的善恶论争，并没有实质意义。

本质主义的定义方式：政治是相关于每个人之根本利益的所有方面。在现当代政治体系中，每个人的根本利益是指被合法界定了的生存权、财产权和自由权，它们分别对应着人的身体之善、外在之善和灵魂之善，是对个体的生物性、社会性和精神性的国家或宪法认可形式。这就是黑格尔在《法哲学原理》中所说的："国家是伦理理念的现实——是作为显示出来的、自知的实体性意志的伦理精神，这种伦理精神思考自身和知道自身，并完成一切它所知道的，而且只完成它所知道的。"① 如果我们把黑格尔的拟人化的国家伦理精神还原为有人称、有人格的人群，那么指导国家伦理理念、实现伦理精神的主体，就是具有道德人格的政治领袖和政治精英集团。所谓相关于每个人之根本利益的"所有方面"，指的是政治体系中的政治观念、政治制度和政治行动三个主要方面。国家作为伦理理念的现实，它要通过观念、制度和行动来实现它的伦理精神。

当我们把技术主义和本质主义的定义方式整合在一起，来整体性地考察政治的"是其所是"时，技术主义的定义其实就是对政治的客观因果性陈述，而本质主义的定义就是意义妥当性陈述，是规范性命题，它要回到权力为什么服务的问题上来。在获取权力的过程中，没有哪一个权力竞争者会公然申明，获取权力就是为了自身的占有和支配的目的，他的真实动机和终极目的就是让自己的利益得以增加，让自己的支配欲望得以满足。相反，竞争者都会或多或少地向民众承诺，要把民众的利益置于优先位置；如果他想继续握有权力，且有继续实现利己动机的欲望，也必须部分地实现民众的愿望。

如果不限于对政治进行定义，而是把对政治的本质主义的定义方式提升为一种价值观，那么有关"社会转型与伦理变迁之政治学原理"就必须给出一个好的政党和好的政治的得以确证的基础，这就是目的之善的先行规定。如若有一种政治体系，在实现如下三个终极之善过程中，能够最大限度地提供政策支持、制度保障和行动基础，那

---

① ［德］黑格尔：《法哲学原理》，范扬、张企泰译，商务印书馆 1961 年版，第 253 页。

么它就是一种好的政治。第一，找到一个能够创造财富并合理分配财富的经济组织方式；第二，能够将民众的政治意志视作国家意志的本质，拥有政治体系的政治领袖和政治精英集团自知民众意志，并完成民众意志；第三，每个人都有意愿也有可行能力努力过一种整体性的好生活。或许这三个终极之善永远都存在于人类的原始意识中，人类能够做的事情就是构造能够实现这些善的社会方式，在一定意义上说，人类历史就是不断将这些终极之善从原始意识中“解放”出来，将其呈现在表象里、把握在意识中；当一个政党或一个政治精英集团这些终极之善标划为一种鲜明的政治观念时，它分明是在建构着能够实现这些善的政治体系；将其变成了坚定的信仰、正确的理论体系，明确的行动方式。信仰、认知、情感、意志和行动，构成了政治行动的主体形态，它们是“主观意志的法”，要把它们变成现实的善，就必须实现从道德到伦理的过渡，这就是政治行动的客体形态。

（二）政治行动的客体形态

一个政党或一个政治精英集团，如若实现作为坚定信念的终极之善，必须借助国家这个庞大的工具体系，作为一个复杂的社会设置，它由政治上层建筑和思想上层建筑组成；作为一个有机体，二者是国家的物质体系和观念体系，它们要分别地解决两大任务，一个是政党或国家自身的建设，要用目标、宗旨、制度和集体四个环节将国家这个庞大的有机体构建起来；另一个是充分发挥有机体的各个组成部分的创制和管理功能，创造并分配公共善。就前者而言，政党或政治精英集团必须构建起一个自我约束系统，这是由于政治权力和公共职权有被滥用和不用的可能。在迈克尔·曼给出的政治、军事、经济和社会四种权力形式中，政治权力具有强制性、合法性、广泛性、持续性和不可逆性等多种属性，它可以排除各种抗拒以贯彻其意志，而不问其正当性基础为何，但也可以必问其正当性基础为何。在人类的国家治理和社会管理中，几乎每一次重大的政治革命都是由政治权力和公共职权被滥用，集团性腐败而引起的。一个政党无论给民众以怎样美好的承诺，如若它已经完全违背了民众的意志，致使民众只有推翻背叛承诺、背离人心的反动政府才能获得新生的时候，广泛的社会革命就爆发了。以此看来，向政党或国家自身而言的约束体系的建设，是它能够创造公共善并合理分配公共善的前提，也是实现终极之善的根本保证。

而就最大限度地实现公共善而言，政党或政治精英集团实现终极之善的根本道路是政策设计、制度安排和行动保障。政策是针对某个活动领域里的资源如何进行配置或分配而进行的各种规定，政策“就是政策国家政权机关、政党组织和其他社会政治集团为了实现自己所代表的阶级、阶层的利益与意志，以权威形式标准化地规定在一定的历史时期内，应该达到的奋斗目标、遵循的行动原则、完成的明确任务、实行的工作方式、采取的一般步骤和具体措施。”在这一常识性的理解中，虽然有强调阶层、阶级和利益集团的论证倾向，却也反映出政策的鲜明特点。如若是在充满阶级冲突的历史场域之下，决策者通常都是占统治地位的阶级，它们都会自觉不自觉地将政策的制定朝向有利于自己的方面进行；若是一个在已经基本消灭了压迫和剥削的社会状态下，执政党则会最大限度地朝向民众的利益。然而，一如在对政策的常识性理解中所呈现的那样，政策具有空间上的领域性和时间上的阶段性；如果除去人类理性的有限性这一点，即人类无法制定出让所有的人在同一时空结构中获得平等的或接近平等的财富、机会和对待，一个必须正视的客观原因就是，不同地区和不同人群在主体性力量和客体性资源上存在差异，以此便有自然公正和社会公正之间的矛盾问题；在一个充满阶级对立的社会状态下，个人之间、地区之间、阶层和阶级之间的差别以及基于这种差别而产生的不平等，甚至是压迫和剥削，是私有制无法从根本上解决的；在从根本上消灭了压迫和剥削的社会状态下，如何使得充满差别的不同个体、不同地区和不同阶层的人们共享到因政策而来的福利和机会，依旧是一个政党或政治精英集团所必须面对的政治难题。政策作为针对某一领域里的某一事项，或就财富、资源和机会的分配所做的原则性指示和程序设计，或就人们的观念和行动所做的指令性规定，都具有明显的地域性、领域性和时间性；人们可以给出一个类似于罗尔斯的相容的自由体系，但却无法给出一个让所有人在同一个政策下获益的财富、资源和机会正义分配体系。如何让不同个体、不同地区和不同阶层在反复进行的国家治理和社会管理中先后获益，从而接近平衡状态，始终是政策设计的一个重点和难点。如果一个政党或政治精英集团严重缺乏理智德性和道德德性，就既不可能在可行能力上也不会在主观意愿上，使处在弱势和边缘地位上的广大民众获得接近平衡的财富、资源和机会。是坚持最小差别、最大多数原则，还是推行最大差别、最少数原则，进行政策设计，所反映出的是一个政党或一个政治精英集团的最高价值理念。

在一个反复交往的人群 P 中，人们出于交往的需要，或由权威者供给，或由民主讨论给出，须人人遵守的游戏规则 R；若 P 不遵守 R 反比遵守 R 有收益，那人人都不遵守；反之，若 P 不遵守 R 所失去的远比遵守 R 所得到的为多，那么，人人都会遵守 R。这个 R 就是制度。与政策不同，制度的制定是充分且公开运用理论理性、创制理性和实践理性的结果；制度一经制定和践行，就成为一个看似有理性的结构，就具有权威性和执行力，它要保持相对的稳定性和持续性，朝令夕改会使自然公正和好社会公正处在无所适从状态。因制度变迁过度频繁，使得一些地区和一些阶层可能始终处于弱势或不利地位。在平等的系列中，因制度安排而实现的财富、资源和机会分配，通常是可预期的，因而是稳定的；因运气而导致的财富、资源和机会分配或造成无法预期的偶然性，出现劳动与分配严重分离的状态。

（三）社会革命—国家治理—社会管理的复杂情形

当我们在“原理”的意义上给出了政治行动的主体形态和客体形态之后，一个更加复杂的问题便紧随而来，这就是，这两种形态是如何在政治行动中相互嵌入、相互促进的，对这一机理的揭示只有在动态的政治行动中才能现出。

1. 观念—制度—行动的内在逻辑。观念作为经由理性化过程而形成的根本观点和成熟理论，是人们对事实逻辑和价值逻辑的理论把握方式，是移入人脑并在人的头脑中改造过的物质的东西，是历经康德的规定性的判断力而形成的逻辑体系。对事实逻辑的把握可称为科学观念，是使世界图像化的过程及其成果；对价值逻辑的把握可称为价值观念，是对可能但不必然的善的事物的向往和预设。人们对事实和价值的认知与预设，可以各种形式，如情绪、意见、常识、知识、理论和思想，只有理论和思想形态的认识才可以称为观念；如同价值观念和价值观一样，一个人、一个政党、一个政治精英集团，可能拥有很多价值观念，但诸多价值观念中的根本的、核心的、全局性的那个价值观念才可能称为价值观。一个政党或一个政治精英集团的科学观念和价值观从何而来呢？就如同一个个人一样，有些人毫不利人、专门利己，有些人是人人为我、我为人人，己欲立而立人，己欲达而达人，己所不欲勿施于人；而个别人则毫不利己、专门利人。一个政党、一个政治精英集团的价值观也同样如此。为何无产者和共产党人才是彻底消灭压迫和剥削、实现人类解放的特殊人群？为何直到 19 世纪末，“至今一切社会的历史都是阶级斗争的历史”？为何曾经那么“革命”的资产阶级，为何取得经济、政治和文化上的统治地位以后，“它使阶级对立简单化了。整个社会日益分裂为两大敌对的阵营，分裂为相互直接对立的阶级：资产阶级和无产阶级”。[①] 为何“现代的资产阶级”把私有制发展到了一些人对另一些人的剥削上面的产品生产和占有的最后而又最完备的形式？无产者和共产党人何以有实现人类彻底解放的伦理精神和伦理气质？这些精神和气质从何而来？“过去一切阶级在争得统治之后，总是使整个社会服从于它们发财致富的条件，企图以此来巩固它们已经获得的生活地位。无产者只有废除自己的现存的占有方式，从而废除全部现存的占有方式，才能取得社会生产

① 《马克思恩格斯文集》第 2 卷，人民出版社 2009 年版，第 32 页。

力。无产者没有什么自己的东西必须加以保护，他们必须摧毁至今保护和保障私有财产的一切。过去的一切运动都是少数人的，或者为少数人谋利益的运动。无产阶级的运动是绝大多数人的，为绝大多数人谋利益的独立的运动。无产阶级，现今社会的最下层，如果不炸毁构成官方社会的整个上层，就不能抬起头来，挺起胸来。"①无产者和共产党人要想从根本上彻底消灭压迫和剥削，就必须面对自己的全面的异化状态，必须在消灭这种异化状态中确立自己的价值观。资产阶级把无产阶级变成一无所有的人，也就意味着把无产阶级发展到了非消灭这种一无所有的状态才能最后解放自己。"我们已经看到，至今的一切社会都是建立在压迫阶级和被压迫阶级的对立之上的。但是，为了有可能压迫一个阶级，就必须保证这个阶级至少能够勉强维持它的奴隶般的生存的条件。农奴曾经在农奴制度下挣扎到公社成员的地位，小资产阶级曾经在封建专制制度的束缚下挣扎到资产者的地位。现代的工人却相反，他们并不是随着工业的进步而上升，而是越来越降到本阶级的生存条件以下。工人变成赤贫者，贫困比人口和财富增长得还要快。由此可以明显地看出，资产阶级再不能把自己阶级的生存条件当做支配一切的规律强加于社会了。资产阶级不能统治下去了，因为它甚至不能保证自己的奴隶维持奴隶的生活，因为它不得不让自己的奴隶落到不能养活它反而要它来养活的地步。社会再不能在它的统治下生存下去了，就是说，它的生存不再同社会相容了。资产阶级生存和统治的根本条件，是财富在私人手里的积累，是资本的形成和增殖；资本的条件是雇佣劳动。雇佣劳动完全是建立在工人的自由竞争之上的。资产阶级无意中造成而又无力抵抗的工业进步，使工人通过结社而达到的革命联合代替了他们由于竞争而造成的分散状态。于是，随着大工业的发展，资产阶级赖以生产和占有产品的基础本身也就从它的脚下被挖掉了。它首先生产的是它自身的掘墓人。资产阶级的灭

① 《马克思恩格斯文集》第2卷，人民出版社2009年版，第42页。

亡和无产阶级的胜利是同样不可避免的。"[①] 然而，资产阶级却从来没有放弃自己统治地位的打算，相反，它要利用手中所掌握的国家机器来固守这种地位。资产阶级不会自动退出历史舞台，那么唯一的道路就是无产阶级联合起来，建立自己的政党，在无产阶级政治精英集团的领导下，实行彻底的无产阶级革命，建立社会主义和共产主义的公有制。而要做到这一点，共产党人和无产阶级政治领袖就必须鲜明地提出自己的政治主张和对未来美好社会的设想。正是在这个意义上，《共产党宣言》就是无产者和共产党人表达自己政治立场和价值观的宣言书。

《共产党宣言》作为无产者和共产党人的价值观的宣言书，乃是一个有着由高到低等各个层次的价值观组成的观念体系。消灭私有制建立公有制是它的最高目标，但是，"共产主义的特征不是要废除一般的所有制，而是要废除资产阶级的所有制"。因为，资产阶级私有制把一些人对另一些人的剥削，把基于这种剥削之上的产品生产和占有发展到了最后而又最完备的形式。共产主义消灭的不是每个劳动者的应得，而是要消灭基于所有制之上的通过压迫和剥削得来的所得。"共产主义并不剥夺任何人占有社会产品的权力，它只剥夺利用这种占有去奴役他人劳动的权力。"[②] 在资本主义条件下，被过去积累起来的资本支配着当下的劳动者及其劳动，"在资产阶级社会里，活的劳动只是增殖已经积累起来的劳动的一种手段。在共产主义社会里，已经积累起来的劳动只是扩大、丰富和提高工人的生活的一种手段。因此，在资产阶级社会里是过去支配现在，在共产主义社会里是现在支配过去。在资产阶级社会里，资本具有个性和独立性，而活动着的个人却没有独立性和个性。"而在共产主义社会，每一个人的自由而全面发展是所有人的自由发展的条件。如果说消灭私有制是无产者和共产党人的最高目标，那么由

① 《马克思恩格斯文集》第 2 卷，人民出版社 2009 年版，第 43 页。
② 《马克思恩格斯文集》第 2 卷，人民出版社 2009 年版，第 47 页。

社会统筹劳动和统一分配财富，使得每个人根据自己的意愿生产、交往和生活，就是终极目标。“当阶级差别在发展进程中已经消失而全部生产集中在联合起来的个人的手里的时候，公共权力就失去政治性质。原来意义上的政治权力，是一个阶级用以压迫另一个阶级的有组织的暴力。如果说无产阶级在反对资产阶级的斗争中一定要联合为阶级，通过革命使自己成为统治阶级，并以统治阶级的资格用暴力消灭旧的生产关系，那么它在消灭这种生产关系的同时，也就消灭了阶级对立的存在条件，消灭了阶级本身的存在条件，从而消灭了它自己这个阶级的统治。代替那存在着阶级和阶级对立的资产阶级旧社会的，将是这样一个联合体，在那里，每个人的自由发展是一切人的自由发展的条件。”① 当无产者和共产党人的最高价值观和终极价值观被确立起来之后，就要将这些原则性的观念具体化到各个领域中，于是，马克思、恩格斯便提出了极为具体的价值目标，包括土地所有、重建银行、公共教育，等等。

可以肯定地说，一个政党、一个政治精英集团，如果没有明确的价值观体系，就不可能有努力的目标，也不可能有进行政治革命和社会改革的动力；历史上出现的每一次政治革命都伴随着新的价值观的产生，因为没有这个较之先前的价值观有更加进步的要求，那么动员民众采取集体行动，就缺乏目标和动力。共同的价值追求就是集体行动的价值逻辑。但建构新的、更高的价值目标却未必创制出能够实现这一目标的制度，进言之，由价值观—制度—行动—好社会，并不是一个分析命题，前者构成后者的充分条件，而不是必要条件。由观念—制度—行动—好社会的事实逻辑和价值逻辑的复杂性就在于，前者决定于人类的可行能力，后者决定于政党和政治精英集团的价值理想；前者是理智德性问题，后者是道德德性问题；前者决定于我们能够做什么，后者决定于我们意愿做什么。只有当二者被有机地组合在一起，价值观—制度—行动—好社会的可能性，才能变成现实性。资

① 《马克思恩格斯文集》第2卷，人民出版社2009年版，第53页。

产阶级之所以被马克思、恩格斯说成是具有革命性的，“资产阶级在历史上曾经起过非常革命的作用”，乃是因为它不仅在经济、政治上，还在哲学、文学、法律等文化上将人类的创造能力，治理国家和管理社会的能力提高了一大步。在价值观的意义上，法国大革命和美国独立战争创造出了据说是普遍的价值原则。[①] 被资产阶级宣称为人类永恒价值的自由、民主、平等、博爱，曾在其非常革命的时期，作为消灭封建帝制的观念，作为制定资本主义政治、经济和文化制度的观念基础，而被确定、确证、坚持和力行，但资本主义制度体系却不是一个向所有人开放的设计与安排。逐渐地，特别是在当代全球化的场域之下，西方资本主义国家所信奉的自由、民主、平等和博爱这些被视作人类普遍的价值，连同资本主义制度日益变成了仅向既得利益集团或利益至上者开放的观念和设计，言说者与行动者出现了背离，手段之善偏离了目的之善；严重的制度性缺陷彻底消解了曾被资产阶级宣称为普遍价值的观念，也充分暴露出资产阶级的伪善。

虽然属于先发国家，起始于 15 世纪而发展于 18—19 世纪的资本

① 法国大革命口号是：“自由、平等、博爱”。自由、平等、博爱精神永留于法国的蓝、白、红三色国旗，成为法国大革命留给世界的文化遗产。法国大革命的影响：其一，就其规模而言，如暴风骤雨，迅猛异常；其二，人民群众在三次起义中都显示了伟大力量，每当在革命的转折关头，都推动革命向前发展；其三，大革命结束了法国一千多年的封建统治，它“是真正把斗争进行到底，直至交战的一方即贵族被消灭而另一方即资产阶级完全胜利的首次起义”；其四，这场大革命还震撼了欧洲的封建制度，给它们以沉重的打击。美国《独立宣言》指出，我们认为下述真理是不言而喻的：人人生而平等，造物主赋予他们若干不可让与的权利，其中包括生存权、自由权和追求幸福的权利。为了保障这些权利，人们才在他们中间建立政府，而政府的正当权利，则是经被统治者同意授予的。任何形式的政府一旦对这些目标的实现起破坏作用时，人民便有权予以更换或废除，以建立一个新的政府。新政府所依据的原则和组织其权利的方式，务使人民认为唯有这样才最有可能使他们获得安全和幸福。若真要审慎地来说，成立多年的政府是不应当由于无关紧要的和一时的原因而予以更换的。过去的一切经验都说明，任何苦难，只要尚能忍受，人类还是情愿忍受，也不想为伸冤而废除他们久已习惯了的政府形式。然而，当始终追求同一目标的一系列滥用职权和强取豪夺的行为表明政府企图把人民置于专制暴政之下时，人民就有权也有义务去推翻这样的政府，并为其未来的安全提供新的保障。这就是这些殖民地过去忍受苦难的经过，也是它们现在不得不改变政府制度的原因。当今大不列颠王国的历史，就是屡屡伤害和掠夺这些殖民地的历史，其直接目标就是要在各州之上建立一个独裁暴政。为了证明上述句句属实，现将事实公之于世，让公正的世人做出评判。

主义现代社会转型，在经济转型基础上实现了政治转型，但资产阶级却并没有把它所倡导的民主、科学、自由、平等、正义贯彻到政治制度和政治行动中，其原因，除去能力的有限性之外，即理智德性的有限性之外，更重要的是，资产阶级的阶级本性决定着它不可能把民主、自由、正义、平等这些被它承诺为普遍价值的原则贯彻到政策、制度、体制和行动的每一个环节中，相反，由于严重缺少朝向终极之善的道德德性，致使无产阶级或弱势群体所希望的朝向终极之善的观念—制度—行动就不可能出现。

而社会主义国家的建立，从根本上找到了通过观念—制度—行动实现终极之善的制度基础，它努力建构一个能够实现终极之善的理智德性和道德德性。然而，实现终极之善的道路是曲折的，对社会主义道路的探索也是极其艰苦的；在政治转型中，如何做到手段之善与目的之善相统一、事实逻辑与价值逻辑相一致、将普遍与特殊相结合，无疑是极为复杂的历史过程。

2. 政治转型中的观念—制度—行动。在100余年的社会主义运动中，无产者和中国共产党人在革命与建设实践中，构建了朝向终极之善的价值观体系，党的十八大以后，又把这个价值观体系具体为由12个范畴构成的、国家、社会和公民三个层次的社会主义核心价值观。那这是否意味着，只要有朝向终极之善的价值观体系就一定能够实现终极之善呢？由中国共产党人组织、领导和构建的社会主义国家成立于1949年，然而经过近30年的艰苦探索和努力实践，我们似乎未能很好地实现预先承诺的目标，反而出现了更加困难的局面。究其原因，我们所采取的道路不是实现终极之善的最好方式，归根结底，在社会主义建设时期未能正确处理好政治、经济与文化之间的既相互嵌入又相区别的关系。如果使经济行动按照政治的方式予以设计和安排，那就会用政治的发展规律代替经济的运行规律。这就充分证明了，如若朝向终极之善的价值目标被标划出来，接续的事情就是构建最能实现这一目标的制度和行动，而这一工作开始于20世纪70年代末。

虽然我们在1949年便建立了社会主义国家，但真正开启现代化运动的历史节点则是1978年。这是真正的现代社会转型，也就是从这一阶段开始，由政治所推动的经济转型、社会转型、政治转型和文化转型才全面展开。然而，无论从认识上还是在实践中，我们同样遇到了从观念到制度再到行动是如何可能的问题，亦即，有好的价值观却总是缺少实现目的之善的手段之善。我们把从饱满的观念到相对合理的制度安排再到存在合理性差异的行动，称之为“意义递减”现象，即从饱满的观念到非完满的制度，再到存有各种缺陷的行动。其真正根源在于如下几点，其一，观念作为普遍的价值预设，是没有具体质料的纯形式定在，之所以显得饱满且自足，乃是由于它并未把各种情形及其困难性涵括其中，由于抽掉了各种具体，它才是完美的抽象。如权利、自由、平等、正义、公平、幸福，当它们以观念的形式被表达出来时，它们就是一种价值指向，指向一种完满的状态，而这个完满的状态之存在于人们的预设中，呈现在意识里。这些观念不是描述性的，不是对一个现实的完满的正义状态的确定和确证，而是反思性的、范导性的，它们用一个完满的观念去所指一个不完满的现实状态；惟其是反思性的，观念才会引导人们朝向那个完满的正义状态，尽管至善永远不可能实现，但可以日进无疆，趋向于它。观念不会自动实现其自身，价值观只有通过政策、制度、体制，在行动中实现它自己。

制度作为实现价值观的一种原则预设、规范设计，依旧是观念性的，它只是给出了分配权力、财富、资源、机会和运气的原则和程序，给出了人们如何思考和行动的根据、依据，但并不指向具体的内容和行动。始自20世纪70年代末，政治、经济、文化、教育、科技和生态制度变迁始终在进行着，但这些制度都是指向具体活动领域之财富分配、资源配置、思考与行动之一般规定，如若将这些原则和规范贯彻下去，就必须借助体制和运用体制进行具体实践的人。体制作为实现预设目标的一种程序、步骤、范围，具体规定了人们能够做什么和应当做什么的具体内容，于是在体制以内运用行政手段实现具体要求的人，就成为实现观念、原则和规定的关键环节。如果说，政治行动只是制定一个普遍有效的行动法则，并不指向具体的财富、机会，那么公共管理行动一定是朝向具体资源、财富和机会的，公务人员具有何种动机，如何在体制以内甚至在体制的边缘上，以合乎规范的形式使利己动机最大化，就成为公务人员必须面对和合理解决的问题。这就意味着，造成"意义递减"现象的，除了因为制度自身的而非完满性之外，公务人员的管理态度、管理效能则是更为重要的方面。

而就制度本身说，在社会转型期，也无法做到通过制度变迁而让所有的人受益。

一如前述，制度变迁所指称的是，由掌握制定制度话语权的阶层或人群，终止或改造已有的制度体系，从而生成新的原则与规定。在制度变迁过程中，就能否更好地实现效率与公平、正义与平等、自由与幸福这些价值而言，极有可能产生两种不利于实现这些价值的情形。一种是退步意义上的制度变迁。由于理智德性和道德德性的匮乏，掌握制度变迁话语权的阶层或人群并无强烈的创制更能实现正义、平等、效率等价值原则的意愿，而只是为了彰显自己的支配地位，或是为了获得更大的权力而听从更有话语权的个人或人群的意志，被改造过的制度体系非但没有改进原有制度的不足，反而增加了新的困难，不但新旧制度体系之间相互矛盾和冲突，甚至更加远离事物的真理，因为变迁者原本就不关心所谓事物的"是其所是"，也无法把握"是其所是"，官僚主义、形式主义、官本位是造成此种情形的最终根源。这是一种"内卷"、"停滞"甚至是"倒退"式的制度变迁。一种是进步意义上的制度变迁。这是一种相对意义上的进步，但依然存有如下风险。首先，当我们在有限理性的阈限内，穷尽了各种策略和方法，依然不能使所有人同时从制度变迁中获益，那我们只好采用相对为优的资源配置方式，即，在不使其他人变坏的条件下，使某些人变好。这种制度安排可能会使经济总量得以提升、财富得以增加，但增加了的财富首先是分配到了优先发展的人群或地区那里，而在初始阶段没有变坏的人群则享受不到增加了的财富。这是一种因前提不公平而导致的后果不公平，这种以“空间换时间”的发展道路所存在的风险是，用事后补偿的方式矫正前提上的不公平，必须有后续的仅向起初虽然没有变坏但却没有改进的人群开放的制度安排；然而预先发展起来的人群作为既得利益集团，会全力以赴地固化这种优势地位，阻止未能同时获益的人群来分享他们的优势地位，至此，预先承诺给未能同时发展的人群的诺言就以制度的或合法的形式失效了。其次，在制度变迁过程中，如果掌握制定、修改或矫正制度话语权的人群，将人的利己动机贯彻到制度体系的相关环节中，以使自己以体制的形式获益，从而成为既得利益集团，逐渐地，再将这种既得利益固化下来，甚至在后续的矫正性的制度安排中再次获益。由体制性缺陷造成的不公正难以防范，因为它起初就是在体制的保证下运行的，是合法但却不合理的获益方式。更为严重的是，掌握体制话语权的人群还可以将体制延伸到非独占但却充满竞争、盈利的领域，通过权力资本化、知识化，持续获益。这是一种强伦理意义上的不公正。因此，在政治转型过程中，制度变迁就面临着两大难题，一种是时空结构的单一性和制度设计的有限性而导致的，处在弱势地位的地区和人群无法同处在优势地位的地区和人群，具有同等的享受制度优势的可行能力，这只有通过不断地矫正和完善制度来平衡和解决。另一种就是政党自身的组织建设，最大限度地防止和组织权力资本化、知识化和社会化。一个有希望的、成功的、正确的政党，一定是一个具有超强的自我反思、自我纠偏、自我完善的政党。由中国共产党人组成的政党，正是这样一个政治组织，这是被 100 多年的社会主义实践史、中共党史、共和国史和改革开放史所证明了的。

三　政治嵌入经济、社会与文化生活的方式及其有效性问题

在人类发展史上，无论社会关系怎样简单、多么复杂，有三个活

动领域是最基本的，这就是经济、政治和文化，经济活动为人类提供生活资料，以效率和公平为价值原则；政治为社会提供秩序保障，它以正义与平等为价值原则；文化为人们的生活提供意义支持，它以自由和幸福为价值原则。一个好的社会结构是，三个领域保持相对独立的运行逻辑，尤其是在政治和经济之间，权力的运行逻辑并非就是经济的运行规律。因此，政治嵌入经济、社会、文化生活的方式及其有效性问题，就变成了在国家治理和社会管理中如何最大限度地实现终极之善的核心问题。马克思说，人类始终只提出自己能够解决的任务，因为只要仔细考察就可以发现，任务本身，只有在解决它的物质条件已经存在或至少是在生成过程中的时候，才会产生。如何构建一个既能够使经济按照其自身的规律运行，又能够使政治以其自身合理的方式治理国家、管理社会，始终是人类的一个核心问题；因为，从人的多方面需求和全面发展来看，是需要这样一种状态的。在这个意义上可以说，人类发展史就是一部寻找并建构经济、政治、社会、文化、科技既相对独立发展，又相互嵌入、相互支持的发展模式，然而，人类并未完全做到这一点。

在可能的意义上，政治与经济的相互关系约有如下几种组合模式：其一，政治统合经济，其结果是用政治权力和公共职权的力量进行资源配置，由国家统一制定经济政策、经济制度，包括分配制度，生产、分配、交换和消费，全部由国家及各个职能部门来安排。此种模式的后果是，因为未能构建出一个依照供求关系、遵循供求规律而安排资源的市场，所以，物质生产资料和物质生活资料的生产是在低水平的状态中运行。其二，经济统合政治。这是一种完全自由放任的市场经济，任由资本在社会各个领域里起支配作用，甚至要把国家也纳入到以增殖为目的的资本运行逻辑之中。其结果是，一切思考和行动都以是否能够增殖为目的，任何人都是一个“法人代表”，都有天然的不可剥夺的权利，当社会在基本秩序的阈限内进行运转的时候，个人主义、个人至上理念，尚能存续，因为人与人、人与社会、人与国家之间的矛盾和冲突尚未突破社会秩序的阈限；但在全面危机的状态下，个人主义行为、个人至上理念就暴露出了它的严重缺陷，因为它自认为是合理的自我中心论，是以给他人和社会造成极大风险为代价的。由于市场具有无法调节因其自身的垄断而引起的两极分化、贫富差距这一社会矛盾，市场自治只在调节资源配置、供求关系上有效，而在调节因分配不公而导致的利益冲突、种族冲突、社会冲突方面，市场经济是无能为力的。当一个社会被几个大的利益集团所掌控时，政治的力量已经变得可有可无，即便是借用国家这部强制性的“暴力工具”，也不是为着调节各种矛盾和冲突，而是被整合到资本的逻辑之中。借着国家政治权力的力量以满足几大财团的利益，也就构造出了一个纯粹的资本主义社会，结果便是马克思、恩格斯在《共产党宣言》中说的，资产阶级把私有制发展到最高的、最完备的形式。由资本的“唯利是图”，由“经济人”的自私自利导致的社会分化、两极分化，是资本所无法承担的责任；而拥有资本且通过运行资本来获取更大利益的资本家，永远都有令自己生活得以改善、令自己快乐无比的动机和行动，人类发展至今尚未出现，由哪个资本家把国家治理好、把社会管理好的情形；相反的情形倒是，一个极具商人思维的人成为一个国家的总统，他通常会把个人利己主义发展成集团利己主义，再把集团利己主义发展成国家利己主义。“市场万能论”的信念被持续的“市场失灵”现实所击垮。其三，政治与经济的平衡模式。在社会主义100多年的发展历程中，中国共产党人始终孜孜以求一个政治与经济之平衡的发展模式；1949年至1978年，经过艰苦探索和反复实践，历史充分证明，用政治的方式替代经济规律的相对独立运行，是没有效率的，其结果是共同贫穷和全面落后。“统、包、销”的治理和管理模式必然造成“等、要、靠”的严重后果；干和不干一个样，干多干少一个样，严重挫伤了人们的积极性和创造性；绝对平均主义造成了经济活动的停滞甚至倒退。始自20世纪70年代末的现代社会转型，开启了一个构造政治与经济平衡发展的模式，这就是通过构建、发展和完善社会主义市场经济，找寻一个能够创造财富并合理分配财富的道路，构建和完善一个既保证经济依据市场规律相对独立运行，又能用政治的方式调节各种社会矛盾和冲突的国家治理与社会管理模式。实践证明，在一个能够始终以人民为主体，能够不断地进行自我反思、自我纠偏、自我完善的政党的统领之下，构造一个政治与经济平衡发展的现代社会治理模式，乃是必然的事情。由中国共产党人领导的当代中国特色社会主义建设正是这样一个过程。用中国人的智慧解决中国人的问题，就是中国道路，中国经验。它既具有中国价值，更有世界意义。在这个意义上说，“社会转型与伦理变迁之政治哲学原理”的创设，并非一种单一的理论要求，更是一种实践诉求。

第五章 社会转型与伦理变迁之道德哲学原理

这里的“道德哲学原理”并非指作为学科和学说形态的知识—理论—思想体系，而是道德哲学把握社会转型与伦理基础变迁及其重建的理论方式，而被把握的对象正是那些在社会转型过程中实际地发生的道德观念、知识、情感、判断、推理和行动；进一步说，是不同利益主体对由社会转型引发的整个社会结构、利益结构、行动结构的认知与判断。马克思在谈到思维把握具体的方式问题时，明确指出有理论的、艺术精神的、宗教精神的、实践精神的把握方式；而在我们关于“社会转型与伦理变迁及其重建”的研究中，经济哲学原理、社会哲学原理、政治哲学原理和精神哲学原理，本质上属于理论把握具体的方式，而道德哲学原理则属于实践精神把握具体的方式。那么，什么才是理论把握具体的方式呢？“具体总体作为思想总体、作为思想具体，事实上是思维着的、理解的产物；但是，决不是处于直观和表象之外或驾于其上而思维着的、自我产生着的概念的产物，而是把直观和表象加工成概念这一过程的产物。整体，当它在头脑中作为思想整体而出现时，是思维着的头脑的产物，这个头脑用它所专有的方式掌握世界，而这种方式是不同于对于世界的艺术精神的、宗教精神的、实践精神的掌握的。”① 这个专有的方式，就是哲学的方式，它用概念、话语和逻辑来表达事物的逻辑，它沿着由果溯因的思维回溯

① 《马克思恩格斯文集》第8卷，人民出版社2009年版，第25页。

法，将那个作为始点的初始力量发现出来、呈现出来，这是第一条道路，在这条道路上，“完整的表象蒸发为抽象的规定”；然后再从这个始点、具体、初始力量出发，将事物的逻辑呈现在表象里、把握在意识中，这是第二条道路，在这条道路上，“抽象的规定在思维形成中导致具体的再现”。比附性地说，这是一种现象学的方法，即发生学的方法。通过“先验还原”和“本质还原”，将事物自身的原始发生及其演进逻辑呈现在概念中，以使所指和被指能够相互共属、同时共出。毫无疑问，这是一种典型的客观因果性陈述，是灵魂获得真的方式，除此之外，灵魂获得真的方式还有明智、理智、努斯等方式，这是意义妥当性陈述，而马克思所说的艺术精神的、宗教精神的、实践精神的把握方式正是意义妥当性陈述，它们将陈述者的情感、意志、态度附加到对象上去，借以做出属于其自身的价值判断和价值选择。“社会转型与伦理变迁之道德哲学原理”正是这种价值判断和价值选择。

一 道德哲学把握“社会转型与伦理基础变迁及其重建”问题的两种范式

以生活态度和学科或学说形式表达对“社会转型与伦理基础变迁及其重建”问题的道德立场，是道德哲学把握社会转型与伦理变迁问题的两种范式。在社会转型期，每个人都是这个社会转型的在场者、言说者、旁观者、体验者和行动者；无论是主动地融入还是被动地拖入，每个人都无法置身于社会转型之外。在这一经历和体验中，每个人都有自己的道德体验、判断和选择，每个人都表达着对社会转型以及由此引发的诸种社会问题的道德立场；无论是政治精英、理论工作者，还是普通民众，都有权利和机会表达自己的道德立场和态度，并切实地进行着道德选择；道德哲学或伦理学研究者也同样经历着由社会转型带来诸种深刻的变化，也如一般民众那样表达着、实践着。然而，道德哲学的研究者却不能仅止于一般民众性的道德立场和道德选择，他还必须以公正的旁观者的身份，以学科或学说的方式理性地看待、公正地对待和正确地表达对“社会转型与伦理变迁及其重建”问题的科学态度和理论观点。虽然以学说或学科名义表达出的立场是公正的，呈现出的所谓理论是社会事实的正确反映的情形，但全面而深入地研究社会转型期道德的发展规律则一定是伦理学的任务。于是，我们把以非学科或学说形式表达出来的道德立场和道德选择称之为自然观点，而把以学科或学说形式表达出来的理论称之为“科学观点”，虽然每个理论工作者表达出来的观点未必都是正确的、科学的；只取是经过反思和批判的立场和观点之意。

（一）道德之“自然观点”的原始发生及其演变规律

既是自然观点，通常是指那些未经严格省思的、非理性化、非理论化和逻辑化的道德情绪、态度、立场、观点和观点；在这些“观点”中，有些是自己确信的、践行的道德立场和观点，而有些则仅仅是评价性的态度，未必是切实践行的观点；还有些是仅仅向他者提出而自己却未必践行的观点；或者说，当他作为言说者，所提出的是最高的道德要求，而向自己提出的却是最低要求；或者说，他仅仅是一个言说者，而不是一个践行者；或者说，他向别人承诺的是出于责任的要求，而自己实际践行的则可能是合于甚至是反乎责任的要求。道德涂层、道德欺骗是一种常见的社会现象；在一个朝夕相处、千百年来不曾改变的社会生活场域之下，道德涂层和道德欺骗较少发生；这或许是由于人们拥有深厚的德性，或许因为违约成本太高。相反，在一个充满变动、流动和风险的社会场域下，道德涂层和道德欺骗倒是有可能发生，一个原因是技术理性和工具理性的产生和发展，会使人们在德性与利益之间作成本收益上的计算，另一个原因是，归责存在困难。总之，以自然观点出现的道德立场和道德选择乃是一个积极与消极、正向与反向、高尚与低级、情绪与理性、深沉与浮躁相混杂的道德场域；这是由人性的多样化和社会的复杂性决定的，这是一个每天都在进行着的、实在的道德世界，具有实际性和当下性。如果离开这个实在的道德世界而去构造一个只能令人向往而无法实现的道德理想世界，那么它仅仅具有鼓舞和信念的意义，而无实践意义，尽管人类从不缺少对道德信念的渴望，但人类渴望的是那个可以变成知性、情感、理智、意志和信念的真实的道德世界，而不是那些永远都不可能实现的信念、理想，甚至是说教和幻想。

（1）自然观点之原始发生的经济与社会基础。作为自然观点的道德情绪、情感、立场和态度一经生成便会保持相对稳定性，这种稳定性并非来自这种自然观点本身，而是来自个体和人类对确定性和明确性的渴望、追问和追寻；相对稳定的心灵之序和世界之序为人们产生心理预期并实现各种合理目的提供了保障；而人类又是在不断变化中创造机会和利用机会的，一切可能性都只能存在于变化发展着的现实世界之中。因此可以说，人类是既创造确定性、追寻和追求确定性的存在者，又是解构甚至破坏确定性从而寻求新奇和机会的存在者。道德"自然观点"的发生及其流变正出于人的这种二重原始意识以及这种意识支配下的行动；但意识和行动并非纯粹的主观行为，而是通过经济、政治、社会和精神活动表达出来的，因为人类从不存在纯粹的道德现象，而是在具体的经济、政治、社会、科技、日常交往中形成和表达出来与善恶有关的信念、观念、情感、意志和行动。作为主体性形态的道德乃是人的道德人格，而作为客体性存在的道德则是规范体系和道德舆论或道德场域；道德人格可以脱离具体的关系和场域而相对独立地存在，即是说，作为一种相对独立的主体性力量，道德可以先于关系和场域而实存、持存，具有先天和先验的性质；但是，若是没有了客体性的关系、场域和舆论，这个先天和先验的道德便也无处表现和实现。惟其如此，真正引发人们在道德观念、情感和意志上发生根本性的或重大变化的基础或原因，则决不是作为主体形态的道德自身，而是外在的经济、政治、社会、交往和科技活动，然而，又是什么力量推动着人们不断地去进行经济、政治、文化、交往等活动的变革甚至革命呢？这便是作为"自然观点"的道德得以产生和变迁的来源和根源问题。来源和根源是不同的，来源指的是为何而成，根源指的是因何而成。作为“自然观点”的道德是为何而发生变化呢？它来源于人的特定的存在状态及其展开方式，其自身就存在着促使自身不断变迁的原初动力和原始意识；当作为对象化的价值系统以及与此密切关联的社会结构和社会关系不再满足人的诸种欲求时，变革现存的活动结构、利益结构和关系结构的原始意识就变成了现实的变革甚至是社会革命。来源于自身的存在状态及其展开方式，而根源于变化了的活动、结构和关系，就是作为“自然观点”的道德得以发生变迁的原初根据。

经济、政治、社会、交往、科技的不断改革与创新，总之，不断地转型，以及由此引发的德性、规范和行动的不断变迁，均奠基于人的原初结构及其展开方式之上。这个原初结构就是不足、匮乏，过量、饱和状态，以及由此决定的由外到内的占有和由内到外的表达这样两种倾向；由此决定的展开方式便是，通过认知和改造世界，构成一个于人有价值和意义的世界，然后再依据人为构造的游戏规则，分配有限的价值和意义，为着这种分配能够合理而有效，人类还要制定若干法则以规约人的观念和行动，这就是主体性的德性、客体性的规范和变动性的场域。一切道德观念、道德情感、意志和意向，作为一种潜质或潜能，虽不在经济、政治、社会、交往活动中产生，但它们所指向的对象却一定是这些活动以及在这些活动中产生的价值、价值关系和价值行动。于是，在道德之“自然观点”的原始发生上，就有了三重要素相互嵌入在一起的情形：原初的存在状态及其展开方式—人的意识结构和行动方式—客观的价值系统以及这些系统与各个欲求者的关系。作为“自然观点”的道德，并不是游离于这三个要素之外的独立力量和约束系统，毋宁说，它们就是三重要素中的一个要素，贯穿在它们之间，流动于三种要素之间。如果把德性视为一种善，且是流动的善，那么，作为目的它自身就是自足的善；作为手段，它是促成其他善成为善的善。其自身即为目的的德性，乃是一种道德信念和一种有尊严与德性的生活方式，即过一种有尊严有德性的生活，这便是康德的德性论。然而这个颇为令人称羡的高级生活，并非是毫无根据和毫无条件的，这个根据就是人们对生物性和社会性快乐的追求和满足；这个条件就是“外在之善”的创造与分配。与根据相关联的快乐观和幸福观，它们直接相关于生物性、社会性和精神性的需要。如果单独地看，相关于任何一个层次的快乐和幸福都有它自在的合理性，只要快乐和幸福的追求与满足是合乎规范的；如果一生都执着于生物性和社会性的快乐，而无意愿和能力过一种康德式的有尊严、有德性的生活，那我们也不能断定这种快乐与幸福就是不合理的，本质上，这是一个生活态度和道德境界的追求问题。但如果相互联系地看，如果人们普遍地将德性工具化、功利化，而宁愿过一种过度的、任性的生物性和社会性的生活，而鄙视、放弃有尊严、有德性的精神性生活，那么，这才是人类性的在文化与文明上的“内卷”、“停滞”甚至倒退。尽管某些个体、群体宁愿过一种视性、钱和权为唯一目的的生活，而把社会性和精神性仅仅视作一种生活配件，自有它们的人性基础和观念前提，但人的类性本质则会促使人类朝向一种有尊严和人格的整体性的好生活演进。

2. 一个简约的道德之“自然观点”的发生史。在以采集和狩猎为主要形态的原始经济中，作为“自然观点”的德性，具有自发的、自然的特点。首先，从其来源看，人们所拥有的德性并非经由长者、智者的教化和启蒙而来，而是在反复进行的日常生活中自然而然形成的风俗、习惯、管理、禁忌、巫术、宗教信仰等等；由于没有记录过往生活的道德文本，更无可集中“学而时习之”的道德教义，有的只是当下的流动的善，即就生活自身而出的说，由合作和分配而生的做。所说出的“道德”正是人们所能理解的且时时刻刻在遵守的规范，德性与规范是统一的，每一个行动者都不会把说出的应当遵守的规范看做是外在于人的异己的力量，它们就是每个人应做的事情本身。由合作与分配而出的做，通常并不考虑这个做是否符合规范，而是只着眼于这个做能否维系于每个人须臾不可分离的生活共同体。人们每时每刻说的和做的，都不是人在说和做之前既已接触的、认知的规范体系；尚不存在对规范的拒斥心理和行为。其次，从其表现形式和实现方式来看，言说者、旁观者和行动者是“三位一体”的，尚未发生分离，进言之，专门从事道德教化的人群尚未出现；每个人在共同体中虽有不同的地位和分工，有不同的职责，但都各就其位、各司其职、各负其责。或自然担任或共同推选的家长或部落首长，本质上不是一个官位，并不具有特权，相反，他们担负着比其他家庭成员或部落成员更多的责任，他们都是无须评选的道德榜样。除了组织家庭成员或部落成员进行分工与协作，通过采集和狩猎获取稀缺的生活资料之外，部落首长或家庭家长还要为每一个部落成员或家庭成员提供生命安全保障，还要提供基于心理和精神需求的本体安全，以让每个成员都能感受到享受到存在感、归属感和认同感。每一个成员都是重要的，平等的，因为只有保证一定数量的成员，家庭或部落才会存续下来。其三，无论从家庭或部落成员的活动范围、嵌入方式，还是从人们的生活状态，还是从人们所拥有且反复运用的理性能力，都还处在明显的自然状态之下。生产生产资料和创造生活资料的能力，尚处在只能运用自然能力的状态之中，“劳动”这个概念至少没有普遍地出现在人与自然、人与人的关系之中。这种原始的统一性造成了多个方面和多个层次的同一性或一致性。在人与自然的关系上，身外的自然和自身的自然似乎没有分别，人们像对待自己的自然那样对待身外的自然，因为身外自然是自身自然存在的绝对条件，是自身自然的延伸和扩展。在极其严酷的原始经济状态，虽然自然供给人类的天然食物极其有限，人的生产能力极其有限，但所谓的生态伦理是完全不存在的，人们对自然的态度和行动，多半都是敬畏和感恩；各种形态的原始宗教，除了表达人们的内心祈愿、期盼之外，更多的是对身外自然之强大力量的恐惧、无助，进而产生了敬畏感和尊重感。基于狩猎和采集之上的极其有限的“生产”能力，尚未使人类产生“人定胜天”的观念。

在狩猎和采集这一原始的经济状态中，人与自然的简单关系也直接决定着人与人之间的简单关系，“自然观点”形态的原始道德正是这种简单关系的反映。作为“自然观点”的原始道德尽管远没有今天那样的明确指向和目的，但同样是对客观关系的直接把握。行动、关系、意识、语言，在一定程度上具有同源性，是相互嵌入、相互制约和促进的过程。“意识一开始就是社会的产物，而且只要人们存在着，它就仍然是这种产物。当然，意识起初只是对直接的可感知的环境的一种意识，是对处于开始意识到自身的个人之外的其他人和其他物的狭隘关系的一种意识。同时，它也是对自然界的一种意识，自然界起初是作为一种完全异己的、有无限威力的和不可制服的力量与人们对立的，人同自然界的关系完全像动物同自然界的关系一样，人们就像牲畜一样慑服于自然界，因而这是对自然界的一种纯粹动物式的意识（自然宗教）；但是另一方面，意识到必须和周围的个人来往，也就开始意识到人总是生活在社会中的。这个开始，同这一阶段的社会生活本身一样，带有动物的性质；这是纯粹的畜群意识，在这里，人和绵羊不同的地方只是在于：他的意识代替了本能，或者说他的本能是被意识到了的本能。由于生产效率的提高，需要的增长以及作为二者基础的人口的增多，这种绵羊意识或部落意识获得了进一步的发展和提高。与此同时分工也发展起来。分工起初只是性行为方面的分工，后来由于天赋（例如体力）、需要、偶然性等等才自发地或‘自然’地形成的分工。分工只是从物质劳动和精神劳动分离的时候起才真正成为分工。从这时候起才能现实地想象：它是和现存实践的意识不同的某种东西；它不用想象某种现实的东西就能现实想象某种东西。从这时候起，意识才能摆脱世界而去构造‘纯粹的’理论、神学、哲学、道德等等。但是，如果这种理论、神学、哲学、道德等等同现存的关系发生矛盾，那么，这仅仅是因为现存的社会关系同现存的生产力发生了矛盾。”①

在意识的诸种形态中，道德意识的原始发生乃在于基于自然和社会分工之上的利益关系的分化。当个体逐渐意识到他与其他个体存有差别时，当他意识到每个个体在共同体中都有不同地位时，且意识到

① 《马克思恩格斯文集》第1卷，人民出版社2009年版，第533—535页。

不同的社会地位对应着不同的利益关系时，我的意识、我的所得、我的应得的感觉和意识就逐渐确立起来了。道德意识是人们在长期的道德实践中形成的道德观念、道德情感、道德意志、道德信念和道德理论体系的一个总称，它往往可以区分为个体道德意识和群体道德意识，两者的统一往往表现为人们共同承认和遵守的一定的道德原则和规范道德意识，往往受到一定的经济关系和阶级利益的制约。所以说我们在日常生活中要注意规范自己的道德意识，同时也要规范自身的行为，包括语言。从道德意识的主体性形态看，就是信念、理论体系、观念、情感和意志，从承担者看，可以是个体的、群体的、民族的和国家的。从它的客体性形态看，则是人们对于基于各种利益关系之上的观念和行动的善恶或正当与否的判断，以及对于约束人们的观念和行动以调节各种利益关系的规范体系认知、认同和承认。道德意识是被意识到了的利益关系、人们构造各种利益关系的观念和行动以及它们的善恶性质、获得人们承认和践行的规范体系。在这里，道德与德性是有细微区别的，道德是被意识到了的利益关系、观念与行为的善恶性质、调节利益关系的规范体系，至于每个人究竟该如何去正确地思考和正当地行动，在道德这个概念中尚未清晰地呈现出来，而德性概念则是指一个具有基本实践理性能力的人，能够在信念、观念、情感和意志的支配下，进行正确思考和正当性行动的能力。当人们还不完全具备进行独立的道德思考、道德选择与道德实践的能力，还只是依据风俗、习惯、管理、禁忌、巫术进行认知和行动时，表明人们尚处在道德阶段，即前习俗状态，德性概念和观念尚未成为一个普遍性的事实。在此一状态下，类似于康德的先天道德观念尚未形成，人类可能具有来自于知性的概念或观念，如善、恶、正义、公平、平等，但在真正成为可以反复使用的概念之前，是以潜意识形式存在的。在原始社会，人们并无这个明晰的善恶概念，有的只是具象化、表象化、可感知的伦理关系；每每处理这些伦理关系时，都是按照往常的样子去行为的。离开了这些具象的伦理关系，离开了朝夕相处的人们之间的音容笑貌、体态语言，人们是无法理解善恶、应当与不应当的。即便在今天，婴幼儿也是通过父母的音容笑貌和体态语言来理解应当与不应当的，久而久之，便在婴幼儿的表象和记忆中建立起了具象的相互关系和抽象的道理之间的联系。道理起初不是被说出的，因为道理是不能被说出的，有理性的东西只有通过无数的合乎理性的、可听可视、可感可觉的具体事情而被现出的。婴幼儿并不先天知—道，但有知—道的潜能、天赋，经过反复的强化，不断地用具有善恶性质的事物去跟那个抽象的善恶概念和观念相联结，那些作为潜能存在的善恶概念和观念便逐渐出现在意识中。生命个体与人类在道德意识的起源上具有相似性甚至同源性，善恶概念和观念与感性的具有善恶性质的事物永远都不是同一类事物，人们总是认为，善恶观念是从具有善恶性质的感性事物中抽象出来的，那么，如何从具象中抽出抽象来，这似乎是一个难解的谜团。经验论和唯理论虽然就知识的来源和如何判断知识的正确性问题，犯下了同样的错误，即独断论的错误，但也确实提出了一个尖锐的问题，感性与理性之间的统一性是如何可能的问题。这着实是一个颇有意味的事情，每个人未必都经历过人类的历史，但一定经历过生命个体的发生史和发展史，然而，自己在何种生命段落中领会了、理解了并最终拥有了善恶概念和观念，却显得一无所知。

或许生命个体有着理解善恶概念从而形成善恶观念的天赋和潜能，但若是始终没有将这种天赋和潜能激发出来的感性经验，那么就可能永远不会有真正的善恶观念。事实证明，善恶观念正是根源于人的理解和形成善恶观念的天赋而起源于矛盾的、冲突的利益关系的形成。当生产力有了长足的发展，产品有了剩余，如何在原有按需分配的基础上将剩余产品进行有差别的分配，变成了必须解决的现实问题。人们并没有如从前那样，由长者、家长、族长、部落酋长统一地按需分配，可能存在着少量的如此这般的情景，但绝大部分都是依照差别来分配，起初可能是个人之间的差别，最后发展成统治阶级和被统治阶级之间的差别。阶级概念的产生，完全颠覆了前阶级社会状态下的原始平等、原始的平均主义；在道德的自然观点上，如果说在原始社会，自然观点就是所有人的观点，个人的道德观就是类的道德观，那么，进入阶级社会后，自然观点就变成了阶级的道德观。在阶级内部，不同成员在道德观可能有细微的差别，但绝不会差别到相互对立的程度，亦即认为本阶级被他人剥夺生产资料和生活资料是天经地义的、完全合理的，若此，便不可能在本阶级集团内安身立命了。正是进入阶级社会之后，真正的道德观才会产生，因为现实的私有制、剥削和压迫令人们冷静地思考，这种剥削和压迫为什么是不合理的。

建基于私有制之上的阶级以及基于阶级之上的国家的产生，意味着，无论是作为主体性的德性还是作为客体性的规范，以及作为德性与规范之统一的责任，都有了新的内容，一如社会被划分为不同的阶级那样，德性与规范也因此而被分化为不同阶级和阶层的道德要求和道德标准。对此一种充满差别、矛盾和冲突的德性与规范，就要在尊重历史事实的基础上进行深入的、辩证的分析和论证。

（二）基于阶级和国家之上的道德世界和伦理世界的复杂性

若是出于纯粹的学术目的，将指向当下的道德世界的实践诉求隐藏在学术史的梳理中，那么它的理论旨趣显然是在学术上，而我们要做的工作是，在已经发生的“不再是”的道德观念史和道德实践史的梳理中，在描述伦理学的基础上，给出德性、规范和责任得以原始发生及其演变的历史规律来，再将其观念化和概念化，形成道德哲学原理，这便是从具体到抽象的过程。为着验证或检验这一道德哲学的正确性和准确性，就必须将其还原到“正在是”的现实的生活世界中，此时的道德哲学原理除了要接受事实的检验之外，还要发挥它的范导作用，借以证明它的有效性。为了实现建构性和范导性两个目的，就必须坚持整体性、复杂性和冲突性原则。

阶级以及国家的产生意味着，生产力有了极大的发展，生产关系也会因为生产力的发展和财富的增加而变得更加复杂。剩余产品的出现得益于社会分工的发展以及生产能力的提高，而社会分工和剩余产品便带来了社会结构的分化。私有制与剩余产品的出现有着密切的关系，当人们不再将能够获得的生活资料全部用于消费，而是累积起来，进行扩大再生产，一部分人就会依靠天然的自然差别和偶然的占有而变成生产资料和生活资料的占有者，而其他人则随着原始平等地位的解构和平均分配原则的消失，而逐渐成为依靠出卖劳动力而维生。随着原始平等地位和平均分配原则的消失，随着私有制的产生，在人们的原始道德意识中，也因为社会地位的严重分化而发生主体地位的分化，亦即，由原始的、统一的道德意识分化成充满矛盾和冲突的阶层与阶级道德意识。这一分化呈现出极其复杂的局面和相互冲突的状况，它们意味着，德性、规范与责任愈益呈现出多样化的样貌。

第一，从德性的原始发生及其演变规律看，越来越呈现出由内到外发生根本转向的趋势。亚里士多德的伦理学尽管冠以幸福论的伦理学，但本质上属于德性伦理。在他那里，德性是一个及其复杂的心灵结构，无论是以意愿、思考、希望和选择为主要环节的行为，以情感与行为合于适度原则的品质，还是灵魂肯定和否定真的五种方式，都是分有逻各斯、听从逻各斯的指引而行动的事情，都是朝向某个具体目的的、相关于欲求的推理，自制、节制、明智、智慧、努斯，等等，都是一个人如何拥有德性和运用德性的元素。在古希腊伦理学传统中，关于规范的建构明显弱于对德性的建构。在中国传统伦理学中，尽管有着鲜明的规范伦理学的意味，但德性论则是本体论意义上的预设，它是一个相对自足的道德世界和伦理世界理论。及至近代，随着市场的发现、科技的迅猛发展、个人意识的觉醒，功利主义、实用主义、快乐主义、消费主义的盛行，一种从结果证明行为正当性的伦理观念及其理论体系逐渐地被建构起来。这种由内到外的转向并不仅限于道德哲学和伦理学，更是发生于起始于近代的现代化运动中的对自身自然和身外自然的全面改造，德性的工具化、手段化和功利化，已成为一个强劲的反基础主义倾向。麦金太尔的回归古希腊的美德伦理学的诉求，并不是一种学科或学说意义上的重返，更是一种生活哲学意义上的返回。康德煞费苦心、殚精竭虑地构造他的义务论的伦理学，更是一种对即将来临的普遍化的快乐主义、功利主义和实用主义的社会思潮和理论取向的犀利批判和强烈抗议。有人把近代以来的德性工具化和手段化的道德现象称之为“拔根”，把重返美德伦理学称之为“扎根”。学科和学术意义上的“拔根”毕竟是道德哲学和伦理学家的事情，全面的“拔根”现象也绝非是边沁和密尔倡导功利主义伦理学的结果，功利主义伦理学不过是对已经到来的功利主义和实用主义社会的一种理论表达而已。

第二，道德之“自然观点”的严重分化。原始社会状态下的统一的德性、规范和责任已被日益严重的阶级分化而瓦解，在社会进步的意义上，原始社会状态下的道德“自然观点”属于前道德观结构，朝向善恶、应当与不应当的判断和推理尚未形成，更多的是直觉和习惯，以此可以把原始道德意识称之为非本质性的道德观。但这绝不意味着，原始道德观就此便“销声匿迹”了，相反，人人平等的观念、平均分配的诉求，始终都是人类道德观中的无意识和潜意识。当社会结构发生分化、利益关系日益成为问题的时候，这种潜意识就会被呈现在不同形态的理论之中，它们就变成了平等、自由、民主和正义理论。

在私有制基础上，所谓道德之“自然观点”的严重分化乃是指，除了从内容上被分化成两种对立的道德观，如统治阶级所主张的压迫与剥削具有正当性基础的伦理观，被统治阶级强烈要求平等、自由、民主和正义的伦理观，从道德主体来看，便分化成民众、思想家和权力集团的伦理观。民众的道德“自然观点”明显地具有自然而然的特点，常常是基于具体价值诉求上的道德期盼，具体、特殊、现实，但不普遍，无法形成普遍化的道德理论。民众的道德意愿很难成为权力集团予以充分考虑的意愿和意志，它们是无声的语言，无法直接作用于政治制度和体制。只有当民众以“武器的批判”表达“批判的武器”时候，权力集团才会予以考虑，而且这种考虑又常常不是民众的道德诉求起了决定性的作用，而是它们的“武器的批判”动摇了权力集团的统治地位，是权力和社会力量相互博弈和斗争的结果。当理论家和思想家的道德观被民众所理解与接受的时候，“批判的武器”才能变成“武器的批判”。令人感兴趣的倒是这样一种现象，即以理论或思想形态表现出来的伦理观，较少有为统治阶级做极端辩护的，相反，倒是有为被压迫和剥削阶级做彻底辩护的理论家和思想家，诸如马克思、恩格斯，《资本论》被称为无产阶级的圣经。即便是那些形式上为统治阶级辩护的哲学家，也在思想深处充满了辩证法精神。这里值得高度重视的是黑格尔所提出的著名命题：凡是合乎理性的东西都是现实的，凡是现实的东西都是合乎理性的。黑格尔最早提出这一命题是在《法哲学原理》的“序言”中，随后在《小逻辑》第6节中说道：“哲学的内容就是现实，我们对于这种内容的最初的意识便叫做经验。只是就对于世界的经验和观察来看，也已足能辨别在广大的外在和内心存在的世界中，什么东西只是飘忽即逝、没有意义的现象。什么东西是本身真实够得上冠以现实的名义。对于这个同一内容的意识，哲学与被的认识方式，既然仅有形式上的区别，所以哲学必然与现实和经验相一致。甚至可以说，哲学与经验的一致至少可以看成是考验哲学真理的外在的试金石。同样也可以说，哲学的最高目的就在于确认思想与经验的一致，并达到自觉的理性与存在于事物中的理性的和解，亦即达到理性与现实的和解。在我的《法哲学》序言里，我曾经说过这样一句话：凡是合乎理性的东西都是现实的，凡是现实的东西都是合乎理性的。”① 恩格斯就黑格尔的这一命题所包含的辩证法性质作了精彩的阐释：“不论哪一个哲学命题都没有像黑格尔的一个著名命题那样引起近视的政府的感激和同样近视的自由派的愤怒，这个命题就是：‘凡是现实的都是合乎理性的，凡是合乎理性的都是现实的。’”② 在恩格斯看来，近视的政府的感激和同样近视的自由派的愤怒，都片面甚至是严重地误解了黑格尔的这个命题。凡是在当下的实际性中存在的事物都是现存的，这是无须争辩的事实，因为它们已经立在那里，无论是承认还是否认，它们都义无反

---

① ［德］黑格尔：《小逻辑》，贺麟译，商务印书馆1980年版，第43页。

② 《马克思恩格斯文集》第4卷，人民出版社2009年版，第268页。

顾地存在于那里。但现存的事物却未必是合乎现实性或必然性要求的事物，“现实性在其展开过程中表明为必然性”。所谓现存但未必现实是就客观逻辑和价值逻辑亦即就理性自身而言的。就可能存在的事物而言，并不是所有已经和正要出现的事物都是有意义的，如恶的现存事物，那么问题就出现了，一个不合价值逻辑的恶为何能够且经常出现呢？于是人们认为，恶的现存是任何时候都不该出现而善的现存是必须要出现的。黑格尔曾以批评康德纯粹的、抽象的“主观世界的法”为例而指出，这是一种极其幼稚的、肤浅的想法，因为有理性的东西是通过各种各样的不合理的现存而实现自身和显现自身的，必然性是通过若干偶然性为自己开辟道路的；恶，在某种意义上正是推动历史前进的动力。对黑格尔这一著名命题的革命意义，恩格斯进一步说道：“在发展进程中，以前一切现实的东西，都会成为不现实的，都会丧失自己的必然性、自己存在的权利、自己的合理性；一种新的、富有生命力的现实的东西就会代替正在消亡的现实的东西——如果旧的东西足够理智，不加抵抗即行死亡，那就和平地代替；如果旧的东西抵抗这种必然性，那就通过暴力来代替。这样一来，黑格尔的这个命题，由于黑格尔的辩证法自身，就转化为自己的反面：凡在历史领域中是现实的，随着时间的推移，都会成为不合理性的，就是说，注定是不合理性的，一开始就包含着不合理性；凡是在人们头脑中是合乎理性的，都注定要成为现实的，不管它们同现存的、表面的现实多么矛盾。按照黑格尔的思维方法的一切规则，凡是现实的都是合乎理性的这个命题，就变为另一个命题：凡是现存的，都一定要灭亡。”①

我们之所以花费如此之多的笔墨来讨论黑格尔的这个著名的命题，其意指并不在于对这一著名命题所蕴含的哲学意义进行阐释，而是试图说明，理论家和思想家的道德观，在何种意义上体现了人类的已然、实然和应然状态的道德进步程度。首先，理论或思想形态的道

① 《马克思恩格斯文集》第 4 卷，人民出版社 2009 年版，第 269 页。

德观，乃是人类道德之“自然观点”的最高形态，尽管一些思想家的道德观倾向于某个特定的阶级或阶层，具有为统治阶级进行伦理辩护的色彩，但本质上是朝向人类社会生活中最根本的道德问题的追问，对贤能政治和良序社会的追寻。其道德观在两个意义上超越了个别性、特殊性而指向普遍性。它基于民众的朴素的、个别的道德诉求而又不囿于这些，而是追寻本体性的、普遍性的道德。古希腊伦理学，起于自然哲学经由苏格拉底的“人学”转向，而成就于柏拉图和亚里士多德；亚里士多德创制了一个完整的德性得以发生、呈现和践行的谱系；斯多亚学派面对日薄西山的古希腊伦理世界，反求诸己，追求身体的无纷扰和灵魂的安宁。尽管古希腊伦理学呈现的是有足够社会地位的人群的伦理追求和道德状况，但对于研究人类之德性是如何养成和运用的深层问题，则是不可超越的思想高峰，以至于麦金太尔要主张返回于雅典城邦伦理，“追寻美德”与其说是对后现代社会之理想伦理世界的渴望，倒不如说是对不再是的伦理世界的回望。康德作为义务论伦理学的代表，虽然为他同时代乃至后人的嘲笑、批判甚至挖苦，但这一点都不降低康德伦理学的思想价值的实践意义。康德探讨的问题不是一般民众和权力集团所拥有的狭隘的道德视界，而是，那个即将来临的普遍交换和广泛交往的世界，该以怎样的德性、规范和责任为其基础。黑格尔把康德的“主观意志的法”还原到实际性的生活世界之中，通过概念化、观念化和抽象化，将康德的“主观意志的法”外化到现实的共同体之中，这就是家庭、市民社会和国家。黑格尔用最唯心的外表表达了最实在的内容。人类之生命、生存和生活的本体、始基是劳动，离开了劳动，人类将无法持存。因此，只要人类愿意生活下去，愿意过一种整体性的好生活，劳动都是须臾不可分离的事情。然而，起始于近代的现代化运动，使劳动具有了新的形态和完全不同的性质。经济学家从不同的角度和立场探讨现代化运动中的生产逻辑是如何产生的、演变的，然而，他们却不曾探讨现代生产逻辑对雇佣工人意味着什么，劳动之伦理本体地位的消解对整个社会和劳动者意味着，劳动作为人的本质力量的对象化，为何不能在对象性存在的创制中再现和证明劳动者的本质力量？这一起均源自于劳动资本化、资本私有化、私有制普遍化。马克思用辩护与批判相统一的学术立场、以事实逻辑与价值逻辑相一致的科学态度、以追求自由而全面发展的共产主义为最终目标的伦理精神，把对劳动异化与异化劳动的深入研究和伦理批判，呈现给了他的同时代人，也呈现给了后来者。似乎没有哪一个理论和学说能够成为一种广泛而持久的社会革命运动的理论基础和行动指南。马克思、恩格斯的伦理观无疑是他们那个时代的道德“自然观点”，但却是理论化、系统化了的历史的声音和民众心声，是民众“自然观点”的理论形态。

其次，思想形态的道德观是充满反思与批判精神的。在中外古今的思想形态的道德观中，可能有为统治阶级的政治压迫和经济剥削进行辩护的，但能够流传至今的、依旧影响着人们道德思维和道德观念的却绝不是那些对统治阶级“奴颜婢膝”的言说者，因为他们不可能成为思想家。思想是普遍性的概念和观念，思想家是对思想的思想，思想者和思想是一致的，没有对普遍性的坚定信念和执着追求，便永远成不了思想家。为此，道德哲学家和伦理学家就必须拥有深刻的批判精神和深厚的反思能力，而批判的对象既有朝向民主的朴素的、具体的道德观的承认和超越，又有对统治阶级之道德观的严厉批判。马克思、恩格斯在《神圣家族》和《德意志意识形态》中，通过对那些在理论和实践上既不能反映历史规律又不能代表普遍意志的官方的、半官方的观点的批判，而直接批判普鲁士政府的种种行为。所谓反思，是从直观、感觉到的事实回溯到始点、起点、始基的思维过程；反思后的认识和意识，乃是由果溯因的过程，是逆向思维发生学；当把表象和意识中的始点、始基展开自身为外在的表象从而成为一个有机的流动过程的时候，一个完整的发生过程便被呈现出来，这就是正向的历史发生学。无论是对德性的探讨，还是对社会价值如正义、平等、自由、民主的研究，思想家少有那种基于感觉或直观之上的“就事论事”，而充分运用了逆向思维发生学和正向历史发生学的思维方式；既指出了社会价值的必要性又给出了它们的可能性。康德的义务论伦理学，其重要贡献之一便是它的思维发生学方法。

最后，政治形态的道德观。必须冷静地、清醒地看到，在阶级社会，固然有来自民众的作为道德之“自然观点”的强烈吁求，又有来自思想家的理性批判，但真正决定社会资源及其分配的是在经济和政治上占统治地位的那个人群的道德观。我们可以把占统治地位的阶级的道德观称为道德之“自然观点”的政治形态，他们的道德思维、道德意识和道德观念直接决定着由他们给出的政策、制度、体制和行动。或许人们总有这样一种十分幼稚的疑问，为何占统治地位的阶级不能像普通民众那样进行道德思维，将普通民众的疾苦视作设计政策、制定制度和体制的伦理法则，不能像思想家那样倾听历史的声音和民众的心声？人们甚至有一种出于良知良能般的幻象，权力集团能够以民为本；统治阶级也曾信誓旦旦地承诺，自由、民主、平等、正义将是朝向每个人的社会价值，它们是普遍价值，然而，事实证明，这是一种靠不住的道德承诺，一如资产阶级所做的那样。当他们作为革命阶级的时候，他们所倡导的普遍价值具有普遍性，一当他们自己成为统治阶级的时候，普遍价值就变成了仅对他们这个特权阶级有效的价值体系。一个人、一个阶级在道德观上的涂层和伪装只有通过他们的违背承诺的行动才能被戳穿。何以至此？在几乎所有的经典伦理观点中，较少有对统治阶级之道德观的产生及其演变做出深刻分析的。这属于政治哲学、政治伦理学和政治心理学的范畴，对权力集团之德性的道德哲学和伦理学的分析与论证，将在后续的论题中给出。

二　社会转型过程中的道德观：原始发生及其演变

“社会转型与伦理变迁之道德哲学原理”这一陈述所指称的，不是一般意义上的即学科或学说意义上的理论体系，如康德在《道德形而上学原理》一书中所做的工作，而是将作为“自然观点”的道德观还原到具体的历史场域之中，通过“不再是”和“正在是”的社会历史活动而现出道德观的产生和演变规律。关于原始社会和阶级社会状态下的道德之“自然观点”的产生和演变已做出了初步的研究，现在我们将论题严格限制在“社会转型”这一域限之内，试图从整体性、复杂性和冲突性三个维度呈现道德观演变的根据与逻辑。

（一）关于“原理”的一般哲学规定

在常识的意义上，人们将原理作如下解释：第一，自然科学和社会科学中具有普遍意义的基本规律，是在大量观察、实践的基础上，经过归纳、概括而得出的。既能指导实践，又必须经受实践的检验。第二，通常指某一领域、部门或科学中具有普遍意义的基本规律。科学的原理以大量的实践为基础，故其正确性能被实验所检验与确定，从科学的原理出发，可以推衍出各种具体的定理、命题等，从而对进一步实践起指导作用。如果依照“真正的普遍性”和“严格的必然性”这两个似乎极为苛刻的标准衡量常识意义上的“原理”，那么，这个原理与其说是依照建构性原则理性地建构出来的，是经得起“普遍性”和“必然性”检验的，还不如说是借助知性概念而直接说出的。将原理定义为“基本规律”，明显地将原理的产生、呈现和作用做了简单的处理。在此，我们只想将“原理”的“要点”指明出来，而将主要任务置放于对“社会转型与道德观之演变规律”的阐明上来，继而对“道德哲学原理”做出说明。

“原理这个术语，是含义不明确的。在一般情况下，它只指谓着可被用以充当原理的那样一种知识，虽然这种知识就其自己本身以及它的真正起源来说，并不一条原理。每一个普遍的命题，哪怕它是由经验中归纳出来的，也都能在一项理性推理中充当大前提使用，但它本身并不因此而是一条原理。”那么，原理来自何处呢？显然不是来自先天知识，亦即不来自先天概念即概念推理。“‘一切发生出来的东西都有其原因’这一基本命题，根本不能从一般发生出来的概念中推导出来，相反，这个基本命题倒显示出，人们是如何能够首先从发生出来的东西那里取得一个有规定的经验概念的。因此，知性根本不能从概念那里产生出综合性知识，而真正说来，正是综合性知识我才径直地称之为原理；然而一般而言，一切普遍的命题，都可以叫作次级的原理。”关于原理产生的机制及原理的机能，康德进一步指出：“如果说知性是一种借规则来统一现象的能力，那么理性就是将知性规则统一于原理之下的能力。因而理性从来不首先作用于经验或某个对象，而是首先和知性打交道，以便通过概念赋予知性的杂多知识以一个先天的统一；这种统一可以叫作理性的统一，它同知性所完成的那种统一属于完全不同的类型。”① 知性和理性都有先天的统一、统觉能力，不同的是，知性是对通过先天感性直观得来的现象进行统觉的能力，被知性统觉、统一后的现象形成了一个综合知识，然而这个综合知识尚有明显的经验的成分，于是，理性再对“知性的杂多只是以一个先天的统一”，继而形成普遍有效的基本命题。这些基本命题满足了“真正的普遍性”和“严格的必然性”这两个要求。对知性和理性概念的用处，康德明确地指出：“理性概念是不会让自己被限制在经验范畴之内的，因为理性概念所关涉的是这样一种知识：每一经验知识都只是这种知识的一部分，（它也许是可能经验的全体，或者是可能经验的经验性综合的全体，）任何现实的经验虽都不曾充分完全到它那样，但每时每刻却都隶属于它。理性概念的用处在于进行［概念地］掌握正如知性概念的用处在于对知觉进行理解。如果理性概念包含有无条件者，那么它们就涉及了一切经验隶属于其下的某种东西。但是这种东西本身永远不是一个经验的对象；这某种东西是理性在推理中自经验出发所趋向的东西，又是理性据以评价和测定其经验性使用程度的东西，但永远不构成经验性综合的一个环节。”② 基于对康德的思辨理性的领悟，可将“原理”初步规定如下。

第一，人类构造原理的目的在于把握普遍性和必然性，而把握普遍性和必然性的目的又在于追求秩序。秩序是人试图过一种属人生活所必须的客观基础，用以表达秩序的观念或概念便是规律、逻各斯、

---

① ［德］康德：《纯粹理性批判》，王玖兴主译，商务印书馆 2018 年版，第 262—264 页。

② ［德］康德：《纯粹理性批判》，王玖兴主译，商务印书馆 2018 年版，第 270 页。

道；相关于逻各斯和道德的理性法则或自足的知识体系就是“原理”。进一步地说，“原理”是关于无条件的、无制约性的原点、始点及其展开过程的观念体系，它是关于秩序、规律、道、逻各斯的，但却不是它们自身，而是关于它们的概念和观念，或概念化和观念化的规律、秩序，更准确地说，是被把握在理性法则中的事物法则。当事物法则被呈现在理性法则中，人们便根据理性法则来做进一步地应用。

第二，在原理的应用上，约有两种方向。这两种方向与原理的性质有关，一种是科学原理，一种是价值原理；前者是建构性的，后者是范导性的；前者既用于与人的努力无关的自然界，也可以用于因人的行动而成的事情，但价值原理则一定仅用于因人的努力而成的事情；获得科学原理运用的是人的思辨理性和知性，而获得价值原理的则既有思辨理性、知性也有实践理性。朝向人的思考与行动的实践理性，必须先行借助思辨理性和知性将因人而成的事情的普遍性和必然性呈现在概念和观念中，继而简约成基本的命题，如人人都是目的而不仅仅是手段、每一个有理性存在者应当如此思考，我认我遵守的规范必有成为普遍化的法则必要性和可能性，我当如此行动，以使我遵守的规范通过我的行动而成为自主性的道德规律。显然，价值原理除了在其来源上属于建构性，而在其本质功能上则是范导性的。康德将实践法则视作是每一个有理性存在者先天拥有的信念和观念，关键的问题是如何践行这一法则。事实上，每一个有理性存在者是如何形成法则信念和观念的，原本就是一个需要优先加以思考和解决的问题；把一个成问题的基本命题看作是令每一个人都自觉、自知、自明的事情，便是取消了法则在如何成为信念和观念问题上的困难性和复杂性。

第三，如何将价值原理具体化为道德原理，对于把握“社会转型与道德观的演变”之关系，倒是一个必须优先加以解决的问题。道德原理是一个典型的范导原理，所谓范导乃是指，经由行动者自己决定自己该如何正确思考和正当行动的那种约束性，以及经由他者命令而使行动者不得不如此行动的约束性力量。康德所着力的事情是前者，因为在他看来，只有道德自律才具有真正的普遍性和严格的必然性。作为一个原理，基本的道德命题或绝对命令乃是一个始点意义上的普遍性和必然性，一如康德所指明的那样，即使现实生活中从未出现过与道德原理完全符合的经验，都不会降低道德命题和绝对命令的客观必然性和普遍有效性。这正是我们用以把握"社会转型与道德观演变"问题的"原理"。

（二）社会转型与道德之"自然观点"演变的复杂性

"原理"总是简约的、抽象的，一当"原理"作为综合知识从感性经验中被抽离出来，就变成了概念和观念性的存在，惟其如此，"原理"与感性世界和感性经验之间就总是保持着若即若离、不即不离的关系。社会转型与道德之"自然观点"的演变与"道德哲学原理"的关系就有这样的情形。

任何时代的人们，只要他愿意生活下去，并试图过整体性的好生活，就必须拥有德性并充分运用德性，就是一个普遍性问题，一如我们在道德哲学中所给出的论证那样，且就如何拥有和运用德性建构了一个"道德形而上学原理"，然而当我们直面现实生活中的道德事实，德性、规范和责任却表现出极为不同的样式，于是如何用"道德形而上学原理"分析和论证道德事实，就面临着如何将"原理"变成如何思考和怎样行动这样一些具体的"事务"。当然，即便是对具体"事务"的研究，也绝非是经验式的描述和情绪性的表达，而是用"原理"性的综合知识来陈述这个正在变化着的道德世界。

1. 社会转型的性质与类型。一如前述，社会转型是指社会进步和人的发展意义上的社会结构变迁，它有别于单纯的权力易帜和改朝换代；而就转型的历史形态看，又有由西方主要国家主导的现代化运动和由我们自觉开启的改革开放运动两种类型，我们将集中讨论中国的社会转型以及由此引发的道德之"自然观点"的变迁。

促使道德之"自然观点"演变的动因并不在其自身，而在于个体和类之生活状况，在于这种状况已经促使个体陷入物资匮乏、生活窘迫的境地；如若不能改变它将会陷入危及个体生命的地步。在此种境遇之下，道德之“自然观点”已经不再是相关于人的德性和好生活的判断和维护问题，而是生活基本条件、生命基本状态和社会基本秩序的问题。毫无疑问，在相关于生存和生活基本状况时，德性、规范和责任必然因经济状况的改变而改变。

推动人类进行社会转型的根本动因在于社会基本矛盾，当生产力与生产关系、经济基础与上层建筑之间的矛盾关系已经发展到了非解决不可的地步，人类优先加以解决的不是考虑如何改变已有的道德观念和道德规范，而是如何建构能够创造生活资料和维持良序社会的经济组织方式和政治安排。无论是由西方主要国家主导的内生型现代化运动，还是中国在外部持续压迫下不得不寻找富国强民的发展道路的外生型现代化，都是通过改变生产关系、发展生产力的途径而实现的。就中国式现代化道路的原始发生和演变而言，自鸦片战争之后，中国面临着西方列强的殖民瓜分和内部的军阀混战这一内忧外患的局面，19 世纪末至 20 世纪初的 30 年代的近半个世纪的时间里，中国人在自发与自觉之间寻找着摆脱贫困和发展自己的道路；至 20 世纪 70 年代末，走上了一条通过建立和发展社会主义市场经济而寻求现代化的道路，这是中国式现代化新道路。它起初就与由西方主要国家主导的西方现代化运动根本不同，它不是通过西方主要国家惯用的军事打击、经济侵略、政治强制和文化殖民的方式，而是通过自愿的、互惠互利的方式发展国际贸易往来，基于开掘自身发展潜力而开启现代化运动的，逐渐地走出了一条外源与内涵相结合的发展道路。惟其如此，由社会转型而来的道德之“自然观点”的结构变迁及其演变也拥有了独特的方式和内容。

2. 道德之“自然观点”发生结构性变迁的逻辑次序。不同道德主体之“道德自然观点”发生结构性变迁有其先后次序。拥有最基本理性能力的人，都会对感觉、感受到的生活状况做出生活哲学意义上的判断，并就造成贫穷与落后状况的政治、经济和文化制度做出道德判断。然而不同的道德主体做出道德判断的深刻程度是不同的，普通民众通常会做出日常意识和日常语言水准上的道德判断，虽不乏个别民众有深刻的道德感悟，将日常的道德判断延伸到对造成贫穷与落后之根源的追问上，但却少有将这种感悟和追问提升至普遍道德命题和完整的道德论证的高度，也更难于借助大众媒介传播开来，以致影响到理论家和政治家的道德观念和道德思维。以此可以说，在社会转型期，普通民众的道德“自然观点”具有朴素的、具体的、日常意识的特点。理论家对因社会转型而来的道德结构变迁具有一定程度上的道德敏感性，他们与普通民众有着对道德结构变迁的切身体会，但他们不限于在日常意识和日常语言的水平上，将他们的道德感悟和道德判断仅仅停留在民间的“街谈巷议”，而是用概念化、观念化的理论理性地表达出来。一种道德自然观点一旦用概念和观念予以表达时，便超越了道德观念和道德判断的朴素性、具体性和个别性，而是变成了可以普遍化的道德命题和道德理论。虽然不排除个别理论家对理论和思想，虽有着浓厚的学术旨趣，但并无将理论现实化的强烈愿望，而是以自说自话、自我确证、自我关照为乐趣；但理论的生命正来自于它的建构性和范导性旨趣，通过建构性原则，若干个别、具体、朴素的道德观念和道德判断被纳入到普遍性之下假以考察，从而形成了形式的单一性、意志的普遍性和目的的杂多性的道德命令系统，这个系统就是一个法则体系。于是理论家或思想家便试图将这个普遍的法则体系反身嵌入人们的思考与行动之中；然而，理论家和思想家并无将法则现实化的能力和条件，只有借助大众的或权威的传播媒介，才能将概念化和观念化的道德观念和道德判断变成公共性的意志表达；如若这种意志表达不能在政治家那里产生影响，进一步地影响决策和管理，那么，这些公共性的意志表达就只能是概念化和观念化的知性体系，而不能成为实践理性。于是，剩余下来的就只有政治家的道德观念和道德判断了。一个人之能够成为政治家，一些人之能够成为政治精英集团，必有其不同于普通民众和理论家的哲学思维和实践智慧。

在社会转型的原始发生中，政治家和政治精英集团的道德观念和道德判断的转变具有优先性，这种转变未必时间上在先，但一定是行动上在先。促使政治家和政治精英集团在道德之“自然观点”上转变的不是德性、规范和责任，而是社会伦理价值观的转变。转变的性质不是一个阶级推翻另一个阶级的、疾风暴雨式的用革命道德取代反革命道德，而是以公有制为主体、其他经济形式并存语境下的自我改革、自我完善和自我发展。政治家和政治精英将更能体现一个政党之核心价值观的政策、制度和体制设计出来、贯彻下去。其所关心和追求的是生活资料的生产、社会财富的激烈、社会秩序的维系和意识形态的构建。而无论是在一个封闭的状态下，还是在开放的社会场域之下，普遍民众的自发“民意”和思想家的理论化的“公意”都是存在的，虽然它们未必直接影响到政治家和政治精英集团的决策和管理，它们都是民众的心声和历史声音的表达。除非是荒淫无度、昏庸至极，否则任何试图建构一个好城邦、好政治的决策者和管理者都会感悟历史的声音和民众的心声。一个拥有哲学思维和实践智慧的政治家和政治精英集团一定是将民众的道德自然观点和思想家的理论道德观点适时、适当、适度地吸收到自己的道德观念中来。因此，政治家的道德之“自然观点”既保留了民众的个别性、具体性和朴素性，又借鉴了理论家的抽象性、理论性和普遍性；并通过改造民众的具体的个别性和理论家的抽象的普遍性，而实现了伦理观的现实性。进言之，政治家在社会转型中，又有先行实现了道德之“自然观点”的结构性变迁，将“主观意志的法”借助公共政策、制度和体制而变成了实现“伦理世界”的普遍的集体行动；而一当以追求伦理价值为目的的转型被运行起来，由此而引发的道德之“自然观点”的深刻变化，就会朝着更加复杂的方向发展。

3. 转型期道德之“自然观点”发生转变的复杂性情形。可从多个主体、多个层面、不同方式和不同后果，描述道德之“自然观点”结构性变迁的复杂性。首先，社会转型对不同的道德主体具有不同的意义。一如前述，我们把道德主体分成了普通民众、理论家和政治家三种类型，而就由社会转型所产生的道德意义而言，绝不止于这三种主体，我们只是在社会转型与道德之“自然观点”变迁的内在逻辑关系而立论的。对于普通民众而言，由制度变迁所推动的社会转型之于普通民众的道德意义而言，他们是被动的，是缺乏足够的观念认知和心理准备的；这种被动性不仅表现在推动社会转型的制度变迁并非完全出于普通民众的意愿和意志，而是出于总体性的改革；更由于普通民众所拥有的权威性资源几乎是可有可无，因而，他们根本无法阻止在社会转型过程中所产生的代价所给予他们的根本影响，甚至要不可抗拒地承担原本不属于他们的代价或风险。惟其如此，社会转型在普通民众那里造成的道德焦虑、道德冲突和道德悖论就更加突出。而就德性与规范之发挥作用的方式而言，在相对稳定状态下，以进取性为特征的德性和规范为主，其主要功能是维持现有秩序，在此种语境下，生产方式、生产关系、利益结构、规范体系和道德判断会保持一定的统一性。而在转型过程中，被先行开启的生产方式、生产关系和利益结构的变迁，直接导致了分配结果的差异，无论是同一个利益主体的先后差异，还是不同主体之间在利益上的共时性差异，都使得普通民众的道德观念和道德判断发生剧烈的变化。面对不断创造机会和把握机会的社会转型，过往的与平稳结构相适应的协调性道德，就难以为开拓、进取、创新提供道德支持，相反它们需要的是进取性道德。与理论家和政治家相比，普通民众原本就缺少开拓创新的伦理品质，于是，他们要面对双重压力，一个是在如火如荼地进行的社会改革中，自己的所得明显少于处于优势地位或虽处在不利地位但却充满进取精神的人的所得，利益分配上的差距，会导致普通民众不能用道德理性去正确看待和正当表达。更加重要的是，普通民众由于缺少表达自己意志的机会和媒介，即使拥有了这样的机会也未必能将个人意志提升至普遍意志或公共意志。相反，或因出身、或因拥有权威性资源，从而在创造财富和分配财富中，会持续地处在优势地位，从而持续地获益；在初始性制度安排中优先获益的人群会把这种优势借助制度和资本的力量，维持下去，甚至扩大这种优势，从而形成垄断，成为既得利益集团。惟其如此，既得利益集团在道德观念和道德判断就少有普通民众所遭遇到的双重压力，也较少有对改革开放强烈或激烈的道德情绪，相反，他们唯一感到不满足的就不满足。因此，指望既得利益集团给出一个有利于处在不利地位的人群的道德观念和道德判断，存在地位和观念上的困难。

当社会财富积累到一定程度，当财富在处在优势地位的人群那里逐渐积累，从而出现严重的两极分化时，能够对这种日益严重的不平等保持反思态度和理性精神，从而进行道德批判时，理论家和政治家的道德观念与道德判断就日益重要起来；不同的是，理论家是公正的旁观者和正确的言说者来表达道德立场和理论观点的，而政治家则是以公正的旁观者、正确的言说者和正当的行动者的三重身份来表达道德观念的。如若政治家仅仅是从占统治地位的集团来反思和判断时，那它绝不可能将自由、平等、民主、正义这些社会价值普及到普通民众那里，相反，若以共同富裕或令每个人有机会且有意愿过整体性的好生活立为国家治理和社会管理的终极目的时，那么，政治家必是将绝大多数人的快乐和幸福作为社会转型的终极目的。当理论家或以道德哲学的形式或以实践哲学的样式，将朝向普通民众的生活而言的道德观念和道德判断，以概念化和观念化的方式，呈现给政治家时，后者就会认真倾听和充分借鉴理论家的观点和理论，倘若他们有足够的政治胸怀、政治智慧的话。理论家可能较少普通民众的生活压力和个性视野，同时又无既得利益集团之强烈的占有和表达欲望，这使他们可以站在公正的立场上表达普遍性的道德观念和道德判断。同时，政治家也会在倾听民众的心声和理论家的观点的基础上，省思、省察、反思由其共出的政策设计、制度安排和体制设置，尤其是要分析和论证由社会转型所引发的诸种社会问题，从天人关系、人伦关系和心性关系调整、矫正、改变政策和制度。更加重要的是，政党或政府会在充分且公开运用理性的预设出一个可以检验和践行的价值观体系，借以作为政策、制度体制设计和制定的观念基础，从国家、社会和个人提出相应的道德要求，通过最大限度地创造社会物质和精神财富，以解决人们日益提高的物质和精神文化需求与生产力不充分发展的矛盾，现阶段我国人民日益增长的美好生活需要和不平衡不充分的发展之间的社会主要矛盾。正当或政府供给的核心价值观体系具有空间上的普遍性和实践上的持存性，是意识形态形式的道德观念，它既是建构性的，亦即从持续进行的社会转型的过程中建构出来的，又是范导性的，亦即用于指导国家、社会和个体的观念与行动。作为建构性和范导性的核心价值观体系，它是基于已然、实然而朝向应然的观念体系，是一个相对完满的理想类型，作为所指，若有被指与之相互共属、相互共出，那一定是一个完美的社会状态。然而，人们生活于其中的这个作为我们实际性的现实世界，并非所有实存都是合乎理性的，有理性东西自身常常是通过很多不合理性的东西而为自己开辟道路的。现代社会转型，亦即现代化运动的发动、现代社会的建构和现代性的形成，原本就是悖论性的存在，人们能够做的和所希望的是将风险和代价降到人的理论理性、创制理性和实践理性能力所及的程度。

其次，由道德哲学向伦理学、由道德世界向伦理世界的转向，成为一种趋势。如果我们不是简单地着眼于作为学科或学说的道德哲学向伦理学的转向，指明这一点是很重要的，始自 20 世纪 70 年代以来的社会转型，与之相随的是应用伦理学的发轫、发展与壮大，而是整体性地考察道德价值向伦理价值的转向，那么，人们对社会价值的创造与分配的关注程度远远超过对人们何以有德性、何以运用德性问题的关注。只有当社会价值的创造与分配成为基础性的、根本性的和全局性的问题时，人们才会吁求一种完整的德性，以保证创造财富、分配和享用财富的人们能够正确思考与正当行动。

在由道德哲学向伦理学、由道德价值向伦理价值的转向的过程中，存有将德性、规范和责任手段化、工具化和功利化的倾向和风险。在西方现代化运动或西方现代社会转型的原始发生中，一种全面的建构性运动沿着向上和向下两个向度而展开。向上的建构性运动表现为精神哲学、政治哲学、经济哲学和社会哲学的建构，其间固然有为即将到来的普遍的生产、全面的交换、广泛的交往、立体的需求可能导致的个人主义、利己主义进行伦理批判的，如像康德所做的那样，试图为人人是目的而不仅仅是手段这一道德命题提供一个坚实而有效的哲学论证，像黑格尔在《法哲学原理》中所作为的那样，为市民社会提供一个理性基础，个别性只有接受普遍性光辉的照耀才能获得合理性；但多半都是在为个人的利益、权利、快乐和幸福作伦理辩护的。以边沁和密尔为代表的功利主义，以休谟和亚当·斯密为代表的道德情感主义，都在不同程度地将功利和快乐立为判断行为是否正当的道德依据。向下的运动表现为市场经济的建构与运行，而市场经济的根本目的就是通过占有资本和运行资本获取最大化的利益，这就是在行动上把个人利己主义和享乐主义立为行动的目的，而将一切或令自己的生活得以改善、或令自己快乐的环境、条件、机会、运气均视作手段。在此种境遇下，人们不再去追问那个令每个人正确思考和正当行动的道德基础，而只着眼于一个观念和行动是否令自己和他人生活得以改善、生活是否快乐，甚至因过度的利己主义打算而令人与人之间的自然情感和社会情感变得越来越淡薄，道德冷漠便是这种淡薄的集中表现。

起始于20世纪70年代末的现代社会转型也同样出现了上述情形。当社会安排一种在先前社会状态下不曾有的权力、资本、身份、地位、机会和运气时，人们自然会生发出一种强烈的由外向内的占有欲望、由内向外的表达欲望；随之而来的则是由德性、规范和责任向伦理价值的转向，也就是，人们不再固守先前那种单一的“为仁由己”、“正心”、“诚意”、“格物”、“致知”的修心进德范式，而是将获得最大限度的外在价值视作是衡量自己品德修为的目的。从历史合理性来说，这无疑是一个重大进步。一个只顾修心进德而生活极其贫困的社会状态、一个拥有足够的社会财富却充满着不平等、严重贫富不均的社会状态，都不是好的社会安排，相反，既有丰富的社会财富而又能够公平分配财富并有坚实的德性、规范和责任为其进行伦理基础奠基的社会状态，才是人类追求的目标。

在由道德世界向伦理世界的转型过程中，一种类型多样而又充满竞争的社会伦理价值被创造出来，于是，关于这些价值及其分配问题，人们逐渐形成了与这些价值相互共属的所指，这就是社会伦理观。所谓社会伦理观是对社会价值及其分配的道德判断，是具有道德判断能力的人对这些价值及其分配的正当性基础所作的论证和确证。而就道德判断的性质而言，可有效用判断和正当判断两种，所谓效用判断又看分为质料判断和形式判断，这是反思性的判断，即从结果追溯到原因、从个别到普遍的判断形式。就质料性的社会价值而言，可从三个维度上加以立论，从人与自然的关系上看，在社会转型过程中，人们经历了一个人与自然关系的解构即无度开发自然资源而造成的自然生态的破坏再到重构即恢复自然生态、追求“天人合一”的过程，生态价值对个体及类的生存和生活而言所具有的重大意义已逐渐彰显出来，没有人会怀疑甚至否定生态环境的人类学意义，这便是质料意义上的、效用意义上的道德判断。为着保持良好的生态环境，人们将与保护生态环境密切相关的观念和行动规范化，将生态环境的代内和代际价值概念化和观念化，变成普遍有效的道德命题，通过道德规范和法律规范的形式发出绝对命令。这便是生态环境意义的质料确定和形式规定，这是关于环境的生态伦理观。为着人类社会的可持续发展，为着生态环境的持续向好，就必须把作为反思性的道德判断转变成范导性的道德判断，即把指向生态价值的质料和形式判断变成指向人的观念与行动的道德命令，通过内在的自律和外在的舆论和法律将个人和组织的相关于生态环境的观念和行动限制在合理范围之内。

在人与人的关系中，通过发展科学技术以提高生产力、通过改变原有的生产关系以解放和发展生产力，一种可质料化的、关系化的、结构化的资源被创造出来，这些资源或以非垄断形式而经由市场充分分配和消费，或以独占、垄断形式在特定人群那里积累。逐渐地，一种历史性的难题产生，贫穷与落后不是好的社会状态和好的生活，但财富丰富的社会却也不必然地是好的社会状态，如若财富在特定人群那里过度积累和无度占有的话。经过社会转型，可质料化的物质生活资料和精神生活资料，以及可用于共享或分享的公共设施被创造出来，其他的财富如关系形态和结构形态的资源也被开显出来。而被创造出来的财富要么是提高了人们的物质和精神生活质量，要么是提升了公共交往和公共生活的质量，于是人们便用各种概念去确定和表达这些社会价值，如质料意义上的财富、生态、交通、能源，关系意义上的权力、地位、身份，结构意义上的机会、运气，等等。这是质料或效用意义上的道德判断，在此基础上，人们有构造出了用以合理分配这些资源的规范性范畴，如经济活动中的效率与公平，社会交往领域中的尊重与平等，政治活动领域中的正义与平等，文化活动领域中的自由与幸福。毫无疑问，这是范导性的规范体系，是人们在分配诸种社会资源时必须坚持的伦理法则，是相关于正当的性质及其程度的判断。规范判断一经被建构起来，就变成了道德性和法律性的命令；当命令被人们普遍认可、承认之后，便借用社会舆论的力量或法律的强制性对人们的观念进行约束、对人们的行为进行规定。

当社会伦理价值逐渐得到确定、伦理法则逐渐得到确证，一种“反求诸己”的道德诉求便朝向行动者提出。尽管这些伦理法则分属于不同的社会活动领域，约束着不同的伦理关系，但在如何拥有德性如何充分运用德性就变成了一个理论任务和实践诉求。如此一来，随着社会转型的拓展和深化，在道德哲学和伦理学的视阈内，必然会发生着由自在的伦理世界到自为的道德世界再到现实的伦理世界的转向；在德性论、规范论和实践论的视阈内，必然会发生由德性、规范和责任到社会伦理价值和伦理法则再到德性、规范与责任你的转向。

其三，道德作为一种独立的力量愈益显示出它的作用。康德在《道德形而上学》中说，“德性就是一种道德力量”，在《实践理性批判》中又说，“德性是战斗的道德意向”。宽泛地说，德性作为一种道德力量，在任何时候都会发生作用，但在依据何种条件和如何发挥作用方面，在不同的历史场域之下却有极大的不同。就德性发挥作用所依据的条件而言，可有内外之分，即外在的条件而言，可有宗教和社会风俗习惯两种。它们的呈现方式不同，前者是信仰的，后者是信任的，但二者的性质是一致的，那就是，它们均不是经由人的善良意志、实践理性和法则意识而发生，是未经道德反思、批判和预设的。造成此种情形的倒不是因为人了个体没有先天的领悟“道德原理”的潜能，并在反复进行的道德实践中，将存在于各种道德现象之中的“原理”概念化和观念化，变成普遍的道德命题，人的这种潜能始终是先天存在的，只要人的先天的感受性、敏感性、选择性和接受性被后天的感性经验被刺激起来，先天存在的道德感和道德判断力就会被激发出来，从而为自主能动性和道德自主性进行内在力量的奠基。肇始于15世纪下半叶、发展于16—17世纪而逐渐完善于18—19世纪的现代化运动，将每一个人都置于独立思考、自主选择和自觉行动的状态之中，当宗教和风俗不足以为道德思考和道德选择与行动提供正当性理由时，从人性自身寻找根据的“工作”就变得迫切起来。而康德为道德行为寻找内在根据从而为道德进行形而上学奠基时，他所做的工作与其说是康德个人的道德哲学旨趣，倒不如说是，即将来临的基于自主能动性和道德自主性之上的现代社会之客观要求的理论表达。

不但从信念上而且从实践中都可以得出结论说，只有将道德建立在自主能动性和道德自主性之上，德性的根基才是牢靠的。随着社会转型的拓展和深化，更是随着人们在现代生产逻辑中自觉性、自主性、自抉性的提高，人们开始用逐渐习得的道德理性知识对道德现象做出独立的道德判断。这一点完全得益于在社会转型过程中，随着社会分工的快速发展和日益精细化，社会领域的分化也逐渐拓展开来。经济和文化开始从先前的政治统合中分化出来，在各自的价值原则的支配下相对独立地运行，经济活动的效率与公平原则使得经济活动要遵循效用和等价交换规律进行；文化活动要遵循自由与幸福原则，最大限度地进行理论和思想的创造，在道德与法律允许的范围内，在生产、分配和享用各种价值的过程中，证明自己和实现自己。当道德作为一种社会舆论不再安全依照权力的指令而是根据内心的良知和外在的公意而进行反思、批判和预设时，康德笔下的“德性就是一种道德力量”才是可能的；只有公开且充分发挥道德舆论的批判和监督作用，一种朝向自由、平等、民主、正义的社会状态才是可能的，而快速发展的现代传媒技术，为充分发挥道德舆论的社会作用提供了技术支持。

其四，现代传媒技术之于道德舆论的作用。主体性、公共性与世界性，是现代社会的行动和观念逻辑。成为独立的道德主体并自觉而理性地发挥道德主体的作用，只有在普遍的交换和广泛的交往过程中才能形成和完成；也只有借助可以超越时空限制的现代传媒才能实现。而逐渐拓展和深化的社会转型正在创造着着两个条件，而就现代传媒的类型说，可有权威、公共和私人媒体；每一种媒体都可以成为进行道德表达的载体，但比较而言，公共媒体和自媒体更适合于表达个人意志和公共意志。除了传统的视听技术之外，网络技术的飞速发展为人们收集信息、表达意志提供了更加方面的条件，以至于人们把现代传媒称之为第四种权力形式。作为一种物理设置，现代传媒本身并无真善美和假丑恶之分，但却可以表达真善美和假丑恶；现代传媒的两面性不是指其自身的真假不别、善恶不明、美丑不分，而是可以分别或同时表达真善美和假丑恶。其根本缘由在于，随着主体性到公共性再到世界性的拓展，每一个人都拥有了越来越多、越来越方面的表达自己意志的条件和机会，但这绝不意味着，任何一种被表达出的道德判断都是具有正当性基础的。在任何一种社会状态下，似乎不存在皆为善人或皆为恶人这两种极端情形，存在的是真善美和假丑恶并存并充满矛盾和斗争的情形。若要在社会转型中能够构建起一个有足够伦理依据和道德根据的社会状态，就必须使相当比例的有理性存在者成为正确的言说者、公正的旁观者和正当的行动者，善于在鱼龙混杂、良莠并存的道德舆论鉴别出有正当性基础的道德表达来。

“社会转型与伦理变迁的道德哲学原理”，由上面的分析和论证给出，本质上，它不是康德意义上的“道德形而上学原理”，而是实践哲学意义上的因社会转型而发生的道德变迁规律；为着保持一个“原理”的样式，我们并未就因实践经验而来的矛盾与冲突而展开全面论述，而是从经验事实中抽离出几个根本性原则，以此作为“原理”性质的综合知识，其具体运用将在后续的研究中给出。

第六章　社会转型与伦理变迁之精神哲学原理

由社会转型所引起的伦理基础变迁及伦理基础重建，本质上属于人的精神世界或精神生活范畴；表面看来，社会转型是引起伦理基础变迁的直接原因，但人的精神世界或精神生活的预先改变又是引起社会转型的原因。实际情形则是，人的精神世界、精神生活与社会结构的构造、转型是相互嵌入、相互推动的。然而，在这种相互嵌入和推动中，人的精神世界、精神生活却总是主动的因素，缺少了推动社会转型的意识、理性、情感、意志和行动，那么任何一种社会转型都不可能发生；反之，精神世界和精神生活中也有诸多保守的甚至是惰性的元素，它们阻止着人类的任何一种创新活动。人的精神世界具有创新与保守两个方面的元素，哲学起于惊异，而追求新生事物又往往起于好奇，面对不知、少知甚至是未知事物，人类总是充满了好奇，人类总是试图创造新事物来满足求新、求变的要求。求新、求变既是人的认识论和知识论需要，更是人的生存论吁求；而推动社会转型正是实现这些需要的最为根本的道路。人的精神世界、精神生活是如何引发社会转型的，而社会转型的原始发生及其历史演变又如何引起人的精神世界、精神生活的变化，构成了“社会转型与伦理变迁之精神哲学原理”的核心内容？

一　精神世界、精神生活的原初结构及其运行逻辑

不同的个体之间在精神世界中存在差异，不同民族之间也同样如此；然而，不同个体和不同民族之间又是可交流、可交往的，这是最基本的社会事实，如若没有这一点，那么人类在产品、情感和精神上的交流史就决不可能发生。那么可交流、可交往的精神基础在哪里呢？这个基础就在他们共同的精神世界里，在他们精神世界的公共性里。事实表明，不同个体和民族之间在精神世界里的共同性、公共性和特殊性、差异性，是导致他（它）们之间能够交流而又经常发生矛盾和冲突的原因；尽管他（它）们的精神世界的原初结构是相似甚或相同的，但运用精神要素进行思考、选择和行动的方式却又各不相同。不同民族、种族，在生理结构或自然结构方面，并无本质差别，这是不同种族和民族间的个体可以“通婚”的自然基础，但不同民族和种族之间在意识、思维、情感、意志和行动方面，又怎会如此不同，以至于他（它）们对不同的事物有不同的立场和判断，即便是在相同的事物上，在精神结构上也相去甚远，甚至矛盾、冲突，无法沟通？基于构建“社会转型与伦理变迁之精神哲学原理”的需要，预先标画出人的精神世界、精神生活的原初结构，是必要的，也是可能的，如若没有这样一个原初结构的预先构造，便不可能了解社会转型与伦理变迁的精神面向。

（一）作为公共性存在的精神与精神的公共性

由人的本质所决定，在人的实际生活中，并不存在公共性的有无问题，存在的只是公共性的多少和实现方式问题。考察公共性的原始发生有两个基本的路径：系统论奠基；生成论奠基。前者讨论的是公共性何以可能的问题，亦即根据问题；后者研究的是公共性如何可能的问题，亦即环境与条件问题。在系统论奠基的视野内，公共性的需要奠基于人的片面性和非自足性之上；在生成论奠基的框架内，公共性表现为通过交换、交往，简言之通过合作所产生的“合作剩余”。“合作剩余”是公

共性的重要标志，同时也是人的丰富性、全面性和多样性的重要表现。人类发展史就是一个不断创造公共性和实现公共性的过程，实质上，公共性的生成论奠基乃是系统论奠基的历史展开形式，这种历史展开主要有机械和有机两种方式；而就公共性的表现形态看，有经济形态、政治形态和文化精神形态三种形式，经济形态的公共性是基本的，政治形态的公共性是核心的，精神形态的公共性乃是终极的。无论何种形态，公共性的内容便是公共价值，而生成公共价值必须公开且充分运用公共理性。在市场社会，三种形态的公共性具有逻辑上的一致性。在世界历史交往不断普遍化和深化的背景下，尽管经济的和政治的公共性存在着诸多问题，但精神形态之公共性的危机却是根本性的、全局性的。

我们试图用"原始发生"这样一种方法描述精神形态的公共性问题，这是一种为把握精神形态的公共性所进行的奠基工作。就精神形态之公共性的原始发生看，有两种不同但相互关联的发生道路：一是，在人的精神结构中存在着精神共同性，这是一种系统的奠基工作，其理论旨趣在于言说人的精神公共性是何以可能的；二是，人类拥有依照这种精神共同性创造精神公共产品从而创造精神公共价值的愿望和能力，这是生成论的奠基工作，其理论旨趣在于陈述人的精神公共性是如何可能的。

在生活的意义上，在过一种好生活的视野下，每一个体都是价值性的存在物，即需要因而必须满足着的存在物。而在诸种能够满足需要的价值中尤以三种善为最基本：身体之善（健康、强壮、健美、敏锐）、外在之善（财富、高贵出身、友爱、好运）和灵魂之善（节制、勇敢、正义、明智）。处于自致地位，外在之善是非得经过主体的努力才能获得的，但却不必然获得，它们取决于他者的意愿和意志。惟有灵魂[①]之

---

① 关于灵魂及其与精神的关系问题是哲学也是伦理学中最为艰深也是十分重要的问题，尽管已有若干讨论，但依然感觉扑朔迷离，莫有定论。亚里士多德总结了其前人关于灵魂的讨论，并在《论灵魂》和《尼各马可伦理学》中充分论证了灵魂的特征、内涵与构成；笛卡儿在《谈方法》和《形而上学沉思》中集中讨论了心灵与身体的关系，构成心灵的诸多元素；黑格尔在《精神现象学》、《精神哲学》中；赖尔在《心的概念》、罗素在《心的分析》中、依本·西那在《论灵魂》、米德在《心灵、自我与社会》中，分别探讨了灵魂问题。关于灵魂、心灵与德性的讨论，我们将在《走向心灵和历史深处的道德哲学》中的"心灵与德性"部分加以深入而细致的讨论。

善才是自主和自足的，也才是属人的善。借助灵魂之善，人们构筑了一个出于自我但却包容他者于其中的精神世界，这是一个最大化的“合作剩余”，它既为人们的精神需求提供精神产品，更为人们的生产、交往和生活提供意义支撑。在人类生活的意义上可以说，精神世界是必然要存在的，不同的只是人们构成精神世界的途径与方式，以及不同类型的精神世界之于人们生活的意义。

精神世界以物为其基础，因为构造精神世界的单个的人都是具有一定重量、体积以及生命力的实体，笛卡儿说，尽管“我思”、“我怀疑”、“我想象”是区别于我与他物的根本，但仍以“我存在”为前提。但精神却并不直接是实体，而是某种不可视见但可言说的事实，这种事实既是实体某些功能的充分运用，又是这种运用所产生的效用。感觉、知觉、表象、判断、直觉、意识、意向、喜怒、哀乐、爱恨，等等，均属心理—精神现象。这些心理—精神现象分别存在于每一个体之中，它们不可能像一般的物那样以视觉对象的形式摆放在那里，成为公共性的存在，一如产品那样。但它们却又可交流、可言说，好像人们都可以看见所交流的内容似的。不可识见但却可交流，完全得益于每一个体的认识和悟性。正是每一个体在认识和悟性上的相似性甚或相同性，才使得交流能够顺利进行。共同感、共通感，想象力、推理，是人们能够相互理解、沟通、合作的情感基础和理性基础。

（二）心灵、灵魂与精神

在日常意识和日常语言的意义上，人们会不加区分地使用“灵魂”与“精神”两个范畴，似乎它们是通假关系。依照黑格尔的思想，灵魂被包含在精神中，是精神的关键元素：“灵魂不仅就自身说是非物质的，而且是自然界的普遍的非物质性，是自然界的简单、观念的生命。灵魂是实体，是精神的一切特殊化和个别化的绝对基础，所以精神在灵魂里拥有其规定的全部质料，而灵魂则始终是精神的规定中遍及一切的、同一的观念性。但是，灵魂在这种还是抽象的规定中仅仅是生命的睡眠——亚里士多德的那个按可能性是一切东西的被动的理性（‘努斯’）。”[①] 若这种睡眠的、被动的理性尚处在潜在的状态或未展开的状态时，它就一定不具有现实性，因而就不成为精神。精神是灵魂的现实的展开方式及其业绩。关于灵魂的研究构成人类学，对精神的探索成为精神现象学或精神哲学。每个平常的人时时刻刻都在运用着灵魂，也构成着精神，但他们不会去研究什么是灵魂，更无须知道什么是精神，于他们而言，只要能够正常地使用灵魂，只要有精神，从而过上相对为好的生活，便就是一切了。哲学家、思想家不同，他们不能停留于日常意识的水平上，他们要殚精竭虑地知晓那个让人着迷的灵魂，要明白那个纷繁复杂的精神。这不是个体的需要而是人类的使命，哲学家和思想家总是以人类的名义追寻着各个领域的普遍性，追寻普遍性[②]成为各种“家”的命运。

精神现象学或精神哲学要追寻那个精神中的普遍性。“如果我们稍微更仔细地考察精神，那我们就发现精神的最初的和最简单的规定就是：精神是自我。自我是一个完全简单的东西、普遍的东西。当我们说自我时，我们想到的大致是一个个别的东西；但因为每个人都是自我，从而我们只是说出了某种完全普遍的东西。”[③] 然而这个普遍性还是一个抽象的普遍性，只是把人人都有的相似性或共同性特征抽取出来加以规定而已，而就每一个自我而言，还是简单的，仅仅是自我内部的丰富性：“A. 自在的或直接的；这样它就是灵魂或自然精神，——人类学的对象。B. 自为的或间接的，还作为在自己内和在他物内的同一的映现；在关系或特殊化的精神；即意识，——精神现象学的对象。C. 在自己内规定着自己的精神，作为自为的主体，——心理学的对象。意识在灵魂中觉醒；意识设定自己为理性，

---

① ［德］黑格尔：《精神哲学》，杨祖陶译，人民出版社 2006 年版，第 39 页。

② 普遍性就是“一”：有形而上的“一”，也有形而下的“一”。“道”就是“一”，但又不止于那个具体的“一”。“故恒无欲也，以观其妙；故恒有欲也，以观其徼”。“其”，乃“道”也。形上之“道”乃不可言说，但能观其妙；形下之“道”便是可言说、可交流之“道”：治理之道、经商之道、教学之道、交友之道。

③ ［德］黑格尔：《精神哲学》，杨祖陶译，人民出版社 2006 年版，第 14 页。

直接对自己进行着知的理性觉醒了，他通过自己的活动向着客观性、向着对自己的概念的意识解放自己。”[①] 自我起于自己，起于心意以内的由己性，向着他者外化自己，然后再涵着他者回到自身，于是，自我实现了自己，丰富了自己，使自己不单为自己活着，也向他者存在。这就是每个以自我称谓的个人所尊重、遵循的使命。在精神哲学的意义上，自我经历了主观精神—客观精神—绝对精神的过程：“Ⅰ. 在与自己本身相联系的形式中，在它的这个形式的范围内，对于它来说，理念的观念的总体，即那个是它的概念的东西，成为它的，而且在它看来，它的存在就是在自己内存在，即自由地存在，——这就是主观精神。Ⅱ. 在实在性的形式中，即在作为一个必须由它来产生和已被它产生出来的世界中，在这个世界里自由是作为现存的必然性出现的，——这就是客观精神。Ⅲ. 在精神的客观性与它的观念性或它的概念的自在自为存在着的和永恒地产生着自己的统一中，即精神在其绝对的真理中，——这就是绝对精神。”[②]

每一个体作为现实的自我在展开其精神时，首先是在自我构造的主观（或主体）世界内进行的。关于对个体而言的世界来说，西方主流形态的哲学似乎都坚持心与物的二分法[③]，由身体及其与身体有

---

① ［德］黑格尔：《精神哲学》，杨祖陶译，人民出版社 2006 年版，第 33 页。

② ［德］黑格尔：《精神哲学》，杨祖陶译，人民出版社 2006 年版，第 27 页。

③ 笛卡儿在“我思，故我在”的命题中，尽管强调我思的重要性，但也没有否认我的先在性。“等我一旦注意到，当我愿意像这样想着一切都是假的时候，这个在想这件事的‘我’必然应当是某种东西，并且觉察到‘我思想，所以我存在’这条真理是这样确实，这样可靠，连怀疑派的任何一种最狂妄的假定都不能使它发生动摇，于是我就立刻断定，我可以毫无疑虑地接受这条真理，把它当作我所研求的第一条原理。”在我在与我思之间，我思更是决定性的方面。“然后，我就小心地考察我究竟是什么，发现我可以设想我没有身体，可以设想没有我所在的世界，也没有我所在的地点，但是我不能就此设想我不存在，相反地，正是从我想怀疑一切其他事物的真实性这一点，可以非常明白、非常确切地推出：我是存在的；而另一方面，如果我一旦停止思想，则纵然我所想象的其余事物都真实地存在，我也没有任何理由相信我存在，由此我就认识到，我是一个实体，这个实体的全部本质或本性只是思想，它并不需要任何地点以便存在，也不依赖任何物质性的东西；因此这个‘我’，亦即我赖以成为我的那个心灵，是与身体完全不同的，甚至比身体更容易认识，纵然身体并不存在，心灵也仍然不失其为心灵。”但“我发觉在‘我思想，所以我存在’这个命题里，并没有任何别的东西使我确信我说的是真理，而只是我非常清楚地见到：必须存在，才能思想；于是我就断定：凡是我们十分明白、十分清楚地设想到的东西，（转下页）

关的各种欲望构成的世界可称为物质的世界，由心灵及其与心灵有关的情感、理性、知性、判断、推理、思索构成的世界可称为精神的世界。在事实的意义上，前者也可称为物理事实，后者可称为心理事实。作为物理事实，人的身体以及身体的各种运动存在于时空之中，是自己和他者可以识见的，因而是公开的，它服从物理世界的机械法则。而“心灵却不存在于空间之中，它们的活动也不服从于机械法则。一个心灵的活动无法为其他的观察者目睹，它的一生是私密的。只有我自己才能对我自己的心灵的状态和过程有直接的权威性的认知。因此，一个人的一生有两部并行的历史，一部历史由他的躯体内部发生的事件和他的躯体遇到的事件所构成，另一部历史由他的心灵

（接上页）都是真的。”我存在是我思的必要条件：无之必不能思想，没有我在这个实体，我思便没有了根基；但若没有我思，我在也就不是属于我的存在。我思建基于心灵之上，而心灵又依托于身体之上。（参见《西方哲学原著选读》（上），商务印书馆1981年版，第368—370页）笛卡儿的身心二元论，被后人所误解，甚至始终被后人诟病、遭受严厉批判。而事实上，在身心结构问题上，在心灵、灵魂的诸多功能及其发挥问题上，后人并没有提供比笛卡儿更多的东西，相反，倒是因为后人于沉思深度和高度上远不及笛卡儿，而未能将他的心灵哲学的深意开显出来。我们在这里只想初步指出，如要正确理解笛卡儿的心灵哲学，必须运用现象学还原和本体论还原这两种方法。康德也把人的世界分成二重世界：本体界和现象（经验）界：“道德法则虽然也并不能给我们提供任何展望，却拿出一个绝对不能用感性世界中任何与件、绝对不能用我们理性的全部理论的应用范围来解释的事实——这个事实就指出一个纯粹悟性世界，甚至还把这个世界肯定地规定出来，而使我们认识到有关它的某些事情，即法则。这个法则就给予作为感性自然的感性世界（就有理性的存在者而言）以悟性世界形式，即超感性存在形式，而同时并不致破坏前世界的机械作用。但是最广义下的自然就是受法则所控制的事物的存在。一般有理性的存在者在感性世界的存在乃是指他们在受经验制约着的法则之下的存在而言，这种存在在理性看来就是他律。反之，同样存在者在超感性界的存在乃是指他们合乎不依任何经验条件的那个法则的存在而言，因而属于纯粹理性的自律。而且那些单靠认识就可以使事物存在的法则既然有实践力量，所超感性的存在（就我们能设想它而言）就外乎是受纯粹实践理性的自律所控制的一种存在。但是这个自律法则就是道德法则，因而道德法则就是一个超感性存在和一个纯粹悟性世界的基本法则；这个世界的副本必然存在于感性世界之中，但是并因此损害了这个世界的法则。我们可以称前一个世界为原型世界，这个世界，我们只能在理性中加以认识，至于后一个世界，我们可以称它为模型世界，因为它包含着可以作为意志动机的第一个世界的观念之可能结果。因为事实上道德法则就把我们置于一个理想领域之中（在那里，纯粹理性如果赋有充足的自然力量，就产生最高的善），并且决定我们的意志给予感性世界以一种形式，使它仿佛成了理性的存在者所组成的一个全体。”《实践理性批判》，关文运译，广西师范大学出版社2002年版，第31—32页。

内部事件和他的心灵遇到的事件所构成。前一部历史是公开的，后一部历史是私密的。前一部历史中的事件是物理世界中的事件，后一部历史中的事件是心理世界中的事件。”① 尽管由笛卡儿和康德所倡导的两个世界理论受到赖尔的强烈批判②，但对于研究人的心灵以及由心灵所构成的精神世界具有不可多得的参考价值。在日常观念中，甚至在一些哲学工作者那里，心灵与灵魂是无区别的，亚里士多德则做了细分，心灵是灵魂中最高级的部分，类似于理性或理智。③ 他在《论灵魂》和《尼各马可伦理学》中都论述了灵魂问题。在总结前人关于灵魂研究成果的基础上，④ 把灵魂视为躯体的实体：“灵魂是在原理意义上的实体，它是这样的躯体是其所是的本质。”⑤ “灵魂在最首要的意义上，乃是我们赖以生存、赖以感觉和思想的东西，所以灵魂是定义或形式，而非质料或载体。我们已经说过，实体有三种意义，形式、质料以及这两者的结合。其中质料是潜能，形式是现实。由于两者的结合物是有生命的东西，所以躯体并不是灵魂的现实，相反，灵魂是某种躯体的现实。”⑥ 灵魂虽不是某个具体的能力，但却是现实的能力，是诸多能力的综合运用。有些生物的灵魂只表现为一种，或几种，而人的灵魂则表现为营养、欲望、感觉、位移以及思维能力。而思维或思想能力是人在灵魂意义上把自己和其他动植物分别开来的根本。亚里士多德在《尼各马可伦理学》第二卷第五章又更

---

① ［英］吉尔伯特·赖尔：《心的概念》，徐大建译，商务印书馆1992年版，第5页。

② 赖尔在《心的概念》一书中，把以笛卡儿为代表的身心理论称为“官方”学说，并用了一章的篇幅质疑“笛卡儿的神话”，说这种“官方”学说是“荒谬”的，是“范畴错误”。而在我看来，即便这种“官方”学说有着某种错误，也仍不失为一种可资借鉴的理论。参见上书，第4—20页。

③ 亚里士多德在《论灵魂》第三卷的第四、五、六章专门讨论了心灵以及心灵与灵魂的关系，因与本文无直接关系，故不拟详述。参见《亚里士多德全集》第3卷，苗力田主编，中国人民大学出版社1992年版，第75—80页。

④ 《论灵魂》共分三卷，第一卷集中总结了前人的研究，第二卷和第三卷集中阐述了自己关于灵魂的思想。

⑤ 《亚里士多德全集》第3卷，苗力田主编，中国人民大学出版社1992年版，第31页。

⑥ 《亚里士多德全集》第3卷，苗力田主编，中国人民大学出版社1992年版，第35页。

加明确地论述了灵魂，不过是在论德性的意义上进行的："既然灵魂的状态有三种：感情、能力与品质，德性必是其中之一。感情，我指的是欲望、怒气、恐惧、信心、嫉妒、愉悦、爱、恨、愿望、怜悯，总之，伴随着快乐与痛苦的那些情感。能力。我指的是使我们能获得这些感情，例如使我们感受到愤怒、痛苦或怜悯的东西。品质，我指的是我们同这些感情的好的或坏的关系。"① 那我们是如何具有灵魂，又是如何让灵魂充分实现其各种能力的呢？亚里士多德和康德都以自然目的论的假设给以回答，有些能力是不学而能的，而大部分则是学而时习之的，"德性在我们身上的养成既不出于自然，也不是反乎自然的。首先，自然赋予我们接受德性的能力，而这种能力通过习惯而完善。其次，自然馈赠我们的所有能力都是先以潜能形式为我们所获得，然后才表现在我们的活动中"②。"在一个有机物、一个与生活目的相适应的东西的自然结构中，我们发现这样一个基本原则，就是在这里面没有一个用于一定目的的器官，不是与这一目的最相适合的、最为便利的。"③ 亚里士多德和康德的这种自然目的论思想既为我们研究人的各种潜能、品质和能力提供了哲学假设，也为我们分析人的精神世界提供了理论基础。

当然，我们的目的不仅仅是梳理中外有关构成人的精神及精神世界之诸多元素的各种哲学的、心理学的、宗教学的乃至文化人类学的思想，更重要的是如何运用这些思想，以现象学的方式直观人的精神及人的精神世界，进一步地呈现人是如何生成精神公共性的，在现代性语境下，三种形态的公共性又是如何相互嵌入、如何构造、如何解构的，这种构造与结构于人们的好生活意味着什么。

---

① ［古希腊］亚里士多德：《尼各马可伦理学》，廖申白译，商务印书馆 2003 年版，第 43—44 页。

② ［古希腊］亚里士多德：《尼各马可伦理学》，廖申白译，商务印书馆 2003 年版，第 36 页。

③ ［德］康德：《道德形而上学原理》，苗力田译，上海人民出版社 1986 年版，第 44 页。

在康德看来，人的心灵有两个先天原则：认识官能和欲望官能。[①]事实上，除了认识与欲望之外尚有其他的潜质，如感觉、情感，等等，但以认识和欲望为最主要。欲望是被把握在表象中的需要，而需要则是有生命者的不足、匮乏、饱和、过量状态，以及为着解除这些状态而产生的占有和释放（表达）两种指向。只有感觉到且意识到了的需要才是欲望，欲望是现实的需要，而需要则是潜在的欲望。若是没有了欲望，人的一切行动便失去了动力，欲望推动着人去做他想做也愿意做的事情。对欲望以及与欲望有关的事项的表象，构成了人的内部视域，而表象自身的意识也就成了自我意识；直观自身的“心意”的直观也就成了内部直观。而无论是自我意识还是内部直观均无须使用先天感性直观形式，即时间和空间。但人不可能自我供给和自我满足，他必须依赖外界，需要人的认识官能为人提供着事实性知识和价值性知识。而无论何种知识都是以表象的形式存储下来的，通过被给予性，人把人之外的世界统摄到自己的表象中。而这种统摄乃是因了人的两种“天赋”：先天感性直观形式，即时间与空间；先天综合形式。知性无感性则空，感性无知性则罔，而理性则用范畴处理杂多的感性，以便给出合乎逻辑的知识体系。通过图像化的过程，世界被表象在观念中，意识无非是被把握在观念中的物质的东西而已，而把握的过程便是构造的过程，不是人构造了“物自体”，而是构造了关于物自体的知识，这就是规律、逻辑的被给予性。

理性、智慧、思想乃是人的精神世界中的最高级部分，可谓精神世界中的精神。亚里士多德、康德和黑格尔对理性、理智、精神、思维、思想的重要地位都给予高度重视。情感世界构成人的精神世界中的非理性部分。人的情绪、感情、意愿、动机、目的、愉悦、怨恨，等等，均发源于此。基于诸种情感形式之上的体验构成了人之精神生活中的基本内容，而诸种体验又进一步地决定着行动者态度、情感取向。简约地说，人的精神世界就其层次和内容构成看，乃由欲望、情

① 参见康德《实践理性批判》，关文运译，广西师范大学出版社 2002 年版，第 9 页。

感和理性构成，而这三个方面恰与康德的三个理性问题相对应："我们理性的一切兴趣（思辨的以及实践的）集中于下面三个问题：1. 我能够知道什么？2. 我应当做什么？3. 我可以希望什么？"① 第一个问题是知识论的；第二个问题是道德论的；第三个问题是生存论的。这些问题要么以内直观的形式被行动者感觉到或意识到，要么以理论的形式被理性概念化和观念化。当然，在日常生活的意义上，每个人都不会将自己的内部世界或主观世界或精神世界明晰化为三个问题，而是以浑然一体的形态呈现在内直观中。这个精神世界向其拥有者本身敞开着，而对他者则是关闭着的，除非拥有者通过言行传达他的心灵信息，否则，其心灵地图于他者而言就像一部天书。除了行动者有不愿、不便向他者"敞开心扉"之外，更重要的是，人与人之间、心灵与心灵之间的交流或沟通才是最困难的事情。虽说每个人都有自己相似的灵魂、心灵或精神世界，但其间的差距却是不容否认的。除去遗传的因素，根本的原因在于后天的实践。人通常是怎样想、如何行才使他如此这般。人的心灵就如同一个拓荒者，随着生活这条河流不断地宽阔和厚重而不断地丰富和饱满，以至于内部视域与外部视域不断交织在一起，直至形成愈来愈丰富的内心世界。

若人的心灵始终处在孤寂的状态，那么人的精神世界也必定是孤独的。然而人注定是要过集体生活的，因为，为着解决需要的多样性与其能力的有限性的矛盾，每个人必须敞开自己的主观世界与同类的他者进行交换（物品）、交往（活动）和交流（情感与精神）。这种交换、交往与交流不仅仅是生活意义上的，更是交往意义上的。在生活的意义上，通过精神交流所能提供的价值物表现为三个方面，一是以物为载体的精神价值物，如音乐、绘画、知识、理论。这种以物为载体的精神价值物，是通过精神生产活动完成的，较之物质生产活动，精神生产要复杂得多，也困难得多，它需要生产者有强烈的社会责任感和强大的心智力量。精神生产者必须起于心灵的个别性而达于

① ［德］康德：《纯粹理性批判》，邓晓芒译，人民出版社 2004 年版，第 611—612 页。

精神的普遍性，只有将有差异的心灵在精神的普遍性中联结起来，精神产品才会有价值和意义。精神产品作为物的形态的精神公共性，一经生产出来便具有了超越时空的特性，可以为多人多次消费，具有明显的开放性，只要精神需求者愿意且有足够的心智力量享用精神产品，它们就会对其有价值和意义。精神价值物的第二种形态是规则系统。就其职能或使命而言，任意一种规则，要么是用于分配资源的，要么是用来规约人的观念和行为的。无论是经济形态的公共性，还是政治形态的公共性，其根源固然在于经济活动和政治活动本身，但用于统摄经济活动和政治活动的规则，却一定来源于人的心智力量亦即理论理性和实践理性。根源不同于来源，任意一种规则都得经过人的心智力量的构造或创设，这便是世界的被给予性。被给予性不等于被生成性，把先天存在于本体之中的“先天法则”呈现出来，此乃理论理性和实践理性的使命。“约束性的根据既不能在人类本性中寻找，也不能在他所处的世界环境中寻找，而是完全要先天地在纯粹理性的概念中去寻找。”[①] 即便先天法则是必然的，也得经过纯粹理性的发掘和呈现，经过实践理性的实践，而这些都得依赖于基于心灵之上的共通感或共同感，这种共通感或共同感才是精神形态之公共性的人性基础，它决定了法则的普遍有效性。即便像经济公共性和政治公共性，其来源并非在其自身，而是心灵的共同性。经济与政治本身并没有“一”，它们所具有的只是“多”，是人们的心灵把“一”赋予到“多”中。只因有了这个“一”，一切个别才可以公度，可以比较，可以互换。精神价值物之第三种形态乃是仪式、过程，宗教仪轨、巫术仪式、诸种礼仪，包括日常交流。这些仪式和过程所传达的乃是精神世界的某些信仰、信念、禁忌、敬仰，是对某些美好事物的向往。而这些不能识见但却可以想象的内容，依然得益于心灵的诸种功能。这些精神内容为人们的生产、交往和生活提供着坚实的意义支撑。人类不但专心致志地创造着属人的物质世界，更是殚精竭虑地创造着精

① ［德］康德：《道德形而上学原理》，苗力田译，上海人民出版社 1986 年版，第 37 页。

神世界，一种合理的社会和一种好的生活，应该是两个世界之间的和谐，进言之，就是心灵之序与世界之序之间的和谐。然而，公共性问题于人类而言始终是一个问题，有些是普遍的，任何一种社会形态都会遇到；有些是特殊的，是几个社会形态遇到的；有些是个别的，是某个社会形态遇到的。在资本之世界运行逻辑的推动下，一种世界性的市场社会被建构起来，于是，公共性问题尤其是精神公共性危机就变成了世界性的事情。

二 作为问题的精神公共性：现代性的视野

我们直觉到的一个历史事实是，人类始终致力于构造物质世界和精神世界相和谐的社会，但似乎从未出现这样一个理想的、完满的社会，出现的总是有问题的社会。三种形态的精神公共性及其论证乃是我们分析社会的一个理论框架和学科视野，亦即价值哲学的立场。然而如果我们舍弃了历史学（时间维度）和社会学（空间维度）的视角，那么价值哲学的分析就必然是空洞无物的。

我们既不能沉浸在对过往生活的怀旧中，更不能徜徉于对未来社会的幻想里。只有坚实地立足于现实的大地才能说清楚自己，只有明白自己才有可能明白他者。我们处在现代社会，这是毋庸置疑的事实，作为社会事实，它是我们研究现代公共性的出发点。现代社会有三根支柱：欲望的神圣激发，构成了动力因素；市场经济的发现和运用，构成了环境；科学技术的广泛使用，构成了手段。当动力、环境和手段被并置在一起的时候，一个由资本的运行逻辑所推动的全面现代化运动就开始了。这就是现代社会的基本图景。市场社会乃是一个包含着巨大冲击力的社会设置，首先它创造了一个庞大的经济公共性，财富；其次它创造了一个追求自由与民主、平等的政治世界。也许，经济形态和政治形态的公共性过分强大，才造成了社会结构的畸轻畸重：经济与政治的全面覆盖，造成了生活世界的压缩现象；全面的祛魅使宗教、信仰、巫术、禁忌全无藏身之处，一个全面的裸化世界向人们走来；高雅与神圣、圣洁与敬拜，只有还原为或被压缩为物质的、生理的，简言之是低级的需要才会被过问。这倒不是因为人类不再需要一个精神世界以及精神公共性，而是强大的经济公共性和政治公共性将原有的精神公共性解构掉了，出现了信仰危机、信用降低。而从微观处着眼，精神公共性的解构则表现为他者解构和自我解构两种类型。

（一）共同体的解构与市民社会的生成

由欲望、情感和理性构成了相对完满的灵魂，这对每个人大抵是相同或相似的；对不同时代的人们也大致是一样的。那么由不同时代的人们所建构的精神世界或精神公共性怎会如此不同？根本原因在于人们不同的生产方式、交往方式和生活方式，总之在于这些方式的规范化形式：社会结构。中国传统社会的结构是家国同构：国—家！其间并无现代意义上的社会，或西方社会学和政治学中的市民社会。在传统中国社会，家与国之间具有双向互逆结构，而家又具有逻辑优先性：虽说无国可能无家，但无家一定无国。家，包括家庭和家族，以及家的扩展形式，即村社。即使在今天，村社里的人们依然按照血缘式的关系相互称呼。由家庭、家族和村社构成的领域就是共同体，它既是一个社会空间又是一个生活空间。只有当社会和生活没有界限甚至完全重叠的时候，真正的共同体才会产生。借助于通行有效的儒家伦理，人们把适用于共同体的规则成功地扩展到了国的领域：君臣如父子。而维系不同地位和不同角色的人们的规则，乃是那些基于同质意志之上的规则系统。这就为人们构造一个共同的精神世界奠定了一个坚实的基础，且这个精神世界是立体的：精神产品、过程仪式、规则系统。这个由产品、仪式和规则构成的精神世界又为人们的生产、交往和生活提供着支撑和解释，因为精神世界乃是一个自足的系统，具有足够的自我解释能力，又具有足够的自治能力，它使得生活在这个精神共同体中的人们具有高度的认同感和归属感。这种认同感和归属感弥补了因财富短缺所导致的物质世界十分简单的不足。这似乎是一个不容否认的历史事实，一个饱满的精神世界可以和一个简单的物质世界有机地组合在一起，却又不使生活世界显得苍白、无力。但这种畸轻畸重的组合方式也使得这个精神共同体具有自身的脆弱性：精神上的公共性是以个体的无个性、无创造性为代价的，因为只有失去个性或没有个性才能被各种共同体所接纳。

市场社会的建立与发展，在社会结构上的一个直接后果，就是生成了一个广阔的市民社会。“市民社会是处在家庭和国家之间的差别的阶段，虽然它的形成比国家晚。其实，作为差别的阶段，它必须以国家为前提，而为了巩固地存在，它也必须有一个国家作为独立的东西在它面前。此外，市民社会是在现代世界中形成的，现代世界第一次使理念的一切规定各得其所。”① 市民社会不仅仅是一个物理空间，更是一个社会空间，它含有三个环节：“第一，通过个人的劳动以及通过其他一切人的劳动与需要的满足，使需要得到中介，个人得到满足——即需要的体系。第二，包含在上列体系中的自由这一普遍物的现实性——即通过司法对所有权的保护。第三，通过警察和同业公会，来预防遗留在上列两体系中的偶然性，并把特殊利益作为共同利益予以关怀。”② 市民社会把人们从先前的共同体中解放出来，将其置于全面需求和全面依赖的体系之中，它以个人为出发点，中介于普遍性，又达于个人的特殊性：“每个人都以自身为目的，其他一切在他看来都是虚无。但是如果他不同别人发生关系，他就不能达到他的全部目的，因此，其他人便成为特殊的人达到目的的手段，但是特殊目的通过他人的关系就取得了普遍性的形式，并且在满足他人福利的同时，满足自己。由于特殊性必然以普遍性为其条件，所以整个市民社会就是中介的基地；在这一基地上，一切癖性、一切禀赋、一切有关出生和幸运的偶然性都自由地活跃着；又在这一基地上一切激情的巨浪，汹涌澎湃，它们仅仅受到向它们放射光芒的理性的节制。受到

① ［德］黑格尔：《法哲学原理》，范扬、张企泰译，1979 年版，第 197 页。

② ［德］黑格尔：《法哲学原理》，范扬、张企泰译，1979 年版，第 203 页。

普遍性的限制的特殊性是衡量一切特殊性是否促进它的福利的唯一尺度。"① 在市民社会这个广阔的社会空间中，人的占有欲望和表达欲望被合法地放大了，它们非但没有受到批判，反而受到鼓舞，刺激消费乃是维持市场的关键。然而被放大了的欲望不是德性的、精神的，而是与金钱、权力、性有关的方面。是因为人们有相似或相同的需要人们才连接在一起，在一起并非出于友爱、孝慈、忠恕，而是为了自我的福利、自我的快乐；它不大容易产生认同感和归属感，过度的自由感和自我成就感使与之有关的他者都变成了工具。如果说共同体之中的人们是靠"情"的运行逻辑维系的，那么市民社会中的人们则是靠"理"的运行逻辑来维系的，它是一个充分且公开运用理性的领域。而这种运用理性的结果便是建构起了康德意义上的"先天实践法则"。② 这个"先天实践法则"的形式命题就是，你要按照使你的行为具有普遍规律的方式去行事；它的实质命题就是，把任何人都视为目的，而不仅仅当作手段。然而，康德所殚精竭虑地建构起来的"先天实践法则"也仅仅具有调节功能，是用来调节人们的观念和行为的，以便保证"人人都是目的而不仅仅是手段"这个命题的普遍有效性，它只可以说是一种"操作伦理"，而不是"关怀伦理"。工具伦理永远不同于终极伦理：工具伦理只为一个功利目的服务，而终极伦理则为人们的生活提供意义支撑。毫无疑问，在市民社会中，除了技术规则之外，不可能产生用于终极解释的价值体系。那么，在现

---

① ［德］黑格尔：《法哲学原理》，范扬、张企泰译，1979 年版，第 197—198 页。

② 康德对其"先天实践法则"的陈述包括相互包含的三个命题形式："1. 一种表现为普遍性的形式、道德命令的公式，在这方面，就成为这样的：所选择的准则，应该是具有普遍自然规律那样效力的准则；2. 一种作为目的的质料，并且是自在目的，它对任何准则所起的作用，就是对单纯相对的，随意目的的限制条件；3. 通过以上的公式，对全部规则作完整的规定，这就是：全部准则，通过立法而和可能的目的王国相一致，如象对一个自然王国那样。这一进程也正象意志诸范畴的进程一样，形式的单一性，意志的普遍性，质料的众多性，客体，也就是目的的众多性，及其体系的整体或全体性，在作道德评价时，最好是以严格的步骤循序渐进，先以定言命令的形式作为基础，你行为所依从的准则，其自身同时就能够成为普遍规律。"［德］康德：《道德形而上学原理》，苗力田译，上海人民出版社 1986 年版，第 89—90 页。

代生活中，那个具有终极解释力的精神公共性到何处去寻觅呢？

（二）精神公共性的危机：外在嵌入与自我解构

一如上述，精神世界是极为复杂而深邃的，决非任何一种实验所能完全说清楚的。在理智界的意义上，亦即在灵魂之善的意义上，每个人都是相对独立的“宇宙”，每个“宇宙”只能保持相对的独立性，若想使自己的生活相对为好，就必须同他者进行交换和交流，市场社会为这种交流和交换创造了广阔的社会空间。扩展了的交换领域和交换对象与被激发了的需要一同被建构起来，每个人的需要都是个别，都是主观，只有“消灭”这种个别和主观，只有被他者认可和满足，才能成为普遍的、客观的。然而被发展起来和被满足的主要限于财富的获得、权力的拥有和名声的竞争，而这些通常都和衣、食、住、行、用等物质需要相关，而用于满足信、知、情、意等精神需要的产品、仪式和交流则明显不足。依照马斯洛的需要层次理论和戈森的边际效用理论，随着同类物品的供给，该物品对享用者的效用会降低，以致趋于零。于是，戈森非常自信地认为，随着异类物品的供给，需求者会发生需要迁移，比如由物质需要向精神需要迁移。事实证明，人的享受的迁移是可能的。需要或享受的迁移可以有两个方向：同质迁移和异质迁移。同质迁移是指享受的类型未变，而满足享受的物品发生了变化，如食物、衣装、住所，等等。异质迁移是指享受由低级向高一级享受的升迁，不仅享受类型发生了变化，满足享受的物品也发生了质的变化。在实际的生活中，享受的两种迁移都有可能发生。相对而言，同质迁移更容易发生，因为，保持一种类型的享受是容易的，无须投入成本即可以延续下去，如衣、食、住、行、用等，而且如黑格尔所说，社会可以把同类享受细致化、多样化，市场经济恰是这样一种经济类型，它可以不断地变换满足同一类型享受的物品，但却没有把人的享受提升到更高的层次。正是同类享受的细致化才使奢侈、浪费成为可能。然而，就人作为人来说，是不能仅停留于物质需要的满足的，它们是必要的需要，而非充足的需要。充足的需要是指社会需要（归属：爱/友爱/被接受、自我尊重和他人尊重）和精神需要（爱、真理、正义、完美、充实），它们表现为非物质化的过程：满足享受的对象是非物质化的存在，满足的方式是非物质化的过程，不像物质需要的满足那样，是一定物质的占有和消耗。

由物质享受向社会需要和精神享受的升迁是享受的最为典型的异质迁移。这种迁移并非没有发生的必要，相反，依照戈森定理，它是非发生不可的。然而，相对于同质迁移异质迁移要困难得多。其一，用于满足社会需要和精神需要的产品的生产与供给往往不像商品那样有明显的收益；其二，用于提升人的心智力量的精神活动和精神产品需以一定的理解能力和体悟能力作基础。而近代以来，这两个方面都面临着危机。由享受的同质迁移转变为异质迁移遇到了困境，其结果是鲍曼意义上的碎片化和舍勒意义上的精神丧失。更为重要的还在于，用于交换的功利主义原则在持续地嵌入人们的交往中，人们愈来愈少因为友爱而进行情感和精神上的深度交流，而是因为利益相关性才把人们连接在一起。依照福柯的理念，现代社会的价值轴心是金钱、权力和性，由此激发起来的便是权力欲、金钱欲和生殖欲，它们被深深地嵌入人们的心灵世界之中。这些轴心元素要么使植根于心灵深处的善良、正义、友爱等优良品质处于拔根状态，要么使原本清晰的实践法则变得模糊不清，总之使人们的精神公共性处在自我解构之中。首先，道德原则与道德规范要么变得模糊不清，要么被工具化。一如康德所言，类似于先天实践法则这样的道德原则，尽管是植根于人们的生活中的，但它必须借助于人们的理性才能澄明出来。本来这个法则是每个有理性者共同制定的，因而每个人必然同时又必须是法则的执行者，但每个人都把自己看成是终极的主体，不是把自己视为法则的践行者，而看作是受益者。人们并不再像康德所指给人们的那样，将自己的主观性、特殊性消融于法则之中，受法则的检验，通过每个人的自律证明法则的普遍性，再现法则的普遍性；相反，每个人都想把自己的行动规则普遍化。道德共识危机的另一个表现是道德核心词的隐匿甚至消失。任何一套道德范畴和话语一定与人们的生产、交往和生活方式相关，人们选择了何种类型的社会结构同时也就选择了何种类型的道德话语体系。虽然这些范畴和话语是以人们日常的道德理性知识为基础，但它们却不能直接澄明于人们的表象中，必须由智者或权威者宣布出来。然而宣布者若仅仅是制定者或宣布者而不是坚定的实践者，那么，即便是道德真理也不会为人们认同和践行。当权威者和成年人只是向民众和未成年人宣讲道德法则，而自己却不是先觉、先行者，反而是破坏者，那么，任意一种道德法则都不会行之有效。因此，任何一种核心价值观的嵌入都必须是科学的、真诚的。科学的嵌入是指被供给的核心价值观乃是历史的命运、民众的心声，若核心价值观只是供给者的主观意志，那么它可以被宣布但不被实践；真诚的嵌入指的是，嵌入者不仅是宣布者，更是践行者，甚至是道德榜样，否则，必定流于形式。

道德工具化或道德资本化也是道德共识危机的集中表现。一如前现代、现代与后现代那样，人们的道德生活史也经历了由前现代的道德本体论向现代的道德工具论转向，再向后现代道德本原论转向。古代的道德本体论是以善的存在论尤其是属人之善的存在论为基础的，由于雅典城邦和中国的传统社会尚无出现共同体与社会的明显分离，因之，德性与规范、德性与幸福、行动者与行动是有机统一的，因而无须对道德基础作广泛而深入的阐明与辩护。相反，市场社会以来，随着德性与规范、德性与幸福、行动者与行动的分离，德性开始从生活中的本体地位转向现象界，似乎德性完全是一种主观事实，为此，康德必须要殚精竭虑地为道德进行形而上学奠基，为任何一种能够出现的道德进行阐明和辩护。康德走着与大众相反的道路：康德要把德性本体化，而民众则在实际生活中进行着现象化或主观化，而把外在之善和快乐体验本体化。毫无疑问，人们不可能长期处在德性与规范、德性与幸福、行动者与行动的分离中，总会找到一种有机结合的方式，这种方式乃是包含杂多于其中的普遍；而普遍也不再是生硬的外在强制。这便是道德本原论的状态。

除了手段或工具意义上之精神公共性的危机之外，一种终极意义上的精神危机更为令人担忧。对生活之终极意义的阐明与辩护变得愈来愈主观化和苍白无力。一种将诸多自我统合起来的精神磁场愈来愈成为问题。只有当人以类的方式不再将全部的心智力量仅仅向外，而是将向外与向内有机统一起来之时，一种将经济公共性、政治公共性和精神公共性有机统一起来的时代才会到来。

三　重建精神公共性：可能性及其限度

任何一个社会的人们都有精神，也都有精神生活，都期盼过一种对幸福有助益的精神生活。然而现代性语境下的人们，其精神以及精神生活都面临着诸多问题。建构一种相对和谐的精神生活，只有在历史所给定的限度内进行，重建工作才是可能的。

（一）在心灵之序与世界之序之间

一个健全的心灵应该具备足够的自组织能力和自我修复功能。它有一个相对完整的模型或框架。从三要素说就理智（理法）、情感（体验）与欲望（能力）；它们构成一个正立的三角形，理智为顶角，情感和欲望为两个底角。在三要素的模型中还有另一种解释，即康德式的："所有的心灵能力或机能可以归结为三种不能再从一个共同根据推导出来的机能：认识能力、愉快和不愉快的情感和欲求能力。"①其中愉快与不愉快的情感作为一种判断力，也同样具有立法能力，它使人的知性向理性过渡得以可能。只有将三种能力充分地发挥出来并保持其间的协调，才能使心灵足够完整和强大。而在健全和健康的意义上，心灵之序乃是四个要素的有机统一：信、知、情、意。缺失任何一个要素都会使心灵的其他要素无法运转。健全而有机的心灵会具备康德意义上的两种功能：建构性或规定性的，意在将特殊性规定在

① 康德：《判断力批判》，邓晓芒译，人民出版社2002年版，第11页。

普遍性之下，其所欲求的是自然循以产生的规律；反思性或协调性的，意在将个别行动约束在普遍性之下，其所欲求的是万物应当循以产生的规律。前者是自然必然性，表现为自然规律；后者是自由必然性，表现为道德规律。而作为愉快与不愉快的情感的判断力则把自然规律和道德规律联结起来。当健全而健康的心灵被建构起来以后，心灵就会就会建构一种内外相互协调的秩序，这便是心灵之序。没有任何人能够拯救人自己的心灵，也没有任何神秘的力量可以救赎人的自我放逐。构建心灵之序当以修身为最根本，其次为可实践的四个具体环节，即正其心、诚其意、格物、格物在致知（智）。格物在致知（智），格物乃指向外与向内两个向度。向外者乃推究事物之理，以求事物道理；向内者乃格心中之私欲，以求尽性。只有到达当止之处，方有得（德）。“知止而后有定，定而后能静，静而后能安，安而后能虑，虑而后能得。”（《大学》）心灵的这种自行调节的力量乃是知性、理性和判断力充分运用的后果。通过而立、不惑、耳顺、知天命，进达从心所欲不逾矩。进言之便是，喜怒哀乐之未发，谓之中；发而皆中节，谓之和。中也者，天下之大本也；和也者，天下之达道也。个体心灵之序对于个体的合理行动、健康生活具有原初性作用。健全而健康的心灵之序也为个体间的交往、交流提供了原初性的前提，因为只有相似乃至相同的心灵结构，才会在主体间产生共同感、共通感。个体的心灵之序以及主体间的共同感、共通感并不仅仅在个体内心活跃着，它们必须、也必然超出个体的界限而外化为公共的精神世界。为诸多个体共有的精神世界不是预先准备好的，它是由诸多个体基于公共感而共同构造的。这个公共的精神世界具有被构造性、被规定性，因而具有被给予性。然而，这个公共的精神世界并不是悬在半空中的，而是立于由物质欲望、物质世界构成的基地上，于是那个在个体那里曾经单纯的心灵会受到各种物质力量的侵蚀，甚或被污染。只要单纯的心灵不被完全泯灭，它就会顽强地以其自身的力量净化着那个曾是自己外化但却不听命于自己的世界，以使这个按照它自己的逻辑运行的世界有一个相对完整的秩序。事实就是这样，心灵之序与世界之序既相和谐又相冲突，从而构成了我们生活于其中的社会。

（二）从精神共同体到公共精神生活

尽可以说，个体的心灵有着先天的自我构造、自行调节、自我修复的能力，对于构造共同的精神世界具有原初性，但必须在共同体中展现和实现这种原初力量。① 在以差序格局为背景的传统社会，（市民）社会是极不发达的，人们的生存与生活空间主要集中于家庭、家族和村社，它们既是人们物质交往和物质生活的领域，也是精神交往和精神生活的共同体。而在共同体中，其成员是朝夕相处的，是典型的熟人社会。构成社会的精神基础乃是人们的同质意志，有共同的生活经历和体验。类似于信、知、情、意，理智、情感和欲望等这些心灵元素，基本上是在共同体中养成和展现的。尽管家庭、家族和村社提供着较少的物质资源，却供给着相对丰富的精神财富。匮乏的物质资源和相对丰富的精神财富的有机结合使得人们的精神世界饱满，精神生活丰富，类似于信、知、情、意的危机似乎难以出现。

市场社会以来，市民社会被逐渐建构起来，而市民社会是根本不同于共同体的，它不是靠同质意志而是靠异质意志维系的，本质上是利益联合体。市民社会最为神奇的地方在于，它通过建立立体的需求体系和全面的依赖关系，使得社会依赖于每一个人，又使每个人依赖所有的人。然而依靠经济依赖性建立起来的组织很难提供丰富的类似于信、知、情、意这样的精神元素，因为它不能提供认同感和归属感，人们不是“有机团结”而是“机械团结”。相反，类似于血缘共同体、地缘共同体、宗教共同体、友爱共同体和思想共同体这样的组织，才能为人们提供认同感和归属感。然而，在物质主义和个人主义价值观和行为方式占主导地位的现代社会，这些能够提供认同感和归属感的共同体，要么在缩小它的边界，要么被替代。与快速积累起来

---

① 涂尔干和滕尼斯相对区别了共同体与社会的关系，这种区别对于我们研究精神共同体和精神生活具有方法论意义。

的物的世界相对的，则是碎片化的精神世界，与日益稀缺的认同感和归属感相伴的则是个人的无意义感。只有当人们全面体验了因过分物质化而造成的精神荒芜之后，才会警醒、自觉，才会重视那些曾支撑了人们的生活的精神共同体的重建问题。因为只有在精神共同体中，基于心灵之上的精神交流才可能的。

（三）仪式与精神产品

精神公共性除了相似甚或相同的心灵之序和精神共同体之外，一种外在的方式便是仪式和精神产品。所谓仪式是指在人和人之间以语言和体态语形式完成的某种敬畏、尊敬、感恩、认同和归属。就是仪式的类型说，有集体形式和个体形式两种。作为集体行动的逻辑，仪式是指向自然的，是人类向自然表达敬拜，借以求得心灵的安宁和身体的无纷扰。以个体形式表达的仪式，乃是指个体通过有声语言或体态于表达对长辈或贤者的尊敬、尊重，借以得到来自他们那里的认同感和归属感。仪式也许出于物，但绝不止于物；它超越了物的限制，而使人达于心灵的深度和精神的高度。浓重的和重复进行的仪式，使得仪式的实施者和接受者共同抵御物的脆弱和现世的风险。

精神产品是由个体或集体创造出来的与人的信、知、情、意需要有关的作品，音乐、绘画、诗歌、小说、论著，等等，均属此类。精神产品是人的心智力量的对象化，是可以多人多次享用的价值物，它可以超越时空，而为后来者享用，精神产品代表着、也表达着人类的心灵地图。在物质生产活动和物质需要不甚发达的农业社会，人们的向外的力量受到极大的限制，然而人类却向内发掘出了巨大的潜力，创造了光辉灿烂的精神文明。工业化社会以来，人们创造了丰富多彩的物的世界，却没有创造与之匹配的精神世界。有人以为财富是获得快乐与幸福的唯一源泉，许多思想家和经济学家也是这样承诺的，但实际状况是，财富既不是构成快乐与幸福的必要条件也不构成充分条件，只构成基本条件。由财富进达快乐与幸福是一个极为复杂的过程，既取决于人要求于快乐与幸福的标准和境界，还相关于体悟快乐享受幸福的能力。快乐与幸福是生成和创造的，而不是给定的，因此，追求快乐和幸福本质上是生理—心理—精神过程，而不纯粹是一个消灭物的过程。从人与社会的必然联系的角度看，构成快乐与幸福的要素就分成了道路和创造两个方面：重建人文生态和构建和谐社会是通往幸福的道路；创造和体验快乐与幸福是幸福得以生成的源泉。

德国经济学家戈森的享受规律和边际效用理论给了我们这样几点启示：1. 同一类型的享受是有限度的。超过这种限度，同类物品的效用就会减少，随着饱和度趋于零，物品的效用也趋于零，于是享受者就会放弃对同一类物品的摄取。2. 在不同的时间段，满足同类享受，初始感到的享受量会变小，也会放弃对同类产品的摄取。3. 当多种类型的享受同时存在而又不能同时满足享受时，人们会部分地加以满足；在享受总量的范围内，人们会合理地变换享受的类型，且可以做到不因中断而减小。4. 人们总是可以找到或发现一个新的享受，从而扩大享受的总量。如果我们把马斯洛的需要层次理论引入对人的享受规律的分析中来，我们便会发现：人的需要或享受的迁移是可能的。需要或享受的迁移可以有两个方向：同质迁移和异质迁移。同质迁移是指享受的类型未变，而满足享受的物品发生了变化，如食物、衣装、住所，等等。异质迁移是指享受由低级向高一级享受的升迁，不仅享受类型发生了变化，满足享受的物品也发生了质的变化。在实际的生活中，享受的两种迁移都有可能发生。相对而言，同质迁移更容易发生，因为，保持一种类型的享受是容易的，无须投入成本即可以延续下去，如衣、食、住、行、用等，而且如黑格尔所说，社会可以把同类享受细致化，市场经济恰是这样一种经济类型，它可以不断地变换满足同一类型享受的物品，但却没有把人的享受提升到更高的层次。正是同类享受的细致化才使奢侈、浪费成为可能。然而，就人作为人来说，是不能仅停留于物质需要的满足的，它们是必要的需要，而非充足的需要。充足的需要是指社会需要（归属：爱/友爱/被接受、自我尊重和他人尊重）和精神需要（爱、真理、正义、完美、充实），它们表现为非物质化的过程：满足享受的对象是非物质化的存在，满足的方式是非物质化的过程，不像物质需要的满足那样，是一定物质的占有和消耗。

由物质享受向社会需要和精神享受的升迁是享受的最为典型的异质迁移。这种迁移并非没有发生的必要，相反，依照戈森定理，它是非发生不可的。然而，相对于同质迁移，异质迁移要困难得多。其一，用于满足社会需要和精神需要的产品的生产与供给往往不像商品那样有明显的收益；其二，用于提升人的心智力量的精神活动和精神产品需以一定的理解能力和体悟能力作基础。而近代以来，这两个方面都面临着危机。由享受的同质迁移转变为异质迁移遇到了困境，其结果是鲍曼意义上的碎片化和舍勒意义上的精神丧失。

着眼于资本运行逻辑之上的需要、欲望、虚拟享用，达于发现造成奢侈、浪费的消费观和社会设置，指明一种趋向和谐发展的可能形态，是伦理批判的终极目的，也是伦理建设的核心内容。在伦理建设上至少有这样几个方面：一如虚拟享用那样，可以通过一种更为健康而完善的社会设置，将想象享用引导到情感与精神需要的享用上来，也可以通过一种社会机制，形成一种追求限定物质享用而提升精神素养的文化时尚，对此，组织和政府承担着极为重要的责任。重建全面的幸福观，占有、享用物质财富只是人们获得幸福的一个基本领域，创造并享用用于满足信仰、认知、情感、意志的精神产品才是更高级和稳定的一种。创造幸福生活的前提，只是创造可能形态的幸福生活，创造幸福生活本身并体悟幸福生活才是生活幸福的真谛。

四　朝向“社会转型与伦理变迁”而言的精神哲学原理的重构

如果说，“精神世界、精神生活的原初结构及其运行逻辑”只是一般性地描画了精神、精神世界、精神生活的原初结构及其由现代社会转型而引发的精神世界的结构性变化，那么如何构造一个针对“社会转型与伦理变迁”而言的精神哲学原理才是我们深入研究“社会转型与伦理基础变迁及其重建”问题的理论前提，而这个前提又是以有关精神和精神生活的一般性讨论为前提的；当“原理”被先行标划出来、问题被集中揭示出来，接续的工作就是如何重构精神世界和精神生活。

（一）以状态和结构出场的精神：内部视域

精神概念所描述的是一个人正处在令他能够正确思考、正当行动、深刻体验的状态；一种不可识见、但可以令他感受到的内部状态，他可以将这种状态描述给他者，但他者永远不会像描述者那样对这个内部状态有直接的感受，他只能借助移情和想象而虚拟地感受这种状态。精神是使人的灵魂处在清醒状态的那种力量，这种力量是特定的内部结构以及结构的各个部分的功能得到充分发挥之后形成的整体效应；精神必须以实体性的诸种官能为基础，但却不是这些官能本身，而是诸种官能充分发挥其功能而形成的效应，一如生长、营养、运动、感觉、意识、思维那样，它们都是特定官能的机能、功能，以及充分发挥这些机能所产生的效应。于是，状态、结构、功能、效应就成为描述一个人的精神之内部视域呈现的关键词。对于个体而言，作为内部视域的精神，既是一个决策者、管理者，又是一个行动者；作为决策者，精神就是理念，它决定着作为这个精神之主体的我，能够、应当成为什么样子；能够成为什么样子，精神为我贯彻了它的建构性原则，它是生产性的、创造性的，它要把属于我的诸种特殊纳入到普遍性之下加以思考；作为管理者和行动者，精神为我规定了诸种规范，其所贯彻的是范导原则，精神要为我在生命的任何一个段落里的思考与行动找到一个可以遵循的实践法则。总之，精神就是使一个人处在一个好的状态并使他出色地完成他的行动所需要的能力和品质。当我们说，一个人能够做什么的时候，他的精神就是他完成他的行动、实现他的目标、达到他的目的所需要的可行能力，哪怕一个人为恶，也是需要一定能力的；若此，人的精神就变成了一种可以任意使用的能力，既可以为善，也可以为恶。“理解、明智、判断力等，或者说那些精神上的才能勇敢、果断、忍耐等，或者那些性格上的素质，毫无疑问，从很多方面看是善的并且令人称羡。然而，它们也可能是极大的恶，非常有害，如若那使用这些自然禀赋，其固有属性成为品质的意志不是善良的话……苦乐适度，不骄不躁，深思熟虑等，不仅从各方面看是善的，甚至似乎构成了人的内在价值的一部分；它们虽然被古人无保留地称颂，然而远不能被说成是无条件地善的。因为，假如不以善良意志为出发点，这些特性就可能变成最大的恶。一个恶棍的沉着会使他更加危险，并且在人们眼里，比起没有这一特性更为可憎。"[①] 以此观之，就精神这个概念自身的内在规定性而言，它自在地具有善良的、正确的、正当的含义；当我们说一个人、一个民族的、一个国家的"什么精神"时，一定是指令个体、民族和国家处在有序状态并能够幸福生活的那些能力和品质；而不是那些仅令自己获利、愉快而令他者受损和痛苦的能力及其运用。总之，在精神这个"概念"里，除了具有能够做什么的内涵之外，还必须具有应当做什么的要求。

（二）作为对象化过程与对象性存在的精神：外部视域

精神是形成于而内发乎于外的主体性结构；是进行生产、交往和生活的诸种方式；是在对象化过程中呈现出来的由内到外的"文化气息"以及由此形成的对象性存在。对此一过程和存在的描述与论述所能够运用到的方式乃是客观因果性陈述和意义妥当性陈述；前者所指的是一个个体、一个民族或一个国家，在进行生产、交往和生活过程中亦即在对象化活动中呈现出来的理念、观念、思维、情感和意志；后者指明的是这些观念、情感和意志之于自身与他者乃至整个人类的生命、财产、自由以及社会秩序的影响程度及其善恶性质。如果说，精神的内部视域形态给出的是人之能够正确思考、合理表达和正当行动的诸种官能，那么精神的外部视域给出的则是基于官能之上诸种功

---

① ［德］康德：《道德形而上学原理》，苗力田译，上海人民出版社1986年版，第42—43页。

能如意识、思维、判断、推理、情感、意志、选择、行动在处理人与自然、人与人、人与自身的关系时所得到的充分运用，以及由此形成的善恶性质。

如若这些基于官能之上的诸种功能的充分运用仅仅表现于个体的日常意识和日常行为中，这些功能的综合运用就表现为个体精神，如他的拼搏进取、吃苦耐劳、敢于探索的科学精神；积极合作、诚实守信、先人后己、勇于奉献的伦理精神；以追求公共善为目的、以合理表达公共意志为途径的公共理性精神。当个体以集体行动的方式与诸多具有共通感或共同感的他者共同表达意志、共享或分享共同财富或价值时，他们的意识、思维、判断、推理、情感和意志，就表现为民族精神。当个体精神、民族精神集中表现于在合法界定的边界内、在物理空间的地域内、以政治的方式所采取的集体行动中，它们就被整合成一个庞大的、具有整体性的、权威性的文化—文明体系，这就是国家精神，如中国精神、美国精神、法国精神等。当特定的个人、民族和国家在特定的时空背景下，于生产、交往和生活形成特定的文化—文明体系时，我们就将其称之为“时代精神”，如古代精神、近代精神和现代精神。当这些文化—文明体系以特定制度来表达时，就表现为有关什么“主义”的精神，如资本主义精神、社会主义精神，等等。

每当人类发动、推动和完成一次根本性的社会转型时，就会构造出一种独特的文化—文明体系，从而呈现为具有特定内涵的民族和国家的、特定时代的“主义精神”。起始于 15 世纪、发展于 16、17 世纪，而完型于 18、19 世纪的西方现代化运动，开启了一个由前现代、前市场、前工业社会向现代市场、现代工业转型的社会改造运动。事实证明，这不是一场同一种观念体系、制度系统在不同时空结构中的迁移过程，而是一种完全新型的观念、制度、体制的建构过程，在这种建构中所形成和呈现出来的文化—文明体系，被称之为资本主义精神。而起始于 20 世纪 70 年代末的、以经济改革为基础、以政治体制改革为轴心、以文化体制改革为全局的当代中国的现代转型，则在不断拓展和深化中形成了中国道路和中国经验，可称之为中国特色的社会主义精神。

（三）作为内部与外部视域之综合的现代伦理精神和法律文化

起始于15世纪下半叶的现代化运动，首先是从意大利、荷兰、比利时开始的，之后是英国和美国。“就欧洲以及它兼并的地区而言，在14世纪80年代的时候，一个中心在威尼斯形成了。接近1500年，风雨突然大变，中心从威尼斯乘风降至安特卫普，接着，在1500—1560年之际，风头又回到地中海，不过，这一次热那亚赢得了风气之先。后来，风向转移到了阿姆斯特丹，欧洲的经济中心在那里稳定了近两个世纪。在1780至1815年间，中心位于伦敦。1929年，中心横越了大西洋，定位于纽约。”① 布劳代尔意义上的“经济世界”，从威尼斯时期的“资本主义萌芽”到1780—1815年的伦敦的典型的资本主义，“资本主义”就像一辆战车，从一个中心转移到另一个中心，但其实质似乎没有改变。“诚然，今日资本主义的规模与范围出现了令人难以置信的变化。它是随着基础交换和运作手段令人难以置信的扩展而水涨船高的。但是，万变不离其宗，我怀疑资本主义的性质发生了彻头彻尾的变化。三个证据支持我的看法：资本主义仍然建立在剥削国际资源、利用国际机遇的基础上，换言之，它以世界为存活的范围，至少它是向全世界延展的。它当前的大目标是：重整全球主义的旗鼓。它一贯地、顽固地依靠法理上的和事实上的垄断，不顾在这方面反对它的激烈行动。今天，人们将其系统成为‘组织’，这个组织继续在绕开市场。人们认为这是个真正新的事实。然而错了。更有甚者，不管人们通常怎么说，资本主义并不涵盖全部经济，并不涵盖进行劳动的全社会。它决不可能将二者包含在一个系统中，即资本主义的、被误认为完善的系统。我已给你们说过的三层分野——物质生活、市场经济和资本主义经济（及其附属物）——现时仍然具有

① ［法］布劳代尔：《资本主义的动力》，杨起译，生活·读书·新知三联书店1997年版，第57页。

对事物进行区分、对事物进行解释的非凡价值。"① 物质生活是底层，市场经济是中层，而资本主义经济则是顶层。资本主义经济超越了前两者，通过跨国公司，将不同国家和地区的经济单位统合到自己的资本控制之下。"这样我更加坚信我自己慢慢归顺的意见，即资本主义是地地道道从顶端的、或伸向顶端的经济活动中衍生出来的。如此说来，这个强悍的资本主义是由两层垫子托持着的，一层是物质生活，一层是结构紧密的市场经济，资本主义代表的是高利润领域。"② 布劳代尔将15—18世纪的欧洲社会分成三个层次：物质生活、市场经济和资本主义，资本主义已经将狭义的市场经济改造成了充满专制、任性、强制、掠夺、侵略性质的国家资本主义，改造成了资本主义国家的意识形态。如要构造一个以平等、正义、自主、自由和尊重为法律和道德基础的全球化、世界化，就必须重构一个更具有哲学人类学意义的伦理精神和法律文化。

1. 传统社会结构与伦理精神。关于社会结构的沉思可有两种哲学路向：系统论奠基和生成论奠基。前种方式旨在描述结构的样式，找寻出最为基础性或原初性的力量，即所谓本体，显现出体、用、型；后种方式意在现出此种结构得以原始发生的历程，揭示向来是其所是的逻辑得以演进的历程。

传统社会既可指一种大体上的断代史，更可指一种社会结构范型。作为一个结构类型，可从四个方面透视传统社会。生产方式是决定传统社会之为传统的原初性力量。种植（农业）和养殖（畜牧业）是两种主要的生产方式，其间有或发达或不发达的商业，甚或有金融业，但基本上是围绕着畜牧产品的初级交换而进行的，严格意义上的市场是没有的。而农业和畜牧业本质上是一种自然经济，它从根本上决定了人们在劳动与需要之间的直接关系。土地要么是

---

① ［法］布劳代尔：《资本主义的动力》，杨起译，生活·读书·新知三联书店1997年版，第76页。

② ［法］布劳代尔：《资本主义的动力》，杨起译，生活·读书·新知三联书店1997年版，第77页。

耕地，成为农业的基础，要么是草原，成为畜牧业的基础。借助耕地和草原，人们日复一日地劳作。这种劳作与他们的需要处在自然的关系中，他们不会超出他们实际的需要很多而去创造更多的剩余物。他们严格地受到身外的自然和自己的自然的限制，他们过着固定的、重复性的生活，过度的欲望甚或贪婪是不可能被大规模地配置起来的。适度、自然、恬淡、闲适是他们日常生活的基本样式。由这种自然而然的生产方式所决定，人们的交往方式也就必定以熟识的、地缘式的方式出现。由于没有广泛而持久的交换，人们之间互换的是礼物，而礼物所呈现的是人类学的内涵：感情与意志的交流。在生活中大约可流动的物有多种，但惟独土地是固定的，于是以土地为生计的农民、牧民、山民、渔民被严格地限制在自然空间内，家庭、家族和村社成为人们须臾不可分离的生活空间，它们以自然地理为边界，形成了山寨、村庄，它们成为不同村民之间的天然屏障，各自视异村的村民为陌生者，保持着高度的警惕和戒备。而在朝夕相处的家庭、家族和村社中，每个成员都是再熟悉不过的"亲人"，都以血缘关系式的称呼、辈分交往着、交流着。这是基于血缘和地缘关系之上的生活共同体。在生活上，人们只有自然时间概念，没有社会时间范畴，没有紧迫感，高度的重复感保证了高度的安全感。由生产方式、交往方式和生活方式决定了人们的伦理精神。对这种伦理精神的研究可有事实逻辑和价值逻辑两种致思范式，三种传统方式如何造就了与之匹配的伦理范型，而这种伦理范型一经形成又返身嵌入三种方式中，甚至作为社会遗传基因依旧决定当今中国人的思维方式和行为方式。

在千百年来重复进行的生产、交往和生活中，人们建构起了严格的家法和村规。这个家法和村规并非由权威机构经反复讨论制定出来，而是一种风俗、习惯、惯例、巫术、禁忌，等等，它们是千百年来流传下来的文化基因，深深地植根于人们的心灵深处。这些规范深深地印在了人们的心灵之处，先行于个体的一切知与行。据此，许多人以为中国人最懂得三纲五常等日常人伦，因而是最有德性的人群。不可否认，如果从规范的效用史看，中国传统的道德规范具有强大的约束性力量，几乎完全替代了法律文化，且在日常生活中，较少使用律法，因为律法是德性失效以后的救济措施。然而正是这种显而易见的效用史严重地遮蔽了传统伦理精神的先天缺陷：第一，"耻感"伦理的有限性。尽可以说传统的仁义礼智信、恭宽信敏惠已经深入人心，但人们并非真正自觉地理解它们，自由地运用它们，人们只是如此这般地行动着，从来没有追问过，为何如此行动。关于行动正当性的证明并不来自行动者的批判与反思，而是来自惯性，即道德习惯。当人们处理反复出现的族群关系、群己关系时就会形成道德习性。它可能使人先天地丧失道德敏感性。道德习惯和强大的规范效用之最为深层的根源在于生活共同体的伦理性质。基于血缘和地缘之上构成的熟人社会，使每个人形成了根深蒂固且作用强大的亲情、乡情和友情，这种"情"构成了人们形成道德习惯的最大保障。于是人们在处理各种利益关系时，萦绕心头的是有人称的诸多他者，借助具象化的认知功能，他者的音容笑貌、情绪反应直接决定行动者的选择和决定。人们在遇到道德冲突从而必须进行道德选择时，首先映入眼帘的是他者的感受，无论是上手的还是在手的不是那个普遍有效的先天法则，而是充满差序格局的具体人伦关系。我们把这种感性的、具象化的他者约束类型称为"耻感"伦理。"耻感"伦理也称环境伦理或语境伦理。每个人的道德考虑或选择是在具体语境下被界定、被决定的，之所以不愿意、不敢做出损害他者的事情，并非出于对先天法则的尊重，而是出于对熟人的强烈心理倾向性，即自然情感。"耻感"来自于他者的斥责、谴责，如果一个人胆敢冒被别人斥责和谴责的风险而有悖于家法和村规，除了遭受身体上的挞伐之外，更为"深重的灾难"则是疏离化，即使其失去族群内的认同感和归属感，归为异类的心理感受是致命的。"耻感"伦理的负面效应有两点，其一是先天阙如责任感。类似于康德的神圣感和敬畏感难以植根于心灵深处："有两种东西，我们愈经常愈反复地加以思索，它们就愈给人心灌输时时在翻新、有加无已的赞叹和敬畏：头上的星空和内心的道德法则。”① 全面的经验主义伦理范型导致传统伦理的脆弱性，一当他者的斥责、谴责不复存在，行动者便陷入全面的任性之中，内心没有法度，外表没有限度。超验的伦理范型乃德性之根、之源，失去了这个根源，境遇伦理很难保持它的普遍性和持续性。于是，人们就会自觉不自觉地营造一种使人畏惧的伦理环境，舆论构造取得了优先性。为着使人们的行为出于情、合于礼，就必须营造一种严厉的伦理环境，使行动者于有声处和无声处谨言慎行，每日三省其身。

第二，法的概念、法的理念之先天缺失。法在实质上是关系，是某种与价值继而与应当有关的关系状态，或指物与物之间的组合，或指人与物的关系，或指通过物与物之组合而完成的人与人之间的关系状态。由此决定，法便具有了物质性与精神性、客观性与主观性相统一的特征。当法表现为某物归谁所有时，法就是人和人之间的物权关系；当法表现为某个言行对某个具体人的关系时，法就是人和人之间的人格性关系。于是，法作为一种应当的价值关系就绝对不像自然规律那样具有普遍性，自然规律面前人人平等。尽管我们坚信法律面前人人平等，但法的普遍有效性是极其有限的。在客观性的意义上，法就是定在，是事实意义上的应当，即抽象法或形式法；在主观性或精神性的意义上，这种定在必须表现为人对抽象法的认知、理解与把握。客观上是物权和人格，主观上必须是法的理念。“法的基地一般说来是精神性的东西，它的确定的地位和出发点是意志。意志是自由的，所以自由就构成法的实体和规定性。至于法的体系是实现了的自由的王国，是从精神自身产生出来的作为第二天性的那精神的世界。”② 于是法的概念就表现为作为应然状态之定在的“法”，或指事实，或指关系；又表现为对定在的主体性把握，被把握在意识中的定

① ［德］康德：《实践理性批判》，关文运译，广西师范大学出版社 2002 年版，第 158 页。

② ［德］黑格尔：《法哲学原理》，范扬、张企泰译，商务印书馆 1979 年版，第 10 页。

在便是主观意志的“法”。而把客观的“法”与主观的“法”关联起来的只是意志。法是通过人的意志设定出来的，又借助人的意志得以实现的。而无论是在理论的沉思上，还是对社会事实的分析中，事情自身的复杂性都超出人们想象的程度，只有借助细腻的沉思和缜密的分析才能呈现它。

作为客观的“法”的概念所描述的是一应然的、应当状态，然而问题是，这种应当是对谁而言的呢？虽不可否认，在人的心灵基地上先天地存在着孟子所说的良知良能，但却并不天然存在着人人平等的观念，人只是先天地存在着产生某种观念的潜质，但不是观念本身。任何一种应然都不会对所有人具有同等的价值意义。基于人的天赋（感知力、记忆力、想象力）的差异，人类构造了基于差别之上的各种社会组织，而不是一个被抹平的平均社会。在原初性力量的支配下，能力上居优势者通常条件下也会掌握更多的以支配性力量为核心的社会资源，继而形成基于差序关系之上的支配与被支配的关系。法的概念或理念就是对各种物与物的关系、人与物的关系、人与人的关系的规定，当这种规定表现为千百年来留存下来的风俗、习惯、惯例、巫术、禁忌、家法、村规时，它是人类学范畴；当这种规定表现为国家权威部门制定、颁布并实施的规范性文件时，它是法学和法哲学的范畴。如此看来，法不像德性那样植根于人的心灵深处，而是外在于人的观念和行为的工具符号系统。当人类处于家国同构的社会状态下时，法的这种外在性就更加明显。首先，在以家庭、家族和村社为生活和交往空间的贫民生活区域，法作为调节各种利益关系的工具系统，较少被使用，因此国家颁布的法律条文对村民而言是极为陌生的，既不知晓更不理解，解释权掌握在拥有政治和行政职权的官僚阶层。其次，在官吏阶层，族权、父权、政权、皇权相互交织，垄断了社会几乎所有的支配性力量，包括物质资源和精神力量，特别是具有强制性、权威性和普遍性的法权。当法律对他们的地位、身份、权力有效用时，法律具有强大的保护机制；当法律对他们的“显失公正”行为不利时，法律游离于他们的行为之外。当法律制定者与执行者集于一身时，法律必定成为特权，成为政权的重要组成部分。总之，在传统的社会结构中，无论是在贫民领域还是在官吏阶层，法的概念或法的理念都是缺失的。

2. 现代伦理精神与法律文化。除非遇到人类不可抗拒的自然灾难或由人性中恶的力量导致的战争，人类总是在寻找较之以往更加合理的社会结构，市场社会就是这样的结构类型。从社会进步和人的发展这两个最基本的判别标准加以考量，市场社会提供着较之以往社会更加丰富的社会财富和更加合理的社会秩序；使每个有理性者有机会追求人格上的平等，并有机会参与社会的总劳动分配，表达自己的政治意志和美好意愿。与有效率的经济组织方式和有正义的政治结构相匹配的是现代伦理精神和法律文化，深入而细致地描述这种精神和文化得以发生的基础、环境、条件和历程，无疑是饶有兴趣的事情，但由主题所限制，我们将集中分析转型中国在建构市场社会过程中于建构现代伦理精神和法律文化中遭遇到的困境。

第一，从熟识到陌生、从权力和金钱到伦理和法律。市场社会是完全不同于传统社会的结构类型：以市场为导向进行资源配置；建构原则上向所有人开放的社会交往空间；为每个有理性者表达其政治意志提供法律基础和物质保障；建构朝向所有人的法律世界；将效率、正义和自由原则贯彻到市民社会和国家领域；打破原有的家—国二元结构，建构一个由私人生活—公共领域—政治领域组成的复杂的交往空间；与这些物的、关系的形态相匹配的伦理精神和法律文化。尽管这种伦理精神和法律文化常常后行给出，但却是支撑市场社会的精神基础。然而转型期中国所遭遇到的则不是这些理想模型的有序建制，而是问题重重，以至于问题中国成为转型期中国的显现形态。在建构市场社会的过程中，建构物质世界（财富和利益关系）具有优先性，然而我们行走的道路却是自上而下的，而不是西方先发国家是自下而上的。在欧洲中世纪，生活在社会最底层的一些人如犹太人、日耳曼人、苏格兰人，为生活计，从事着为传统伦理和宗教伦理所不主张的活动：G—W—G。然而，正是企业家和商人从根本上改变了以往的社会结构，而建构了相对分离的供给世界和需求世界，之后又把它们连接起来。与这种艰苦的建构过程相伴随的是现代伦理精神和法律文化的养成与生成。德国社会学家和经济史学家韦伯与桑巴特在他们各自的作品中集中描述和赞美了这种精神：资本主义精神和企业家的伦理气质。在法律文化方面，古罗马法和教会法为市场经济这种经济组织方式预先准备好了法律保障①。直观地说，自15世纪末至18世纪下半叶，西方先发国家的市场经济并非一个单一的经济世界，而是一个社会领域相对分离又相互支撑的复杂世界：以效率为基本原则的经济世界、以正义为基本原则的政治世界和以自由基本原则的精神世界。在效率、正义和自由之间保持相对清晰的边界，从根本上（尽管不是完全的，这是永远都做不到的）阻止了权力、人格被资本化的道路。不只是法律条文而是法的概念和理念成为社会运转的基础，所有有理性存在者都有资格建构那个朝向所有人的法律世界，一如康德所言，人们既是目的王国的立法者也是守法者。

自上而下由政治推动的市场社会的建构，一如一块银币的两面，其优点和缺点都是显明的。快捷和简化是它的优点，可省去繁复的环节，缩短建构市场的过程，但又充满着政治权力资本化的风险，在市场尚不完善之时，权力寻租会较为严重。解决此种现象的根本道路在于“看得见的手”（法律）和“看不见的手”（市场自治）的双重作用。然而无论从法律自身的完善性方面，还是从法律调节的关系的复杂性来看，都远远超出了法律与伦理效力所能及的范围。其一，财富的快速积累和利益的复杂化是市场社会的基本特征。在以权力、地位和身份为轴心的传统社会，人们靠着编织错综复杂的人际关系维持各自的地位，形成基于差序格局之上的伦理范型，而可供分配和分享的财富是稀缺的，人们必然把主要的心智力量用于人际关系的构造，借

① 关于资本主义精神、企业家的伦理气质、市场经济的法律文化基础、资本的自然限制与人性限度等诸多复杂问题的详细讨论，参见晏辉《市场经济的伦理基础》，山西教育出版社1999年版；《经济行为的人文向度——经济分析的人类学范式》，江西教育出版社2005年版；《现代性语境下的价值与价值观》，北京师范大学出版社2009年版。

助可以反复使用的、牢靠的私人关系维系差序格局。工于心计、玩弄权术乃传统文化之最大劣根性。面对复杂化的利益关系和快速积累的社会财富，心计和权术被广泛运用，而能够充分运用它们的一定是拥有权力者。在法、伦理与权力和金钱之间，在既无自治又无他律的语境下，他们通常会选择后者。当以亲情、乡情和友情为坚实基础的人际关系面对复杂的利益关系和快速积累的财富，理通常让位给情。为着使家庭、家族、乡人、友人、自己利益最大化，必然置康德所言的普遍有效的法则于不顾，事实上，他们从来就没有那个法则，从而也就没有法则意识和遵守法则的行动。相反，为着私人利益最大化，倒是发展出了高超的实用理性和技术理性，惟独没有实践理性。其二，用基于实用和技术理性之上的熟人思维建构陌生人社会。实用理性不以公共善为目的，而以私人利益为目标。为此必须在四个层次上构造一个自明的观念和行动模型：目标上的功利主义、方法上的权术主义、道路上的特殊主义、性质上的利己主义。而关键环节则是潜规则问题，制造潜规则和运用潜规则构成实用理性的主要事项，它需要心计、诡计、谋略。智力和智慧作为一种能力和品质，其本身无所谓善恶，只要在用它们做什么的时候，善恶的性质才会显露。转型中国遭遇到的核心问题并不是一个法律条文是否完善的问题，毋宁说，我们虽然在形式上具备了市场社会的样式，但并不充分具备它的核心，这就是现代伦理精神和法律文化，它非得经过一个心灵图式的重建和人格的重塑不可。

第二，现代伦理精神作为法律文化的基础如何可能？并不是人们预先准备好了现代伦理精神，之后再去构造现代社会，构造现代法律文化，而是优先构造了一种不同于传统社会的经济组织方式，即工业经济、信息经济和知识经济，以及与之匹配的生产方式和交换方式，即基于社会分工之上的集体劳动，普遍化的交换，首先为他人生产，最终服务自己，我为人人，人人为我。生产方式、交往方式和生活方式的根本改变，促使人们放弃传统中的劣根性的观念和行为，构造真正现代的社会结构和观念体系。其一，构造的逻辑。构造“法”的世界与构造“法律世界”是不同的，前者乃是康德所言的目的王国，在这个王国中，每个有理性者都是平等的，既尊重自己为人，更尊重他人为人，这是一个与传统社会全然不同的社会结构，为着这样一个目的王国，必须有三种法则与之匹配：平等、正义、自由。法律世界是法的世界的模型，法的世界是原型。由此决定，就不该形成法律为本而制度和体制为辅的观念，进言之，只有合理的制度和体制才能从根本上构造那个人们向往的目的王国。其二，公共善与公共理性。公共善是向所有人开放的社会财富和社会秩序，它不该被垄断在占据优势的人群那里。

造成公共善的精神基础是公共理性，它优先贯穿在宪法和部门法之中，然后蕴藏在每个人那里，每个人必须成为有限制的、有限理性的人，成为自治的人。狂妄和任性是现代伦理精神的最大敌人。快速发展起来的现代传播媒介为限制和改造狂妄与任性提供了物质基础，当民意形成强大的公共意志时，利用权力和金钱进行狂妄与任性的行为就会无所遁其身。在重构现代性、在推动中国式现代化新道路的过程中，一种集伦理精神、法律文化和国家精神的中国形态的社会主义精神将会逐渐形成，它是人类文明新形态，也是推动朝向人类终极之善演进的全球化的精神基础。

第七章　转型中国：伦理基础变迁及其重建

有关社会转型与伦理基础变迁的一般哲学批判，完成的是对人类孜孜以求于一个能够实现人类终极目标而进行的社会转型的人性根源的拷问和社会基础的追问；有关社会转型与伦理基础变迁之各种哲学原理的建构，完成的是对人类实现社会转型之具体领域呈现方式及其伦理基础的变迁的具体描画，包括社会转型与伦理变迁之经济哲学原理、社会哲学原理、政治哲学原理和道德哲学原理四个最基本的方面，它们共同属于对社会转型与伦理变迁的具体哲学批判。一般批判体现的是共性、普遍性；而具体哲学批判呈现的则是对具体领域之结构变迁以及由此引发的伦理基础的变迁的具体描画。一般批判以人类共同的追求为基础，具体哲学批判则集中讨论始自15世纪之后的社会转型以及由此引发的伦理基础变迁。当把一般哲学批判和具体哲学批判应用于对转型期中国的社会结构转型及其伦理变迁的研究时，先前那种普遍性的、特殊性的问题就都在个别性的即中国特有的现代化运动中体现出来。虽然我们无法以严格的对称性研究经济哲学原理、社会哲学原理、政治哲学原理和道德哲学原理视阈中的当代中国社会转型，但完全可以整体性地考察各个社会领域在社会转型过程中相互嵌入和相互影响的内在逻辑关系。

一　对几个前提性问题的优先考察

在“社会转型与伦理变迁的一般哲学批判”中，我们只是给出了推动人类进行社会结构变迁的人性根源和社会基础，并未给出一个“社会转型与伦理变迁”的一般性原理，而无论从一般哲学看，还是从具体领域的哲学原理的构造看，预先标划出这个“原理”都是必要的。

（一）“型”、“转型”与“社会转型”的深度论证

我们在“社会转型与伦理变迁的一般哲学批判”中，对“型”与“社会转型”已经作了初步的语义学和语言哲学分析，但更为深入的问题尚需进一步讨论。当我们把生物学和化学上的“型”、“构型”和“转型”这些概念迁移到对社会结构的分析上来，其复杂性立刻就展现出来。将整个社会的结构性变迁定义为社会转型，那就必须优先确定，社会结构作为一个“型”是怎样一种样式。将社会结构视作“型”，有多个规定，其一，从原初性力量来说，它可以有主体性力量和客体性力量，前者是人的因素，后者是物的因素；人的力量永远是主动性的、原初性的，物的力量永远是被动性的、后果性的力量；没有人之主动地改变社会结构，社会结构是不会自动改变的。社会结构是人的对象化过程及其结果，尽管它作为过程和结果一经产生便就立刻成为人的“异己性”力量与人相对立，以至于人必须遵循社会历史规律才可以实现有目的的活动。其二，社会已经被人构造出来就成为一个有自身运行规律的社会有机体。在1959年1月写成的《政治经济学批判〈序言〉》中，马克思总结道：“人们在自己生活的社会生产中发生一定的、必然的、不以他们的意志为转移的关系，即同他们的物质生产力的一定发展阶段相适合的生产关系。这些生产关系的总和构成社会的经济结构，即有法律的和政治的上层建筑竖立其上并有一定的社会意识形式与之相适应的现实基础。物质生活

的生产方式制约着整个社会生活、政治生活和精神生活的过程。不是人们的意识决定人们的存在，相反，是人们的社会存在决定人们的意识。社会的物质生产力发展到一定阶段，便同它们一直在其中运动的现存生产关系或财产关系（这只是生产关系的法律用语）发生矛盾。于是这些生产关系便由生产力的发展形式变成生产力的桎梏。那时社会革命的时代就到来了。……无论哪一个社会形态，在它所能容纳的全部生产力发挥出来以前，是决不会灭亡的；而新的更高的生产关系，在它的物质存在条件在旧社会的胎胞里成熟以前，是决不会出现的。所以人类始终只提出自己能够解决的任务，因为只要仔细考察就可以发现，任务本身，只有在解决它的物质条件已经存在或者至少是在生成过程中的时候才会产生。大体说来，亚细亚的、古希腊罗马的、封建的和现代资产阶级的生产方式可以看做是经济的社会形态演进的几个时代。资产阶级的生产关系是社会生产过程的最后一个对抗形式，这里所说的对抗，不是指个人的对抗，而是指从个人的社会生活条件中生长出来的对抗；但是，在资产阶级社会的胎胞里发展的生产力，同时又创造着解决这种对抗的物质条件。因此，人类社会的史前时期就以这种社会形态而告终。”① 马克思用生产方式和社会形态这两个概念来建构社会有机体，生产力和生产关系之间既相对立又相统一的关系，构成了社会发展的基本矛盾，但这一矛盾总是和另一个社会矛盾关联在一起的，这就是经济基础和上层建筑之间既相矛盾又相统一的关系，它构成了社会形态。这样一来，物质生活资料的生产方式构成了社会有机体的骨骼系统；政治上层建筑和思想上层建筑的有机统一即意识形态是社会有机体的神经系统；“社会的物质生产力发展到一定阶段，便同它们一直在其中运动的现存生产关系或财产关系（这只是生产关系的法律用语）发生矛盾。于是这些生产关系便由生产力的发展形式变成生产力的桎梏。那时社会革命的时代就到来了”，构成了社会有机体的生命力。其三，社会结构作为“型”，不

① 《马克思恩格斯文集》第2卷，人民出版社2009年版，第591—592页。

仅仅是一个客观的物理事实、社会事实和精神事实，还是一个价值体系和意义总体，它对个体及人类的价值和意义就从它的“型”中给出。依照马克思的结论，“无论哪一个社会形态，在它所能容纳的全部生产力发挥出来以前，是决不会灭亡的；而新的更高的生产关系，在它的物质存在条件在旧社会的胎胞里成熟以前，是决不会出现的。所以人类始终只提出自己能够解决的任务，因为只要仔细考察就可以发现，任务本身只有在解决它的物质条件已经存在或者至少是在生成过程中的时候才会产生”。那么，为何要提出改变社会结构的任务呢？而且这些任务只有在具备了解决它的物质条件的时候才会提出呢？这就是社会转型或转变社会结构的价值根据问题。毫无疑问，只要有人存在，只要有人愿意生活下去并意愿过上整体性的好生活，都必须在社会这个场域内创制社会基本矛盾并合理解决社会基本矛盾，从而创造价值和获得意义，以至于社会就是人的有机的身体，是人的有机身体的外展形式。然而社会这个有机体对于不同的个体、阶层和人群却具有不同的价值和意义，占统治地位的阶层成为统治阶级，而一无所有的劳动者却成为雇佣工人；对一无所有的劳动者来说，这就是一个非人的社会，劳动原本是实现和再现人的本质力量的活动，现在却变成为异己的力量；社会的绝大部分资源被掌握在少数人手里，而大部分人都成了贫困者；对富人来说这是一个充满正义的社会，对穷人来说这是一个非人的社会。于是，当把价值和意义维度引入对社会有机体的分析与论证时，对社会有机体的判断就出现了善与恶、先进与落后的分别和对立。在此种语境下，哪个阶层和人群最需要改变这种在他们看来是非人的社会结构呢？那一定是受压迫受剥削的阶级。马克思、恩格斯说，资产阶级是和无产阶级对抗的阶级，前者把这种对抗发展到最高的也是最完备的形式，因此，无产阶级只有消灭所有的被压迫和剥削阶级才能最后解放自己。

那这是否意味着，任何一个由被压迫被剥削阶级所发动的社会革命就一定是社会转型呢？这无疑成为正确界定和规定“社会转型”的核心问题。首先，社会革命所描述的是被压迫被剥削阶级为摆脱奴役地位而推翻统治者的过程，这是就一种客观的社会事实而言的，它客观地发生着，产生着作用，如果除去那些严重破坏社会秩序、使社会处在更加混乱状态的那种社会革命，绝大部分社会革命都不同程度地缓解了社会矛盾的对抗程度，解放了生产力、发展了生产力。然而，如果社会革命仅限于夺取政权从而改变自己的被统治地位，待掌握政权之后又重复了曾经统治他们的阶级所走过的道路，那么这种社会革命的积极意义就不是彻底的。因为它没有在三个层面上对社会结构有所改进，没有找到更能创造财富并公平分配财富的经济组织方式；没有建构成更能体现公共意志的政治体系；没有生成更能体现人类文明的观念体系。在中国封建社会，据统计，有影响的农民起义达43次，每一次起义都可能有进步意义，但都没有从根本上找到更有利于社会进步和人的发展的社会道路，没有构造出更能实现和体现人类更高价值原则的社会结构。在新中国成立之前，曾经有过多次具有进步意义的改良和革命，如洋务运动（1861—1894）、戊戌变法（1898）、辛亥革命（1911—1912），每一次变革和革命都有着不同程度的政治、经济和社会意义，也催生了更加进步的观念，但都没有从总体性上使经济、政治和文化朝向更有利于实现人类终极之善的方向进展。

其次，社会转型，是政治革命、社会变革，但不是一般意义上，即不是那种倒退意义上或“内卷化”的革命与变革，而是进步意义上的，从终极目的看，实现社会转型后的社会结构，在经济、政治和文化之间构建起了一个相互支持、相互嵌入的良性结构，而不再是单一的社会结构，即用政治统合甚至强行支配经济活动和文化活动，或用资本统合甚至完全支配政治活动和文化活动，而是使三种社会活动处在相对独立且能充分发挥各自功能的社会结构，这是一种以文化为隐性轴心、以经济为基础、以政治为核心的国家治理和社会管理模式。这一社会之“型”是否有利于社会进步和个体发展的，以它能否最大程度地实现三个终极目标而定。这就是经济活动、政治活动和人类学意义上的价值目标。在经济上，有这样一种经济组织方式，它能够充分地激发人们的积极性和创造性，合理地创造财富和公平地分配财富，遵循代内公平和代际公平原则；在政治上，能够使每一个受宪法保护的公民理性地参与政治事务，并合理地表达政治意志，像罗尔斯那样的公共理性能够在反复进行的公共交往和公共生活中形成，它是每个人拥有的理性，它指向公共善；受宪法保护的每一个人都有意愿且有条件过一种整体性的好生活，而不是片面的生活。

最后，进步意义上的社会转型，未必都沿着经济—社会—政治—文化的道路发生和发展；也可以先行发生进步意义上的政治革命，之后再沿着经济—社会—政治—文化的道路前行。至此，我们坚持先前的观点，本课题研究对象就是以市场经济为经济形态、以建构现代政治体系为根本目标、以最大程度实现人类终极之善为根本的现代社会结构；而由前现代向现代、由计划经济向市场经济的结构性变迁，正是现代化、现代性和现代社会发轫、发展和完善的过程。这样一来，现代化、现代性、现代社会、社会转型、转型中国，就变成了同等程度或同一系列的范畴；它来自“不再是”的传统社会，它是“正在是”的实际性，是朝向更加完善社会结构的“尚未是”。只有基于当下的“实际性”才能真正厘清转型期中国伦理基础变迁的内在机制，并未提供一套坚实的伦理基础提供论据。

（二）推动社会转型的主体：构成与生成

没有一个人不愿意获得快乐和幸福，也没有一个人能够不通过自己的行动获得快乐和幸福；然而没有一个可以离开他人、集体和社会而独自获得快乐和幸福，过集体生活是人的命运；通过构成一个能够最大限度地满足人的欲求以获得快乐和幸福的社会也同样是人的宿命。然而，在构成社会的过程中，每个人的作用和产生作用的方式是不同的。当一个既定的社会已经处在停滞、“内卷”甚至倒退状态，不再有产生创造性的可能性空间，那么改变这种没有可能性空间的社会运动就来临了。“无论哪一个社会形态，在它所能容纳的全部生产力发挥出来以前，是决不会灭亡的；而新的更高的生产关系，在它的物质存在条件在旧社会的胎胞里成熟以前，是决不会出现的。所以人类始终只提出自己能够解决的任务，因为只要仔细考察就可以发现，任务本身，只有在解决它的物质条件已经存在或者至少是在生成过程中的时候，才会产生。”① 当旧社会已经不再能够自我创造的时候，或者说，实现社会转型的社会条件已经形成，那么变革社会的主体性力量从何而来呢？为何每一次推动社会转型的主体都是那些“不安分守己”的人？在日常道德意识和日常道德语言中，“不安分守己”是一个极其严厉的道德评价，指的是那些不遵守道德规范、不安于自己的身份而行动的人，这里有角色伦理的含义，即遵照与角色相对称的规范去行为。如果不是在道德评价的意义上，而是在推动社会进步和人的发展的意义上，那么，当解决社会任务的物质条件已经存在或是在生成过程中的时候，那么由谁来提出社会任务继而实现社会任务呢？那些能够提出社会任务，并为实现社会任务而设计社会道路的人，绝不可能是一般民众，而是那些能够感悟历史的声音、倾听人民心声的个人或人群，他们是社会精英或精英人群，他们往往是先知先觉先行者，比一般民众更能预先感受到社会的危机、历史声音；当他们把他们感受到的危机和声音传达给一般民众时，常常遭受误解甚至拒绝。柏拉图在《理想国》第四卷中，以心灵结构比附城邦秩序，认为只有用智慧、理智、理性来平衡情感和欲求的人，才适合于掌管城邦、治理国家。如果把这里的智慧、理智和理性做扩展式理解，那么拥有智慧并用智慧来治理国家和管理城邦的人，就其社会职能而言，便是思想家和政治家。思想家是把逻各斯自身和对逻各斯的分有表象在观念里、把握在意识中的人，他用可以进行自我证明的知识体系和思想逻辑呈现人类“能够”与“应当”的可能性空间。而政治家则是那些要么自身具有较之于一般民众和思想家的更加先进的政治观念，要么能够倾听民众的心声、领悟思想家供给的先进的政治观念，并把观念通过政治制度贯彻到政治行动的政治精英。

① 《马克思恩格斯文集》第 2 卷，人民出版社 2009 年版，第 592 页。

必须承认，无论思想家和政治家具有怎样先进的政治观念，他们都不能独自把这些观念变成现实，他们必须在社会历史条件如传统的政治思想和政治遗产以及民众的接受能力和接受愿望的所给定的阈限内发挥作用。亚当·斯密用“棋盘”理论、恩格斯用“对角线”理论来论证。亚当·斯密是针对政府中掌权的人可以不顾及他人的意愿而一意孤行的现象而提出“棋盘”理论的：“在政府中掌权的人，容易自以为非常聪明，并且常常对自己所想象的政治计划那种虚构的完美迷恋不已，以致不能容忍它的任何一部分稍有偏差。他不断全面地实施这个计划，并且在这个计划的各个部分中，对可能妨碍这个计划实施的重大利益或强烈偏见不作任何考虑。他似乎认为他能够像用手摆布一副棋盘中的各个棋子那样非常容易地摆布偌大一个社会中的各个成员；他并没有考虑到：棋盘上的棋子除了用手摆布时的作用之外，不存在别的行动原则；但是，在人类社会这个大棋盘上每个棋子都有它自己的行动原则，它完全不同于立法机关可以选用来指导它的那种行动原则。如果这两种原则一致、行动方向也相同，人类社会这盘棋就可以顺利和和谐地走下去，并且很可能是巧妙的和结局良好的。如果这两种原则彼此抵触或不一致，这盘棋就会下得很艰难，而人类社会必然时刻处在高度的混乱之中。”① 可以看出，亚当·斯密的“棋盘”理论乃是他的“看不见的手”的理论的延伸，在社会这张大棋盘上，每一个棋子都以符合他自己的行动原则在发挥着作用。

恩格斯则用“对角线”理论描述人类社会的发展乃是一个自然历史过程。恩格斯在写给约瑟夫·布洛赫的信中说道：“根据唯物史观，历史过程的决定性因素归根到底是现实生活的生产和再生产。无论马克思或我都从来没有肯定过比这更多的东西。如果有人在这里加以歪曲，说经济因素是唯一决定的因素，那么他就把这个命题变成毫无内容的、抽象的、荒诞无稽的空话。经济状况是基础，但是对历史斗争的进程发生影响并且在许多情况下主要是决定着这一斗争的形式的，

① ［英］亚当·斯密：《道德情操论》，蒋自强等译，商务印书馆 1997 年版，第 302 页。

还有上层建筑的各种因素：阶级斗争的各种政治形式及其成果——由胜利了的阶级在获胜以后确立的宪法等等，各种法的形式以及所有这些实际斗争在参加者头脑中的反映，政治的、法律的和哲学的理论，宗教的观点以及它们向教义体系的进一步发展。这里表现出这一切因素间的相互作用，而在这种相互作用中归根到底是经济运动作为必然的东西通过无穷无尽的偶然事件向前发展。否则把理论应用于任何历史时期，就会比解一个简单的一次方程式更容易了。我们自己创造着我们的历史，但是第一，我们是在十分确定的前提和条件下创造的。其中经济的前提和条件归根到底是决定性的。但是政治等等的前提和条件，甚至那些萦回于人们头脑中的传统，也起着一定的作用，虽然不是决定性的作用。……但是第二，历史是这样创造的：最终的结果总是从许多单个意志的相互冲突中产生出来的，而其中每一个意志，又是由于许多特殊的生活条件，才成为它所成为的那样。这样就有无数互相交错的力量，有无数个力的平行四边形，由此就产生出一个合力，即历史结果，而这个结果又可以看做一个作为整体的、不自觉地和不自主地起着作用的力量的产物。因为任何一个人的愿望都会受到任何另一个人的妨碍，而最后出现的结果就是谁都没有希望过的事物。所以到目前为止的历史总是像一种自然过程一样地进行，而且实质上也是服从于同一运动规律的。但是，各个人的意志——其中的每一个都希望得到他的体质和外部的、归根到底是经济的状况（或是他个人的，或是一般社会性的）使他向往的东西——虽然都达不到自己的愿望，而是融合为一个总的平均数，一个总的合力，然而从这一事实中决不应作出结论说，这些意志等于零。相反，每个意志都对合力有所贡献，因而是包括在这个合力里面的。”①

不可否认，无论是“棋盘”理论还是“对角线”理论，在解释社会各种力量在社会构成中都以各种方式起作用的问题上，都是正确的，虽然无法精确地计算出每个人的“社会贡献”，但从表象、直觉

① 《马克思恩格斯文集》第 10 卷，人民出版社 2009 年版，第 591—593 页。

上感知，同时从人类文明史的图像和文字记录中也可以判断出来，如下事实是可以接受的。其一，从人类生存、生活和发展史上可以充分证明，占社会大多数的劳动者始终是生产资料和生活资料的创造者，是人类历史的创造者，没有一定数量的人民群众的参与，任何一次社会革命、社会转型都不可能发生。其二，而任何一次真正的社会革命、社会转型，从其原始发生及其发展来看，则是由社会的先进群体策动和推动的。在人类社会发展史的动力与作用问题上，群众史观和英雄史观并非非此即彼的关系，而是相融合的观点，不能接受同时也是不符合事实的观点是极端的群众史观和英雄史观。事实是怎样的并不取决于人们的主观判断和阶级立场，而在于它是不可否认的客观事实。一种可接受的、也是亟须深入研究的问题倒是，体悟历史的声音、倾听人民的心声的先进群体如何才能动员广大劳动者，采取集体行动，构造成能够最大限度地实现人类终极之善的社会结构来。

（三）社会转型与伦理变迁的内在逻辑

社会转型是否以及如何引起伦理结构的变迁是研究“转型期中国伦理基础变迁及其重建”的理论前提，如若在社会转型与伦理变迁之间不存在必然联系，那么研究社会转型的伦理基础问题就是一个没有意义的事情。

1. 伦理结构、伦理基础与伦理变迁。这不仅仅是一个语义学或语言哲学问题，更是一个价值立场和理论模型的问题，进言之，“伦理结构”、“伦理基础”和“伦理变迁”既是我们判断一场社会改良、一次社会革命是不是社会转型的价值根据，同时也是我们分析和论证社会转型之伦理性和伦理基础的致思范式。就一般概念而言，“伦理”乃是指人们应遵循的道德规范以及遵循道德规范而行动所形成的价值事实，如正义、平等、公平，等等，都是一种价值事实，对此一问题的精确界定和缜密论证已由“伦理学的问题域及其论证方式”部分给出。而就与社会转型相关的“伦理结构”而言，它包括主体性的德性和客体性的规范两个部分；主体性的德性是指作为一种可行能力的道德人格，包括信、知、情、意四个要素。要实现社会转型，就必须具备能够推动转型的主体性力量，一如上述，策动、引领、控制社会转型的核心力量是思想家和政治家，因此推动社会转型的主体性力量就是他们的道德人格。对一个好社会的坚定信念、对先进理论体系的信仰，是促使他们实现社会转型的精神力量，是起于心意以内的强烈的朝向理想社会的倾向性，它不是单一的仅向自身而言的意向和意向性，而是朝向整个社会成员的，是一种善良的初心和强烈的使命。没有信仰和信念就没有方向，就没有战胜一切困难的精神力量；它既是原初性的力量，又是激发式的力量，它把潜藏在人的心灵深处的情感、感情、情绪和意志充分地调动起来、激发出来，全部投入集体行动中。当一个政党、一个政治精英集团丧失了信仰和信念的时候，它也就是失去了前进的动力，迷失了前进的方向。然而，对于一个朝向终极之善的社会转型来说，其整体性、复杂性和冲突性特征是仅靠信仰和信念所无法把握的，仅靠强烈的心理倾向是无法实现社会转型的，如要实现社会转型就必须拥有丰富、完整、成熟的理论理性、创制理性和实践理性，这便是“知”的问题。所谓“转型”就是指由一种结构向另一种结构的转变、变迁，为何要“转”？如何“转”？这些充满复杂性和冲突性的问题是仅靠信仰、信念、情感、情绪和意志所不能理解与把握的。每一次伟大的变革、每一次实质性的社会革命，都要求着理论，也催生着理论；人类思想史上的每一个黄金期、轴心期都对应着跌宕起伏、波澜壮阔的社会变革。始自15世纪的现代化运动，正是沿着形而上（理论）和形而下（实践）相互嵌入、相互交织的双重逻辑变奏而发生和发展的。理论理性（思辨理性）是制造概念、范畴和话语，将依照先验直观得来的杂多进行整理、特征抽象，从而形成自洽的逻辑体系。创制理性是充分且公开运用理性制定政策和生成制度的能力，创制一套体现效率与公平、正义与平等、自由与幸福的制度体系，使之成为一个看似有理性结构，继而作为根据和标准分配财富、机会、地位和规约人的观念和行动。实践理性是在处理与自己的欲求和利益相关的事项时所应有的道德知识、道德情感和道德意志。

“情”是连接信念、认知与行动的中间环节，无论是作为由外到内的体验，还是作为由内到外的立场和判断，作为快与不快的感受和判断，它贯穿于人的整个心理过程中。作为推动和引领社会转型的思想家和政治家要比一般民众拥有更加强烈而深沉的理智感、道德感和审美感，有更加强烈的正义感、同情心。

“意”，可理解为作为动机的意愿、希望、目的，作为抗拒内心的冲动和抵御外部诱惑的意志力即实践理性。作为动机的意志可有一般意志和特殊意志，一般意志是出于自身的欲求的意愿、渴望、希望，是向行动者自身而言的快与不快的追求，各种权力、地位、身份和机会的占有，它们都是自然性的欲求，无须后天培养，具有坚实的自然基础。利己动机本质上是自然的、现在的，它先于各种利他动机而存在。特殊意志是向他者和社会而言的利益、快与不快，是对先天实践法则的认知、理解和把握，总之，特殊意志是将形式的规范和质料的利益置于利己动机之上，使之成为行动的直接动力。当特殊意志和一般意志、利己动机和利他动机发生冲突时，思想家和政治家要将民众的利益、民族的命运和国家的前途坚定地置于各种利己动机之上。

“伦理结构”中的客体性方面，指的是在特定历史场域下被有意和无意遵循的规范体系、自觉与不自觉坚持和践行的道德共识。在这些规范中，既有体现国家意志的法律体系、意识形态观念，又有充分且公开运用理性制定的具有相对边界的组织规范，这些规范的社会基础是不同的社会活动领域，如学校、企业、民间团体，组织的目标、目的不同，性质各异，规范也就相互区别；还有一种是无须刻意强调但却可以反复运用的惯例、习惯、禁忌、风俗、巫术，等等，它们同人们的日常交往和日常意识浑然一体，不可分离。道德共识是指，在一个反复交往的人群中，人们在共同的交往和生活中确立下来的道德知识、判断和推理；进一步地，道德共识又有异己性的和具身性的两种。所谓异己性的道德共识乃是那些由思想家、政治家提出和倡导的道德主张，它们远没有被大众所认知、理解与接受；当人们用这些并非源自内心的、而是由他者供给的道德主张进行自我批判和约束时，总有异在感，认知上的陌生感、情感上的拒斥感使得这些道德主张严重缺乏坚实的“群众基础”；而被长期以来坚守和践行的道德知识、判断和推理却有鲜明的亲在感，它是我的观念、情感和意志中的一部分，就是我的内心世界，它与我是同质性的，他者的道德主张则是异质性的。当我用我的“一以贯之”的道德知识、判断和推理决定自己的行动和评价别人的行动时，我丝毫没有外在感、异在感，相反却有一致感和顺畅感；我从未怀疑过我一向坚守的道德立场的正确性和正当性，当这种个体性的道德结构变成集体性的共识时，也就变成了集体性的无意识。这是一种绝不能低估的强大心理能量的精神力量，任凭强大的、权威性的、强制性的意识形态性的道德主张被共出，民众也依旧以有声和无声的语言抵触它、抗拒它。在这个意义上，在社会结构的变迁中，最为困难的乃是心理结构、精神结构和观念结构的变迁；当一种新型的社会结构已经被强制推行时，民众的甚至是一些有知识和理论的人的内心世界还停留在原有的历史场域中。观念结构与社会结构的错置是实现社会转型的“纽结”或“环节”，“环节”是逻各斯展开其自身的过程中所必然遇到的困境和难题，再好的理论和思想，如若找不到或无法建构出实现其自身的环节，都将成为无效的理论和思想。

“伦理基础”是向一个行动而言的观念基础，它所追问和追寻的是，当个体、组织乃至政党，他（它）们作为行动者，采取一个行动、进行一场社会改革、发动一场社会革命，或进行一个进步性的社会转型，其观念基础和道德根据为何；应着力探讨的核心问题是，过往的和当下的道德规范和道德共识影响行动、改革、革命和转型的程度，新型的道德观念和规范实现到何种程度。当我们追问“公共管理的伦理基础”时，意指，如要使公共管理供给最大化的公共善，究竟以何种德性和规范为基础，这些德性和规范究竟以何种机制生效的。对“伦理基础”的分析和论证乃是一项复杂而细致的理论工作，它在两种意义上弥补了理论研究的抽象性和现实观照的经验性的不足，超越了抽象性和经验性的不足，真正深入了问题的困境和艰难之处。一种是理论的意义，一种是实践的价值。如果是出于纯粹的学术研究，从问题深度和学科高度分析与论证道德哲学和伦理学中的元理论，一如康德所做的那样，那么纯粹的道德哲学和伦理学研究不仅是必要的，也是可能的，因为没有一个彻底的前提批判和对终极之善的追问，一种道德理论体系就不可能是有坚实基础的。"不仅仅为了从思辨方面寻求先天存在于我们理性之中的实践基本命题的源泉，一个道德形而上学是完全必要的，而且如果找不到主导的线索、找不到正确评价的最高标准，那么道德自身就会受到各式各样的败坏。要使一件事情成为善的，只是合乎道德规律还不够，而必须同时也是为了道德而做出的；如若不然，那种相合就很偶然并且是靠不住的。因为，有时候并非出于道德的理由，也可以产生道德的行为，而在更多情况下却是和道德相违反。现在，除非在一种纯粹哲学里，在任何地方都找不到在实践上也至关重要的、纯真的道德规律。所以，形而上学必须是个出发点，没有形而上学不论在什么地方也不会有道德哲学。那种纯粹原则和经验原则的杂拌儿是不配称为哲学的，因为哲学和普通理性知识的区别，正在于把普通理性知识所模糊把握的东西阐述在特殊的科学之中。它更不值得称为道德哲学，这种混杂自身就要毁掉道德哲学的纯洁性，是与道德固有目的背道而驰的。"① 从康德的论证口气和立场不难看出，他对沃尔夫等人仅仅把一般意志作为依据建构实践哲学的做法是不屑一顾的，因为他们根本就没有为有一个人何以要履行责任、如何履行责任提供坚实可靠的证明，因此构建一个摆脱经验的纯粹的道德哲学无疑是必要的。

必须承认，无论是作为学科的伦理学还是作为学说的伦理学，对元问题的纯粹沉思都是必要的，因为如果没有对始点的确定和确证，那么任何一种伦理学体系都是缺乏根基的。然而，伦理学本质上是一个面向人的行动的实践理论，道德哲学和伦理学作为实践哲学的终极

---

① ［德］康德：《道德形而上学原理》，苗力田译，上海人民出版社1986年版，第39页。

目的是对人的行动的正当性做出合理解释，并为行动进行伦理基础的奠基。然而，面向人的行动本身的实践哲学又不能停留在对行动的直观和表象之上，停留在意见、情绪和常识之上，而必须如康德所做的那样，将特殊性包含在普遍性之下加以思考，通过建构性原则形成自足的理论体系，通过范导性原则形成由法则（原则）、规范和规定组成的约束体系。而把理论和行动联结起来的核心概念、关键环节便是“伦理基础”。这不仅仅是一个概念和环节，更是一种致思范式，它要为一个具有正当性基础的行动提供一个进行论证和解释的逻辑体系，体现的是建构性原则；还要为一个朝向正当性的行动提供一个约束体系，包括被要求的、被鼓励的和被禁止的命令，体现的是范导性原则；它更要将一个行动还原到具体的场域中，将行动具体到行动者自身，因为不同场域下的不同的行动者，在进行行动选择时，其道德思考、判断、推理和选择是不同的，不同的角色对应着不同的责任要求。而无论是行动者自身为自己的行动自建伦理基础，还是他者为他的行动进行伦理基础的奠基，这个伦理基础在结构和性质上都具有同源性，这就是作为主体性形态的德性和作为客体性形态的规范，前者是自律的，后者是他律的。

不过，如果细分下来，对于不同的行动者或者说具有不同权力、地位、身份的行动者而言，作为自律和他律要求的伦理基础在具体内容上是有分别的。首先，在日常生活中，当行动者的行动只与和自己相似的其他行动者的人格和状态相关，那么其行动的伦理基础便是行动者自身的公民德性，他自知他要按照他希望别人尊重和维护自己的要求而行动，这是一种可以相互提出的有效性要求，是具有平等的尊严、平等的权利享受、平等的机会利用意义上的要求，每个行动者的权力、地位和身份都被隐去了，如若有人假借其他领域中的话语权如行政权力和货币资本，在公共交往和公共生活中显示优势或优越地位，以至于毫无理由地优先享用公共资源，那么他的行为就从根本上违背了可以相互提出的有效性要求的规则，具备基本道德知识的人都会认为这种行为是缺少正当性理由的，因而绝大多数交往者都会自觉地遵守公共规则。如若有人无论出于何种理由通过践踏他人的尊严、损害他人的利益，那么那个具体的受害者以及公正的旁观者就会充分运用普遍有效的道德理性知识予以强烈的谴责和无情的批判，严重者会被追究法律责任。比较而言，公共交往和公共生活中的行动的伦理基础是容易确定和确证的，其行为归责也是明确的。

在生产、分配、交换和消费的现代生产逻辑中，行动的伦理基础就明显不同于公共生活和政治生活中的情形。首先，经济行为是典型的具有利益相关性的行动，是多个行动主体相互进行利益交割的关系。多重行动（利益）主体都有其自在的合理性基础，即每个行动者的利益都是现在的，具有无须证明的合法性，都具备时间上在先的性质。虽然在行动的伦理基础的构成中同样涉及主体性形态和客体性形态两种规范性要求，即都涉及自律与他律两种奠基形式，但每个行动者在经济行为中的地位和作用不同，所担负的责任不同，且有逻辑上在先和在后的分别，即商品和货币的握有者在商品生产和商品交换中出于主动的核心地位，而其他利益相关者则处在逻辑上在后的不利地位，因为他们仅仅是商品的购买者和消费者，或者是产品的生产者，他们都是因为各自的目的而不得不依赖于经济活动的。如劳动者，为了获得生活资料，不得不进入商品的生产和交换活动中，一如马克思所说，他们除了具有劳动能力从而从事劳动之外，似乎没有其他可资利用的资源；相反，商品和货币的握有者则可以借助所谓的市场规则即等价交换原则，通过价格形势，引发劳动者之间的竞争，从而实现追求利益最大化的目的。这无论是在私有制还是在公有制那里，主动与被动、核心与边缘的主体间性关系都是客观事实。如此一来，不同经济地位的行动者，其行动的伦理基础就明显不同。作为拥有商品和货币的经济主体而言，他的行动除了相关于具体的有人称的利益相关者，还关乎无人称的、不在场的利益主体；前者属于代内伦理，后者属于代际伦理。如果为了经济主体的私人利益，通过严重破坏环境的方式，或过度开发，或浪费资源，以追求所谓的利益最大化，这就是一个典型的伦理行为，它不但使可数的、在场的利益相关者受损，还大大降低了下一代人具有相同资源并适度利用资源追求好生活的可能性。此时，如何为经济主体的利己行为进行伦理基础的奠基呢？适用于公共交往和公共生活中的伦理基础是否同样有效呢？可以肯定地说，具有极大差别。那我们就必须深入和细致地研究经济行动的伦理基础的内部构成、生成逻辑和作用机制。

在政治生活中，行动者因权力而被分成两大类型，即“行政主体”和“行政相对人”。政治权力和行政职权是因国家的产生而出现的支配性力量。国家的产生原是人类在其历史发展过程中而有意或自觉选择的、更有利于自我管理和社会治理的一种支配形式，国家从其产生之日起就具有显明的价值二重性，即它调和了各个阶级之间的矛盾，又成为统治阶级进行统治的工具。国家虽然是一种强制性的支配性力量，但这种力量并不必然造成为统治阶级服务的后果，只要是消灭了阶级对抗，建立了无产阶级的国家形式，国家就变成了一种相对有效率的国家治理和社会管理体系。既然国家是工具性的存在，而不是目的性的存在，那么就必须用人类所追求的终极之善作为拥有且运行政治权力和行政职权的伦理基础。然而这个代表终极之善的伦理基础并不能自动实现其自身，而必须依靠拥有且行使行政职权的人群，他们是权力的拥有者，是创造公共善和分配公共善的政治精英与公务人员。如能像康德所期望的那样，能够自觉自愿地依照“先天实践法则”而行动，出于责任地将政治权力和行政职权“从群众中来”“到群众中去”。然而，事实并非总是如人所意愿的那样，不忘初心、牢记使命；一身正气、两袖清风、一心为民。相反，自有国家以来，在任何时代、任何政治领域，都存在着权力滥用和渎职的事实；问题的根本不在于是否承认这个事实，而在于为什么会发生滥用和渎职？这就是为什么要为政治行动进行伦理基础奠基的根由。相较于公共交往中的伦理基础和经济行为中的伦理基础，政治行动中的伦理基础是最复杂、最艰难的问题，因为政治行动以及基于这种行动而构建起来的权利与义务的关系，均由政治权力和行政职权的分割和运行而成。在政治权力、军事权力、经济权力和社会权力这四种类型中，政治权力具有强制性、权威性、广泛性和弥散性特征，是一种无须征得“行政相对人”的同意即可生效的支配性力量；更为重要的是，拥有政治权力和行政职权的人有运用这种支配性力量为自己谋得利益的可能性，且在约束的手段和约束的方式上更少地受到非政治性力量的影响。判断一个社会的文明程度，其政治文明的进化程度是最根本的方面；一个社会是不是一个良序社会，视其实现富强、民主、自由、平等、公平、正义的程度而定。如何使得政治行动具有一个坚实的伦理基础，是“伦理基础”这一概念和致思范式所必须着力研究的对象。

“伦理变迁”内在地分为伦理结构的整体性变迁和具体行动的伦理基础变迁两个部分。历史事实充分表明，一场变革、一场革命、一场政变，如若不能使社会结构发生根本性的改变，已然的、实然的伦理观是不会发生质的飞跃的，观念的飞跃与社会结构趋向终极之善的变迁是一致的，尽管不是同步的；如果权力的转移、群众的政治动员、阶层的分化都是在不增加进步的元素的停滞状态或退步状态中产生和表现的，那么伦理结构的进步性变迁就不可能发生，即便是有所变化也是“滑坡”或倒退式的。基于此，“伦理变迁”指的是原有的道德和伦理概念具有了新的内涵，且这个内涵被证明是进步意义上的，如“平等”概念，在传统的道德意识中，“平等”指的是财富的平均分配，“等贵贱，均贫富”。等份或等额观念乃是一种原始的平等观，亚里士多德说，算术比例关系乃是一种原始的关系或比例状态，真正的平等是几何比例关系，是两个人的贡献之比与两个人的所得之间的比例关系。当人类社会进到现代生产逻辑中，原有的算术比例平等观就被几何比例的平等观所超越和丰富，但在某些特殊领域算术比例平等也仍然有效。要么是产生了新观念，如公民观、契约观、效率观、生态观、幸福观、财富观、人格观，等等。在伦理观所指向的对象上，“伦理观”的变迁表现为指向人的德性的变迁和指向价值物如财富、权力、地位、身份、机会的伦理观的变迁。从主体看，可有一般民众的伦理观、思想家和政治家的伦理观的变迁，相对而言，民众的伦理观的变迁是滞后的，但在民众中却始终蕴含着朝向终极之善的原始诉求，而这种诉求通常是由思想家和政治家才澄明出来、解蔽出来，使其处在被共识的状态。

假如把伦理结构规定为一个由观念、制度和行动构成的有机整体，那么预先发生变化的是观念，其次是行动，再次是规范；规范的变迁明显滞后于观念的革命和行为的改变。没有人能够做到，一种行为模式尚未出现，一种新的社会矛盾和利益冲突尚未出现，新与旧的体制冲突尚未发展到使国家治理和社会管理无以为继的状态，就极有前瞻性与预见性地制定一组更能体现效率与公平、正义与平等、自由与幸福的政策和制度，放置在那里，以备后来之用，情形刚好相反。

一如社会结构变迁一定会引起社会诸活动领域的分化、权力的更迭、身份的重构，社会分层和利益重组；原有社会秩序的解构、新型秩序的建构、新旧秩序的重叠、新旧规范的冲突，从而使处在此种状态的经济行动、公共生活、政治活动处在高风险状态那样，同一主体的道德观和伦理观也处在激烈的矛盾和冲突之中。社会活动的变化和伦理观念的冲突，给人们的影响是深刻的。往日的思考、判断和推理；原有的原则、规范和规定，都要在不断的矛盾和冲突中发生改变，有些是量的增加与减少，有的是质的改变与飞跃。变迁中的社会与人，都深感不适，过往的人与人、人与共同体的紧密结合，要在瞬息万变的转型中被分离和中断，一种本体性安全式的危机造成了心灵结构的变化，当把人们已经接受了的、习惯了的元素从原有的心灵结构被移除和清除，哪怕这些元素被证明是落后的，也会造成心灵上的空场、缺失。此时，世界之序与心灵之序都处在极度的变动之中，过往的认同感和归属感可能要被新型的利益打算和互惠互利的利益关系所替代。表现在道德哲学和伦理学上，先前的德性论可能就要让位给规范论，先前的默契契约可能就要被有名契约所替代，内心的道德律可能被外在的惩戒性的约束和惩罚所代替。此时就会出现康德在《实践理性批判》中所规定的四个“定理”之间的逻辑次序的重组。

在这里，我们深度运用康德的“实践原理”以解释“伦理变迁”的内在机制，借以彰显伦理变迁的整体性、复杂性和冲突性。这一讨论无论是对于推进与发展道德哲学和伦理学而言，还是对于深刻而细致地描画社会转型与伦理变迁的内在关联来说，都是极为重要的。

首先，康德预先给出了一个“纯粹实践理性原理”：“实践原理乃是包含着意志的一般规定的一些命题，这种一般规定之下有种种实践规则。如果主体认为这种制约只对他的意志有效，那么这些原理就是主观的。或者只是准则；如果他认识到这些制约是客观的，即对一切有理性的存在者的意志有效，那么它们就是客观的，或者是实践的法则。”① 实践原理乃是与意志相关的规范原理，当一种归责只对行动者的意志有效，而对其他行动者的意志无效时，那么这个他所遵循的规范就只是准则。之所以如此规定，是因为，这一准则虽然可以约束行动者的意志，但这种约束却是技艺的、实用的，因为只有将他的意志规定到有利于实现他的功利目的的行动逻辑中来，那个目的才能实现，因此，本质上，这个被遵循的准则就不是道德性的，他的行动也不具有道德价值，尽管他的行动对利益相关者而言并不就是损害性的，而是不伤害性的。而就向行动者而言的目的，可有外在于行动者的利益和内在的享用功利时所获得的快乐和幸福体验。康德说，对于行动者的意志而言，准则虽然是有效的，但却是假言命令，它不具有普遍有效性，因为它不是直观和客观都有充分根据的那种视其为真。相反，只有那个既在主观上又在客观上都有充分根据的规则才是法则，才是普遍有效的。

“在实践哲学中，即在只处理意志的动机的哲学中，则有人给所立的原理并不因此就是他所势必遵从的法则，因为理性在实践方面，只处理主体，只处理欲望官能，而欲望的特殊性质会使规则发生变异——实践的规则永远是理性的一个产物，因为它指示出作为手段的行为，以达到作为目的的效果。但是在不以理性为其意志的唯一动机的那类存在者方面，这个准则，乃是一个命令，乃是那个以‘应当’（Sollen）（这个‘应当’就表示出强制实行的一种客观力量）为其特

① ［德］康德：《实践理性批判》，关文运译，广西师范大学出版社 2002 年版，第 3 页。

征的一条准则，并且意味着：如果理性完全可以决定意志的话，那么那种行为势必依照这个规则发生。因此，命令乃是客观有效，而与作为主观原理的准则完全有区别的。但是，那些命令，或者只就一个效果和达到效果的充足方法方面来决定有理性的存在者（当做能动因看）施展其原因性时所依据的条件，或者只是决定意志，不论它能否产生这个效果。前者该是定言命令，并且只是技巧规矩；反之，第二种则会是定言的，并且是唯一的实践法则。因此，准则虽然也是原理，但是并非命令。但是那些命令自身如果受了制约（即它们之决定意志，如果并不是把它看成单纯意志，而只是着眼于欲望的效果，那就是说，如果它是假言命令），那么它们虽然是实践规矩，可也并非法则。所谓法则必须是充分决定单纯的意志，并不等我问：我是否有产生所欲求效果的必需能力？或者为了产生这个效果，应当怎么办？因此，这些法则必须是定言的，否则便不是法则，因为它们还缺乏着一种必然性，而它们如果要成为实践的话，这种条件还是必须摆脱感性条件，即偶然影响意志的那种条件的。"① 非常清楚，只向行动者自身有效而不向其他人的意志都有效的规范只是准则性的，而不是法则；反之，那个每个人都必须遵循的规范才是法则，才是定言命令。有了关于准则和法则的严格划分，康德就把"实践原理"划分成四个定理。我们将这些定理抄录在此，并非要简单地注释和解释它们，而是要将它们还原到具体的历史场域中，研究它们与社会结构及其展开方式的相关性，进言之，考察在社会转型过程中，作为定理的准则与法则是如何进行价值排序的，这对于深入分析和论证社会转型与伦理变迁的内在机制乃是一个重要的理论基础。

定理一："一切实践原理，凡是把欲望官能的对象（实质）假设为意志的动机的，都是依靠经验，而不能提供实践法则的。"② 把欲

---

① ［德］康德：《实践理性批判》，关文运译，广西师范大学出版社 2002 年版，第 4—5 页。

② ［德］康德：《实践理性批判》，关文运译，广西师范大学出版社 2002 年版，第 6 页。

望官能所欲获得的对象置于行动的动机之首，对行动者的意志自然是有效的，因为它与主体对快乐的体验相关，始终是体验性的、经验性的，因而不能作为普遍法则。根据何在？“我所谓欲望官能的实质乃是指我们欲求实现的那个对象而言。如果我们把欲望作为原则，而在这种条件下，使对于这个对象的欲望占了实践原则的上风，那么我说(第一点)，这条原理就永远是依靠经验的。因为在这里，选择的动机乃是‘对象’的表象和这个表象与主体的关系——欲望官能就是被这种表象和关系所制约，企图实现那个对象的。但是表象与主体的这种关系就是所谓实现目的之快乐。因此，我们就必须假定这种快乐为制约选择的一个可能性条件。”①

定理二：“一切实质的实践原则，顾名思义，都属于同一种类，并且都归在一般的自爱原则或个人幸福原则之下。‘事物存在’表象给人人的快乐，就其成为人对这个事物的欲望的动机的一个原则而言，乃是根据在主体的感受性上面，因为它是依靠于一个对象的现实存在的。因而它乃是属于感觉，而不属于悟性——悟性是表示表象对客体的概念关系，而不表示表象与主体的感觉关系。所以只有在主体从对象的现实存在所期待的那种愉快感觉决定其欲望官能的范围以内，这种快乐才可以促进实践。一个有理性的存在者能意识到终身不断享有的人生乐趣，就是所谓幸福；把幸福立为选择的最高动机的那个原理，正是自爱原理。”② 自爱原理与能够带来快乐与幸福的功利原理是同一种类，都是实质性的，前者是主观快乐与幸福的感受，后者是能够带来快乐和幸福的质料，前者是主体性的，后者是客体性的；前者是快乐主义，后者是功利主义，但本质上都是向我而言的有效性。以获得这种有效性为目的的行动及其规则，都不能成为普遍法则。

---

① ［德］康德：《实践理性批判》，关文运译，广西师范大学出版社 2002 年版，第 6 页。

② ［德］康德：《实践理性批判》，关文运译，广西师范大学出版社 2002 年版，第 7 页。

定理三："一个有理性存在者必须把他的准则思想为不是依靠实质而只是依靠形式决定其意志的原理，才能思想那些准则是实践的普遍法则。我所谓的实践原理的实质就是意志的对象。这个对象或者是意志的动机，或者不是。如果它是意志的动机，那么意志所遵循的规则就是受到经验条件的支配（这个经验条件就是起左右作用的表象与苦乐之感的关系），因而就不是一条实践的法则。但是如果我们抽出法则的全部实质，即抽出意志的全部对象（当做动机看的），那么其中就单单留下普遍法则的纯粹形式了。因此，一个有理性的存在者既然完全不能把他的主观的实践原理（即他的准则）同时思想为普遍法则，那么他就必须假定，单单有它们所借以成为普遍立法的那个纯粹形式自身就可以把它们变成实践法则。"① 康德的这条形式原理，蕴含着一个难题和一个道理，而这个难题和道理又是同一个问题的两个方面。所谓道理，所有的原则、规范和规定，本质上都是一种观念，而只有观念才是形式化的命题，而只有形式化的命题才可以是普遍的，它将个别、特殊提升到了普遍性的高度，如一切有理性存在者自在地就是目的，惟其是普遍的所以才适合所有人。然而，难题也就紧跟而来，这就是，这个普遍的实践法则是如何产生的？从质料到形式、从经验到法则，这种质的飞跃是如何完成的？既然无法从经验中得出道理来，那么对道理的领悟只能靠知性、悟性，然而如果没有实践体验和经验，对道理的理解也只能是认知和记忆意义上的知，而不会是含有实践智慧的行。"学而时习之"的"之"就不是直接的行，而是行的"道理"。这也就是康德反复说的，从自爱的、经验的功利行为中无法得出普遍的法则来。

定理四："意志的自律是一切道德法则所依据的唯一原理，是与这些法则相符合的义务所依据的唯一原理。反之，任意选择一切的他律不但不是任何义务的基础，反而与义务原理，与意志的道德性相互反对。唯一道德原理的本质，就在于它可以离开法则的一切实质（即

① ［德］康德：《实践理性批判》，关文运译，广西师范大学出版社 2002 年版，第 12—13 页。

欲望的对象）而独立自主，同时并借着一个准则所必然包含有的单纯普遍立法形式来决定任意选择。但前一种独立性就是消极意义下的自由，至于纯粹的（因而是实践的）理性的自立法度，则是积极意义下的自由。因此，道德法则就不表示别的，只表示纯粹实践理性的自律，亦即表示自由的自律，这种自律本身就是一切准则的形式方面的条件，一切准则惟有在这个条件下才能符合最高实践法则。因此，意欲的本质，即与法则结合着的一个欲望对象，如果进入实践法则之中，成为实践法则的可能性的条件，那样就有待于使好恶受他律支配，之依靠于教人遵循某种冲动或所好的那种自然法则。在这种场合下，意志就不给自己立法，而只指教如何才能合理地遵从感性法则了。但是，在这种方式下，行为的准则既然不能在自身含有普遍立法形式，所以它不但不在这个方式下建立起任何义务，甚至还与一个纯粹实践理性的原理，因而也与道德意向互相冲突起来，不论由此所发生的行为会如何合乎法则。”①

显然，只有定理三和定理四才可以成为实践法则，即成为主客观都有充分根据的那种“视其为真”，区别只在于，定理三只是指明了在思想上将准则认定为法则，但缺少现实性，或还不具备现实能力，因而是消极自由；而定理四则指明，只有通过自律即出于纯粹理性原理的行动才能实现实践法则，因而是积极自由。

如果不是从独断论而是从辩证论②的角度理解康德的四个定理，那么，他给我们提供了一个理解和把握“伦理变迁”问题的可能性

---

① ［德］康德：《实践理性批判》，关文运译，广西师范大学出版社 2002 年版，第 20—21 页。

② 在就人能够遵循的法则的意义上，应该没有人会坚持怀疑论的立场，亦即，人类找不出一个可以被称之为“道德黄金律”的实践法则来，且人们也从不遵守这个所谓的“道德黄金律”，因为这不符合事实。然而，倒是好像有独断论的立场，康德的只有出于责任的行为才具有道德价值的论断，似乎就是独断论的表达。其实，康德从来就不是真正的独断论者，强调实践法则的重要性和只承认实践法则而完全否认假言命令的作用，才是真正的独断论。康德从未否认过只对行动者有效的规则的合理性，他所担心的是，如果每个人都用自爱和功利原理代替纯粹实践理性原理，那公共交往和公共生活乃至政治生活都将不可能。理论的正确性在于它符合客观事实的程度。辩证论才是正确理解和充分把握原则、规范和规定之间的复杂性和冲突性的方法论。

空间。在任何社会状态下，法则、规范和规定都是同时存在的，且它们之间始终存在着相互分别、矛盾乃至冲突的关系；完全否认普遍法则的怀疑论和只承认法则的独断论都是不足取的立场和态度。如若一个社会处在相对稳定的状态，甚至处在超稳定状态，特别是在千百年来都不曾改变的固化状态下，那么，那些被普遍承认且自发践行的准则就是不可置疑的法则，哪怕这些准则并不是普遍的，因为它们始终是在有人称的情境中持存的。在此种境遇之下，在康德的四个定理中，一定是定理三和定理四被排序在规则体系之首，自爱和功利原理处在被严格约束的状态之下。在此种状态下，康德是不会那样焦急地、迫切地，甚至冒着被别人误认为是独断论者的风险而义无反顾地认为，只有那个不沾染任何功利和快乐因素的实践法则才是纯粹的、高尚的，只有完全出于责任的行为才具有道德价值，才是值得赞美的。如果撇开这些假象而深刻领悟康德的真正意图，那么可以说，康德困境、难题正是现代性语境下道德实践中的困境与难题。这为我们准确理解和把握伦理变迁的内在逻辑提供了契机。

如果我们把社会转型定位在始自 15 世纪的现代化运动以及由此开启的社会结构变迁上，那么康德的四个定理立即就变成了道德困境和难题，亦即，定理一和定理二已经毫不犹豫地置于定理三和定理四之上，在意识上和行动中建构起了一个独断论的“自我”。功利主义、契约论、理性主义先后甚至同时出现在道德哲学和伦理学的理论舞台之上，绝非是思想家主观意愿或故意为之，它们是面对共同的道德困境和难题而由思想家提供的各种解决方法，是摆脱困境和难题而走向平衡、走向秩序的诸种谋划。一如黑格尔所说的那样，“属于精神概念的这种对外在性的扬弃，就是我们曾称之为精神的观念性的东西。精神的一切活动都无非是外在东西回复到内在性的各种不同的方式，而这种内在性就是精神，并且只有通过这种回复，通过这种外在东西的观念化或同化，精神才成为而且是精神。——如果我们稍微更仔细地考察精神，那我们就发现精神的最初的和最简单的规定就是：精神是自我。自我是一个完全简单的东西、普遍的东西。当我们说自我时，我们想到的大致是一个个别的东西；但因为每个人都是自我，从而我们只是说出了某种完全普遍的东西。自我的普遍性使得它能够从一切事物、甚至从它的生命抽象出来。”① 自我的普遍性乃是人的生命中的固有属性，这除了讲出了人人都具有这种属性这一含义之外，还蕴含着每一个自我必须与其他无限多的自我关联在一起，在集体生活中获得这种普遍性。在类似于韦伯所说的“传统文化型”和涂尔干所说的“机械团结”的社会场域下，自我的普遍性本质上不是通过我的自觉而自为的行动获得的，而是由他者以及诸多个体构成的群体来规定的，构成这种状态的伦理基础通常是长者的意志、共同体的意识，每个自我尚未发展出黑格尔所描述的自我—他我—自我的过程。相反，在广泛交往和普遍交换已成基本的社会状态时，自我开始由“自我与自我的对立”到“自我与他我的对立”，再回到自我与自我、自我与他我的和解，此时的我就成为一个获得了社会承认的现实的自我。正是在自我的这种肯定—否定—否定之否定的心路历程中，康德的四个定理之间的价值排序就作为问题被摆放出来，因为每个人作为自我都在经历着肯定—否定—否定之否定的心路历程。只有被意识到了的、被理解了的、被自觉践行的法则才是具有直接实践能力的法则。

“伦理变迁”绝非简单地是主体德性结构的变迁、客体规范的解构与重构，而是社会结构的重构、活动方式的变革、情感方式的转变、制度体系的演化、观念体系的革命，更是生活方式的变革，生活意义的重思。从来就不存在纯粹的道德和伦理事实，它们是人们创制或构造物理、社会和精神事实的过程中所产生的求真向善趋美还是朝向假丑恶的性质。但在具体的社会转型过程中，伦理变迁与社会结构变迁之间却具有极为复杂的情形。

2. 社会转型与伦理变迁的复杂情形。“社会转型与伦理变迁”这一表述，绝非是两个概念的并列摆放，也不是相对分离的两种“事

① ［德］黑格尔：《精神哲学》，杨祖陶译，人民出版社 2006 年版，第 14—15 页。

件”，而是一场根本性的社会变革，它可能以改良、变革或革命的形式出现，但本质上是人类朝向终极之善而自行完成的自我超越，它是一个集体行动，是一个类的概念。作为一个整体性概念，“社会转型”原本就包含着“伦理变迁”，从基本类型说，社会转型就是物的形态和人的形态两种，进一步地也就是世界之序与心灵之序的重构。伦理变迁就是社会转型在人的形态、心灵之序之重构的根本面相。将“伦理变迁”与“社会转型”并置在一起，其理论旨趣在于探讨，社会转型如何引起了原有道德和伦理结构的解构与重构，在此一过程中，朝向善的和趋向恶的两种力量是如何交织在一起的，如何将人类求真向善趋美的潜能和倾向开显出来，以便为一种朝向整体之善的社会结构变迁进行伦理基础的奠基。

首先，社会转型的原始发生。所谓原始发生约有两种含义，其一，一个事物、一场改革、一场革命、一种朝向终极之善的社会转型，其得以发生的原初或初始状态，就如一个政党在成立之时的那种状态；其二，在这个初始状态中，那些要素是核心的、必要性的，如若没有了这个或这些要素，事物就不可能发生。总之，描画事物的“原始发生”就是寻找和确定“始点”的过程。现在我们就要寻找和确定人类实现社会转型的那个“始点”。人类实现社会转型的“原始冲动”原在于个体的存在状态及其展开方式。个体作为非自足的、非完满的存在物，就是一个需要着的、欲求着的存在物，人的一切思考和行动都与需要、欲求和欲望相关，人的一切快乐和痛苦、希望和失望都与欲求以及欲求的满足相关。只是有一些思考和行动与欲求是直接的，有些是间接的，甚至有时模糊了它们与欲求的关联。然而，个体之欲求的满足都必须以集体的形式实现，血缘、地缘、友缘共同体，互利性的经济组织，政治性的国家，是这种集体的基本形式，也是个体满足需要获得快乐的基本领域。这就从根本上决定了，个体需要的满足程度和满足方式完全决定于各种集体形式的构成过程、结构的功能与价值。在马克思意义上的社会基本矛盾的推动下，人们要通过集体的形式创造生活资料并分配生活资料；而要实现这一点，生产力就要不断提高，生产关系就要不断地完善。然而，无论是前者还是后者，要实现质的飞跃就必须突破原有生产方式和社会的政治结构。当社会资源被垄断在少数人手里，而大多数人则处在为富人生产了宫殿、为自己生产了贫民窟的状态的时候，那穷人必有强烈的改变现状的愿望；此时，如若有能够反映穷人共同意志的“领袖”产生，则一场反对压迫抗拒剥削的社会运动或起义就会发生；当人们对整个社会的不满已经发展到非改变生产方式、分配方式、政治方式、治理方式不可的时候，一场真正的社会革命才会发生。前者就是社会革命，后者就是社会转型。社会转型包含政治运动，但更是社会整个结构的改革。于是，在追寻和确定“社会转型”的始点这个问题上，三个要素便被澄明出来。第一，状态。当社会处在一种令大多数人感到失望甚至是绝望的状态时，不同的阶层和人群对这个“不人道”的社会状态的立场和态度是不同的，甚至是对立的。处在优势地位的、实施强制支配作用的阶层认为这是一个合理的、正义的社会状态，因而极力地固守它；而处在弱势的、被支配地位的被压迫被剥削者则认为这是一个非人的社会，非彻底改造它而不能消灭自己的被奴役地位。第二，主体。如要改变这种社会状态，就必须涌现出能够代表穷人意志、反映穷人心声的“代表”，一个是思想的代表，一个是行动的代表，前者是思想家，后者是政治家。他们是把分散的民众号召起来、动员起来、组织起来的精英，进一步地，他们要建构一个有坚定的信念、清晰的原则、完整的规范的政党；他们是先知先觉先行者。第三，行动。只有感受到了、意识到了这个非人的社会状态，并有了强烈改变这种状态的愿望，继而把愿望变成理论和思想，并将集体行动的逻辑体现在政党这个统一的组织中；有组织、有纪律、有步骤地采取集体行动，先行夺得政权，通过重构一个能够体现效率与公平、正义与平等、自由与幸福的政策和制度体系，推进经济体制、政治体制和文化体制的变革。这就是社会转型的内在逻辑，状态、主体和行动构成了实现这一逻辑的“始点”，即核心要素。

其次，观念与行动的先后与主次逻辑。对一种社会状态的感受可有事实和价值两种形式。无论正义的还是不正义的社会状态，无论承认与否它都立在那里，都是必须承认的客观事实。对事实的承认和接受是两种不同的态度，前者是事实概念，后者是价值范畴。而接受与否的主体性状态是两种，一种是生理状态的，当一个人得不到最基本的生活资料而使自己处在食不果腹、衣不蔽体的状态时，任何一个具有基本感觉和知觉的人都会拒斥它、痛恨它；在心理和观念上则认为这是一个非人的状态，继而产生非正义、非平等的价值判断。于是，根本性的问题就产生了，是非人的社会状态以及对非人状态的感受才使人产生的正义、平等、公平观呢，还是人们潜在地就具有这些观念从而在心理和观念上认为这个非人的状态是不正义、不平等的呢？在这里，分别探讨事实的观念和价值的观念的来源是有意义的，关于前者可以依照马克思在《资本论》“第二版跋”中的观点来加以理解：“我的辩证方法，从根本上来说，不仅和黑格尔的辩证方法不同，而且和它截然相反。在黑格尔看来，思维过程，即甚至被他在观念这一名称下转化为独立主体的思维过程，是现实事物的创造主，而现实事物只是思维过程的外部表现。我的看法则相反，观念的东西不外是移入人的头脑并在人的头脑中改造过的物质的东西而已。”[①] 如果说事实观念是被移入人的头脑并在头脑中改造过的物质的东西，那么价值的观念又是如何形成的呢？作为综合命题，价值观念是对事物有无价值、有多大价值的判断和推理，当这种判断和推理脱离了具体的事物，成为纯粹观念时，它们就变成了价值观。以此可以说，价值观念是事物的结构、状态、功能和属性与主体的欲求状态之间的肯定和否定的关系。从时间逻辑上说，事实的观念无疑是在先的，没有事实何来与主体欲求状态的关系呢？但从观念的原始发生看，基于需要、欲求、欲望之上的意识，渴望得到价值以满足自己需要的意识，却是先天的，只要个体来到这个世界，它就潜存在人的意识中，甚至是最原始的意识。欲求意识、价值意识是先于事实而存在的，一但一个事物

① 马克思：《资本论（纪念版）》第1卷，人民出版社2018年版，第22页。

进到人的欲求视界，欲求主体就会自发地将潜藏着的价值意识附加到事实上去，做出有无价值、有多大价值的断定来。

依照这样的分析，当一个社会处在危机状态或对弱势者而言处在严重不合理状态时，将这种社会状态视作不合理的个体或人群就会对这种非人状态产生心理基础和道德批判，就会自发和自觉地产生试图改变这种状态的冲动、行动。由此看来，促使人们改变非人社会状态的原始根据乃是个体、集体、群体的非人的生存状态以及基于这种状态而生发出来的价值观念，以此也可以断定，观念总是先于行动而发生，在现实地发动社会革命之前，人们已经在意识中、在想象中发生了革命，甚至发生了多次革命。然而感受到和意识到这个非人的社会状态，并产生了强烈的改变现实的愿望，并不直接促成现实的行动，因为，在民众那里，改变现实的意愿和观念是分散着的，他们无法自觉地团结起来采取集体行动以改变现实，他们必须找到代表他们的意愿和意志的领袖或集团，而领袖和集团就会把分散在民众那里的意愿和意志、立场和观念整合起来，变成统一的观念，并用理论将这个统一的观念表达出来，继而再通过宣传和动员的形式，将理论反身嵌入民众的观念中，植入到他们的情感里；被民众承认和接受了的理论变成了坚定的信仰和信念。再好的、再完美的理论，如果它不能反映历史的声音、倾听民众的心声，它就不会被民众所接受，更不会变成促使他们行动的信仰和信念，“就是说，革命需要被动因素，需要物质基础。理论在一个国家实现的程度，总是取决于理论满足这个国家的需要的程度。”① 对这个非人的社会状态，理论的批判和革命的批判同等重要，“批判的武器当然不能代替武器的批判，物质力量只能用物质力量来摧毁；但是理论一经掌握群众，也会变成物质力量。理论只要说服人，就能掌握群众；而理论只要彻底，就能说服人。所谓彻底，就是抓住事物的根本。而人的根本就是人本身。”②

---

① 《马克思恩格斯文集》第1卷，人民出版社2009年版，第12页。

② 《马克思恩格斯文集》第1卷，人民出版社2009年版，第11页。

观念的革命和哲学的批判先于行动的革命和武器的批判而发生，于是，行动者便在价值观念的指导下去采取改变非人状态的行动。“在自然界中每一物件都按照规律起作用。唯独有理性的存在者有能力按照对规律的观念，也就是按照原则而行动，或者说具有意志。”① 这里的意志既指动机又指意志力。在社会转型与伦理变迁这个关系结构中，伦理结构的变迁具有逻辑上在先的特点，它的意志形态就是推动社会转型的行动主体的价值意识和价值追求，是当下非人状态的拒斥、愤怒和批判，对属人状态的预设和渴望。这里的伦理变迁表现出极为复杂的情形，呈现为批判、反思和建构三种形态。批判性的伦理变迁是推动社会转型的行动者，将先前的自发的、散见的、非理论化的伦理观（如平等、正义、民主、自由、快乐）经理性化过程，形成完整的价值理论，并将这个价值观念运用到对非人的社会状态的分析和论证之上，得出有主客观根据的价值判断和推理来；反思性的伦理变迁是指，将理性化之后得来的价值理论分析和论证非人状态的成因、存续结构、演变趋势，借以澄明它的客观演进逻辑；建构性的伦理变迁是指，将预设出来的价值理论运用到新型社会结构的构造上，并将表达出来的正义、平等、民主等观念作为构造活动的伦理基础。经过批判、反思和建构的过程，伦理变迁就在两个向度上实现了质的飞跃，要么改造了原有的伦理观，如平等观，将原有的绝对平均主义提升到有差别的平等的高度；要么生成了新的伦理观，如公共善、公共理性、契约观，等等。当然，伦理变迁从未脱离社会转型而独自完成，而是呈现为道德思考与实践智慧的双重逻辑变奏。

这只是理论上的复杂性，实践上的复杂性则要深刻得多。如何把关于社会转型、伦理基础、伦理结构、伦理变迁的理论分析和论证，应用到转型期中国伦理基础变迁及其重建的分析上来，则是一项更加艰难而细致的理论工作。

---

① ［德］康德：《道德形而上学原理》，苗力田译，上海人民出版社 1986 年版，第 63 页。

（四）分析和论证中国社会转型与伦理变迁的方法论基础

方法论既是思维的逻辑，更是事物自身的逻辑。只有当所指和被指相互共属、相互共出时，主客观都有充分根据的方法才能产生。方法论必须基于存在论和认识论之上，存在论是事物自身的存在状态及其展开方式，认识论就是对这个状态及其展开方式的表象和思维；经过回溯的过程，事物以与其自身的演进逻辑之相反方式在思维中呈现出来，这是从具体到抽象的过程；在思维行程结束时，通过由果溯因，思维把握到了事物之原始原生的“始点”，它是导致事物展开其自身的始因、始基，这个作为始点的“道”、“逻各斯”不满足于这种未发状态，它非要超出自身而变成他物不可，于是道便展现自己为各个环节，并沿着属于自己的道路贯彻下去。这个道、逻各斯、环节和道路是被呈现在表象里、把握在意识中的；被把握在意识中的道和逻各斯才可以称作方法；方向就是何所向，法度就是何所是。那么，转型期中国之伦理基础变迁及其重建表现为怎样的何所向和何所是呢？

1. 历时性与共时性的相互共属。来自主体的视界固然与主体的先验逻辑结构（认知方式、抽象能力、整合能力、建构能力）和后天的经历、体验和经验相关，因而才有视界融合的问题，但更决定于对象呈现给认知主体的状态和方式。如果以积极的行动者和公正的旁观者双重认知转型中国及其伦理变迁，那会是怎样一种景象呢？

从中国历史的角度看，中国意义的社会转型始自 20 世纪 70 年代末，之所以将中国社会转型的节点定位于这一历史段落，乃在于我们所一直坚持的判别依据，这就是判断一次社会改良、改革、革命是不是一种社会转型，视其实现人类的终极之善的方式和程度而定；尽管在 1949 年和 1978 年之前，在中国历史上出现过 43 次农民起义和数次近代改良，但都没有从政治和经济上构建起更有利于实现终极之善的结构来，相反，中华人民共和国成立之后，始自 20

世纪 70 年代末的全面体制改革，开启了一个中国形态的现代化运动。在 40 多年的改革开放中，我们逐渐形成了中国形态的现代社会结构，虽然从历时性的维度看，西方的现代化运动已经经历 400 多年，在国家治理和社会管理中似乎积累了足够的经验。但作为一个后发国家，中国的现代化运动是追赶型的运行过程，却也未必因为时间段落的短暂而显得初级和浅显，相反倒是可以充分借鉴西方先发国家在现代化运动中所产生的各种成功的经验和失败的教训。一种新型的国家治理和社会管理模式包含着自身的可能性空间，能否保持持续的发展潜力，关键的是怎样一种政党以及由这个政党统领之下的可持续发展模式。

从共时性形态看，中国的现代化运动虽然晚于西方的现代转型，但却与西方这些已经经历了 400 多年的现代转型国家，处在共时性的时空之中，由西方国家的现代化运动所造成的困境、难题、代价，已经变成了世界性的难题；它们通过各种所谓的平等交易的原则，将代价转移到其他国家，从其他国家攫取稀缺性资源；将它们曾一度奉为人类共同价值的自由、平等、民主变成了仅向它们自己有效的单边法则，它们始终制造着将仅对自己有效的准则标榜成普遍有效的法则。这就为中国形态的现代社会转型平添了各种风险和不确定性，使中国形态的现代社会转型具有了特殊形态。

2. 中国形态的“社会转型”：整体性、复杂性和冲突性。整体性视野、复杂性意识和冲突性理解，是我们深度分析和论证中国形态的社会转型的方法论基础。

首先，在中国场域下，“社会转型”、“现代化运动”、“现代社会”和“现代性”是同等程度的范畴，是对当代中国 40 多年的改革开放的原始发生及其演进的不同角度和不同层次的认知和界说。“现代性”作为现代化运动的过程、结果以及诸种特征，越来越成为人文社会科学把握现代社会的一个核心范畴，尽管它不是一个本源式的概念，但却是一个含括能力极强的概念，甚至在某种意义上说，“现代性”已经变成一种观念。这个观念既是描述性的，又是规范性的。“现代性一词指涉各种经济的、政治的、社会的以及文化的转型。正如马克思、韦伯及其他思想家所阐述的那样，现代性是一个历史断代术语，指涉紧随‘中世纪’或封建时代而来的那个时代。”在马克思和韦伯等人看来，“现代性与传统社会相对立，它具有革新、新奇和不断变动的特点。从笛卡儿起，贯穿着整个启蒙运动及其后继者，所有关于现代性的理论话语都推崇理性，视为真理之所在和系统性知识之基础。人们深信理性有能力发现适当的理论与实践规范，依据这些规范，思想体系和行动体系就会建立，社会就会得以重建。”① 这样一来，现代与现代性、后现代与后现代性便有了某种通释性，在当代西方有关后现代与后现代性的论述中，这些概念经常是混同使用的。作为描述性概念，“现代性”表述的是一个以欲望的神圣激发为动力、以市场经济的发现与运用为环境、以科学技术的飞速发展为手段的现代化运动是如何发生的，它是沿着怎样的道路而展开自己的，这是“现代性”的历史逻辑。作为规范性范畴，“现代性”论述的是，现代化运动在给人类带来创价的同时，又如何把代价、风险甚至灾难带给了人类。如果说，现代化运动是用以解决现代社会之史前阶段的各种问题的一种观念和实践，那么经过几百年的发展之后，现代化运动也越来越成为问题性的、世界性的运动；如果说，现代化运动确立了以“市场万能论”、“理性无限论”和“欲望无穷论”为核心的观念体系和实践系统，那么时至今日，层出不穷的问题已充分证明这些都是靠不住的承诺，只有对这些承诺进行全面的反思、批判和修正，真正的全球化或世界化才能到来，真正世界性的规范体系才能建构出来，真正有利于全人类的公共性才能创造出来。相反，相互攻击、相互掣肘、相互解构的全球化、世界化则会使刚刚构建起来的互惠互利、共同有利的世界价值系统濒临崩溃、世界规范体系解体、各种危机接踵而至。它解决了少量问题，却又造成了更多难题。

---

① ［美］斯蒂文·贝斯特、道格拉斯·凯尔纳：《后现代理论》，张志斌译，中央编译出版社 1999 年版，第 2—3 页。

马克思在《德意志意识形态》中论述道，现代生产逻辑可能会导致世界性生产体系的建构，世界市场和世界贸易必然会造成世界化、全球化。但由生产、分配、交换和消费所推动的全球化直到20世纪70年代末才真正拉开序幕，这就是中国在世界经济体系中的崛起。中国形态的现代性特指20世纪70年代末开启的改革开放进程。而这一进程的开启乃是一个三重逻辑相互嵌入的社会过程。（1）历史的逻辑。恩格斯在1890年9月21—22日写给布洛赫的信中提出了著名的“平行四边形”理论：“根据唯物史观，历史过程中的决定性因素归根到底是现实生活的生产和再生产。无论马克思或我都从来没有肯定过比这更多的东西。如果有人在这里加以歪曲，说经济因素是唯一决定的因素，那么他就把这个命题变成毫无内容、抽象的、荒诞无稽的空话。经济状况是基础，但是对历史斗争的进程发生影响并且在许多情况下主要是决定着这一斗争形式的，还有上层建筑的各种因素……这里表现出这一切因素的相互作用，而在这种相互作用中归根到底是经济运动作为必然的东西通过无穷无尽的偶然事件向前发展。否则把理论应用于任何历史时期，就会比解一个简单的一次方程式更容易了。我们自己创造着我们的历史，但是第一，我们是在十分确定的前提和条件下创造的。其中经济的前提和条件归根到底是决定性的。但政治等等的前提和条件，甚至那些萦回于人们头脑中的传统，也起着一定的作用，虽然不是决定性的作用。……但是第二，历史是这样创造的：最终的结果总是从许多单个意志的相互冲突中产生出来的，而其中每一个意志，又是由于许多特殊的生活条件，才成为它所成为的那样。这样就有无数相互交错的力量，有无数个力的平行四边形，由此就产生出一个合力，即历史结果，而这个结果又可以看做一个作为整体性的、不自觉地和不自主地起着作用的力量的产物。”①一如恩格斯所指出的，导致社会结构变迁的根本性力量无疑是经济的客观发展，但经济却不是推动社会变革的唯一元素。中国现代性的原

① 《马克思恩格斯文集》第10卷，人民出版社2009年版，第591—592页。

始发生就是一个多种元素相互作用的结果，其中，经济要素无疑是最为重要的方面。中国的现代性是由中国共产党人在理论理性和实践理性、理智德性和道德德性的支配下开启的社会主义建设与发展的新阶段，因此，中国现代性之原始发生必须在由中国共产党人领导的社会主义运动中得到理解、分析和论证。在社会主义跌宕起伏、波澜壮阔的复杂运动中，经济问题始终是基础性和根本性的问题。在社会主义革命阶段，摆脱经济上的剥削和政治上的压迫乃是革命的首要任务，而要解决这样两个问题，夺取政权具有优先性，土地革命、消灭私有制都必须以政治革命为前提。当夺取政权、建立人民民主的社会主义国家之后，在经济、政治和文化之间就必须实现符合历史逻辑和人民愿望的价值逻辑，这就是必须优先考虑繁荣市场、深化改革，寻找实现积累财富、合理分配财富的社会主义经济制度、体制和经济活动。然而，尽管在20世界50年代初至50年代末，艰难地进行过经济制度、体制改革，也取得了明显的成效，但终究未能完成实质性的社会转型，而是将政治的逻辑置于经济的逻辑之上，用意识形态的生产和再生产代替了生产资料和生活资料的生产和再生产。至20世纪70年代末，可供人们继承和运用的社会遗产似乎就只剩下贫穷、落后、保守和封闭了。这是至20世纪70年代末必须正视、承认也必须接受的事实，只有面对落后的事实，并意识到只有改变落后的事实，社会主义才能真正焕发出超强的活力。而这种意识、判断和愿望，恰恰成为拉开建构中国现代性大幕的观念基础。（2）观念的革命。一如马克思所说：“批判的武器当然不能代替武器的批判，物质力量只能用物质力量来摧毁，但是理论一经掌握群众，也会变成物质力量。理论要说服人，就能掌握群众，而理论只要彻底，就能说服人。所谓彻底，就是抓住事物的根本。而人的根本就是人本身。”① 观念的革命常常先于实践的变革而发生。基于对社会事实的反思，一种观念上的变革沿着三种路向而生发开来，这就是反思、批判与建构。所谓反思指的

① 《马克思恩格斯文集》第1卷，人民出版社2009年版，第11页。

是，对过往社会主义革命的回顾与重估，什么是社会主义？什么是真正的社会主义？贫穷与落后不是社会主义，只有富强、民主、平等、自由、法制、文明、幸福才是社会主义的价值属性，那么如何实现这一属性呢？如何建构实现目的之善的道路呢？当终极之善被预设出来之后，手段之善如何被开显出来？所谓批判是指，必须找到反思和重估当下社会现状的理论根据，这就是实践标准问题。毛泽东在其著名的哲学论著《实践论》中说："许多理论是错误的，经过实践的检验而纠正其错误。所谓实践是真理的标准，所谓'生活、实践底观点，应该是认识论底首先的和基本的观点'，理由就在这个地方。斯大林说得好：'理论若不和革命实践联系起来，就会变成无对象的理论，同样，实践若不以革命理论为指南，就会变成盲目的实践。'"① 通过实践检验理论、证明理论；通过理论指导实践、矫正实践，这是一个不断反复而上升的过程，对此，毛泽东精辟地总结道："通过实践而发现真理，又通过实践而证实真理和发展真理。从感性认识而能动地发展到理性认识，又从理性认识而能动地指导革命实践，改造主观世界和客观世界。实践、认识、再实践、再认识，这种形式，循环往复以至无穷，而实践和认识之每一循环的内容，都比较地进到了高一级的程度。这就是辩证唯物论的全部认识论，这就是辩证唯物论的知行统一观。"② 中国社会主义运动在不同的历史阶段，都有基于当时主客观状况之上的"知行统一观"；至 20 世纪 70 年代末，人们日益增长的物质文化需要同落后生产力之间的矛盾变得十分突出，如何正视和重视这些矛盾，如何寻找解决这些矛盾的道路，就变成了新的认识问题和实践难题。1978 年 5 月开始的真理标准问题大讨论，开启了全面反思、批判与重估已有观念和实践的观念变革。起始于理论界的实践标准大讨论直接引发了"社会主义初级阶段"和"社会主义市场经济"的观念的产生，这便是建构的观念。当理论界的观念变成

① 《毛泽东选集》第 1 卷，人民出版社 1991 年版，第 293 页。
② 《毛泽东选集》第 1 卷，人民出版社 1991 年版，第 296—297 页。

了政治家的观念的时候，① 一种指向制度变迁和社会变革的实践创新就开始了。(3) 实践的逻辑。当实践是检验真理的唯一标准的哲学探索引发了这个社会的结构性变迁，一种以经济体制改革为先导的整个社会的变革就开始了。虽以经济改革为先导，但其结果却是经济、政治和文化之间整体结构的社会变迁，支配这种变迁的则是价值和价值观的转型。在任何一种社会状态下，经济、政治和文化都是社会之最基本的活动领域，它们分别为个体和社会提供着各种价值，经济活动为人们提供生活资料，它以效率与公平为其核心价值，政治活动为人们的活动提供秩序保证，同时还决定着社会资源的分配，它以正义与平等为核心价值，文化活动为人们的生活提供意义支持，它既是手段之善又是目的之善，以自由与幸福为核心价值。然而，人类并不总是理想地将三种活动进行合理安排，既相分别又相支撑，相反，在特定的社会历史场域下，人们只能优先发展某种社会领域，追求某种价值，从而造成相对不平衡甚至极不平衡的社会发展状态。当政治统合经济与文化，将权力、地位、身份作为社会运转的轴心时，必然会弱化效率与公平原则、自由与幸福原

① 1978 年 3 月，国务院政治研究室起草了一篇题为《贯彻执行按劳分配的社会主义原则》的文章。邓小平看过清样后给予充分肯定，认为文章“写得好，说明了按劳分配的性质是社会主义的，不是资本主义的”。并指出：“贯彻按劳分配原则有好多事情要做。有些问题要经过调查研究，逐步解决。有些制度要恢复起来，建立起来。总的是为了一个目的，就是鼓励大家上进。”1978 年 9 月 13 日至 20 日，邓小平在结束对朝鲜的访问后，专程视察了东三省。在视察鞍钢后，邓小平对发展生产力和改革的问题讲得更为迫切和坚定：“社会主义要表现出它的优越性，哪能像现在这样，搞了二十多年还这么穷，那要社会主义干什么？我们要在技术上、管理上都要来个革命，发展生产，增加职工收入。要加大地方的权力，特别是企业的权力。大大小小的干部都要开动机器，不要当懒汉，头脑僵化。以后既要考虑给企业的干部权力，也要对他们进行考核，要讲责任制，迫使大家想问题。现在我们的上层建筑非改不行。”邓小平同志从 1979 年提出“社会主义也可以搞市场经济”，到 1992 年提出“计划多一点还是市场多一点，不是社会主义与资本主义的本质区别。计划经济不等于社会主义，资本主义也有计划；市场经济不等于资本主义，社会主义也有市场”等重要论断，从根本上破除了市场经济姓“资”、计划经济姓“社”的传统观念，为社会主义市场经济理论的提出和社会主义市场经济体制的建立指明了方向。在上述基础上，1992 年 6 月 9 日江泽民同志在中央党校所作的讲话中，首次肯定了“社会主义市场经济体制”的提法。之后，10 月 12 日在党的十四大报告中正式提出：“我国经济体制改革的目标是建立社会主义市场经济体制”。从上述社会主义市场经济体制提出的过程来看，可以说，这在我们党的历史上是一次真正的重大的理论突破，也是我国经济体制改革和中国特色社会主义道路探索中的一个非常正确的选择。也正是这一改革方向的正确选择和种种改革举措的步步实施，才使我国经济体制改革进入了制度创新的崭新阶段，从而也有力地推动了我国经济持续多年的高速发展。

则，经济与文化只有取得政治的认可，才能取得存在的合法性。至 20 世纪 70 年代末，中国的社会状况正是以政治为轴心的领域合一状态，而始于 70 年代末的观念的革命和社会的变革，正是人们试图摆脱政治统合一切致使经济落后、文化停滞之不合理状态的一种努力。随着市场经济的建立以及现代生产体系的快速发展，又出现了资本统合一切的趋向，似乎一切只有符合利益、功利原则才是合理的、合法的，由于在初始性制度安排中，未能使处于弱势地位的人群充分分享到制度的益处，于是便通过深化政治体制改革，矫正、修正已有制度的不合理方面，构建更加体现效率与公平、正义与平等、自由与幸福的制度体系。经过 40 多年的艰苦努力，中国形态的现代性正朝向平衡的方向发展。

其次，中国形态的现代性：风险与机遇。

中国形态的“现代性”不但具有中国价值，更有世界意义。这种价值与意义已在国家治理、社会管理和全球治理中逐渐显示出它的重要性。我们可以从诸多方面对这些价值和意义进行价值哲学意义上的辩护，但从价值哲学的实践诉求来说，必须正视和重视由此而引发的国家间的价值冲突、国内深层矛盾的生成。一如亨廷顿在 1996 年出版的《文明的冲突与世界秩序的重建》一书中所说的，中西冲突的核心是文明冲突，是文化身份的认同。24 年后的今天，亨廷顿意义上的“文明冲突”似乎愈演愈烈。西方发达国家试图通过经济封锁、军事威胁和政治移植，以达到文化殖民的目的，然而这种几乎贯穿整个现代化运动的单向支配行为受到了来自发展中和后发国家的严正抗拒。解决国家间价值冲突的根本道路在于，如何在 40 多年改革开放已经取得成果的基础上建设以更能体现三个终极之善的社会主义制度[①]，无疑是最为根本的方面。而无论是生成中国经验、创制中国方案，都必须建基于对此在状态的中国现代性问题的理性认识之上。

---

① 政治的“是其所是”在于政治之终极目的的预设，或一个好的政治乃是那种实现如下三个终极目的的政治：找到了一个能够创造财富并公平分配财富的经济组织方式；不断提升社会自治能力，每个有理性存在者都有意愿和能力表达公共意志；每个人都有意愿且有能力过一种整体性的好生活。

重叠式的现代性。一如前述，现代性作为一个描述性和规范性概念，所呈现的是一个整体性的社会运动，以及由此形成的一个复杂的社会结构，同时还是人类试图最大限度地实现公平与效率、正义与平等和自由与幸福的价值运动，由此决定，不论以何种形态出场，只要以上述运动、结构和价值为根本特征，其社会运动即可称之为现代性。从时间逻辑看，有原发性的现代性，如起始于15世纪末的西方现代性；复制性的现代性，如起始于20世纪50年代以来的亚洲一些国家和地区的现代性；后发性的现代性，如起始于20世纪70年代末的中国现代性。在此在的意义上，原发性、复制性和后发性现代性并存于当下，它们以各自的形态进行着国家治理和社会管理，更以各自的立场和独特的方式维持着、解构着和重构着全球化、世界化，这就是重叠式的现代性。不同形态的现代性具备着现代性的共同特征，且共在着一个须臾不可分离的公共世界，这就是全球化、世界化。然而在手段之善和目的之善有机统一的意义上，三种形态的现代性又何其不同：原发性现代性国家，借助解构各种约定，通过军事打击、经济封锁、政治控制和文化殖民的形式，以逆全球化的方式，朝人类共同命运、共同价值逆向而行，保持自己的优势地位、推行利益优先原则；将自己在初始状态的现代性中所确立的价值原则如效率与公平、正义与平等、自由与幸福逐渐放弃和丢弃在逆人类共同利益和共同命运而动的行为中；它们既是人类共同价值的倡导者和践行者，又是人类价值的最大破坏者。复制性的现代性国家，面对原发性现代性国家的逆全球化的诸种违背人类共同价值的行径，要么紧随其后、甘做附庸，借以获得附带效应；要么隐匿消失、无语失语，任由帝国优先的资本逻辑、政治逻辑和文化逻辑横行于世。于是，无论从手段之善还是从目的之善以及二者的有机统一关系来看，原发性的、复制性的现代性并没有甚至根本就没有从人类共同价值和命运的高度预设和践行各自的国家治理与全球治理，相反，它们在广泛而持续地践行着利己主义、实用主义和机会主义的价值原则。它们无法创造出照看人类共同命运的哲学人类学体系，尽管不乏海德格尔的哲学人类学、哈贝马斯的人类世界理论，但它们均不能成为一个民族和一个国家的价值观。作为后发性的现代性，中国的现代化运动，自其原始发生起就纠正着、矫正着甚至改造着其他形态的现代性，从而显示出与人类共同利益和共同命运休戚相关的样式。首先，原发性的现代性是以向内私有化、向外扩张化的方式开启现代化运动的，无论从历史合理性和世俗合理性看，它都是以解构自由、平等、民主、人道的方式而开启所谓实现现代化运动的，这是一个对少数的统治阶级才有效的所谓自由、民主运动。当资产阶级以封建贵族为敌的同时，便以无产阶级为敌了。而中国形态的现代性则是通过内生发展式的道路而开启现代化运动的，这就是通过建立、发展和完善社会主义市场经济的方式来实现效率与公平、正义与平等、自由与幸福这一基础价值和核心价值的，它要以正义原则为基础开启它的现代性逻辑。在它原初性的制度设计中，基于手段之善之上的目的之善已经预先被预设出来，那就是让每一个中国人都尽可能地分享和共享到建立与发展社会主义市场经济所取得的业绩。其次，在现代化运动中，中国形态的现代性表现出了超强的自我反思、自我矫正和自我完善能力。在建立和发展社会主义市场经济的"史前"阶段，由政治统合经济与文化，使我们付出了经济停滞和文化退化的沉重代价，而在发展社会主义市场经济的过程中又隐约出现了以资本统合政治和文化的趋向，如果让资本的逻辑代替政治、文化乃至生命逻辑，那必然滑向资本支配一切的深渊，而这是与社会主义的根本精神背道而驰的。如何超越原发性和复制性现代性的缺点，创造出坚守人类共同声音、倾听民众心声的新型现代性，无疑是中国走向世界、世界接纳中国的根本性任务。

重叠结构的复杂性面向。现代化、现代性就是一个不断制造问题又殚精竭虑地解决问题的过程。相较于原发性和复制性的现代性，后发性现代性具有优势与劣势意义上的二重性。从积极方面看，原发性和复制性的现代性在其运行过程中其先天缺陷是逐渐显露出来的，这个先天缺陷集中表现为人与自然关系的危机、人与人关系的危机、人与自身关系的危机；后发现代性在其发生的初始阶段便认知和感受到了这种危机，于是在进行观念预设和制度安排上，便可将天人之道、人伦之道和心性之道渗透和贯彻到国家治理和社会管理中，从而最大限度地避免了重蹈现代性缺陷覆辙的风险。从消极方面看，中国形态的现代性的发生和演进不过半个世纪之久，我们无法从传统观念和制度中承继支撑现代性的理念与文化，因为严格说来，支撑现代化运动的理念、制度、意志和行动只能在反复进行的现代化过程中养成、生成，而不能从过往的历史中寻找，更不能从原发性和复制性的现代性那里直接移植，因为中国形态的现代性乃是一个全新的现代化运动，既和以基督教为轴心的西方现代化不同，又与仿制和借鉴儒家文化的亚洲一些国家和地区的现代化有别。

从辩护与批判的立场审视中国形态的“现代性”，存在十分显明的优势与缺陷。作为后发国家，中国的社会主义市场经济的建设与发展可以理性地借鉴西方市场经济的成功之处而规避诸种缺陷。从成功之处着眼，市场经济作为一个复杂的社会设置，不仅仅是一个经济活动，更是一个复杂的政治活动和认识活动，相对有效率的经济组织方式必须以更加合理的文化价值系统为其基础。如健全的法律体系、成熟的公共理性、明确的契约意识、发达的监督系统、合理的奖惩机制，等等。40 多年的改革开放，一个重要的、可以取得共识的成就就是财富的快速积累，这是通过解放生产力和发展生产力以满足人们日益提高的物质和文化需求的方式实现的。然而有增长而无法发展的情形又导致了新的社会矛盾，即不充分不平衡的矛盾。每个人或被动或主动地参与了社会改革，却没有平等地享受到改革开放的成果，而这是与社会主义的价值诉求相违背的。在价值哲学的视野内，“中国问题”与“问题中国”是我们研究当代价值冲突的核心词语。从类型学角度看，“中国问题”乃是由普遍性、特殊性和个别性问题组成的“问题丛”。普遍性问题表现为任何一个推行现代化运动的国家都会遇到的问题，这就是人与自然、人与人、人与自我之间的价值冲突。生态问题已经成为世界性的难题；认同感和归属感危机成为横亘在人与人之间和谐交往的障碍；心灵失序成为自我关系的本质特征。

特殊性问题表现为当代社会主义国家所面临的问题，社会主义制度是否存在进一步发展的可能性空间？是否可以用前社会主义、社会主义和后社会主义来标识社会主义的递升进路？特殊性问题标识的是为我们特有的问题。“问题中国”作为一个社会学用语，所表达的是价值哲学意义上的价值冲突，客观而准确地梳理和呈现这些问题，乃是为了修正它们、解决它们，为真正体现和实现社会主义终极之善提供理论依据。

我们可以依照自上而下的顺序描述特殊形态的价值问题。(1) 权力资本化与政治功能的消解。在经济、社会、军事和政治权力这几种类型中，政治权力最具广泛性、深入性、权威性和弥散性①，它依靠政治上层建筑和思想上层建筑而具有强制性和不可逆性。若对政治权力和行政职权没有足够的限制，边界清晰，极有可能超出政治的边界而兑换成经济、知识和社会资本，从未降低政治的功能，即未降低政治之目的之善对手段之善的绝对约束力。(2) 城市化及其伦理后果。现代化就是城市化的过程，40 多年来，我们建设了超大城市，将政治、经济、文化资源集中在城市，使得城乡二元结构愈加突出。另外，在城市空间分配上，也出现了空间分配不正义问题。城市社会的形成使得新型的生产、分配、交换、消费、交往和生活空间得以出现，它具有农村和城市边缘区所不具有的优势，如若通过制度安排（如户籍制度、居住条件、就业要求、教育机会）将这种优势仅仅限制在城市市民中，而将其他身份的人排除在享用城市社会资源的可能性之外，而城市的再建设、再治理所依靠的核心力量则是城市社会之外的物质资源和人力资源，那么，这是否意味着劳动者与劳动过程和劳动结果的严重分离呢？若此，就会加大、加深身份、地位、机会分配中的不公平，且这种不公平是由不正义的制度造成的。代内不公平会导致代际不公平。(3) 教育理念和教育体制问题。工具主义的培养模式，出现了精致的利己主义的后果。进行社会主义市场经济改革

---

① 参见［英］迈克尔·曼《社会权力的来源》第 1 卷，上海人民出版社 2002 年版，第 10 页。

40多年来，虽然从总体上出现了政治、经济和文化相对独立地发挥社会功能的局面，但政治对经济和文化的嵌入作用还是广泛而持续的，对教育活动的支配更加明显。从外部结构看，如何公平地分配教育资源，如何最大限度地让更多的处在弱势地位的人接受更好的教育，如何避免教育资本化、权力化始终是一个根本性的问题。从内部结构看，什么是教育的“是其所是”，如何保持教育规律的独立运行，少一些行政干预；解放教师的头脑，使之进行独立思维、正确思考；解放教师的双手，使之做出于意愿和能力且符合教育规律的事情；解放教师的耳目，使之观看世界的真相、倾听历史的声音和学生的心声；解放教师的嘴巴，使之合理表达意志，将言说天人之道、人伦之道和心性之道作为传道的重要基础；解放教师的空间，使之“读万卷书，行万里路”；解放教师的时间，毋使与教育规律和教育真理无关的行政事务剥夺属于他们自己的时间。教育行政化、资本化和技术化使得教育偏离了教育的“是其所是”，将官僚主义、形式主义、功利主义和技术主义的观念与行动植入到受教育者的心灵深处，要么使之成为利己之人，要么成为无所追求的空灵者。（4）观念的革命与情感的转型。一种根深蒂固的政治观和权力观在支配着人们。在可相对接受的意义上，可把政治进行技术主义和本质主义定义，获取权力的技艺，这是技术主义的定义方式；政治是其所是的东西乃是，政治是相关于每个人之根本利益的所有方面。权力是一种能够排除抗拒以贯彻其意志而不问其正当性基础为何的可能性。如若把技艺意义上的政治和不问其正当性基础为何而一味单方面实施支配的权力观结合在一起，权力资本化就不可避免。在情感转型上，熟人社会是以自然情感为基础，公共交往领域则以社会情感为基础。熟人关系陌生化、陌生关系熟人化是当下生活实践中的重要表现，它极易导致公共资源私有化，私有化比其私有制更加难以发现、监督和防范。

以上所论，对作为相关于“社会转型与伦理变迁”的几个前提性问题的考察，已为深度研究“中国转型期伦理基础变迁及其重建”问题的研究奠定了理论前提和方法论基础。

二　社会转型与伦理变迁之原始发生的“史前史”考察

这里的“史前史”是一个比附性的论说，即指20世纪70年代末由中国共产党人策划和统领的全面改革历程之前的社会历史状况。依照历史这一长时段思维的要求，当代中国人的基本情绪、德性结构、理性世界是在整个华夏史的生成与演化中培养起来的，无论是传统的农业社会，还是近代的充满内外冲突的社会状况，中国共产党史的整个历程，尤其是共和国成立之初的几十年，那时的生产方式、交往方式和生活方式，前人的情感世界、理性判断与推理，或以和风细雨的形式，或以疾风暴雨的样式，深深地植根于现代中国人的心灵之中；古人的情感表达、理性判断和推理，以集体记忆的形式，积累成文化基因，遗传给后人；这些情感、判断、推理已经变成了无意识，深深地嵌入后人的精神世界中，成为他们整个意识结构中的原始意识或前意识。这是必须承认的事实，也是必须正视和重视的事实。然而，就当代中国的社会转型与伦理变迁这一主题而言，在促发社会转型之原始发生的诸种要素中，距离最近的要素一定是影响力最大的，这便是社会主义发展史、中国共产党史、共和国史。我们的任务就是要客观而细致地考察这个“史前史”的要素是如何推动社会转型的，并通过社会转型走向一个全面发展和进步的历史状态。

（一）价值观念与价值实践的双重逻辑变奏

“社会主义”、“共产主义”，在现当代中国人的观念世界里，有着举足轻重的作用。它们不仅仅是一个概念，而分明是一种信仰、信念、符号和情怀，更是一种为着这些信念和符号等而进行的前赴后继、跌宕起伏的伟大实践。

关于“社会主义”一词的最早使用，通常有三种说法。第一种说法认为，最早使用的是德国神学家、天主教本笃派教士安塞尔姆·德辛，他在1753年与人论战时把遵循自然规律的人称为社会主义者。第二种说法认为，“社会主义”一词，最先使用的是意大利传教士，表示一种上帝安排的传说制度。后来与无产阶级解放运动相联系而获得了政治意义。第三种说法认为，“社会主义”一词最初出现于19世纪20—30年代欧文主义的刊物《合作》杂志和圣西门主义的刊物《环球》杂志上。空想社会主义者用这个词来表达他们不满资本主义社会中盛行的个人主义而期望实现的集体主义理想。

19世纪30—40年代，“社会主义”一词在西欧广为流传。起初，这个词含有为提高劳动群众的福利和保障社会和平而改造社会制度的意思，容许财产不平等存在。而当时的“共产主义”一词，则一般是指通过生产资料（有时也包括生活资料）公有的办法来建立社会平等，主张取消财产不平等。所以无产阶级革命导师对于科学社会主义以前的空想社会主义和空想共产主义理论，有时统称为“社会主义”，有时则加以区别。马克思、恩格斯使用了“社会主义”一词，并作了科学解释，使社会主义由空想变为科学。

无产阶级开始独立的政治斗争以后，资产阶级经常利用“社会主义”来反对阶级斗争和无产阶级革命。恩格斯曾指出：“在1847年，社会主义是资产阶级的运动，而共产主义则是工人阶级的运动。”

马克思在1842年10月25日写的《共产主义和奥格斯堡〈总汇报〉》一文中，恩格斯在1843年写的《大陆上社会改革运动的进展》一文中，分别首次使用了“社会主义”一词，并赋予了科学的含义。不过在当时，马克思、恩格斯是把社会主义作为共产主义的同义语来使用的。

从此以后，作为思潮的名称，“社会主义”通常是指科学社会主义，是关于无产阶级解放条件的学说，即关于消灭一切阶级实现共产主义的一般规律的科学。

但是，“社会主义”仍有各种各样的含义和用法。马克思、恩格斯在《共产党宣言》中，把除了科学社会主义以外的19世纪中叶在欧洲流行的社会主义思潮归纳为反动的社会主义（包括封建社会主义、小资产阶级社会主义和“真正”社会主义、资产阶级社会主义和批判的空想的社会主义)。

19世纪70年代，西学东渐，“社会主义”一词才开始在日本、中国书刊中出现。日本学者加藤弘之于1870年在《真政大意》中用日文片假名音译西方“社会主义”一词，西周于1871年在《百学连环》中意译为“会社之说”，福地源一郎于1878年6月《东京每日新闻》上第一次用汉字意译为“社会主义”。中国的《西洋杂志》于1878年音译为“索昔阿利司”，《万国公报》于1899年意译为“安民新学”、“养民学”，康有为、梁启超从1901年至1902年意译为“人群之说”、“人群主义”。梁启超从1902年9月25日出版的《新民丛报》第18期开始，把当时日本人通用的“社会主义”一词移植过来。从此，“社会主义”一词在中国书刊中逐步得到使用。梁启超是最先把社会主义学说介绍到中国来的人，李大钊是第一位在中国传播科学社会主义学说的人。

关于社会主义平等之观念史的梳理，必须结合不同时期的人们对社会主义、共产主义的理解来进行，人们是在解释和论证社会主义的过程中表达其平等观的。更为复杂的情况还在于，并非任何一种冠以“社会主义”名称的主张和理论都是真正的社会主义。恩格斯针对小资产阶级民主派卡尔·海因岑在1847年9月26日发表在《德意志布鲁塞尔报》的一篇歪曲和攻击共产主义的文章，写下了“共产主义者和卡尔·海因岑”这篇名作。在文章中恩格斯明确指出：“共产主义不是教义，而是运动。它不是从原则出发，而是从事实出发。共产主义者不是把某种哲学作为前提，而是把迄今为止的全部历史，特别是这一历史目前在文明各国造成的实际结果作为前提。共产主义的产生是由于大工业以及由大工业带来的后果，是由于世界市场的形成，是由于随之而来的不可遏制的竞争，是由于目前已经完全成为世界市场危机的那种日趋严重和日趋普遍的商业危机，是由于无产阶级的形成和资本的积聚，是由于由此而产生的无产阶级和资产阶级之间的阶级斗争。共产主义作为理论，是无产阶级立场在这种斗争中的理论表现，是无产阶级解放的条件的理论概括。”[①] 紧接着，恩格斯又于1847年10月底至11月，为共产主义者同盟撰写了纲领草案，这就是著名的《共产主义原理》。在这篇文章里，恩格斯以问答的形式深刻而全面地阐述了与共产主义密切关联的二十五个问题。《共产主义原理》被公认为科学社会主义的重要文献，这不仅在于，它回答了科学社会主义与其他形形色色社会主义流派对真正社会主义在观点、立场和态度上的原则区别，更在于，近100年来人们在认知和理解社会主义本质上的某些偏颇甚至错误，在这部著作中早已澄清了。

什么是共产主义？“共产主义是关于无产阶级解放的条件的学说。”[②] 那什么是无产阶级呢？“无产阶级是完全靠出卖自己的劳动而不是靠某一种资本的利润来获得生活资料的社会阶级。”[③] 无产阶级产生的社会条件乃是工业社会、商品生产关系，无产阶级为资产阶级生产了财富，却给自己生产了贫穷；他给资本家的愈多，留给自己的就愈少。而这一切全都是因为资本掌握在资本家手中，全面的贫困乃因为全面的私有制，只有消灭私有制，才能获得彻底的解放。结束私有制建设一个新的社会制度，是实现解放的根本道路。这种新的社会制度应当是怎样的呢？“这种新的社会制度首先必须剥夺相互竞争的个人对工业和一切生产部门的经营权，而代之以所有这些生产部门由整个社会来经营，就是说，为了共同的利益、按照共同的计划、在社会全体成员的参加下来经营。这样，这种新的社会制度将消灭竞争，而代之以联合。……因此私有制也必须废除，而代之以共同使用全部生产工具和按照共同的协议来分配全部产品，即所谓财产公有。废除私有制甚至是工业发展必然引起的改造整个社会制度的最简明扼要的概括。所以共产主义者完全正确地强调废除私有制是自己的主要要求。”[④] 那么，共产主义者要通过废除私有制以实现全体社会成员共

① 《马克思恩格斯选集》第1卷，人民出版社2012年版，第291页。
② 《马克思恩格斯选集》第1卷，人民出版社2012年版，第295页。
③ 《马克思恩格斯选集》第1卷，人民出版社2012年版，第295页。
④ 《马克思恩格斯选集》第1卷，人民出版社2012年版，第302—303页。

同劳动、共同管理生产资料、共同分配生活资料，能否在较短的时间内实现呢？它需要何种样式的条件呢？“不，不能，正像不能一下子就把现有的生产力扩大到实现财产公有所必要的程度一样。因此，很可能就要来临的无产阶级革命，只能逐步改造现今社会，只有创造了所必需的大量生产资料之后，才能废除私有制。”① 恩格斯在“最终废除私有制将产生什么结果”这个标题之下，预想了废除私有制之后的景象：（1）剥夺资本家对一切生产力和交换手段的支配权，交由全体社会成员共同支配，社会将按照根据实有资源和整个社会需要而制定的计划来管理这一切；（2）扩大的生产会引起生产过剩，然而这种过剩不但不会引起贫困，而且将保证满足所有人的需要，生产过剩引发新的需要，同时将会创造出满足这些新需要的手段；（3）工业生产会出现进一步扩大的景象，产生更多的产品，满足人们日益增长起来的需要；（4）阶级将消失，人们只是因为职业的不同而划分为不同的阶层；（5）每个人不再是一个片面的人，而是一个全面的人；（6）教育将使每一个年轻人可以在许多生产部门劳动，而不至于成为极为片面的人；（7）城乡对立将会消失。恩格斯总结道：“由社会全体成员组成的共同联合体来共同地和有计划地利用生产力；把生产发展到能够满足所有人的需要的规模；结束牺牲一些人的利益来满足另一些人的需要的状况；彻底消灭阶级和阶级对立；通过废除旧的分工，通过产业教育、变换工种、所有人共同享受大家创造出来的福利，通过城乡的融合，使社会全体成员的才能得到全面发展，——这就是废除私有制的主要结果。”② 这是恩格斯对未来社会主义或共产主义整个蓝图的深刻而完整的阐述。后来，恩格斯在写于1876年9月—1878年6月的《反杜林论》第三编“社会主义”部分、在写于1880年1—3月上半月的《社会主义从空想到科学的发展》中，又更加详尽地论述了社会主义的基本理论，并把这一理论建立在唯物史观之上：“唯物主义历史观从下述原理出发：生产以及随生产而来的产

① 《马克思恩格斯选集》第1卷，人民出版社2012年版，第304页。

② 《马克思恩格斯选集》第1卷，人民出版社2012年版，第308—309页。

品交换是一切社会制度的基础；在每个历史地出现的社会中，产品分配以及和它相伴随的社会之划分为阶级或等级，是由生产什么、怎样生产以及怎样交换产品来决定的。所以，一切社会变迁和社会变革的终极原因，不应当到人们的头脑中，到人们对永恒的真理和正义的日益增进的认识中去寻找，而应当到生产方式和交换方式的变更中去寻找；不应当到有关时代的哲学中去寻找，而应当到有关时代的经济中去寻找。”① 恩格斯在后来的《社会主义从空想到科学的发展》中的第三部分又几乎一字不变地重述了这一原理。由此可见，马克思和恩格斯基于对他们生活于其中的整个19世纪世界资本主义的全面而深入的考察、分析之上的社会主义理论，是经得起时间和历史检验的科学理论。事实证明，在马克思和恩格斯的同时代以及后来的社会主义运动和社会主义实践中，都不同程度地以马克思、恩格斯的社会主义理论为指导原则。因此，我们无须再对马克思、恩格斯之后的社会主义观念史以及社会主义平等观念史进行详尽的整理和梳理，这对着眼于社会主义平等的实践而言，既不可能也无必要。只要准确、正确而全面理解和领会马克思、恩格斯的科学社会主义理论并简约地梳理社会主义实践史，对于研究和实现转型期中国的社会主义平等问题似乎已经足够了。

通过对社会主义观念史和社会主义平等史的初步认识，我们得出如下几个初步结论：（1）思想家倡导的社会主义理念和社会主义平等观，未必就是政治家的平等观，事实证明，思想家的理论并不能直接成为政治家的平等观。（2）社会主义运动并不就是社会主义实践。然而，事实上，社会主义虽然以各种名称出现于世，冠以社会主义名称的国家更是不止一个，但如果以1847年第一个社会主义组织“共产主义者同盟”为重要标志，人们对社会主义的研究、对社会主义制度体系的建构和实践就从未停止过。这着实令人惊奇，感到惊奇的倒不是社会主义的倡导者和实践者前赴后继、不屈不挠，用他们的信念

① 《马克思恩格斯选集》第3卷，人民出版社2012年版，第654—655页。

支撑着他们对美好社会的追求，用他们顽强的意志实践着他们心中美好的理想。真正令人惊奇的是，一定有某种经得起时间考验和历史检验的精神和原则支撑着人们的思考与行动，这就是科学社会主义的理论体系和价值目标。而这个理论体系和价值目标恰是马克思、恩格斯殚精竭虑其一生去取得的理论成果和对人类的思想贡献。实践证明，我们曾坚持的“思想家倡导的社会主义理念和社会主义平等观，未必就是政治家的平等观；思想家的理论并不能直接成为政治家的平等观”的观点，在这里得到彻底纠正、修复和完善。无论哪种社会主义，无论是曾经昙花一现的理论主张，也无论是以社会主义或共产主义为名义而进行的起义、暴动、革命、改良；无论是曾经历了几十年、半个世纪、近百年的艰难社会主义实践，最后被演变的社会主义，其理论基础和价值目标是相似的，甚或是相同的。而马克思、恩格斯创立的科学社会主义何以能够成为当时以及后来多个社会主义运动和社会主义建设的政治家所矢志不渝的理论基础和价值目标呢？马克思、恩格斯超越小资产阶级社会主义、空想社会主义的根本点在于他们高度而完美地实现了三个统一，第一，伦理动机与科学精神的有机统一。几乎所有主张平等的思想者、生产者、实践者，在其伦理动机上，都是为着世界上绝大多数受苦受难的人而进行呐喊、呼吁和论证的，但只有马克思、恩格斯把这种价值诉求置于科学分析之上，如若没有马克思的两大发现，社会主义怎能实现由空想变为科学呢？第二，理论建构与实践诉求的统一。马克思和恩格斯基本上是在整个19世纪度过的，而19世纪是欧洲乃至整个人类历史上的重要世纪。如果说，15世纪下半叶在欧洲的一些沿海城市出现资本主义萌芽，那么，资本主义大规模发展起来当在19世纪。而生活于19世纪的人不计其数，对19世纪的政治、经济、精神进行研究的人，又绝不止于马克思和恩格斯，但唯独马克思和恩格斯的理论研究成为社会主义运动与社会主义实践的理论基础和指导原则，其根本原因就在于，其理论是历史逻辑的思想形态；其实践诉求是历史的声音和人民的心声。第三，世界眼光与人民意志的有机统一。马克思和恩格斯的研究对象虽然只是整个19世纪的景象，但其所展现给人们的却是整个人类世界的画面。构成马克思、恩格斯之关于资本问题研究的经济哲学、构成他们关于资本主义制度之合理性与有限空间研究的政治哲学、构成他们关于基于资本的世界运行逻辑之上的世界历史交往形式的研究的社会哲学、构成他们孜孜以求的人类彻底解放的道德哲学，在近150年之后的今天，马克思和恩格斯曾终其一生研究的哲学问题不是消失了，而是继续存在；不是被缩小了，而是被放大了。人们可以对马克思、恩格斯的论证方式、所使用的材料提出质疑，也可以对马克思、恩格斯坚定的无产阶级立场表示反对，因为你是为着一己之私利的小资产阶级，或者你是一个自私自利的小人。这恰恰证明了，只有为着世界上绝大多数人论证并提供理论依据的人，才能被广大人民记得住、想得起。如若马克思和恩格斯不能超出个人的利益诉求，他们的理论就不可能是彻底的。实践证明，他们的理论是彻底的，因为它抓住了事物的根本；他们的理论变成了社会主义运动和社会主义实践，因为他们的理论掌握了群众，群众正确地运用了正确的理论。

当然，也必须冷静而理性地考察这样一个历史事实，马克思和恩格斯所创立的科学社会主义理论转换为社会主义运动和社会主义实践的历程是艰苦卓绝的。历史不是为着证明一个理论的正确性才如此这般的，相反，理论是为着正确指导历史实践才被创造出来的，应该修改、修正的不是历史，而是理论；应该修正和完善的是人们的价值观、人们所选择的道路和方式，而不是人类始终孜孜以求的终极之善。马克思和恩格斯科学社会主义理论的实践形态可有两种：社会主义运动和社会主义实践。其间的最大区别在于，前者是在资本主义制度的范围内争取无产阶级解放的运动，后者是拥有政权的政党借助思想上层建筑和政治上层建筑建设社会主义国家、实现社会主义价值目标的过程。

关于社会主义运动史或国际共产主义运动史，已经是不可更改、也不可否认的历史事实，有关这个运动史的素材与描述已经相当详尽。掌握和运用这些素材与描述，对于了解人类平等、自由的艰苦过程，对于继承和发扬为实现社会主义目标而不懈努力的精神，对于研究社会主义平等问题或许有极为重要的作用，但真正能够启示我们的是，在争取政权的过程中所能坚持的社会主义价值原则还是一种理论或观念状态下的价值，它还是一种价值理想。如若使社会主义由空想变成科学、由价值理想变成实践行动，就必须优先获得政权，建立人民民主专政的社会主义国家，在真正的社会主义实践中而不仅仅是在社会主义运动中证明科学社会主义理论的真理性，在社会主义革命、建设和发展过程中深化人们对社会主义本质的正确认识，修复和完善不完善的认识，修正缺少现实性的价值观，矫正有缺陷的制度体系。

实践形态的社会主义表现为社会主义国家的建立与社会主义的建设与发展。十月革命（又称布尔什维克革命、俄国共产革命等），是1917年俄国革命经历了二月革命后的第二个阶段。十月革命发生于1917年11月7日（儒略历10月25日）。苏联等社会主义国家及组织普遍认为，十月革命是经列宁和托洛茨基领导下的布尔什维克领导的武装起义，建立了人类历史上第三个无产阶级政权——苏维埃政权和由马克思主义政党领导的第一个社会主义国家（第一个是巴黎公社无产阶级政权，第二个是匈牙利苏维埃共和国）。革命推翻了以克伦斯基为领导的资产阶级俄国临时政府，为1918—1920年的俄国内战和1922年苏联成立奠定了基础。（1）建立政权：建立以列宁为首的第一个工农苏维埃政府；（2）巩固新政权的措施：将银行、铁路和大工业等收归国有，实行工人对企业的监督；没收地主、皇室和寺院的土地，分配给农民耕种；签订《布列斯特和约》，退出第一次世界大战。（3）迁都：1918年从彼得格勒迁到莫斯科；（4）实行战时共产主义政策：目的是抗击国内外反革命势力的进攻和武装干涉；作用：取得了平息国内反革命叛乱和粉碎外国势力的武装干涉和进攻的胜利。（5）十月革命的意义：是人类历史上第一次获得胜利的社会主义革命，它建立了世界上第一个由无产阶级领导的、以工农联盟为基础的社会主义国家，冲破了世界帝国主义阵线，对国际无产阶级革命运动和大多数被压迫民族的解放运动是一个巨大的鼓舞和支持，开辟了人类历史的新纪元。

社会主义国家自从其产生之时起，就在资本主义的背景下存在着、发展着、完善着。由于国内外等各种复杂原因，一些社会主义国家要么被演变为资本主义的“附属物”，要么蜕变为既非社会主义又非资本主义的国家形态。

如果把人类历史上于1922年建立苏维埃政权看作第一个社会主义国家，那么时至今日，以国家政权形式出现的社会主义实践，已经历百余年的艰苦岁月。而第一个也是最有影响力的苏维埃政权于1991年解体①，欧洲一些社会主义国家也在几年的时间里，先后剧变。现存的社会主义国家在总结和吸取苏联解体和东欧剧变的经验与教训的基础上，都在寻找令自己富裕和发展起来的道路。作为目前世界上最大的、最具影响力的社会主义国家，中国特色社会主义，历经近40多年的改革与开放，使一个占世界总人口五分之一的落后国家一跃而成为世界经济大国。失败的教训和成功的经验，促使人们进一

① 苏联解体的原因可包括以下几个方面：第一，严重的经济危机。从20世纪50年代后期起，美苏开始争霸。沉重的军备负担及经济体制上的种种弊病（如为了满足军事上的需求，苏联一贯侧重发展军火工业和重工业，导致农、轻、重比例失调。）严重影响了苏联经济的健康发展。尽管从50年代赫鲁晓夫上台起，苏联几任领导人都曾对旧经济体制进行改革，但见效甚微。进入80年代，长期积累的经济恶果导致苏联经济急剧恶化。到1991年2月，国民生产总值下降20%，财政赤字达3000亿卢布，通货膨胀率高达300%，经济已全面萎缩。第二，社会动荡不安，否定历史、反马克思主义的各种思潮泛滥。苏联否定历史的思潮可上溯到50年代赫鲁晓夫执政期间。1956年，赫鲁晓夫在苏共二十大上作了《关于个人崇拜及其后果》的秘密报告，批判了斯大林的一些错误，在社会上引起震动，进而引发了一股全盘否定斯大林，否定历史、否定社会主义的政治“暗流”。1985年戈尔巴乔夫上台后，掀起第二次重评斯大林的浪潮，使“暗流”发展成否定马克思主义的思潮，并进一步蔓延。戈尔巴乔夫极力主张的以“多元化”、“公开性”、“民主化”为核心的新思维及民主社会主义思潮在苏联的泛滥，进一步搞乱了人们的思想，导致人们对马克思列宁主义产生严重动摇。同时，右翼势力和民族分离主义思潮抬头，社会矛盾、民族矛盾急剧激化。第三，西方势力的影响。西方国家一直以苏联为主要对手，以软化、肢解的手法推行和平演变战略。如为了鼓励实施“新思维”的内部演变政策，西方给予苏联某些好处，以达到稳住苏联的目的；另一方面西方又继续鼓励苏联民族主义分子闹独立搞分裂，以达到最终肢解苏联的目的。1991年12月25日，戈尔巴乔夫宣布辞职，将国家权力移交给俄罗斯总统叶利钦。12月25日晚，苏联国旗从克里姆林宫上空缓缓降下。苏维埃社会主义共和国联盟宣告解体，国际共产主义运动遭受重大挫折。12月26日，代表们象征性举了手，苏联最高苏维埃自我解散，标志着苏联从现实和法律上不再存在。

步去理性思考社会主义的本质、发展道路，在追问和追寻平等的道路上，社会主义到底有多大的可能性。

1949年10月1日，中华人民共和国的成立，标志着人口多、底子薄的一个社会主义大国出现在世界东方。中国特色社会主义理论与实践的全面出场，为书写人类的现当代史增添了前所未有的"素材"，它已经、正在、将要改变人类发展史的整体性格局和发展路向。但中国特色社会主义理论与实践发展的心路历程又呈现出跌宕起伏、迂回曲折的样式。"从1949年中华人民共和国成立到1978年党的十一届三中全会召开的29年，是中国共产党在马克思列宁主义、毛泽东思想指导下，领导中国人民在取得新民主主义革命胜利的基础上，进行社会主义革命社会主义建设取得重大成就的历史时期。中华人民共和国成立后，党带领全国人民迅速医治战争创伤，恢复国民经济，发展新民主主义经济，进行各项社会主义改革，进而不失时机地提出过渡时期总路线，创造性地完成了从新民主主义到社会主义的转变，在中国建立起社会主义基本制度。在全面转入大规模的社会主义建设后，党又带领全国人民对适合中国国情的社会主义道路建设进行艰辛探索，不仅建立起独立的比较完整的工业体系和国民经济体系，而且积累了进行社会主义建设的重要经验。在中国这样一个经济文化落后和地区发展不平衡的大国建设社会主义，是十分艰巨而复杂的任务。由于国际局势复杂多变，由于国内建设任务艰巨繁重，由于缺乏领导社会主义建设的现成经验，1957年发生了把阶级斗争扩大化和在经济建设上急躁冒进的错误，后来，又发生了'文化大革命'这样全局性的、长时间的严重错误。但是，综观新中国成立后29年的历史，中国共产党领导社会主义革命和社会主义建设取得的成就是具有决定性意义的，这些成就从根本上改变了中国人民的前途命运，为当代中国发展进步奠定了坚实基础。"①关于新中国成立后在进行社会主义建设中所取得的成就、积累的经验、应该吸取的教训，1981年6月

① 中共中央党史研究室：《中国共产党历史》第2卷，中共党史出版社2011年版，第1062页。

27日中国共产党第十一届中央委员会第六次全体会议一致通过的《中国共产党中央委员会关于建国以来党的若干历史问题的决议》（以下简称《决议》）作了客观公正的总结和评价。《决议》客观地总结了中华人民共和国成立后29年所取得的成就："一、建立和巩固了工人阶级领导的、以工农联盟为基础的人民民主专政即无产阶级专政的国家正确。二、实现和巩固了全国范围（除台湾岛屿以外）的国家统一，根本改变了旧中国四分五裂的局面。三、战胜了帝国主义、霸权主义的侵略、破坏和武装挑衅，维护了国家安全和独立，胜利地进行了保卫祖国边疆的斗争。四、建立和发展了社会主义经济，基本上完成了对生产资料私有制的社会主义改造，基本上实现了生产资料公有制和按劳分配。剥削阶级消灭了，剥削阶级作为阶级已经不再存在，他们中的绝大多数人已经改造成为自食其力的劳动者。五、在工业建设中取得重大成就，逐步建立了独立的比较完整的工业体系和国民经济体系。六、农业生产条件发生显著改变，生产水平有了很大提高。"① 但由于国内外原因，更由于对如何建设社会主义缺乏充分而正确的认识，以及未能在反复进行的建设中总结成功经验吸取失败教训，致使中国的社会主义建设在20世纪60年代中后期至70年代中后期出现严重偏失，延缓甚至是停滞了社会主义建设的步伐。辩证地看，"这十年中的一切成就，是在以毛泽东同志为首的党中央集体领导下取得的。这个时期工作中的错误，责任同样也在党中央的集体领导。毛泽东同志负有主要责任，但也不能把所有错误归咎于毛泽东同志个人。这个时期，毛泽东同志关于在社会主义社会阶级斗争的理论和实践上的错误发展得越来越严重，他的个人专断作风逐渐损害党的民主集中制，个人崇拜现象逐步发展。党中央未能及时纠正这些错误"②。对于"'文化大革命'这一全局性的、长时间的'左'倾

---

① 中共中央文献研究室编：《三中全会以来重要文献选编》，人民出版社1982年版，第794—808页。

② 中共中央文献研究室编：《三中全会以来重要文献选编》，人民出版社1982年版，第808页。

严重错误”，《决议》客观而公正地做出了深刻反思和全面总结：“一、社会主义运动的历史不长，社会主义国家的历史更短，社会主义社会的发展规律有些已经比较清楚，更多的还有待于继续探索。我们党过去长期处于战争和激烈阶级斗争的环境中，对于迅速到来的新生的社会主义社会和全国规模的社会主义建设事业，缺乏充分的思想准备和科学研究。马克思、恩格斯、列宁、斯大林的科学著作是我们行动的指南针，但是不可能给我国的社会主义事业中的各种问题提供现成答案。从领导思想上看，由于我们党的历史特点，在社会主义改造基本完成以后，在观察和处理社会主义发展进程中出现的政治、经济、文化等方面的新矛盾新问题时，容易把已经不属于阶级斗争的问题仍然看做是阶级斗争，并且面对新条件下的阶级斗争，又习惯于沿用过去熟悉而这时已经不能照搬的进行大规模疾风暴雨式群众性斗争的旧方法和旧经验，从而导致阶级斗争的严重扩大化。同时，这种脱离现实生活的主观主义的思想和做法，由于把马克思、恩格斯、列宁、斯大林著作中的某些设想和论点加以误解和教条化，反而显得有‘理论根据’。例如：认为社会主义社会在消费资料分配中通行的等量劳动相交换的平等权利，即马克思所说的‘资产阶级权利’应该限制和批判，因而按劳分配原则和物质利益原则就应该限制和批判；认为社会主义改造基本完成以后小生产还会每日每时地大批地产生资本主义和资产阶级，因而形成一系列‘左’倾的城乡经济政策和城乡阶级斗争政策；认为党内的思想分歧都是社会阶级斗争的反映，因而形成激烈的党内斗争，等等。这就使我们把关于阶级斗争扩大化的迷误当成包围马克思主义的纯洁性。此外，苏联领导人挑起中苏论战，并把两党之间的原则争论变为国家争端，对中国施加政治上、经济上和军事上的巨大压力，迫使我们不得不进行反对苏联大国沙文主义的正义斗争。在这种情况的影响下，我们在国内进行了反修防修运动，使阶级斗争扩大化的迷误日益深入到党内，以致党内同志间不同意见的正常争论也被当作是所谓修正主义路线的表现或所谓路线斗争的表现，使党内关系日益紧张化。这样，党就很难抵制毛泽东同志提出的‘左’倾观点，而这些‘左’倾观点的发展就导致‘文化大革命’的发生和持续。”① 事实证明，对新中国成立后29年中在社会主义建设中出现的偏离、错误的分析和论证是客观的、准确的、公正的。拥有美好的愿望，构建令人向往的理想社会，这只是主观观念的意愿和设计，它并非就是现成的社会事实，要将这些信念、意愿和理想变成真实的社会过程，那就必然接受社会发展规律和思维发展规律的制约。在总结产生偏离和错误的主观原因时，《决议》明确说道："党在面临着工作重心转向社会主义建设这一新任务因而需要特别谨慎的时候，毛泽东同志的威望也达到顶峰……从马克思主义的观点看来，这个复杂现象是一定历史条件的产物，如果仅仅归咎于某个人或某些人，就不能使全党得到深刻教训，并找出切实有效的改革步骤。在共产主义运动中，领袖人物具有十分重要的作用，这是历史已经反复证明和不容置疑的。但是国际共产主义运动史上由于没有正确解决领袖和党的关系问题而出现过一些严重偏差。中国是一个封建历史很长的国家，我们党对封建主义特别是对封建土地制度和豪绅恶霸进行了最坚决最彻底的斗争，在反封建斗争中养成了优良的民主传统；但是长期封建专制主义在思想政治方面的遗毒仍然不是很容易肃清的，种种历史原因又使我们没有能把党内民主和国家政治社会生活的民主加以制度化，法律化，或者虽然制定了法律，却没有应有的权威。这就提供了一个条件，使党的权力过分集中于个人，党内个人专断和个人崇拜现象滋生起来，也就使党和国家难于防止和制止‘文化大革命’的发动和发展。”② 1976年至1978年，中国共产党人对1949年以来所走过的路，经历过的波折，进行了全面反思与总结，在理论界，对什么才是检验认识是否正确的标准，主观主义错误的根源究竟在哪里。实事求是是我们党一贯坚持的理论原则和行动指南，1949

① 中共中央文献研究室编：《三中全会以来重要文献选编》，人民出版社1982年版，第817—818页。

② 中共中央文献研究室编：《三中全会以来重要文献选编》，人民出版社1982年版，第818—819页。

年后的29年里，我们并没有很好地坚持毛泽东在《实践论》中所提出的社会实践是检验认识是否正确的标准，导致社会主义越来越陷入贫穷、落后的境地。起始于20世纪70年代末的观念的革命与实践的创新所针对的恰恰是1949年后的29年的观念与实践。而观念的逻辑与实践的逻辑并不总是亦步亦趋的，真理标准问题大讨论的真正意义其实并不在于引发当下的农村土地改革，而在于催生了后来的以城市为中心的整体性变革。而在真理标准问题大讨论过程中，最早出场的并不是伦理学工作者，而是马克思主义哲学研究者。当把一种日常意识，日常意识中对贫穷、落后的不满、失望用哲学的思维和话语表达出来的时候，就变成了一个超越日常意识水平的哲学命题：实践是检验真理的标准。不同的是，1937年7月，毛泽东在其《实践论》中提出实践标准问题，是以政治家、理论家和指挥家的身份实现的，他可以在后来的斗争实践中矫正原来的路线，改正原来的错误，用理论直接指导实践。而1978年的实践标准理论是由一般哲学工作者提出的，它不能直接转换成政治家的哲学思维，也不能变成日常意识水平的价值诉求，更不能变成当下的社会变革运动；而它影响中国社会转型的方式乃是学术、理论与思想的方式。从学科上说，接续真理标准问题的深入讨论，唯物史观中的理论与日益贫困的现实形成尖锐的矛盾，解释和消解这一矛盾的方式，可有三种，一是放弃理论坚守实践，二是放弃现实而坚守理论，三是将理论和实践一同放弃，另寻其他理论和道路。而实际情况则是，我们既要放弃实践又要放弃“理论”，被放弃的实践乃是日益贫穷落后的现实；被放弃的“理论”不是唯物史观而是脱离社会主义建设和发展实践的“阶级斗争理论”。依据唯物史观的基本理念，在社会基本矛盾的产生、运行和消解过程中，经济基础和上层建筑的矛盾关系始终是最基本的方面，即是说，无论构建一个什么样的意识形态，资源匮乏、财富短缺，无论如何都不能说一个好的意识形态、好的政治和好的社会。把实践作为检验真理的标准，就是要用社会发展水平检验意识形态的高与低、对与错。

然而，以哲学的方式将“实践是检验真理的唯一标准”这一命题追问下去，更为深刻的哲学问题便逐渐“浮出水面”，①什么是实践？如果在马克思主义哲学的视阈内，实践被规定为生产实践、交往实践和科学实验；如果在西方形而上学传统中，实践被亚里士多德规定为虽不拥有但可以分有逻各斯的行动，其所追求的是可变事物，即可制作、可实践的事物。而我们所追问的实践显然是马克思主义哲学意义上的。②把谁的实践作为标准？主体主义的思维方式是分析和论证实践标准的理论前提，如若把个别的权威人物的实践作为标准，那么就可能取决于权威人物的个人感受，个人生活状况；如果把普通民众的实践作为标准，那么新中国成立后的社会主义建设和发展是有待改进的。③把实践的什么作为标准，动机、过程还是结果？如果把实践定义为马克思主义哲学意义上的生产、交往和实验过程并以此作为检验是否正确的标准，那么，新中国成立后的29年里，我们并没有很好地安排这些活动。在前一段落，我们急于求成，试图在最短的时间里赶超英美，结果犯了冒进的错误，物质生产、精神生产和交往实践都有它们不可超越的客观规律；在后一段落，我们消解了物质、精神生产的基础地位，代之而起的是阶级斗争实践；如果以实践活动的效果作为标准，那么总体来说，建构后的社会主义实践本质上是存有问题的，没有很好地体现实现社会主义优越性。如果说，“实践是检验真理的唯一标准”还只是一个一般性的哲学命题和原则，那么如何把这一原则切实地落实在理论与实践上，则是需要人们必须正视和重视的问题。事实证明，这种落实则直接催生了理论上的“革命”和实践上的“变革”。

在理论上的“革命”，先行于其他人文社会科学的哲学与经济学，借着由实践标准问题大讨论所营造的学术氛围，试图通过理论与思想的逻辑呈现历史活动的逻辑。首先，在哲学讨论中，由对实践标准的讨论所引发的对更加深入的理论问题的探讨在学术界充分展开，尽管伦理学、社会学、美学、宗教学、科技哲学也在试着用本学科的范畴、话语和立场积极参与这种讨论，但学术话语和话语影响显然弱于马克思主义哲学的势头。20世纪70年代末至80年代初，马克思主义哲学的全面出场直接推动了关于人的本质、人性问题的大讨论，在这场讨论中，尽管马哲学人不承认或没有意识到他们的立论、论证充满着典型的道德哲学情结和伦理学的判断，但这种情结和判断理应成为道德哲学和伦理学关注当代中国20世纪80年代现实的逻辑起点，但伦理学界却未能及时出场，回应理论和现实提出的重大问题，或许密纳发的猫头鹰尚未做好起飞的准备。伦理学和道德哲学若欲成为法国高卢的雄鸡、啄木鸟和密纳发的猫头鹰，就必须用实践精神的方式和理论的方式以概念和逻辑的形式呈现、再现变化中的道德观念史和道德实践史。

实践是检验真理的标准的认识不仅仅是发生在理论界，政治领袖和决策者集团也形成了深刻的实践是检验真理的标准的认识，更加重要的是逐渐地把这种认识贯彻到决策中。“在真理标准问题的讨论已经推向全国，改革开放的呼声愈来愈强烈时，邓小平于1978年9月到东北三省视察，并发表了一系列重要谈话，对解放思想和冲破‘两个凡是’的禁区，对改革开放和加速发展生产力，又作了一次重要的思想发动。”[①] 在视察大庆油田后，邓小平对大庆和黑龙江省委的同志着重谈了管理体制的改革问题。他指出：“从总的状况来说，我们国家的体制，包括机构体制等，基本上是从苏联来的，人浮于事，机构重叠，官僚主义发展。”“有好多体制问题要重新考虑。总的说来，我们的体制不适应现代化，上层建筑不适应新的要求。”[②]

在听取吉林省委的工作汇报后，邓小平指出：“摆在我们面前的问题，关键还是实事求是、理论与实际相结合、一切从实际出发。这是政治问题，是思想问题，也是我们实现四个现代化的现实问题。一切从实际出发，我们的事业才有希望。”“思想僵化，就不可能实现现代化。”“我们是社会主义国家，社会主义制度优越性的

---

① 中共中央党史研究室：《中国共产党历史》第2卷，中共党史出版社2011年版，第1049页。

② 中共中央文献编辑室编：《邓小平年谱（1975—1997）》上，中央文献出版社2004年版，第376页。

根本表现，就是能够允许社会主义生产力以旧社会所没有的速度迅速发展，使人民增长的物质文化生活需要能够逐步得到满足。按照历史唯物主义的观点来讲，正确的政治领导的成果，归根到底要表现在生产力的发展上，人民物质文化生活的改善上。”①“马克思主义认为，归根到底要发展生产力。我们太穷了，太落后了。老实说对不起人民。我们现在必须发展生产力，改善人民生活条件。”②1978年11月10日，中央工作会议在北京召开，此次会议对于后续召开的十一届三中全会具有至关重要的作用，在会上，党和国家重要领导人对过往的历史经验和教训，对时下的困难与出路，展开了有思想深度的议论、争论和辩论，一种能够指导后来建立社会主义市场经济的战略思想逐步形成。集体性的反思和集体性的讨论，形成了集体性的思想和智慧。这些思想和智慧集中体现在邓小平所作的《解放思想，实事求是，团结一致向前看》这篇总结报告中，(一）解放思想是当前的一个重大政治问题；（二）民主是解放思想的重要条件；（三）处理遗留问题为的是向前看；（四）研究新情况，解决新问题。邓小平指出，当前尤其要注意研究和解决管理方法、管理制度和经济政策这三个方面的问题。目前管理机构臃肿，层次重叠，手续繁杂，效率极低，政治的空谈往往淹没一切。如果再不实行改革，我们的现代化事业和社会主义事业就会被葬送。当前最迫切的是扩大厂矿企业和生产队的自主权，使每个工厂和生产队能够千方百计地发挥主动创造精神。在经济政策上，要允许一部分地区、一部分人，由于辛勤努力成绩大而收入先多一些，生活先好起来。这样“必然产生极大的示范力量，影响左邻右舍，带动其他地区”，“使整个国民经济不断地波浪式地向前发展，使全国各族人民都能比较快地富裕起来。”“这是一个大政策，一个能够

① 中共中央文献编辑室编：《邓小平年谱（1975—1997）》上，中央文献出版社2004年版，第377—380页。

② 中共中央文献编辑室编：《邓小平年谱（1975—1997）》上，中央文献出版社2004年版，第381页。

影响和带动整个国民经济的政策。”[①] 一如康德在《道德形而上学原理》中所说的那样，“在自然界中每一物件都是按照规律起作用。唯独有理性的东西有能力按照对规律的观念，也就是按照原则而行动，或者说具有意志。既然使规律见之于行动必然需要理性，所以意志也就是实践理性。如果理性完全无遗地规定了意志，那么那些被认作是客观必然的行为，同时也就是主观必然的。也就是说，意志是这样一种能力，它只选择那种，理性在不受爱好影响的条件下，认为实践上是必然的东西，也就是，认为是善的东西。如若理性不能完全无遗地决定意志；如若意志还为主观条件，为与客观不一致的某些动机所左右；总而言之，如若意志还不能自在地与理性完全符合，象在人身上所表现的那样，那么这些被认为是客观必然的行动，就是主观偶然的了。对客观规律来说，这样的意志的规定，就是必要性。这也就是说，客观规律对一个尚不是彻底善良的意志的关系，被看作是一个有理性的东西的意志被一些理性的根据所决定，而这意志按其本性，并不必然地接受它们。”[②] 人是有理性存在者，人有能力也有意愿能够按照对规律的观念，也就是按照原则而行动。如若把康德的这一分析、论证和结论作广度扩展和深度发掘，那么其复杂性似乎远不止于康德所说的这样简单。首先，如果面向如人的活动无关或有关，但基本上属于自然规律的范围，那么理性和意志似乎可以依照对自然规律的观念而行动，因为若不如此，便无法得到秩序和价值；若是面向人与人的关系，人与组织、国家的关系，那么其规律就不纯粹是自然的机械规律，而是观念、利益、意志和理性之间的关系，即马克思所阐释的唯物史观所澄明的社会基本矛盾规律。如若政治精英集团或政治家不顾及历史的声音和民众的心声，那必使社会混乱不堪或趋于崩溃，若没有利己动

① 中共中央党史研究室：《中国共产党历史》第2卷，中共党史出版社2011年版，第1059—1060页。

② ［德］康德：《道德形而上学原理》，苗力田译，上海人民出版社1986年版，第63页。

机，依照康德所言，按照主客观都必然的方式行动，那是否就一定实现目的之善呢？无数的历史事实证明，没有任何一种国家治理和社会管理模式是完美无缺的，因为人的理性是有限的，人的动机又有利己倾向。这就导致了没有好的意愿、动机，即便有足够的理性也不能建构一个好社会；即使有良好意愿和善良意志，也会因为缺乏理性能力而不能建构好社会。

马克思以理论的方式呈现了人类社会发展的规律："我所得到的，并且一经得到就用于指导我的研究工作的总的结果，可以简要地表述如下：人们在自己生活的社会生产中发生一定的、必然的、不以他们的意志为转移的关系，即同他们的物质生产力的一定发展阶段相适应的生产关系。这些生产关系的总和构成社会的经济结构，即有法律的和政治的上层建筑竖立其上并有一定的社会意识形式与之相适应的现实基础。物质生活的生产方式制约着整个社会生活、政治生活和精神生活的过程。不是人们的意识决定人们的存在，相反，是人们的社会存在决定人们的意识。社会的物质生产力发展到一定阶段，便同它们一直在其中运动的现存生产关系或财产关系发生矛盾。于是这些关系便由生产力的发展形式变成生产力的桎梏。那时，社会革命的时代就到来了。随着经济基础的变革，全部庞大的上层建筑也或慢或快地发生变革。在考察这些变革时，必须时刻把下列两者区别开来：一种是生产的经济条件方面所发生的物质的、可以用自然科学的精确性指明的变革，一种是人们借以意识到这个冲突并力求把它克服的那些法律的、政治的、宗教的、艺术的或哲学的，简言之，意识形态的形式。我们判断一个人不能以他对自己的看法为根据，同样，我们判断这样一个变革时代也不能以它的意识为根据；相反，这个意识必须从物质生活的矛盾中，从生产力和生产关系之间的现存冲突中去解释。无论哪一个社会形态，在它所容纳的全部生产力发挥出来以前，是决不会灭亡的；而新的更高的生产关系，在它的物质存在条件在旧社会的胎胞里成熟以前，是决不会出现的。所以人类始终只提出自己能够解决的任务，因为只要仔细考察就可以发现，任务本身，只有在解决它的物质条件已经存在或者至少是在生成过程中的时候才会产生。”①

马克思在这段对唯物史观的精彩表述中所给予我们的启示，有这样几个方面，其一，一种新的生产关系，在它的物质存在条件尚未充分具备之前是不可能产生的。新中国成立后，百废待兴，全面落后的生产力状况，不可能孕育一种人人平等的生产关系，如果说有这样一种平等，那也只是共同贫穷。而我们却没有顾及生产力的客观状况，试图在生产力没有充分发展的情形下“跑步进入共产主义”。这便是马克思所说的“新的更高的生产关系，在它的物质存在条件在旧社会的胎胞里成熟以前，是决不会出现的”。其二，社会意识形式与经济基础的关系虽然不是亦步亦趋的关系，但过往的社会意识形式会以个人意志或集团意志的形式存在和表现出来，而这种意志一经形成，便成为一种强大的甚至根深蒂固的无意识、潜意识，它以自觉不自觉的形式支配着决策者、管理者的思维和行动，甚至成为一种强大的“道德情感”，以为只要将这种“道德情感”坚决而彻底地贯彻到国家治理和社会管理的各个方面，一种主观欲求的好社会就会产生。这就充分证明，一种新型的社会结构在生成，与之相适应的社会意识形式也必须随之产生，否则用旧有的社会意识决定新型的生产力和生产关系，那必然使新型的社会结构停滞不前。其三，只有将康德意义上的将对规律的充分认识和表象变成原则，并按原则而行动，一种主客观都有充分根据的行动才能产生。其四，只有将哲学思维和实践智慧变成集体行动的逻辑的时候，一种体现历史声音和倾听民众心声的社会变革才能产生。经过集体性的反思、整体性的认识，至 20 世纪 70 年代末，一种全面推行社会变革的运动才孕育出来。中国共产党第十一届中央委员会第三次全体会议于 1978 年 12 月 18 日至 22 日在北京召开，这是一个具有历史标志性的记忆符号，正是从这一刻起，我们才真正开启了“社会转型”的伟大历程，如果要深入分析和论证“社会转型与伦理变迁”的原始发生，那么 1949 年后的 29 年、1976—

① 《马克思恩格斯文集》第 2 卷，人民出版社 2009 年版，第 591—592 页。

1978年两年的思想激荡、道路探索，便可称之为“社会转型与伦理变迁”的史前史状态，没有这样一个历史上的时间节点、拐点，便不可能有所谓的“社会转型与伦理变迁”的发生。因此，无论从断面思维、段落思维还是从历史思维考察，“社会转型与伦理变迁”问题都是现当代中国发展史中的基础性、根本性和全局性问题，它的历史意义和现实价值是毋庸置疑的。“社会转型”不但造成着原有德性结构和规范体系的变迁，同时也要求着更能促发人们实现人类基本价值、核心价值的新型德性与规范。而“社会转型与伦理变迁”的过程正是“当代中国道德观念与道德实践”之原始发生和演进的过程，而这种发生和演进也正是中国人追求公平与效率、正义与平等、自由与幸福的过程；公平与效率、正义与平等、自由与幸福正是道德哲学与伦理学、道德观念与道德实践的基础性、根本性和全局性问题。

（二）从社会主义观念史与实践史到社会主义伦理价值体系的重建

20世纪70年代末，真理标准问题大讨论和改革开放开启了构建中国形态现代性的大幕，而这种建构所上演的则是道德思考（哲学思维）与实践智慧的双重逻辑变奏曲，哲学的反思、观念的革命先行于实践活动而发生。什么才是真正的社会主义，什么才是好的政治，什么才是好的生活，这种一般哲学和道德哲学的追问，促发试图摆脱落后与贫穷而过整体性的好生活的人们，去苦苦追寻能够带来富强、民主、自由、民主、文明的国家治理结构、社会管理模式、经济组织方式。当把一般哲学和道德哲学追问变成实践智慧的时候，一个具有中国特色的社会主义市场经济便被发现和建构起来。然而我们并没有预先准备好与这种经济组织方式相匹配的德性论和规范论为这种活动进行伦理基础的奠基，相反，市场经济却从根本上引发了原有德性结构与规范体系的历史性变迁，于是一种道德哲学意义上的基础论和评价论便以理论的方式向人们提了出来。如何用改革的成果评价以往的德性论和规范论，如何用德性与规范评价改革过程中出现的诸多问题，无疑是重要的理论任务和实践诉求。①

1949 年新中国的成立，标志着中国特色社会主义制度开始进入真正的建设时期。然而新中国成立后的 30 年，我们并未很好地实现在社会主义革命时期所设想的美好理念，相反却陷入贫穷与落后状态。这使人陷入沉思：究竟什么是真正的社会主义、什么是好的政治制度、什么是好的生活。20 世纪 70 年代末，中国共产党人再次充分体现了她的超强的自我纠偏、自我矫正的能力，在真理问题标准大讨论的推动下，在实践是检验真理的唯一标准的诉求下，拉开了构建社会主义市场经济的大幕。40 多年过去了，社会主义市场经济的建立、发展与完善，已经远远超出了单一的经济意义，而具有了社会、政治、道德、哲学意义。用道德哲学和伦理学立场分析和论证两个 40 多年，确有很多成功的经验需要总结。基于道德哲学和伦理学之上的反思与总结无疑是十分重要的方面。对伦理变迁进行整体性考察，在方法论上必须坚持两大原则，第一，发生学的原则。不能仅用大数据的方法对人们 40 多年来发表的论著进行统计，进行数据分析，得出所谓的类型和领域。所谓发生学的原则指的是，是怎样的哲学追问促发人们反思作为客体性的政策、制度、体制，反思作为主体性的观念、知识（认知）、情感和行动，而反思后的观念、认知和行动又决定着人们对政策、制度和体制的选择。如果不从主客体的相互嵌入过程出发研究、把握人们的观念、认知和行动的演变过程，就必然会舍本求末，论著只具有统计学意义，而无价值论意义。第二，整体性原则。我们是以压缩的形式展开社会主义市场经济的建设和发展的，作为追赶型国家我们遭遇到的问题是重叠式的：前现代、现代、后现代问题以时空压缩的形式一并向我们走来；在伦理学的视阈内，美德伦

① 2018 年是真理标准大讨论和改革开放 43 年，而 2019 年适逢新中国成立 70 周年，回眸 70 年中国特色社会主义建设与发展的心路历程，回望 43 年改革开放的艰苦历程，反思伦理主题与思考方法的历史变迁，道德哲学和伦理学理应进行理性的总结，一如改革开放 43 年乃是哲学思维与实践智慧的双重逻辑变奏那样，道德思考与实践智慧也是创价与代价的相互交织。对 43 年来的伦理变迁进行反思和批判，以创价与代价与分析视角，试图做出有充分根据的判断。

理学与规范伦理学、元伦理学与应用伦理学交织在一起；一般哲学批判与道德哲学批判交互出场，所有这些，都是用单一的学科视界所不能涵括的。整体性原则要求我们的是，从基础性、根本性和全局性三个层次，从总体性上把握40多年来伦理变迁的内在逻辑。

1. 从一般哲学到道德哲学：对目的之善的反思与追问。新中国成立后的30年里，我们并没有很好地坚持毛泽东在《实践论》中所提出的社会实践是检验认识是否正确的标准，导致社会主义越来越陷入贫穷、落后的境地。起始于20世纪70年代末的观念的革命与实践的创新所针对的恰恰是新中国成立后的30年的观念与实践。而观念的逻辑与实践的逻辑并不总是亦步亦趋的，真理标准问题大讨论的真正意义其实并不在于引发当下的农村土地改革，而在于催生了后来的以城市为中心的整体性变革。而在真理标准问题大讨论过程中，最早出场的并不是伦理学工作者，而是马克思主义哲学研究者。当把一种日常意识，日常意识中对贫穷、落后的不满、失望用哲学的思维和话语表达出来的时候，就变成了一个超越日常意识水平的哲学命题：实践是检验真理的唯一标准。不同的是，1937年7月，毛泽东在其《实践论》中提出实践标准问题，是以政治家、理论家和指挥家的身份实现的，他可以在后来的斗争实践中矫正原来的路线，改正原来的错误，用理论直接指导实践。而1978年的实践标准理论是由一般哲学工作者提出的，它不能直接转换成政治家的哲学思维，也不能变成日常意识水平的价值诉求，更不能变成当下的社会变革运动；而它影响中国社会转型的方式乃是学术、理论与思想的方式。从学科上说，接续真理标准问题的深入讨论，唯物史观中的理论与日益贫困的现实形成尖锐的矛盾，解释和消解这一矛盾的方式，可有三种，一是放弃理论坚守实践，二是放弃现实而坚守理论，三是将理论和实践一同放弃，另寻其他理论和道路。而实际情况则是，我们既要放弃实践又要放弃“理论”，被放弃的实践乃是日益贫穷落后的现实；被放弃的理论不是唯物史观而是脱离社会主义建设和发展实践的“阶级斗争理论”。依据唯物史观的基本理念，在社会基本矛盾的产生、运行和消解过程中，经济基础和上层建筑的矛盾关系始终是最基本的方面，即是说，无论构建一个什么样的意识形态，资源匮乏、财富短缺，无论如何都不能说一个好的意识形态、好的政治和好的社会。把实践作为检验真理的唯一标准，就是要用社会发展水平检验意识形态的高与低、对与错。

然而，以哲学的方式将“实践是检验真理的唯一标准”这一命题追问下去，更为深刻的哲学问题便逐渐“浮出水面”，①什么是实践？如果在马克思主义哲学的视阈内，实践被规定为生产实践、交往实践和科学实验；如果在西方形而上学传统中，实践被亚里士多德规定为虽不拥有但可以分有逻各斯的行动，其所追求的是可变事物，即可制作、可实践的事物。而我们所追问的实践显然是马克思主义哲学意义上的。②把谁的实践作为标准？主体主义的思维方式是分析和论证实践标准的理论前提，如若把个别的权威人物的实践作为标准，那么就可能取决于权威人物的个人感受，个人生活状况；如果把普通民众的实践作为标准，那么新中国成立后的社会主义建设和发展是有待改进的。③把实践的什么作为标准，动机、过程还是结果？如果把实践定义为马克思主义哲学意义上的生产、交往和实验过程并以此作为检验是否正确的标准，那么，新中国成立后的 30 年里，我们并没有很好地安排这些活动。在前一段落，我们急于求成，试图在最短的时间里赶超英美，结果犯了冒进的错误，物质生产、精神生产和交往实践都有它们不可超越的客观规律；在后一段落，我们消解了物质、精神生产的基础地位，代之而起的是阶级斗争实践；如果以实践活动的效果作为标准，那么总体来说，建构后的社会主义实践本质上是存有问题的，没有很好地体现实现社会主义优越性。如果说，“实践是检验真理的唯一标准”还只是一个一般性的哲学命题和原则，那么如何把这一原则切实地落实在理论与实践上，则是需要人们必须正视和重视的问题。事实证明，这种落实则直接催生了理论上的“革命”和实践上的“变革”。

在理论上的“革命”，先行于其他人文社会科学的哲学与经济学首当其冲，借着由实践标准问题大讨论所营造的学术氛围，试图通过理论与思想的逻辑呈现历史活动的逻辑。首先，在哲学讨论中，由对实践标准的讨论所引发的对更加深入的理论问题的探讨在学术界充分展开，尽管伦理学、社会学、美学、宗教学、科技哲学也在试着用本学科的范畴、话语和立场积极参与这种讨论，但学术话语和话语影响显然弱于马克思主义哲学的势头。20 世纪 70 年代末至 80 年代初，马克思主义哲学的全面出场直接推动了关于人的本质、人性问题的大讨论，在这场讨论中，尽管马哲学人不承认或没有意识到他们的立论、论证充满着典型的道德哲学情结和伦理学的判断，但这种情结和判断理应成为道德哲学和伦理学关注当代中国 20 世纪 80 年代现实的逻辑起点，但伦理学界却未能及时出场，回应理论和现实提出的重大问题，或许密纳发的猫头鹰尚未做好起飞的准备。伦理学和道德哲学若欲成为法国高卢的雄鸡、啄木鸟和密纳发的猫头鹰，就必须用实践精神的方式和理论的方式以概念和逻辑的形式呈现、再现变化中的道德观念史和道德实践史。

2. 实践精神把握世界的方式。诚如马克思在《1857—1858 年经济学手稿》的“政治经济学的方法”中所指出的：“整体，当它在头脑中作为思想整体而出现时，是思维着的头脑的产物，这个头脑用它所专有的方式掌握世界，而这种方式是不同于对于世界的艺术精神的、宗教精神的，实践精神掌握的。”① 这个“专有的方式”马克思已经讲得很清楚，那么什么才是“实践精神”以及“实践精神掌握世界的方式”呢？马克思似乎并未给出明确的解释，依照我的理解，可把马克思实践精神把握世界的方式之内涵表述如下，第一，所谓实践精神乃是指人们依照已有的道德观去判断和行动时所体现出来的原则、规范、立场和态度。第二，这种原则和态度不同于理论把握世界的方式的地方在于它是事实判断和价值判断的统一，甚至是价值判断优先于事实判断。第三，如何把实践精神把握的方式运用到当代“道

① 《马克思恩格斯文集》第 8 卷，人民出版社 2009 年版，第 25 页。

德思考与实践智慧的双重逻辑变奏”中，借以见出转型期中国伦理基础变迁及其重建的历史逻辑来。

3. 公平与效率、正义与平等和自由与幸福：社会主义伦理价值体系的先行标划。在“伦理基础”这一概念之下，我们曾将它划分成目的论意义上的善和手段论意义上的善。当我们试图为个体、组织和政党的行动进行伦理基础奠基时，就分明标示出了这两种善。在社会主义道德观念史与实践史的双重逻辑变奏中，我们虽不能明确地肯定，至20世纪70年代末，人们已经形成了明确的目的论意义和手段论意义上的善的概念和观念，但它们已经明显地潜存在人们对过往实践之成功经验的总结和失败教训的汲取之上，这两种善以隐约的形式被昭示出来、表达出来。在即将开启的整体性的社会转型中，这两种善都将在具体的社会领域中开显出来。当我们回溯40多年的改革历程，这两种善正以经济领域中的公平与效率到政治领域里的正义与平等、再到文化领域里的自由与幸福的演进逻辑而展开其自身，其具体的情形将在后续的分析和论证中而逐渐展现出来。

（三）社会转型与伦理变迁的原始发生：状态、主体与行动

所谓“原始发生”是要从价值和事实两个维度揭示出中国现代转型的价值逻辑始点和事实逻辑始点；前者指明的是社会转型因何发生，后者澄明的是社会转型如何发生；前者论证的是应当的问题，后者回答的是能够的事情。

1. 社会转型与伦理变迁的价值逻辑始点。中国的现代转型与先发国家的社会转型具有极不相同的历史契机和发生前提，继而表现出各不相同的演进逻辑。首先，西方的现代转型首先是从经济领域发轫、发展起来的，严苛甚至严酷的《狩猎法》和《土地法》助推了市场经济的构建过程。逐渐富裕起来的城市市民和商人，成了资本的握有者，以至成为后来的资产者、市民阶层、资产阶级；随着经济地位的提升，他们愈益不满足自己在政治权力上的不利地位，因为封建主利用他们手中的权力压制新兴的资产阶级；经过多次的政治革命，资产阶级成

为经济和政治上的双重统治者，从而开启了资本主义形态的私有制，且把这种私有制发展到了最完备的形式。可以说，市场经济和资产阶级的产生是同个历史过程的两个效果。所以，从总的历史趋向来看，西方先发国家的社会转型是沿着经济—社会—政治—意识形态的发生和演进逻辑而展开其自身的。而中国的现代社会转型是沿着政治—意识形态—经济—社会的历史时序而发生和发展的。无产阶级政权的先行解决，从根本上结束了中国几千年的封建帝制和半封建本殖民地状态；从根本上消灭了剥削和压迫。然而政治文明的异军突起或单方面突进又会遇到经济严重落后的困境，而西方先发国家的社会转型是在经济、政治、社会和文化同等水平上共同推进的，尽管建立无产阶级政权之后即刻把中心放在经济建设上，但经济的发展是必须经过一个长时间的培育、积累的过程，我们要在极短的时间内将严重落后的经济能力提升到与政治能力相当的水平上，是极其困难的事情。而西方先发国家的经济转型早在中世纪就有了雏形，至 14 世纪已在欧洲一些沿海城市出现了资本主义萌芽，接着便是资本主义的长足发展。“虽然在 14 和 15 世纪，在地中海沿岸的某些城市已经稀疏地出现了资本主义生产的最初萌芽，但是资本主义时代是从 16 世纪才开始的。”“为资本主义生产方式奠定基础的变革的序幕，是在 15 世纪最后 30 年和 16 世纪最初几十年演出的。”① 那这是否意味着，如果从 16 世纪最初几十年算起，资本主义私有制之下的市场经济迄今已经经历了 500 年左右的时间，而时至 20 世纪 70 年代末的中国尚未开启市场经济的大幕，从而得出结论说，资本主义制度以及这种制度下的市场经济就一定优越于社会主义制度呢？事实证明，无论从事实判断还是从价值判断出发，这种结论都是缺乏充分根据的。资本主义制度开启市场经济的过程“是用血和火的文字载入人类编年史的。”马克思的《资本论》不仅是对资本、资本主义生产方式和资本主义制度的分析史，也是对资本主义剥削的叙事史。“资本主义社会的经济结构是从封建社会的经济结构中的

① 马克思：《资本论（纪念版）》第 1 卷，人民出版社 2018 年版，第 823、825 页。

产生。后者的解体使前者的要素得到解放。直接生产者，劳动者，只有当他不再束缚于土地，不再隶属或从属于他人的时候，才能支配自身。其次，他要成为劳动力的自由出卖者，能把他的商品带到任何可以找到市场的地方去，他就必须摆脱行为的控制，摆脱行会关于学徒和帮工的制度以及关于劳动的约束性规定。因此，使生产者转化为雇佣工人的历史运动，一方面表现为生产者从奴役地位和行会束缚下解放出来；对于我们的资产阶级历史学家来说，只有这一方面是存在的。但是另一方面，被解放的人只要在他们被剥夺了一切生产资料和旧制度给予他们的一切生产保障之后，才能成为他们自身的出卖者。而对他们的这种剥夺的历史是用血和火的文字载入人类编年史的……在原始积累的历史中，对正在形成的资本家阶级起推动作用的一切变革，都是历史上划时代的事情；但是，首要的因素是：大量的人突然被强制地同自己的生存资料分离，被当做不受法律保护的无产者抛向劳动市场。对农业生产者即农民的土地的剥夺，形成全部过程的基础。这种剥夺的历史在不同的国家带有不同的色彩，按不同的顺序、在不同的历史时代通过不同的阶段。”[①] 以此观之，资本主义制度的产生与使大量劳动力失去生产资料从而人为地形成市场经济是用一种历史过程，其前提是非人道的，通过使劳动者成为被剥削者开启来资本主义的用血与火的文字编写的历史的过程。而中国起始于20世纪70年代末的社会转型则是以政治的方式开启的，这一点似乎与西方先发国家的社会转型是相同的，但它们的逻辑起点和终极目的却是完全不同的。其次，中国的现代转型起始于20世纪70年代末，而这时的西方先发国家在现代化的道路上已经经历了几百年，在经历了个人资本主义、集团资本主义，似已进入国家资本主义；亚洲一些国家和地区先后走上了现代化的道路。因此，中国的现代化运动是在其他国家的经济实力已经相当强大，甚至是在资本主义制度包围之下开始的；资本主义在资本的原始积累阶段所普遍运用的非人道的方式、方法，已经完全不适合中

① 马克思：《资本论（纪念版）》第1卷，人民出版社2018年版，第822—823页。

国的现代转型了。“大家知道，在真正的历史上，征服、奴役、劫掠、杀戮，总之，暴力起着巨大作用。但是在温和的政治经济学中，从来就是田园诗占统治地位。正义和‘劳动’自古以来从来就是唯一的致富手段，自然，‘当前这一年’总是例外。事实上，原始积累的方法决不是田园诗式的东西。”① 资本主义连同其下的市场经济是沿着向外侵略、扩张和吞并，向内奴役、劫掠两条道路而开启它的“原始积累”的，而这两条道路在20世纪70年代末的中国社会转型中是绝对走不通的。其一，侵略、扩张、殖民是西方资本主义制度“文明”的根本面向，如果除去资产阶级所一贯标榜的人类最高文明之代表的外衣，剩余下来的便是那些血迹斑斑、血债累累的侵略史和剥削史。而中国共产党人所要实现的社会主义和共产主义乃是要彻底消灭剥削和压迫的富强、民主、平等的社会，它绝不会用新的压迫和剥削代替旧的压迫和剥削；相反，中国的现代化转型为的是让劳动者勤劳致富，各尽所能，按劳分配，得其所得，得其应得；找到创造财富并合理分配财富的经济组织方式；构建提升国家治理和社会管理能力的政治制度体系；为每个人创造使其能够过上整体性的好生活的物质基础、政治保障和社会环境。

如果说，以上几个方面论述的是社会转型与伦理变迁的价值逻辑始点，解决的是因何和为何的问题，那么对事实逻辑始点的呈现则是为了解决如何或能够的问题。

2. 社会转型与伦理变迁的事实逻辑起点。我们已经反复确定和确证过，中国现代社会转型的时间始点是20世纪70年代末，而历史始点则是新中国成立后的30年；前者是纪年维度，后者是“事件”维度。中华人民共和国的成立在这个历史上是一个标志性的事件，它标志着共和国史的“史前史”已经结束了，但结束的不是中华民族的文化传承、思想流变和精神世界，而是结束了过往之各种状态下的政治压迫、经济剥削和社会战乱，开启了一个真正的以人民为主体的

① 马克思：《资本论（纪念版）》第1卷，人民出版社2018年版，第821页。

国家治理和社会管理的新纪元。而一个民族乃至一个国家采取何种发展道路，并不是简单地取决于自然地理环境、政党的信仰、信念和制度安排，更不完全取决于个人的独特思维和价值理想，而是取决于客体性的资源系统和主体性的精神结构，它们决定了我们能够做什么的可能性空间。

中华人民共和国的成立标志着中国共产党人开始拥有了政权，并用政权开启社会主义建设的新纪元；此前的一切奋斗和牺牲都是为了夺取政权，使劳动人民当家做主。然而，夺取政权和运用政权具有不同的思维方式和行动逻辑，尽管在夺取政权的过程中，中国共产党人始终坚持“一切为了群众，一切依靠群众”的根本原则，最大限度地进行基层组织建设，分田分地于民，但尚未实现通过政治制度和政治体制统筹安排经济建设、政治建设和文化建设的根本目标。在一个贫穷落后的社会状态下，中国共产党人只有将人民的利益置于革命的首要位置，才能动员群众，采取集体行动，达到夺取政权的目的。在此种情形之下，即，在没有更多的剩余产品可以独占的情形之下，在不以群众利益为革命之首位就不可能发动群众、联合群众共同革命的场域下，中国共产党人只有一身正气、两袖清风，全心全意为人民服务才能最终夺取政权，因此，滥用职权和渎职的事情是不可能普遍发生的。夺取政权进行社会主义建设之后，政民和军民之间的鱼水关系转变成了管理和被管理、支配和被支配的关系，亦即，先前那种没有群众的支持、没有群众的参与就不可能进行战争也不可能取得胜利①，国家治理和社会管理无须征得民众的同意和支持即可独自进行。这种依赖和被依赖的关系的重置，就蕴含着政治权力和公共职权可以脱离群众的监督而独自运行的可能性。

毫无疑问，依照人类生活的价值逻辑，物质生活资料的生产和分配永远都是最基础、最根本的方面。新中国成立后，除了要优先发展

① “革命战争是群众的战争，只有动员群众才能进行战争，只有依靠群众才能进行战争。”毛泽东：《关心群众生活，注意工作方法》（1934年1月27日），《毛泽东选集》第1卷，人民出版社1991年版，第136页。

经济、创造物质生活资料、提高物质生活水平之外，还要十分清醒地认识到政权建设和政党建设的重要性，因为政治权力和公共职权始终有被滥用的可能性。于是，如何深刻地认识权力逻辑与资本逻辑的关系、如何防止权力与资本的“合谋”的可能性，始终是中国共产党人在进行国家治理和社会管理过程中所必须正视和重视的问题；如何破解以权力替代资本从而导致一切问题都通过政治的方式来解决，继而使经济建设陷入停滞甚至倒退的魔咒，如何破解以资本替代政治从而导致资本支配一切的怪圈；如何摆置市场那只“看不见的手”与政府和资本家集团这两只“看得见手”的正确关系，始终是国家治理和社会管理的核心问题。在由客体性资源和主体性能力的相互嵌入所给定的可能性空间内，在新中国成立后的30年里，中国共产党人始终进行着理论上的探讨和实践上的探索：什么是社会主义，什么是真正的社会主义，什么是好的社会主义。市场的建构、制度的建设，是否只有通过政治的方式才能完成；是否只有充分运用亚当·斯密的“看不见的手”和“棋盘”理论，才能开辟市场、发展经济；是不是只有将拥有且行使政治权力和公共职权的人教化或锻造成毫无私心、一心为公的人，才能防止职权滥用和渎职的问题？在政权和职权占有与运用问题上，如何防止动机偏离，除了“文化革命”之外是否还有其他道路？等等。这些深层问题，都要在新中国成立后的治理和管理实践中，通过艰苦探索和艰难实践来解决。事实证明，没有哪个人或哪些人，试图通过使国家和社会陷入混乱状态从而使自己受益。新中国成立后的30年，我们殚精竭虑、上下求索、艰苦探索，有成功的经验，也有失败的教训。这些经验和教训都是探索社会主义从而构建一个相对理想社会所必需的精神财富，它呈现给人们的理论意义在于，社会主义是一个开放的理论体系和实践行动，要想一劳永逸地获得关于社会主义的真理，是不切实际的想法；它启示后人的实践意义在于，社会主义不仅仅是一个夺取政权的政治运动，更是一个复杂的、充满矛盾和冲突的国家治理和社会管理模式，只有在反复进行的探索和实践中才能获得关于社会主义的相对真理。

至20世纪70年代末，当新中国成立后30年的建设经验和教训一并呈现在人们面前，它既是社会主义建设所能到的节点，又是发展社会主义的始点。基于教训之上的悲观主义甚至是虚无主义，基于经验之上的乐观主义甚至是理想主义，都是一种意见、情绪和立场；极端的悲观和乐观绝非建设一个好的社会主义所需要的情绪和情感，相反，我们需要的是理论理性、创制理性和实践理性，将理性充分运用到思考与行动之中。

这就是现当代中国实现社会转型的价值逻辑和事实逻辑的起点，是发展社会主义的始点。只有充分把握正确理解了这个始点，社会转型才能朝向人类所孜孜以求的终极之善运行。

（3）开启和推动中国现代转型的主体。何谓主体？即一个行动的发动者—承担者—受益者—责任者，每个个人、组织、集团、民族和国家都可以成为主体，在重叠性的或复合性的主体中，一个行动的发动并非一个人或一些人所能完成，但会有核心主体。核心主体，要么是原则的发现者、规范的制定者、信念的宣传者，他是“精神领袖”；要么是计划策划者、行动的指挥者，他是“政治领袖”。或许还有一个主体，他是理论家，他要为一个行动或持续的社会运动提供理论基础，或批判、或反思、或建构，给出一个自洽的逻辑体系；或许没有一个完整而厚重的逻辑体现，但却提供了一个进行正确思考和正当行动的理念，这个理念具有革命性的启发意义，它使人充分认识到已有或现有的思维方式的缺陷和行为方式的偏差。当我们把“精神领袖”、“政治领袖”和“理论家”有机组合在一起，构成一个基于某个始点之上的社会行动的复合主体时，一个伟大的历史实践就可以在原始发生的意义上得到说明和证明。起始于20世纪70年代末的社会转型，正是三方主体相互嵌入、相互支持的一个有机过程。

第一，“真理标准问题大讨论”开启了观念形态的社会转型。毛泽东在1930年5月针对当时红军中的教条主义思想写下了《反对本本主义》；在1937年7月写下了《实践论》；在1937年8月写下了《矛盾论》；在1937年9月7日又写下了《反对自由主义》。重温这些80多年前的光辉篇章，领悟其理论精髓，体悟其思想真谛，感悟其实践精神，可谓思绪万千，感触良多。毛泽东在这些篇章中所揭示和批判的种种工作作风，在今天我们的学习、工作和生活实践中，似乎历历在目，甚至要比毛泽东所批判的状况要严重得多。

在不到10年的光景里，毛泽东写下的这4篇光辉文献，每篇都是实践教训与经验，难题与困境的理论总结与提升，其本身就是理论与实践、问题与道路有机统一的光辉典范。虽然这些篇章所产生的历史环境已不复存在，但其微言大义、思想精髓却依旧具有超强的借鉴意义，甚至可以说，这些理论、思想和精神正是我们建设中国特色社会主义所必须高度重视和充分运用的思想资源。

1930年在红军队伍中出现了脱离实际的主观主义工作作风，毛泽东敏锐地感受到了这种危害极大的状况，用通俗易懂的语言，严密严整的逻辑，有理有据的论证，写成了言简意赅的论著，这就是《反对本本主义》。在这篇论著中，毛泽东提出了著名的“没有调查，没有发言权”的论断。没有调查就没有发言权，没有正确的调查同样没有发言权。毛泽东指出：“许多巡视员，许多游击队的领导者，许多新接任的工作干部，喜欢一到就宣布政见，看到一点表面，一个枝节，就指手画脚地说这也不对，那也错误。”① 而实际上，这些巡视员，这些干部对他们所要了解的工作环境，工作中的矛盾、问题、困难知之甚少。而他们却没有去调查，去实际地研究。一些干部抱怨自己“才力小，干不下”，毛泽东批评说，这是懦夫讲的话！只有去调查，才能找到解决问题的方法。不深入实际了解情况，要么凭主观想象，要么盲目地表面上完全无异议地执行上级的指示，这是典型的本本主义。本本主义在社会科学研究中也是极其有害的作风。在这里，毛泽东首次提出了马克思主义中国化问题，即马克思主义与中国具体实践相结合的论断：“我们说马克思主义是对的，决不是因为马克思这个人是什么‘先哲’，而是因为他的理论，在我们的实践中，在我

① 《毛泽东选集》第1卷，人民出版社1991年版，第110页。

们的斗争中，证明了是对的。我们的斗争需要马克思主义。我们欢迎这个理论，丝毫不存在什么‘先哲’一类的形式的甚至神秘的念头在里面。读过马克思主义‘本本’的许多人，成了革命的叛徒，那些不识字的工人常常能够很好地掌握马克思主义。马克思主义的‘本本’是要学习的，但是必须同我国的实际情况相结合。我们需要‘本本’，但是一定要纠正脱离实际情况的本本主义。”① 毛泽东指出，脱离实际调查就要产生唯心的阶级估量和唯心的工作指导，那么，它的结果，不是机会主义，便是盲动主义。毛泽东还从 7 个方面指出了“调查的技术”。

毛泽东在《反对本本主义》论著中所批判的教条主义、主观主义、形式主义、本本主义作风，在 1930 年至 1937 年的革命实践中，非但没有从根本上得到重视和解决，反而更加严重，针对这种情势，毛泽东写下了《实践论》。在中国共产党内存在着两种错误倾向，一种是教条主义，要照抄照搬马克思主义，拒绝中国革命的具体经验，生吞活剥马克思主义书籍中的只言片语。另一种是经验主义，拒绝理论的指导作用，看不到全局，把自己局部的、片面的经验作为工作的指导原则。而教条主义的危害更大，曾经在 1931—1934 年使得中国革命遭受到了极大的损失，教条主义披着马克思主义的外衣迷惑了许多同志。而毛泽东的《实践论》正是从马克思主义认识论上揭露和批判教条主义和经验主义而取得的光辉的理论成果。在《实践论》这篇光辉的论著中，毛泽东把认识与实践的关系讲得极为清楚明了，更为重要的是，毛泽东深入研读了马克思、恩格斯和列宁的哲学著作，然而毛泽东却没有照抄照搬这些理论，而是把它们变成了自己的理论、概念和话语，用中国语言阐释马克思主义理论；最为关键的是，毛泽东把这些理论完全融入了对中国革命实践的分析之中，运用到了中国革命实践的指导工作中。毛泽东把认识与实践的关系精辟地总结为：“辩证唯物论的认识论把实践提到第一的地位，认为人的认

---

① 《毛泽东选集》第 1 卷，人民出版社 1991 年版，第 111—112 页。

识一点也不能离开实践，排斥一切否认实践重要性、使认识离开实践的错误理论。列宁这样说过：‘实践高于（理论的）认识，因为它不但有普遍性的品格，而且还有直接现实性的品格。’判定认识或理论之是否真理，不是依主观上觉得如何而定，而是依客观实践上社会实践的结果如何而定。真理的标准只能是社会的实践。实践的观点是辩证唯物论的认识论之第一和基本的观点。”① 毛泽东还深入而系统地论述了人的认识发展的复杂过程，来自实践又复归于实践。“通过实践而发现真理，又通过实践而证实真理和发展真理。从感性认识而能动地发展到理性认识，又从理性认识而能动地指导革命实践，改造主观世界和客观世界。实践、认识、再实践、再认识，这种形式循环往复以至无穷，而实践和认识之每循环的内容，都比较地进到了高一级的程度。这就是辩证唯物论的全部认识论，这就是辩证唯物论的知行统一观。”②

用中国的革命实践证明马克思主义理论，证明我们的认识是否正确，用我们不断发展的革命实践修正、完善和发展我们的理论。毛泽东不但在理论上是如此分析和论证的，而且在领导中国革命的伟大实践上也是这样做的。毛泽东既是理论家，又是伟大的实践者、领导者。这充分证明了，政治领袖必须具有理论；必须具有修正、发展和完善理论的伟大实践。只有这样，也只有这样，才能发展理论，也发展实践。

而认识与实践的关系是极为复杂的，绝非一两个理论模型所能解释得了的，这就要求我们必须深入革命、生产和生活实践中。而实践又是充满矛盾和冲突的，矛盾观是实践观的核心内容。

为着从理论上分析和论证革命实践中的教条主义和经验主义工作作风，毛泽东在一个月之后又写下了伟大的哲学论著——《矛盾论》。在某种意义上可以说，《矛盾论》是《实践论》的深化与升华。毛泽东在“两种宇宙观”这个标题下，论述了形而上学的宇宙观，即用

---

① 《毛泽东选集》第 1 卷，人民出版社 1991 年版，第 284 页。

② 《毛泽东选集》第 1 卷，人民出版社 1991 年版，第 296—297 页。

孤立的、静止的和片面的观点去看世界；辩证法是用联系的、发展的观点看世界。事物之所以会发展变化，原是事物内部包含着矛盾，矛盾的产生、演化和解决构成了事物发展的动力。任何事物都包含着矛盾，这是矛盾的普遍性。而每一个事物又是特殊的，不仅其内部结构是特殊，且与周围环境的关系也是特殊的，这就是矛盾的特殊性。毛泽东用了极大的篇幅论述了中国革命的特殊性，不仅中国国内的环境是特殊的，而且与世界的关系也是特殊的，因此，选择什么道路进行中国革命，就必须深入研究中国矛盾的特殊性。在苏联可以走从城市扩展到农村的发展道路，而中国的工人阶级没有发展到相对成熟的程度，其人数和自觉性都远未达到独立领导中国革命的程度，因此必须走农村包围城市的发展道路。毛泽东又用主要矛盾和次要矛盾、矛盾的主要方面和次要矛盾原理，深入分析了中国革命各个阶段的特殊性，并把这种理论分析充分运用到了指导革命实践之中。依靠谁，团结谁，打击谁，毛泽东都做了精辟的分析和论证。

毛泽东反复强调，对于中国革命实践来说，学习是重要的，没有理论就没有指导，没有原则，就没有方向。但理论必须与实践相结合，一个理论满足一个国家的需要的程度，取决于这个国家对这个理论的需要程度。而我们的很多干部，既不善于学习，又不善于深入实际进行调查，不懂实践，不懂矛盾，经常犯教条主义、经验主义错误，也经常犯自由主义错误。毛泽东在写于 1937 年 9 月 7 日的《反对自由主义》一文中，严厉、严肃批评了工作实践中的自由主义的 11 种表现。

80 多年过去了，中国共产党人领导的中国特色的社会主义伟大实践，也已经过革命阶段、建设阶段而行进到发展阶段。历史环境变了，社会实践结构变了，矛盾也变了，但我们认识和解决这些关系、矛盾、冲突的方法论原则没有变。在我们当今的生产、交往、管理实践中，毛泽东当年曾经严厉批评的现象依然存在，甚至非常严重。在发展和完善中国特色社会主义的当代实践中，什么才是正确认识，什么才是真理，怎么证实这些真理，怎么纠正和完善已有的认识，这就是当代的实践论，这就是当代的矛盾论。

1978年5月11日，《光明日报》发表本报特约评论员文章《实践是检验真理的唯一标准》，由此引发了一场关于真理标准问题的大讨论。文章指出，检验真理的标准只能是社会实践，理论与实践的统一是马克思主义的一个最基本的原则，任何理论都要不断接受实践的检验。这是从根本理论上对"两个凡是"的否定。这场讨论冲破了"两个凡是"的严重束缚，推动了全国性的马克思主义思想解放运动，是中国共产党第十一届中央委员会第三次全体会议实现新中国成立以来中国共产党历史上具有深远意义的伟大转折的思想先导，为中国共产党重新确立马克思主义思想路线、政治路线和组织路线，做了重要的理论准备。

这里有两个根本性的问题，其一，毛泽东在1930年至1937年几年间写下的涉及实践问题的光辉篇章，其理论和思想已经被自觉地运用到了夺取政权的革命实践中，革命的实践证明了毛泽东思想的正确性。然而，在社会主义建设的初始阶段，我们为何丢掉了实践是检验真理的唯一标准这一理念呢？问题的复杂性绝不仅仅在于一个认识和观念问题，而在于理论和实践的具体关系以及如何正确处理这一关系的问题。事实证明，任何时候，如果撇开实践的历史性、具体性，而只是着眼于所谓理论的正确性，就会走上以理论证明理论的道路上去。新中国成立后，社会基本矛盾发生了质的变化，人们解决社会基本矛盾的社会实践也必然发生根本性的改变，在解决矛盾的斗争性和统一性的关系上，也必然发生思维方式和解决道路上的改变。实践的结构、目的、环境发生了变化，认识也必然要发生相应的变化。实践是检验真理的唯一标准的大讨论，其理论意义就在于，必须回归人们的实践本身，在历史给定的可能性空间内规定我们能够做什么和应当做什么。如若在社会主义建设和发展阶段依旧坚持矛盾的斗争性优先于同一性的观念和路线，就势必用政治的方式替代经济发展的道路；政治之异乎寻常的重要性是以经济的停滞甚至倒退为代价的，因为当人们把主要的精力都投入到了人与人间的阶级划分和斗争上，那么用于发展经济的精力就必然减少。其二，如果说真理标准问题大讨论起到了观念上的解放作用，人们已经充分认识到，只有回到现实的社会实践中来，才能很好地建设、发展和完善社会主义。然而，什么是社会实践？把实践的什么作为检验认识是否正确的标准？动机、手段、目的、环境？对这些复杂问题深度思考，促使人们去研究社会发展的基本规律、20 世纪 70 年代中国发展的特殊规律。普遍规律是通过特殊规律来证明的，而不是相反。在马克思主义哲学的实践概念中，生产实践、交往实践和科学实验是实践的三种主要形式；科学实验可以归并在生产实践之中。那么剩余下来的就只有生产实践和交往实践了，进一步地也就只有生产生产资料和生活资料的实践，如何分配财富、身份、地位和机会的实践两种主要形式，狭义的社会交往实践解决的是人们基于各自的欲求而在公共交往和公共生活满足各自目的的活动，其游戏规则的制定和践行完全不同于两种实践形式。如此一来，起始于 20 世纪 70 年代的全面改革就必然以政治的方式开启经济体制的改革，而事实也确如所分析和论证的那样，社会转型沿着经济—政治—社会—文化的道路而展开。

现在的问题是，实践是检验真理的唯一标准这一观念上的革命意义如何转化为实践上的变革，这是观念史与实践史的相互嵌入、相互转换的问题。如何把观念上的实践概念转换成实践上具体行动，这着实是一个极为复杂和艰苦的工作，进言之，是如何把普遍观念变成生产实践、治理和管理实践，必须由政治家或政治精英集团来实现；从解释世界到改造或改变世界，其间的中间环节就是政策设计、制度安排和体制设置，这就是社会实践，即行动。

第二，起始于十一届三中全会的经济体制改革开启了实践形态的社会转型。如若把检验一个认识是否正确的社会实践落实在经济体制改革上，那么相关于实践之复杂性的认识也就澄明出来了，那就是，改革的目的是解放生产力、发展生产力，而终极目的是让每一个中国人富起来，让社会主义国家强起来，通过政治体制改革，为创造财富和分配财富，为每一个人能够过上整体性的好生活提供政治保障。改革是手段之善，目的之善是向每个人而言的身体之善、外在之善和灵魂之善，简约地说就是“社会主义核心价值观”体系，即国家层面的富强、民主、文明、和谐；社会层面的自由、平等、公正、法治；公民层面的爱国、敬业、诚信、友善。① 由经济体制开始的深度的社会

① 党的十八大提出，倡导富强、民主、文明、和谐，倡导自由、平等、公正、法治，倡导爱国、敬业、诚信、友善，积极培育和践行社会主义核心价值观。富强、民主、文明、和谐是国家层面的价值目标，自由、平等、公正、法治是社会层面的价值取向，爱国、敬业、诚信、友善是公民个人层面的价值准则，这24个字是社会主义核心价值观的基本内容。“富强、民主、文明、和谐”，是我国社会主义现代化国家的建设目标，也是从价值目标层面对社会主义核心价值观基本理念的凝练，在社会主义核心价值观中居于最高层次，对其他层次的价值理念具有统领作用。富强即国富民强，是社会主义现代化国家经济建设的应然状态，是中华民族梦寐以求的美好夙愿，也是国家繁荣昌盛、人民幸福安康的物质基础。民主是人类社会的美好诉求。我们追求的民主是人民民主，其实质和核心是人民当家作主。它是社会主义的生命，也是创造人民美好幸福生活的政治保障。文明是社会进步的重要标志，也是社会主义现代化国家的重要特征。它是社会主义现代化国家文化建设的应有状态，是对面向现代化、面向世界、面向未来的，民族的科学的大众的社会主义文化的概括，是实现中华民族伟大复兴的重要支撑。和谐是中国传统文化的基本理念，集中体现了学有所教、劳有所得、病有所医、老有所养、住有所居的生动局面。它是社会主义现代化国家在社会建设领域的价值诉求，是经济社会和谐稳定、持续健康发展的重要保证。“自由、平等、公正、法治”，是对美好社会的生动表述，也是从社会层面对社会主义核心价值观基本理念的凝练。它反映了中国特色社会主义的基本属性，是我们党矢志不渝、长期实践的核心价值理念。自由是指人的意志自由、存在和发展的自由，是人类社会的美好向往，也是马克思主义追求的社会价值目标。平等指的是公民在法律面前的一律平等，其价值取向是不断实现实质平等。它要求尊重和保障人权，人人依法享有平等参与、平等发展的权利。公正即社会公平和正义，它以人的解放、人的自由平等权利的获得为前提，是国家、社会应然的根本价值理念。法治是治国理政的基本方式，依法治国是社会主义民主政治的基本要求。它通过法制建设来维护和保障公民的根本利益，是实现自由平等、公平正义的制度保证。“爱国、敬业、诚信、友善”，是公民基本道德规范，是从个人行为层面对社会主义核心价值观基本理念的凝练。它覆盖社会道德生活的各个领域，是公民必须恪守的基本道德准则，也是评价公民道德行为选择的基本价值标准。爱国是基于个人对自己祖国依赖关系的深厚情感，也是调节个人与祖国关系的行为准则。它同社会主义紧密结合在一起，要求人们以振兴中华为己任，促进民族团结、维护祖国统一、自觉报效祖国。敬业是对公民职业行为准则的价值评价，要求公民忠于职守，克己奉公，服务人民，服务社会，充分体现了社会主义职业精神。诚信即诚实守信，是人类社会千百年传承下来的道德传统，也是社会主义道德建设的重点内容，它强调诚实劳动、信守承诺、诚恳待人。友善强调公民之间应互相尊重、互相关心、互相帮助，和睦友好，努力形成社会主义的新型人际关系。社会主义核心价值观的形成和发展经历了一个艰苦探索和反复实践的历程。新中国的成立，确立了以社会主义基本政治制度、基本经济制度的确立和以马克思主义为指导思想的社会主义意识形态，为社会主义核心价值体系建设奠定了政治前提、物质基础和文化条件。改革开放以来，我国社会主义意识形态建设不断进行新的探索，提出了从建设社会主义核心价值体系到以“三个倡导”为内容，积极培育和践行社会主义核心价（转下页）

转型将直接引发原有道德—伦理观念体系的改变，但同时又催生着新型的伦理体系。当我们用“状态”、“主体”和“行动”三个范畴统领社会转型与伦理变迁的原始发生时，一个立体性的逻各斯进路就被澄明出来了。当我们从拥有逻各斯的立场将“状态”、“主体”和“行动”有机整合在一起的时候，社会转型和伦理变迁表现为一个“自然历史过程”，是在客体性的资源和主体性的力量相互嵌入、相互交织在一起时规定给我们能够做什么的可能性空间，我们只能在历史允许我们提出任务的时空内，将社会转型与伦理变迁变成一个可因我们的行动而成的事情。当我们从分有逻各斯的立场而通过技艺和实

（接上页）值观的重要论断和战略任务。1978 年 12 月，党的十一届三中全会重新恢复和确立了实事求是的思想路线，坚持把马克思主义与改革开放和我国社会主义建设伟大实践相结合，科学继承了毛泽东思想，创立了邓小平理论、“三个代表”重要思想、科学发展观等马克思主义中国化最新成果，马克思主义在意识形态领域的指导地位不断巩固。2006 年 3 月，我党提出了“八荣八耻”的社会主义荣辱观，继承和发展了我们党关于社会主义思想道德建设褒荣贬耻、我国古代的“知耻”文化传统，同时又赋予了新的时代内涵，深化了我们党对社会主义道德建设规律的认识。2006 年 10 月，党的十六届六中全会第一次明确提出了“建设社会主义核心价值体系”的重大命题和战略任务，明确提出了社会主义核心价值体系的内容，并指出社会主义核心价值观是社会主义核心价值体系的内核。学界对社会主义核心价值观的概括开始深入探讨。2007 年 10 月，党的十七大进一步指出了“社会主义核心价值体系是社会主义意识形态的本质体现。”2011 年 10 月，党的十七届六中全会强调，社会主义核心价值体系是“兴国之魂”，建设社会主义核心价值体系是推动文化大发展大繁荣的根本任务。提炼和概括出简明扼要、便于传播践行的社会主义核心价值观，对于建设社会主义核心价值体系具有重要意义。2012 年 11 月，中共十八大报告明确提出“三个倡导”，即“倡导富强、民主、文明、和谐，倡导自由、平等、公正、法治，倡导爱国、敬业、诚信、友善，积极培育社会主义核心价值观”，这是对社会主义核心价值观的最新概括。2013 年 12 月，中共中央办公厅印发《关于培育和践行社会主义核心价值观的意见》，明确提出，以“三个倡导”为基本内容的社会主义核心价值观，与中国特色社会主义发展要求相契合，与中华优秀传统文化和人类文明优秀成果相承接，是我们党凝聚全党全社会价值共识做出的重要论断。2017 年 10 月 18 日，习近平同志在十九大报告中指出，要培育和践行社会主义核心价值观。要以培养担当民族复兴大任的时代新人为着眼点，强化教育引导、实践养成、制度保障，发挥社会主义核心价值观对国民教育、精神文明创建、精神文化产品创作生产传播的引领作用，把社会主义核心价值观融入社会发展各方面，转化为人们的情感认同和行为习惯。坚持全民行动、干部带头，从家庭做起，从娃娃抓起。深入挖掘中华优秀传统文化蕴含的思想观念、人文精神、道德规范，结合时代要求继承创新，让中华文化展现出永久魅力和时代风采。2018 年 3 月 11 日，第十三届全国人民代表大会第一次会议通过中华人民共和国宪法修正案，将“国家提倡爱祖国、爱人民、爱劳动、爱科学、爱社会主义的公德”修改为“国家倡导社会主义核心价值观，提倡爱祖国、爱人民、爱劳动、爱科学、爱社会主义的公德”。

践将社会转型伦理变迁变成一个可因我们的努力而成的事情时，它是一个价值创造过程，因此，它本质上就是遵循事实逻辑和价值逻辑而成的事情。

社会转型与伦理变迁作为一个整体性的、复杂的、充满矛盾和冲突的社会改革运动，从根本上重构着当代中国的三重关系体系：①人与自然的关系，它表现为社会转型与伦理变迁中的自然观和生态观的生成和演变过程；②人与人的社会关系，它表现为基于生产、分配、交换和消费这一现代生产逻辑之上的经济伦理观的演变，基于权利与义务关系之上的政治观、权力观、正义观、平等观的转变和演变，基于平等和尊重之上的公民之间可以相互提出有效性要求的公民伦理的生成与演变；③人与自身的关系，这是人们基于对快乐和幸福追求之上的人们对自由和幸福的观念。前两大系统属于世界之序，后一种系统属于心灵之序。只有当两种秩序相互共属、相互共出时，一个社会主义名义之下的好社会才能出现。而不论是世界之序和还是心灵之序都会在“社会转型与伦理变迁”这个“题材”之下相互共属着同一种伦理问题，这就是在社会转型各个具体领域都会遇到的共同的道德—伦理问题。

三 作为“社会转型与伦理变迁”之一般表现的伦理基础变迁

预先标划出“伦理基础变迁及其重建”的基本图景，目的在于将作为一般表现的伦理结构变迁，前置到对具体领域之转型与伦理变迁的分析论证之前，借以先行拥有一个描画和判断具体领域之伦理基础变迁的根据和原则。事实上，这个一般性的伦理结构变迁并非主观想象的产物，而是经过了对具体领域之伦理变迁的深度思考之后得出的一般结论。

（一）伦理基础变迁及其困境

如果说人是靠思想站立起来的，那么人是靠德性而联系和维系起来的。德性构成了人们赖以进行生产、交往和生活的价值基础。不同时代的人们在生理结构以及外貌特征上并无本质区别，然而，他们的所思所想怎么会如此不同呢？除去那些贯穿人类社会始终的先天法则或道德黄金律之外，不同时代、不同地域的人们选择了各种适合其自身的发展道路和文化类型，从而建构了与这种道路和文化相匹配的伦理基础。人类构造了怎样的社会结构及其运行方式，也就构造了怎样的德性结构及其约束方式。

在一个由家庭、家族和村社组成的血缘、地缘共同体中，人们朝夕相处、恒常不变，故此，可以形成被高度认同、极具效力的伦理体系和德性结构。一切都表现得自然而然，不但与身外的自然和谐相处，与自身的自然也处于较低水平的联结中。熟人社会使人形成了熟人思维，人们会依照自然而然的方式认知与行事，即便是非血缘的熟人关系，人们依旧依照血缘的身份相互称呼和相处。在此种语境下，会形成高度的监督系统，它真正体现了道德监督的无处不在、无时不有。其实，并非人们真的具有完善的德性、高尚的道德品质，而是高昂的违约成本或道德成本使人们望而却步。“知止”在知与行之间并无中间环节。这种以“情”的运行逻辑为基本色调的熟人伦理，其最大缺陷在于它的非反思性和非批判性质。当人们千百年来处于相似甚至相同的生活环境下，下一代人只需认同、继承、接受和践行长辈留给他们的伦理传统即可，除了年龄意义上的差别之外，在代内和代际，人们在认知方式和行为方式上并无本质区别。他们会在同一类型的伦理体系下共同生产、交往和生活。德性与规范作为约束人的知与行的品质与标准，奠基于生产、交往与生活的秩序需要，但必须通过行动者的理性完成。“约束性的根据不能在人类本性中寻找，也不能在他所处的世界环境中去寻找，而是完全要先天地在纯粹理性的概念中去寻找。”① 而在熟人社会中，尽管德性与规范奠基于生活中的秩序，但它并不经过行动者的理性而完成，我们没有必要追问人类道德

① ［德］康德：《道德形而上学原理》，苗力田译，上海人民出版社 1986 年版，第 37 页。

规范之原初性的发生状态，我们关注的是行动者是否经过理性将规范变成了主观内心的法。在千百年来反复进行的整体生活中，人们创造了规范、生成了品德，这些品德和规范一经生成便又反身嵌入人们的心灵里、生活中，成了一种不容置疑也不可抗拒的精神力量，然而它们似乎总是外在于人的力量。在长期而广泛的整体生活中，代际、代内间的伦理冲突都是不明显的，晚辈人群中的某个个体可以不听从长辈或贤者的劝告、忠告，但后果却是招致诸多道德谴责，最后不得不回到传统道德的轨道上来。"假设某一代人——我将把他们称为第一代人——从他们的父辈那里承袭了非常固定的原则。又假设这些原则已经像是他们的第二本性那样固定下来了，以至于一般说来，这些人都是在不假思索的情况下依这些原则而行事的，他们做出深思熟虑的原则决定的能力已经退化。他们总是按书本行事，并且平安无事，因为在他们那个时代里，世界的状态与那些原则确立之时几乎没有什么两样。"[①] 这一代人是幸运的，他们既没有受到独自做出原则决定的教育，也没有遇到独自做出原则决定的机会。

然而，第二代人不同了，他们遇到了与第一代人不同的世界环境，他们发现，先辈教给他们的那些原则已经不适用了。然而在他们所受的教育中，更多的是强调对已有规则的认知、接受、记忆与践行，而较少强调做出这些原则最终所依赖的决定。所以他们的道德失去了根基，成了完全不稳定的道德。他们陷入困境，由于没受到过做出原则决定的教育，只是被教育成了按书本行事的一代。于是，他们中的绝大多数人都不能做出这样一些关键性的决定：决定该保留哪些原则，修改哪些原则，摒弃哪些原则。一些人长期沉浸在那些古老的原则中，以至于他们亦步亦趋，不问是否合理，这对他们或许是幸福的，坚持某些原则总比道德上的飘浮不定要好些。而大部分第二代人，也许更多的是第二代人，将不知所措，不知该保留哪些，修改、摒弃哪些。从另一方面来说，这或许是件好事，他们会从生活实践出

① ［美］理查德·麦尔文·黑尔：《道德语言》，万俊人译，商务印书馆 1999 年版，第 71 页。

发，训练他们做出原则决定的能力，然而却又是充满风险的事情。少数叛逆者将会公开宣布所有旧道德原则毫无价值，甚或故意表现出过激的反叛行为，以示对旧道德的挑战。一些叛逆者则提出自己的所谓新道德，并宣布这些新道德代表着未来。而少数叛逆者则无所适从，左右摇摆。生活实践要求他们做出正确选择，即必须进行道德实验。对于人类来说，这种道德实验具有极大的价值，为人类道德的提升与完善做出贡献，也许带来灭顶之灾，甚至连人类最基本的道德法则也一并毁灭了。道德实验也许要几代人才能完成，但人类拥有最基本的实践智慧，他们会在改变了的物质环境下，学会如何选择使生活赖以持续下去的原则，他们也会把做出原则决定的智慧传授给他们的晚辈。[①] 这时道德就会获得新的生命力，而获得生命力的基本方式就是返本开新，它具有民族性和地域性。

市场经济或市场社会的建立与完善使中国处于转型社会。这种转型不是量的增加或减少，而是新型社会的建构。它不仅建构着新型的社会结构及其运行方式，同时也解构着原有的伦理基础，又要求着新型的伦理基础。从社会运行方式上，转型中国形成并完善着三种方式。现代工业生产、信息经济和知识经济改变了传统的劳作方式。现代化的一个基本模式就是城市化，现代化所造成的快速的城市化进程，从根本上改变已有的劳动方式和资源配置方式。使得大量以土地为基础、以农业为依靠的人纷纷离开土地，涌进城市，变成了资本运行逻辑中的人力资本，它无情地斩断了人们与土地的自然纽带，同时也无情地斩断了建立在家庭、家族、村社之上的熟人伦理范型；改变了以往的熟人交往链条，熟人交往的基础是情的逻辑，爱情、亲情、乡情、友情，陌生人之间的交往是基于机会和利益关系之上的交往，这种交往主要的不是依照情的逻辑而是依照实用理性的原则进行的，竞争大于合作。新型的生产方式和交往方式必然决定着新型的生活方式，在某种意义上说，新型的生活方式已不是纯粹意义上的生活，而

① 参见［美］理查德·麦尔文·黑尔《道德语言》，万俊人译，商务印书馆 1999 年版，第 71—72 页。

主要是生产和消费。人们着眼的似乎不是享用物质和精神产品之后的体验，而是这种占有和消费本身，占有和消费本身即是目的，即是幸福。于是便造成了一个颠倒的世界：人变成了手段，物变成了目的：物通过让人消费它、消灭它，借以证明它的存在、它的价值；而人只有通过占有、消费、炫耀才证明自己是有价值的、有力量的。当人们把现代生产方式、交往方式和生活方式并置在一起构成一个现代化运动的时候，一种不可抗拒的现代性解构着进行现代化运动的人们的心智结构，更解构着传统中国的社会结构和文化解构。传统社会乃是家国同构的两级社会结构，只有在这种结构中，通行于家庭、家族和村社之间的伦理范型才能越过自然关系的边界，而跃迁到以权力为轴心的国家结构中。“所谓治国必先齐其家者，其家不可教而能教人者，无之。故君子不出家而成教于国；孝者，所以事君也；弟者，所以事长也；慈者，所以使众也。”朱熹解释说：“身修，则家可教矣；孝、弟、慈，所以修身而教於家者也；然而国之所以事君事长使众之道不外乎此。”“此所以家齐于上，而教成于下也。”① 惟其孝、慈、弟、敬通行于家国之间，故“一家仁，一国兴仁，一家让，一国兴让；一人贪戾，一国作乱，其机如此。此谓一人偾事，一人定国。”② 家国同构的景象只可能出现在封建社会或传统经典著作里，而资本的运行逻辑则在家国之间开显出了广阔的社会空间，可称为“市民社会”、“社会”。作为狭义概念，社会介于家和国之间，原则上是向所有人开放的社会空间，是每个人可以自由出入但须担负责任的空间。这个空间可分为以个人生活为目的的日常交往空间，以获取生活资料为目的的经济关系结构，而在传统社会，日常的和非日常的公共交往是不发达的，从而也就不会提供用以支撑公共交往的伦理资源。于是，转型期中国要求于人们的就不仅仅是怎样行动，更在于怎样思考，而伦理基础变迁恰恰表现为这两种方式，即对待方式和看待方式。在对待方式上，我们似乎在进行一场道德实验，因为在寻找公共生活和政治

① （宋）朱熹：《四书章句集注》，中华书局1983年版，第9页。
② （宋）朱熹：《四书章句集注》，中华书局1983年版，第9页。

生活的伦理基础时，我们没有从父辈那里学到用以处理这些关系的原则，也没有受到做出原则决定的教育。在看待方式上，便出现了道德上的“客观主义”与“主观主义”之争。“客观主义”者坚信，前辈、先哲留给后人的训诫依然有它的效用，同样坚信的是，人有基本的良心和智慧，一如正义、真理、慈善、同情、友爱这样的品质，都是植根于人的心灵深处的原初性力量，不必运用理性，仅凭直觉即可发现它们，并充分运用它们。人们凭借自己的智慧总能找到他们所需要的伦理范型。而“主观主义”者则坚持，先哲们只告诉后人成人成己的原则，但没教给我们做出原则决定的智慧，原则可教，但做原则决定的能力不可教，它必须依靠行动者的体悟与践行。从公正的立场看，“客观主义”与“主观主义”的主张都有其合理性，但找寻具体的伦理基础的工作则是我们自己的事情，它不仅需要智力，更需要智慧。

（二）伦理基础重建的基本面向与根本道路

伦理基础重建不是作为知识体系的伦理学基本理论的重建，尽管伦理学学科的重建也是一个重要的环节，而是作为生活之根基的伦理观念、伦理规范与道德行为的重建。在重建的道路上，系统论奠基与生成论奠基作为两种建构方式，同等重要。同样重要的是，这两种方式均不是“暴力”式的，而是“道法自然”式的。近百年来，在伦理基础建构的道路上，我们并不缺少值得汲取的教训，精英或精英集团并不是采取真理的方式，而是采取“主观意志”的方式供给他们认为是正确的伦理范型，与此相适应，在现代社会尚未开始的地方，伦理基础的建构主要是精英式的，而不是行动者自觉式的。而在市场社会逐渐完善和展开其自身的今天，伦理基础的建构必然采取外在与内在相结合的方式。与这两种方式相关联的重建主体便区分为三种：思想家、政治精英和行动者（民众）。

思想家是以理论的方式为社会提供伦理范型的，惟其是思想的形式，通常显得自足和完美，但又因其过分理想化和逻辑化而不能完全现实化。这与其说是它的缺点倒不如说是它的优点，只因它是自足的、完满的，便成了努力趋之于它的范型，同时又成了人们用以批判现实、规约人们行为的根据与尺度。思想与现实之间的张力，使思想保持了持续的精神作用，它超越了地域与时空的限制，成为世界性的存在，从而具有了整个人类的意义。

而政治精英建构伦理基础的方式则是意识形态式的，他们依照政策和制度的方式，借助思想上层建筑和政治上层建筑的力量，把他们认为社会需要的伦理范型传达给社会。然而，由于受到政治目的和政治智慧的制约，政治精英很难真正把社会真实的、即“是其所是”的东西即伦理范型发掘出来、表达出来和实现出来。出于政治治理的考虑、出于权力拥有者之自身利益的考虑，那个“是其所是”的伦理范型不大容易被他们发现，即使被发现了也必须改造成有利于政治治理和自身利益的命题形态和规范体系；即使真正出于社会进步和人的发展的目的，也未必揭示“是其所是”的那个伦理范型，因为它尚需智慧，发现“是其所是”的东西，需要“沉思”。“踏上一条由事实本身出发而选择的征途叫作 sinnen 即：沉思。沉思的本质在于：探讨意义。这意味着比单纯意识到某物更多的东西。如果我们只有意识，那么我们还没有在沉思。沉思比这更多。它是对可问之物的泰然处之。”[①] 海德格尔进一步说：“通过如此理解的沉思，我们尤其可以达到那个我们未曾知晓、未曾看透，却长期滞留的地方，一个贯穿在我们各种所做行为之中的空间才得以开启。”[②] 沉思的品质是放弃自身的任性、自身的打算、私心杂念，而沉浸在思想中。思想就是那个“是其所是”的东西。客观的思想表现为那个“是其所是”的东西，而主观的思想则表现为关于“是其所是”的东西的理论，当思想和理论与“是其所是”的东西相一致的时候，真理才得以出现、呈现。而政治精英们所顾及的通常不是真理，不是那个真正促进社会进步和提升人类发展的伦理范型，而是利于其管理、助益其自身价值实现的

① 孙周兴选编：《海德格尔选集》下，上海三联书店 1996 年版，第 976 页。

② 孙周兴选编：《海德格尔选集》下，上海三联书店 1996 年版，第 976 页。

"原则"与"规范"。"是其所是"的那个伦理范型是潜存于社会历史之中的，它并不直接显现给人们，浮在河流表面的漂浮物一定是最为浅薄的东西，它需要沉思的功夫才会亮出自己的光芒来。政治精英更多的是"筹划"、"谋划"，而不是沉思，他们更致力于，借助精神的力量，通过物质的手段，以使社会和人们在他们"筹划"好的轨道上运转。支配的意志支配着精英者的意志。于是，在政治精英供给的伦理范型中就有三种可能性：意见、信念和知识（真理）。"意见是一种被意识到既在主观上、又在客观上都不充分的视其为真。如果视其为真只是在主观上充分，同时却被看做在客观上不充分的，那么它就叫做信念。最后，主观上客观上都充分的那种视其为真就叫做知识。主观上的充分性叫做确信（对我自己而言），客观上的充分性则叫做确定性（对任何人而言）。"① 只有成为知识的视其为真才是可普遍化的、可传达的，对任何人都有效的根据。政治精英若欲发现、构造知识，就必须"悬置"他的政治地位和政治感受，而这在实践上是难以做到的。于是，政治精英构造伦理基础的方式极有可能是意见和信念，即便在意见和信念的意义上，其所给出的伦理基础似乎也是不牢靠的，因为供给者通常不在其所给出的伦理范型所约束的范围内，他们是法则的颁布者而不是实践者；他们是旁观者而不是行动者；他们只管向他们所支配的对象提出道德要求，既不允许他者向自己、自己也不向自己提出道德要求。在这个意义上，政治精英无法"悬置"与他者之间的差序关系，他只把自己视为"目的王国"中的首脑，而不是成员，于是其所提出的普遍有效的道德法则，只对其他成员有效，而对自己无效。"上善若水"也仅是一种心理倾向、一种心态而已，即便领悟了水的品格，那也是"不争"、"有静"而已，依旧是因了它自己滋润了万物而使其茁壮成长从而感到自足而已，它依然外在于那些被它滋润的万物的。由一种倾向、一种态度变成真正的行动，尚需诸多环节。

① ［德］康德：《纯粹理性批判》，邓晓芒译，人民出版社2004年版，第623页。

事情就是这样，至少在现代社会开启之前的传统社会，“伦理范型”的供给通常被掌握在“知识精英”和“政治精英”那里，因为庶民、臣民、人民乃是自发的，而不是自觉的，缺少最基本的质疑能力和反思能力，既不质疑他者形态的“伦理范型”的合理性，也不反思自己行动的正当性，只有自发而没有自觉，进一步地也就没有责任和义务概念。责任和义务是自知自己应当做什么和必须做什么的客观要求，“责任就是由于尊重规律而产生的行为必然性”① 然而，只有意识到这种必然性并切实地践行这种必然性，才是责任。现代社会从根本上改变了传统社会的生产、交往和生活方式，同时也改变了传统的伦理范型及其运行方式。每个人开始觉醒，开始有了基本的质疑能力和反思能力，于是传统社会那种单一的外在的构造伦理范型的方式，就逐渐转变成了内外结合式的构造方式。

按照事物本身的逻辑，当我们梳理了伦理基础重建之三方主体之后，重要的工作就是整理出转型社会伦理基础重建的具体内容。这些内容必须与人们的活动领域相一致，与人们如何思考和行动相关联。

重建伦理基础并非从外部生硬地为人们的思与行提供道德观念和道德规范，在这方面，以往的教训值得汲取，而是把那个蕴藏在人们的生产、交往与生活深处的“是其所是”的东西招致出来、敞亮出来。伦理基础不是外在人的思与行的某个不相关的元素，相反，它们就是思和行本身，是支配人们赖以进行正确思考和正当行动的品质和规范。这些品质与规范，要么是相关于人的行动的，旨在协调与合作，借以现出集体行动的逻辑，从而造成最大化的公共物品；要么是相关于公共秩序的，通过遵守可公度的规则造成于每个参与者都有利的环境；要么是相关于物的，旨在使现有的和可能的机会与资源在同一人群之不同成员之间进行合理分配。不同时代的人们不但创造着属于他们的生产、交往和生活方式，同时也生成着用以支撑这些方式的品质与规范。在现代社会，这种品质与规范的生成充分地表现出了如

① ［德］康德：《道德形而上学原理》，苗力田译，上海人民出版社 1986 年版，第 50 页。

下客观逻辑。

1. 从自发到自觉：他者—自我—自我与他者的融合

以家庭为基本生产单位的自然经济，把人们的思与行严格限制在由家庭、家族和村社构成的熟人空间里，而这个熟人社会充满着浓郁的血缘和地域色彩，人们共同栖居在这块千百年来不曾变化的热土上，代内与代际的差序关系也几乎没有改变过，除了因为年龄的缘故而在外表上区别开来之外，人们在道德观念、道德情感和道德行为上都表现出高度的一律化，代际差异被共同的生活背景和生活方式抹平了，下一代人的生活无非是前辈生活在时间序列里的复制与延续。新生代无须进行道德试验，在父辈那里行之有效的观念与规范在晚辈那里依旧通行有效。父辈传递给子孙们的道德体验和道德经验是先辈留给晚辈的宝贵的精神财富，它们以箴言、谚语、故事、叙事的形式深深地嵌入了后继者们的心灵深处，它们构成了后生们进行道德思考和道德选择的强大的、不可置疑的先在力量，其实他们已经没有了独自进行道德思考和道德选择的机会，只要按照父辈指引给他们的道路生活即可。他们只要记住和践行那些箴言、谚语、故事就是了，而无须做出道德决定。这对晚辈们而言既是幸运的，又是不幸的。不幸的是，他们没有个性、没有自主，一切均由父辈安排。幸运的是，他们无须在两种以上的道德情境中进行艰难选择，无须进行道德试验，因而也就没有了道德上的焦虑和苦闷。自然地生活着，平静地消磨着，这就是自发式道德的整体肖像。事实上，自发式语境下的思与行不能称为道德的，只是风俗、习惯、惯例、禁忌而已。没有质疑、反思和批判便没有自觉，没有自觉也就不存在义务和责任，因此在传统社会的道德词汇表中是没有“自由”、“意志”、“义务”、“责任”这些关键词的。整体思维和他者立场使个体丧失了独自进行道德思考和道德选择的能力，或许他们原本就没有这种能力。只有当个体确实如此这般地行动着，且知道为何如此这样行为的时候，道德才会发生。

市场社会是完全不同于传统社会的社会结构类型。在人之为人的意义上，它真正把人从以往的各种各样的束缚中解放出来，置于自我决定、自我选择的境地。然而这种解放却充满了悖论：既丧失了像约束又像保护的各种关系，又把刚刚解放出来的个体抛入权力、机会、利益激烈竞争的旋涡中："资产阶级在它已经取得了统治的地方把一切封建的、宗法的和田园般的关系都破坏了。它无情地斩断了把人们束缚于天然首长的形形色色的封建羁绊，它使人和人之间除了赤裸裸的利益关系，除了冷酷无情的现金交易，就再也没有任何别的联系了。它把宗教的虔诚、骑士的热忱，小市民的伤感这些情感的神圣激发，淹没在功利主义打算的冰水之中。它把人的尊严变成了交换价值，用一种没有良心的自由代替了无数特许的和自力挣得的自由。"① 被解放出来的个体，要么依旧生活在被利益竞争包围着的偏僻的熟人世界里，要么被放逐到由权力、金钱和享受构成的旋涡中，至此，每个人才开始真正思考自己、思考自己与周围世界的关系。然而，这个刚刚摆脱各种束缚从而获得自由的个体，尚未真正领会自由的真谛，他把自由理解为我行我素、随心所欲。他模糊了自由与任性的边界，他以为把每个人还原为他自己，就是把起于心意以内的由己性推至无限度、无限制的地步。他在存在论上，充分地感受到了自己的存在，他把自己的需要、需求和欲望，情绪和情感变成了强大的内感知世界；在认识论上，他把自己看作是世界上最重要的，我既是价值存在的根据，又是无价值和反价值不存在的根据；在价值论上，视自己为最有价值的存在，是最值得过上幸福生活的人，只有自己的欲望和追求才是合理的。当存在论、认识论和价值论上的"自我"被整合为一个完整的"我"时，一种完全的由内向外的运动就开始了，这就是由外向内的占有，由内向外的表达。事实上，这种任性的自我还是一种原始的、粗陋的、未被规定的自我。这种任性的自我在市场社会和传统的专制社会相混合的状态下，表现得更加突出。然而这样一个促使任性的自我"恣意妄为"的混合形态一定不是一个良序的社会，而是一个以主奴关系为主要类型的社会。因为，如若每个个体都是任

① 《马克思恩格斯选集》第1卷，人民出版社1972年版，第253页。

性的、利己的，那么一种有机团结就绝对不可能，公共价值既不可能被创造也不可能被合理分配，它是强势人群借助权力和资本对弱势人群和边缘人群的强制支配。只有消灭任性的、利己的、孤独的自我与他者之中，每个人才能变成真正自觉的人。只有自觉的人才能既意识到自己，更意识到他者；既尊重自己为人，更尊重他者为人。因此，由传统社会向现代社会的变迁，首要的是个体必须实现由他者（没有个人的他者语境）向自我（任性、利己）再向自我与他者的有机团结转变。在这个意义上，一个完全社会化了的、被普遍性的光芒沐浴了的自我，才会成为一个真正的自觉、节制、自治的自我，而这样的个体才是现代社会之伦理基础重建的最为坚实的力量。

2. 从情感到理性：情感—理性—情感与理性的统一

人是有情的存在物。情是和价值有关的事情，因人或物有无价值、有多大价值而引发的满足与不满足的体验，就是情。作为体验，有些是偶然的、临时发生的，并不有先行于此的心理准备状态，此种情称为情绪。情绪易生、易灭，通常与一个人的性格相关，它不是一种品质，因而是非评价的。一个人可以表达对善恶现象的态度，姑且称之为道德情绪，但我们不会说，存有道德情绪的人就一定具有道德品质，我们只会说，具有鲜明善恶立场的言辞和行为只是他的品质的外在表达形式。因之，比道德情绪更根本的则是道德感。情感是一个人在反复进行的生活实践中形成的内心体验，这种体验是深沉的、稳定的、类型化的，一经形成就成为一种原初性的力量，成了连接观念和行动的中间环节。而就道德感而言，作为一种意愿做某件事的强烈的心理倾向性，可有两种，一种是基于爱情、亲情、乡情和友情之上的心理倾向性，可称为自然的道德情感，通常是无须反复培养的；一种是基于对道德法则的表象而做应为之事的心理倾向性，可称为社会的道德情感，是必须反复进行教化才能养成的。康德严格区分了基于自然情感之上的道德感和基于先天法则之上的道德感，于是康德根据难易程度，坚持只有那些自然情感不愿意促使他做而善良意志要求他必须做的事情才具有真正的道德价值，这是不无道理的，但康德把基于自然情感之上的道德感从伦理学中排除出去是值得商榷的事情。我以为，两种类型的道德感都有其客观根据，它们分属于不同的活动领域，自然情感指向基于血缘、地缘、业缘和友缘之上的熟人社会；而社会情感有效于以公民身份交往的公共生活领域。重要的不是强调和强化二者之间的分别，而是不能将二者错置：用自然情感即情的逻辑处理公共事务、分配公共资源，用社会情感即理的逻辑对待私人事情。

在一个反复交往的生活空间即熟人社会里，人们有着共同的自然环境，共同的生活背景，形成了相似甚至相同的情感结构，以及情感的表达方式和调节方式。在处理日常的差序关系时，人们所顾及主要不是行为的正当性和关系的合理性，而是拥有各种角色的人的心理感受性；即便对待物，也要把对物的处置还原为拥有该物的人的感受性。人们没有也不需要道德概念，人们无须理解仁、义、礼、智、信、恭、宽、信、敏、惠，只要能够做符合这些概念的事就足够了。因此，基于血缘、地缘、业缘和友缘之上的伦理乃是角色伦理、语境伦理，只有在角色从中、在具体的人或物在场的时候，行动者行动的正当性才能得到规定，才可以甄别。惟其如此，熟人伦理就必定是具体的、个别的、特殊的，其规范只对具体的人或人群有效，从诸多个别中无法析出普遍的法则来，亦即康德意义上的可普遍化的先天法则，责任、自由、平等、正义、公平、真理、合理性、合法性，等等，在传统道德词典中是找不到的。与此相伴随的是，人们的理论理性、创制理性和实践理性均不够发达，即便是用于功利目的的智巧即实用理性也同样如此。一个精明之人的心计、智谋在熟人社会里实难施展。从道德哲学的角度看，传统社会似乎是一个单纯的伦理社会，而不是一个道德社会。因为人们的内心世界并不存在一个基于对法则的知觉而完成的自觉意识和行为，而是基于风俗、习惯、惯例、禁忌的体会而完成的直觉活动。缺少自觉、反思、自省、批判的知与行，严格地说不属于道德世界。借助风俗、惯例、禁忌和自然情感而完成的“团结”乃是机械团结，其间缺少反思和批判；由道德完成的

“团结”则属于有机团结，它是充分且公开运用理性的过程及其结果。理性不仅仅是一种品质，更是一种能力，作为品质，理性是对共性或普遍性的信念与追求；作为能力，理性把普遍性呈现出来、表达出来，通过行动实现它。对普遍性的追寻和实现乃是现代社会的事情，它基于个别和特殊，而又不止于它们，而是超越它们而达于普遍性的高度。然而，人只具有拥有理性的潜质，但不先天具有理性，人天然是感性存在物，经过教化才有可能成为理性存在物。作为一种品质和能力，理性是人们在反复进行的生产、交往和生活实践中培养起来的，而培养的社会环境似乎不是熟人社会，而是市民社会。市场社会、公民社会、道德社会的发轫、发展和完善又绝非一朝一夕之事，以西方发达国家的发展史观之，早在中世纪，市民社会的建构既已开始，但直到 18 世纪下半叶才初具规模。而转型期中国在建设现代社会的道路上才走过几十年的历程。现代生产方式、交往方式和生活方式的初级形态决定了与之相适应的伦理基础也是初级的，不完善的。其一，“情”的逻辑的无边界延伸。如果说，作为整体主义的传统伦理范型是家庭、家族和村社为核心观念，那么，在市场社会初建阶段，极端的个人主义观念又成为第二个核心观念。基于自然情感和自我感受性之上的“情感”逻辑连同熟人思维一起，扩展到了日益复杂化的以政治、经济和文化为主要形态的公共交往和生活领域。由于严重缺失公共理性，结果便是广泛而持久地将公共资源家庭化、家族化、地域化、个人化，令人担忧的是，行动主体并未真正意识到这是失当行为。我们将这种情形称之为公有制名义下的私有化。人们在观念上倡导公民社会，而在行动上却瓦解着公民社会。与缺少公共理性相对照的则是智巧即实用理性的快速发展。在康德看来，一切与“应该”有关的要求可以称之为命令式，而就命令式的类型看有假言命令和定言命令，只有定言命令才是道德律令。当且仅当，惟其如此行动是善的，方可为之；当且仅当，如此行动能够带来益处、快乐、幸福，方可为之。“若不是认其为善，我们就不会贪求任何东西；若不是认其为恶，我们就不憎恶任何事情”，这还远未成为今日之伦理范型。当下，人们在处理公共价值时所具有的还仅仅是自由名义下的为我性，甚至任性。自由意志或意志自由是按照法则而行动的能力，其内在的元素是反思与自觉。反思所意欲的是对思与行的质疑，即“要只按照你同时认为也能成为普遍规律的准则去行动”，或“你的行动，应该把行为准则通过你的意志变为普遍的自然规律”①；自知所致力的是因我自己的努力才成就了行为的正当性，而不是由于恐惧或畏惧他者的谴责与惩罚。这是充分运用理性的结果。转型期中国似乎处在既无道德也无伦理的境地，它严重地偏离了社会进步和人的发展“是其所是”的那个原型。其二，“情”的元素的严重丢失。一方面是“情”的滥用，另一方面是“情”的隐匿。在传统社会，无情无义之人是无法在熟人社会安身立命的。一如上述，极端个人主义消解了公共价值，也消磨着基于血缘、地缘、业缘和友缘之上的自然情感。“无情无义”沿着两条进路蔓延：家庭、家族、村社成员之间的陌化；公共交往与公共生活中道德冷漠化。既不是一个有良知的观察者，也不是一个善良意志的行动者。理性的缺失和情感的丢失便是转型期中国道德现状的整体肖像。

社会进步和人的发展“是其所是的东西”会矫正自己和还原自己，让自然情感回归熟人世界，让社会情感归属公共领域。但这种矫正和还原非得经过自觉、自愿的社会建制过程不可。

3. 个体美德—公民伦理—城邦之善

每个人的心灵结构是相似的，却又是不同的，不同时代的人的心灵结构亦复如是。相似性使不同个体可以进行心灵沟通；相异性使不同时代之个体存在理解上的障碍。惟其如此，才有不同时代伦理学家笔下不同的伦理范型。何以至此？不同时代的人们总是根据已有的环境和条件构造他们认为合理而可行的社会结构及其运行方式，而这种结构和方式一经被构造出来，就又成为下一代进行构造的先决条件。于是不同时代的思想家和行动者也就同时构造了属于他们那个时代的

---

① ［德］康德：《道德形而上学原理》，苗力田译，上海人民出版社1986年版，第72、73页。

伦理范型及其运行方式，这尤其表现在个体德性结构的原始发生上。亚里士多德的美德伦理学反映了雅典城邦之已然、实然和应然的伦理状况；康德的义务论的伦理学则展现了世界历史交往初始阶段的伦理困境与道德诉求；而儒家的修齐治平的伦理范型则再现了以家庭、家族、村社主要交往空间的熟人伦理。

①人格、尊严与德性之美。人作为可能的存在物，只具有接受教化从而具有德性的可能性，但不先天具有德性。“德性在我们身上的养成既不是出于自然，也不是反乎于自然的。”[①] 既是如此，人不是预先培养好了某种德性储存在那里以备后来使用，而是在建构生产、交往和生活方式的过程中建构伦理范型的。雅典城邦的政治、军事、经济、文化环境塑造了亚里士多德笔下的伦理范型：幸福为所有善型中的自足之善，它构成了个体生活的终极目的，尽管对幸福存有不同的理解，幸福是人的灵魂合于德性的实现活动；理智、节制、自治是个体追求自足之善的必要条件；友爱是个体在处理与他者的诸多关系时所拥有的品质；而正义（分配性正义、矫正性正义、回报性正义）则是城邦良序运转的条件，又是良序城邦的标志。惟其德性与规范、行动者与行动、德性与幸福是统一的，从德性之美到城邦之善才有贯通的可能性，德性之美构成了城邦之善的充分必要条件。但类似于良心、义务、责任、正当等这些范畴尚未成为雅典城邦之伦理词典中的核心词，进一步地，人格、尊严也未成为伦理学讨论的首要问题。与雅典城邦的商业、军事和政治不同的另一种类型的则是以农耕文明为文化背景的家庭—村社伦理范型。修身为本，正心、诚意、格物、致知为途，齐治平为极。向外求索，格身外之物，推究事物之理，以尽天道和人道；向内追问，格心中之私欲，知止行止，以求尽性。明德为始，亲民为途，止于至善为极。通过知、定、静、安、虑、得的心性修养方法，“至于用力之久，而一旦豁然贯通焉，则众物之表里粗

---

① ［古希腊］亚里士多德：《尼各马可伦理学》，廖申白译，商务印书馆 2003 年版，第 36 页。

精无不到，而吾心之全体大用无不明矣。”① 然而明德、亲民、至善，只有在一个反复进行的交往人群中，在一个反复进行的相似甚至相同的生活空间里，在目之所及、心之所念的世界才能践行，其致知、致智才有可能，一种被称为德性的习惯才得以形成。

在一个社会利益关系不断变化、不断重构的、流动的世界里，一些社会元素消失了，一些新的元素涌入人们的视界里，依照惯常的“致知”与“致智”就无法应对各种困境，协调各种关系，于是一种全新的德性结构就被要求着，而这个新型的德性结构恰好构成了转型社会所必需的个体德性。康德以其极具思辨的语言表达了这种与现代性相适合的个体德性。

尊严与人格是个体美德的基础。人格是人之成为人的资格，其要义有二：认自己与他人均为世间最为尊重者；在实践中，视自己与他人为目的，而不仅仅是手段。之所以把人视为灵长类中最值尊重者，乃因为人是有理性存在者。有理性，使人意识到自己应做之事，表象者先天法则；有理性，使人切实能够做其应为之事。“人格是其行为能够归责的主体。因此道德上的人格性不是别的，就是一个有理性存在者在道德法则下的自由。”② 这种自由首先表现为对法则的认知，即在理智上明其所做之事。每个人都是目的王国中的成员，他既是立法者又是守法者，没有例外。依照这样的逻辑，德性是人被尊重从而具有人格的条件：“所以，道德就是一个有理性东西作为自在目的而存在的唯一条件，因为只有通过道德，他才能成为目的王国的一个立法者。于是，只有道德以及与道德相适应的人性，才是具有尊严的东西。”③ 人之具有德性从而被尊重乃是因了人具有自由意志或意志自由，自由意志使人摆脱了私欲、利己之心，使那个普遍有效的法则显

---

① （宋）朱熹：《四书章句集注》，中华书局1983年版，第7页。

② ［德］康德：《道德形而上学》，《康德著作全集》第6卷，李秋零译，中国人民大学出版社2007年版，第231页。

③ ［德］康德：《道德形而上学原理》，苗力田译，上海人民出版社1986年版，第88页。

现出来、践行起来，而这必须求助人能够充分且公开运用理性。而只有在现代社会，人们才真正意识到人格问题，才有意愿和能力去获得人格。黑格尔青年时期曾致函谢林说："人类被提升到了一切哲学的顶峰，这个顶峰高到令人头昏眼花。但是人类为什么这么晚才想到重视人类的尊严、赞赏人类可与神灵等同并列的自由能力呢？我相信，人类本身受到如此尊重，这一点乃是这时代的最好标志。围绕在人间的压迫者和神灵头上的灵光正在消失，就是一个证明。哲学家们正在论证人的这种尊严，民众将学着去体会这种尊严，他们不是乞讨他们的受到践踏的权利，而是自己恢复——重新占有这种权利。"① 只有在一个原则上向所有人开放的公民社会，人格、尊严、自由、责任才被作为问题提出来，其间才有内在的逻辑关系，它构成了现代社会之个体美德的基本框架。而在实践活动或能力体系的意义上，个体美德又充分地表现在道德认知、道德情感和道德行动三个方面。就道德认知的对象看，可有已然、实然和应然三种指向。已然是传统道德生活的记述，在规范的意义上，它表现为传统的信仰、惯例、禁忌；实然是指当下正在发生着的道德事实，包括生成中的诸多规范，正在表现着的观念、情感和行为；应然的是那些将要发生的、人们期待的道德景象。在传统社会，实然与应然通常只是已然道德景象的扩展与延续形式，其间具有必然的联系，因之，道德认知主要指向于传统的规范系统。而在充满偶然与风险的现代社会，道德认知就必然要面向已然、实然和应然三个方面，在这个意义上，现代个体德性乃是最为复杂、最为高级的伦理范型。行动者要不断改造和完善传统的规范，以便返本开新，而开新就是创设新的规范。转型社会的人们注定是要进行道德试验的人群，先辈或先哲留给他们的伦理遗产已不能适应今日之社会，他们必须依凭自己的直觉、理性、智慧去发现、发掘、创设潜藏在历史和心灵深处的伦理范型，并尝试着实践它们。在情感结构和情感运行方式上，现代个体美德结构存在鲜明的特征。在反复进行

① 转引自张世英《论黑格尔的精神哲学》，1986 年版，第 9 页。

的熟人交往空间，德性和德行的原始发生极具自然情感性质，它大大降低了德行之原始发生的强度和难度，相反，在不以自然情感作基础的陌生人社会，为着他者而遵循法则以实现行为的正当性，则需要三个必要条件：先天法则、善良意志和实践理性。在缺少自然情感的支持而又必须坚持去做应为之事，才凸显行动者的道德意志，这种意志和情感完全是社会化的，是真正的德性。在道德选择上，陌生人社会比熟人社会更多可能性，表现为道德悖论和道德冲突相互交织的情形。道德冲突表现为质料与形式两个方面：在质料上，表现为利己与利他的不可兼得性；在形式上，表现为利己与规范的冲突，用利于自己的规则替代了普遍法则。损人利己行为的发生率取决于两个条件：一是机会和财富的剩余程度，这种剩余被私有化的可能性程度；二是道德与法律的约束性程度，即宽容度。陌生人社会和熟人社会在道德宽容度上有很大区别。在一个机会和财富普遍匮乏且人们朝夕相处的社会语境下，为着使机会和财富实现最有效率的分配，严格的道德监督和谴责机制是健全的，因之道德宽容的阈限是很高的。相反，在一个机会和财富相对剩余且陌生的社会里，道德与法律的监督下降了，因为不是固定的而是流动的利益关系网络，道德谴责与批判的力度、深度和广度也随之降低，因之道德宽容也降低了它的底线。道德宽容阈限的高低取决于交往人群对安全和秩序的需要程度，当一定范围和一定程度的“道德乱象”尚未致使社会失去最低限度的秩序保证时，人们较少用道德的力量去监督和谴责那些不道德现象。另外，当不同道德规范面对同一个道德选择，而不同的道德规范之间又不可公度时，道德悖论就会出现，选择哪一种行为方式都会出现舍此求彼的后果。多样可能与多种规范增加了道德选择的困难性，也增加了对道德意志力的要求。他者监督和谴责降低时，也是自律要求最高时。在多种可能性中选择一种最为正当（中道）的行为，自然情感的运行逻辑就会阻碍正确认知和正当行动，因之，如欲实现行为的必然性，就必须充分且公开运用理性不可。而且，由于机会、诱惑、偶然与风险的广泛存在，增加了道德选择的机会和难度，行动者必须在每每碰到道德冲突和道德悖论时，充分运用实践理性以做出正当选择。于是，类似于熟人社会的那种道德习惯就难以应对现代社会的复杂情形了。康德认为道德习惯不适合于现代社会的各种复杂语境："人们不可以这样解释德性，说它是在自由的合法行动中的熟巧；因为那样的话，它就纯然是力量运用的机械作用了。相反，德性是在遵循自己义务时道德上的强大，它永远不会成为习惯，而是始终全新地和原始地出自思维方式。"①"习惯是一种肉体的内在强迫，强迫人今后如人们至今所做的那样以同样的方式行事。它之所以甚至使良好的行动丧失其道德价值，正是因为它损害了心灵的自由。"② 每每遇到德性与规范、行动者与行动、德性与幸福相冲突时，行动者必须充分运用心灵上的自由，发挥实践理性的作用，在道德感而不是自然情感的促发下，进行正确的道德推理和正当的行为选择，借以维持私人生活和公共领域中的秩序。

②公共理性与公民伦理。个体美德是一个完整的人格体，行动者会在不同社会领域遵守不同规范，从而表现出不同的道德类型。在市场社会或现代社会广泛而深入发展的语境下，个体美德会较为分明地表现为私人生活、公共领域、政治领域中的德性。德为体，行为用，德与行合一为型，型便是不同活动领域中的伦理范型。而就公共交往的类型说，有以竞争与合作相结合的"市民社会"领域，以合作为特质的公共生活领域，前者表现为非日常交往，后者表现为日常交往。非日常交往所遵循的规则及行为正当性，具有鲜明的职业特点。其规则的可普遍化程度受到职业性质和范围的制约，规则的原始发生及其演化基本上是理性化的结果；在职业内部，坚持人格平等原则和收入差别原则。在日常生活领域，惟其是基于行动者个体意志、借助公共资源（交通、广场、绿地、设施等等）而满足个体需要的，与自己相似甚至相同的他者相遇

① ［德］康德：《实用人类学》，《康德著作全集》第7卷，李秋零译，中国人民大学出版社2008年版，第139页。

② ［德］康德：《实用人类学》，《康德著作全集》第7卷，李秋零译，中国人民大学出版社2008年版，第141页。

的，这种相遇是偶然的，是偶遇而不是反复交往，故其所遵守的规则是普遍有效的日常规则。这种规则是反复进行的日常交往中自动生成的，只要具备康德意义上的普通的道德理性知识即可。然而这种道德常识也不是先天具有的，只有在不断进行的交往事件中才能养成。公民的道德素质是现代社会整体道德水平的重要标志。公民伦理是相互交往的人们可以相互提出的有效性要求，以及每个以公民身份交往的个体认知和践行这些要求的程度。这些有效性要求既包括可普遍化的原则——你要按照你意愿别人对待你的方式对待别人——平等原则，又包括优先考虑弱势人群和边缘人群的差别原则，即责任类型上的完全责任和不完全责任。被鼓励的要求是不完全责任，是人的行为中的高尚部分；被要求的行为是完全责任，体现的是正义原则；被禁止的行为是违反道德原则的行为，是谴责和批判的对象。除了道德认知之外，在日常公共生活中，作为社会情感的道德感起着至关重要的作用，它类似于康德的“道德情感”，孔子的“仁”。这是一种不针对具体的人而是指向所有人的心理倾向与体验，可称为无对象或无人称的情感。社会情感的养成与实现乃是人的发展的重要标志。

从德性之美到城邦之善。个体的德性之美是城邦良序运转的必要条件，德性之美并不必然造成良序社会，其间必有若干重要环节。最为要紧的是观念，为谁服务在城邦之善中具有本体论的意义，只有把“为人民服务”确立为坚定的信念，才有可能执政为民。然而只有观念而无实践和实现观念的途径，观念也是空洞无物的。以正义和效率为价值原则的政策设计和制度安排是实现观念的根本道路。如何供给一个使社会良序运转的政策与制度，可能有两条道路：精英集团单独供给；多方力量博弈。但无论哪种方式，供给者必须具备德性与智慧两种品质，德性决定想为谁服务的问题；智慧决定了能够为谁服务的问题。市场社会造成了广泛而普遍的交往，这种交往培养起了交往者的批判、反思、质疑能力。人们只有充分运用这些能力，通过议论、讨论和争论，一种以追求和体现公共价值为目的的公共意志才能形成，而日益发展起来的现代传媒又为这种公意的表达提供了物质基础和社会环境。自觉的精英和觉醒的民众才是建构现代社会之伦理基础的真实主体，也只有这样的主体才能养成正当的行动者和公正的观察者这两种品质。一个只有以先天法则为根据和标准、以实现先天法则为志向的善良意志为出发点、以实践理性为能力保证的行动者，才是有德性的人，也才是自由的因而愿意担负责任的人。简言之，一个能够自觉自愿地正当处理与自己的欲望有关的事项的人才是律己或自律的人。当着日益觉醒的民众和逐渐自觉起来的精英成为正当的行动者和公正的旁观者，一种旨在创造和分享公共价值的公共理性才能培养起来。公共理性是民主社会的根本特征，罗尔斯说，公共理性在三个方面是公共的："作为公民的理性，它是公众的理性；它的目标是共同的善和基本正义问题；它的性质和内容是公共的，因为它是由社会的政治正义概念所赋予的理想和原则，并且对于那种以此为基础的观点持开放态度。"① 公共理性是基于每个人的意愿与要求而又不止于个人意愿，而是从诸多个别要求中现出普遍要求来，创造基于个别善之上的最大化的公共善。公共理性既是现代社会所造成的伦理后果，又是现代社会得以可能的伦理基础。

四　经济转型与伦理变迁：效率、公平与财富

人类迄今为止经历过的经济转型有：从原始经济（狩猎和采集）向农业和畜牧业转变；从畜牧业和农业向工业转型，这是就生产方式而言的。如果从资源配置方式看，可有由计划经济向市场经济的转型。如果从当代中国的改革史看，则有由农业—畜牧经济和计划经济向工业和市场经济转型。有关经济转型的历史性考察已在"社会转型与伦理变迁之经济哲学原理"部分给出，在这里我们将深入而细致地分析和论证当代中国经济转型与伦理变迁的具体的、深层的问题。

---

① ［美］詹姆斯·博曼、威廉·雷吉主编：《协商民主：论理性与政治》，陈家刚等译，中央编译出版社 2006 年版，第 68—69 页。

（一）经济活动的复杂性和道德观念的多样性问题

经济活动在人类整个生活中的作用已由马克思和恩格斯在《德意志意识形态》、《〈政治经济学批判〉序言》等著作中作了深刻的分析和精彩的表述，它构成了唯物史观的核心内容："人们在自己生活的社会生产中发生一定的、必然的、不以他们的意志为转移的关系，即同他们的物质生产力的一定发展阶段相适应的生产关系。这些生产关系的总和构成社会的经济结构，即有法律的和政治的上层建筑竖立其上并有一定的社会意识形式与之相适应的现实基础。物质生活的生产方式制约着整个社会生活、政治生活和精神生活的过程。不是人们的意识决定人们的存在，相反，是人们的社会存在决定人们的意识。"① 对经济学的理论研究可有多种，如经济学、政治经济学、经济哲学、经济人类学、法经济学等，伦理学沉思经济活动的方式则是"实践精神"的把握方式。所谓实践精神的把握方式就是手段之善和目的之善的辩护、批判、反思和建构的方式。从目的之善着眼，用于满足物质需要的物质生活资料和用于满足精神需要的精神生活资料，对任何人都是有益处的，可以笼统地称之为财富。每个人都有对财富的基本态度、看法和观点，从而形成财富观。财富观具有普遍性，它是人的生命、生存和生活的物质基础，从而成为"外在之善"。没有人会对财富形成完全相反的看法。于是，我们就把财富观视作是经济活动之道德观念与道德实践中的目的之善意义上的观念。而无论是物质生活资料还是精神生活资料都是人的劳动的过程及其结果，从一个客观的可描述的意义上，劳动"首先是人和自然之间的过程，是以人自身的活动来中介、调整和控制人和自然之间的物质变换的过程。"② 劳动首先是一个人和自然之间的物质变换过程，人自身作为一种自然力与自然物质相对立。"为了在对自身生活有用的形式上占有自然物质，人就使他身上的

① 《马克思恩格斯文集》第2卷，人民出版社2009年版，第591页。

② 马克思：《资本论（纪念版）》第1卷，人民出版社2018年版，第207—208页。

自然力——臂和腿、头和手运动起来。当他通过这种运动作用于他身外的自然并改变自然时，也就同时改变他自身的自然。他使自身的自然中蕴藏着的潜力发挥出来，并且使这种力的活动的受他自己的控制。”[①] 劳动就是作为活动主体的劳动者借助劳动资料作用于劳动对象创造劳动产品的过程。因此，表面来看，劳动是一个劳动者和自然的物质变换过程，但从情感、意志和思维来看，劳动又是一个心理过程、精神活动。“劳动过程结束时得到的结果，在这个过程结束时就已经在劳动者的表象中存在着，即已经观念地存在着。他不仅使自然物发生形式变化，同时他还在自然物中实现自己的目的，这个目的是他所知道的，是作为规律决定着他的活动的方式和方法的，他必须使他的意志服从这个目的。但是这种服从不是孤立的行为。除了从事劳动的那些器官紧张之外，在整个劳动时间内还需要有作为注意力表现出来的有目的的意志，而且，劳动的内容及其方式和方法越是不能吸引劳动者，劳动者越是不能把劳动当做他自己体力和智力的活动来享受，就越需要这种意志。”[②] 作为目的和意志支配者劳动者的劳动积极性和劳动效率。那么，假如，劳动者在劳动过程中所欲达到的目的与自己的需要具有直接统一性时，换言之，劳动者的劳动产品用不着参与分配、交换和消费系列时，它只根本劳动者的血缘和地缘关系而进行分配时，此时的劳动者就绝不会有明确的财富观、消费观、效率观、平等观，等等。在此种境遇下，讨论经济活动中的道德观念史与道德实践史就不会有实质性的理论意义和实践价值，因为生产中的造假和商业活动的欺诈尚未出现。马克思笔下的劳动者目的和意志仅对如何创造最大化的劳动产品有效，只有当劳动产品不归劳动者所有而被雇佣他的资本家所有时，“劳动的内容及其方式和方法越是不能吸引劳动者，劳动者越是不能把劳动当做他自己体力和智力的活动来享受，就越需要这种意志”这种情形才会出现。借助于对经济活动的复杂性和道德观

① 马克思：《资本论（纪念版）》第1卷，人民出版社2018年版，第208页。
② 马克思：《资本论（纪念版）》第1卷，人民出版社2018年版，第208页。

念的多样性问题的学理性分析，我们得出的初步结论是，必须基于中国形态的现代性场域才能充分且理解经济活动中道德观念与道德实践的原始发生及其演变。

（二）当代中国经济活动中道德观与伦理观的一般结构分析

或许说，人类劳动无论以异化的形式、交换的方式、自然的方式进行，其目的都是一样的，那就是生产生产资料和创造生活资料，区别在于这个“资料”是归劳动者直接所有还是间接所有，或是不成比例地所有。由此决定，财富观都是经济活动之目的之善意义上的伦理观。只是在自然经济条件下，因为不存在生产、分配、交换和消费这样的现代生产逻辑，所以财富观则不那么明确和迫切。相反，在现代生产体系中，人的生产资料、生活资料、消费行为，几乎都要通过市场的交换来完成，当生活资料和生活条件处在流动和变动之中的时候，财富观就变得迫切而重要起来。与财富观相伴而行的就是消费观，它已经成为当代经济伦理观中的一个重要方面。依照劳动—财富—消费—快乐—幸福的运行逻辑，与财富观相对应的必是劳动观，即劳动的本体论意义和伦理学意义。财富作为劳动过程和结果，是劳动者之心智力量得到充分发挥的结果，既然如此重视财富、重视外在之善，也就必然也必须尊重劳动。马克思在《詹姆斯·穆勒〈政治经济学原理〉一书摘要》和《1844 年经济学哲学手稿》曾以对比的形式描述了劳动异化和自我证明两种情形之下的劳动过程及其结果。于是，经济活动中的道德观和伦理观就从目的之善转向了手段之善的反思与批判，具体地说，必须基于对所有制的批判而展开对经济正义问题讨论，主要包括私有制、以公有制为主体多种经济形式并存的所有制形式。可以明确地或肯定地说，私有制条件下的劳动、劳动异化、劳动正义问题属于资本主义条件下的道德观念史与道德实践史问题，本质上是西方国家的道德和伦理问题。对此一问题的研究，于我们最有切近意义的是马克思对资本主义的批判。马克思在《詹姆斯·穆勒〈政治经济学原理〉一书摘要》中以“假如我们作为人进行生产”，那么会发生什么呢？我通过劳动对我自身的证明；他人使用、享用我的产品而对我和他者的证明；我是你和社会相互连接的中介；我与类本质之间的证明。[①] 然而，资本主义条件下的劳动却在四种异化的场域下进行。因此，资本主义条件的作为手段之善的劳动正义问题就具有了本体论的意义，只有消灭资产阶级私有者才能最大限度地实现“各尽所能，按劳分配”；“多劳多得，优劳优酬”。那么，在社会主义市场经济的建立和发展过程中，是否存在劳动正义问题呢？这正是“经济转型与伦理变迁”拟解决的主要问题和重点研究内容。

（三）建立而完善社会主义市场经济条件下的道德观念与道德实践

经济活动的复杂性和道德观念的多样性、冲突性要求我们必须做整体性要求，但在各种道德观念中，最为核心的则是效率观、公平观和正义观。公平着眼于过程和结果，面向财富分配时的正义；而正义观强调的是前提意义上的公平，更强调机会平等。

1. 前提公平问题

中国市场经济的原始发生是在与西方完全不同的历史条件下开始的，它既没有使一部分人群失去生存资料和充当廉价劳动力，从而失去当下的“安逸”和“安宁”，也不是用血与火的文字叙写编年史的，相反，是通过改变计划体制的方式进行的，它取得了看似有理性的形式。然而，在一个幅员辽阔、人口众多、地区差异大的国度里，同步走的发展道路被证明是没有效率的，而允许一部分地区和一部分人先富起来然后带动大家共同富裕的发展战略是较好的选择。然而，先富与共富作为一种公共政策和制度安排却隐藏着明显的制度性缺陷：先富是一种制度性安排，免税和减税是这种安排的直接结果，这在客观上已经使未被列入先富行列的地区和人们利益受损，潜在利益分配上的不公正要比当下利益分配上的不公正造成的后果更为严重。

① 《马克思恩格斯全集》第 42 卷，人民出版社 1979 年版，第 37 页。

如果这是一种解决效率问题的策略选择，那就必须有后续制度来解决因政策倾斜而造成的贫富差距。而共富却不是政府行为，即不是制度安排，它只是先富起来的地区和人的自愿行为，不具有必然性。更为严重的是，在开发大西北的战略转移中，政府又在制度安排上为先富地区和人们提供了优惠的投资环境，其真实目的是攫取个人收益最大化，更何况拿走的是收益留下的是代价。这就使得落后地区和人们在公共政策与制度安排上重复受损。解决先富与共富的根本出路依然在制度方面，这就是作为公共政策的福利政策。当我们用资本原始积累概念比照社会主义市场经济之原始发生的原始积累与资本主义的差异时，同样涉及历史公正问题，亦即世俗合理性和历史合理性问题。

西方原始积累的过程实际上是以历史的方式解决两极分化或贫富差距的。作为先发国家，市场经济是首先从西方发展起来的，其先富与后富的矛盾是自然而然造成的，是自下而上的。[①] 而对我们来说，市场经济作为舶来品则是一个自上而下的过程，它是诱致性的制度变迁的过程，制度依赖路径的核心问题是制度的稳定性和可持续性。因为，制度直接决定着公共性资源在哪个群体和阶层分配。事实证明，平均主义的治理道路被视为是低效率甚至是无效率的，要试图有效率就只有采取差别的发展道路。没有差别就没有平等。平均主义只是平等的一种特殊形态，它只在生活资料极为有限的条件下，为着保证种群能有最低数量的个体而必须采取的分配方式。当生活资料有了剩余，依照地位、能力、威信而分得剩余部分成为可能的时候，以差别为基础的平等就成了平等分配资源的主要形态。在这种状态下，追求无差别的前提公平就不利于在主体性资源上占据优势的人或阶层去追求有效率的活动，经济人假设尽管受到了不同程度的批评，但完全取消追求收益最大化的动机安排，追求效率的活动也就很困难。平等是

① 英国经济学家迈克尔·佩罗曼揭示了原始积累的历史过程，他以《狩猎法》为例说明了原始积累尽管与法律密切相关，但仍有一股来自内部的力量推动着这一过程。参见[英]迈克尔·佩罗曼《资本主义的诞生》，裴达鹰译，广西师范大学出版社2001年版，第30—42页。

一个相对概念，它指的是或经过博弈或通过制度安排在多个利益主体之间达到的利益均衡。平等就是适度。“在不平等与不平等之间就显然存在一个适度，这就是平等。因为，任何存在着过多过少的行为中也存在着适度。如若不公正包含着不平等，公正就包含着平等。公正的事也就是一种适度。然而平等又至少是两个东西之间的平等。所以，公正必定是适度的、平等的。作为适度，它涉及两个极端（过多与过少）；作为平等，它涉及两份事物；作为公正，它涉及某些特定的人。”① 所以，公正至少包括四个项目。因为，相关于公正的事的人是两个（至少是两个），相关的事物是两份。而且，这两个人以及这两份之间，要有相同的平等。因为，两个人相互是怎样的比例，两份事物间就要有怎样的比例。因为如果两个人不平等，他们就不会要分享平等的份额。只有当平等的人占有或分得不平等的份额，或不平等的人占有或分得平等的份额时，才会发生争吵和抱怨。所以，公正在于成比例。因为比例不仅仅是抽象的量，而且是普通的量。毫无疑问，这种有关平等与公正的分析模式适合于确定资源的分配环境，当人们处在一个低效率或无效率的境遇下，如何使活动有效率呢？

帕累托最优可能给我们一些启示。帕累托最优指的是这样一种社会状态，当且仅当不减少其他人的效用就无法增加任何一个人的效用时，这种状态就称之为帕累托最优。实际上，帕累托最优只是一个“理想类型”，实际生活中的任何一种状态都是相对为优，在不损害其他人或集团当下利益的前提下，可以使另一个人或集团收益增加、生活变好。解决相对为优可能有两条途径，一是通过一部分自己的努力来实现，假定这些人已经全力以赴仍然无法解决时，那就只有第二，通过优惠政策使一部分人在不使其他人变坏的条件下而使自己变好。而这样做的最大困难在于，以什么标准、使哪个集团、哪些个人先富起来。这是一个理论上的悖论：如果找到一个适用于任何个人与集团的标准，就等于原地踏步，无法解决低效率或无效率，因为方法

① ［古希腊］亚里士多德：《尼各马可伦理学》，廖申白译，商务印书馆 2003 年版，第 134 页。

已经用尽；假如找到一个有利于一部分人或一部分地区的激励制度，那么对那些未能得到激励的人或地区就是一种损害。损害不一定是既得资源的减少或丢失，还包括潜在资源的分得。这样一种不具有普遍性的规则取消了前提公平，与公正是相矛盾的。这不仅是一个理论悖论，更是一个实践难题。实践逻辑与理论逻辑总是有差别的。实践难题要通过实践方式来解决，当世俗合理性与历史合理性发生冲突时，历史合理性更具有强大的力量。问题是，当历史合理性走着它自己的路时，它会引发依靠其自身无法解决的矛盾，这就是它造成的严重的世俗的不公正。基于差别之上的追求效率的活动，总是主体性资源占据优势并通过这种优势获得为弱势者所无法获得的可配置性（公共性资源）的个人或集团具有优先性和优益性，经过反复博弈——假如弱势群体能够与强势群体博弈的话——之后，这种优先性与优益性愈发显现出它的后续效应，以致取消了平等竞争前提，使他们无法在接近的水平上生产、交易和生活。① “我们假定那些能够从改革中获利的人为富人，而那些无法从改革中获利而失败的人则处于十分贫穷的生活状态，然后我们就做出金钱的个体价值观念会因人而异的断定，这合理吗？显然，富人所得（以金钱形式）要比穷人所失去的稍微多的事实是缺乏根据的，实际上这里早已存在一种满意与不满意的平稳关系。”② 正是在这个意义上，帕累托最优具有自身无法克服的缺陷。“如果不分享富人的奢侈荣华，穷人就无法快乐自在，那么，随着一些人的极度贫穷和另一些人的极度奢侈，这种社会状态也可以被称之

① 中国各阶层之间的贫富差距不是一个危言耸听的感觉问题，而是一个不争的事实。“20年来，无论是城市还是农村，贫富差距都有了大幅度上升。特别20世纪90年代以来，贫富差距有加速拉大的趋势。用国际上通用的基尼系数的测量方法，全国城乡居民家庭人均收入的基尼系数大约在0.46~0.47之间，不同的调研数据测算略有一些差异，高的有超过0.5的，低的为0.43左右，总之，这些数据都超过了国际上通常认为的基尼系数在0.3~0.4之间的中等贫富差距程度。这样，在短短的20年时间里，我国已经从一个经济平均主义盛行的国家，转变为超过了国际上中等不平等程度的国家，贫富差距在这样短的时期内迅速拉开，这样巨大的变化在全世界也是不多见的。”李培林等：《中国社会分层》，社会科学文献出版社2004年版，第22页。

② ［美］马克·A. 卢兹：《经济学的人本化：溯源与发展》，孟宪昌译，西南财经大学出版社2003年版，第137页。

为帕累托最优。”[①] 帕累托最优有时也被称为“经济效率”。从一定意义上讲，这种称谓是恰当的，因为帕累托最优所涉及的仅仅是效用范围内的效率，而不重视效用分配方面的考虑；然而，在另一方面，这一术语又是不幸的，因为这里分析的焦点仍然是效用。解决依靠制度设计与安排造成贫富差距的途径可能有两条，一是先富者自觉自愿地将收益的一部分转移给因制度而造成的损失。这是一条人道主义或伦理道德的路径，其困难在于，它不具有普遍性，也不具有强制性，既不是责任也不是义务，是一种自愿行为，是相对命令，对弱势群体来说只是一种祈盼。试图通过这样一种自愿的救助、慈善行为缩短贫富差距无论如何不是一条现实的道路。第二，剩余下来的解决办法就是制度的方式。除了从预先富裕起来的个人和集团那里收取相当比例的税收之外，更主要的是社会保障制度和公共福利政策的设计与实施。公共福利政策和社会保障制度能否实施、实施到何种程度取决于两点：一是公共福利价值观。作为学科形态的经济学理应研究与经济有关的社会问题：环境、公正、就业、福利，等等，而不是仅仅讨论以效率和公平为原则、以供给与消费为主题的狭义的经济行为。应有中国形态的福利经济学、人本主义经济学。二是政策与制度设计与实施者的正义观。把谁的利益作为制度设计的出发点甚为重要，它直接决定着社会既定资源和潜在资源的分配模式与分配结果。“以人为本”应该具体化为以哪些人的利益为本。

2. 效率与公平的矛盾关系问题

①公平与效率的界定及具体关系。在哲学的视野内，效率通常有两个向度：结果意义上的效率和过程意义上的效率。结果意义上的效率是一种实体性的效率，它表现为投入与产出的比例关系，投入为少而过程意义上的效率是指时间的节约，具体表现为单位时间内生产的产品为多，或单位产品所耗费的时间为少，过程意义上的效率是一种

① ［印度］阿马蒂亚·森：《伦理学与经济学》，王宇、王文玉译，商务印书馆 2000 年版，第 35 页。

无形资源即时间的节约。马克思在《1857—1858 年经济学手稿》中特别强调了节约时间在现代社会活动和社会生活中的重要作用，它给从事生产、经营、服务以及社会活动的人们以进一步利用资源、掌握信息从而创造更多价值获取更多增殖的机会；更重要的还在于，活动主体可以根据自己的需要自主安排时间，既可以把节约下来的时间用于生产、经营和服务活动，从而追求更大的受益，也可以用于消费，以满足自己日益发展起来的多层需要，还可以用于发展自己的意识力、实践力，使自己的知识结构、心理结构和精神结构包括道德水平和审美水平更加丰富和发展。公平。亚里士多德把公平分为分配性公平和恢复性公平；美国当代社会学家丹尼尔·贝尔则把公平分为前提公平、过程公平和结果公平三个方面；美国当代政治学家罗尔斯和诺齐克则主张从分配性公平、交换性公平和恢复性公平三个维度来研究公平。这些观点为我们深入研究公平问题以及社会主义市场经济条件下的具体公平具有方法论上的指导意义。我们以为应从两个方面来研究公平，即是说要区分两个层面的公平，一个是效率意义上的公平，一个是伦理意义即人道意义上的公平。效率意义上的公平，其根据在于社会追求效率的根本要求。人类社会历史实践证明，任何一种社会形式要追求有效率的生产活动和交往活动，都要通过提高技术和资源有效配置的两种基本途径，所谓有效配置就是实现物与物、人与物、人与人的有效结合，进言之，就是建立有效的主客体间和主体间关系。但无论哪种关系，其建立与实现都必须依赖于人的意识力、实践力以及这些能力的充分发挥，而这些能力能否得到发挥以及发挥到何种程度，均取决于活动效益与活动主体之所得之间的必然关系，如果不以制度的或规则的形式给这些必然关系以可预期性和合法性，活动主体就很难积极主动地发挥自己的积极性和创造性，将自己的心智力量投放到他所从事的活动中，从而也就不可能得到人们所期望的效率。为着使人们有从事生产、经营、服务和管理活动的积极性和创造性，就必须把人们的活动效绩与人们的收益挂起钩来，使活动效率与人们的个人收益之间具有必然性。而人们在意识力、情感力和实践力方面是存在差距的，于是具有差别的人们从事相同类型的生产、经营、服务、管理活动，其活动效率肯定是不同的，于是活动的效率原则决定了人们不能实行绝对平均主义的分配原则，而只能实行多劳多得、优劳优酬的原则。实践证明，在我国的计划体制下，由于实行了绝对平均主义的分配原则，干多干少一个样，干好干坏一个样，多劳不多得、少劳不少得的分配制度，使生产、经营、服务和管理者的积极性、创造性受到严重损伤，社会活动效率低下，发展速度缓慢，经济形势几近崩溃的边缘。社会主义市场经济条件下，由于推行了多劳多得、优劳优酬的分配原则，实现了资源的合理配置，整个社会的活动效率得到提高，生活资料极大丰富，生活水平极大提高。不难看出，效率意义上的公平所强调的是人们在意识力、情感力和实践力以及活动效率方面的差异，把这种差异以收益的形式固定下来，使之获得一种合法性，这是公平的，也是使整个社会能够有效率发展的根本前提。但效率意义上的公平通常所造成的结果就是能力差距和收入差距的拉大，因为能力和收益在其不断运作中会形成一种递增效应，造成更大的增殖。这种增殖又有可能造成自然资源、信息资源和人力资源的垄断，亦即造成在掌握、利用和控制资源方面的优势，以致造成新的不公平。如果不对这种日益增长起来的垄断现象和新的不公平进行适当的限制，就会造成贫富悬殊。当这种悬殊达到足以使社会一大部分人失去最起码的生活资料的时候，这部分人就必然要为生存而揭竿而起，“民不畏死，奈何以死惧之”，从而使社会失去能够正常运作所需要的最低秩序。更因为，资源以及生活资料的稀缺性、人人生而平等的“天赋人权”观念，不允许一部分人超出公平所规定的界限，而无偿地占有不属于他的资源。于是，必须给效率意义上的公平以必要的限制，这就是伦理的或人道意义上的公平。人道意义上的公平与强调最大差别的效率意义上的公平不同，它是以最小差别为原则的。最小差别的人道主义公平，其存在的根据在于这样两点，一是，任何一个人，只要来到这个世界上，都有成为人从而发展自己的权利，即所谓“天赋人权”。二是，社会现有的资源毕竟是有限的，如何将这些资源进行最大化的有效分配，是组织和国家必须考虑的问题。一般来说，追求个人收益最大化的各种形态的经济主体，所直接考虑的往往是个人的收益，而不会或很少考虑集体和国家的利益。因此完全依靠各经济主体自觉自愿的方式把能力差异与收入差别限制在适当的范围内，是比较困难的。制定用以保证效率和公平的游戏规则并执行游戏规则的权力与任务是各种组织与国家的事情。组织和国家或通过意识形态的方式或通过制度供给与制度安排的形式，把差距限制在合理的限度内，其目的在于，其一，使社会现有资源得到充分合理的利用；其二，使每个人获得最起码的生活资料；其三，使社会的有效运作获得最低的秩序保证。

当然，在人类历史发展的不同阶段上，效率意义上的公平与伦理意义上的公平，其组合方式是不同的，即便是同一个民族或国家在不同的历史发展阶段上，其组合形式也是不同的。究竟采取何种形式，既取决于当下的经济、政治和文化状况，又取决于执政党的管理观念和管理模式。实践证明，市场经济是迄今为止最有效率的资源配置方式，而社会主义市场经济更有资本主义市场经济不可比拟的优越性。

②社会主义市场经济条件下公平与效率的具体关系及其实现。在社会主义市场经济条件下，究竟如何处理公平与效率的具体关系，学术界有三种观点，第一种是“效率优先，兼顾公平”；第二种观点是“公平优先，兼顾效率”；第三种是公平与效率同等重要。我们以为，在建立和完善社会主义市场经济条件下，公平与效率是同等重要的，换言之，公平与效率是我们制定各项政策的两个最基本的价值维度。这是因为，市场经济作为一种有效率的资源配置方式，其根本原则就是公平效率原则。从社会之能够发展的直接前提看，效率无疑具有优先性，因为没有一个高效率的生产活动、经营活动、服务活动和管理活动，生活资料的最大化和生活水平的提高都将是不可能的。而要有效率，就必须有能够保证效率的游戏规则，亦即效率意义上的公平原则的制定与操作。因此在建立和完善社会主义市场经济的初期，就必然要把制定和操作旨在保证效率的游戏规则放在首位，制定和出台一

系列以激励为根本目的的公平原则，从而在一定时期内造成一部分地区和个人活动效率的提高和个人收益的增加，这就是所谓“允许一部分地区和一部分人先富起来”的真实涵义。由此所决定，在建立和发展社会主义市场经济近20年的历程中，建立和完善旨在保证效率以及使效率活动合乎规范的制度体系，始终是最为核心的任务，据不完全统计，改革开放以来，国家和政府共制定和出台了近150多部法律法规，其根本目的就是要通过制度形式激励人们把积极性和创造性投放到生产、经营、服务和管理活动中，通过提高活动效率增加个人收益。改革实践证明，“效率优先，兼顾公平”的原则和制度是卓有成效的，因而是正确的。

但一如邓小平所说的那样，允许一部分人、一部分地区先富起来不是社会主义的最终目的，建立和完善社会主义市场经济的最终目的是要人们共同富裕，使人们都有满足和发展自己的权利与机会。把使每个人获得日益提高的生活资料和发展机会作为制定各项方针政策的理念基础，是社会主义市场经济与资本主义市场经济的最为本质的区别。市场经济作为以市场为导向的资源配置方式，是一种公共资源，资本主义可以利用它，社会主义也可以利用它，社会主义使用市场经济这种经济组织方式更有它为资本主义无法比拟的优越性。关于这一点英国当代政治学家皮尔森在《新市场社会主义》一书中做了有益的探索。

那么如何在追求效率的过程中最大化地实现人道意义上的公平呢？主要有两种途径，一种是制度的形式，即通过合理的税收的形式，在多劳多得、优劳优酬的分配原则指导下，进行的初级利益分配基础上，再进行二级和三级分配，从人们应得的收入中提取相应的份额，以用作国家机关进行正常运作所需资金，以及公共设施建设、应对各种突发事件如自然灾害等等所需资金。另一种是非制度化形式，即通过自愿的形式，经济主体将自己收入的一部分无偿地捐助给更需要资金的单位与个人。这种以让与和赠与为根本目的的、以自愿为表现形式的道德行为，是社会舆论给以鼓励、表扬和肯定的，此种行为产生了倍加的社会效应，一种是物质形态的，它以或资金或实物的形式在一定程度上解决了特定部门和个人的困难；一种是精神形态的，它在社会上产生了互助友爱、共同富裕的良好风尚，成为人们学习的榜样。

概括地说，在建立和完善社会主义市场经济过程中，并不是如一些人所认为的那样，在一定历史时期是“效率优先，兼顾公平”，而在另一时期则是“公平优先，兼顾效率”。实际上，任何一个时候都存在公平与效率的具体关系，关键在于如何正确处理二者之间的关系，其根本原则就是要在公平与效率之间，即在效率意义上的公平与人道意义上的公平之间找到一个有效的结合点，即通常所说的在二者之间保持必要的张力。由个人与社会之生存与发展的根本目的所决定，效率原则即收益最大化原则始终是更为根本的，公平是实现效率的条件和基础。由各个民族与国家的具体条件和发展形式所决定，公平与效率之间是一种动态的、具体的历史关系，因此旨在保证公平与效率的制度供给与制度安排，也必须是动态的和变化的，而要完成这一切，根本点在于建立科学而合理的公平与效率理念，以及这些理念的规范化形式。社会主义市场经济条件下公平与效率的实现方式。在近几年的学术争论中，公平与效率似乎是相互分离的两个问题，实际上它们是密切关联在一起的，这充分表现在二者的实现方式中。在社会主义市场经济条件下，实现效率主要通过两个途径，一是客体性途径，一是主体性途径。客体性途径是指通过主体活动所达到的物与物、人与人、人与物之间的有效结合。从价值论的角度看，效率是一种价值关系和价值状态。从可能性上看，物与物、人与物、人与人的结合可以有多种方式，但多种结合方式对人的生存与发展来说，其作用和意义却是不同的甚至是相反的，有的对人是有益的因而是有价值的；有的对人无用因而是无价值的；有的不但没有价值甚至具有反价值，即非但没有益处反而具有害处。一如亚里士多德所说，把事情做坏的途径有千条，做好的途径只有一条；为恶的道路有千种，为善的道路只有一种。只有引进价值的维度，亦即引入人的生存与发展这一目的因，才能在物与物、人与物、人与人的多种结合方式中确立最有价值的一种，这种最有价值的结合方式便是效率。价值状态意义上的效率是指通过物与物、人与物、人与人的最佳结合所造成的效应，这种效应既可以以功能或属性的形式出现，又可以以产品的形式出现。

显然，追求一种效率，换言之追求一种价值关系和价值状态决不是任意的，更不是轻而易举的，它必须是各种资源之诸种配置方式中最有效的一种。而这种最为有效的配置方式是潜存于多种方式之中的，发现这种方式并有效地运用这种方式乃是人的事情，它通常表现为技术理性的运用与操作。技术理性将潜存的最佳资源配置方式呈现出来，并提升为操作规则，亦即技术规则，技术规则是物与物、人与物、人与人之最佳组合方式的规范化形式，是操作规程的符号化形态。由此观之，发现一种新的资源配置方式并将其提升为符号化的技术规则，乃是人们追求效率活动的必要前提。建立和完善社会主义市场经济体制，其根本目的无疑是追求个人收益最大化，但这一目的的实现则取决于新的更有效率的资源配置方式的发现，以及这种配置方式的符号化形式——技术制度的发明。因此，建立和完善社会主义市场经济的首要任务乃是技术制度的创新与操作。然而，技术制度的创新与操作又取决于人的创新意识、创新能力和创新积极性，在创新意识和创新能力已给定的情况下，创新积极性的有无及其发挥程度直接决定着新的技术制度的发明与运作，进而决定着生产、经营和服务活动的效率。因此，在提高效率的具体途径中除了客体性途径之外，更为根本的则在于主体性途径，即充分发挥活动主体的积极性和创造性。而要做到这一点，就必须解决活动效益与活动主体之活动目的之间的关系问题，也就是使二者之间具有必然关系，进言之，使活动主体对他所从事的活动效益之间具有可预期性，把活动主体的创新意识、创新能力、创新积极性与其个人收益挂起钩来。要做到这一点，就必须通过活动的规范化形式——激励制度中引入创新实践，亦即技术规则和激励制度的制定与操作、约束制度与惩罚制度的制定与操作、让与与利他风尚的提倡。这种关系确立起来。激励制度的供给与安排在西方新制度经济学那里表现为产权制度的明晰化，也就是把责、权、利之间的关系以法律规范的形式给确立下来，并使之具有可操作性。在处理效率意义上的公平与人道意义上的公平的具体关系上，社会主义市场经济更有其优越之处，它除了运用制度的形式将社会财富进行初级的合理分配之外，还要通过意识形态以及大众宣传媒介鼓励人们在多劳多得、优劳优酬基础上，将已经确立其归属的财富进行二次甚至多次分配，使那些需要生活资料而又无力创造生活资料的地区和个人得到必要的供给。这种道德式的财富分配方式会随着市场经济的不断完善而发展和扩大起来。总括起来，建立和完善社会主义市场经济是为了追求效率与公平，而要保证效率与公平就必须建立三个层面的机制：激励机制、约束机制和鼓励机制。

经济活动作为人类活动的最为重要和基础的部分，为人类自身提供着生存、生活的基础，其本身乃是社会有机体中的基础部分，且充满了整体性、复杂性和冲突性。在研究思路上，采用外部复杂性和内部复杂性相结合的思考路线。从经济活动的外部结构看，其道德观念史与道德实践史的原始发生表现为由政策和制度的变迁引发原有财富观、消费观、效率观和公平观的变化。起始于 70 年代末的十一届三中全会，作为一个经济转型的符号，在当代中国人的观念史和实践史的演变中留下了深刻记忆，其所改变的不只是新中国成立后的 29 年时间里，我们一直推行计划经济，贯彻政治统合经济和文化的国家治理与社会管理模式，在资源和生活资料的分配上，实行“平均主义”甚至是“绝对平均主义”的分配原则，干多干少一个样，干和不干一个样，这样的平等观、公平观在一个绝对贫困的状态下，有其一定的合理性，但在社会已经相对发展的语境下，平均主义的分配方式恰恰是不公平的。因为它完全人为地抹杀了个体在天赋和后天努力上的差异，严重挫伤了劳动者的积极性和创造性。经济改革还从根本上改变了人们已有的绝对平均主义心理的根深蒂固的观念。不患寡而患不均。这是经济活动中道德观念史与道德实践史之原始发生上的复杂性。其次，当经济改革全面开展之后，机械、矿山、生物技术，等等，快速发展起来，环境正义问题日益凸显出来。我们在第一个子课题中所讨论的环境正义、生态和谐问题，实质上是经济问题的自然形态。在解决生态观和生态实践的过程中，绝不能仅仅从植树造林、防沙治沙、恢复草场、扩大耕地等方面治理环境，这当然是极其重要的，而且必须持续地治理环境，但更重要的是如何制定严格的企业生产规范、落实企业社会责任。另一个经济外部性是，在初始性制度安排中获益的人群会利用优先获得的收益进行利益积累，通过各种途径将资本的运行逻辑渗透到权力的运行逻辑中，借助权钱合谋，成为持续获益的既得利益者。而既得利益集团一经形成就会极尽之所能将自己的优势地位固化起来，从而形成难以破解的贫富差距“壁垒”。因此，研究经济活动中道德观念史与道德实践史的原始发生及其演变，就绝不能仅仅着眼于这个“史”本身，必须研究生态、经济、政治和社会之间的复杂性关系。从经济活动的内部结构看，现代经济系统更是呈现了越来越复杂甚至越来越矛盾和冲突的镜像。现代经济活动已经远远不止于传统的经济活动领域和活动方式，知识经济、人工智能飞速发展，对劳动者、劳动过程及其结果产生了越来越大的影响，甚至将劳动的伦理本体地位置于手段、供给甚至边缘的位置上。人工智能是否算作经济行为？其所造成的身外自然以及自身自然的影响是否属于经济伦理的范畴？科学技术活动是属于经济活动还是属于精神活动？现代生物技术的快速发展，可否将基因编辑技术用于人类基因结构的改造，以实现人工组合基因制造“超人”的梦想？这一系列问题，虽不属于传统的、典型的经济活动中道德观念和道德实践问题，但却是必须深入分析和论证、慎重对待和谨慎解决的问题。国际人工智能大会作为世界性的宣言，给出了造福人类的承诺，但物理的世界、生物的世界都有其自身的运行逻辑，我们在何种意义上，像亚里士多德所陈述的那样，既可以拥有不变事物的“逻各斯”，又可以分有可变事物的“逻各斯”，其实这些都是靠不住的承诺。或许，对非典型经济形态之现代智能活动的道德哲学和伦理学辩护与批判，将成为经济伦理学中极为棘手但却是极为迫切的理论困境和实践难题。

基于此种考虑，“经济转型与伦理变迁”研究必须坚持如下原则，第一，问题意识。人类的任何一种经济行为都不是无代价的，现代人工智能技术更是如此，表现为“模式代价”和“过程代价”相互交织的局面。因此，就不能仅仅停留于经济活动中道德观念史与道德实践史的外部描述上，而要呈现出发生史和演变史的内在逻辑，道德观念与道德实践的变化，其终极原因常常不在其自身，而在于社会的经济、政治、科技力量。第二，要深入研究道德观念史与道德实践史之间相互嵌入与相互制约的内在机制，不能采取并行的或分而行之的思考方式。第三，要分别出经济活动中基础性、根本性和核心性的道德观，如朝向目的之善的功利观、财富观、金钱观、消费观和幸福观；朝向政策设计和制度安排的效率观、公平观、正义观；朝向行动主体（企业）的诚信观、契约观和责任感，等等。

（四）初始性与矫正性制度安排中的效率与公平问题

如果不是在极为细致的学理论证的意义上，而是针对具体的财富的分配时，我们将把公平、公正、平等视作同一系列或同等程度的范畴而加以对待。一个初步的立场是，就迄今为止所能研讨的各种正义理论而言，即便是显得极为复杂的罗尔斯的正义论，也不能涵括所有的社会实践中实际产生的正义或不正义情形。我们将以亚里士多德的公正论和罗尔斯的正义论为理论基础，讨论中国经济转型与伦理变迁中的公正与正义问题。

1. 亚里士多德的公正论及其运用的可能性

亚里士多德在《尼各马可伦理学》第五卷集中讨论了“公正”问题，他首先肯定了公正是一种品质这一观点，“我们看到，所有的人在说公正时都是指一种品质，这种品质使一个人倾向于做正确的事，使他做事公正，并愿意做公正的事。同样，人们在说不公正时也是指一种品质，这种品质使一个人做事不公正，并愿意做不公正的事。”① 除从品质论说公正之外，还可以从其他意义来理解，其中具

① ［古希腊］亚里士多德：《尼各马可伦理学》，廖申白译，商务印书馆 2003 年版，第 126—127 页。

体的公正似乎是复杂的情形，在这一点上，可有相关于状态的行为的公正，也有相关于行为的状态上的公正。“具体的公正及其相应的行为有两类。一类表现于荣誉、钱物或其他可析分的共同财富的分配上（这些东西一个人可能分到同等的或不同等的一份）的公正。另一类是在私人交易中起矫正作用的公正。矫正的公正又有两种，相应于两类私人交易：出于意愿的和违反意愿的。”① 在此，我们不去讨论私人交易行为中的公正问题，而集中讨论分配的公正问题。“既然不公正的人与不公正的事都是不平等的，在不平等与不平等之间就显然存在一个适度，这就是平等。因为，任何存在着过多过少的行为中也存在着适度。如若不公正包含着不平等，公正就包含着平等。这是不言自明的。既然平等的事是一种适度，公正的事也就是一种适度。然而平等又至少是两个东西之间的平等。所以，公正必定是适度的、平等的（并且与某些事物相关的）。作为适度，它涉及两个极端（过多与过少）；作为平等，它涉及两份事物；作为公正，它涉及某些特定的人。所以，公正至少包括四个项目。因为，相关于公正的事的人是两个，相关的事物是两份。而且这两个人之间以及这两份事物之间，要有相同的平等。因为，两个人相互是怎样的比例，两份事物间就要有怎样的比例。因为，如果两个人不平等，他们就不会要分享平等的份额。只有当平等的人占有或分得不平等的份额，或不平等的人占有或分得平等的份额，才会发生争吵和抱怨。从按配得分配的原则来看这道理很明白。人们都同意，分配的公正要基于某种配得，尽管他们所要（摆在第一位）的并不是同一种东西。所以，公正在于成比例。因为比例不仅仅是抽象的量，而且是普通的量。比例是比率上的平等，至少包含四个比例项。”② 可以清楚地看出，如果把公正视作是成比例的关系，那么除了涉及两个人和两个事物及其比例关系之外，

---

① ［古希腊］亚里士多德：《尼各马可伦理学》，廖申白译，商务印书馆 2003 年版，第 134 页。

② ［古希腊］亚里士多德：《尼各马可伦理学》，廖申白译，商务印书馆 2003 年版，第 134—135 页。

还涉及更加复杂的问题，进言之，如果直接运用亚里士多德的公正论或分配的公正、矫正的公正、政治的公正、自然的公正与约定的公正理论于中国的经济转型与伦理变迁问题的分析上来，就有诸多深层的问题需要分析。

首先，亚里士多德的公正论不足以含括经济转型与伦理变迁中产生的主要问题。除去他所坚持的公正是一种德性、一种品质，即一个人愿意做公正的事，或者说，愿意守法，而不公正的人是不愿意做公正的事的人这一德性论的观点之外，关键的问题是，无论是分配的公正、矫正的公正和回报的公正，在亚里士多德的讨论中都是行动者之间可以自主决定的事项，进言之，即愿意还是不愿意守法、做公正与不公正的事，可以直接决定两个人面对两个事物时的比例关系。如若有些人，极有愿望参与财富的分配，特别是参与那些因政策设计和制度安排而产生的机会、未来财富的分配时，亚里士多德所描述的那种因出于自己的意愿而产生的公正与不公正、平等与不平等，就不可能发生。进一步的问题是，如若不是因为行动者自身的努力或配得，而是因为政策和制度的普遍性程度不同所造成的不公正或不平等，那又如何运用已有的公正理论加以辩护和批判呢？

其次，如果在初始性制度安排中，不能使所有人均能在制度变迁中享受到由此到来的机会和财富，那这是否意味着，这种制度安排是不公正的呢？尽管进行制度安排的人并无使一部分人享受不到因制度变迁带来的机会和财富的意愿，但客观上确实产生了这样的后果。那是否可以说，造成不公正后果的并非人之所愿，而是不可抗拒的客观原因使然，这依然是公正的呢？这便是公正代价问题。如果出于整个社会进步的目的，只有通过使一部分先富强起来，然后再通过矫正性的制度安排，使在初始性制度安排没有受益的人群获得特殊照顾。若此，就必须以制度的连续性为前提，以不断完善制度为保证。在人类社会的所有规范中，似乎只有康德的相互尊重、互不伤害的实践法则才是普遍的，而面向权力、财富、机会、地位、身份的“分配的正义”，似乎从未普遍有效过；然而，我们却从不缺少形式正义，即我们总是给出一些貌似普遍有效的制度安排，承诺说，每一个在制度所及的范围内的人，都可以因此种制度安排而受益。事实证明，这是一种靠不住的承诺。当一种社会状态陷入停滞甚至倒退状态时，似乎没人愿意此种状态延续下去，因为它会使每个人的生存状况每况愈下。如若已经穷尽了各种办法，已经不能使所有人都能够在不损害别人利益的前提下使自己的生活状况有所改进，那么，为着求得整体状态有所改善，只好使一部分地区、一部分人在不使其他人的生活状况变差的场域下预先改善状况，这与人们的公正感或公正愿望并无直接关联，是社会进步的客观规律使然，于是就被视作是合理的。那么，如何从公正理论或正义理论给予合理性论证呢？这里的核心问题已不再是“帕累托效率相对为优”的困境问题，而是如何让在初始性制度安排中最少受益者或受害者，在后来的矫正性制度安排中被优先加以考虑的实践困境。没有任何一个政党、政府和政治家可以照抄照搬理论家或思想家的公正理论，因为理论形态的公正理论或正义理论常常由于缺少主体和场域而陷入只有形式没有质料的境地，理论理性只有经过创制理性才能转化成实践理性；将公正理念和正义模型转化成为可操作和评估的政策和制度，在通过行动将权力、财富、地位、身份和机会分配给不同人群，一个公正理论才是可实践的，才是可因我们的努力而成的事情。以此看来，针对当代中国的经济转型与伦理变迁的诸种困境与难题，就必须对亚里士多德的公正理论加以“升级改造”，改造成既有理论性和思想性又具有实践性和现实性的“实践哲学”，才能解释和评价各种实践困境和难题。其一，将狭义的公正理论改造成将政策与制度是否公正也涵括在内的广义的公正理论，这是符合当代中国之社会转型与伦理变迁实际的。从社会转型的原始发生看，一如已经澄明的那样，理论家和政治家对 20 世纪 70 年代末的社会客观状况的认识、理解和判断导致社会转型之原始发生的认识论前提；经济、政治和文化制度与体制的结构性变迁是它的实践论基础。因此，政策与制度的公正问题就必然优先于亚里士多德所论述的“具体的公正”，而各种“具体的公正”只是在政策和制度的逐渐实施中才分别产生出来；如果整体性的公正问题得不到正确理解、把握和解决，具体公正问题的解决就不会有整个国家是否正义的意义。其二，有必要把亚里士多德的“矫正的公正”从具体的私人交易行为①中开显出来，运用到国家制度与体制的设计、安排和变迁之中，这就是初始性制度安排和矫正性制度安排的区别与关联问题。在具体的私人交易行为中，其公正与不公正的判别是以各自的所有权为前提的，即用以进行交易的物品是预先确定了归属的，因此，这种严格意义上的即可以确定所有权的不公正，完全可以适用于法律的惩罚原则。然而将私人交易行为中的“矫正的公正”或恢复性的公正理论运用到政策设计和制度安排中，其复杂性就远远不是私人交易行为是否公正那样简单了。

其三，如果在初始性制度安排中，出于社会历史的和自然地理的客观原因，而不能将所有人的利益纳入到制度变迁的考虑中，而只能促使一部分地区或一部分人先行改善其生活状况，但也充分考虑到了不能同时受益的人群的意愿和状况，或以公开的形式或以隐蔽的形式承诺给未受益者，待后续的制度变迁中予以充分考虑。然而兑现这种

---

① 私人交易中的公正，被亚里士多德称为“矫正的公正”，蕴含着可以一个可能的共指的公正，即等价交换过程及其后果；“矫正的公正”指称的是当下的私人交易行为中的不公正现象，因此它要阐明的是要恢复公正，所以“矫正的公正”也被称为“恢复性的公正”。“这种公正同上面讨论过的公正在性质上不同。因为，分配公共财富的公正要依循上面说明过的比例（因为如果要从公共物中分配，就要按照人们各自对公共事业的贡献来进行），同这种公正对立的不公正是对这种比例的违反。可是私人交易中的公正——虽然它也是某种平等，同样，这种不公正也就是某种不平等——依循的却不是几何的比例，而是算术的比例。因为，不论是好人骗了坏人还是坏人骗了好人，其行为也没有什么不同。法律之考虑行为所造成的伤害。它把双方看作是平等的。它只问是否其中一方做了不公正的事，另一方受到不公正对待；是否一方做了伤害的行为，另一方受到了伤害。既然这种不公正本身就是不平等，法官就要努力恢复平等。”（［古希腊］亚里士多德：《尼各马可伦理学》，廖申白译，商务印书馆 2003 年版，第 137 页）假如在交易行为中，交易双方用以进行交易的物品已经确定了归属，物品的所有人就已经获得了合法性，因此交易双方任何一方或通过暴力或通过欺骗占有了对方的物品，就是不公正的行为，它是出于自己的意愿而违反对方的意愿的，因而必须受到法律惩罚。这是严格意义上的得与失。

承诺的方式只能是切实可行的政策设计和制度安排，进言之，只有通过矫正性的制度安排才能实现。然而，如若在初始性的制度安排中获益的人群逐渐成为既得利益集团，便会利用逐渐积累起来的经济优势和社会地位而影响后续的制度变迁，甚至在矫正性的制度安排中再次获益；久而久之，就会使在初始性制度安排中未能获益的人群永远被排挤到受惠于制度安排之外，从而形成严重的两极分化。如何由此造成的不公正、不平等后果？

2. 罗尔斯的两个正义原则及其运用过程中的困境

如果说，亚里士多德的公正论是一种德性论，那么，罗尔斯的正义理论则像是规范论。“我现在给出关于制度的两个正义原则的最后陈述。第一个原则：每个人对与所有人所拥有的最广泛平等的基本自由体系相容的类似自由体系都应有一种平等的权利。第二个原则：社会和经济的不平等应这样安排，使它们：①在与正义的储存原则一致的情况下，适合于最少受惠者的最大利益；并且，②依系于在机会公平平等的条件下职务和地位向所有人开放。第一优先原则（自由的优先性）：两个正义原则应以词典式次序排列，因此，只有只能为了自由的缘故而被限制。这有两种情况：①一种不够广泛的自由必须加强由所有人分享的完整自由体系；②一种不够平等的自由必须可以为那些拥有较少自由的公民所接受。第二个优先原则（正义对效率和福利的优先性）：第二个正义原则以一种词典式次序优先于效率原则和最大限度追求利益总额的原则；公平的机会优先于差别原则。这有两种情况：①一种机会的不平等必须扩展那些机会较少者的机会；②一种过高的存储率必须最终减轻承受这一重负的人们的负担。”①

第一个原则是相关于自由的，每个人都应该有一个与所有人拥有的最广泛的基本自由体系相容的自由体系，亦即，在同一个对所有人都有效的基本自由体系面前，每个人都有平等的权利去享用它。这里的核心问题是两个，第一，向所有人开放的最基本的自由体系的具体

---

① ［美］约翰·罗尔斯：《正义论（修订版）》，何怀宏，何包钢，廖申白译，中国社会科学出版社 2009 年版，第 237 页。

内容是什么，劳动权利的自由？表达意志的自由？出入公共领域的自由？如果没有这些具体领域之具体事项的明确规定和明晰界定，那么，自由平等的原则就只是形式的，因无具体内容而陷于空洞无物；第二，即便给出了一个人人都可以接受的自由体系，人人拥有平等享用这个体系的权利，那么这并非意味着，每个人都现实地拥有享用这个自由体系的可行能力，而就形成这种能力的原因而言，可有自然的和社会的两种。因生物遗传或自然原因，某个人后某些人并不具备进行劳动的能力，也没有参与重大政治事务并表达意志的能力；因社会—文化原因，如所受教育、所从事的职业、所拥有的民族或种族身份，一个人或一些人并非没有意愿而是因制度限制而无法依照与普遍的最基本的自由体系相容的自由体系行动。由于每个人因自然的、社会—文化的原因而有不同的自由能力，一个不够平等的自由必须可以为那些拥有较少自由的公民所接受，这里的问题是，一个不够平等的自由除了为自由能力较低的人所享用之外，也同样为能力较高的人所享用，然而更高的自由，除了为能力高的人享用之外，能力低的人就无法享用。自由平等原则优先于福利或财富平等原则的主张，似有洛克的影子，而第二优先原则似乎又有卢梭的元素，这不是我们最关心的事情。

第二个原则是相关于正义对效率和福利的优先性问题的，亦即，在福利平等问题上，如何分配才是正义的。一种机会的不平等必须扩展那些机会较少者的机会，这便是积极自由意义上的机会平等原则。关键是，如果每个人面临的是市场化的即可竞争的机会时，机会较少者如何才能平等地分得同一种机会呢？这会基本上决定于竞争者的能力，因自然或社会原因，每个人把握同一种机会的能力是不同的，于是把一个既成的机会供给出来，促使人们去竞争，那么因种族、教育和职位等因素，一些能力低的人起初就是没有机会的。如若政府提供平等的接受教育的机会、就业的机会，那么在同一种机会面前人人平等才是平等的。消极自由意义上的平等是，社会财富的积累不应增加承受这一重负的人们的负担，相反，财富的增加应该减轻承受这一重负的人们的负担。在这里，承受重负的人们是指哪一人群？当土地被剥夺、手工技术被剥夺，在城市就业的机会被剥夺，但却因此而推动了市场化、提高了大工业生产的能力，积累了社会财富，依照罗尔斯的正义论，这些利益受损或承受重负的人们，随着财富的增加而必须减少重负。这似乎只是一个道德命令，是希望但不必然的事情；如若使之成为必然，就必须有强制性的法令，而客观事实却并不如此。

没有哪个政府，也没有哪个政治家是在理论家的指导下进行国家治理和社会管理的；相反，政治精英们总是根据自己的价值观，在自己的智力和智慧所及的范围内进行思考与行动；即便如此，政治家也必须在自然的、社会—文化的因素所规定的可能性空间内，运用自己的智力和智慧。

3. 基于实践智慧之上的制度变迁

即便是穷尽了所有的方法，用尽了所有的智慧，人类也无法建构出一个让所有人同时能够改善生活状况的制度体系来。因此，在初始性制度安排中，就会面临两种意义上的价值选自，一种是，在效率与公平之间，如果以效率为首要原则，那么，强调差别就是它的前提；如果以公平为首要原则，那么强调平等就是它的前提。另一种是，在最大多数即平民原则和最少数原则即精英原则之间，以哪种原则为首要原则。事实证明，当出现帕累托佳度绝对为优的情境下，即已经没有除非使别人变坏，否则就不能使某人变好的办法时，就只能采取使某个人或某些人优先变好的策略，而此种选择面临的风险是，在初始性制度安排中最少受惠者甚至是承受严重负担的人群，在持续的制度运行中始终处在不利地位；如若不进行制度改进就不能改变这种状况，结果就是出现两极分化。矫正性制度安排的目的在于调整效率与公平的关系，使之处在相对平衡的状态。然而，在矫正性的制度安排中，如果继续贯彻效率优先的原则，那么那些处在弱势地位的人群就少有改变不利地位的机会。在此种情境之下，完全依靠最少受惠者的自身努力就无法使自己摆脱不利地位。似乎从未出现过完全自由竞争的市场经济，亚当·斯密的“看不见的手”的理论和“棋盘”理论并非完全靠市场自治来实现，相反，它始终受到政治和文化的影响，一个理想的经济状态，不是完全依靠市场规则来建构，因为，从未出现过完全自由竞争的情形，如完全由资本来调整财富创造和资源分配，其结果必然是垄断，逐渐出现严重的社会分化，产生两极分化，最后极有可能是将阶层概念变成阶级概念。在现代性语境下，并不自在地存在一个智慧社会，而是存在着一个自为的智慧的政党或政府。由中国共产党人策划并统领的经济转型虽然遇到了与先发国家在推行市场经济过程中产生的问题，但中国共产党人却运用自己特有的智慧正确地解决着这些问题。

（五）经济转型与伦理变迁的中国智慧与中国道路

起始于 20 世纪 70 年代末的现代转型，拉开了发展和完善社会主义的大幕。40 多年后的今天，我们取得了举世瞩目的成就，但也遇到了各种困境与难题；如若采取资本优先或权力优先的治理和管理理念，势必造成新的压迫与剥削，一如资产阶级用更加完备的私有制代替先前的私有制那样的。

1. 最大多数和最小差别原则是推动经济转型的根本原则

如果把市场经济视作是迄今为止相对有效率的经济组织方式，那么它的意义也仅仅在于手段之善，即通过建构生产—分配—交换—消费这一现代生产逻辑，遵循市场规则，以创造社会财富。然而，市场经济从其运行之初起，就始终受到两只“看得见的手”的影响，一个是政府的政治权力和公共职权，一个是资本的握有者即资本家。如果掌握和支配政治权力和公共职权的人群是一个特殊的利益集团，那么他们运用权力支配市场的终极目的则是促使自己在政治和经济上保持优势地位，他们所宣称的自由、民主、平等、自由等所谓的人类共同价值，也只是在不动摇自己的支配地位的前提下被广泛地加以推行。因此，如果不把目的之善理念引入对经济转型的分析中来，就无法评判市场经济是否是实现效率与公平的相对为好的经济组织方式。如果财富都集中到了少数人手里，而大多数人的生活状况远远没有得到根本的改善，对绝大多数人而言，这样的效率也就完全失去了意义。当进入或尚未、始终未能进入市场的人群，无法依靠经济的手段摆脱不利地位，而掌握和支配权力的集团又无意改变严重的贫富分化时，那么，被权力者集团所宣称的自由、民主、平等、正义，对绝大多数弱势者而言，也就同样失去了意义。

在中国共产党人的观念体系里，私有观念、阶级观念、特殊利益集团观念是没有根基的，这是一种坚定的信念，如果失去了这种信念，那么借助市场经济而有意产生一个特殊利益集团，产生一些特权者，就是不可抗拒的事情了。相反，无论是在社会主义革命时期，还是在建设和发展时期，中国共产党人始终把人民的利益置于最高地位，以人民为主体的理念已经深深地扎根于中国共产党人的心灵深处。正是有了这个坚定的信念，才能在经济转型中将民众的利益置于初始性制度安排和矫正性的制度之中。

2. 经济转型的阶段性与共同富裕的普遍性

在主客观条件与要素所给定的历史可能性空间之内，起始于20世纪70年代末的经济转型，建立和发展社会主义市场经济，采取以差别为基础的效率优先原则，是符合中国国情的。通过经济政策和经济制度，鼓励在资源、地理位置、生产能力、现代观念等诸多方面居优势地位的地区和人群，优先发展起来，以提高总的生产能力，增加经济总量，是一个可行的发展道路；历经20年的资本积累和市场开发，在初始性制度安排中优先获益的地区和人群，在所占有的生产资料和生活资料方面，明显强于在初始性制度安排中未能同时获益的地区和人群；如若完全依照市场规律继续推行先富政策，势必造成日益严重的贫富分化，优先富裕起来的地区和人群并无法律意义上的绝对义务来帮助落后地区和人群共富。这就产生了因初始性制度安排时在天赋地位和自致地位上的差别，而导致财富、机会、地位和身份上的差别。并非由于行动者的勤奋还是懒惰，而是由于先赋地位的先行拥有导致人们不能进入市场，即便进入市场，充当廉价劳动力，却不能实现亚里士多德所说的配得，因为他们的医疗、保险、教育都因其固有的身份而享受不到日益积累起来的公共善。

如何将共同富裕的普遍性理念贯彻到经济转型的不同阶段，就成为一个具有政治意义的问题。绝对平均主义和严重的两极分化都不能从根本上解决先富与共富的矛盾。经过二十几年的资本积累和市场发展，产生了权力与资本合谋的趋向，如果不能遏制权力与资本之间的“通存通兑”趋势，那势必出现不可修复的贫富差距，被中国共产党人消灭了的剥削阶级就会以新的形式出现在当代社会中。那么如何在保持经济继续增长而又最大限度地缩小乃至消除日益严重的贫富差距呢？这时，消灭绝对贫困、逐渐消除相对贫困就成为矫正性制度安排的根本原则。通过政治的方式解决绝对贫困和相对贫困这一人类所共同面对着的难题，乃是中国共产党人在进行当代国家治理和社会管理中所实现的一个创举，它从根本上消解了权力和资本这两只手控制和支配财富创造与分配的境况，而这两只手正是产生两极分化、贫富差距的根本原因。所谓政治的方式乃是就最大化地实现终极目的之手段和道路而言的，即将政治权力和公共职权仅仅作为实现终极之善的手段，亦即：政治本质上不是获取权力和支配权力的技艺，而是相关于每一个人的根本利益的所有方面，以此可以说，政治是一个目的论概念，也就是通过权力最大限度地创造公共上，并公平地分配公共善。对此一问题的更加深入的分析和论证，将在“政治转型与伦理变迁”部分进行。

如果说精准扶贫还只是从后果上合理分配公共善，促使那些因先赋的不利地位而未能享受到发展和完善社会主义市场经济的巨大成就，那么更加深层的问题是，如何让那些摆脱贫困的人群强化自主性意识、形成现代观念、生成自我救助和发展的可行能力，从而有意愿和自主能力过一种整体性的好生活。物质上的贫困只有通过消除精神上的贫困为基础，解决这一深层问题的根本道路是从根本上消除城乡之间的二元对立。

现代化运动的一个直接后果便是大型甚至超大城市的形成；当一半以上的人口居住在城市从而过一种城市市民生活的时候，城市社会概念和城市社会观念就会出现与产生。如果不是用单一的技术主义和实用主义的思考方式，而是用整体主义的致思范式记述城市社会的“原始发生”，那么城市社会更像是一个价值范畴，其间蕴含着鲜明的道德立场和判断。平等逻辑的生成与城市社会的形成具有对应关系，只有引入和嵌入正当性观念，才能对城市社会的原始发生及其未来趋势做出具有充足理由的分析和论证。于是，与城市社会相对应的平等逻辑的三种形态便自然而然地进入了分析和论证的视野：平等逻辑：倒叙与插叙；情感逻辑：迷失与诉求；理性逻辑：理智与情感。

由资本的运行逻辑所推动的现代化运动，虽然起始于市场经济的发现与运行，但其所造成的结果却远不止于经济形态，而是造成了包括经济、社会、政治、文化乃至人的心灵世界在内的结构性变迁的整体效应。从空间结构看，现代化直接造成了城市化，城市物理空间的扩展，压缩了农村的空间，城市与农村的互联互通，模糊了城乡二元结构的物理边界，于是社会空间也发生了结构性的变化，这就需要人们重新界定和确定社会结构及其边界。但这只是一种描述性的工作，而实质性的内容则是，现代化如何造成了城市社会的形成，而这种生成中的城市社会对不同的人群具有怎样不同的价值和意义，如若城市社会的物质、社会和精神价值不能向每个人开放，这是否意味着，城市社会的形成造成了更为广泛的有形与无形的不平等；这种不平等除了表现在经济和社会领域之外，还表现在人的情感结构和精神世界中。在这个意义上，对城市社会的研究就必须引入道德哲学的立场和视角，并为一个充满良序的城市社会进行伦理基础的奠基。

人是非自足性、非完满性的存在物，人的需要的多样性与其能力的有限性的矛盾决定了人和人之间必须合作，通过合作，除了满足各自的需要尚能产生合作剩余，通过共享或分享这个合作剩余以使每个人满足各自的需要，获得快乐和幸福。人与人合作的规范化形式便是共同体和社会，最初是家庭、家族、村社，最后是联盟和社会，以至发展成当今的全球化的社会。在确定的意义上，社会是指由有共同的价值观、有共同的认知符号系统、有共同的情感世界的人们，通过分工与协作生产生产资料、创造生活资料而形成的集合或人群。严格说来没有发生交集的人群之间就没有共同生产、交往和生活的空间，因而也就没有共同的社会。但在更大的系统上，曾经有过血缘或地缘关系，虽在某一代或某几代人之间从未发生过交集，但我们也把他们归为同一个社会体系，如中国传统的农业社会。而对本论题有直接意义的是，通过建立完善社会主义市场经济而把先前从未关联或关联程度较低的人群结合在一起而形成的共同的生产、交换、交往和生活的公共空间，以及这个公共空间对不同人群所产生的不同意义。从多个角度看，城市和乡村确实存在着诸种差别，如果这种差别足以阻止了城市与乡村的互联互通，那么这种基于城乡二元结构之上的差别就很难成为一个道德哲学和伦理学问题；相反，如果通过市场经济将社会的各种资源（在马克思经济哲学的意义上，即不变资本和可变资本）依照市场这只“看不见的手”配置起来，从而追求收益最大化的时候，农村的不变资本和可变资本就会主动或被动地参与到以市场为导向的资源配置中来。在此种语境下，城乡二元结构及其城乡差别就变成了典型的道德哲学和伦理学问题，因为“城市社会”和“乡土中国”就会作为相对独立的空间依照不同的价值逻辑而运行起来，于是，相较于“乡土中国”，“城市社会”作为城乡分工与合作的公共空间就具有了最大的公共性，那么，作为城外人的乡下人能否以城市市民的身份分享到城市化带来的惠泽呢？毫无疑问，这是一个需要进行正当性基础论证的问题。

如果从事实判断出发，我们完全可以相对清晰地界定和规定城市社会，即它是一个拥有完整的公共设施系统、有可遵守的公共规则体系从而在分工与协作基础上进行生产、交换、交往和生活的公共空间。共同的物理空间是城市社会的物质形式；共同的行为规范是它的社会形式；相似甚或相同的判断、推理和选择是它的精神形态。在这个集物质、社会和精神于一体的公共空间中，个体在日常以及非日常的交往中获得了认同感、归属感，也获得了本体性的安全感。如若获得城市社会的认同和归属，就必须预先获得市民资格，而没有过城市生活经历的乡下人即便获得了市民资格，获得了合法性存在，但在心理和精神上也与城市社会有着明显或些许的隔阂，或许由于在幼小的心灵深处扎下根的情感结构和认知方式会造成永久性地城乡隔阂。然而，那些参与了城市社会建设却没有城市市民资格、也很难分享到城市社会优势的城外人，这个他们或直接或间接建设起来的现代城市社会，对他们意味着什么？这是一个需要做出道德判断和选择的问题。

在人们当下的人文社会科学研究中，人们似乎越来越丢掉了韦伯所倡导的“意义妥当性陈述”，而执迷于“客观因果性陈述”。经济总量的极大提升并不意味着每个人都有意愿和机会过上整体性的好生活，倘若极少数人过着所谓优雅、高级实质是奢靡的生活而大部分人过着朴素、简朴实质是贫穷、艰苦的生活，这无论如何不能说是一个好生活，共同艰苦奋斗，但却不能共同享用，似乎不符合社会发展的终极目标。由城市社会的建设和发展所引发的诸种价值问题，可由如下三个方面得到进一步论证：平等逻辑：倒叙与插叙；情感逻辑：迷失与诉求；理性逻辑：理智与情感。

这是一个比附性的说法，所谓“平等逻辑的倒叙”现象，指的是在平等逻辑的演进中，通常是沿着经济—社会—政治—人格的路径前行的，这是一种上升的过程。经济平等是所有平等事项中最末端的形态，也是每个人最诉求的平等形式；而影响或决定经济平等的要素则是社会平等，即在狭义的交往空间中起支配作用的地位、身份、机会，这些要素构成社会平等的主要方面；而在社会平等诸要素中，地位和身份又是和权力和职权密切关联在一起的，它们往往又决定于政治权力和行政职权的归属与运行，于是，对经济和社会平等的追问和追寻必然要进升到对政治平等的诉求上来；如果把政治定义为相关于每个人的根本利益的所有方面，那么就必须为每个人在政治上是平等的这一命题提供道德基础的论证，这便是人格平等问题。于是便出现了倒叙和顺叙双重逻辑现象：顺叙是论证的逻辑；倒叙是演进的逻辑。那既然从追求经济平等开始而直至对人格平等的追问，为何不称之为顺叙而称之为倒叙呢？这是因为，如果一个国家或一个民族的人们只是停留于对经济平等的追求和追问上，那么它的国家治理和社会管理方式通常是传统社会型的，“等贵贱、均贫富”、“不患寡而患不均”，既是传统社会理论家的理想模型，也是举行农民起义的起义者的价值诉求。这种追问和追寻方式是不彻底的，它只是在后果即末端的意义上将既成的、现有的生产资料（土地）和生活资料（食物）进行重新分配，它临时性地改变了所谓的经济不平等，但却不能从根本上改变造成经济不平等的根源。所以在农业社会，在理论和思想层面很少见到对社会平等、政治平等和人格平等的现实反思和理论建构。之所以把从经济平等开始上升为社会、政治和人格平等的进阶道路称之为倒叙，就在于它极易就经济事实本身展开追逐和讨论，而不去追问本体，追问和追寻原初性力量。表现在元哲学上就是对本体、始基、原因的追问和追寻，就是对一个实体“是其所是的东西”追寻和追问。如果元哲学对本体的兴趣和追问变成了能够代表特定历史阶段之社会发展方向的整个阶层和人群的内在价值取向，那么他们一定会在社会运动或革命中，起于对经济平等的追求而又超越经济平等的狭隘视界，而上升到对社会、政治和人格平等的追问和追寻上，在此种语境下，哲学思维与实践智慧就表现出了相互嵌入的双重变奏过程。德国著名经济史学家维纳·桑巴特在其三大卷的《现代资本主义》的第一卷中详细描述了，在欧洲中世纪，生活在社会最底层的犹太人、日耳曼人和苏格兰人如何一步一步地通过发现和运行市场而成为财富的创造者和拥有者的，他们就是后来的资产者。依照桑巴特的说法，他们作为商人，创造了两个世界，然后又把两个世界联结起来，即产品供给者和需求者，而他们就是居于二者之间的联结者，直至今天，供求关系和供求规律依旧是支配市场的那只“看不见的手”。然而成为社会财富创造者和交换者的资产阶级并不满足他们现有的经济地位，因为社会资本和政治权力都被掌握在封建集团手中，他们依凭手中的权力、身份、地位制约着日益从经济上强大起来的资产者，于是，资产者若欲成为真正的社会核心力量就必须夺取政治权力。而政治运动和政治革命是需要理论论证和支持的，与 15 世纪末至 19 世纪资产阶级进行政治革命向呼应的是哲学的革命：以亚当·斯密为代表的经济学家提出了现代经济的三个支柱：社会分工、市场自治和人性利己。卢梭为把政治平等确立为社会的首要价值而提供了颇具想象力（自然状态）的论证，而洛克则用"政治社会"概念为把自由确立为社会的首要价值提供了论证；康德则以人是有理性存在者而论证了人在道德人格上是自由、平等的。如果尊重历史事实，那么我们可以说，起始于 15 世纪末的西方近代的现代化运动，在追问和追寻平等的过程中，理论论证上的顺叙和实践逻辑的倒叙是相辅相成的过程，如果观念的逻辑与行动的逻辑有机统一在一起的时候，一种整体性的平等才会出现，一种以好的政治为基础的良序社会才会出现。

但在具体的社会历史中，也会出现"插叙"现象。一种是用资本的逻辑替代政治的逻辑，把政治权力视为某得资本的手段，获得政治权力并不是为着国家的或整个人类的利益，而是作为实现个人利己主义、集团利己主义和国家利己主义的手段。另一种是用权力资本替代、支配货币资本，将拥有和行使政治权力与行政职权从而实施支配性行为视作目的。事实上，两种形态的"插叙"都不可能持久，因为它们都不利于整体平等的实现。

由中国共产党人领导的波澜壮阔、跌宕起伏的社会主义运动，开启了寻找实现整体性平等的道路。改革开放 40 多年的成功经验证明，无论是用资本的逻辑还是用权力的逻辑进行"插叙"都无法从根本上实现社会主义的终极之善，即财富的快速积累和公平分配、社会自治能力的提升、整体性好生活的形成。

在解决城乡二元对立的道路上，首要的原则是，将集中在城市中的教育、医疗、保障等相关于个体的身体之善、外在之善和灵魂之善的资源，向每个人开放，而当下的户籍制度、城市文化、身份认同，都不同程度地影响着城市资源的共享与分享；除了在物质财富上的共同富裕之外，社会财富和精神财富上的共同富裕，才是更有社会和精神意义的共富。其次是教育，如果不使教育资源向所有人开放，摆脱物质贫困的人如果继续停留在知识和精神贫困之中，那么物质贫困也就不可能得到彻底的解决。而这些问题，都要通过政治的方式逐渐解决。

五 经济转型与生态伦理建设

如果以人轴心进行旋转便会因此而形成一个关系丛，在这个关系丛中，人与自然的关系是先在的、最基本的；自然资源、自然环境对于人生存和生活而言，永远都是必要性的；至少到今天，地球依然是人类能够生存和生活的唯一空间；因而，失去了自然资源和自然环境，人类将不复存在。能否生成一个正确的自然观和生态观，对于正确看待和对待人与自然的关系具有本体论的意义。

在发生学的视野中，当代中国人的“生态观”的原始发生及其演进，经历了问题—课题—主题的过程；与此相对应，并非先有自然观、生态观而是先有人与自然关系的改造与被改造之间的关系，当单一的、武断的，甚至是毁灭式的改造、破坏关系致使自然环境迅即恶化、自然资源快速枯竭的时候，人们才意识到生态危机的严重性；而预先以理性或理智的方式表达这种生态危机感的是官方的公共政策设计与制度安排，与环境危机逐渐产生和持续存在并行的则是民间的环保机构或环保组织，它们以新闻报道的形式，将它们所闻所见通过多样化的媒体，以图片、数字、文字的形式公布于世，继而是学术界和理论界的理论工作者，他们站在哲学、伦理学、生态学、法学、经济学等多学科立场，阐述生态观、自然观的历史演变，梳理生态概念史和观念史；对工业化、现代化、市场化对自然环境的破坏作用进行批判；用应然的生态观反思、批判当下的对自然环境的急功近利行为，指出重构人与自然和谐的路径。当日常的、理论的生态观念和生态观通过各种媒体以各种形式表达出来，形成强大的社会舆论时，掌握、拥有和使用政治权力和公共职权的政治精英集团以及管理者队伍，始终清晰而自觉地将日常生态观念和生态理论与思想吸收过来、整合起来，制定用于约束个体、企业对生态环境的改造与被改造关系的法律法规，对严重破坏环境的工厂、企业进行严格的关停并转。党的十八大以来，治理自然环境、保护生态系统已经成为国家治理能力和治理体系现代化中的一个绝对严肃的观念和绝对严格的政策，制度化、法治化，是落实生态观念史与生态实践史的最为坚实的基础。梳理和陈述当代中国人的生态观念史和生态实践史必须沿着三条道路展开：人与自然活动关系史、人与自然关系认识史、人与自然关系实践（保护）史。将这三条道路或三个层面有机地统一起来，当代中国的生态观念史与生态实践史才能被立体地、鲜活地标划出来。那么如何立体地、鲜活地标划人与自认的活动关系史、人与人关系认识史和人与自然实践活动（保护）。

（一）对于“经济转型与生态伦理建设”这一研究题材而言，必须坚持如下一些思路和方法

不是笼统地研究生态观念史和生态实践史，而是从社会结构及其演变中寻找发生史和变迁史的根源、内在逻辑。每个社会、每个时代，社会问题不同、难题有别，矛盾各异，因此生态观念与生态实践的类型就不同，解决经济增长与环境保护之关系的政策、制度和路径也不同。进一步地，将观念史与实践史还原到具体的行动主体那里，因为不同的个体、不同的人群在追求经济增长的过程中，地位不同，受益程度不同，因此生态观的强弱、生态实践的虚与实也就不同。如在追求经济增长、将经济增长指标作为 GDP 增长的重要甚至是唯一指标，那就必然会大规模地发展工业，从事实体性生产的企业就成为直接的受益者，而相关甚至无关的人群，非但没有在各种“开发”中受益，反而承受了因破坏环境而带来的损失和损害，即财产和健康上的损害。由此决定，在研究方法上，就必须采取三条路径，第一条路径是，必须认真研究、总结和吸收西方发达国家在处理经济发展与保护环境方面的理论、思想、经验和教训。第二条路径是，必须掌握大量有关中国近代、现代和当代环境史及其发展历程。第三条路径是，深入分析和论证在处理经济增长和环境保护之矛盾过程中的复杂性与冲突性问题，引入“环境正义”概念，通过“代内正义”和“代际正义”两个视角探讨寻求追求人与自然和谐发展的政策、制度和行动基础。坚决避免脱离场域和主体空洞无物地讨论“生态观念”和“生态实践”的研究弊端。基于此，本子课题在研究计划上，就内在地规定出了三个具体问题，第一，西方生态观念史与生态实践史梳理；第二，现当代中国生态观念史与生态实践史研究；第三，如何构建以“生态正义”为核心的生态观念的培养和生态行动的落实。引入生态责任机制，将行动者—受益者与责任者关联起来，建立严格的权责机制。

（二）作为现代化运动过程与结果的人与自然的关系

对这一问题的理论思考和伦理批判，早在起始于西方近代的现代化运动中，西方学者既已开始。研究西方理论家和思想家关于对工业技术、城市建设对环境影响的考察，对现代化运动的伦理批判，于正确地分析和论证在中国现代经济转型中所遭遇到的生态问题，具有直接的借鉴意义。因为，现代化运动是从欧洲开始。起始于15世纪的现代化运动，开启了一个全面的向自然的改造运动，无论是意大利的“罗马俱乐部”运动，还是德国的法兰克福学派，以及后来的海德格尔都对过度的开发和技术的滥用，给予了理性的分析、论证和批判。特别是马克思和恩格斯，通过对资本的批判全面揭示了资本主义制度的破坏性，在资本主义造成剩余价值快速积累的同时，也把生产、资本和消费通过世界市场扩展到了世界各地。“不断扩大产品销路的需要，驱使资产阶级奔走于全球各地。它必须到处落户，到处开发，到处建立联系。资产阶级，由于开拓了世界市场，使一切国家的生产和消费都成为世界性的了。古老的民族工业被消灭了，并且每天都还在消灭。它们被新的工业排挤掉了，新的工业的建立已经成为一切民族文明的生命攸关的问题；这些工业所加工的，已经不是本地的原料，而是来自极其遥远的地区的原料；它们的产品不仅供本国消费，而且同时供世界各地消费。”[①] 资产阶级通过市场经济，借助快速发展起来的科学技术，不顾一切地扩大再生产，致使人之外的自然和人自身的自然受到前所未有的改造。马克思在《资本论》中，曾以文中引述、页下注释的方式，描述了雇佣工人除了忍受资本家的剥削之外，还要忍受劳动环境对自己健康的严重危害，引文近一千处。在某种意义上，现代化运动发展就是一个人与自然矛盾关系史。必须承认，西方国家在推行现代化过程中积累了丰富的治理环境的经验、理论与思想，也制定了很多法律法规，这对发展中国家而言，无疑是值得重视、借鉴和吸收的。但那毕竟是别一种形态的人与自然关系及其活动关系史、认识活动史和实践活动史，其政策、制度是可以借鉴，但对自然的情感、态度、观念，对自然和谐相处的实践是无法直接移植的，只有靠中国人自己去体会、感悟、矫正和建构。一种是描述史，通过对具有历史节点的事件的梳理，给出自然时间意义上的活动史、认识史和实践史，以及政策史、制度史，这一工作基础性的工作，具有重要意义。梳理和陈述当代中国人的生态观念史和生态实践史必须沿着三条道路展开：人与自然活动关系史、人与自然关系认识史、人与自然关系实践（保护）史。将这三条道路或三个层面有机地统一起来，当代中国的生态观念史与生态实践史才能被立体地、鲜活地标划出来。那么如何立体地、鲜活地标划人与自然的活动关系史、人与人关系认识史和人与自然实践活动（保护）史呢？约有两种，一种是描述史，通过对具有历史节点的事件的梳理，给出自然时间意义上的活动史、认识史和实践史，以及政策史、制度史，这一基础性的工作，具有重要意义。

（三）建立和发展社会主义市场经济之前的人与自然关系

中国社会科学院生态文明研究智库理论部主任黄承梁发表于《党的文献》2019 年第 5 期上的文章“中国共产党领导新中国 70 年生态

① 《马克思恩格斯文集》第 2 卷，人民出版社 2009 年版，第 35 页。

文明建设历程”，对此作了简要而精当的梳理和总结。依照时间的逻辑，将新中国成立后的人与自然关系的活动史、认识史和实践史，用数据、数字和文字标示出来，无疑是重要的；通过具有历史节点意义的重大事件描述人们在不同程度地破坏自然环境的过程中，又在殚精竭虑地保护环境。但更为深层的问题则是，是怎样的认识，即人对自然的认识，对经济地位的认识，对为了快速发展经济而过度开发资源造成的严重后果的认识；如何处理经济增长与保护环境的矛盾关系，以及为着解决这个矛盾所制定的各种形态的经济政策，如何决定了人与自然的关系，才是需要深入分析和论证的问题，即是说，自然观和生态观从来都不是空洞的观念，而是与场域、利益关系、生活状态、对好生活的在追求密切相关的。基于特定场域、着眼于社会利益结构、基于人们生活的状况、对生活的要求和追求，呈现道德观念史与道德实践史始终是研究“经济转型与生态建设”这一主题所必须坚持的原则。

必须指出的是，恶劣的自然环境，稀缺的自然资源并非均由人的不合理的改造活动和生活方式所致。地球作为迄今为止人类能够生活的自然基础，是一个充满自我“改造”的过程，大量的甚至是“力大无比”的自我改造运动，绝非人力所比。冰川运动、地震、海啸，等等，可以让地球上的生物迅即消失，现在的地球已经是经过无数次自我改造运动而形成的结构，在地球上所分布的生态系统，表现出极不平衡的状态，有些地区表现为望不断天际的草原，有些地区表现为人力耕作的万亩良田，还有一望无际的原始森林；更有不断移动的大沙漠、“幅员辽阔”的戈壁滩……人类迄今为止的任何一种经济活动和日常生活，都是在自然给定的条件下进行的。因此，保护环境、恢复生态都是在自然给定的、人力所及的范围内进行的。惟其如此，保护环境、恢复生态才显得可为、有为。

中国是个农业大国，但因封建土地制度的束缚和长期战乱，整个农村经济处于凋敝状态。新中国成立之初，一切都百废待兴，贫穷、落后，人口多、底子薄乃是基本事实。因此发展农业、工业就是建设社会主义的根本任务。“新中国成立后，党和政府把农业的恢复看作是整个国民经济恢复的基础，通过土地制度的改革，采取组织互助组、兴修水利、发放农贷、城乡交流等一系列措施，帮助农民改善生产条件，发展农业生产。政务院发出了《关于一九五一年农林生产的规定》，规定了鼓励农民安心生产、发家致富的十项政策。”① 这一系列鼓励政策充分调动了农民生产的积极性，经过艰苦努力，取得了初步效果。针对历年严重的水旱灾害给农业生产和人民生命财产造成极大危害的情况，党和人民政府有计划、有步骤地领导人民进行了整修水利的工作。“1950 年至 1952 年，全国农林水利投资总额为 10.3 亿元，占基本建设投资总额的 13.14%，其中大部分兴修水利工程。在淮河流域，进行了‘蓄泄兼筹’的治理淮河工程；在长江流域，进行了规模宏大的荆江分洪工程；在黄河流域，进行了‘蓄水拦沙’和下游防洪的全河流统一治理。”② 1955 年，毛泽东向全国人民发出绿化祖国的号召。1956 年 1 月，中央提出的《一九五六年到一九六七年全国农业发展纲要（草案）》规定：“从 1956 年开始，在 12 年内，绿化一切可能绿化的荒地、荒山。”植树造林，绿化祖国，改善生态，是我国长期的一项基本国策。毛泽东同志作为伟大的思想家、政治家、革命家和军事家，作为一代开国领袖，在领导中国革命和建设的长期斗争与实践中，非常关心和重视林业，做出了许多指示，形成了系统的林业建设思想，涵盖了国土生态的战略构想和林业生产力的整体布局、林业的地位与作用、目标与任务、方针政策等方面，视野广阔、见解精辟，实为先见、明见、远见。有力地指引了革命战争年代和社会主义建设时期的全国林业建设，对我国林业和生态建设仍然具有现实和深远的指导意义。在纪念毛泽东同志诞辰 110 周年之际，学习和领会毛泽东林业建设思想，对于贯彻落实中央《关于加快

---

① 中共中央党史研究室：《中国共产党历史》第 2 卷，中共党史出版社 2011 年版，第 125 页。

② 中共中央党史研究室：《中国共产党历史》第 2 卷，中共党史出版社 2011 年版，第 126 页。

林业发展的决定》，推进我国林业历史性转变，实现毛泽东同志绿化祖国的宏愿，具有十分重要的意义。

与农业稳步发展同步的则是工业的稳步发展。“整个说来，‘一五’计划头三年工业化建设取得很大成绩。1953 年 12 月 26 日，鞍山钢铁公司新建的无缝钢管厂、大型轧钢厂、七号炼铁炉三大工程举行开工生产典礼。”① 机械制造业也快速发展，国家已经能够生产火车机车、大型机床、电机、现代采煤机械、地址钻探机械等大型设备。但总地来说，刚刚起步农业和工业并未对自然环境造成极大的破坏，因为工业生产能力以及有限度的矿山开采、铁路建设都是在较小的范围和较小的程度上进行的兴修水利、治理流域，本质上都在遵循自然规律进行。然而，从 1957 年至 1958 年，我们急于想快速建设一个高度发展的社会主义，在全国开展了社会生产运动，即所谓“大跃进”。“大跃进”是指 1958 年至 1960 年间，中国共产党在全国范围内开展的极左路线的运动，是在中共八届三中全会及其以后不断地错误批判 1956 年反冒进的基础上发动起来的，是“左”倾冒进的产物。1957 年 9 月，在中共八届三中全会上，毛泽东认为 1956 年对经济工作中过急情况的纠正是“反冒进”。八届三中全会通过了《农业发展纲要四十条（修正草案）》，这实际是农业“大跃进”的纲领。会后，全国大部分省、自治区召开党的各级干部会议，传达贯彻三中全会精神，积极准备掀起工农业生产的高潮。

1957 年 11 月 13 日，《人民日报》发表社论，提出了“大跃进”的口号。1958 年 5 月党的八大二次会议正式通过了社会主义建设总路线，号召全党和全国人民，争取在 15 年或者更短时间内，在主要工业产品的产量方面赶上和超过英国。会上通过了第二个五年计划，提出了一系列不切实际的任务和指标。会后，全国各条战线迅速掀起了“大跃进”的高潮。8 月，中共中央政治局在北戴河举行扩大会议，制定的 1958 年国民经济计划的第二本账的主要指标过高，提出

① 中共中央党史研究室：《中国共产党历史》第 2 卷，中共党史出版社 2011 年版，第 218 页。

1958年钢产量要在1957年535万吨的基础上翻一番，达到1070万吨，作为1958年实现“大跃进”的主要步骤。会议还决定在农村普遍建立人民公社。这造成了经济工作中的急于求成和急躁冒进。在“大跃进”中，高指标、瞎指挥、虚报风、浮夸风、“共产风”盛行，各地纷纷提出工业“大跃进”和农业“大跃进”的不切实际的目标，片面追求工农业生产和建设的高速度，大幅度地提高和修改计划指标。在农业上，提出“以粮为纲”，不断宣传“高产卫星”、“人有多大胆，地有多大产”，粮食亩产量层层拔高。在工业上，为实现全年钢产量1070万吨的指标，全国几千万人掀起了“全民大炼钢铁运动”，并且“以钢为纲”，带动了其他行业的“大跃进”。交通、邮电、教育、文化、卫生等事业也都开展“全民大办”，把“大跃进”运动推向了高潮。在社会主义改造与第一个五年计划取得伟大胜利的情况下，1958年5月党的八大二次会议正式通过了社会主义建设总路线，号召全党和全国人民，争取在15年或者更短时间内，在主要工业产品的产量方面赶上和超过英国。会后，全国各条战线迅速掀起了“大跃进”的高潮。1958年8月，中共中央政治局在北戴河举行扩大会议，确定了一批工农业生产的高指标，提出1958年钢产量要在1957年535万吨的基础上翻一番，达到1070万吨，作为1958年实现“大跃进”的主要步骤。会议还决定在农村普遍建立人民公社。会后，全国开始了全民炼钢和农村人民公社化运动。同时，交通、邮电、教育、文化、卫生等事业也都开展“全民大办”，把“大跃进”运动推向了高潮。这就使经济建设中的高指标、瞎指挥、浮夸风泛滥开来。1960年冬，中共中央和毛泽东开始纠正农村工作中的“左”倾错误，“大跃进”才被停止。“大跃进”造成了国民经济比例严重失调，使社会主义建设事业受到重大损失。“为土法炼铁的需要，还滥开滥采煤炭和矿石，砍伐大量树木，毁坏不少铁器。河南大别山地区的有些县，林木被砍伐殆尽。四川省境内长江上游的林区被毁林木达几十万亩，加剧了水土流失等一系列生态问题，带来了长期后患。”在20世纪60年代中期开始，在各种运动中，反复出现了“毁林开荒”、“围湖造田”和“围海造田”运动，至20世纪70年代末，无论是人文生态还是自然生态都遭到了严重破坏。二者之间具有密切的关系，不能正确认识社会的基本矛盾，也没有找到更好地解决矛盾的道路，所以，无论是面向人自身的道德观还是面向社会和自然的伦理观都处在亟需改造和更新的状态。复杂的社会关系运动，一方面，人们已经看到了和谐的社会、和谐的自然关系是人类生存和发展的基础，也有各种“植树造林”、“绿化祖国”的生态观念，但却没有把这些观念发展成主流形态的观念，更没有落实到各个领域、各个层面的政策设计和制度安排中。这充分证明了，一个先进的道德观念必须在进步的经济基础之上才能产生，在合理的政策而设计和制度安排中实现。在新中国成立后的29年里，社会主义建设处在初级阶段，落后的农业、工业，迫使人们不得不把快速发展农业和工业作为国家发展战略的根本任务，然而，又由于建成一个富裕、强大的社会主义，结果又欲速则不达，试图通过大炼钢铁、毁林开荒、围湖造田、围海造田的方式跑步进入共产主义。事实证明，明确的自然观念和生态观念还远没有形成。

（四）建立和发展社会主义市场经济初期的自然观与生态观

市场经济被视为迄今为止人类能够找到的相对有效率的经济组织方式，亚当·斯密在《国民财富的性质和原因的研究》曾给出了支撑市场经济的三个假设：人性是自私的，都有追求利益最大化的动机；市场是一只“看不见的手”，它会依据供求规律自行调节资源配置；日益精细的社会分工。事实证明，这是一个靠不住的承诺，其一，利己动机会突破实践理性或公共理性的限制，而将它推进到利己主义的程度上去，从而出现欺诈、造假、言而无信；其二，从来就不存在一个类似于自然规律那样的市场规律，那只“看不见的手”经常被两只“看得见的手”即资本家和权力拥有者所控制，从而成为既得利益者，既控制着现有资源的分配，又控制着潜在资源的开发和利用。当经济价值被作为首要价值在整个社会范围内确立下来，一种全面的生产运动就会开展起来。现代化运动实质上就是市场化、科技化和自然的人化，事实上，似乎没有任何一个推行现代化运动的国家能够以最小的环境代价而取得巨大经济利益的，生产资料的生产和生活资料的创造是必须以自然资源的消耗为代价的，这是一种必要性的代价，人类只能在可避免的代价中充分运用人的理论理性和实践智慧。中国作为后发国家，在建立和发展社会主义市场经济的初期甚至中期，也不同程度地付出了环境代价。

人类与自然环境的紧张状态首先表现为人口增长与自然资源稀缺之间的矛盾。“正是在这些被大工业以其强有力的生气所鼓舞着的地区中，十分强烈地表示出人口显著增加，这已成为大多数工业国家中的正常现象。曼彻斯特在 1773 年是一个仅有三万人口的城市，可是一百五十年后，它几乎有一百万人口；大不列颠和爱尔兰的总人口，在 1801 年是一千四百五十万，到 1928 年则达到四千八百万。”[①] 人口增长在 19 世纪更是成为令人瞩目的问题，托马斯·马尔萨斯预言，人口将呈几何级数快速增长，大大超过以算术级数增长的食物供应。1798 年马尔萨斯的人口理论一经公布便遭到了很多人的讥讽和批评，尽管马尔萨斯的初衷是只关注人口、人类，而不是自然环境，但 200 多年之后的今天，虽然不能证明马尔萨斯的人口理论是真理，但人口的快速增长以及由此所带来的环境压力却是不争的事实。关于人口驱动力问题，有学者认为，近几个世纪人口增加的主要原因，一个是“医学，特别是公共卫生方面取得的进步”，但令人“遗憾的是，从人口角度看，死亡率下降未能直接影响到生育率”。“人口变化的另一个主要的现实驱动力是城市化，这还是社会和经济方面的原因。”[②] 根据联合国人口组织报告预测，到 2050 年中国人口为 13.95 亿，而印度人口将会超过中国达到 15.31 亿。日益增加的人口对环境的压

---

① ［法］保尔·芒图：《十八世纪产业革命》，陈希秦等译，商务印书馆 1997 年版，第 12 页。

② ［美］罗伯特·艾尔斯：《转折点——增长范式的终结》，戴星翼、黄文芳译，上海译文出版社 2001 年版，第 20 页。

力，除了表现在食物、衣妆、饮水、空气方面的需求之外，重要的方式就是人口增长与爆炸性的城市化的互动问题。[①] 那么是何种人口危害地球呢？“人口爆炸多数出现于发展中国家，可是多数的环境破坏，尤其是那些具有全球后果的环境破坏，却由人口已相对稳定的工业国一手造成。”[②] 例如，我们发现，破坏臭氧层的含氯氟烃是从工业国的空调器、聚苯乙烯泡沫塑料生产和各种喷雾剂中释放出来的。不幸的是，发达国家造成的环境影响多由第三世界的穷国来消受。有毒垃圾装船驶离工业国港口，为寻找一个填埋地点而周游世界，最后落户在某个急等现钱的第三世界国家。工业国中已禁止使用的有毒杀虫剂依然畅销于发展中国家。近至1991年，世界银行的首席经济学家还坚持认为，第三世界国家尚“污染不够”，现应接纳自工业国运来的有毒废料。确实由第三世界自己造成的多数环境破坏也往往导源于第一世界，因为后者的经济发展项目输出了危害环境的政策。印度尼西亚政府所作的一项研究“得出结论，银行向环境破坏活动发放的贷款额……比向据称环境无害活动发放的贷款额高出10倍”。第三世界国家承受着压力，被迫参与国际经济竞争并摆脱其众所周知的国际债务负担。这改变了原以自立为特点的小规模家庭农业，取而代之的是用

① 现代化进程在某种意义上就是工业化和城市化的过程。城市化道路意味着大量农田变为工厂、宅基地、单位用地，为追求城市经济的发展势头，大量农田被划拨为经济技术开发区或工业园区。但事实上，以工业园区名义获得土地使用权的个人或组织，并未将土地用于所谓的城市经济建设，即便是经济开发区或工业园区，其经济效益和社会效益多半差强人意。但却造成大量的包括土地在内的自然资源闲置或浪费。“我们正在用‘掠夺式工业生产方式’破坏我们的家园。当代文明社对自然资源的掠夺式开发和破坏的主要动力正是来源于现代城市——拥挤的交通、对化石燃料需求巨大，并由水泥和沥青构成的巨大网络。这个由汽车——城市蔓延——高速公路——石油燃料组成的复合体又焕发出一种新的活力——一种特别的经济‘生命力’，它吞噬大量的农田、土地和自然生境，造成全世界每年交通事故死亡人数为50万人，受伤者1000多万人，彻底破坏了地球经过1.5亿年才形成和储存下来的化石燃料。同时，城市还消耗着巨大的钢材和能源。福特汽车公司在1999年的一则电视广告中，声称每年该公司消耗的钢铁就足够建造700座埃菲尔铁塔。这些够700座埃菲尔铁塔用的钢材通过巨大能源的驱动，像一条火龙横扫乡野，在城市化的光辉业绩中吞噬着土地，污染大气。”［美］理查德·瑞吉斯特：《生态城市——建设与自然平衡的人居环境》，王如松、胡聃译，社会科学文献出版社2002年版，第7页。

② ［美］丹尼尔·A. 科尔曼：《消失的边界：建设一个绿色社会》，梅俊杰译，上海译文出版社2002年版，第8页。

工日少的大规模农业。庞大的农业企业耕作着以前由森林覆盖或者由自立的农民综合利用的大片土地，那些从传统生活方式中被连根拔起并且流离失所的人们被迫移向贫瘠荒野之地，以勉强糊口度日。由此而造成了森林砍伐、物种消失、沙漠扩大、大气中二氧化碳增加及随之而来的全球变暖。隐性资源的迅速耗费。隐性资源又称隐性成本，主要指，用既定的环境标准无法计量的损失，如造纸厂、水泥厂、制药厂、铁铜矿厂等，除了可计算的原料、辅助材料的消耗之外，还有污染、水位下降、气候变化，这些是无法计算的，还有一些是由于经济政策导致的地区性的环境问题。二战以后，史无前例的经济繁荣和扩张带来了物质商品消费量的激增。从1950年到现在，全球木材消费量增加了1倍多，纸的使用量增加了5倍，鱼的消费量增加了4倍，水和谷物的消费量增加了2倍，而钢的使用量和化石燃料的消耗量攀升到4倍。人口由1950年25亿增至1999年的60多亿。所有这些趋势结合在一起，已引起全球经济和地球生态极限之间的矛盾。1998年，作为导致全球变暖的主要源头之一的碳的排放量达到了最高峰，已接近70亿吨，大气中的二氧化碳含量再次达到了历史最高纪录。生物学家已发出警告：我们已经进入了一个生物种群大量灭绝的时期——这一时期灭绝的生物种群的数量是6500万年以来最多的。根据世界环境保护组织的调查，世界上约有1/4哺乳动物种群面临灭绝的危险，13%的植物种群也濒临灭绝。同时，世界上主要的鱼类都处在灭绝的边缘。而水资源的稀缺和土地肥力的退化更是对人类食物来源的威胁。经济和生态系统的全球化导致了国与国之间的“环境空间”的互换。一个专业小组对全球52个国家进行了一项被称之为“生态足迹”的研究，研究的核心是这些国家和其居民所占用的从生物学意义上来说具有生产能力的土地面积。结果证明：当今世界已经超越了它的生态承载能力。在超越生态极限的过程中，相对于另一部分国家，一些国家由于其稀缺的自然资本或极其浪费的消费方式，或是因为以上两个原因的共同作用，对生态系统进行了更为残酷的掠夺。一些生态资源不足的国家开始从那些资源相对富足的国家输入自然资本，这是一个隐性的掠夺过程。荷兰实际获得的生态承载力是1.2，而它的生态空间占有却是5.9，生态赤字是4.7；美国为6.7比10.9，生态赤字是4.2；中国为0.6比1.5，生态赤字为0.8。[①] 人类对地球的开掘也从未像今天这样全面、深入而迅速。采矿业和石油业的发展也对地球上的森林、山脉、水资源和其他敏感的生态系统造成了影响。矿山开采至少包含着三度污染：原料开采开掘、原料加工、产品消费。总之，采矿业耗费了巨大的环境资本。它不仅毁坏了大面积的土地，同时还产生了数量很大的污染物和废弃物。在美国，每生产1公斤黄金，就会留下300万公斤的废矿石。重要的矿产采掘地通常是在先前未被破坏的森林和野地。据世界资源研究所报道，采矿和开发能源以及相关的活动是继伐木之后对边缘森林造成危害的第二大因素，它所影响到的森林面积约占受破坏的森林总面积的40%。[②] 采矿业不仅破坏了宝贵的生态系统，而且还对当地居民的生活造成了损害。据估计，未来20年里，50%的黄金将产自当地有人居住的地方。采矿业所产生的有毒副产品毒化了赖以生存的水资源，同时采矿业本身也对田地和森林造成了破坏，而恰恰是森林和土地为人类生存提供了给养。生物多样性的破坏使得自然循环系统受到破坏。森林、草原、湿地因干旱而日益沙化，沙漠面积的扩大使大批田地变成荒野。可供人类居住的环境逐渐缩小其范围，继政治难民和经济难民之后，环境难民产生了。政府间气候变化专门小组1990年的研究报告称："气候变化最严重的后果，也许是造成人类迁移的那些后果，因为海岸线侵蚀，沿海地区洪水泛滥，以及农业遭受破坏，使得几百万人背井离乡。"[③] 由于干旱、土壤侵蚀、沙化或其他环境问题，许多人在自己的家乡无法获得生活保障。在绝望中觉得别无选择，只得到他乡

① 参见［美］希拉里·弗伦奇《消失的边界》，李丹译，上海译文出版社2002年版，第8—12页。

② ［美］希拉里·弗伦奇：《消失的边界》，李丹译，上海译文出版社2002年版，第32页。

③ ［美］诺曼·迈尔斯：《最终的安全：政治稳定的环境基础》，王正平译，上海译文出版社2001年版，第187页。

寻求避难所，不管这样做有多危险。据最新统计，“这类穷人今天至少有1000万，或者说，是其他各类难民（政治难民、宗教难民、种族难民）人数的总和。”①

（五）当代中国生态观念史与生态实践史

面对日益严重的生态危机，一种日益普遍化的生态观和生态实践在逐步形成。无论从主体上还是从领域和内容上，生态观都逐渐表现出自愿自觉的性质。作为治理环境、恢复生态的决定性力量的党和政府，自新中国成立之时起，就始终重视环境保护和建设，从大量数据来看，不同时期有不同时期的政策和制度。这就表明，作为一个后发国家，建立和完善社会主义市场经济，尽管也遇到了先破坏后治理的实践难题，但在吸收西方现代化运动中之于环境保护和生态建设的经验与教训，不断制定各种激励政策和惩罚机制，抑制严重污染环境的企业、工厂。通过省以下环境监测垂直管理、惩罚造假，维护了环境监测数据的真实性，初步形成了以环境质量管理为核心的大气环境管理模式，实现了管理模式的转型，有力地提高了环境质量。通过打击环境监测数据造假，打击红顶中介，保证了地方环境保护审批和环境保护考核的真实性，维护了环境保护考核和生态文明评价考核的严肃性，有利于形成正确的政绩观。通过垂直管理制度改革，一些地方建立了环境保护警察制度，一定程度地遏制了市县的地方保护主义。通过环境保护党政同责、中央环境保护督察和环境保护专项督查，2016年至今，追究了1万多人的责任，有力地打击了环境保护形式主义。而这些，是以前一二十年都想解决而难以解决的。在保障措施方面，绿色金融体系、环境保护投融资体系的推行，为绿色发展保驾护航。如，2015年全国环保投资总额为8806亿元，比2012年增长6.7%，2016年达到万亿元；2015年全国环保污染治理和运营费用是3282亿元，比2012年增长25%。史上最严的《环境保护法》和其他环境保

① ［美］诺曼·迈尔斯：《最终的安全：政治稳定的环境基础》，王正平译，上海译文出版社2001年版，第188页。

护法律法规，规定了企业自我监测、信息公开等义务，提高了罚款标准，规定了按日计罚、行政拘留、引咎辞职、连带责任、公益诉讼等新措施。2015 年新《环境保护法》实施以来，几十万元、几百万元甚至高达几千万元的按日计罚对违法企业形成了威慑，数以千计的环境违法者被行政拘留甚至刑事拘留，一批党政官员因为环境失职被追究纪律、行政甚至刑事责任；一些环境污染和生态破坏企业因为引起公愤被社会组织或者检察机关告上法庭，几千万元甚至几亿元的环境损害赔偿金额使得污染环境无利可图。总体来看，环境保护法律法规的“牙齿”更尖锐了，有法必依的法治氛围正在形成。通过建立自然资源资产负债表、领导干部自然资源资产离任审计、区域生态文明建设目标评价与考核、环境保护责任终身责任追究、党政领导干部生态环境损害责任追究制度，河北省委、甘肃省委原主要领导在中央环境保护督察后被严厉批评，一些省部级和厅局级干部被查处，地方党政领导目前被戴上了尽职履责的紧箍咒。在调研中发现，有河北和甘肃等地被中央严厉追责的前车之鉴，各省、市、县三级党委和政府的官员都很敬畏党内法规和国家环境法律严肃的追责，内心深处已被触动。在治理实效方面，通过优化区域的空间发展格局，区域环境风险正在通过规划环境影响评价和建设项目环境影响评价得到控制；通过中央环境保护督察、环境保护专项督查，“散乱污”企业正在被清理整顿，产业结构正在科学调整，工业技术正在转型升级；通过严肃问责，侵占自然保护区、破坏湿地、污染环境的现象被大力遏制，环境保护的形式主义正在被克服，一批综合和特色的国家公园已经建立，一些植物物种正在恢复，一些消失的野生动物重新出现，生物系统的稳定性在休养生息中得以增强。国家统计局 2017 年发布的统计数据表明，2015 年全国 COD 排放量比 2012 年下降 8.3%，氨氮排放量比 2012 年下降 9.3%；2015 年二氧化硫排放量比 2012 年下降 12.2%，氮氧化物方面下降 20.8%；2016 年京津冀地区 PM2.5 的平均浓度是 71 微克/立方米，比 2013 年下降 33%，治理效果有目共睹；长三角 PM2.5 平均浓度是 46 微克，每立方米下降 31.3%；珠三角地区

PM2.5平均浓度下降31.9%。人民群众在具体、生动的生态文明实践中感受到了环境改善的效果。目前，全社会的环境保护获得感不断增强，生态文明的理念不断深入民心，生态文明建设和体制改革的共识已经形成。从当代中国生态观念史与生态实践史的发生及其演变可以看出，任何一种道德观念的形成都是在反复进行的生产、交往和生活实践中完成，而且，并非人们自觉自愿且自发地形成的，而是在观念与行动之间、不同利益主体之间的相互斗争和博弈中确立起来的。以生态观和生态实践为例，从改革开放初期的将经济效益置于生态环境之上，到环境污染、耕地变少、草场退化、沙化加速，致使经济发展与生态环境出现尖锐矛盾，再到痛下决心，彻底根治污染，重建绿水青山。从而表现出了生态观念与生态实践的双重逻辑变奏。当代中国人与自然关系中的生态观念史与生态实践史研究，固然要研究重大事件的产生、处理与消除，更要研究一般民众、企业家、政府如何形成明确的生态观，并将生态观变成自觉的行动的内在逻辑。

六 政治转型与伦理变迁

在现代生活中，政治何以重要？其重要性已是一个无须论证的客观事实。国家治理体系和治理能力现代化是适应现代国家治理、全球治理和社会管理的需要而提出的一项具有战略意义的观念、制度和行动。它充分反映和证明了政治在现代生活中的重要性。政治观念、政治制度和政治行动都具有了新的目标、新的原则、新的规则和新的道路。政治学、国家关系学、法学等学科都以各自的学科体系、学术体系和话语体系紧跟政治事实的新变化，总结新经验，吸取过往教训，制定具有前瞻性的战略和策略。政治伦理学和政治哲学试图通过它们所特有的范畴、话语和逻辑，以理智的态度、以理性的方式，提供现代政治之“是其所是”的证明，它们共同构成了现代政治伦理学和政治哲学的主要问题和重点研究内容。

（一）对于“现代政治活动中政治、权力、正义、平等之观念与实践研究”而言，有关政治的一般哲学分析何以重要

由“转型期中国伦理基础变迁及其重建”这一总问题研究之原则所决定，在“政治转型与伦理变迁”研究中，必须拥有较为完善而深刻的“元理论”，否则所给出的政治观念与政治实践就一定会不牢靠。为达此目的，就必须避免使用充满弊端的旁观者研究范式，而必须采用当事人研究范式。对政治活动中之“观”的研究，必须采取当事人式的言说方式，让关于政治“是其所是的东西”自身显现自己，被言说者给予，是指这个“是其所是的东西”因言说者而呈现，而不是因他而生成；相反，它自己就是生成自己的原初性力量。如若将关于政治“是其所是的东西”的整体性把握概括为“观”，那么在这个总括的“观”之下则有具体的“观”，这就是：政治观、权力观、平等观和自由观；关于政治活动中的道德观念史与道德实践史的研究，正是关于这些具体“观”的发生史与演变史的研究；当指向客体之善时就是伦理观，当指向主体之善即行动者的德性时就是道德观。对政治的“是其所是的东西”的总体之“观”与具体之“观”的一般哲学分析，就是对政治所做的语言哲学规定。范畴、话语与逻辑构成了有关政治“是其所是的东西”的语言哲学原理的基本单元，它们既是人们用以认知、把握和领悟政治真理的工具系统，也是将政治从遮蔽状态进到澄明和无蔽状态的锁钥；同时还是政治“是其所是的东西”自身。思想者与思想是同一的，巴门尼德说：“因为能被思维者和能存在者是同一的。可以言说、可以思议者存在，因为它存在是可能的，因而不存在者是不可能的……可以被思想的东西和思想的目标是同一的；因为你找不到一个思想是没有它所表达的存在物。”[①] 亚里士多德说，能被思想者一定是善的东西，甚至是最高的善，善型与善型的显现方式是一致的，这个显现方式就如同是立在思想者和思想之间的一个中项，它把所指和被指有机地结合起来。如若有一种东

① 《西方哲学原著选读》（上卷），商务印书馆1981年版，第22—24页。

西它是至善或最高的善，那它一定是一种自足的东西，它推动着追求和向往它的东西去运动，去实现它，它自身就是一个运动着的本体、实体，“它以这样的方式来运动；像被向往的东西和被思想的东西那样而不被运动。最初的这些东西也是这样。被欲求的东西，只显得美好，被向往的东西，才是最初的真实的美好。欲求是意见的结果而不是相反。因为思想是本原。理智被思想对象所运动，只有由存在所构成的系列自身，才是思想对象。而在这个存在的系列中，实体居于首位，实体中单纯而现实的存在者在先（单一和单纯并不相同。单一表示尺度，单纯则表示自身是个什么样子）。而美好的东西，由于自身而被选择的对象，都属于思想对象的系列。在一系列中，最初的永远是最好的或者和最好的相类。”① 最初的东西就最美好的东西，它总是这样的美好而不会变成别样，“由于它必然而存在，作为必然，是美好，是本原或始点。而必然性又有这所有含义，由于与意向相反而被强制，或者没有它好的结果就不可能，总须如此而不允许别样是最单纯的意义。”② 在亚里士多德看来，天界和自然就是这种最初的本源，它们永远都是自足的，没有缺陷，只要完满；但人类就是有缺陷的，它总是想获得那个完满的东西，但总是以有限的方式去思想它和追求它。“天界和自然就是出于这种本原，它过着我们只能在短暂时间中体验到的最美好的生活，这种生活对它是永恒的（对我们则不可能），它的现实性就是快乐（因此，清醒、感觉、思维是最快乐的，希望和记忆也因此你而是快乐）。就其自身的思想，是关于就其自身为最善的东西而思想，最高层次的思想，是以至善为对象的思想。理智通过分享思想对象而思想自身。它由于接触和思想而变成思想的对象，所以思想和被思想的东西是同一的。思想就是对被思想者的接受，对实体的接受。在具有对象时思想就在实现着。这样看来，在理

① 《亚里士多德全集》第 7 卷，苗力田译，中国人民大学出版社 1993 年版，第 277 页。

② 《亚里士多德全集》第 7 卷，苗力田译，中国人民大学出版社 1993 年版，第 278 页。

智所具有的东西中，思想的现实活动比对象更为神圣，思辨是最大的快乐，是至高无上的。如若我们能一刻享受到神所永久享到的至福，那就令人受宠若惊。如若享得多些，那就是更大的惊奇。事情就是如此。神是赋有生命的，生命就是思想的现实活动，神就是现实性，是就其自身的现实性，他的生命是至善和永恒。我们说，神是有生命的、永恒的至善，由于他永远不断地生活着，永恒归于神，这就是神。”[1][2] 如若把人自身视作神，那么他就一定是一个自我运动、自我沉思的神，获得至善固然重要，但获得至善的过程更重要；获得思想重要，但现实地沉思着思想的对象更令人着迷，因为只有具有现实性的活动才更加重要。

于我们而言，指明政治的“是其所是”固然重要，沉思这个“是其所是”进而获得这个“是其所是”、形成政治观更重要。将政治的真理呈现在表象里、把握在意识中，就是沉思的过程，它是思的现实性；将政治的真理变成现实的活动，它是行动上的现实性。前者构成认识论，后者构成实践论；前者遵循的是建构性原则，后者执行的是范导性原则。

在某种意义上可以时候，概念史就是观念史，梳理政治概念就是在梳理政治观念。从字源学或词源学角度梳理政治概念，乃是建构有关政治“是其所是的东西”的语言哲学原理的基础。

政，。《说文解字》：“正也。从攴从正，正亦聲。之盛切（zheng）。”政，以强力施行正义。字形采用“攴、正”会义，“正”也是声旁。正也。《论语》中孔子曰：政者，正也。从攴正。

① 《亚里士多德全集》第 7 卷，苗力田译，中国人民大学出版社 1993 年版，第 278—279 页。

② 黑格尔对亚里士多德“思想者与思想者是同一的”的思想高度重视。他在《哲学史讲演录》的“亚里士多德”部分，对这段话几乎是引用原话进行了逐句的讲解（见：《哲学史讲演录》第 2 卷，贺麟、王太庆等译，上海人民出版社，第 281—285 页）。在《精神哲学》的最后一节即 577 节中，论述“理念之自我分割”时，在注释中几乎逐字逐句地引证了亚里士多德的这段话。足见黑格尔对亚里士多德关于思想与思想者是同一的这一思想的高度重视。

正亦聲。之盛切。十一部。“正：桂馥《说文解字义证》：‘《周礼》：‘司马使帅其属而掌邦政。’注云：‘政者，正也。政，所以正不正者也’。”“政，正。由攴、由正会意，正也发声。”[1] 作为一个会意字，“政”，从攴从正，本义为“正”；从攴，而“攴”则与手的动作有关，将“正”与“攴”并合在一起，表示统治者以鞭杖来匡正天下。“会意”是古人六种造字方法中的一种，“会意者，比类合谊，以见指撝。”“撝”，，《说文解字》：“裂也。从手。一曰，手指也。”汤可敏注释道：“手指：田吴炤《说文二徐笺异》：‘手指即指撝连用之谊也。’段玉裁《说文解字注》：‘凡指撝当作此字。’后作挥。”[2]　“撝”，读［huī］，撝在句中意思是指挥，同“挥”，字造成后让人知到它的字义所在，叫“以见指撝”。《说文解字》：“会意者，比类合谊，以见指撝。”“武”、“信”是也。出自于中国东汉学者许慎的《说文解字》。意思是：并合两个以上的“文”，成为一个字，可要把它们的意义，联系起来，表达另一个新的意义，这种字叫会意字。例如合并“止”、“戈”，是“制止干戈等武器而不用”的意思；又如合并“人”、“言”二字，是“人所说的话一定要诚实”的意思。“政”由“正”和“攴”两个偏旁或两个字组合而成，意义似与“义”相同，即为“适当”、“正当”、“适宜”，获得结果成比例，即适当原则；获得过程和手段要适宜，即正当原则。将“政”、“正”作为副词修饰和限定与“政”组合而成的一个“合体字”的另一个字，乃是修饰和限定另一个“行动”或“动作”。以“政”为单元字组成的词语不下 40 余个，似乎只有“政治”构成一个偏正词组结构，或许有人认为“政治”是一个并列式词组作谓语的语式结构，但将“政”作为一个独立的动词还是作为联连动结构中的动词，似乎都难以准确地、明确地表达意思。一个准确的把握是，在“政治”这个词组中，“政”是用来修饰和限制“治”的，属

① 《说文解字》（一），汤可敏译注，中华书局 2018 年版，第 651 页。
② 《说文解字》（四），汤可敏译注，中华书局 2018 年版，第 2578 页。

于“状语”。在汉语中，修饰和限制状语是句子一个重要修饰成分，是谓语里的另一个附加成分。从情况、时间、处所、方式、条件、对象、肯定、否定、范围和程度等方面对谓语中心词进行修饰、限制。显然，“政”作为“治”的修饰和限制词，不是一般性的限制，而是一种具有肯定和否定性质的修饰，“政者，正也。政，所以正不正者也。”而“正”或“不正”则是一个价值判断，它不像时间、处所、条件、范围、程度等等，是可感知且可公度的感知，而“正”与“不正”乃是一个虽不可视见但却可以陈述的判断和推理，因地位、身份、角色不同，对“治”是否正义、正当的判断和推理也就不同。因此从字源学或词源学角度考察“政治”，就包含着在“政治”问题上见仁见智的初始根据。

治，。“治，，水。出东莱曲（城）［成］阳丘山，南入海。从水，台声。直之切（chi）。”汤可敏注释道：“①治：即今山东大沽河与支流小沽河。张舜徽《说文解字约注》：‘源出山东省掖县马鞍山，即阳丘山。水南流经莱阳县西南，与大沽河合，至平度县称沽河，合胶莱河入海。’②曲城：当依段玉裁《说文解字注》城作成。《汉书·地理志》东莱郡有曲成县。今山东掖县东北。”汤可敏译注道：“治，水名。从东莱郡曲成县阳丘山流出，向南注入大海。从水，台声。”① 将水之最初的河流名称演变成一个脱离具体实体的抽象名词，乃是后来的事情。①治理。《论积贮疏》：“民不足而可治者，自下及今未之尝闻。”②〈动〉惩处。《出师表》：“不效则治臣之罪。”③〈动〉医治。《扁鹊见蔡桓公》：“君有疾在腠理，不治将恐深。”④〈动〉建造。《西门豹治邺》：“为治斋宫河上。”⑤〈动〉整理；备办。《冯谖客孟尝君》：“于是约车治装，载券契而行。”⑥〈动〉训练。《左忠毅公逸事》：“史公治兵，往来桐城。”⑦〈动〉对付；抵御。《赤壁之战》：“同心一意，共治曹操。”⑧〈动〉处理。《苏武传》：“单于使卫律治其事。”⑨〈动〉讲求；研究。《齐桓晋

① 《说文解字》（四），汤可敏译注，中华书局 2018 年版，第 2272—2273 页。

文之事》："此惟救死而恐不赡，奚暇治礼义哉。"⑩〈名〉地方政府所在地。《过小孤山大孤山》："州治德化县，即唐之浔阳县。"⑪〈形〉治理得好；太平。《屈原列传》："明于治乱，娴于辞。"

通过词源学、语义学梳理，"政治"一语既可作"偏正"词组，又可作名词使用。作为偏正词组，意指按照正义原则进行治理，治理为活动、为过程，正义为原则、为尺度。作为名词意指结构、关系状态，进一步地指作为客体的政治观念、政治制度和政治行动，作为主体的政治精英和公职人员的德性结构。政治就是拥有且行使政治权力和行政职权的政治精英和公职人员，在道德人格的支撑下、在规范体系的约束下，创造和分配公共善的过程，以及由此形成的结构性的社会存在。有关政治的这一规定既是分析的又是规范的，作为分析的命题，一个追求和实现公共善的政治行动，必有其主客观条件，是一个分析判断；作为综合命题，它又是和意愿、意志有关的事情，是善良意志、实践理性和先天法则共同作用的结果，因此又是一个综合判断。基于词源学、语义学和语言哲学的分析和论证，我们可以把政治的价值和价值原则规定为关于"政治"、"权力"、"正义"和"平等"的观念以及这些观念的实现，把具体场域下这些观念的实现称之为"政治活动中政治、权力、正义、平等之观念史与实践史研究"。

（二）政治活动中具体观念的先行标划

先行标划出政治活动中诸多具体观念的规定及其复杂性，是将"政治活动中政治、权力、正义、平等之观念史与实践史研究"纳入到具体场域中加以分析和论证的学理基础。

1. "政治观"

如何理解和规定政治的含义，是追寻"是其所是的东西"的认识论前提。就好像人有一个先天的政治逻辑那样，对正义、平等的理解似乎无须经过后天的教化就可知其意。但对政治的理解却未必如此，不但不同的人对政治的理解不同，甚至同一个人在不同的生命周期的不同段落、在不同的语境下，对政治的理解也不同。惟其如此，如何理解政治就成为理解其他政治价值的前提。政治观念作为一个政治哲学概念，首先要规定“政治”范畴，也就是回答什么是“政治”。政治是有关公民之根本利益的所有方面，包括如何看待、对待公民之根本利益，这是政治的观念形态；为实现公民之根本利益所进行的政策和制度安排，这是政治的制度形态；为具体实现公民之根本利益所进行的行动（行政行为），这是政治的活动形态。在政治的三个要素中，观念是核心、制度是保证、行动是途径，其中观念起着决定性的作用，进言之，有什么样的政治观念就会有什么样的制度安排和行动。①然而不同的人对政治或公民的根本利益会有不同的观念。从“谁的政治观念”来看，存在政治精英、公民和研究者三种政治观念。当我们把谁的政治观念与社会形态结合起来考察时，就会有专制形态下的和民主形态下的两种政治观念。关于政治精英、公民和研究者（思想家）的政治观念之间的逻辑关系应加以优先讨论，因为在政治实践中它们之间的关系也具有优先性，至于一个好的政治观念如何变成好的制度和行动则是次一级的事情。我们无意于从政治制度史和政治思想史的角度讨论三种主体之政治观念相互转成的内在机制，而是在发生学的意义上讨论这种转成的机理。在人类历史的初始阶段，尚无政治观念的三种主体之间的分化。当思想者和公民的政治观念仍处在萌芽状态之时，有关公民之根本利益的界定与分配几乎全部仰赖于圣明的君主。当圣明的君主把他们的理论理性、创制理性和实践理性、理智的德性和道德德性全部用在政治活动中时，一种原始的平等社会就会出现，这是一种无须民主的平等。在此种境况下，思想家或研究者的政治观念也会出现，但多半是颂扬与赞美之辞。《尚书》、《春秋左氏传》通过重大历史事件记载了帝王的言行，字里行间都充满了对圣明君主的崇敬之情。在被颂扬的帝王中，大都具有高尚的品德，作为先知先觉者，他们既是政治领袖又是道德楷模，他们主要是通过德性的力量贯彻其政治观念的。然而大概是因为两种力量使得圣明的君主日益稀缺，而昏庸和贪婪的君主增多：理智德性和道德德性的缺失或丢失。理智德性的缺失使得君主不能提供更多的公共物品：财富与秩序；道德德性的匮乏使得君主不能正确处理与自己的欲望有关的事情。当剩余产品有了足够的剩余且这些剩余愈来愈被垄断在强势者手里时，当权力拥有者开始用公共权力为自己谋得私利时，思想家的政治观念就会产生和彰显出来。此时思想家的政治观念就不仅仅限于颂扬和赞美，而是反思与批判。孔子通过大量言行表达了对当下政治的不满和对往日圣明的怀旧。基于差序格局之上的等级制会使政治精英（权力拥有者）产生“赐予”的观念。臣民、庶民所拥有的表达意志的权利、获得生活上的资料，都是皇帝赐予的，他们要对皇帝感恩戴德。对平民、臣民、庶民甚至贱民而言，成为“民”的资格不是自己先天具有的，而是皇帝赐予的。在传统社会，“民”的资格与利益不是被要求的而是被给予的。被给予的力量来自君主与诸侯的德性，德性是政治的基础，而不是相反，所以儒家才把“修身”视为齐家、治国的关键。大学之道，在明明德，在亲民，在止于至善；表现在道德准则上就是：为人君止于仁，为人臣止于敬。然而，倘若君主与诸侯不能“明明德”、“亲民”、“止于至善”呢？因此，把好君主、好政治的全部希望立于德性之上的政治观念含有极大的风险，具有明显的历史局限性。一个直接的后果就是思想家和民众的政治观念不能产生和健全起来，作为两支不可忽视的社会力量发挥应有的作用。而在要求和创设民主政体的历史语境下，思想家和臣民愈来愈有了权利意识，民主的、自由的观念也愈来愈植根于他们的心灵之中。思想是行动的先声。但思想的产生必须具有足够坚实的社会基础。在一个由资产者构成的权力集团中，由于他们在经济上的力量已经足够强大，于是已经不能满足于经济上的独立，他们要求与其经济力量和经济地位相匹配的政治力量。然而拥有政治权力的封建权贵们却不会自愿、自动地交出他们手中的政治权力，于是，一场用经济力量抗衡政治力量的革命就拉开了序幕。15 至 19 世纪中叶，针对封建势力的资产阶级革命从未间断过，直到资产阶级完全登上历史舞台为止。思想的革命常常发生在政治变革和政治革命之前。为了对资产阶级革命进行合理性论证，思想家们从不同的角度论证了自由与民主的历史必然性和价值合理性。按照普世性的观念，为什么会人人平等呢？为什么每个人都享有平等的权利并自由表达其意志呢？②理由有三：我们都是上帝的臣民，都是兄弟姐妹，人人平等；我们都是有理性的存在者，拥有平等的人格和尊严；我们都是社会的成员，成员之间无高低贵贱之分。而在思想的高度上，思想家们比人们的日常政治观念说得更加彻底。卢梭相信，一个理想的社会建立在人与人之间而非人与政府之间的契约关系之上。与约翰·洛克一样，卢梭认为政府的权力来自被统治者的认可。卢梭强调，一个完美的社会是为人民的"公共意志"（公意）所控制的，虽然他没有定义如何达成这个目标，但他建议由公民团体组成的代议机构作为立法者，通过讨论来产生公共意志。人民应该在政府中承担活跃的角色。人民根据个人意志投票产生公共意志。如果主权者走向公共意志的反面，那么社会契约就遭到破坏；人民有权决定和变更政府形式和执政者的权力，包括用起义的手段推翻违反契约的统治者。

约定是一切合法权威的基础。这个论断，根据格劳秀斯的理论，是人民转让自身自由的权利。转让就是奉送或者出卖。但一个使自己作另一个人的奴隶的人并不是奉送自己，他是出卖自己，是为了自己的生活。一个人无偿地奉送自己，是荒谬的和不可思议的。这样一种行为是不合法的、无效的。即使一个人可以转让自己，他也不能转让自己的孩子，孩子们生来是自由的；他们的自由属于他们自己，其他人都无权加以处置。格劳秀斯为了替奴隶制度开脱，鼓吹征服者有权屠杀被征服者或夺取其自由而赦免其生命。但战争不是人与人的一种关系，而是国与国的一种关系；战争的目的既然是摧毁敌国，那么，人们就有权杀死对方的保卫者，只要他们手里有武器；可是一旦他们放下武器投降，不再是敌人或者敌人的工具时，他们就又成为单纯的个人，而别人对他们也就不再有生杀之权。没有人有权奴役他人，奴隶制和权力，这两个名词是互相矛盾的。社会秩序来源于共同的原始、朴素的约定。在自然状态中，生存障碍超过个人所能够承受的地步，人类就被迫改变生活方式。人类不能产生新的力量，而只能是集合并形成力量的总和来克服生存的阻力。“要寻找出一种结合的形式，使它能以全部共同的力量来卫护和保障每个结合者的人身和财富，并且由于这一结合而使每一个与全体相联合的个人又只不过是在服从自己本人，并且仍然像以往一样地自由。”解决办法就是形成一个约定，使每个人都把自身的能力置于“主权者”的指导下。主权者是尽可能包括最多社会成员的、道德的与集体的共同体。共同体中的约定对于每一个成员都是平等的。共同体就以这同一个行为获得了它的统一性、它的公共的大我、它的生命和它的意志。共同体可称为“国家或政治体”，至于结合者就称为人民；个别的作为主权权威的参与者，就叫做公民；作为国家法律的服从者，就叫做臣民。有了这个契约，人类就从自然状态进入社会状态，从本能状态进入道德和公义状态。人类由于社会契约而丧失的是天然的自由以及对于他所企图得到的一切东西的无限权利；而他所获得的，乃是社会的自由以及对于他所享有的一切东西的所有权。主权是公意的运用，不可以转让，不可分割。主权由共同利益决定和约束，并依照法律而行动。法律是以公共利益为依归的公意的行为。虽然公意总是对的，但是它并非总是能做出明智的判断，因此也并非总能找到共同利益之所在，于是立法者的存在就是必要的。然而立法者本身并没有权力，他们只是指导者。他们起草和提出法律建议，只有人民自己（或者说主权者、公意）才有权设立法律。对于政府而言，仅有立法是不够的，法律的强制实施亦非常必要。虽然主权者有立法权，但是它不能赋予自身执法权。它需要一个介于主权者和国民之间的中介者，在公意的指示下实施法律。这就是政府的角色，政府是主权者的执行人，而非主权者本身。政府中的执政者只是受委托来行使行政权力；他们是主权者的官吏，他们的职能不是契约的结果，而是以主权者的名义行使被托付的权力。他们从主权者接受命令，并将命令转达给国民。主权者可以根据自己的意愿限制、改变或收回行政权。在表面上相当温和而在理智极为坚定的康德那里，自由与平等的观念更是被阐释得淋漓尽致。其绝对命令的三个命题直接指出了自由与平等的哲学基础。人人都是有理性的存在者，惟其如此，每个人都是行动的立法者，既是立法者又是守法者；每个人尊重自己为人也必须尊重他人为人。然而，在民主体制下作为一种总体性的政治观念该如何生成呢？所谓总体性的政治观念是把思想家、政治精英和民众的三种政治观念整合在一起之后形成的政治观念，既具有合理性又具有合法性。总体性的政治观念不是思想家的政治思想的堆积，也不是政治精英的政治谋略、治国之术，更不是公民一己之利的意思表达，而是思想、治国之艺、利益等多种元素博弈的结果，它以每个人的利益和好的生活为宗旨，但又不止于此（个体的善），还要追求共同的、公共的善。总括地说，总体性的政治观念以社会的进步和人的发展为旨归。③事实证明，三种主体之单一的政治观念都不足以体现历史合理性。

政治精英的政治观念如若体现历史合理性，需有两个历史条件，第一，君主是圣明的，既有理智的德性又具有道德的德性，也就是既有智慧又大公无私；第二，在一个十分有限的地域内，一种自下而上的作为政治体系之替代品的伦理体系能够将人们的观念和行为整合在一起。而这两个历史条件在今天似乎都难以具备，在一个高度社会分工和社会复杂性日益提高的环境下，单一的“传统文化型”和“个人魅力型”的社会治理模式似乎已经失效，代之而起的是“法理型”。在一个合法界定的社会共同体中，人们依照可公度的伦理道德体系和法律系统享受权利和履行义务。现代社会与传统社会在生成政治观念上一个最大的区别是，它需要一个普遍化的公共理性。公共理性的发生与成熟是在政治精英、思想家和民众的反复博弈中完成的。其主要原因是，思想家、政治精英和民众的政治观念既有其优点又有其缺点，只要通过反复讨论和博弈，一种取长补短的总体性或公共性的政治观念才会生成。思想家提出政治观念基本上是通过辩护、批判与预设三种方式来完成的。而在三种方式中，批判与预设乃是主要的。而就批判的着手方式而言又有两种：怀旧的和向往的。子张问：“十世可知也？”子张问孔子说，自此以后，十世之事可前知乎？子曰：“殷因于夏礼，所损益，可知也；周因于殷礼，所损益，可知也；

其或继周者，虽百世可知也。”夏、商、周三代相因相继者乃“三纲五常”、“三统”，若自此以后能继此者，则今以往，或有继周而王者，虽百世之远，所因所革，亦不过此，岂但十世而已乎？然今日礼崩乐坏、“八佾舞于庭，是可忍也，孰不可忍也?”对此孔子发出感叹说：“吾衰也，吾不复梦见周公久矣！”孔子通过怀旧的形式指称当下社会的不合理。而在柏拉图、卢梭、康德那里，思想家的政治观念是立于对当下社会的批判而指向未来预设的。然而无论是怀旧的还是向往的政治观念，思想家多半是依照其纯粹的政治理念而构造其“理想类型”的，其合理性和合法性要受到社会现实的检验。所谓社会现实，一是指历史合理性，即符合绝大多数人的根本利益；二是指执政者的接受程度，如果有一个智慧尚不周全却又不接受先进思想的执政者集团，那么再好的政治观念也不会落到实处。惟其思想家的政治观念是立于当下而指向未来的，因此与社会现实保持足够的可能性空间，才能发挥反思与批判的功能。正因如此，历史上绝大多数思想家的政治观念都无法完全变成现实，当然也不会全无用处民众的政治观念既没有思想家的政治观念的高度，也没有政治精英的政治观念的权威性，然而却具有天然的合理性。西方近代以来确立的政治观念充分体现了这种合理性：人人平等！关于人人平等的证明有三项：宗教的证明，每个人都是上帝的臣民；哲学的证明，每个人都是有理性的存在者，既是立法者又是执法者，故必须尊重每个人为人；社会学的证明，每个人都是社会的成员，人们相互依赖、相互依存。然而，倘若是一个普通的公民，其所提出政治观念的方式可能是极为现实的：自己之日常的权利或利益要求。这种权利或利益要求可能是思想家提出政治观念、政治精英制定公共政策和设计政治制度的出发点，但却不是这种权利或利益本身。因为未经批判和整合的日常要求尽管具有天然合理性却不具有现实合理性，只有当日常要求变成每个人的即公共的要求时，它才具有现实的力量。政治精英提出政治观念的方式又与思想家和民众的方式不同：既不能过于理想又不能过于实际，而是现实。所谓现实，一是既要考虑每个公民的利益又要超越每个公民的个人利益，以追求公共利益为目标；二是既要立足于当下又要着眼于未来。思想家和民众的政治观念都是影响政治精英的政治观念的因素，也是政治精英必须考虑的因素，但却不是决定性的因素。政治精英在提出政治观念时所要考虑的现实问题，至少包括两个方面，一是事实逻辑，即政治观念得以实现的历史条件；二是价值逻辑，即思想家和民众对政治的要求。然而政治精英能否充分考虑到历史条件和价值要求并付诸实践，则是一个艰苦的历史过程。政治精英要建构并实现总体性的政治观念，就其自身要求而言，必须具备理智德性和道德德性两种品质。依照一般的理论推论，被组织得良好的城邦一定是由善人组成的，但有善的个人却不一定导致良序的城邦。个体的德性之美只构成良序城邦的必要条件：无之必不然，有之不必然。这是一个无须证明的命题。然而由善的个人组成的社会一定是优良的社会，却是一个需要证明的命题。④亚里士多德不无自信地认为，只要每个公民不但具有一般的善德且具有公民的善德，统治者除了具有一般人的善德，更具有统治者的善德，优良的城邦就是必然的了。在古希腊的伦理概念中，善人的品德与公民的品德是有细分的，成为公民的品德不必是善人的品德；在日常生活中，每个人不必是善人，但在城邦里司职，成为一个合格的公民，就必须具有公民的品德。亚里士多德以水手之于船舶的关系比附公民的品德与城邦之善的关系。作为一个团体中的一员，公民“之于城邦”恰恰好像水手“之于船舶”。水手们各有职司，一为划桨，另一为舵工，另一为瞭望，又一为船上其他职事的名称；“船上既按照各人的才能分配各人的职司，”每一良水手所应有的品德就应当符合他所司的职分而各不相同。但除了最精确地符合于那些专职品德的各别定义外，显然还须有适合于全船水手共同品德的普遍定义：各司其事的全船水手实际上齐心合力于一个共同的目的，即航行的安全。在一个合法界定的雅典城邦共同体中，公民们一如水手那样，公民既然为他所属的政治体系中的一员，他的品德应该符合这个政治体系。好公民不必统归于一种至善的品德，作为一个好公民，不必人人具备一个善人所应有的品德。⑤“所有的公民都应该有好公民的品德，只有这样，城邦才能成为最优良的城邦。”⑥然而由于每个公民在政治体系所司职位各不相同，甚至有很大分别，如支配者和被支配者，他们的品德是否相同呢？“全体公民不必都是善人，其中的统治者和政治家是否应为善人？我们当说到一个优良的执政就称他为善人，称他为明哲端谨的人，又说作为一个政治家他应该明哲端谨。”⑦“明哲（端谨）是善德中唯一为专属于统治者的德行，其他德行［节制、正义和勇毅］主从两方就应该同样具备［虽然两方具备的程度，可以有所不同］。‘明哲’是统治者所应专备的品德，被统治者所应专备的品德则为‘信从’（‘视真’）。被统治者可比作制笛者；统治者为笛师，他用制笛者所制的笛演奏。”⑧为何统治者和政治家必须具备“明智”这种品德呢？这是由他们所从事的活动以及由这种活动所要求的品德所决定的。“明智是一种同善恶相关的、合乎逻各斯的、求真的实践品质。所以，我们把像伯利克里那样的人看作是明智的人，因为他们能分辨出那些自身就是善、就对于人类是善的事物。我们把有这种能力的人看作是管理家室和国家的专家。”⑨在政治学中，政治家在两个方面表现出明智的品德：一种主导性的明智是立法学，另一种明智是处理具体的政治事务，处理具体事务同实践和考虑相关，因为法规最终要付诸实践。政治精英能够提出总体性的政治观念并把它实现出来，仰赖于他们的德性结构。这种德性以一种潜质存在他们身上，但却是在反复的政治实践中养成的，又在政治实践中发挥作用的。会使用社会治理之术的充其量只是社会管理者，只有懂得治理之道即懂得管理艺术的专门者才是政治精英，只有政治精英才能创造一个良序的社会。

当我们从政治观念的主体和历史场域两个角度讨论了政治观念的外部结构之后，一个关于政治本质的观念便自然“招至前来”：即技术主义和本质主义的定义方式。依照政治的“是其所是”，政治的本质一定是本质主义的定义方式。但由于政治的核心是权力，政治的使命是支配与管理，因此，基于人性根源和社会基础，人们关于政治的观念并不总是本质主义的，甚至可以说，本质主义的定义方式完全是后天习得的观念，且是理性主义的价值判断。所谓技术主义的定义方式是指：政治是人们获取权力的技艺。技术，是获取权力的手段和条件；艺术是为获取权力笼络人心的艺术。虽不排除为获取权力给予民众的承诺是真实的，即为民众谋福利，但也绝不排除将承诺、笼络人心视作获取权力的手段，而其真心则是满足支配的欲望和个人利益的获得。所谓本质主义的定义方式是指：政治是相关于每个人之根本利益的所有方面。每个人的根本利益是由宪法明确规定了权利和义务，这就是生存权、财产权和自由权，与三种善相对应，这就是身体之善，外在之善和灵魂之善。判断一个政治是否是好政治就视其实现这三种善的程度而定。如果把三种权利和三种善外化出去，展现为国家治理和社会管理的终极目标，那么就是政治之终极之善的设定，即能够找到创造财富并合理分配的经济组织方式，有一个令每个人都有意愿且有能力参与的社会自治过程，促使社会自治力得以提高，令每个人都有意愿且有能力过一种整体性的好生活。衡量一个政治集团是否是为民众服务的集团，不以他们的承诺而定，以他们实现终极之善的程度而定。

优先确定政治观念及其内部构成绝非一件小事，它直接相关于后续的权力观和正义观的确定与实现。因为，无论是手段之善还是目的之善，其设定和实现都是由人来完成的，因此，民众、思想家和政治家的政治观直接决定着他们的政治认知、政治情感和政治行动，而由政治观念、政治认知、政治情感和政治行动构成的统一体恰好是政治人格。并不存在天然的甚至是永恒的政治观，存在的只是具体场域下的、处于不同经济、政治和文化地位上的具体主体的政治观。形成正确的政治观之所以重要且困难，全在于政治权力的社会性质和人类的自然本性。

2. “权力观”

政治权力具有为经济权力、社会权力所不具有的特殊性。政治权力比之其他权力形式更具诱惑力，乃是诱发人们强烈获取政治权力的客观原因。虽然说任何权力的获得均与自身的道德德性和理智德性有关，更与自己的勤奋密切相连，但政治权力比之其他权力更有权威性和广泛性、持续性，乃在于政治权力的来源和所依靠的力量是特定的、特殊的。首先，从其所依靠的力量来说，政治权力是依靠政治上层建筑和思想上层建筑而发挥效力的。政治上层建筑作为一种具有强制性的物质力量，作为一种具有暴力倾向的机关，可对人的身体和意志具有不可抗拒的支配性力量，军队、警察、法庭、监狱，都是维护国家安全和公共持续的强制性力量。而思想上层建筑作为一种集宗教、哲学、艺术、文学、法律等于一身的思想体系，乃是具有权威性和唯一性的意识形态，它是一个国家的核心价值体系。政治权力就是依附于政治和思想上层建筑、在法律的支撑下面向人的身体、财产和意志的支配性力量。基于这些分析和论证，我们可以将政治权力界定为：Ⅰ. 政治权力是可以排除各种抗拒以贯彻其意志，而不问其正当性基础为何的可能性；Ⅱ. 政治权力是可以排除各种抗拒以贯彻其意志，而必问其正当性基础为何的可能性。这两种定义方式都揭示了政治权力的本质特征，即“排除各种抗拒”、“贯彻其意志”、“追问正当性基础”。政治权力的本质是支配性行为，且这种支配性是由特定的人实施的，可称为“官”和“吏”，在公共管理中，被称之为“行政主体”。在现代行政法的逻辑体系中，公共管理的主体与客体是分明的，因行政职权而发生的管理与被管理即支配与被支配的关系，即公共管理关系；而在行政法范围内，行政主体与行政相对人虽处在不对等的关系状态中，但二者的法律地位是平等的。由于法律地位是平等的，因此在公共管理中行政主体与行政相对人虽然在形式上是不对等但实质上是对等的。事实证明这是一种不符合事实因而也是不能令人信服的论证方式。关于支配与被支配的合理性问题我们将在后续的章节中进行详细论证。

在这里我们将从政治权力所依靠的力量推论出它的单方意志性。由于人的理性是有限的，更由于国家治理和社会管理是极为复杂的，所以，一个政党、一个政府给出的政策设计和制度安排，永远做不到绝对为优，由于政策和制度一经制定便成为其适应性和变动性不再增加的规范体系，其所分配的财富、其所规约的行为都具有相对的有效性，不可能持续地得到所有人的承认、认同和支持。至于在一个政党或政府完全背离了民众的意愿而变成党派利益之争、个人利益所得的情形之下，来自民众的、思想家的、知识分子的抗拒意志就会普遍地发生。但政治权力可以借助政治和思想上层建筑的强制性力量，排除这些抗拒，或有限度地、或一意孤行地贯彻自身的意志。毫无疑问，此种情形之下的排除各种抗拒就缺少了足够的正当性和合理性。在人类历史上似乎从不缺少这种情形的案例，从人类所追求的终极之善判断，这种专制的、一意孤行地排除合理的意志抗拒以贯彻其意志，一定是不足取的国家治理和社会管理模式。斯密所给出的理性无限论和市场万能论都是靠不住的承诺，实用主义、技术理性、利己动机极有可能使经纪人变成技术理性意义上利己主义者，“搭便车”、“逃票”、“道德风险”都可能导致市场失灵。因此，如若完全脱离政治的整合力量而任由资本的逻辑大行其道，那么就极有可能使政治变成资本的工具，使公共政策和制度成为少数既得利益者进一步谋得私利的权力保障。个人利己主义、集团利己主义和国家利己主义正是资本逻辑任意运行的后果。以此观之，政治权力具有二重性，既是实现终极之善的权威性、广泛性、深入性力量，也可能成为被权力拥有者滥用从而造成大面积腐败的工具。如何使政治权力成为求真、向善、趋美的支配性力量，对在政治权力进行坚实而可信的伦理辩护和批判是必要的。

更加重要的问题还在于，一个政党或政府借助强制性力量而实施的支配性行为，乃是一个贯彻其意志的行动，那么这里的意志是指谁的意志呢？黑格尔说：“国家是伦理理念的现实——是作为显示出来的、自知的实体性意志的伦理精神，这种伦理精神思考自身和知道自身，并完成一切它所知道的，而且只是完成它所知道的。”① 如果按照黑格尔的设想和论证，这个意志应该是作为自在的善即伦理的主观

① ［德］黑格尔：《法哲学原理》，范杨、张企泰译，商务印书馆 1961 年版，第 253 页。

表达形式，即国家把这个公共的善即伦理以伦理理念的形式变成自己的意志，之后通过其行动把这个自在的善变成现实的善，即实现了的伦理，其所体现的是伦理精神。然而，国家如何做到这一点呢？国家是非人格化的工具系统，它并没有类似于人的这样的道德人格，而要实现国家的伦理性即公共善，就必须拥有一个思考国家伦理和知道国家伦理的政治家和公共管理者。于是，问题的实质就转换成了更加重要的问题还在于，一个政党或政府借助强制性力量而实施的支配性行为，乃是一个贯彻其意志的行动，那么这里的意志是指谁的意志呢？黑格尔说："国家是伦理理念的现实——是作为显示出来的、自知的实体性意志的伦理精神，这种伦理精神思考自身和知道自身，并完成一切它所知道理的主的，而且只是完成它所知道的。"① 如果按照黑格尔的设想和论证，这个意志应该是作为自在的善即伦观表达形式，即国家把这个公共的善即伦理以伦理理念的形式变成自己的意志，之后通过其行动把这个自在的善变成现实的善，即实现了的伦理，其所体现的是伦理精神。然而，国家如何做到这一点呢？国家是非人格化的工具系统，它并没有类似于人的这样的道德人格，而要实现国家的伦理性即公共善，就必须拥有一个思考国家伦理和知道国家伦理的政治家和公共管理者。于是，问题的实质就转换成了国家意志必须首先成为政治家和公共管理者的意志。然而，一如康德所说，实现公共善的意志是特殊意志，实现个人之功利和快乐之目的的意志则是一般意志，那么如何保证拥有且行使政治权力和行政职权的人将特殊意志置于一般意志之上呢？如此一来，被贯彻的意志极有可能是政治权力和行政职权的拥有者和行使者的意志，但他们会以公共善和公共意志的名义实施支配性行为，从而取得形式上的合理性，即合法性。形式上的合法性实质上的不合理，乃是最具模糊性的支配性行为。关于支配性行为的正当性基础的证明问题，乃是现代社会的政治哲学和政治伦理学的理论任务。

---

① ［德］黑格尔：《法哲学原理》，范杨、张企泰译，商务印书馆1961年版，第253页。

肇始于15世纪末、发展于16、17世纪、成熟于18世纪下半叶的现代化运动，打破了原有的政治权力或宗教教权统治经济和文化的社会结构，使得经济、政治和文化开始相对分化开来，各自相对独立地发挥其功能。如此一来，在政治权力的界定和确定上便引入了进行正当性基础的证明的思考维度。正义、平等、民主、自由价值观的生成和践行，使得政治权力被一意孤行地加以使用的状况受到批判和改造。但这种改造所要和所能达到的目的乃是最大限度地实现公共善和公共意志，而不是要改变政治权力所固有的广泛性、深入性、权威性和弥散性这些特征。如果没有广泛性，就会使政治权力成为某个阶层、某个人群甚至是某个人的特权，成为满足少数人之私人利益的工具，只有最大化地使得每个公民都能享受到政治权力所带来的益处，这个政治才是好的。同样的道理，社会越是快速发展、社会活动结构、关系结构和利益结构越是复杂，越是需要公共权力加以调整和调节，这便是政治权力的深入性。在全球治理、国家治理和社会管理中，约有三种力量相互交织地起着作用，这就是知识（文化、观念）、政治和资本。毫无疑问，知识、文化和观念不可能单独发挥作用，它只有转换成政治和资本才能起引领和范导作用。值得深入研究的是政治的逻辑和资本的逻辑在国家治理和社会管理中的作用。自亚当·斯密开创近现代经济学以来，理性无限论、社会分工论、市场自治论似乎一直是西方主流形态经济学的核心价值观，也一直努力将政府变成市场的守夜人、护城者。但事实证明，斯密所给出的理性无限论和市场万能论都是靠不住的承诺，实用主义、技术理性、利己动机极有可能使经纪人变成技术理性意义上利己主义者，“搭便车”、“逃票”、“道德风险”都可能导致市场失灵。因此，如若完全脱离政治的整合力量而任由资本的逻辑大行其道，那么就极有可能使政治变成资本的工具，使公共政策和制度成为少数既得利益者进一步谋得私利的权力保障。个人利己主义、集团利己主义和国家利己主义正是资本逻辑任意运行的后果。以此观之，政治权力具有二重性，既是实现终极之善的权威性、广泛性、深入性力量，也可能成为被权力拥有者滥用从而造成大面积腐败的工具。如何使政治权力成为求真、向善、趋美的支配性力量，对政治权力进行坚实而可信的伦理辩护和批判是必要的。以此观之，有政治权力的本质所决定，不同主体对政治权力的功能和效用会有大体相同的认知和判断，在对政治权力乃是借助国家机器而对被管理者实施支配性行为的强大力量这一点上，几乎没有异议，因为政治权力原本就是这样，区别在于用政治权力达到什么目的。似乎没有哪个拥有政治权力的人公然说，它是令支配者满足支配的欲望并使自己的个人利益最大化的强制力量，但不排除在他的内心深处始终是这样的意念。如果把权力作为终极目的加以追求，那一定是背离了政治的"是其所是"。虽然绝大部分政治权力拥有者都不是极端的利己者，总是或多或少地创造公共善，但政治权力永远都不可能被规定为终极目的。在一个充满阶级剥削和压迫的社会状态下，政治权力基本上都是统治阶级维护自己统治地位的工具。但在以正义、平等、民主和自由为核心价值的现代社会，政治权力同样存有变成统治工具和控制资源的工具。

因此，用以约束和批判政治权力的终极力量则是"权利"，是没有政治权力的广大社会成员的权利。民众用以反思和批判政治权力的根据和依据正是他们所要维护和实现的权利。正是在这个意义上，权力观与权利观乃是一体两面的关系。卢梭在《社会契约论》中说道："人们或许要问，我是不是一位君主或立法者，所以要来论述政治呢？我回答说，不是；而且正因为如此，我才要论述政治。假如我是个君主或立法者，我就不会浪费自己的时间来空谈应当做什么事了；我会做那些事情的，否则我就会保持沉默。"① 拥有且行使政治权力的集团似乎从不像思想家和普通民众那样迫切地讨论政治权力的终极目的，因为他们保持着权力与权利之间的直接对应关系，而思想家和民众却不具有这种资格和能力。以此看来，思想家和民众拥有明确而成熟的权力观、权利观固然重要，政治家和权力集团是否有正确的权力

① ［法］让-雅克·卢梭：《社会契约论》，何兆武译，天津人民出版社2014年版，第3页。

观和权利观并殚精竭虑地将它们变成伟大行动才是最重要的，即黑格尔说的，“国家是伦理理念的现实——是作为显示出来的、自知的实体性意志的伦理精神，这种伦理精神思考自身和知道自身，并完成一切它所知道理的主的，而且只是完成它所知道的。”①

3. “平等观”

在罗尔斯看来，社会基本机构主要就是用来分配公民的基本权利和义务、划分由社会合作产生的利益和负担的主要制度。因而，《正义论》的主要目的就是为社会基本结构的设计确立一个合理的标准和原则。即正义原则。它主要处理的是分配问题。他坚持权利（Right）优先于善（Good）的义务论伦理观，认为公正（正义）是社会的首要价值。但是什么样的分配原则是公正的或正义的，这个原则又是如何得来的呢？为了获得这个原则，罗尔斯提出了一种新的契约理论。他率先设计了一个纯粹假设的原初状态。这种状态有以下几个特征：第一，在这种状态里，每个人都不知道他在社会中的地位、阶级出身、天生资质和自然能力的限度，更不知道他的善的观念、心理特征和社会经济政治状况，等等。一句话，人们选择正义原则是在“无知之幕”之后进行的。第二，在这种状态里，为选择正义原则而参加订约的各方都是平等的。第三，参加订约的各方也都是有理性的。罗尔斯认为，在上述条件下，人们最有可能或最有理性的选择方法是按照游戏理论中的最大的最小值规则来选择，即选择那种其最坏结果和其他选择对象的最坏结果相比是最好结果的选择对象。以此来选择，其结果必然是下述两个正义原则：“第一个原则：每个人对于所有人所拥有的最广泛平等的基本自由体系相容的类似自由体系都应有一种平等的权利；第二个原则：社会的和经济的不平等应这样安排，使它们在与正义的储存原则一致的情况下，适合于最少受惠者的最大利益；并且依系于在机会公平平等的条件下职务和地位向所有人开放。”②

---

① ［德］黑格尔：《法哲学原理》，范杨、张企泰译，商务印书馆1961年版，第253页。

② ［美］约翰·罗尔斯：《正义论（修订版）》，何怀宏，何包钢，廖申白译，中国社会科学出版社2009年版，第237页。

罗尔斯的第一个原则是平等自由原则。所谓自由，指的是“这个或那个人自由地（或不自由地）免除这种或那种限制而这样做（或不这样做）”。他认为，自由可以划分为许多不同的种类，其中公民的基本自由有以下几种：政治自由（选举和被选举担任公职的权利）及言论和集会自由；良心的自由和思想的自由；依法不受任意逮捕和剥夺财产的自由等。所有这些基本自由必须被看成是一个整体或一个体系，而且各种自由互相依存又互相制约。罗尔斯强调，以上各种基本自由作为权利对每一个公民来说都应该是平等的。之所以如此，是由人的自然特性即人的道德人格所决定的：这种道德人格有两个特点：一是有能力获得善的观念；二是有能力获得正义感。罗尔斯的第二个正义原则是机会的公平平等原则和差别原则的混合。如果说第一个原则是支配社会中基本权利和义务分配的原则，那么，这第二个原则就是支配社会和经济利益（主要包括权力、地位、收入和财富）分配的原则。第一种分配是人人平等的，但第二种分配难于无法做到完全平等，所以只能保证机会的公平平等。“机会的公平平等”是针对保守主义的“机会平等”原则而言的。机会平等的核心是“前程为人才开放”，这种平等是以平等的自由权利和自由的市场经济为先决条件的。罗尔斯认为，这只是一种形式的机会平等，因为它除了承认平等的自由权利以外，没有保证一种平等的或相近的社会条件，结果资源的最初分配总是受到自然和社会偶然因素的强烈影响，如人的才能、天赋、社会地位、家庭、环境、运气等偶然因素都会造成个人努力与报酬的不相等。在罗尔斯看来，这种分配方式是不合乎正义要求的。为此，他主张在前程向才能开放的主张之外，再加上“机会的公平平等”原则的进一步限定。也就是说，“各种地位不仅要在一种形式的意义上开放，而且应使所有人都有一平等的机会达到它们，”以便尽量减少社会因素和自然运气的影响。为了实现这一点，他强调，自由市场不应是放任的，不能听任毫无限制的自由竞争导致的不公平，必须由以公正为目标的政治和法律制度来调节市场的趋势，保障机会公平平等所需要的社会条件。比如，防止产业和财富的过度积聚，保证所有人受教育的机会平等，如此等等。但是，罗尔斯认识到，机会的公平平等仍然是有其弊端的，十分明显的就是，即使它很好地排除了社会偶然因素的影响，但它仍旧允许财富和收入的分配受能力与天赋诸因素的影响，而能力和天赋又是无法实现完全平等的。在罗尔斯看来，不平等的能力和天赋不能成为不平等分配的理由，因为这些因素在很大程度上依赖于幸运的家庭，而对这些条件每个人是没有任何权利的。为此，他就主张用差别原则来纠正这种不公正。按照此种原则，任何人的自然才能都应被看成一种共同的资产，一种共享的利益。因此"那些先天有利的人，不论他们是谁，只能在改善那些不利者的状况的条件下从他们的幸运中得利"，这就是所谓的"差别原则"。罗尔斯对正义原则的探讨，目的是希望人与人之间达到一种事实上的平等，而且为了这种事实上的平等，还要打破形式的平等，即对先天不利者和先天有利者使用形式上不同等的尺度。罗尔斯曾把他关于正义的一般观念概括为这样一句话："所有的社会基本善——自由和机会、收入和财富及自尊的基础——都应被平等地分配，除非对一些或所有社会基本善的一种不平等分配有利于最不利者。"这表明，罗尔斯的自由主义思想带有明显的平均主义倾向。

罗尔斯同时代的其他政治学或政治哲学家、经济学家、伦理学家，都不同程度参与到了关于正义、平等问题的讨论和争论中来，如诺齐克、德沃金、阿马蒂亚·森、纳斯鲍姆，等等。从罗尔斯对正义的基本主张和主要论证看，他的两个基本原则无疑是倾向于最大多数或最小差别原则。但我们也必须看到，无论是罗尔斯还是纳斯鲍姆，其所主张的都是理论家或思想家的立场和观点，并不就是政治家或政治精英集团的主张，更不是已经成为政策设计和制度安排下的正义与平等。加拿大学者戴维·约翰斯顿在2011年出版的《正义简史》一书的"引言"中说道："在有史可考的正义思想中，有一种正义概念曾经专著西方世界人们的思维，而我写本书的主要目的就是简单精确地描述这种概念。最古老也是最普遍被人认可的正义概念，关注的不是所谓形成正义准则的规则的首要目标，也不是权利和一系列由此衍生的不可推卸的责任，而是人们之间的关系特征。这种思想源于互惠互利概念，这个概念的强可塑性使其通过几个世纪的发展润色塑造了相当详细的正义概念，但保留了其本身最核心的意义，这个意义将所有相关的正义概念联系在同一理念体系之下。”① 如果从书名和这段总括性的论述中，戴维·约翰斯顿给人们提供的乃是一个西方世界人们的正义感和正义观念，但其实际内容则是西方世界思想家关于正义概念或正义观念史。这就提出一个严肃的问题，我们研究正义、平等问题是着眼于过程与后果状态的人与人、人与物、物与物之间的比例关系，还是着眼于用以制定保证其所希望的比例关系得以实现的准则、规则，还是着眼于遵守规则从而实现比例关系的责任、德性？还是热衷于梳理一个正义概念和正义观念史的发展史？毫无疑问，任何一种研究方式，任何一个层面和角度的研究都有意义，哪怕只限于思想游戏。但对所有人来说，甚至对整个民族和国家来说，谁之正义、何种正义的追问才最重要。于是，作为鲜活的或关于流动的、活的善的研究，正义理论应该面向三种主体的正义、平等观和价值诉求之间的博弈，分析和论证民众和思想家的正义、平等观影响政治家、精英集团和公职人员的正义感、平等观的方式，以及权力者集团接受民众和思想家之正义、平等诉求的程度。每个人都有自己所理解和秉持的正义感和平等观，但民众的正义感和平等观只限于处理日常的物与物、人与人之间的比例关系，要么被平等地对待，要么被公平地分配。普通民众无法决定公共政策和制度安排，将他极具个性特征的正义感和平等观变成普遍法则和规则；思想家给出的正义原则、理论模型颇有吸引力，因为它显得极为完满、美好，如若实现了这个完满，就一定实现了定和追求。于是，由历史合理性和与世俗不合理性这一矛盾所决定，改革开放 40 多年来，始终处在创造差别、消灭差别，在创造更高形态的差别，再创造更高的平等的过程中。精准扶贫政策的出台以及极其严格地落实，《民法典》的出台，都是实现社会主义

① ［加拿大］戴维·约翰斯顿：《正义简史》，张安译，新华出版社 2018 年版，第 5 页。

正义和平等的“经典”实践。因此，研究当代中国的平等观念史与实践史的原始发生及其演进乃是具有重大理论意义和实践价值的事情。

（三）当代中国政治观、权力观和平等观的实践史

1. 复杂的观念与艰难的行动

起始于20世纪70年代末的社会主义改革运动不但实质性地改变着已有的绝对平均主义继而改变着共同贫穷与落后的社会状态，建构着新型的利益关系结构，同时也在实质性地改造着人们的平等观。无论是在观念上还是在实践上都发生着根本性变化。首先，差别意义上的平等日益成为主流形态的平等观。在亚里士多德看来，真正的平等是几何比例关系而不是算术比例关系。其次，在改革实践中，不论是在观念上还是在实践中，都出现了极为复杂甚至相互冲突的局面。如若把差别意义上的平等贯彻到底，那么就会出现新的不平等。就平等所涉及的领域说，可有经济平等、社会平等、政治平等和人格（道德）平等，几何关系意义上的平等固然重要，但不能贯彻到所有领域，如人格（道德）意义上的平等，无论是绝对平均主义的分配方式，还是几何关系的差别分配方式，都不能把人们在道德人格上划分为不同的等级。然而无论是在经济活动、政治生活还是在公共交往中，人们又是根据经济和政治地位来区分人格的。将人格资本化和权力化乃是最大的不平等。另外，在建立和发展社会主义市场经济的过程中，罗尔斯的“难题”始终存在。如若给出一个向所有人都有效的制度安排，意欲使每一个人都可以借助该制度获益，然而这只是一种形式正义，是一个名义上的、形式上的平等，但却不是实质意义上的平等，因为就制度所及的每一个人在“可行能力”上的差别太大，以至于处于边缘、不利状态下的人群几乎没有任何可能性从该制度中获益，反而会失去往日赖以生存的条件，如大量耕地被商业化开发，依据土地法之规定，被征用土地给予7—15倍补偿，且不说补偿的标准是否体现正义原则，就补偿的数量而言，7—15后土地使用者将处

在既无补偿又无土地的状态。于是，政治领域中的正义、平等问题日益突出。社会主义改革的终极目的到底是什么？再一次成为关于正义与平等的理论难题。中国共产党人在其100多年的社会主义革命、建设和发展历程中，始终把让所有的人都富裕起来、过一种整体性的好生活作为社会主义的终极目的加以设设定和追求。于是，由历史合理性和与世俗不合理性这一矛盾所决定，改革开放40多年来，始终处在创造差别、消灭差别，在创造更高形态的差别，再创造更高的平等的过程中。精准扶贫政策的出台以及极其严格的落实，《民法典》的出台，都是实现社会主义正义和平等的经典实践。因此，研究当代中国的平等观念史与实践史的原始发生及其演进乃是具有重大理论意义和实践价值的事情。

在学理上，必须弄清正义、平等的内容、类型，以及不同类型之平等之间的复杂关系。就领域看，可有经济平等、社会平等、政治平等和人格平等。每一种平等形式都应该有一个可以公度的判断依据和标准，但其内容及其呈现方式毕竟存有区别，这就要预先规定不同领域里正义、平等的内涵。进一步地，为各自的判别标准进行分析和论证，找到它们之间相互影响甚至相互过渡的路径。在平等的四种类型中，政治平等具有核心地位，它具有自在地向其他领域渗透的倾向，这就是权力资本化、社会化。有了这种类型学意义上规定和划分，就要深入分析正义和平等的复杂性，正义与平等有着细微的差别，这种差别表现在目的与手段的关系上。正义多少强调制度、原则、规则所指向的目标，以及为着实现这些目标而采取的行动；平等则是强调过程与结果。我们会说一个人有正义感、正义之举，而不去说他有平等感和平等之举。如此一来，正义构成了实现平等的前提，如让每一个人在同一种制度安排前具有相同的资格和名义，我们就称之为前提平等，而保证这种平等的规则就是正义规则，这就叫形式正义。但从形式正义中推不出实质正义来。因为，一旦将看似有理性结构即制度付诸实践后，各种不利于实现实质正义的要素都出现在过程中。其中最为复杂的是权力、地位、身份、机会、运气具有复杂的嵌入关系，因此，人们常常能够看到，我们似乎原就不可能有“本质还原”。当把理论探讨和实证研究有机地结合起来以后，能否给出一个有利于绝大多数人的政治观、权力观和平等观就显得极为重要的。对政治活动中道德观念史与道德实践史的研究不可能是无立场的。在研究计划上，可将本子课题分解成三个密切关联的小问题：政治观、权力观和平等观的内部结构、主体类型及其复杂性研究；经济平等、社会平等、政治平等与人格平等之实践逻辑研究；实现政治观、权力观和平等观之核心力量研究，制度伦理研究，初始性制度安排和矫正性制度安排中正义问题研究。

自有国家以来，人类就面临着如何将国家这部机器充分运用到经济、社会和政治活动中来，通过建构能够创造财富并合理分配财富的经济制度，以实现提高生产能力，创造出更多的生产资料和生活资料；通过开显出一个介于家庭和国家之间的公共交往和公共生活空间，以增大人们充分且合理表达其意志的机会；通过合理分割政权、公正地运行公共职权，以使国家依照政治的“是其所是”创造更多的公共善。然而，人类总是不能充分地实现这一点。

“至今一切社会的历史都是阶级斗争的历史。”① 虽然“资产阶级在历史上曾经起过非常革命的作用”，但是，“从封建社会的灭亡中产生出来的资产阶级社会并没有消灭阶级对立。它只是用新的阶级、新的压迫条件、新的斗争形式代替了旧的。但是我们的时代，资产阶级时代，却有一个特点：它使阶级对立简单化了。整个社会日益分裂为两大敌对阵营，分裂为两大相互直接对立的阶级：资产阶级和无产阶级。”② 资产阶级用更加完备的私有制代替了旧有的私有制，“现代的资产阶级私有制是建立在阶级对立上面、建立在一些人对另一些人的剥削上面的产品生产和占有的最后而又最完备的表现。”③ 资产阶级从新的压迫和剥削代替了以往的阶级剥削，无产阶级政党通过社会

---

① 《马克思恩格斯文集》第2卷，人民出版社2009年版，第31页。
② 《马克思恩格斯文集》第2卷，人民出版社2009年版，第32页。
③ 《马克思恩格斯文集》第2卷，人民出版社2009年版，第45页。

主义革命建立起了消灭压迫和剥削的人民民主专政制度，将以人们为主体的理念深深地植根于共产党人的心灵深处，将它贯彻到政策的设计和制度的安排中。1917 年 11 月 7 日（俄历 10 月 25 日）十月社会主义革命，建立世界上第一个社会主义国家政权——俄罗斯苏维埃联邦社会主义共和国；1949 年 10 月 1 日，新中国的成立，标志着人类历史上第二个社会主义国家的诞生，自此以后便有各种形式的社会主义国家先后成立，据说总数已经达到了 114 个。社会主义运动经过 100 多年的发展，可谓跌宕起伏、波澜壮阔、浴火重生；然而，在与资本主义国家的竞争和较量中，能够坚持并发展较好的社会主义国家只剩下为数不多的几个。

这着实令人费解和深思，除去资本主义国家在人类历史上率先进行现代社会转型，快速地发展了生产力，推动科学技术飞速发展，积累了资本和财富，因而使社会主义国家始终在经济能力、科技能力和军事能力上处于弱势状态之外，更加重要的是，社会主义国家建立至今已有百年历史，为何始终没有找到解放生产力和发展生产力的正确道路？直至 20 世纪 70 年代末，中国共产党人率先进行全面的现代转型，构建能够推动经济、社会、文化和科技快速发展的政策、制度和体制。

问题的实质在于，如果说市场经济只是一种能够快速创造财富和公平分配财富的经济组织方式，那么资本主义制度可以运用它，社会主义更应该充分运用它。然而，无论是苏联的社会主义制度，还是由中国共产党人领导的社会主义制度，为何在建立社会主义公有制的初始阶段未能找到这样一条正确的道路。看来，夺取政权，消灭压迫和剥削，建立社会主义公有制国家，使人民当家作主，只是实现人类终极目的的一个预备性的条件，尽管它是一个必要的实质性的条件。在此基础上，如何找到实现终极目的的充分条件，始终是社会主义国家的根本任务。起始于 20 世纪 70 年代末的中国现代社会转型，就是探索这一充分必要条件的艰苦过程。

2. 是冲突和悖论还是嵌入和支撑

人类在进行国家治理和社会治理的过程中，始终面临着三个基本要素之间的构合问题：政治、经济和文化。之所以称它们为基本要素，是因为它们分别为人类提供着三种基本价值。经济为人类创造生活资料，以效率和公平为核心价值；政治为社会提供秩序安排，以正义与平等为核心价值；文化为人类的生活提供意义支撑，以自由和幸福为核心价值。在这三个要素中，政治无疑是最为核心的，经济虽然是基础性的，但它往往必须通过政治性的制度安排来运行；文化是目的论性活动与价值，但它必须是在国家的精神体系即意识形态的指导之下运行。人类活动及其关系结构愈是复杂且充满矛盾和冲突，政治的解决方式就愈加重要。然而，政治与经济和文化的这种非对称关系极易导致政治统合一切的后果，如果由政治强制性地统合经济和文化，就会使社会处在一个高度的稳定状态，既不容易产生内在的创新性要素，通过内源式发展，促使效率与公平、正义与平等、自由与幸福这三个系列的价值原则得以最大限度的实现，也更有防御和固守机制，阻止任何一个导致这个超稳定结构动摇甚至解体的元素，于是“内卷”甚至停滞就成为这个超稳定结构的基本特征。这个几千年的封建社会制度就是一个典型的超稳定结构，从其内部始终没有发展出促使社会进步和个人发展的创新性要素来，它也更加抵御外来因素。如果能够将这种历史性的集体记忆储存在人们的意识里，不让这种“内卷”甚至停滞、倒退的历史景象重演，就必须充分且公开地运用理论理性、创制理性和实践理性，在政治、经济和文化之间构造起一个既相对立又相嵌入和支撑的结构来。

在这个合理机构的建构与运行中，既要防止由政治统合经济和政治从而走向专制主义、专断专行而无民主、自由、平等可言的社会状态，又要警惕任由资本支配一切从而走向极端功利主义、实用主义，任由个人主义、极端自由主义泛滥而走向无政府状态的趋势。

起始于20世纪70年代的中国现代社会转型正是努力构建一个能够最大限度地实现终极之善的社会结构和社会秩序的过程。在这一过程中，起轴心作用的恰恰就是政治的方式（而不是通过权力的方式），通过持续地进行制度和体制变迁和改革，构造一个既保持社会秩序又充满活力的社会结构运行机制；通过各种激励机制，激发内在的创新意愿和能力，以求内源式发展；通过科技、文化、理论和思想交流，改造和吸收能够促成进步与发展的合理因素。

在此，我们试图以附录的形式，将开启于20世纪70年代末的经济、政治和文化制度的当代变迁史描画出来，借以见出政治推动社会转型的内在机制和外部道路，见出政治观、权力观、正义观和平等观转换成实践的内在逻辑。

（四）制度哲学视阈中的“政治转型与伦理变迁”

从上述有关制度变迁的发生史来看，中国现代社会转型的历程也就是不断进行制度创新和制度完善的过程。对于“政治转型与伦理变迁”这一题材而言，仅仅给出制度变迁的发生史和演变史是不够的，必须揭示出更加深层的本质来，这就需要制度哲学的致思范式。所谓制度哲学的致思范式，是对制度及制度变迁之动因、过程及其效果的追问，所坚持的是整体性、复杂性和冲突性原则。

1. 制度及制度变迁的类型学考察

在一个反复交往的人群P中，人们出于交往的需要，或由权威者给出，或通过民主讨论给出，人人须遵守的游戏规则R。若P不遵守R反比遵守R有收益，人人都不遵守；若P不遵守R会付出比起所得要多得多的代价，那人人都会遵守R。从这一定义中，最核心的内容是违约成本问题，进一步地说，制度的核心问题就是效力问题。从类型学考察，可有多个角度。从制度的制定者来看，可有权威者和非权威者两种，显然，上述制度变迁史中的变迁者是具有权威性、合法性和强制性的政党与政府。从制度所及的内容看，第一种是指向物的，如经济制度，第二种是指向人的以及人与人的权利与义务的关系的，如政治制度，第三种是人与环境的关系，如生态制度。从制度的性质上说，由政党和政府制定的制度，通常并不指向具体的主体、客体和内容，特别是经济制度，我们就把制定原则、政策、方针的行为称之为“抽象行政行为”，而制定具有特定主体、客体和内容的规范的行为称之为

"具体行政行为"。可以说，在我们所描述的制度变迁史中的各种制度，本质上都是一种抽象行政行为。除非是指向一种特殊的领域或行为，因抽象行政行为而成的制度体系都会获得形式上的合理性，因为没有哪个政党或政府故意制定一个具有明显瑕疵、显示公正的政策和制度来，这就极容易给人以一种假象，体现效率与公平、正义与平等、自由与幸福的政策和制度就是实现了的基于权利与义务、地位与身份、财富与机会之上的正义、平等、民主和富强。这便是制度及制度变迁的合法与合理、可能与现实、特殊与普遍的关系问题。

2. 基于性质考虑的制度变迁的复杂性

在一个拥有基本秩序的社会活动空间内，基于社会依存性之上的规范体系，本质上都是制度性的，亦即由人有意制定出的或被禁止、或被要求、或被鼓励的行动要求；而在涉及每个人的根本利益的领域或关系中，用以分配资源和财富的分配体系、用以规约人的观念和行动的规训、惩罚体系，通常都是政治制度性的，即借助政治权力和公共职权制定的规则系统。于是就产生了国家意志与民众意志的关系问题，如果只是考虑国家意志而忽视甚至压抑民众意志，那么依此而制定的制度本质上就是异质性的规则系统；如若只把国家意志视作是制定制度的力量，但只是手段论或工具论的力量，而民众的公共意志才是目的论意义上的善，那么依此而制定的制度系统就是同质性的规则体系。这便是黑格尔在《法哲学原理》中所说的："国家是伦理理念的现实——是作为显示出来的、自知的实体性意志的伦理精神，这种伦理精神思考自身和知道自身，并完成一切它所知道的，而且只完成它所知道的。"① 在黑格尔这段拟人化的论述中，他将国家比附成具有道德人格的君王、国王、领袖，这是有深刻道理的，国家是一个非人格化的基于权力之上的一套复杂的社会设置，它有支配各种资源和分配资源的力量，但这个非人格化的设置不会自动实现其自身的意志，它必须通过政治家或政治精英集团才能如此。而政治家和政治精

① ［德］黑格尔：《法哲学原理》，范扬、张企泰译，商务印书馆 1961 年版，第 253 页。

英集团则是有理性、情感和意志的有理性存在者，拥有理智德性和道德德性的治理者自知国家的伦理精神，完成一切他所知道的，而且只完成他所知道的。以此看来，制定和运行国家经济、政治和文化制度的政治家和政治精英集团必须拥有明晰的政治观、权力观、正义观、平等观和民主观，并把这些观念贯彻到制度的制定和运行之中。但由于政治家和政治精英集团只是通过其“抽象行政行为”制定了并不指向具体的主体、客体和内容因而才是普遍的制度体系，而不去把抽象的普遍的制度具体化为可操作的指向特定人群和利益的行为规范，而这一任务则由地方公务人员去完成。于是就出现了两大困境，一个是，政治观、权力观、正义观、效率观经由抽象的制度转换成实际的行为规则的过程，也是一个正确的价值观经由制度而转化为行动的过程。在这两次转换中，那些曾经理想的、饱满的观念会随着由抽象向具体的转换而发生“意义丢失”。从积极的方面看，只有消灭了观念的纯粹的主观性，消灭了自在的伦理精神的客观性，而将二者相互交织于行动中，才有现实性，这是着实是一个艰苦的过程，是非得充分且公开运用创制理性和实践理性不可。评价一个制度、体制，判断一个政党和政府的是否是一个好政府，固然要看它是否承诺给民众的公平、效率、平等、自由、民主和富强，而要看它实现这些价值的程度。好的政党和好的政府是用过拥有理智德性和道德德性的公共管理队伍来表现和实现的。于是，首要的问题就变成了康德的善良意志问题，即无论是抽象行政行为还是具体行政行为，拥有且行使政治权力和公共职权的政治家和公务人员，必须把公共意志和公共上置于制定和运行制度的首要地位，成为首要动机。否则，将个人意志和利益作为首要动机，就必然会发生动机偏离现象。那么，是否具备了善良意志，被制定出来的制度就一定能够实现公平与效率、正义与平等、自由与幸福这些基本价值呢？这便是一个能够做什么的问题。

人作为有限理性存在者，在制定制度和运行制度过程不可能做到“完美无缺”。任何一种制度，从其产生之时起就是“有缺陷”的，只有形式的绝对命令才是“完美无缺”的，如康德的理性主义道德命令，基督教“爱邻如己”的情感主义道德命令，儒家的己欲立而立人，己欲达而达人，己所不欲勿施于人的功利主义道德命令，惟其是形式的，是没有语境和主体的，所以才是普遍的。而具有主体和场域的制度则不同，即便是由抽象行政行为制定的制度，也总是指向特定领域的之资源与机会的。一旦将某个特定领域的资源和机会的分配以制度的形式确定下来，作为“看似有理性结构”，该制度的可能性空间就已经给定了，成为内容和意义不再增加的框架。在制度的原始发生之时，它就不可能将所有的可能性都考虑进来，加之事物以及人的观念和行为始终处在变动之中，因此，当因初始性制度安排而来的规范系统，不再能够有效地调整利益关系、规约人的观念与行动时，对制度的改造或修正就势在必行了。矫正性的制度安排旨在完善已有制度的不足，使其更具有约束效率和分配效能。

正由于人的理性的有限性，事物变化的多样性、变易性和偶然性，不断修正甚至重建制度体系，就成为社会转型过程中一项重要事项。而在实际的行动中，将原则性的政策和制度转换成指向具体领域的资源、机会，以及人的具体行为时，原则就转换成了各种规定、措施、程序，而把规定、措施和程序运用于特殊的、个别的事物时，就会有多种结合方式，这种由掌握措施和程序的人所自主使用的“自由裁量权”，可由使用者的价值观念、情感结构、意志品质和实践理性来决定。如果“自由裁量权”的使用者具有利己的动机，他便可以在合法但不合于道德责任的范围内实现利己的目的。以此来看，能否有正确的政治观、权力观，能否实现公平观、正义观和平等观，除了具有合理的政策设计和制度安排之外，关键的是拥有且行使政治权力和公共职权的人群拥有类似于康德的善良意志、实践理性和法则观念。这是一种自律式的履行责任的方式，除此必须有道德舆论和法律奖惩作为补充，这是一种他律式的履行责任的方式。

七 社会转型与公民伦理建构

或许，从人类诞生之日起，个体就在集体之中，以过集体生活的方式而获得生命的意义。然而，这个集体在不同的社会状态下具有不同的形态和性质，家庭、家族、村社，同样是集体形式，但它们如涂尔干所说的那样，人们是靠自然情感、风俗习惯、宗教禁忌和民间巫术而“团结”起来的，而不是在理性的思考与推理之下联结起来的；相反，在以理性或契约为基础而联结起来的“公共生活”中，适合于属人社会状态的“机械团结”就发展成为陌生人之间的“有机团结”。随着交换的普遍化和交往的广泛化程度的提高，介于家庭和国家之间的广阔生活空间被开辟出来，使得人们走出狭隘的私人生活空间，而进到讨论公共事物、创造公共善的公共交往和生活中来，使人的本质逐渐超出了他的生物性而获得了日益增加的社会性和精神性。

（一）研究思路和研究方法

可有广义和狭义的公共生活、公民伦理。广义的集体生活、公共生活包括任何一种两人以上而进行的交往、交流和互动；狭义的公共生活是指介于家庭和国家之间的公共交往和公共生活，既包括有私人利益交换关系的市场关系，还包括以生活、休闲、购物为主要形式的公共交往。由此决定，关于“社会转型与公民伦理建构”的研究思路是非常清楚的，那就是一种狭义的公共交往和公共生活如何要求着同时也生成着公民伦理，如何促使交往者形成公共理性、社会情感、尊重观念和平等观念；在建立和完善社会主义市场经济的基础上，如何生成中国形态的公共交往和公共生活，而其伦理基础也必然具有中国文化特征，如自然感情社会化、无人称交往人称化；基于血缘和地缘关系之上的自然情感会以移情和同情的方式扩展到公共交往中。在公共卫生危机急剧爆发和持续致病的过程中，在多次的公共卫生危机的防控、救治和护理中，已经充分地体现了这一点。这无疑是中国文化体系中的优秀部分。有了清晰的研究思路，研究方法也就自然明了，这就是比较哲学和生成论的致思范式。一个基本事实是，由现代化运动所推动的公共交往与公共生活，优先发生于西方国家，在基督教文明、科技理性和主体意识的推动下，形成了基于个人自由、权利之上的交往结构和规范体系；中国作为后发国家，通过建立社会主义市场经济逐渐催生了公共交往和公共生活，但它的逻辑起点、社会前提和观念基础与西方相比有极大的不同。如何相互借鉴、保持特色，无疑是建构和完善中国形态的公共交往和公共生活的过程所必须充分思考和深入研究的问题。我们既要反对照抄照搬、完全复制的观念和行动，也反对势不两立、完全拒斥的观点和做法。要根据自己的经济、政治和文化资源，寻找中国特色的公共交往和公共生活以及共，以及公民伦理的培养和生成。这就是生成论的研究方法。

具体来说，其一，在学理上，弄清资本、市场、交往、产权、权利、自由之间的内在逻辑关系，提升、提炼支撑公共交往和公共生活赖以持续、和谐进行的伦理基础。其二，梳理西方现代化运动中公共交往和公共生活生成的内在逻辑，以及公民伦理养成的内在机理。其三，研究中国在建立和完善社会主义市场经济过程中形成公共交往和公共生活所具有的“史前史”基础，即用以支撑家国同构的传统德性与规范面对日益生成的公共交往和公共生活所面临的转型和变迁。其四，揭示公共交往、公共生活和公民伦理生成的复杂性、冲突性，指明个体、组织和政府在形成公民伦理过程的责任。

（二）雅典城邦的公共生活

早在亚里士多德那里，在《尼各马可伦理学》和《政治学》中，就提出了人适合过集体生活、过城邦生活，从而人是政治动物的思想。适合过城邦生活，既是思想家提出的对人的社会本质的看法，也是当时雅典城邦公共生活的写照。不断进行的民主改革，使得雅典城邦逐渐成为思想家、手工业者、民众共同参与的城邦政治共同体。公元前 632 年，出身氏族贵族的基隆企图夺取政权，因未得到平民支持而失败。公元前 621 年，执政官德拉古把习惯法用文字记录下来，公诸于众，在一定程度上限制了氏族贵族的权力。公元前 6 世纪初，氏族贵族与平民的矛盾发展到十分尖锐的程度。公元前 594 年，由双方共同选出的仲裁人梭伦实行改革，废除了债务奴役，提高公民大会的权力，调整了公民集体内不同阶层之间的利益关系，奠定了雅典民主政治的基础。庇西特拉图（约公元前 7 世纪末—前 527 年）及其后裔的僭主统治（公元前 560—前 510 年，中有两次间断），客观上打击了氏族贵族，改善了作为公民主体的小农的经济地位，促进了雅典经济、文化的发展。公元前 508 年的克利斯提尼改革，以地域组织取代血缘组织作为国家的行政单位，削弱了氏族贵族在各方面的影响，促进了雅典民主政治的发展。公民大会召开频率约为每两天一次。在召开期间，所有公民集于一地。在发表本次召开大会的目的后，允许每一公民对该项提案提出观点，立场有两个：赞同或反对。此时应全体寂静，带言辞意为不尊敬发言人，将会受惩。发言人下台之后，剩余公民进行投票，此时可以讨论：同意的公民将贝壳或陶片内写上提出观点公民的名字，将贝壳或陶片放到该公民的身边；不同意者不投票。每个人仅有一个票权。在所有公民都投出票权或没有发言人后，查看每个发言人的立场及所拥有的投票，数出所有赞同提案票数和所有反对提案票数。遵循少数服从多数的原则，对提案执行或不执行。雅典五百人议事会经过贫民和贵族的不断斗争，公元前 5 世纪，伯利克里当政时期，雅典的民主制达到极盛。由全体男性公民参加公民大会，每隔 10 天召开一次，投票决定国家的内政、外交等大事，是国家的最高权力机构。在休会期间，从公民中抽签选出 500 人，组成“五百人议事会”，负责处理城邦的日常事务。各级官员也抽签产生。陪审法庭是雅典的最高司法机构，陪审员从公民中抽签选出，处理各种重大案件。雅典城邦高度重视教育。早在公元前 6 世纪，梭伦立法中就明确规定，父亲有责任让其子女接受适当的教育。否则，子女成年后有权不赡养父亲。但与斯巴达不同的是，雅典人认为，要培养公民在履行公共义务时所应具有的理智、聪慧和公正等品质，这是要由国家来规定的。但是，在如何安排个人的闲暇时间以及勇敢、强壮等品质的培养上，就不能完全依靠由国家控制的教育。因此，雅典盛行私人办学，国家只负责 16～20 岁青年的教育。公民子女出生后，也要进行体格检查，所不同的是，雅典儿童的体检由父亲负责进行。7

岁前，儿童在家中由父母养育。7岁以后，女孩继续在家中由母亲负责教育，学习纺织、缝纫等技能；男孩则开始进入文法学校、弦琴学校学习。文法学校主要教授读、写、算等知识，弦琴学校则教授音乐、唱歌、朗诵等（在古风时期，文法、音乐教育往往是在弦琴学校中结合进行的）。这两类学校都是私立、收费的。儿童上学、放学均有“教仆”陪同，以避免儿童接受街头的不良影响。教仆大多为有一定知识的奴隶。文法学校、弦琴学校的教师一般是有政治权利的自由民，也有一些是赎身的奴隶。从这些记述性的材一种社会性的。从物理空间或活动空间看，政治性的公共生活通常并不出现在社会交往空间中，尽管处在社会交往空间中的人们可以随时处处议论政治事务，但政治事务的解决，一定是在专门设置的空间中进行决策和解决的。我们要重点讨论的则是社会交往意义上的公共生活，至于政治性的公共生活则放置到政治学和政治哲学的范围内加以解决。但必须指出，随着手工业的发展，以及海外贸易的开通，在家庭与国家之外开辟出了类似于“市民社会”这样的社会空间。因此，严格说来，“市民社会”意义上的社会交往空间并未完全出现在雅典城邦的生活世界中，但却具备了这种交往空间的雏形。我们在“社会转型与公民伦理建构”这题材之下，所要解决的主要问题和重点研究内容是，公共交往与公共生活如何要求人们生成尊重的观念和平等的观念，这对当代中国人如何进入公共生活、构建和谐的公共生活，是至关重要的。

（三）公共交往、公共生活与公民伦理的原始发生。

1. 资本、市场与公共交往

考察公民伦理的原始发生是研究公民伦理的理论前提。这种考察可有两种进路，亦即我们通常所说的奠基工作的两种进路：一种是进行系统的奠基，通过一个怀疑与批判的功夫找到一个逻辑支点，以此支点为始点，推出其他的命题与定理，此时，命题与定理的明见性和有效性取决于始点的确定性和明晰性；笛卡儿和康德是这种奠基方式的典范。另一种奠基是生成论的奠基方式，这是一种原始发生式的奠基方式，通过对历史发生的回溯，找到一个可以从头开始的原初点，这是一个不仅逻辑上在先且时间上在先的历史原点，之后以此为参照考系察和解释人类历史现象（诸如公民伦理）和思想史（诸如公民伦理思想）的各种原始发生、原创、缘起、展开、积淀、超脱、异化、偏离、纠误、归本，等等，而后可以得出对历史现象和思想文化的各种判断与评价；胡塞尔、舍勒、海德格尔、福柯、德里达是这种奠基方式的典型代表。比较而言，系统论的奠基方式存有极大的风险，一个直接的问题就是，作为其前提或本体的那个预先给予物，通常是可疑的，它常常不能证明，而取决于人们对它的信任程度，承诺的有效性不是取决于承诺者兑现承诺的努力和效用，而是取决于接受承诺者对承诺的确信程度；而生成论的奠基方式通常是依照历史的逻辑或事物的逻辑进行的，较少牵强的程度，因此此种奠基方式时下很时尚，且有长久不衰之势。在研究公民伦理的可能性问题上，两种奠基方式都是适用的，倘若结合使用可能会有更好的效果。

在极为宽泛的意义上，人作为社会性或集体性的存在物，必然以类的形式生存和发展，进言之，个体必须与其他个体和集体合作才能获得他所需要且日益扩展着的生活资料，合作是每个人意欲生活下去并试图过上好生活的唯一道路，以此观之，公共生活原本就是人的生活的基本样式。显然，我们是不能以此种言说方式讨论公共生活与公民伦理问题。我们必须从看待方式和对待方式两个角度研究公共生活和公民伦理才有意义，或者才符合我们从伦理学视角讨论公共生活和公民伦理问题的要求。所谓看待方式是指行为者如何看待基于交换关系或明确的功利关系之上的交往关系，这种交往关系不是基于特殊的社会关系如夫妻、朋友，等等，更不是基于血缘关系，如父子、母女、兄弟姐妹关系，等等，而是直接的利益关系。看待方式就是态度，一种看待他人利益以及他人与我之间利益关系的认知模式、情感取向和行为倾向。对待方式是指处理非血缘和非熟人之上的利益关系时所采取的行为准则以及行为习惯。然而更为基础性的问题在于，人的这种看待方式和对待方式并非是先天的，而是随着市场社会的建立与成熟才确立起来的，于是考察人们看待和对待公共生活之方式的环境就成了基础性的工作。一个基本的结论是：公共生活与私人生活的相对分离是同资本运行逻辑的普遍化相同步的。而资本决非像一般人所想象的那样，仅仅是用于生产、交换、服务从而获取最大化利益的本金，用于购买生产资料的货币支出。关于资本的本质，马克思不无深刻地指出，资本是能够带来剩余价值的价值。资本的宿命是带来剩余价值，而要完成这一终极目的，依靠资本本身是绝对不行的，只有靠着两个火轮才能飞奔起来，只有插上两个翅膀才能飞翔起来，这两个火轮或翅膀就是科学技术和社会市场。赚取最大化利益是动力，降低成本、扩大收益的科学技术是手段，进行资源合理配置的社会市场是环境。资本这辆战车一旦在欲望的推动下、科学技术的支持下、在市场经济的保障下飞奔起来，便沿着属于它自己的运行轨迹前行了。因此，资本表面上不过是人类能够找到的释放人类潜在能量、实现占有一切、支配一切之愿望的一个工具而已；但资本又不仅仅是一种工具，应该说，资本与商品、货币和时尚一起构成了一套社会制度、一种社会设置、一组行为方式。为着能够带来效率，就必须实行合理的社会分工，没有专业化便不可能有高效率，我强是因为我专，具有不可替代性才有可能带来收益，以至于亚当·斯密竟把分工看成是市场社会的直接前提："劳动生产力上最大的增进，以及运用劳动时所表现的更大的熟练技巧和判断力，似乎都是分工的结果。"① 日益精细化的社会分工除了能够带来效率之外，一个直接的社会后果就是把人们分配在不同的领域，而这种非常专业化的社会劳动的分工，造成了人们技能上的片面性，一如思想的深刻性是以片面性为代价的那样，基于精细分工之上的效率是以人的片面化为代价的。然而人的需要却是全面的、立体的，他不但需要衣、食、住、行、用等物质生活资料，而且需要信、知、情、意等精神生活资料。尽管就个别的组织和个人是片面的，如他只能为社会提供某一种或某一个公共物品，但联

① ［英］亚当·斯密：《国民财富的性质和原因的研究》（上卷），郭大力、王亚南译，商务印书馆1972年版，第5页。

合起来的整个社会组织和个人却提供了各种各样的公共物品。一个人和一个组织意欲求得各种需要的满足，就不得不和别人交换其劳动，继而交换其产品。全面的合作与全面的依赖便把许多建基于非特殊社会关系和非血缘关系之上的陌生人连接在一起。当然，生活资料的交换在大工业生产之后已经不像先前那样，生产者、交换者和消费者通常是集于一体的，而今他们由专门的人员或阶层来完成，这就是商人阶层的生成和生产者阶层的产生。G—W—G′与 W—G—W 不同，它彻底改变了已有的交换模式，以消费品作为交换的出发点与归宿同以货币作为交换的出发点和归宿不同，它把生产、分配、交换、消费变成了相互关联的环节，正是借助这四个环节，陌生的、不相干的人走在一起了，或合作、或竞争、或交换，于是便在基于特殊的社会关系和血缘关系之外的领域建立起了功利性的社会关系。而且，社会分工愈是发展，人们就愈是片面，而愈是片面就愈是依赖。“交换和分工互为条件。因为每个人为自己劳动，而他的产品并不是为他自己使用，所以他自然要进行交换，这不仅是为了参加总的生产能力，而且是为了把自己的产品变成自己的生活资料。

以交换价值和货币为媒介的交换，诚然以生产者互相间的全面依赖为前提，但同时又以生产者的私人利益完全隔离和社会分工为前提，而这种社会分工的统一和互相补充，仿佛是一种自然关系，存在于个人之外并且不以个人为转移。普遍的需求和供给互相产生的压力，促使毫不相干的人发生联系。”① 在以全面为前提的社会中，每个人都以物的形式占有社会权力，如果你从物那里夺取这种社会权力，那你就必须赋予人以支配人的这种权力。因此，相比较于先前社会形态中人的生产能力只是在狭窄的范围和孤立的地点上发展着，“以物的依赖性为基础的人的独立性，是第二大形态，在这种形态下，才形成普遍的社会物质变换，全面的关系，多方面的需求以及全面的能力体系。”②

① 《马克思恩格斯全集》第 46 卷（上），人民出版社 1979 年版，第 104 页。

② 《马克思恩格斯全集》第 46 卷（上），人民出版社 1979 年版，第 104 页。

可以肯定说，区别于私人生活领域的公共生活领域是基于经济的需要而发展起来的，在极为原初的意义上，所谓公共生活是基于各自的利益打算而结成的经济共同体，这种共同体其存续的时间和范围可能有所不同，但在功利意义上是相同的。然而这个基于经济考虑而发展起来的经济共同体已经发生并扩展开来，就超出了经济的范畴，而变成了政治的和文化的范畴，这便是我们不愿意把公共生活领域称之为公民领域、把公共生活称之为公民生活的根本理由，由公共生活领向公民生活领域、由公共生活向公民生活的过渡尚需诸多环节，其中政治的和文化的因素是最为关键的两种。法律表现的最后结果。平等！因为他们彼此只是作为商品所有者发生关系，用等价物交换等价物。所有权！因为他们只支配自己的东西。边沁！因为双方只顾自己。是他们连在域一起并发生关系的唯一力量，是他们的利己心，是他们的特殊利益。正因为人人只顾自己，谁也不管别人，所以大家都是在事物的预定的和谐下，在全能的神的保佑下，完成着互惠互利、共同有益、全体有利的事业。"[①] 由于商品生产与交换的领域是一个自利、自由、平等和有明晰产权的领域，有思想家也把它称之为市民社会："市民社会是处在家庭和国家之间的差别的阶段，虽然它的形成比国家晚。其实，作为差别的阶段，它必须以国家为前提，而为了巩固地存在，它也必须有一个国家作为独立的东西在它面前。此外，市民社会是在现代世界中形成的，现代世界第一次使理念的规定各得其所……在市民社会中，每个人都以自身为目的，其他一切在他看来都是虚无。但是，如果他不同别人发生关系，他就不能达到他的全部目的，因此，其他人便成为特殊的人达到目的的手段。但是特殊目的通过同他人的关系就取得了普遍性的形式，并且在满足他人福利的同时，满足自己。由于特殊性必然以普遍性为其条件，所以整个市民社会是中介的基地；在这基地上，一切癖性、一切禀赋、一切有关出生和幸运的偶

① 马克思：《资本论》第1卷，人民出版社1975年版，第199页。

然性都自由地活跃着；又在这一基地上一切激情的巨浪，汹涌澎湃，它们仅仅受到向它们放射光芒的理性的节制。受到普遍性限制的特殊性是衡量一切特殊性是否促进它的福利的唯一尺度。”①

如果全面地理解黑格尔的意思，其实，市民社会更指除了交换领域之外的广泛领域。但总地说来，黑格尔关于市民社会的划分基本上属于国家/市场/私域三分法。此外，古典意义上的公民社会还有国家和社会二分法。时至今日，三分法被国内外学者普遍接受，但内涵却有了细微的变化：“公民社会概念是指相对独立于政治国家与市场经济组织的公民结社和活动领域，包括个人私域、非政府组织（志愿性社团、非营利组织）、非官方的公共领域和社会运动等四个基本要素。”② 也有国外学者对公民社会进行了更为细致的划分：“‘公民社会’概念有多种界定方式。我们集中关注独立于国家和市场的结社和行动的领域，在这一领域中公民可以组织起来追求个人或集体的重要目标。公民社会行动者包括慈善组织、教会、邻里组织、社会俱乐部、公民权利游说团体、家长教师协会、工会、商会和其他许多机构。”③ 很明显，公民社会组织与政府和企业有着很大的不同。政府力求提供公共秩序和公共商品并运用自身权威筹集资金和创造合意的公共条件；企业力求通过自愿交易机制提供私人商品和服务；公民社会行动者则力求通过自身的自愿性努力以及通过公民团体对企业界和政府的影响来实现公民的价值和目的。如果说政府是通过合法的强制和税收来动员资源，企业是通过资源交换来动员社会资源的话，那么公民社会组织则通过诉诸价值体系和社会目的来动员社会资源。企业家的价值取向是私人收益，政府的

① ［德］黑格尔：《法哲学原理》，范杨、张企泰译，商务印书馆 1961 年版，第 197—198 页。

② 李惠斌、薛晓源主编：《全球化与公民社会》，广西师范大学出版社 2003 年版，第 124 页。

③ ［美］戴维·布朗、桑杰夫·凯哈格拉姆、马克·摩尔、彼得·弗鲁姆金：《全球化、非政府组织和多部门关系》，李惠斌、薛晓源主编：《全球化与公民社会》，广西师范大学出版社 2003 年版，第 145 页。

价值取向是公共利益，公民社会行动者则专注于社会中社会集团的利益，包括那些在现有社会安排中处于不利地位的团体的利益。公民社会无论以何种组织形式出现，其本质是明确的，那就是非政府性。从其直接目的来看，这些非政府组织集中于扶贫、人权、环境退化、失业保险、医疗保障以及其他的社会、经济和政治发展问题；它们从事一系列活动，诸如向穷人提供服务，建立地方自助能力，分析和倡议那些支持弱势群体的政策，或者促进研究和信息分享。还有人从四个领域出发划分公民社会，但其公民社会的含义还是接近于时下流行的定义："文明社会表示国家领域、由志愿组织组成的公众领域以及涉及私营企业和工会的市场领域这三者之间一种有活力的和相互做出反应的公开对话领域。"① 与这一定义相匹配，可把今天的社会分成相互起作用的四个领域：国家领域、私人领域、市场领域和公众领域。四个领域对公民的开放程度是不同的：对绝大多数的公民来说，公开性程度最高的当属国家领域和公众领域；而市场领域和私人领域的隐私性是最强的。现代意义上的公民是同公民社会一同产生的。但这决非意味着公民概念的使用和公民资格的获得乃是现代的事情。成熟而良好的公民社会一定是以成熟而良好的公民为前提的；而良好的公民一定是以良好的政治制度、体制、完备的法律体系、法律有明晰的有效边界为条件的。因此，有了市民、公民、国民就一定意味着已经出现了良好的公民社会。宽泛地说，无论取得何种资格、享用多大的政治权利，只要是属于一个民族或国家的一分子，不论其生活状态如何，他只要能够获得最起码的生存资料，他已经是事实上的公民，臣民、奴隶、下等人，等等皆属此类。早在古希腊罗马时期，公民观就已经相当成熟，且在罗马法中，用于规定人格及人格权的人法占有十分重要的地位。在罗马法上，人作为法律上的权利义务主体，有一个发展的过程，反映在概念上就表现为，罗马法上有三个关于人的概念，即

① ［美］雅诺斯基：《公民与文明社会》，柯雄译，辽宁教育出版社 2000 年版，第 16 页。

霍谟（homo）、卡布特（caput）和泊尔梭那（persona）。Homo，是指生物学意义上的人，不一定是权利义务的主体。例如奴隶也属于自然人，但原则上不能作为权利义务主体，而只能作为自由人的权利的客体。Caput，原意是指头颅或书籍的一章。罗马古时，户籍登记时每一家长在登记册中占有一章，家属则名列其下，当时只有家长才有权利能力，所以caput就被转借指权利义务主体，表示法律上的人格。Persona则表示某种身份，是从演员扮演角色所戴的假面具引申而来。假面具可以表示剧中的不同角色，persona也就用来指权利义务主体的各种身份，如一个人可以具有家长、官吏、监护人等不同的身份。[①] 由此看来，"公民"至少含有两种意思：一是权利；二是身份。而就权利说，公民首先要在合法界定的范围内获得一种资格，名义，一种完全意义上的社会人的资格与名义，这种名义通常是由国家的根本法或基本法（在今天就是宪法）规定了的，由于这种资格与名义是一种非排他性资源，因此，在一个完备的法律体系中和良好的政体下，是每个人都有机会的。由此标准判明，古希腊和罗马时期，尽管市民、公民、人格意识与法律已经很开明和进步，但依然是不完备和良好的，它没有施及所有的人。其次，就公民的本质说，获得某种资格、人格、名义只是获得某种机会、力量、资源的前提，而后者才是公民的核心内容，这就是罗马法在人法中规定的人格的即公民的权利：自由权，市民权（包括公权和私权）。而就公民的身份说，身份是公民诸种权利的社会认可形式，是公民权利之合法性的显现方式，因此，仅从身份界定公民尚不足以揭示公民的真理。但在实际的社会生活中，公民身份总是显得那样重要，因为身份是直接呈现给人的外部力量，至于是否真的具有实质性的公民权利是无法保证的。经常会出现"形式公民身份"和"实质公民身份的分离"。

由此决定，关于公民的界定就有了形式定义和实质定义两种进

---

① 参见周楠《罗马法原论》（上），商务印书馆1996年版，第97页。

路。“公民身份是个人在一个民族国家中，在特定平等水平上，具有一定普遍性权利与义务的被动及主动的成员身份。”雅诺斯基关于公民权利的定义方式尽管采取了形式定义的进路，但他并没有停留于形式之上，而是从四个方面揭示了公民的实质：第一，公民身份确定为一民族国家的成员身份。成员身份的获得可从内外两个方向加以考察，从内部考察，就是原先被贬损的民族、种族、性别、阶级、阶层或残疾者等非公民是怎样获得公民身份进而活动公民权利的；从外部考察，就是该民族国家之外的人是如何进入该国，获得公民身份、权利与义务的。第二，公民身份包含着主动的和被动的权利与义务。在仅有被动权利的情况下，宽厚的独裁者在他的统治中只给人民以极为有限的法律权利，但在收入再分配系统中却给予人民以广泛的社会权利。而在主动的公民权利下，公民登上在政治的前场和经济活动的前场。第三，公民权利是已载入法律而且供所有公民行使的普遍权利。第四，公民身份是平等的表述，其权利与义务在一定限度之内保持平衡。可以说，关于公民与公民社会的认识与定义是随着它们的发展程度以及面临的难题的程度而发生变化的。在目前的语境下，关于公民与公民社会的讨论已经不限于一个民族国家内部的权利及其实现方式问题，而是基于全球性的视野加以研究。20 世纪 90 年代以来，“全球公民社会”概念开始流行起来，“过去 20 年中，公民社会组织在许多领域的重要性急剧增加。这一变革曾被描述为‘全球结社革命’。据国际组织年鉴统计，国际非政府组织的数量在过去 10 年中已经增长的 4 倍。”① 公民社会或全球公民社会具有如下一些特征：（1）非营利性，即不以营利为目的，不能将营利分配给组织的经营者；（2）中立性，即在政治上采取中立态度，不与特定的政党结盟；（3）自主性，即相对于政府的独立性；（4）使命感，即组织的成员特别是志愿者对所从事事业的执着和对所在组织的归属感；（5）多样性，

---

① ［美］戴维·布朗、桑杰夫·凯哈格拉姆、马克·摩尔、彼得·弗鲁姆金：《全球化、非政府组织和多部门关系》，李惠斌、薛晓源主编：《全球化与公民社会》，广西师范大学出版社 2003 年版，第 146 页。

即非营利组织数量众多，以满足不同群体的不同服务需求；（6）专业化，即高度专业化，集中关注某个社会问题或某个社会群体而积累了丰富的经验；（7）灵活性，即为适应外部世界的变化而随时随地调整自身；（8）开创性，即具有较强的开创能力，善于开风气之先；（9）参与性，即依赖于人们的志愿参与行为（包括出钱出力等多种形式）来维持运转；（10）成本低，即由于依靠志愿者和官僚化程度低而导致运作成本低。

2. 基于尊重和平等观念之上的公民伦理

公民伦理是指以个体、组织和政府的身份出于各自目的而公共交往中可以相互提出的有效性要求，以及为实现这些要求应该具备的德性，其中尊重和平等是最主要的方面。公民伦理内在地包含着四大原则：权利、交互性、自愿与责任。在公共交往中，每个人的生存权、财产权和自由权具有先在性，它们是无须证明而自在具有合理性。交互性、自愿和责任都是因相互尊重各自的权利而生的道德要求；在固定的和流动的公共空间内，交往主体出于各自的目的而发生交往，要么是陌生人的交往，要么是熟人之间的交往，每个人的权利都是必须得到尊重的对象。没有任何人可以毫无缘由地践踏他人的尊严、抢夺他人的财产与机会，互惠互利是相互尊重也相互对等的基本法则。尊重观念和平等观念的形成和运用，是在反复进行的公共交往中完成。而中国建基于社会主义市场经济之上的公共交往与公共生活，约有40多年的时间，成熟的公共伦理还在培养和生成阶段。

（四）当代中国公共交往与公共生活中，尊重观念与平等观念的发生史与实践史

1. 传统社会的公共生活及其文化基础

任意一种社会类型都是个体借以表现其生命与生活的共同体形式，都是个体展开其活动和表达其意志的形式。但不同类型的社会形态又是那样的不同，不仅共同体的结构不同，支撑共同体正常运行的基础也各异。传统社会是指这样一种社会：农业生产和农业文明居于

主导地位；人们在极为狭隘的地域内生产、交往和生活着；公共交往和公共生活尚不发达，普遍的商业生产和交换尚未普遍地发展起来；支撑生产、交换和交往活动的伦理基础主要是家庭、家族、氏族、村社、宗教、国家伦理。传统社会表现在公共生活及其文化基础上，有这样两个明显特点：第一，公共生活基本上是熟人基于生活需要而建立起来的熟人社会。以家庭为基本生产单位的自然经济把人们依照家庭和生产的需要安置在不同的地理空间内，由于是自足的生产、分配和消费系统，似乎用不着与熟人圈以外的他者或陌生者进行生产上的合作、产品上的交换。在这一自组织系统内，家庭起着至关重要的作用，家庭、家族和氏族成员之间通常都是建立在特殊的社会关系（夫妻）和血缘关系（兄弟姐妹、父子）之上的，它们不但限定着个体的活动空间，同时也决定着个体的成人方式。家庭伦理在个体生活于其中的这个自组织系统内处于核心的位置，家庭的基本功能——生产、生育、分配、教化、关怀——被完整地保持着，并以自然的方式传承着，这种保持和传承都以家庭伦理为其基础。在一定意义上可以说，家族、氏族，甚至村社都是家庭的放大形式，或者说是同构化的过程①。人的德性的养成、人的德性的实践领域绝大部分都是在家庭以及家庭的放大形式中完成的。《大学》把齐家、治国、平天下的逻辑顺次如下："古之欲明明德于天下者，先治其国。欲治其国者，先齐其家。欲齐其家者，先修其身。欲修其身者，先正其心。欲正其心者，先诚其意。先诚其意者，先致其知。致知在格物。格物而后知至，知至而后意诚，意诚而后心正，心正而后身修，身修而后家齐，齐家而后国治，国治而后天下平。自天子以至熟人，壹是皆以修身为本。其本乱而末治者否矣。"在上述八个环节中，致知和修身乃最为核心的环节，而这两个环节的养成或完成恰是在家庭中进行的。用以格物致知的"物"主要是限于家庭以及家庭放大形式中的人伦关系。"人伦关系"与"自然关系"不同，它所意指的主要是人与人之间的

---

① 德国社会学家菲迪南·滕尼斯在《共同体与社会》一书中严格区分了"共同体"与"社会"概念。

看待关系和对待关系，包含着意愿、情感、选择、责任、义务。由于人伦关系比自然关系具有优先性，便养成了实践理性发达而理论理性和创制理性较弱的文化传统。可以说，这一文化传统的养成完全取决于家庭的核心地位。儒家所倡导的“内圣外王”理论也把“致其知”、“诚其意”和“修其身”放到了优先的地位。“所谓治国必先齐其家者，其家不可教而能教人者，无之。故君子不出家而成教于国：孝者，所以事君也；弟者，所以事长也；慈者，所以使众也。”对此，朱熹释义道：“身修，则家可教矣。孝、弟、慈，所以修身而教于家者也。然而国之所以事君、事长、使众之道不外乎此，此所以家齐于上而教成于下也。”（朱熹：《四书章句》）一家仁，一国兴仁；一家让，一国兴让；一人贪戾，一国作乱。宜其家人、宜兄宜弟，而后可以教国人。第二，由家庭和家庭伦理构成的共同体，在性质上具有如下方面：其一，非功利性。由于家庭以及家庭的放大形式（家族、氏族、村社）是非营利性、非竞争性组织，便在分配原则上表现为各尽所能、按需分配，而不是按劳分配。尊老爱幼的伦理文化促成了弱势群体利益优先原则，成员的基本权利和义务是依照特殊的社会关系和血缘关系进行分配和保证的。其二，非对等性。家庭成员之地位的确立决定于自然优先（即年龄优势）原则，长幼有序、尊卑有别。地位的非对等性决定了伦理规则的给定方式，商谈、博弈不适合于特殊的社会关系和血缘关系。由此也就决定了伦理规则的非反思性和非批判性，规则的天然合法性不容置疑，基于平等关系基础之上的相互提出的有效性要求，既无必要也不可能。其三，绝大部分行为的做出不是出于自利性的意愿，而是出于规定或义务。因为，每个个体生活于其中的诸多共同体在你获得生命以及获得理性、进行选择之前即已存在了，这种先在的共同体保证了个体的顺利成长，它们本质上不是一个个体通过成熟的理性、通过选择构造起来的，对个体来说，它们是自然而然的。其四，这是一个信度较高而风险较低的领域。孔子在讲到与人交往时应遵循的规则时指出：“吾日三省吾身，与人谋而不忠乎？与人交而不信乎？”在这里，“忠”、“信”主要施之于特殊的社会关系和血缘关系之外的社会关系，而在家庭、家族、村社中，它们似乎是无须强调的行为规范，因为它们已经在“社会化”中自然而然地拥有了。为何至此？那是因为，在一个重复进行的博弈行为中，博弈者会随着博弈次数的增加而逐渐成为熟人，从而建立一种熟人关系。家庭、家族和村社原本就是熟人的社会，在日常生活的意义上，是天天时时都要谋面的，违背和冲破已经根深蒂固的行为规则，其成本是无法计算的，一当被熟人关系和熟人文化驱除出生活圈，个人的生活简直不可能。这实在是一个悖论：在一个充满熟人信息的社会里，风险很低，但却限制了个人进行自主选择的可能性空间；相反，在一个充满风险的陌生领域里，选择的可能性却可能较大。总括地说，在血缘共同体、地缘共同体和宗教共同体中，风险较低，这些共同体是建立在有关人员的本能的中意、或者习惯制约的适应、或者与思想有关的共同的记忆之上的，它们不仅仅是它们的各个组成部分叠加起来的总和，而是有机地浑然生长在一起的整体。在滕尼斯看来，“共同体是一种持久的和真正的共同生活”，是“一种原始的或者天然状态的人的意志的完善的统一体”。惟其如此，共同体之伦理规则的给出方式、约束方式以及运行逻辑都是独特的，它们与后来人们基于目的、思想和计划之上而形成的社会形式有着明显的区别。

2. 当代中国人在公共交往和公共生活中形成尊重观念和平等观念的困难性与复杂性

一如前述，资本、市场、现代生产逻辑的发生与发展是形成公共交往与公共生活的经济基础和社会基础，它经历了几百年的历程才形成了成熟的基于公共理性之上的尊重观念和平等观念。它将经济领域里的资本和政治里的权力悬置起来，阻止它们将自身的效用边界扩展至公共领域里。但由于我们的基于血缘、地缘、友缘关系之上的私人交往历史与权力优先于资本和知识的政治生活具有同样长久的历史，因此，在基于市场经济之上的公共交往和公共生活历程相对较短的时间段落里，形成成熟的公共理性、尊重观念和平等观念，是极其复杂而艰难的过程。它必须经历一个从自然情感到社会情感、从实用理性到公共理性的转型过程。完成这一转型的根本力量在于个体、组织和政府的努力。

至此，我们已经按照事物自身的逻辑，从经济、生态、政治和社会四个基本领域，具体地分析和论证了“社会转型与伦理基础变迁”的基本方面。虽然这个论证框架并未将因社会转型带来的各个领域、各个层次之伦理基础的变迁，一一加以描述和论述，但就经济、政治和社会这三个最为根本的、核心领域里的转型与伦理变迁问题作了最大限度的阐释，其理由是，从当代中国的社会转型的原始发生看，经济和政治是两个最基本的领域，也是两种最核心的力量；它们在社会转型的始点这个意义上具有举足轻重的作用，社会其他领域的转型都是经济和政治转型的扩展形式，尽管这些领域一经开始发生结构性变迁便会转身嵌入经济和政治活动中；而在经济和政治的转型中，我们又把政治转型作为唯一重要的研究对象加以深度沉思，这便是关于政治的形而上沉思和形而下论证。

另一个必须说明的问题是，在分析和论证经济、生态、政治和社会领域的转型及其伦理基础变迁时，并未刻意突出伦理变迁和伦理基础重建这一立意，而是从整体性上认识和把握社会转型引发伦理基础变迁的内在机理，以及原有伦理观反作用于社会转型的复杂过程；如若将每一个领域的社会转型与伦理变迁的诸种表现一一标划出来，那势必造成一种各个领域里的伦理范型是完全不同的假象，而实际上，进行社会活动的人在德性结构上是同一的，一个人在经济领域能够信守诺言、遵纪守法，那么他在公共生活和政治生活中也会有理智感、同情心和正义感。就像康德在论说理性时所说的，只有一种理性，只是在运用的方面有所不同罢了。① 一个人的德性结构是他进行道德思

① “尽管除了一种纯粹实践理性的批判之外，道德形而上学真正说来没有别的基础，就像对形而上学来说，已经提供的纯粹思辨理性的批判是基础一样。然而一方面，前一种批判并不像后一种批判那样极为重要，因为在道德领域里，人类理性甚至在普通的知性那里也能够轻而易举地达到重大的正确性和详尽性，与此相反，它在理论的、但却纯粹的应用中却完全是辩证的；另一方面，为了一种纯粹实践理性的批判，我要求：如果它要被完成，就必须能够同时显示它与思辨理性在一个共同的原则之中的统一，因为毕竟归根到底只能有同一种理性，它惟有在应用中才必须区别开来。”（［德］康德：《康德著作全集》第4卷，李秋零译，中国人民大学出版社2005年版，第398页）

考和行动抉择的初始根据，当一个人在进行思考和行动时，他不会预先对自己的德性结构进行完整地省思，借以确定出哪一方面是正确的，哪一方面是错误的，且能确定出对与错的比例关系来，而是自发地、直接地运用自己的信念、认知、情感和意志于判断和选择之中。具有同一种德性结构的人，在判断不同的事物之伦理性，进行道德行为的选择时，会表现出不同的类型来，因为对象本身在道德和伦理性质上就是不同的，如经济生活中的效率与公平就不同于政治生活中的正义与平等，也不同于精神生活中的自由与幸福；但一个人绝不会因为看待和对待不同的事物具有不同的伦理性和伦理基础，而表现出完全不同的道德人格，尽管在同一个始点上因不同的对象而表现出不同的思考与行动，但绝不会在性质上出现真善美与假丑恶的对立。就个体而言，在其一生的道德观念史和道德实践史中，可能会因为生活和职业上的重大变化，致使他在道德观念和道德行动上发生一定的变化，但也不会发生根本性的变换，即不会发生伦理本体之颠覆性的变化。但如果是绝大部分人在道德观念和道德选择上都发生了根本性的变化，那一定意味着社会发生了结构性的变迁。因此，起始于 20 世纪 70 年代末的现代社会转型，引发了整体性的伦理变迁，这种变迁不只是个体性的，更是群体性的、民族性的；不只是道德评价体系的变化，更是道德人格意义上的进化和提升；它是以由传统社会向现代社会、由属人社会向陌生人社会、由私人生活领域向公共生活领域的结构性变迁为社会基础的；它是以民族—国家的相对独立发展向深度和广度全球化状态转变为世界前提的。当我们把经济、生态、社会和政治的现代转型中出现的伦理基础变迁及其伦理基础重建时，一种整体性的场域、德性、规范和伦理的变迁与重建就标划出来了。

八　未来形态之中国伦理范型的先行标划

中国未来形态的伦理范型的重建或建构，必须立于正在变化着的伦理架构之上；或者说，在日益变化着的伦理变迁中就充分地蕴含着未来形态的要素；如果自觉地、理性地将这种可能性合乎逻辑地先行描画出来，那么就会有目的、有方向地推动这种趋势，将可能性变成现实性。

（一）伦理基础重建的逻辑前提

对当代中国道德观念史与道德实践史之未来发展形态的先行标划，构成了“社会转型与伦理基础变迁”研究的理论旨归和价值诉求。历史的声音和民众的心声就是历史的命运，尽管命运不济、劫难重重，但人类从未失去对整体性的好生活的追问和追寻。整体性的好生活构成了好政治和好社会的重要标志。花费如此之大的功夫描画当代中国的社会转型与伦理变迁的诸种表现，目的就是要通过“道德叙事”反思、批判、总结中国形态的现代性在构建整体性的好生活的过程中国所形成的中国经验、构建的中国道路，在朝向整体性的好生活的道路上所存在着的不足。我们试图从目的之善与手段之善及其有机统一的视角标划出未来的“伦理范型”及其伦理基础重建。“伦理范型”就是目的之善，“伦理基础”就是手段之善。德性与规范既是目的又是手段。在此，我们依旧依照已经给出的，以“人”为原点构造出的三重关系：人与自然、人与人、人与自身；进一步地，我们试图用“有机体”这个范畴统领三者之间的内在逻辑：宏观有机体（人与自然的关系）、中观有机体（人与人的关系）和微观有机体（人与自身的关系），借以对应三重关系；面对这三重关系中的伦理问题，在重建的道路上，就被分解成三个主体：国家、社会和个体。

人和自然之间的生态关系，在现代性场域下，愈益成为人类的共同问题，如何在人类意义上的生态观的指导下，共同应对全球性的生态危机，业已成为人类共同的事务。无论是因人的不正确的生产方式、交往方式和生活方式造成的资源锐减、耕地变少、草场退化、全球变暖、旱灾水灾、瘟疫流行，还是自然自身生成的致命病毒，生态危机都以全球化的形式扩展开来。在应对生态危机、重构新型生态观的道路上，作为最高层次的道德哲学观或许是最为坚实的观念基础。

在此一方面，最高的儒道哲学或许具有不可多得的哲学意义。当代德国现象学家罗姆巴赫在《结构存在论》一书的“导言”中，以“道路”（Der Weg）为题，展开了一个颇有启发的关于目标与道路的讨论。目标先行于道路而预先给出，一如当代之人与自然的关系那样，没有人类与自然的和谐关系，人与人、人与自身的和谐关系都将不复存在。当当代自然危机已经突显、重构人与自然的和谐共生诉求已经呼之欲出，那么走向和谐的道路便被共出。除了这种哲学的思考道路与目标的方式外，还有经验的、体验的方式，它来自于对道路的经验，在道中表达自身，就通过这种方式而被描述。古希腊哲学中的逻各斯与道家哲学中的道似有本质不同：“逻各斯讨论在，道讨论无；逻各斯讨论知识，道讨论无知；逻各斯讨论意志，道讨论无为。不过这种无为与无所为无甚关系，在其中显示出的是，它能被建构一种高深的艺术。无为是如此发生的，即每个东西都在自己的构成中运行。”① 如何实现古代自然观的现代转换，构建现代生态观，乃是当代中国人的道德要求。在生态观的三种主体中，政治领袖或政治精英集团的生态观具有权威性的、普遍性的引领作用，它不止是一种观念，更是一种行动。15 年前，“两山论”的提出，标志着当代生态观开启了一个新的面貌。“两山论”即绿水青山就是金山银山，2005 年 8 月 24 日习近平在《浙江日报》的《之江新语》栏目中就生态文明建设提出了著名的“两山论”，他指出：“我们追求人与自然的和谐，经济与社会的和谐，通俗地讲，就是既要绿水青山，又要金山银山。”习近平接着写道：“我省‘七山一水两分田’，许多地方‘绿水逶迤去，青山相向开’，拥有良好的生态优势。如果能够把这些生态环境优势转化为生态农业、生态工业、生态旅游等生态经济的优势，那么绿水青山也就变成了金山银山。绿水青山可带来金山银山，但金山银山却买不到绿水青山。绿水青山与金山银山既会产生矛盾，又可辩证统一。”“两山论”的时代价值及其重要意义是极其明显的：第一，

---

① ［德］海因里希·罗姆巴赫：《结构存在论》，王俊译，浙江大学出版社 2015 年版，第 i 页。

正式开启中国生态文明建设的新时代。随着改革开放和社会主义市场经济发展，一些地方在追求利益最大的思想主导下于1992年后大力发展重化工业，一批“高污染、高排放、高耗能”项目相继上马。大规模的重化工业发展虽然为地方经济发展带来巨大的利益，但也造成大量污染物排放，对自然生态环境造成破坏，严重影响人民群众的身心健康。余村正是在这样的大背景下痛定思痛，决定关停污染企业，开始转向绿色发展道路。第二，构成习近平生态文明思想的核心理念。2018年5月召开的全国生态环境保护大会正式确立“习近平生态文明思想”。习近平生态文明思想是习近平新时代中国特色社会主义思想体系的重要组成部分，也是目前单独以习近平命名的四大思想之一。第三，加快生态文明建设在更广范围内推开。理论来源于实践，同时用以指导实践。“两山论”的提出源于余村的成功探索实践，在对余村样本分析研究和抽象概括基础上形成的“两山论”指导生态文明建设的实践。在“两山论”的理念指导下，余村所在的安吉县以其良好的生态环境和人居环境，先后获评全国首个气候生态县、国家可持续发展实验区、首批中国生态文明奖，首个获得联合国人居奖的县级市。当代中国的生态观及其实践不仅具有中国价值，更有世界意义。

作为中观有机体的人与人之间的社会和谐，构成了当代中国道德观念史与道德实践史之未来发展的第二种形态。如果说，生态观和生态实践为人的整体性的好生活提供了自然环境，那么人与人之间和谐的政治、经济和日常关系则创造了社会环境。而建构和维系这种和谐关系的道德观念和实践基础则是正确的政治观、权力观、公正观、效率观、公平观、尊重观和平等观。在养成这些道德观和伦理观的过程中，传统的优秀文化和现当代社会主义文化将是极其重要的思想资源。而传统文化和现当代社会主义文化只有与当代中国的制度体系有机地统一起来，变成“可行能力”才会成为现实的观念和行动。

作为微观有机体的自我和谐，构成了当代中国道德观念史与道德实践史之未来发展的第三种形态。人与自然、人与人的和谐均奠基于个体的自我和谐，所谓自我和谐便是心灵之序。从内部结构看，心灵之序首先表现为信、知、情、意四个元素的有机统一；其次表现为理论理性、创制理性和实践理性的有机统一；最后表现为生物性需要、社会性需要和精神性需要的逐级递升。表现在“观”的层面，就是构成正确的财富观、消费观、人格观和幸福观，而支撑这些“观”的人性基础则是对生命和生活之意义的创设与意义，即过一种有限度、有节制的且对自己和他人、社会高度负责的生活。

（二）伦理基础变迁及其重建的一般性描画

任一种社会都会存在伦理道德上的问题，而由市场化社会所引发的伦理道德危机却不是局部的，而是整体的、根本的，是拔根式的。这不仅仅是一种直觉，更是一种深刻的生活体验。这种真实的深度体验指示给人们的是，无论是德性、德行，还是幸福或一种好生活都显得那么艰难。作为整体伦理的拔根使这个有着几千年伦理传统的民族陷于全面的风险境地。由现代性所引发的道德危机表现在诸多方面，但我们不可拘泥于个别的道德现象而就事论事，以致不得整体要领。立足于拔根事实而指向于扎根愿景才是伦理学研究的理论旨趣。

1. 作为整体概念的伦理

人类社会虽然始终在变，但并不总是发生根本性的改变，人类始终要在变与不变之间找到一种历史的结合。只有在最低限度的秩序内，社会的运行和社会变革才有可能，也才有意义。所谓最低限度的秩序乃指社会的基本结构和伦理价值体系。社会的基本结构呈现为经济、政治和文化三种元素之间相互关联和相互作用的方式，其间既不能合并为一，也不能各自为政，它们分别为社会提供着三种相对有别的价值：生活资料、秩序保障和意义支撑，与三种价值相对应的是三种价值原则：效率、正义、自由和幸福。为着能够最大化地创造社会基本价值，遵循社会基本价值原则，人们或自发形成、或由权威者供给、或通过民主讨论给出供人人遵守的游戏规则，包括习惯、惯例、风俗、禁忌；规章、条例、守则；法律；意识形态。人们通常把游戏规则中人们约定俗成的、关涉自我责任、主体间责任、完全责任和不完全责任，通过内心信念和社会舆论发挥作用的部分成为伦理道德。约而言之，除去那些物的要素，社会秩序实质上就是人们的行动结构和观念结构，在这些结构中，有些是被鼓励的，有些是被要求的，有些是被禁止的。它们通常以“应当”的形式被表达出来，形成道德劝谕、戒命、律令，等等。这些以应当形式表现出来的道德命令，要么是关乎资源与机会之分配的，要么是鼓励约束人的观念与行为的。

在一个相对稳定且和谐的社会里，通常都有一个相对完整的伦理价值体系，它们可以被看作是作为整体概念的伦理，这个作为整体概念的伦理有时也被称为“伦理范型”。作为整体概念的伦理有理论的和实践的两种形态，理论形态的整体伦理是思想家构建出来的由基本概念或范畴组成、中介于内在的逻辑关系而成的理论体系；实践形态的整体伦理是人们在长期的学习、工作、交往和生活中形成的观念、规范和行动体系。

理论形态的整体伦理乃由思想家构造的有关伦理道德的“理念型”。人文思想家和社会科学家都可能拥有自己的“理念型”，但后者的“理念型”通常只是一种概念工具，它基于特定的观点，由杂多的现实里抽离出某些特征，整理成逻辑一致的“思想秩序”，反过来可以作为衡量现实的制度。而自韦伯以来，社会科学家已不满足于对“法则性知识”的建构，还致力于“表意性知识”的追寻，以便对人的行动进行“意义妥当性”的理解和“因果妥当性”的解释。而对伦理学家来说，其“理念型”则明显地拥有“意义妥当性”的理解和“因果妥当性”的解释两个元素，抑或是说事实性陈述和规范性陈述的有机结合。亚里士多德、康德、儒家伦理莫不如此。这些“理念型”的整体伦理具有自身的逻辑一致性，具有自洽性，是自足的、完备的理论体系，它成功地把价值逻辑与事实逻辑结合起来，亦因此，这种自足而完备的整体伦理极具迷惑性，以致很多人把它们当成了道德事实。许多后学，总以为雅典城邦的公民都像亚里士多德所描述的那样，既有理智的德性又具有道德的德性；既有明智和自制，又有合于德性的实现活动即幸福。也总以为，先民们都像儒家所呈现的那样，志于道、居于德，遵循着三纲五常，通过格物致知的功夫，以推究外物之理，以格心中之欲，通过修身、正心、诚意，以求明明德、亲民、止于至善，中介于为人君止于仁、为人臣止于敬、为人父止于慈、为人子止于孝、与国人交止于信，最后实现齐家、治国、平天下的目的。然而事实上，在任何一种场景下都不曾出现与思想家供给的“伦理范型”完全符合的道德景象，出现的只是充满了缺陷、非完满的、未完成的道德事实。理想性是“理念型”整体伦理的根本特征，它部分地指向于道德事实，但更多是面向未来，是关于“应当”的逻辑体系。不过，它们也不完全是空中楼阁式的“理想世界”，也会通过向上和向下的方式发挥它们的效力：批判、规范和导向。向上的方式是将伦理学家的伦理观政治化或制度化；向下的方式是将伦理观日常生活化，变成人们的日常道德意识和道德意义，从而成为道德事实。在这个意义上，儒家伦理乃一种真正的关于实践的学问，是一种教化哲学。作为一种道德事实，中国传统社会中的整体伦理，有若干道德核心词、核心命题，它们多半都是从思想家那里转化而来的。

实践形态的整体伦理尽管包含着思想家所言说和倡导的伦理元素，但它毕竟属于大众的道德理性知识和道德生活实践。这种道德理性知识以日常道德语言为表达和交流手段，以基本的道德范畴和命题为内容，以被鼓励的、被要求的和被禁止的命令式为规范形式，以内心道德情感和外在的道德舆论为实现方式。道德生活实践表现为一种可描述、可评价的道德事实。这种道德事实并非人们预先准备好的伦理范型，而是人们在反复进行的生产、交往和生活实践中建构起来的诸种观念、规范和行动，其深厚基础乃是人们的活动结构和关系结构，以及由此构成的利益结构，简称为社会结构。而基于社会结构基础上的整体伦理一经生成便又维系着、强化着社会结构。

实践形态的整体伦理作为一种道德事实，乃一复杂系统。从主体或从谁的伦理或道德角度看，就有三种主体：个体、组织和国家。从道德主体看，最为原初的主体乃是个体，至于其他主体如家庭、企业、国家，等等，都是个体的扩展形式和组合形式，把它们视为道德主体乃是由于它们遵循的是集体行动的逻辑。于是，作为实践形态之整体伦理就集中表现为每个道德主体自身的内在统一性，以及不同道德主体之间的相互关联性。而无论是哪一个主体，其伦理道德均涉及两个方面：内在价值和行为正当性。所谓内在价值指的是，把什么视为最值得追求的东西，即什么是最高的善，其自身就值得追求而不为别物。而行为正当性是指行动主体为着追求自身的利益而采取的行为合理性而言。从要求的角度看，内在价值和正当性就是内心声音和他者要求。

对于个体而言，作为整体概念的伦理乃指事实与价值而言。所谓事实，具有内在统一性的个体伦理是行动者与行动的统一、德性与规范的统一，以及德性与幸福的统一。所谓价值，具有内在统一性的个体伦理对个体和社会都是积极向上的，具有不可多得的意义。个体是否具有整体概念的伦理至关重要，由无德之人组成的社会一定是一个无序的社会，但由有德之人组成的社会也未必就是一个良序的社会。在德性之美与城邦之善之间，德性之美具有优先性。作为整体概念的伦理表现在个体那里应表述为个体的整体德性或整体道德。德者，得事宜也。内得于己者，道也，使身心互得其益，谓之德性；外得于人者，善也，使众人各得其益，谓之德行。用现代语言来说，个体的整体德性表现为健康人格、心性修为和能力系统。健康人格表现为信、知、情、意。道德信仰或信念，是对最高德性境界的仰慕与确信；道德认知，即健全的道德理性，可称为实践理性，其形式来源于先天的知性范畴，其质料来源于后天的实践活动。实践理性作为一种能力充分体现在道德认知、道德判断、道德推理和道德选择中。只有对道德事实和道德原则与规范进行确认才能对它们进行善恶判断，继而对可能的道德行动所产生的伦理意义进行逻辑推论，最后解决该与不该做的问题。道德情感乃是一种基于日常生活中的道德体验而养成的对“先天实践法则”的尊重而对道德行动所采取的心理倾向性。在这个问题上，康德严格区分了绝对命令和相对命令：只为先天法则的和为着法则以外的目的，或可陈述为不求回报和追求回报的。在康德看来，只有单纯为先天法则而选择的行为才具有道德价值，否则便没有。这是一种高级的情感，或可称为无情之情。康德这种贬抑伴随经验情感而做出的道德行动之道德价值的观点，让人颇感不解或费解，也为多半世人不能接受。而且康德人们，伴随着同情之心、怜悯之心、愧疚之心的道德行动是容易做出的，反之，单纯为着责任而责任的行为是困难的。这在情理相间、且多半是情的逻辑优先的伦理环境下，这种观点更不容易被理解和接受。意，可视为意志，也可看作动机。在康德那里，意志概念是其道德哲学中的基础性概念，可分为一般意志和特殊意志，特殊意志便是善良意志。只有动机是善良的，进言之，只为先天法则而做出的行动才是道德的。健康人格乃是信、知、情、意四个层次的有机统一，缺少其中的任何一个层次，个体的整体德性要么有缺陷要么不完整。

个体的心性修为构成个体整体德性中的品质部分。亚里士多德就曾经用品质来定义德性：使行动者生活得好并使其出色地完成其活动的优良品质。他把德性分成理智的德性和道德的德性，前者因教导而成，后者因习惯而成，因此道德的德性乃是实践问题，是行动者因其行动而成的事情，是在反复进行的活动中形成的良好习惯，继而积累为优良品质。德性既不出于自然也不反乎自然。个体只先天具有接受教化从而形成优良品质的潜质，但不先天具有德性本身。性善与性恶之争实质上是从相反的方面承诺了人之接受教化和抗拒教化的倾向性，除去那些其生物基因中先天不具备被教化的倾向的人之外，绝大部分人都同时存在向善与趋恶的可能性，问题的关键是，何种社会设置或何种社会类型使人求真、向善、趋美呢？家庭、学校和社会怎样塑造个体，个体就会怎样构造社会。个体的心性修为构成个体之整体德性的品质基础。

德性本质上是实践问题，人是经常做好事才成为好人的，而不是因为好人才做好事。一个人，无论具有怎样丰富的道德理性知识，也无论具有怎样纯洁的善良意志，若没有内得于己、外得于人的行动，都是虚无。道德行动乃是信、知、情、意的综合运用，是知与行的有机结合，是在具体的道德语境下，行动者对道德事实的甄别、判断、推理、抉择、行动，是在多种可能性中选定最有价值的那种可能性。

但作为整体概念的伦理绝不仅限于单个个体的整体德性，尽管它是原初的和基本的，更在于社会、组织和政府的伦理道德状况①。作为统摄诸多伦理主体之微观整体伦理在内的最高层次的整体伦理，乃指整个社会的伦理道德状况而言。在这个意义上，可能有三种状态：完全无序，已无整体伦理可言，如战争、内乱，德性已完全被权力、武力和暴力所代替；有序但却充满冲突的伦理状况，有整体伦理，但不断冲突、分化、组合；有典型的伦理范型，诸多道德主体间有可公度的核心价值观。此种类型的整体伦理尽管充满理想的成分，但在人类历史上确已出现过。历史可以选择多条路，但历史却只能走一条。对我们有现实意义的，不是去怀恋那久已逝去曾经辉煌的“整体伦理”，因为已不可复制，也不会再现；我们也不能迷失于战争与内乱这种摧残人性的状态，因为它不是正常的社会状态；我们应着力的则是有序却充满冲突的整体伦理类型。这种类型不仅是我们生存于其中的现实，且在较长时期内依然是我们不可逃避的事情。

2. 整体伦理变迁之诸种表现

没有无伦理问题的社会，也没有无社会基础的伦理，因为社会以何种方式运行便要求着同时也生成着何种形式的伦理范型；而任何伦理范型也只有植根于社会的土壤之中才有生命力。被麦金太尔视为西方文化中经典伦理范型的希腊雅典伦理，曾一度成为人们赞美、模仿、践行的蓝本，甚至成为不许有任何质疑的艺术品。诚然，希腊雅典为西方后来的发展提供了“希腊精神”：自由、民主、理性、创

① 由论题的完整性决定，在此理应对组织、政府、社会的整体伦理作一微观研究，最后再现最高层次的整体伦理。鉴于篇幅，决定把对这些问题的讨论结合到“整体伦理之危机”部分去。

新，等等。但公元前4、5世纪的雅典依然是一个生活空间较小、生产和贸易不甚发达、且战争不断的手工业商业城市。在这样一个合法界定的城邦伦理共同体中，人们是依照熟人社会的方式处理各种关系的，柏拉图倡导的四主德乃是植根于雅典城邦现实土壤之上。当着生产的高度、交往的程度、贸易的广度已远远打破雅典城邦的有限空间时，其伦理范型还会通行有效吗？回答是否定的。随之而来的则是世界范围内的整体伦理变迁，而整体伦理危机正是这种变迁的产物。

任何时代都有不同于其他时代的道德关键词和道德话语，正是这些范畴和话语才使不同时代的人们有了鲜明的伦理特征。我们把道德原则、规范、范畴、话语由一种类型向另一种类型的转变称为道德或伦理变迁。广义的伦理变迁指任何一种伦理道德结构的变迁，包括体制内的以及不同体制之间的；而狭义的伦理变迁则指人们在形式与内容上所推动的基础的、根本的、全局的伦理变迁，这便是我们正在集中讨论的整体伦理变迁和整体伦理危机。这种变迁和危机不是局部的、细节的，而是根本的和全局的。依照历史的逻辑，人类总是欲寻相对为好的社会结构、运行模式和更好的生活，但历史总是走着属于它自己的路，美德的丢失与重建是同一过程的两个方面，关键的问题是，人们是否找到一个相对为好的结合方式。

第一，现代性的整体图景：整体伦理危机之根源。现代社会之不同于传统社会的一个重要方面，便是全面的向外方式。当人类认知和改造自然（人类之外的自然自然的自然）的能力极为有限的时候，人类便把主要精力投放在了对自身精神世界的改造上，创造了光辉灿烂的文化，包括深厚的伦理文化。这些伦理文化大都完整而系统，如雅典城邦伦理、中国儒家伦理。任何整体伦理类型都有明确的伦理原则、系统的道德规范、明晰的范畴体系。更为重要的是，整体伦理在其效力所及的范围内，具有可公度性，是被反复交往的人们所共同确认和确证的，具有普遍有效性。雅典城邦伦理尽管是基于手工业和商业之上的，但在都是有限交往范围内的熟人社会这一点上，与中国儒家伦理则是相同的。在一个以差序格局为基本格调的熟人社会，人们通常是在同质意志支配下，依照情的运行逻辑处理家庭、家族、村社乃至国人和君臣关系的。在这种伦理共同体中，百事德为先。德性具有本体论意义，以德配福、德福相依。人对人的关心胜于对物的兴趣。当利益与德性发生冲突的时候，德性必先之。在亚里士多德的德性结构中，道德的德性优先于理智的德性。在德性的生成方式上，传统社会乃是典型的向内：为仁由己，而由人乎哉？自天子以至庶人，皆以修身为本。在个浓浓的伦理共同体中，每个成员的心灵都是充实的，它深深植根于牢固的人际关系中，而像爱、公正、正义、真理、友爱、友谊这样的最高价值又深深地植根心灵土壤之中。

肇始于15世纪下半叶、成熟于18世纪下半叶的工业社会、市场社会或现代社会，从根本上颠覆了传统社会，资本的运行逻辑使得人们在思维方式、伦理观、道德评价、道德体验、道德推理的诸多方面不同于传统社会。毋庸置疑，市场社会以来，人类社会进入了一个相对富裕的社会，但完全向外的改造方式，人类并没有随着物质财富的积累而使人的精神世界得到提升，相反，却使心灵无落根之处，全面的拔根状态，使得德性成了无源之水、无本之木。幸福感指数下降，人们创造了使人幸福的前提却没有创造幸福本身；德性之本体论地位的丧失，使生活失去的德性的根基。我们便把被颠倒了或本末倒置的德性结构称之为整体伦理危机，它既表现于个体的心灵失序之中，又表现于社会伦理的无序之中。

第二，拔根：心灵失序及其伦理后果。任何社会的进步最终都必须转换成人的生活的改善和心智力量的提升。然而市场社会以来，人的心灵似乎日益处于失序状态。广义的心灵与灵魂概念相同，狭义的心灵乃指灵魂中的一个重要部分。由整体伦理危机这一主题所决定，我们将讨论广义的心灵，即灵魂及其失序问题。[①] 人的灵魂结构及其

① 亚里士多德在《论灵魂》、《大伦理学》、《尼各马可伦理学》分别研究过灵魂和心灵问题。依照我的理解，灵魂有两个模型：生长、感情、理智；欲望、情感、理智。前一模型是就一切有生命物而言的：生长和养育为一切生命物所共有；情感则为动物所具有，而理智则为人所特有。后一种模型主要用于分析人的灵魂结构中德性的归属问题，德性属于理智部分。

构成部分，不因社会结构的不同而不同，但却因不同的社会结构而有不同的组合方式。在一个反求诸己的伦理环境下，理智的力量远远强于欲望的力量，在道德德性的规约下，欲望的广度、强度和力度，都会被限制在合理的范围内。在一个反复进行交往甚至重复进行交往的熟人社会，伦理的约束远远强于物质欲望的激发与满足。这是一种悖论：在一个处处充满了伦理约束的社会空间内，个体的自主性和创造性无疑受到了极大的限制，但却在种种严厉甚至苛刻的约束下，受到了保护、呵护，类似于吉登斯那样的“本体性安全”萦绕在生活的各个角落。每个个体的灵魂似乎都是安宁的，有根基的，心灵深深扎根于日常交往中，和根深蒂固的社会关系中。

市场社会以来，一种全面的向外运动，使得一种全民式的改造自然活动在世界范围内展开，它几乎耗费了人的全部精力，在身体之善、外在之善和灵魂之善之间，灵魂之善的修为已经不那么重要了，重要的是如何获得稀缺的财富、权力和荣誉。一种浓浓的商业气息侵蚀了人的灵魂，一切植根于心灵之上的价值被连根拔起，德性，一种本体价值也逐渐被手段化、工具化，它愈益承担不起安慰或呵护心灵的重任，人不再顶天立地。当人不再脚踏实地，而是飘摇在半空中时，终极价值、终极关怀、终极体验，渐行渐远。人的这样一种处境、一种心境，使得整体伦理的危机从人的心灵深处慢慢扩展开来，随之而来的则是各个细节的危机。

道德叙事的消失是个体之整体伦理危机的第一种表现。道德故事、叙事者和叙事语境是道德叙事的三个要素。没有故事的时代是可悲的，没有道德故事的时代是可怕的。道德故事是那些真实的或虚构的有人物、有情节、有结局的故去的事情。任何一种道德故事都有引人入胜的功效，它通过叙事者或平抑、或激动、或愤怒、或惋惜的表情，借助近乎文学或戏剧性的语言，向倾听者表达做事的规则，做人的道理。倾听者在其纯洁的心灵深处被植入善良的种子，一有阳光和水分，善的种子便会发芽、成长。茁壮成长起来的孩童又把同样的道德故事讲给新的孩童们听。而在被讲述的道德故事中，叙事者不只是那些言说者，还包括身边的实践者。长辈们、父辈们，通过他们日常的做人做事，不断供给着新的道德故事。故事的创造者们用无声的语言，向晚辈或弟子讲述着更具感染力的道德故事。随着时光的逝去，故事的现实背景模糊了，但故事的关键情节及其折射出来的道理却始终没有磨掉其熠熠的光辉。而今，没有故事更没有道德故事，有的只是事件或事故。人们不是如何通过做人去做事，更不是通过做事体现做人，相反，人们是为了追求那些外在之善同时也是为了越来越膨胀的物质欲望才考虑到如何做人问题。未成年人，在其成人之前所能接触到的已不再是基于家庭、家族和村社伦理之上的道德教化，而是现代媒体以及现代气息熏染下表现、张扬、消费、表达。无论是在日常生活中还是在媒体上看不到、听不到、体会不到道德故事。对榜样的力量不再确信而是怀疑，对道德榜样不是学而时习之，而是嘲笑、讽刺，认为那是秀之物，而不是人之灵。

在一个没有道德故事的环境下成长起来的人，便没有深刻的道德体验。道德体验是德性的重要元素，它是一种经历，是一种曾经的具有善恶性质的感悟过程。既可以是通过道德故事而完成的想象的感悟过程，也可以是现实的，事后依然历历在目的经历，它会伴随人的一生，在人幼小的心灵深处扎下了根，它们成了人们进行道德推理、道德判断、道德选择和道德反思的关键因素，吾日三省吾身：与人谋而不忠乎，与人交而不信乎？道德体验既是知识、又是情感，更是意志。道德体验本质上是实践的，从反复进行的道德实践中来，又在反复进行的道德实践中实现和升华。而在现代性语境下，自由与民主精神的家庭化，基于差序格局之上的孝慈结构基本被颠覆，人口政策导致大量独生子女产生，他们失去了很多尽孝的语境和机会，内心德性世界的简单化，使他们不能想象和体会父母的艰辛，感恩的意识培养不起来。与道德体验密切相关的便是道德情感问题。一如康德所言，基于情感之上的行动是容易的，而纯粹出于责任的行动才是最为困难的。而在以情为基本运行逻辑的生活共同体中，若是缺失了情感，任何道德行动似乎都是困难的。情感是一个人对外界刺激所产生的肯定、否定的反应，以及对这种反应的体验。而道德情感则是行动者在进行道德评价以及道德选择时所具有的心理倾向性，它表现为意愿和体验两个方面。意愿是一种发自内心的道德力量，它促发着行动者去积极地评价一个道德事实，并表达自己的善恶取向；推动着行动者努力地做出道德选择并付诸实践。体验则是面对他者的道德行为和自己的道德行动所产生具有善恶性质的经历。当人们对其所遇见的和所经历的道德事实不再有积极的心理倾向性和强烈的意愿时，道德冷漠就会产生。道德冷漠是市场社会一种虽不普遍但却令人担忧的道德现象，它突出表现为对其所视、所听、所经历的道德现象的熟视无睹和毫无兴趣，似乎这些事件与他的利益毫无关系，道德敏感性的降低使得道德的力量不再通过社会舆论和内在良心而发挥作用，一种没有底线的道德宽容充斥于生活的各个方面。内得于己、外得于人的德性处于拔根状态。道德冷漠和无原则的道德宽容纵容了大量违法和违背道德规范的现象得以滋生和蔓延，相反，道德榜样非但不被崇敬和效仿，反成被怀疑和讥笑的对象，在道德作秀和道德榜样之间，人们已经模糊了它们的界限。道德作秀是借助道德的假象行逐利之实，作秀者并非真的意愿内得于己、外得于人，而是假借“道德榜样”沽名钓誉，道德欺骗集中表现于政治、经济和娱乐领域。真正的道德榜样乃是那种深沉的道德感的行动，其内在精神乃是一个诚字，诚者，天也，诚之者，人也。道德榜样之被视为榜样，乃因为行者与视者均有神圣感和崇敬感渗透其中。而在今日的社会生活中，原本真诚的道德榜样却被广大的视者视其为假，相反，许多道德作秀却被视者视其为真。

德性之本体地位的隐匿甚至消失，使得充满熠熠光辉的德性、德行被功利化、工具化。最为深刻的变化是，德性的工具化发生于道德推理之中。道德推理属于价值推理中的高级部分，原本是有关观念和行动之合于道德规范或有关行为之正当性的判断。道德推理属于日常道德理性知识的范畴，推理者须具备基本的善恶知识，能对道德语境做出正确的甄别，把具有道德性的事实梳理出来，通过可公度的道德范畴，借助人人能够理解的道德语言，对自己或他人之观念和行为之道德性做出或称誉、或谴责的判断。道德推理所陈述的既是一种道德事实，又是判断者之道德立场的表达。道德推理既有科学推理的性质，更具价值推理的特征，是关于“是”的，更是关于“应当”的。在反复进行的生活实践中，道德推理愈来愈被简化为一种范畴、规范和语言的娴熟的综合运用，即道德直觉。健康形态的道德推理乃是人们进行道德评价和道德选择的直接前提，其直接目的是称誉、肯定和谴责，亦即扬善抑恶。向他者而做出的道德推理会形成社会舆论，成为监督和批判的道德力量；向自身而做出的道德推理会形成强烈的“内在良心”的声音。故健康形态的道德推理乃以正当性为第一原则。

而在全面朝向外部世界的市场社会，财富的创造与享用已成为第一原则，尽管健康形态的道德推理依然有其存在的理由，也有其存在方式，但人们愈来愈倾向于把道德推理视为使自己获得最大利益的一种手段或一个环节。在道德推理基础上做出道德选择不是为着倾听内心的声音和他者的声音，以尽职尽责，而通过道德行为的方式追求回报。道德似乎一成为资本的一个要素，有人称之为道德资本。在社会学上，道德被视为社会资本的一个重要元素。企业童叟无欺并非是真诚地履行道德责任，而是通过履行道德责任获取更多的收益；道德推理不再是向上的扬善抑恶，而是寻找道德的底线，甚至试图行走在道德的边缘道上。道德推理在价值取向上的这种转变，使得德性愈来愈成为他者的声音，若他者不再向自己表达道德呼声，行动者以很难自愿地、积极地履行诸种义务。曾经是严于律己、宽以待人，逐渐变成了严于律他、宽以待己。总之，道德拔根现象乃是现代整体伦理之危机最为深刻的方面。

第三，内外冲突的伦理环境。伦理环境是人们生存于其中的现实文化环境，是由人们的观念和行动、组织的价值观、制度和行动构成的。它有应然和实然两个向度，而冲突的伦理环境就发生在这两个向度之间。作为应然的伦理环境乃是由人的心灵深处生发出来的道德声音，它以内在的良心和外在的舆论呈现出来，这是人类最为重要也是最为宝贵的道德源泉，我们可以称它为丰富的单纯，是不曾泯灭的善良意志。若是没有这个丰富的单纯，那整个人类必将走向毁灭。与这个潜存着的道德声音不同的，是由政治精英者集团所明确提出的道德要求，这种要求既可以对广大民众有效，也可以对精英者有效。客观地说，在任何一种社会环境下，应然的道德声音都不可能完全变成道德事实，总有反乎道德声音的观念、价值观、制度和行动。而在整体伦理危机的境遇下，应然的道德声音与实然的道德事实之冲突已经达到极为明显的程度。这种冲突突出地表现在两个群体内部的知行不一上。第一，精英者集团。就类型说，精英可有政治精英、经济精英、社会精英和文化精英，他们虽然都掌握着各自的权威性资源，产生着不同的社会影响，但在道德的意义上，只有政治精英才能垄断制造道德意识形态的话语权力，因为他们掌握着庞大的现代传播体系，他们以口号、语录等形式，动员全体公民，经自身的努力，成为有德之民、有功之人。照理，政治精者英集团制定了对所有人都有效的道德意识形态，那其自身理当优先遵守。然而事实上，预先破坏其道德宣言的恰恰是制定者本身。这种知行不一已是很严重、很普遍了，在道德宣言上是先人后己，而在占有和享用上却是先己后人。由此导致的最为严重的后果是道德权威的丧失和道德意识形态的失效。一当政治精英集团失去道德威信，其社会治理的合法性和正当性必受到怀疑，更为严重的是使伦理生态受到严重破坏，上行下效，腐败已渗透到各个行政领域，社会有机体在病态中行进，如不及时根治，必使社会有机体濒于崩溃。政治精英集团若欲卓有成效地治理社会，须先严谨严肃地治理自身。由有德之人构成的政治精英集团不一定把社会治理得好，但由无德之人构成的政治集团一定不能治理好社会，德性之美与城邦之善之间不是必然关系而是或然关系，两种善之间能否通约，取决于政治精英集团的智慧和德性。[①] 第二，成人者集团。任一社会的人群基本上是由未

① 关于德性之美与城邦之善之间的关系，参见晏辉《从德性之美到城邦之善——两种善的逻辑及其通约关系》，《学术研究》2012 年第 1 期。

成年人、成年人和老人组成。而在德性的教化上通常都是向下的方式。在传统社会，老人群体既是智慧的象征，又是道德的榜样。而在市场社会，社会治理基本上不再依靠经验、故事和叙事，而是靠着理性、科学技术。而在三个人群中，未成年人和老年人在掌握且充分运用理性和科学技术方面均弱于中青年人，因此，他们通常也就垄断教化的权力。他们不但通过理性将他们认为具有普遍有效性的原则和规范诉诸文字，而且以舆论的形式表达他们的好恶。倘若他们是其所倡导的原则与规范的先行者，那他们一定是知行合一者，从而成为道德榜样。然而，大量数据表明，最容易不守原则和规范的恰恰是成人者人群。他们向未成年人提出的是最高的道德标准，而自己践行的却是最低标准，甚至没标准。当现代媒体把拥有各种话语权力的成人者群体之各种违法乱纪行为公布于众的时候，未成年人和老年人不再相信他们的倡导和他们的承诺。当政治精英集团的言行不一与成人者人群的知行不一结合在一起的时候，一种类型化、普遍化的伦理环境也就构成了。这种外在冲突的伦理环境，终将导致三种更为深刻的道德分离：德性与规范的分离、德性与幸福的分离、行动者与行动的分离。

以此观之，当下伦理道德之危机，已不是局部的、个别的、表面的危机，而是作为整体伦理的危机。这种危机是基础性的、根本性的和全局性的，解决危机的根本道路乃在于道德观念、道德规范和道德行动的重建，而重建的主体依然是权威者集团和成人者人群。只有他们成为先觉者同时又是先行者，一种新型的伦理整体才能建设起来。

3. 扎根：重建心灵之序

从复杂性说，整体伦理的重建问题绝非一个人、一个人群、一个层次、一个方面、一个环节的重建，而是一种新型的伦理范型的建设。人类构造了怎样的社会结构和社会运转方式也就构造了怎样的伦理范型。但伦理范型只是世界之序，它必须植根于人的心灵之上，只有建立起与市场社会相匹配的心灵秩序，一种维系社会正常运转的伦理范型才能被构造出来。那么在重建整体伦理的道路上，何种环节在逻辑上优先呢？毫无疑问，任何时候，导致社会结构变迁的一定是人的因素，但绝不是所有人的因素，是那些引领社会前行和后来掌握社会权威资源的人们，因此他们是否拥有德性且充分发挥他们的优良品质，一种积极向上的整体伦理才能被构造出来。但我们不能优先讨论他们的德性如何可能的问题，而是预先讨论人们面临着怎样的社会结构，这种结构对人们意味着什么。心灵之序是构造新型整体伦理的逻辑起点，社会结构则是构造整体伦理的现实起点。

第一，从共同体到社会。德国社会学家滕尼斯在《共同体与社会》一书中，严格区分了共同体与社会的边界，涂尔干和黑格尔也都严格地分别了家庭与其他社会组织的关系。而这些同样的理论为何没有在中国的学术界出现，原因只有一个，我们尚未进入成熟的家庭与社会二分的社会状态。中国传统社会的家—国同构论，使得私人生活领域和公共生活领域没有了分别。家庭、家族、村社共同体的伦理成功地被放大到社会乃至国家。以儒家伦理为基本色调的传统社会，本质上是一个由差序格局构成的等级社会。它靠着理论上的自信和制度上的安排，从根本上保证了德性之美与城邦之善之间的内在统一。理论上的自信充分表现在儒家经典《大学》中。“大学之道，在明明德，在亲民，在止于至善。”朱熹说，此三者乃《大学》之纲领。“明明德”为根本途径，“亲民”为直接目标，“止于至善”为终极目的。而“古之欲明明德于天下者”，必是解决八个条目的关系：平天下、治国、齐家、修身、正心、诚意、致知、格物。而自天子以至于庶人，壹是皆以修身为本。通过格物致知、诚意正心、修身自为，以达到齐家治国平天下的目的。家与国的同构化，使得德性之美与城邦之善之间具有了逻辑上必然性，此所谓：“一家仁，一国兴仁；一家让，一国兴让；一人贪戾，一国作乱；其机如此。此谓一言偾事，一人定国。”朱熹还为德性之美与城邦之善之统一提供了认识论上的证明：“所谓致知在格物者，言欲致吾之知，在即物而穷其理也。盖人心之灵莫不有知，而天下之物莫不有理，惟于理有为穷，故其知有不尽也。是以大学始教，必使学者即凡天下之物，莫不因其已知之理而益穷之，以求至乎其极。至于用力之久，而一旦豁然贯通焉，则众物之表里精粗无不到，而吾心之全体大用无不明矣。此谓格物，此谓知之至也。"[①] 格物之"物"既指自然之物，也指人伦之事。一旦体认到事物之理便可通行天下。在儒家那里，由个体善推论出城邦善也并非是一个纯粹的、应然的伦理命题，同时也是一个实践命题：以家庭为基本单位的伦理共同体是中国传统社会赖以存续的基石，而家族、村社和社会则是它的扩展形式。只有在公共生活和私人生活没有界分的境域下，德性之美与城邦之善在认识论和实践论上的贯通才有可能。

而在一个由资本的运行逻辑所支配的市场社会，社会结构被明确分型：家庭—社会—国家。依照滕尼斯的观点，我们把血缘、地缘、友爱、宗教和思想这类的结合形式称为共同体，而把其他社会组织成为社会，而共同体与社会是依照不同的伦理范型来组成和运转的。共同体之伦理基础至少由三个基本元素构成：其一，实践理性[②]。事实上，人们在处理共同体之各种利害关系时，依然充分且公开运用理性，只是这种运用充满了浓浓之情：爱情、亲情、友情、乡情。中国人在处理私人关系时，情与理的逻辑是处理得很艺术的，尽管也处处遇到德性和德行不相一致的时候与地方，但能够自如地运用仁、义、利、智、信，恭、宽、信、敏、惠，孝、慈、敬、仁、信等等道德范畴，将情融于理中，将理贯于情中。其二，意志。涂尔干声言，人们在处理家庭关系时运用的是共同意志（同质意志），而在处理社会关系时运用的是选择意志（异质异质）。德性是基于差别、矛盾和冲突而达于和谐的优良品质和行动，基于情的运行逻辑之上的意志乃是求同的同质意志，因为共同的生活基础、文化环境和生活体验，使得私人生活领域中的人们很容易求同存异。其三，道德成本。在一个由反复交往而构成的

① （宋）朱熹：《四书章句集注》，中华书局 1983 年版，第 6—7 页。

② 亚里士多德把理性分成理论理性、创制理性和实践理性，德性与实践理性相关；康德则分成纯粹理性和实践理性，而实践理性正相关于人的德性。但他们似乎都没有具体讨论实践理性在共同体与社会中不同的运行方式和效力问题。

私人生活空间，人们修得德性并践行德性，不仅仅是维持共同体秩序之所需，更在于通过可预期的他者行为而获得倍增的回报：安全感、认同感和归属感。惟其如此，共同体成员才会或自觉自愿、或不得已而为之，高昂的道德成本使得共同体成员不愿也不敢冒不仁不义之名。与共同体不同，社会是依照另类的伦理范型进行运转的。与传统社会不同，在市场社会里，人们因自身的知识和技能，同时也出于自身的意愿和社会的选择，成年人被分配在不同的社会领域，通过劳动或工作获得收入，借以维持生活。这是由相似甚或相同需求和动机的个体构成的职业领域，其间充满了利益分割。我们把充满了利益创造和利益分割的社会结合体称为社会组织。其中最有竞争力的乃是竞争—营利性组织，即企业，企业是拥有资本且通过运行资本获取最大化收益的组织。西方的企业同市场社会同样长久，在几百年的艰难历练中，形成了成熟的企业伦理。这种企业伦理不仅有可反复践行的范本，且有成熟而完整的理论。比较之下，一如中国的企业那样，中国的企业伦理也就仅有三四十年的实践历程，一种严格意义上的企业家伦理气质还远未形成。在这个意义上说，作为整体伦理之危机，既有传统伦理的丢失，又有新型伦理的缺失。中国企业伦理的缺失不仅仅表现在企业内部的公平分配和文化环境的上，更表现于企业社会责任的缺失上。除了各种与利益交割相关的社会组织外，尚有广阔的社会空间，这便是日常生活形态的公共领域。这是一个基于个人日常生活意愿而发生的或熟人或陌生人之间的交往。他通常不是为着他者，而是出于日常生活的需要才出现于公共生活领域，或使用公共设施，或占用公共空间，或获取可交换的物品。当若干相似或相同的需求者同时出现在公共生活空间时，如何遵守公共秩序，具有公共德性，就显得极为重要了。尽管人类从不缺少生活形态的公共领域，但市场社会条件下的公共生活，才具备了完整的形态，公民伦理也才发达。康德以哲学的形态表达了公民伦理的完整性。而对我们这个后发国家而言，既无康德式的实践理性批判又无成熟的公民伦理的实践形态。

依照黑格尔的观点，只有在国家里，人的理性才有了最成熟和最高形态。国家既是政治组织又是伦理组织，是在合法界定的社会空间内，每个公民享有政治权利并履行政治义务的社会结构。然而，只有在家庭、市民社会和国家相对分离的社会条件下，国家才会成为每个公民之理性最为成熟的社会组织，而只有由有理性的公民，尤其是拥有并行使公共权力的政治精英集团拥有公共理性，合法而合理的国家才能被建构出来，也只有在这个时候，公民才能充分且公开运用公共理性表达对国家的个人意志。反之，国家也只有把民众的共同的声音以历史必然性的形式表达出来并实现出来的时候，国家才被证明是合法的，更是合理的。而对我们而言，似乎还在建设国家理性和公民公共理性的路上。

第二，从德性之美到城邦之善。共同体与社会构建及其伦理基础建设是一个过程的两个方面。然而长期以来，社会学只关注社会结构研究，而伦理学只着眼道德建设，相关学科的分离甚或学科成见，使得整体伦理研究始终处在无人问津的境地。在研究整体伦理问题上，即便在伦理学视界内，从德性之美到城邦之善的研究也是分离的。比德性之美和城邦之善更基础的概念乃是道德事实，从内部构成上，道德事实由人性事实和社会事实构成。人性事实解决的是德性是否可教的问题，社会事实回答的是社会伦理如何可能的问题。前者称之为扎根，后者称之为回归。只研究人性事实而忽视社会事实，便不能回归；只描述社会事实而忽视人性本体，便不能彻底。人的心灵宛如一块纯净的土地，从不缺少供给植物生长的养分。然而，在不同的历史语境下，人的德性和德行怎会有如此之大的分别呢？原因只能是，在心灵土地上种植什么和怎么种植。“德性在我们身上的养成既不是出于自然，也不是反乎于自然的。”[①] 在某种意义上可以说，人只是一种可能的存在物，比如德性就是一种可能性。自然赋予了我们接受德性的能力，但这种能力只是一种可能性，它并不直接地成为德性，它必须通过人的良好的习惯才能养成和完善，故曰“德性不出于自然也

① ［古希腊］亚里士多德：《尼各马可伦理学》，廖申白译，商务印书馆 2003 年版，第 36 页。

不反乎于自然”。人的良好的习惯也就是人的好的行动，它养成和完善了人的德性能力，这种不是先天具有的，而是反复去做它要求做的事情，我们才获得了它。一如我们只有经常做好事我们被称为好人那样，而不是我们先天就是好人。那么是什么样的社会结构和社会环境使更多的人通过做好事而成为好人呢？进言之，在现代性语境下，如何完成从德性之美到城邦之善的飞跃呢？

其一，官员的德性与德行。第一，理论上的困境。人们总会有这样的疑问：当一个人充当一般人和公民时会拥有善德和公民的品德，而一当成为政权的拥有者和使用者的时候，这些善德和品德就丢失了呢？于是人们便得出结论说，这些人原本就没有善德和品德。这是一种失之偏颇的判断。一如亚里士多德所言，人只有具有接受德性的潜能，而无先天的德性，只是由于经常做好事、善事，他才成为好人。而促使他经常做好事和好人的关键因素是环境，包括日常生活环境和制度环境。另一方面，充当政治家和执政者所需要的实践智慧远比当一个普通人和公民所需要的为多。一个普通人和公民所处理的实践事务通常有三个事项：其一，与自己的欲望有关；其二，与自己出于意愿的选择有关，因自己的行动而成的事物是出于意愿和选择的，因而是可实践的；其三，与既定的机会和财富的分配有关。面对这些机会或财富，行动者既可以占有也可以让渡。占有要符合正当性原则，而让渡则是可嘉奖的，因而是合于最好的德性的实现活动。无论是在私人领域还是在公共领域，普通人或公民可以占有和让渡的机会或财富通常是可以确定其归属的那些。当一个人毫无缘由地占有本不属于自己的且可以确定其归属的机会或财富时，就会受到舆论的谴责，因为这种占有的行为是公开的，可直接确定其性质的。因此，利己的动机及其行为就会被限制在确定的范围内，当下性和直观性是普通人或公民之行动的突出特点。而政治活动和行政行为尽管其所指向的是有关公民之根本利益的分配问题，但这种根本利益在确定其归属之前往往是无人称的，或泛主体的。当执政者借助政治活动（立宪立法活动）和行政行为（通过行使行政职权分配公共物品）对公共利益进行分配时，其当下性和公开性继而其被监督性也就往往弱于普通人和公民的行为，其利用政治和行政这种力量占有无人称或泛主体的利益的可能性就大大增加。尽管我们希望、事实上也确实存在着清正廉洁的执政者，但我们无法保证每个执政者都是具有政德的人。

公共政策决策者的自利性偏好有滥用公共权力的可能。经济人假设作为现代经济学的哲学前提，其合法性和合理性尽管受到来自经济学内部的质疑和伦理学的批判，但它依然是西方主流经济学的基本的逻辑前提。效用价值、边际效用、理性经济人、机会成本、帕累托效率、自由选择、需求排序、自由放任等等已经成为西方主流形态经济学的关键词。"在微观经济分析中，根据所研究的问题和所要建立的模型的不同需要，假设条件存在着差异。但是，在众多的假设条件中，至少有两个基本的假设条件：第一，合乎理性的人的假设条件。这个条件假设也被称作为'经济人'的假设条件。'经济人'被视为经济生活中的一般人的抽象，其本性被假设为是利己的。'经济人'在一切经济活动中的行为都是合乎所谓理性的，即都是以利己为动机，力图以最小的经济代价去追逐和获得自身的最大的经济利益。第二，完全信息的假设条件。这一假设条件的主要含义是指市场上每一个从事经济活动的个体（即买者和卖者）都对有关的经济情况（或经济变量）具有完全的信息。"① 经济学假设对政治伦理的启发在于，公共政策的制定者和公共权力的行使者存有以权谋私的伦理动机，倘若体制为这种以权谋私提供制度保障，那么他们会在体制的范围内谋得私利；倘若体制设定了某种制约，他们就会在体制内做体制外的事情，倘若没有惩罚机制，这种破坏体制的以权谋私行为就会大量或长期存在。总之，如果没有体制上的限制，指望一个清正廉洁的官吏就只有靠他们的德性修为了。然而这是一个充满风险的心理企盼，只有相信任何人都有利己的动机才有可能制定防范利己行为的规范，反之，相信官吏都是以民为本的决策者、管理者和执行者，就不会有健

① 高鸿业主编：《西方经济学》，中国人民大学出版社2000年版，第22—23页。

全的规范体系。

第二，实践上的难题。理论上，在规范、德性与行动之间，其内在的逻辑关系是清楚明了的，但在实践上，其内在的逻辑必然性却变成了问题。一个经常性的误区在于，人们把理论推理等同于实践推理。当人们站在普通人或公民的立场上看待和对待执政者的行动时，总是把理论上的推理当成执政者的实践推理。在普通人和公民看来，一个执政者知道该怎么做，且有足够的能力这样做，那他一定会按照人们做期盼的逻辑去做。然而事实上，一些执政者恰恰没有这样做。何以至此呢？原因在于，普通人和公民在进行理论推理时，通常是把通过政治活动和行政行为为己谋得私利的动机排除在外了；同时也把利己行动的可能性空间（体制上的缺陷和监督上的缺失）排除在外了。在理论上向着有利于普通人和公民进行推理和在实践上向着有利于执政者进行推理之间有着本质区别，这就是问题的根本。康德的主体论的道德哲学把道德可能性的全部基础立于行动者的自律之上，从而保证了行动的必然性。责任是出于对先天法则的敬重而产生的行为必然性，而行动者的善良意志和实践理性保证了这种必然性。看上去，这是一个最为可靠的承诺，然而事实上却是一个最为脆弱的承诺。

第三，现实的道路：个体德性与集体行动的逻辑。亚里士多德和康德的伦理学更适合于个体基于意愿之上的实践目的的选择，但把德性与善良意志运用于集体行动的时候，境况会是怎样呢？我们并不排除拥有和行使政治权力和行政权力的个人拥有德性和善良意志，但我们根本无法保证由这些个人所组成的集团也拥有德性，从而做出正确决策，并在理性上是反思的，能够对他们的行动提供出正当性基础的说明来。个体的实践理性可以帮助个体做出正确的选择，由个体组成的权利集团也同样拥有实践理性吗？即便拥有，它能够做出正当选择吗？在当下，不是伦理学该不该研究政治伦理，而是政治伦理如何进入伦理学的问题。个体与集体依据实践理性所处理的是完全不同的事务：个体处理的是如何获得使人幸福的条件从而真正获得幸福的问题；集体所处理的是作为生活之基础的财富问题，是如何分割和分配财富，这种分割和分配与幸福无必然关联。于是，在伦理学的视野内，权力集团之采取集体行动的逻辑在哪里呢？黑格尔说："国家是伦理理念的现实——是作为显示出来的、自知的实体性意志的伦理精神，这种伦理精神思考自身和知道自身，并完成它所知道的，而且只是完成它所知道的。"[①] 那么如何保证权力集团知道国家的伦理精神并把这种精神实现出来呢？

在实现由德性之美到城邦之善的道路上，公共理性和公共精神的培育和正义制度的设计是至关重要的两个方面。公共理性与公共精神是民主社会的价值诉求，尽管传统社会也普遍存在集体行动和共同的善，但集体行动的逻辑和共同的善通常与公民的意愿和选择无紧密关系。当人们普遍地以公民身份参与集体行动、创造共同的善并分享共同的善的时候，就会要求一种不同于传统社会的知识与德性，这就是公共理性与公共精神。在真正的公民社会，每个个人、家庭、社团以及政府作为合理的、理性的行为体，都有明确表达其意愿、计划以及相应地做出决策的机会和方式，这是一种知识、品德，也是一种能力。"它是一种知识和道德权力，扎根于人类成员的能力之中。"[②] 公共理性既是公民社会的内容之一，也是它的重要特征：是公民，亦即那些分享平等公民权地位的人的理性，进言之，是一个人以公民身份分享公民权时所要求的理性（知识、品德和能力）；公共理性的目标是共同的善：正义的政治概念所要求的社会的基本制度结构，以及他们所服务的目的和目标。公共理性所指向的对象与所有公民有关，在三个方面体现着公共性："作为公民的理性，它是公众的理性；它的目标的共同的善和基本正义问题；它的性质和内容是公共的，因为它是由社会的政治正义概念所赋予的理想和原则，并且对于那种以此为

① 黑格尔：《法哲学原理》，范扬、张企泰译，商务印书馆 1961 年版，第 253 页。

② ［美］罗尔斯：《公共理性的观念》，参见詹姆斯·博曼主编《协商民主：论理性与政治》，陈家刚等译，中央编译出版社 2006 年版，第 68 页。

基础的观点持开放态度。"① 当公民拥有并运用公共理性时，其行动逻辑是：出于个人权利要求但不止于这种权利，而是追求共同的善；面对共同的分享应遵守共同的价值原则。公共理性不应只为公民所有，执政者更应当有超出公民水平之上的公共理性能力和公共精神。公共理性与公共精神是执政者不同于其作为普通人和公民所应具备的品德，它们会在三个关键的方面发挥作用。其一，作为执政者之人格结构的重要元素，公共理性和公共精神会把利己打算排除在政治活动和行政行为之外，而把提供最大的公共的善或共同的善作为根本目标；其二，在由执政者构成的精英集团进行立法和决策时纠正那些利己行为；其三，在决策或分配公共资源时，能够将公共理性和公共精神转变成可实践的伦理艺术，即进行公共善的排序，是考虑少数精英者的需求，还是顾及大多数人的意愿和利益，在分配公共善的问题上显得尤为重要。公共理性和公共精神在治理社会时之所以显得重要，是因为它们以自律的方式发挥作用，在康德看来，只有自律的行动才有道德必然性。

然而人作为有限理性存在者，不但不能始终如一地将私人打算置于公共的善之下，而且极有可能把利己动机置于公共的善之上，因此康德所承诺的道德必然性就不可能是必然的，只是可能的。由此决定，针对执政者之利己动机而设计的他律就会必然存在，这就是制度和社会舆论。在制度安排的具体策略上，一种体现公共精神和公共理性的社会基本制度结构应保证它的普遍有效性，对任何一个执政者都是有效的。面对制度的不严密性，应有防御性制度安排：在一个人口群体 P 中，当其成员在反复出现的情境 T 下，作为行为人常规性的 R 只有在下列条件下而成为人口 P 中的共同知识时，它才成为一种制度：（1）每个人都遵同 R；（2）每个人都预计他人遵同 R；并且（3）如果 T 是一个协调问题，在这种情况下一致遵同 R 是一个协调

① ［美］罗尔斯：《公共理性的观念》，参见詹姆斯·博曼主编《协商民主：论理性与政治》，陈家刚等译，中央编译出版社 2006 年版，第 69 页。

均衡，于是在其他人都遵同 R 时，每个人都愿意遵同 R；或者（4）如果一个人偏离了 R，人们知道其他人当中的一些或全部将也会偏离，在反复出现的博弈 T 中采用偏离的策略的得益对于所有行为人来说都要比 R 相对应的得益低。这是有关道德成本的核心问题。执政者之利己动机及其行动的道德成本大于其所得，利己行动的可能性就会降低，反之就会出现有令不行，违令不罚的后果。德性无规范则罔，规范无德性则空。针对这种情形，是否有一种普遍公众力量以及这种力量能否发挥作用就显得格外重要。在现代社会，谁不重视社会舆论的力量谁就不可能有效地治理社会。公众的质疑能力、参与能力、公共理性以及公共精神是形成正确公共舆论的伦理基础。

无论对执政者还是对一般公民来说，实现城邦之善所需要的伦理基础都不同于在与政治无关或无直接联系的领域所要求的德性。这种德性只有在反复进行的公共生活的实践中才能形成。转型中国会在伟大的改革实践中形成这种德性并践行这种德性。

其二，成人的责任。成人不只是生理和心理的成熟，也指德性的完善。成人能否拥有完善的德性并努力践行之，直接相关于整体伦理的水平。第一，先觉者、自觉者、教化者。相对未成年人而言，成人理应成为先觉者、自觉者、教化者。而若如此，成人须对德性与责任有类型学上的认知。由领域合一到领域分离所决定，现代性语境下的德性和责任也被领域化：私人领域、市民社会和国家。因三种领域中的利益构成方式和分割方式有着极大的不同，其伦理基础也必然有别。成人必须在反复进行的生产、交往和生活实践中，分别出不同的德性要求和责任类型。私人生活中，情与理的结合是德性的构成方式；在市民社会，共创利益和分割利益是核心内容，平等与竞争是德性的基本形式，功利主义既是行为准则又是评价标准；在国家中，公民要以理性的方式表达公共意志，正义是德性的基本法则。而无论是情与理、功利主义还是正义原则，都是保证社会良序运转的基本准则，乃是底线伦理，是决定命令，是每个成人能够做到也必须做到的。

其三，伦理与道德：为善的境界。借助于词源学研究我们发现，伦理与道德在本质上是一致的：指一种人们必须遵守的行为规范，或者说是用以指导人们行为的游戏规则。然而我们为何不把伦理与道德合并成一个概念呢？这表明伦理与道德还是有区别的。

在人们的日常生活以及日常观念中，伦理与道德两个概念常常是不加分别的。两个概念的混同使用造成了两个后果：其一，在理论上，不宜把不同层次的伦理要求区分开来，因此，要求人们必须做到的和鼓励人们做到的标准被模糊了。如果把要求人们必须做到的当成人们应该做到的要求加以提及，就会降低人们的做人和做事标准，从而损害公平原则，造成利益损失；如果把鼓励人们做到的当成人们必须做到的，就会出现资源的浪费，而无法实现效率，或资源利用最大化，进一步地还可能使人们的伦理教化出现宏大叙事的结果。如果我们用“道德”一词划分人的行为，可把人的行为按照道德价值分成“道德行为”、“非道德行为”和“不道德行为”。从性质上看，“道德行为”和“非道德行为”属于一类，而“不道德行为”则属于另一类，前一类是对别人至少是无害的行为，而后一类则属于损害类的行为。我们以“非道德行为”为界限把行为分成两大类：有利的和不利的。“非道德行为”是指一种既不伤害也不有益的状态，这样一种状态是一种公平，它所描述的是，在制度安排或共同商讨的情境下，若干组织或个人面对一组或数组公共资源而分得属于自己的那一份额，这些公共资源具有排他性，一人获得其他人便无法获得。这是一种资格、机会、权利平等的情况。作为人的行为中的一种常态，保证了日常生活的基本秩序，它所体现的是人们尊重而不伤害别人的前提下使自己收益最大化的行为方式，其基本行为原则是公平、平等，既不存在让与、给予、牺牲，也不存在伤害，因此是一种伦理状态。伦理是政府、组织和个人从事与他人利益有关的活动的基本的行为准则，我们称之为“伦理底线”。以“伦理底线”为界，向上就是“道德行为”。“道德行为”与“伦理行为”不同，它包含着“让与”、“给予”甚至“牺牲”的成分，是行为者把原本属于自己的权利、机会、资源免费地给予别人的行为，或者自愿帮助别人的行为。被帮助者通常是那些需要“救助”的弱势群体，较之强势者他们更少机会和权利。然而从作为“伦理底线”的伦理标准看，帮助者并无必须的理由去救助弱势者，他们通常是自愿地放弃自己的机会和资源而帮助他人。这是一种值得钦佩的高尚的行为，是超出功利打算的关怀、让渡和牺牲，是爱的一种特定的实现方式，因为它不是出于义务，而是出于爱，一种超出血缘或亲朋之上的无私的爱，是值得嘉奖的行为，体现的是人性中最为光辉的那一面。但这样一种行为决不是一种普遍化的行为方式，任何组织和个人都没有充足的理由要求所有的人于任何情况下都必须做出的行为，简言之，它不是普遍化的行为方式，它是一种相对的道德命令，是鼓励人们作到的，而不是必须做到的行为。能够做到并不意味着必须做到；应该做到也不是能够做到的。而做为“伦理底线”的伦理要求则是一种必然的要求，是要求人们必须做到的，是一种绝对的道德命令，作为一种不伤害原则，是任何一个具有意志自由的人都能够做到的。因此，比较而言，“道德行为”要比“非道德行为”具有更高的道德价值，其一，尽管“道德行为”与“非道德行为”所处理的事项通常都是稀缺性资源的分配问题，但“道德行为”分配稀缺性资源的方式却是一种让与、让渡甚至牺牲，是一种典型不利己而利他；“非道德行为”分配资源的方式是一种在不伤害前提下的自利行为，追求的是个人收益的最大化，这就从动机上把“非道德行为”与道德行为区别开来，因为，“道德行为”的出发点是如何使受救助者获得收益，或者是机会，或者是资源，利他性是道德行为的根本性质。因此，做出道德行为要比做出非道德行为来得困难，其最大困难是抑制来自自身的利己的冲动，更为困难的是要将善事作为愉悦的事情加以操持。

“不道德行为”是作为“伦理底线”的伦理标准的向下的行为方式，其损害的性质是显明的，是一种典型的损人而利己的行为，它所直接损害的伦理原则是不伤害原则。低于不伤害原则的不道德行为既可能发生在个人那里，也可能发生在组织和政府那里。但我们却不能用道德去描述组织和政府的行为，而只能用“伦理”去概括和分析组织和政府的行为。其理由在于伦理与道德两个概念的适用范围。

“道德”主要用于描述个体的心性修养及其行为方式，其内部形式就是德性，其外部形式就是品质。“内得于己，外得于人”是也。内得于己，使身心互得其益；外得于人，使众人各得其益。进言之，道德具有人格性的含义，是个人在特定的环境下形成的德性和品质，是其定型化了的行为方式，是集知、情、意于一体的人格结构。伦理概念也可以描述个人的行为，但不如道德那样准确和接近真实状态。比较而言，伦理概念多半描述组织和政府的政策、制度和管理行为，它们是非人格化的集体，不具有类似于个体那样的认知、情感和意志，相应地，也就没有理智感和道德感这样的情感体验及其成熟形式。基于这样的考虑，我们通常把组织和政府的因政策、制度和管理所引发的利益问题成为企业伦理、管理伦理，而不称为企业道德和管理道德。

以此观之，整体伦理之建设，就不仅仅是领域伦理的建构，还有层次的要求。效率、公平、正义只是社会正常运转的基本法则，这是伦理的层次，它们是被认同和确认的，是被要求的；而让渡、给予甚或牺牲乃是高尚的行为，是被赞赏和敬佩的，它们闪耀着人性的光辉。只有当伦理与道德的要求基本得到实现时，德性与规范、德性与幸福、行动者与行动的统一才会实现。这既是历史的使命，也是人性的要求。这只是就伦理基础变迁及其重建的一般性问题而言的，如若真正实现这种重建，更为初始性的或原初性的力量则是道德人格的养成及其充分地运用。

（三）伦理基础变迁及其重建的深度刻画

从伦理基础的内部构成看，可有客体形态的规范体系和主体形态的德性结构，从德性及其伦理后果的原始发生看，德性都是始点，尽管它是在社会化过程中逐渐养成的，但个体对道德教化的接受能力和接受意愿却是先在于教化而实存的；而德性一经培养起来便会先于事件而起作用，因此，心灵之序构成了世界之序的逻辑起点。尽管无序的世界会严重地影响到心灵之序，但重建世界之序依旧要依靠心灵之序来实现。

1. 心灵之序：从解构到重构

对心灵之序的认知与把握需要价值哲学出场和在场。价值哲学把握生活世界的方式，不同于社会学即实证主义方式，又不同于意识形态学即说教式的方式，而是事实性表述与价值性陈述的统一，亦即客观因果性表述和意义妥当性陈述的统一。它必须基于事实逻辑而达于价值逻辑。中国的价值哲学是随着现代社会的结构性变迁而发轫、发展起来的，而这种结构性变迁却又表现为前所未有的基础性、根本性和全局性，其所造成的社会效应和人的效应都是颠覆性的。谓其是颠覆性的不是指表象的，而是本体的震撼。最为深刻的是由此引发的人在心灵结构和精神世界上的变化。价值哲学要在学科的高度上把握这种变化的总体性，又要在问题的深度上体会这种变化的深刻性。人的灵魂拥有外化的先天力量和先天原则，作为外化了的结果，属人世界，又把其自身反身嵌入人的灵魂结构中，改变着灵魂元素的组合方式和运行方式。人类构造了怎样的社会结构及其运行方式，也就构造了怎样的灵魂结构及其运行方式。人类找寻到了据说是最有效率的经济组织方式，市场社会，而这个充满魔力的市场社会一经被构造出来，便有了属于它自身的运行逻辑，它毫无保留地把它的魔力反身嵌入人的灵魂之中。灵魂失去了原有的秩序，而新的心灵之序尚在雏形中，它需要人们殚精竭虑地去构造它。

第一，灵魂的原序形态。

世界本无和谐一事，一切和谐只对一切有生命物质而言。一切生命物质都是非自足的、需求着的，因而是价值性的存在物。但人以外的生命物质则是既成的，等待的存在物，而人是生成的，人是通过创造他所需要的一切价值而创造人本身的，继而解决人的价值性的问题的。而要解决人的价值性问题，就必须三种和谐环境，这就是人与自然的和谐、人与人的和谐、人与自身的和谐。起始于 20 世纪 70 年代末的现代社会转型，就是一个从不和谐走向和谐的过程，通过重构人与自然、人与人、人与自身的关系，走向更和谐的状态。而人与自身的和谐乃其他一切和谐的基础。自身和谐乃指知行合一、身心协调。若致此种合一与和谐，须有健康人格，在健康人格支配下正确处理好三种善之间的关系，即身体之善、外在之善和灵魂之善。只有灵魂之善在是自足的，完整的。

对人格或灵魂的结构性解释可有三种模型。①平面三元素说。任何人的灵魂都一样，由理智、情感和欲望三个元素构成。人的认知、情感和行为方式的差异，均奠基于三个元素在组合方式上的差异。理智—情感—欲望；情感—欲望—理智；欲望—情感—理智。一个人在不同的语境下，其灵魂三元素间的组合方式会有区别，但总有代表其气质类型的基本模型。在涉及正确认知和正当行为时，一个健康人格应该是理智—情感—欲望。②立体四要素说。人格由信、知、情、意。支撑一个人生活下去的精神力量乃是人的信仰和信念。信仰或信念，是人们对自己设定的价值目标的确信不疑，以及孜孜以求的过程。它起于当下却指向未来，它超越了当下的有限性，而达于终极的无限性。尽管永远没有终极，也没有无限性，只因永远走在接近无限、走向终极的路上，信仰、信念才是其自身。知，可以理解为作为观念性活动的知，也可规定为作为实践智慧的智。知其然不知其所以然谓之知，这便是一知半解；知其然更知其所以然谓之智，此谓一智全解。但知确乎是智的前提。格物致知，向外求索，推究事物之理，以求天道与人道；格向内追问，格心中之欲，以求意诚心正。明了当止之处，方能有知，做到当止之处，方能有智。知止而后有定，定而后能静，静而后能安，安而后能虑，虑而后能得。知与观同源，观道之妙，知道之徼。道之为体，不可识见，唯能观其妙；道之为象，可观其形，方能识其徼。情，乃指情绪与情感。因人或物引发的于己有价值或无价值的内心体验。偶然的、短暂的内心体验谓之情绪；在长期的学习、工作、生活中生成的内心体验谓之情感，深沉、稳定、类型化是情感的主要特征。而就内心体验的内容说，则有平淡、无奇、无所谓，快乐、幸福，焦虑、痛苦、不幸三个层次。当一个人在较长时间内、较广的领域中处于体验的某个状态中，就会形成类型化或模型化的体验，称之为“心态”。“心态”既是一个事实，又是一种倾向。作为事实就是或幸福、或痛苦的体验状态；作为一种倾向就是看待和对待的事物的方向与方式。这种倾向会产生两种效应：空间上的扩展效应，时间上的延续效应。心态一经生成便直接决定着人的价值观和行为方式。意，指动机和意志力而言。康德说，在世界之中甚至在世界之外，善良意志是最具有价值的，具有自足性，本身就值得追求。作为意志力，意指的是一个人所具有的克服各种困难、抵御各种诱惑以贯彻自己的意志所需要的心理能量。在人格的信、知、情、意的四个要素中，信与知的作用乃是首要的，它们直接决定着情与意。③能力或机能论。“所有的心灵能力或机能可以归结为不能再从一个共同根据推导出来的机能：认识能力、愉快与不愉快的情感和欲求能力。”[①] 三种能力的分别与联系可从下表看出：

内心的全部能力	诸认识能力	诸先天原则	应用范围
认识能力	知性	合规律性	自然
愉快和不愉快的情感	判断力	合目的性	艺术
欲求能力	理性	终极目的	自由

关于三种能力之间的分别与逻辑关系，康德在“知性和理性的各种立法通过判断力而联结”标题下作了较为详尽的论述。[②] 知性以把特殊统摄在普遍性之下为目的；理性以为特殊找寻普遍根据为己任；判断力则致力于完成一个从纯粹认识能力即从自然概念的领地向自由概念的领地的过渡，一如它在逻辑的运用中使知性向理性的过渡成为可能一样。

若用心体会，缜密研究，以上关于人格的三种模型是密切关联

① ［德］康德：《判断力批判》，邓晓芒译，人民出版社 2002 年版，第 11 页。

② ［德］康德：《判断力批判》，邓晓芒译，人民出版社 2002 年版，第 30—31 页。

的，甚至是相同的。不论是三要素说、四要素说，还是三能力论，均在试图指出健康人格意味着什么。作为一种“理想模型”，任何一种模型都具有一定的解释力。依照健全人格的最高原则，所谓健全乃指各要素或能力间的有机关联和相互配合而言，即和谐。在人与自然、人与人、人与自己相和谐的状态下，人的灵魂、心灵是有序的，人格也是健全的。不同时代的人们，在灵魂结构和人格构成上，约是相似甚至是相同的，然而在不同的社会历史语境下，人的心灵之序怎又会如此不同呢？人们构造了怎样的，以及怎样构造生产方式、交往方式和生活方式，人也就构造了怎样的心灵结构及其运行方式。当人们把权力、金钱、生殖置于社会运转的轴心的时候，同时也就把权力欲、金钱欲、生殖欲置于价值序列的中心了。全部社会价值似乎都可以还原为或兑现为物质价值或使用价值。社会结构原本是由人的心智力量、根据自己的理想而创制出来的思维空间和活动空间，然而社会结构一经被创制出来就即刻成为一种看似有理性结构了，成为一种不再顺从人的意志的客观力量，反过来制约人的思维和行动。人怎样地构造社会，社会就会怎样地把它的客观力量全面地、可持续地嵌入人的心灵结构中，或改变原有的模型，或演化出新的模型。

资本的运行逻辑从根本上颠覆了原有的灵魂结构，致使作为“理想类型”的人格结构出现了畸形组合：被压缩或被还原；更倾向于向外占有和表达，向外求索，较少向内追问与反思。灵魂、心灵、人格，既是一种天赋式的素养或素质，更是一种在实践中养成、也在实践中运用的品质。品质作为一种潜能乃是用以解决康德式的①人生三大根本问题的能力体系，这种能力的具体运用则又生成了人的需要结构和欲望体系。市场经济的建制与发展，造成了人的需要结构的压缩与还原现象，在高雅与媚俗之间、人格与应用之间没有界限，情感的、精神的需要似乎已成无源之水、无本之木；类似于爱、真诚、友爱、正义、真理的这样的高级情感与追求被无孔不入的商业气息彻底

① “我们理性的一切兴趣（思辨的以及实践的）”集中于下面三个问题：1. 我能够知道什么？2. 我应当做什么？3. 我可以希望什么？

侵蚀，致使它们从的人的心灵深处连根拔起。并非人们不需要这些高级情感和追求，而是它们失去了赖以维系的现实土壤。另外，向外的追索、向内的追问作为人的两种行为取向，理应保持平衡关系，资本的运行逻辑打破了种种平衡关系，人们少有向内的追问、反问、反思，善于倾听内心的声音，反思自己所思所行的正当性；更多地是向外求索，追求的多半是与权力、地位、名声、生殖和财富有关的物品，或追求获得对这些物品的感受，索取的是与我有用的一切。“我思，故我在”这个理论命题已改造成实践命题：“我需求，故我在”、“我消费、我炫耀，故我在”。“人是在创造财富并在消费财富过程中证明自身的。”欲望的神圣激发已成不可阻挡之势，其合法性与合理性获得了政府的认可、理论的支持和民众的认同。资本运行逻辑的一个神奇功效就在于把人的占有欲望和表达欲望激发到了前所未有的程度。然而激发起来的欲望和爆发出来的巨大潜力，非但没有从总体上提升人的心智力量，提高幸福感指数，反而使人们陷入激烈的价值冲突之中，跌入深深的内心焦虑之中，于是一种不和谐的人格结构应运而生，这倒不是人格或灵魂的要素少了或丢失了，而是组合方式和运动方向改变了，它没有朝向正能量或正确方向演进，相反，是完全的向外运动、向下转移。人们创造了使人幸福的前提却没有创造幸福本身。既无当止之处，更无虑而能得的内心体验。失去秩序的心灵必然投射到外部世界中去，以使世界无序。而在灵魂结构中，最易于改变的是欲望。

第二，欲望：神圣激发与人性限度。

在人的灵魂结构中，欲望乃是推动灵魂中其他要素运行起来的动力，同时又是被其他要素驾驭的对象。欲望具有易感性和易变性，时而潜龙勿用，时而飞龙见天。欲望好比狂放不羁的烈马，理智好比驭马者。其实，人本身既是烈马又是驭马者。人的这种二重性结构从古至今似乎无本质变化，然而，在不同的社会形态和社会结构中，无论从广度而言还是从力度来说，人的欲望都表现出极大的差异。不排除人和人之间在欲望上的个体差异，这在任何社会状态下都是存在的，但若要很多人都表现出强烈的欲望，那就要从社会结构寻找客观原因了。事实也确实如此，人们构造了怎样的社会结构也就构造了怎样的激发欲望的方式。实际上，人的灵魂结构中原本就存在着欲望被神圣激发的可能性，这种可能性奠基于人的需要向欲望过渡的内在机制。必须承认，人是有限的因而价值性的存在物，不论从空间还是从时间看都是如此。由此决定，人作为不足的、匮乏的，因而作为需要着的存在物，其不足、匮乏，饱和、过量，以及由此决定的由外向内的占有、由内向外的表达也都是有限度的。然而，人并不直接地依照其不足、饱和状态和占有、表达指向去思考和行动，相反倒是经常依照起于需要而出于欲望进行设计和行动。从需要跃迁到欲望得益于人的感受性和表象化。人首先必须感受到自身的不足、匮乏、饱和、过量状态，之后形成或强或弱的心理倾向性，这就是需要感，继而产生或占有或表达的倾向，这就是欲求，伴随欲求的是兴趣、动机。然而人也并不直接地依照感受和倾向而行动，而是把这种感受和倾向表象化，形成基于内感知之上的图像，这个图像时基于内而朝向外的，这就是欲望。欲望是被意识到的需要，或被把握在意识中的需要，是被表象化了的客观状态和指向。然而有限的需要一旦跃迁为欲望，就会在量与质上发生根本的变化。量的变化表现为广度，向外的力量使欲望者开显出无穷无尽的对象来，目的是使这些对象符合欲望。质的变化表现为力度或强度，当人处在不足和匮乏状态下并不立即处于非满足不可的情境，然而被表象化了的需要即欲望，却使需求者处于迫切的、立即的状态之中，以致产生若不如此便不可存在、一切都了无意义的错觉。由于需求者经常把欲望视为真实的，因而是可信的力量，故而常常沉浸于欲望中而不是需要中，以致产生虚拟、虚假甚至是虚幻的需要。这些主观化了的需要已经不再是需要本身，而是需要的幻化。主观化、表象化、幻化是人的一种先天机能，作为一种潜质或天赋潜存于人的心灵深处，一旦有与之匹配的社会设置，这种机能便即刻施展它的才能，它超越了人在需要与欲望上的个体差异，而变成了许多人甚至全社会的事情。

在市场社会来临之前，自然经济是主要的经济组织方式。所谓的自然经济乃指两种自然力量的组合，身外的自然和人自身的自然。所谓身外的自然乃指经济活动是在自然给定的条件下进行的，畜牧业是人类模仿自然的成功形态，农业是把野生植物集中种植，使植物变成了作物；牧业是把野生动物集中圈养并加以驯化，变成了家畜。这种模仿自然的简单化的劳作方式，不可能产生更多的剩余，而匮乏的资源和食物又直接决定着人的需要类型，这便是自然需要与自然经济的相互嵌合。强烈的、扩大的需要即欲望不可能生发出来，这种有限度的向外追索直接决定着人的其他活动的发达，如族群间、族群内的宗教仪式、全体联盟成员的敬拜活动、个别人的精神活动。一种普遍的向内追问成为一种习惯，问道、问心。格物以穷理，格欲以尽心。知止且能行止，在思与行上求得当止之处。这也充分证明了人类平衡原理，当人向外追索的能力尚未发掘出来之时，必然生发出了强烈的向内追问的能力，其结果是创造了光辉灿烂的精神产品，形成了丰富多彩的内心世界。相反，当人们把全部精力投向向外的追索时，必然无力顾及内心世界的塑造，也不可能创造出高质量的精神产品，但却开发出了强大的欲望体系。市场社会的最大“贡献”就是把欲望激发到了前所未有的地步，既获得了合法性又取得了合理性。

市场经济或全面的商品关系从根本上打破了自然经济与自然需要之间的直接对等性，在其间置入了强大的社会力量，这就是资本。资本从根本上斩断了自然经济与自然需要之间的链条，同时也斩断了生产与需要之间的链接。生产者面对和面向的不是具体的消费者，而是从需要的基地上开发出来的欲望体系，不问消费者是谁，只问谁有此需求。同时，生产者只有为其他人生产才能为自己生产。人的灵魂中原本就存有把需要转换为欲望的机能，一旦遇到适宜的社会环境，这种机能就变成了“才能”。其实，人的需要作为客观的存在状态和指向，有其基本类型，并无繁杂和多样之处，主要表现为衣食住行用等物质需要和信知情意等精神需要。但满足需要的条件、手段、途径、方式和对象却可以是简单的，也可以是复杂的。市场经济的神奇功效就在于创造出了一个“庞大的商品堆积”①，开掘出了无限多样的产品类型，以及满足欲望的丰富多彩的方式。产品生产者不但创造出了产品，而且通过无孔不入的广告宣传、琳琅满目的商品摆放形式，将其深深地嵌入人的灵魂的欲望之中，继而构造出了既充满广度、更充满力度和强度的欲望体系；反过来，这个被强化和复杂化了欲望体系又要求着更加复杂的物品系列。欲望的神圣激发突出地表现在占有与消费中。

要想把占有的欲望激发到广泛而深刻的程度上，就必须超越需要本身而达于虚拟享用之中，其基本途径是使财富符号化。② 在自然经济中，财富表现为可识见的具体物品，积累财富就是储藏物品。而这种储藏既受到客观条件的限制，又受到人的自然需要的制约，于是它会适可而止。反之，在市场社会，一切物品都可以符号化，人们大可不必直接拥有物品，只要拥有物品的代表—符号即可。资本是流动的货币，但货币必须经过产品这一环节，最后流向货币，资本才是资本，资本的使命就是增值。即使不在“能够带来剩余价值的价值”这个学术意义上来理解资本，而在日常意识和日常生活意义上把握资本的真谛，其作用也是巨大的。当人们以货币为符号去积累财富时，其间会充满无限的想象空间，这主要得益于货币这种符号的虚拟作用。货币作为符号乃是意味着，一是意味着财富，而是意味着享受。

第三，从自然情感到社会情感：可能性及其限度。

欲望的神圣激发必然引起情感世界的变化，而情感世界的变化又会影响到人的认知与信念，也会影响着意志与行动。如果能够成功地实现从前现代向现代社会的转型，实现情感结构的转型乃是实现整个社会转型的心理基础，其中最为重要的是从自然情感向社会情感的转向。“既然灵魂的状态有三种：感情、能力与品质，德性必是其中之

---

① “资本主义生产方式占统治地位的社会的财富，表现为‘庞大的商品堆积’，单个的商品表现为这种财富的元素形式。因此，我们的研究就从分析商品开始。”马克思：《资本论》第 1 卷，人民出版社 1975 年版，第 47 页。

② 关于“虚拟享用”问题我已作过初步研究，参见《虚拟享用：伦理辩护与批判》，《中国社会科学》2005 年第 6 期；《资本的运行逻辑与消费主义》，《中国人民大学学报》2005 年第 6 期。

一。感情，我指的是欲望、怒气、恐惧、信心、妒忌、愉悦、爱、恨、愿望、嫉妒、怜悯，总之，伴随着快乐与痛苦的那些情感。”[①] 休谟在《人性论》下卷“论情感”的第一章第一节中，再次论说情感问题。“正像心灵的一切知觉可以分为印象和观念一样，印象也可以有另外一种分类，即分为原始的和次生的两种。”这是休谟用另外一对范畴来表达印象和观念的关系，原始印象相当于先前说的印象，即初次出现在心灵中的感受或心理效应，而次生印象类似于观念。休谟进一步地说：“所谓原始印象或感觉印象，就是不经任何先前的知觉，而由人体的组织、精力、或由对象接触外部感官而发生于心灵中的那些印象。次生印象或反省印象，是直接地或由原始印象的观念作媒介，而由原始印象发生的印象。第一类印象包括全部感官印象和一切苦乐感觉；第二类印象包括情感和类似情感的其他情绪。”[②] 那为何不把第一类印象称之为情感呢？一如前述，由外界各种刺激在心灵中产生的各种效应，是一种愉快、平淡、痛苦的状态，是正在生成中的一个心理事实，当人们感受、体会到这种状态时所产生的感受，叫做情感和情绪。休谟对情感又作了划分，“当我们观察各种情感时，又发现了直接情感和间接情感的那种划分。我所谓直接情感，是指直接起于善、恶、苦、乐的那些情感。所谓间接情感是指由同样一些原则所发生、但是有其他性质与之结合的那些情感。我把骄傲、谦卑、野心、虚荣、爱、恨、妒忌、怜悯、恶意、慷慨和它们的附属情感都包括在间接情感之下。而在直接情感之下，则包括了欲望、厌恶、悲伤、喜悦、希望、恐惧、绝望、安心。”[③] 非常明显，直接情感是与道德或伦理无直接关系的心理体验，而后者则是有其他性质与之结合的那些情感，是可以用道德标准进行判断的内心体验。

如果把亚当·斯密的基于移情和同情之上的道德情感理论合理地借

---

① ［古希腊］亚里士多德：《尼各马可伦理学》，廖申白译，商务印书馆 2003 年版，第 42—43 页。

② ［英］休谟：《人性论》，下册，关文运译，商务印书馆 1980 年版，第 309 页。

③ ［英］休谟：《人性论》，下册，关文运译，商务印书馆 1980 年版，第 310 页。

鉴过来，那么，从自然情感到社会情感的转向就具有了如下一些内在机制。“无论人们会认为某人怎样自私，这个人的天赋中总是明显地存在着这样一些本性，这些本性使他关心别人的命运，把别人的幸福看成自己的事情，虽然他除了看到别人幸福而感到高兴以外，一无所得。这种本性就是怜悯或同情，就是当我们看到或逼真地想想象到人的不幸遭遇时所产生的感情。这种情感同人性中所有其他的原始情感一样，决不只是品行高尚的人才具备，虽然他们在这方面的感受可能更敏锐。最大的恶棍，极其严重地违犯社会法律的人，也不会全然丧失同情心。”① 那么，这个对他人不幸遭遇的移情和同情，这种对比别人快乐与幸福的感同身受、设身处地是如何发生的呢？想象力的充分运用以及公正的旁观者的形成，是实现移情和同情的两个关键环节。“由于我们对别人的感受没有直接经验，所以除了设身处地的想象外，我们无法知道别人的感受。当我们的兄弟在受拷问时，只要我们自己自由自在，我们的感觉就不会告诉我们他所受到的痛苦。它们决不、也决不可能超越我们自身所能感受到的范围，只有借助想象，我们才能形成有关我们兄弟感觉的概念。这种想象力也不能以另外的方式帮助我们做到这一点，它只能告诉我们，如果身临其境的话，我们将会有什么感觉。我们的想象所模拟的，只是我们自己感官的印象，而不是我们兄弟的感官的印象。通过想象，我们设身处地地想到自己忍受着所有同样的痛苦，我们似乎进入了他的躯体，在一定程度上同他像是一个人，因而形成关于他的感觉的某些想法，甚至体会到一些虽然程度较轻，但不是完全不同的感受……引起我们同情的也不仅是那些产生痛苦和悲伤的情形。无论当事人对对象产生的激情是什么，每一个留意的旁观者一想到他的处境，就会在心中产生类似的激情。在人的内心可能受到影响的各种激情中，旁观者的情绪的总是同他设身处地的想象认为应该是受难者的情感的东西一致的。”② 想象力和旁观者角色是

① ［英］亚当·斯密：《道德情操论》，蒋自强等译，商务印书馆 1997 年版，第 5 页。

② ［英］亚当·斯密：《道德情操论》，蒋自强等译，商务印书馆 1997 年版，第 5—7 页。

形成移情和同情的心理基础，无论是基于赞美还是基于愤怒而产生的共同感、共通感，都表明旁观者和当事人的心理感受是同一种性质的，尽管感受性程度不同。“在所有这种情况下，旁观者与当事人之间可能存在着某些一致的情感。首先，旁观者必定会尽可能努力把自己置于对方的处境之中，设身处地地考虑使受害者感到苦恼的每一种细小情况。他会全部接受同伴的包括一切细节在内的事实；力求完善地描述他的同情赖以产生的那种想象中变化了的处境。”① 想象力是人的一种心理机能，他是把自己在想象的表象里置于遭受不幸的他者的境况之中，与此同时，他就把自己在表象里一分为二了，它是想象的旁观者，但却不是真实的当事人，他是以旁观者的身份想象当事人的感受。想象力和旁观者理论对于理解和把握情感、道德情感的原始发生及其运用具有重要的意义。“显然，当我努力考察自己的行为时，当我努力对自己的行为做出判断并对此表示赞许或谴责时，在一切此类场合，我仿佛把自己分成两个人：一个是审察者和评判者，扮演和另一个我不同的角色；另一个是被审察和被评判的行为者。第一个我是个旁观者，当以那个特殊的观点观察自己的行为时，尽力通过设身处地地设想并考虑它在我们面前会如何表现来理解有关自己行为的情感。第二个我是行为者，恰当地说是我自己，对其行为我将以旁观者的身份做出评论。前者是评判者，后者是被评判者。不过，正如原因和结果不可能相同一样，评判者和被评判者也不可能全然相同。”② 如果说，基于想象力和旁观者意识之上的移情和同情属于人的原始的情感，那么它是否需要一个激发这种情感并使之发挥效力的社会环境和行动基础呢？“对自己幸福的关心，要求我们具有谨慎的美德；对别人幸福的关心，要求我们具有正义和仁慈的美德。前一种美德约束我们以免受到伤害；后一种美德敦促我们促进他人的幸福。在不去考虑他人的情感是什么、应该是什么、或者在一定的条件下会是什么这些问题时，那三种美德中的第一种是我们的利己心向我们提出来的要求，另两种美德是我们

① ［英］亚当·斯密：《道德情操论》，蒋自强等译，商务印书馆1997年版，第21页。
② ［英］亚当·斯密：《道德情操论》，蒋自强等译，商务印书馆1997年版，第140页。

仁慈的感情向我们提出来的要求。然而，对别人情感的关心，会强迫所有这些美德付诸实施并给予指导；而且一个人若在其整个一生中或一生中的大部分时间坚定而又始终如一地仿效谨慎、正义或合宜的仁慈这种思想方式，则其行为便主要是受这样一种尊重的指导，即那个想象中的公正的旁观者、自己心中那个伟大的居住者、判断自己行为的那个伟大的法官和仲裁者的情感的尊重。如果在一天之中，我们有什么地方背离了他给我们规定的一些准则；如果我们过于节俭或者放松了我们的节俭；如果我们过于勤劳或放松了勤劳；如果因为感情冲动和粗心大意我们在什么地方损害了邻人的利益或幸福；如果我们忽视了促进那种利益和幸福的某个明显而又恰当的机会，内心的这个伟大的居住者，就会在傍晚要求我们对所有这些疏忽和违反做出说明，而且他的指责常常使我们在心里，为我们做出有损于自己幸福的蠢事和对这种幸福的疏忽感到羞愧，或许也我们对他人幸福更大的冷淡和漠不关心感到羞愧。"[①] 如果把亚当·斯密的同情和移情贯彻到底，就必须回到它们得以可能的具体环境中来，回到人与人之间的相互依存情形中来，以及主体间的相互的同情和移情的场域中来。"人类相同的本性，对秩序的相同热爱，对条理美、艺术美和创造美的相同重视，常足以使人们喜欢那些有助于促进社会福利的制度。当爱国者为各种社会政治的改良而鞠躬尽瘁时，他的行动并不总是由对可以从中得到好处的那些人的幸福所怀有的单纯的同情引起的。一个热心公益的人赞助修公路，通常也不是出于对邮递员和车夫的同情。当立法机关设立奖金和其他奖励去促进麻或呢的生产时，它的行为很少出自对便宜或优质织物穿着者的单纯的同情，更少出自对制造厂和商人的单纯的同情。政策的完善，贸易和制造业的扩展，都是高尚和宏大的目标。有关它们的计划使我们感到高兴，任何有助于促进它们的事情也都使我们发生兴趣。它们成为政治制度的重要部分，国家机器的轮子似乎因为它们而运转得更加和谐和轻快了。我们看到这个如此美好和重要

① [英] 亚当·斯密：《道德情操论》，蒋自强等译，商务印书馆 1997 年版，第 342—343 页。

的制度完善起来感到高兴，而在清除任何可以给它的正常实施带来丝毫干扰和妨碍之前，我们一直忧虑不安。然而，一切政治法规越是有助于促进在它们的指导下生活的那些人的幸福，就越是得到尊重。这就是那些法规的唯一用途和目的。”①

这就是亚当·斯密的那个著名的“看不见的手”的理论。他在这里讲了两个基本法则，一个是移情和同情的情感法则，一个是出于利己动机但却产生利他后果的功利法则。“一只看不见的手引导他们对生活必需品做出几乎土地在平均分配给全体居民的情况下所能做出的一样的分配，从而不知不觉地增进了社会利益，并为不断增多的人口提供生活资料。”② 在《国富论》中，这个“看不见的手”的理论被表述得更加清晰：“他通常既不打算促进公共的利益，也不知道自己是在什么程度上促进那种利益。由于宁愿投资支持国内产业而不支持国外产业，他只是盘算他自己的安全；由于他管理产业的方式目的在于使其生产物价值能达到最大程度，他所盘算的也只是他自己的利益。在这场合，像在其他许多场合一样，他受着一只看不见的手的指导，去尽力达到一个并非他本意想要达到的目的。也并不因为是非出于本意，就对社会有害。他追求自己的利益，往往使他能比在真正出于本意的情况下更有效地促进社会的利益。”③ 完全可以看得出来，亚当的斯密基于想象力和公正的旁观者之上的移情和同情，以及基于利己但却互利的“看不见的手”的理论，是以日益发展起来的公共交往和公共生活为社会基础的，虽然他并未就这一场域做出明确的规定，但完全可以感受到这一点。亚当·斯密对他的理论论述得这样完整和娴熟，分明表明，产生这些理论并广泛应用这些理论的社会场域已经被完全建构起来了。《道德情操论》和《国富论》均写于18世纪后半叶，而这时的英国乃至其他国家，在生产、分配、交换和消费

① ［英］亚当·斯密：《道德情操论》，蒋自强等译，商务印书馆1997年版，第230—231页。

② ［英］亚当·斯密：《道德情操论》，蒋自强等译，商务印书馆1997年版，第330页。

③ ［英］亚当·斯密：《国富论》，郭大力、王亚南译，商务印书馆2015年版，第428页。

这一现代生产逻辑的建构与运行中，已经经历了200年的历史，此时的欧洲社会已经全面进入现代社会状态，而这个社会的基本结构及其运行逻辑已经被亚当·斯密在《国富论》中论述得极为清晰。

而起始于20世纪70年代末的中国社会的现代转型，至今不过四十几年的历程，亚当·斯密笔下的“移情”、“同情”、“审慎”、“正义”、“仁慈”、“旁观者”、“看不见的手”，无论是作为概念、观念，还是作为实践，才刚刚若隐若现地出现；从自然情感向社会情感的过渡尚在酝酿和发生之中。在自然情感向社会情感的过渡中，常常出现如下一些情形。其一，从亲密无间到冷漠无情。基于血缘、地缘、友缘关系之上的移情和同情，作为维系人们私人关系的心理基础，是有人称的，是有具体场域的，情感的投入和回报是具象的；且这种回报常常是对等的；如若冷若冰霜、自私自利，那么所失去的则是认同感和归属感，失去的是本体性安全。当日益扩大的公共生活领域被开辟出来，当人们走出私人交往空间而进到由陌生人构成的公共生活空间时，有人称的交往关系被无人称的陌生人关系所替代，那么如何与陌生人和谐相处，当陌生人处在需要同情的不幸状态下，人们之间会出现亚当·斯密笔下的移情和同情吗？事实上，人们并没有完成由自然情感向社会情感的过渡，道德冷漠、无语和失语经常出现。这除了对陌生人没有类似于属人那样的情感之外，更加重要的倒是一种无法保证回报的心理。其二，在由陌生人组成的交往关系中，既然缺少了移情和同情，那么出于利己动机的自利行为就变成了主要的行为类型。其三，如若交往者将主要的精力投入在了充满利益交割的活动领域，便会形成一种短暂的思考和选择模式，这就是个人利益最大化的倾向，甚至将这种利己主义的思考与选择迁移到了往日的属人关系中，而把往日的自然情感投入到了能够获取更大利益的交往关系中。这两种错误的情感迁移，促成了将公共领域私人化、私人领域公共化的社会事实。只有经过长时段的生产、交往和生活实践，类似与移情、同情、公正的旁观者、看不见的手，才能逐渐生成。而这一艰苦过程也必然伴随着公共理性的育成和政治信念的现代转向。

第四，从实用理性到公共理性。

由人的非自足性和非完满性所决定，向我性、为我性和利我性是他的自然属性中的主要方面，由此决定，人的利己动机也就是向我而言的追求功利、快乐和幸福的目的，是自然地存在于人的意识结构之中的，是一种原始意识，无须后天习得便可存在的强烈的自然倾向，在存在论、认识论和价值论上都有它的“先验”结构。相反，向他和社会而言的倾向，本质上却是后天，尽管不排除类似于亚当·斯密笔下的那种移情、同情、正义、仁慈这样的情感，这些情感的发生及其作用确有它的心理基础，但一旦涉及自身的利益、快乐与幸福，尤其面临着不同主体间在利益、快乐和幸福上的冲突的时候，利己的自然倾向、利他的社会倾向就会立刻变成充满利益计算的事情，而用以计算利弊得失的能力就是实用理性。虽然如康德所说的，求名欲、统治欲和占有欲是人的利己动机得以产生的不能基础，是一种客观的存在状态和强烈的心理倾向性，但情欲的满足却往往不是不能的、自发的，而是充满了各种计算，甚至为了更加长远的利益所得而放弃当下较小的所得。但这种始自于人的存在结构自身的自然状态和倾向的利己动机，并不天然就是恶的，若此，那么人类为着所谓善的目的就必须根除这个恶，那么人类自身也就不存在了。利己的恶的性质并不在于这个利己动机的性质，而是将利己动机作为不顾一切地行动的动力而加以满足的行为；利己动机的恶的性质并不来源于这个状态和倾向本身，而是来源于将这个动机立为不顾一切地加以满足的意愿或意向。这种意向、意愿在一个朝夕相处的属人社会，是被严格地限制在可容忍、可接受的范围内，无论是在质料（利益）的意义上还是在形式（规范）上都是如此。但这并不排除运用实用理性在质料和形式给定的空间内，运用“示弱”、“讨好”、“谄媚”等方式获得意外的收获。虽然不能过分夸大讨好这种动机和行为的虽然不是罪大恶极但也决不是善性的性质及其程度，但确实具有颇有心机、见风使舵、恶意奉承、过度谦卑的性质和倾向。在道德心理学意义上，人们应该着力研究一个利己和利他动机的原始发生及其演变机制，而不是像行为主义那样，常常着眼于一个行为的外部特征和行为后果。动机论与效果论的争论的根本并不在于对一个具体行为的道德价值进行评估，而在于一个恶的行为是如何发生的。事实上，并不像人们想当然地认为的那样，在一个以自然情感为基础、以共同生活为目的的家庭、家族和村社共同体中，人们不可能发展出明显的利己动机和实用理性来；或许刚好相反，在质料和形式所给定的严格的可能性空间内，要想获得意外所得，反而必须要有心机，要有察言观色、见风使舵、恶意奉承的意识和能力，这就是受到道德谴责的实用理性和恶的动机。

在公共生活中，当人们把个体的、家庭的、家族的、集团的利益置于动机的首要位置时，为着获得意外所得，就会更加理性地运用经过计算的、充分把握机会的动机和能力；如果这种实用理论理性和利己动机被广泛运用于公共生活尤其是政治生活中，就极有可能将政治权力和公共职权当作满足私人利益的工具。如何在反复进行的政治生活中生发出追问和追寻公共善的公共理性来，无疑是构建现代当代政治文明的根本道路。在生产、分配、交换和消费日益全球化的过程中，在全球治理、国家治理和社会管理中，以公共理性为基础的政治越来越成为根本的方式；政治的方式就是把人民的利益、人类的利益置于全球治理、国家治理和社会管理的首要位置，是各种管理实现的终极目标。

2. 在公共生活与私人生活之间：传统伦理的现代境遇

在生活空间上，个体经常是依照血缘、地缘和业缘关系而被安置在不同的领域。前现代社会，在业缘关系较弱的境域下，血缘和地缘必相对发达，家庭伦理的扩展与同构将家庭、村社和皇权联为一体。于是，伦理道德便借着风俗、习惯、惯例、禁忌、巫术、政治而实现其自身，因它不是一个公开而充分运用理性的过程，故非反思性和非批判性是它的本质，信念、直观和情感是其存在的基本方式。传统伦理是只着眼于何种规则而不问其合理基础为何的规范系统。在现代社会，资本的运行逻辑把人群依照经济依赖性进行安置，基于各自意愿和自利打算而发生的交往日益普遍化和经常化，一个不同于以血缘和地缘关系为纽带的公共交往和公共生活领域正在生成，这是一个不但充分运用理性且追问规则之合理性基础为何的领域。家庭和村社之核心地位的丧失，引发了私人交往和私人生活及其规范体系的危机。那么，适合于传统社会之血缘和地缘关系的传统伦理能否为今天之生活提供基础呢？这着实是一个真切的、有意义的问题，值得深入研究。

人原本是一个片面的、非自足的存在物，所以是一个依赖他物的存在物，由此决定，人也就是一个群居的存在物，因而是类的存在物，既是类性的存在物就一定以公共生活的形式生活着。[①] 所以，说公共生活是人的一个基本属性是符合事实的。然而公共生活的样式和程度却又是极为不同的，这不仅从共时态的不同地区、民族、国度那里的公共生活的差异中辨识出来，也能在同一民族的历时形态的公共生活的差异中体会出来。因此，并不存在公共生活的有无问题，只存在样式和差异问题。这种样式和差异在更为根本的方面决定于社会结构的基本形式和社会资源的配置方式，传统的农业社会和工业社会不仅在公共生活的广度上和程度上不同，而且维持公共生活的伦理基础也极为不同，研究这种不同及其历史性变迁无疑是重要的理论任务。

第一，传统社会的公共生活及其伦理基础。

任意一种社会类型都是个体借以表现其生命与生活的共同体形式，都是个体展开其活动和表达其意志的形式。但不同类型的社会形态又是那样地不同，不仅共同体的结构不同，支撑共同体正常运行的

① 说人一定以公共生活的形式生活着，并非说每个人就没有了任何私人活动空间和意义空间。我们直观到的一个基本事实是，任何人都有不愿、不宜向他人敞开的观点、意志和情感。只向自己而不向任何人开放的活动空间和意义空间是最原初的私人生活或私人领域；仅向知己开放的空间是次一级的私人生活，此种私人生活形式实际上不是个体，而是由少量个体因特殊的关系而形成的共同体。在此种境遇下，个体性已经扬弃了其自身的纯粹的主观性和孤立性，而将个体性消融于共同体之中，共同体因其既限制又认同了不同的个体性便获得了公共性的特质，这种公共性成为衡量和评价个体性之合理性和有效性的根据与标准。随着个体活动领域的扩展，一种以经济依赖性或功利性目的为主要内容的社会形式就会建立起来，这时私人性或私人生活愈来愈公共性主题，接受公共性的检验和监督。可以说，在任何一种社会形式下都存在着公共领域、公共生活与私人领域、私人生活的二元结构，其间的边界某些方面是清晰的，有些方面是模糊的；有些时候是清晰的，有些时候又是模糊的。个体有支配和垄断公共性的意愿；公共性也有同化或侵蚀个体性的力量。在学理的层面上厘清公共生活与私人生活的关系并非没有意义，相反，它是我们研究不同社会历史条件下伦理道德之生成及其运作的理论前提，特别是在传统社会与现代社会之间的比较中，讨论二者的关系更显重要。

基础也各异。传统社会是指这样一种社会：农业生产和农业文明居于主导地位；人们在极为狭隘的地域内生产、交往和生活着；公共交往和公共生活尚不发达，普遍的商业生产和交换尚未普遍地发展起来；支撑生产、交换和交往活动的伦理基础主要是家庭、家族、氏族、村社、宗教、国家伦理。传统社会表现在公共生活及其文化基础上，有这样两个明显特点：第一，公共生活基本上是熟人基于生活需要而建立起来的熟人社会。以家庭为基本生产单位的自然经济把人们依照家庭和生产的需要安置在不同的地理空间内，由于是自足的生产、分配和消费系统，似乎用不着与熟人圈以外的他者或陌生者进行生产上的合作、产品上的交换。在这一自组织系统内，家庭起着至关重要的作用，家庭、家族和氏族成员之间通常都是建立在特殊的社会关系（夫妻）和血缘关系（兄弟姐妹、父子）之上的，它们不但限定着个体的活动空间，同时也决定着个体的成人方式。家庭伦理在个体生活于其中的这个自组织系统内处于核心的位置，家庭的基本功能——生产、生育、分配、教化、关怀——被完整地保持着，并以自然的方式传承着，这种保持和传承都以家庭伦理为其基础。在一定意义上可以说，家族、氏族，甚至村社都是家庭的放大形式，或者说是同构化的过程①。人的德性的养成、人的德性的实践领域绝大部分都是在家庭以及家庭的放大形式中完成的。《大学》把齐家、治国、平天下的逻辑顺次如下："古之欲明明德于天下者，先治其国。欲治其国者，先齐其家。欲齐其家者，先修其身。欲修其身者，先正其心。欲正其心

① 德国社会学家菲迪南·滕尼斯在《共同体与社会》一书中严格区分了"共同体"与"社会"概念。"关系本身即是结合，或者被理解为现实的和有机的生命——这就是共同体的本质，或者被理解为思想的和机械的形态——这就是社会的概念……一切亲密的、秘密的、单纯的共同生活，（我们这样认为）被理解为在共同体的生活。社会是公众性的，是世界。人们在共同体里与同伙一起，从出生之日起，就休戚与共，同甘共苦。人们走进社会就如同走进他乡异国。在一般意义上，也可以说有一个包括整个人类的共同体，像教会所希望的那样。然而，人类的水被理解为相互独立的个人的一种纯粹的并存。共同体是古老的，社会是新的，不管作为事实还是作为名称，皆如此。共同体是持久的真正的共同生活，社会只不过是一种暂时的和表面的共同生活。因此，共同体本身应该被理解为一种生机勃勃的有机体，社会应该被理解为一种机械的聚合和人工制品。"［德］菲迪南·滕尼斯：《共同体与社会》，林荣远译，商务印书馆 1999 年版，第 52—54 页。依照滕尼斯的理解，家庭、家族、氏族、村社（农村）都是共同体而不是社会。

者，先诚其意。先诚其意者，先致其知。致知在格物。格物而后知至，知至而后意诚，意诚而后心正，心正而后身修，身修而后家齐，齐家而后国治，国治而后天下平。自天子以至熟人，壹是皆以修身为本。其本乱而末治者否矣。”在上述八个环节中，致知和修身乃最为核心的环节，而这两个环节的养成或完成恰是在家庭中进行的。用以格物致知的“物”主要是限于家庭以及家庭放大形式中的人伦关系。“人伦关系”与“自然关系”不同，它所意指的主要是人与人之间的看待关系和对待关系，包含着意愿、情感、选择、责任、义务。由于人伦关系比自然关系具有优先性，便养成了实践理性发达而理论理性和创制理性较弱的文化传统。可以说，这一文化传统的养成完全取决于家庭的核心地位。儒家所倡导的“内圣外王”理论也把“致其知”、“诚其意”和“修其身”放到了优先的地位。“所谓治国必先齐其家者，其家不可教而能教人者，无之。故君子不出家而成教于国：孝者，所以事君也；弟者，所以事长也；慈者，所以使众也。”对此，朱熹释义道：“身修，则家可教矣。孝、弟、慈，所以修身而教于家者也。然而国之所以事君、事长、使众之道不外乎此，此所以家齐于上而教成于下也。”（朱熹：《四书章句》）一家仁，一国兴仁；一家让，一国兴让；一人贪戾，一国作乱。宜其家人、宜兄宜弟，而后可以教国人。第二，由家庭和家庭伦理构成的共同体，在性质上具有如下方面：其一，非功利性。由于家庭以及家庭的放大形式（家族、氏族、村社）是非营利性、非竞争性组织，便在分配原则上表现为各尽所能、按需分配，而不是按劳分配。尊老爱幼的伦理文化促成了弱势群体利益优先原则，成员的基本权利和义务是依照特殊的社会关系和血缘关系进行分配和保证的。其二，非对等性。家庭成员之地位的确立决定于自然优先（即年龄优势）原则，长幼有序、尊卑有别。地位的非对等性决定了伦理规则的给定方式，商谈、博弈不适合于特殊的社会关系和血缘关系。由此也就决定了伦理规则的非反思性和非批判性，规则的天然合法性不容置疑，基于平等关系基础之上的相互提出的有效性要求，既无必要也不可能。其三，绝大部分行为的做出不是出于自利性的意愿，而是出于规定或义务。因为，每个个体生活于其中的诸多共同体在你获得生命以及获得理性、进行选择之前即已存在了，这种先在的共同体保证了个体的顺利成长，它们本质上不是一个个体通过成熟的理性、通过选择构造起来的，对个体来说，它们是自然而然的。其四，这是一个信度较高而风险较低的领域。孔子在讲到与人交往时应遵循的规则时指出："吾日三省吾身，与人谋而不忠乎？与人交而不信乎？"在这里，"忠"、"信"主要施之于特殊的社会关系和血缘关系之外的社会关系，而在家庭、家族、村社中，它们似乎是无须强调的行为规范，因为它们已经在"社会化"中自然而然地拥有了。为何至此？那是因为，在一个重复进行的博弈行为中，博弈者会随着博弈次数的增加而逐渐成为熟人，从而建立一种熟人关系。家庭、家族和村社原本就是熟人的社会，在日常生活的意义上，是天天时时都要谋面的，违背和冲破已经根深蒂固的行为规则，其成本是无法计算的，一当被熟人关系和熟人文化驱除出生活圈，个人的生活简直不可能。这实在是一个悖论：在一个充满熟人信息的社会里，风险很低，但却限制了个人进行自主选择的可能性空间；相反，在一个充满风险的陌生领域里，选择的可能性却可能较大。总括地说，在血缘共同体、地缘共同体和宗教共同体中，风险较低，这些共同体是建立在有关人员的本能的中意、或者习惯制约的适应、或者与思想有关的共同的记忆之上的，它们不仅仅是它们的各个组成部分叠加起来的总和，而是有机地浑然生长在一起的整体。在滕尼斯看来，"共同体是一种持久的和真正的共同生活"，是"一种原始的或者天然状态的人的意志的完善的统一体"。惟其如此，共同体之伦理规则的给出方式、约束方式以及运行逻辑都是独特的，它们与后来人们基于目的、思想和计划之上而形成的社会形式有着明显的区别。

第二，市场社会的公共生活及其伦理基础。

在生活领域的意义上，市场社会的一个直接结果，就是基于目的、思想和计划之上的社会形式在形成并在扩大着，基于自然意志、情感之上的共同体在缩小它的边界，但尚没有发展到使共同体消失的程度，事实上，人类永远也不会发展到不需要共同体而只有社会形式的地步。

在市场社会环境下，作为建基于目的、思想和计划之上的公共交往以及作为公共交往规范化形式的社会组织，其运行机制与基于自然需要、情感之上的私人交往及其规范化形式的共同体有着明显的区别，其最为直接的一个方面就是在文化基础上的差异。

其一，用于整合交往者行为的规范以及保障公共资源合理分配的分配原则愈益取决于交往者的博弈形式、质量、过程与结果，而愈少决定于传统的力量和权威者的支配。尽管在一个具体的博弈行为中，我们无法把博弈者的相关背景加以“悬置”，以使他们以一个纯粹的、简单的甚至雷同的行为者参与进来，但我们可以在一个较大的领域内，例如在哈贝马斯意义上的“资产阶级公共领域”内，通过预先的原则设定，使社会的任一成员都有分得必要权利的资格，其结果是，至少在形式上，任一成员都获得了参与分享政治权利的机会和资格。然而这样一种面对较大领域即政治权利的博弈行为，进一步地，那个针对交往和分配之规范与原则的预先设定如何发生呢？当传统的力量和基于血缘之上的自然需要与情感起支配作用的时候，“预先设定”的行为是绝对不可能发生的。韦伯把官僚制视为是与市场社会一同发展起来的社会治理类型，而把“传统文化型”与“个人魅力型”视为前市场社会的社会治理类型。而官僚制恰是一种在合法界定的范围内依照效率和公平原则分配政治权力并运用权力的社会制度与体制。这样一种制度和体制为何发生在市场社会？这是由于，被后来称为“资产者”的那些人，在桑巴特意义上的“资本主义精神”的推动下，经过艰辛的努力，从社会的最底层一跃而成为社会最主要的利益主体，这种利益地位上的跃迁造成了三个后果，其一，使整个社会结构从领域合一走向领域分离，一种以资产者为主体的经济力量、一股以追求自由、平等为主要内容的文化力量开始与封建的政治力量“分庭抗礼”。这种“对抗”的一个社会效应就是，一个狭义意义上的即经济意义上的“市民社会”逐渐成熟起来，它与那个由封建权贵们的利益组成的政治领域相对抗，因此，原初意义上的“市民社会”概念所描述的是一个资产阶级的经济领域与封建贵族的政治领域相抗衡的二元社会结构。其二，倘若这个二元结构始终不能得到解决，那么，追求自由、平等的愿望就不能实现。于是逐渐强大起来的资产者便在两个层面上展开“通约”行为。第一个层面是经济—政治之间的通约。要把日益强大起来的经济力量转换成政治力量，就必须进行“公共领域的结构转型”，主要事项就是，一如把经济领域变成向全社会开放的领域那样，把政治领域也变成这样一个领域，只有把政治的领域变成与经济的领域相匹配的领域时，两个领域之间的通约才能发生。“市民阶级是一些私人，他们自身没有统治权。因此，他们向公共权力提出的权力要求并不是要将必须分开的统治权集中起来；相反，他们是要破坏现存统治原则。资产阶级针对这种统治原则所提出的控制原则，以及公众想要改变的就是这种统治本身。”① 第二个层面是，基于资本之上的通约行为的发生。由于资本已经不仅仅是能够带来剩余价值的价值，毋宁说，资本已经变成一套复杂的社会设置，它可以兑换成任意一种与它不同的社会要素，惟其如此，它为每个社会成员提供了参与通约行为的条件与可能。② 简要地说，市场社会最为本质的特征是可通约性和可互换性。因此，其三，支撑市场社会正常运转的是庞大的市场文化，而公民伦理日益成为市场文化中的基础方面或重要方面。“虽然，政治原则问题几乎总是触及道德层面，但并非所有依据机制定义需要由政治力量决定的问题都具有道德特征……大多数冲突说到底来源于集体利益的抵触，包括只能以妥协来解决问题的分配问题。但是政治问题领域中的分化并不否认道德思考的重要性，也不否认整个政治交往的辩论形式。经验问题往往无法与价值问题区分开来，因此自然也就需要以

① ［德］尤尔根·哈贝马斯：《公共领域的结构转型》，曹卫东译，译林出版社 1991 年版，第 35 页。

② 资产阶级不仅创造了一个不同于封建国家的“公共领域”，而且创造了一套保证社会公共性资源向全社会开放的社会设置。这是资本主义社会与以往任何一种社会类型不同的方面，它并没有用一个基于平民之共同愿望之上的“民间组织”（类似于“市民社会”），通过动员全社会的力量，推翻那个统治者集团，用新的二元结构（市民社会与政治领域的对立）代替原有的二元结构，相反它把自由与平等的原则贯彻到生活的各个方面，尽管这种贯彻不可能是彻底的，因此，资本主义运动创造了一种公共精神和公共价值。

辩论的方式加以处理。作为某一集体的成员，我们打算如何生活，有关与此的伦理——政治的自我理解，至少必须与道德规范相一致。协商必须以相互交换意见为基础。协商是否达成公平的妥协，主要由协商程序的条件来决定，这些条件必须受到道德的裁决。”①

其二，作为公共交往与公共生活之文化基础的伦理道德方面，无论从广度还是从深度上都极大地发展了。首先，它把伦理道德规范建立在多元主体的博弈之上，对每一公民的意愿给以较为充分的考虑，从而把以往的伦理道德转变成了主体性的伦理。康德要为任意一种道德建基，并非仅仅是思想家的主观愿望和带有偏好性质的理论旨趣，毋宁说，是逐渐发展起来的市场社会为思想家提出来的时代课题。起于近代的现代化运动来临之前，似乎并无独立的伦理道德系统，有的只是以政治、风俗、习惯、禁忌、宗教等形式出现的政治伦理、家庭伦理、宗教伦理等；或者说，伦理道德是借着政治的力量、家庭的环境、风俗的形式而发挥作用的。当着资本借着科技的力量、商品的形式、货币的魔力通约一切的时候，似乎一切神秘的东西都无所遁其身。“资产阶级在他已经取得了统治地位的地方把一切封建的、宗法的和田园诗般的关系都破坏了。它无情地斩断了把人们束缚于天然首长的形形色色的封建羁绊，它使人和人之间除了赤裸裸的利害关系，除了冷酷无情的‘现金交易’，就再也没有任何别的关系了。它把宗教的虔诚、骑士的热忱、小市民的伤感这些情感的神圣激发，淹没在利己主义打算的冰水之中。它把人的尊严变成了交换价值，用一种没有良心的贸易自由代替了无数特许的和自力挣得的自由。总而言之，它用公开的、无耻的、直接的、露骨的剥削代替了由宗教幻想和政治幻想掩盖着的剥削。”② 资本连同科学技术一起引发了一个使世界祛魅的过程，这个过程沿着两个方向行进，一个是世俗化的过程，一个是理性化的过程。世俗化的过程使使用价值凸显出来，理性化的过程使理性成为衡量一切事物是否合法的尺度。世俗化

① ［德］尤尔根·哈贝马斯：《公共领域的结构转型》，曹卫东译，译林出版社 1991 年版，第 25 页

② 《马克思恩格斯文集》第 2 卷，人民出版社 2009 年版，第 33—34 页。

和理性化在伦理道德上的影响是根源性的：当政治伦理、家庭伦理、宗教伦理均已弱化的时候，人们的伦理行为该如何可能呢？康德通过对实践理性进行批判以及为道德进行形而上学奠基，为伦理如何可能找到了“先天”根据，这就是理性指导下的善良意志。康德是那样地坚定不移，认为理性足可以使人发现那个普遍的实践法则，并按照法则行事。“纯粹理性只对自身有实践力量，并且给予人以一条我们称之为道德法则的普遍法则。”① 建基于理性之上的善良意志把伦理行为变成了自律的行为，并使自由与责任有了必然的逻辑关系。其次，从大的方面，伦理愈来愈分化成实体伦理和程序伦理。实体伦理解决的是，参与公共交往和公共交往的成员，除了出于自愿之外，还要就人们有何种理由、权利、资格参与交往进行博弈，或者商谈，实质上这是博弈规则的供给问题。规则供给在公共交往和公共生活中具有优先性，它直接决定着公共资源的分配方式和分配比例。程序伦理解决的公平分配的条件与环境问题，当正义原则被预先给定以后，能否实现公正就显得格外重要了，程序是公开性的直接表现。

其三，基于伦理规范之原始发生和运行之上的交互性。公民伦理作为在公共领域个人或组织以公民身份交往时可以相互提出的有效性要求，最大限度地体现了基于平等和自由之上的交互性。

可以说任意一种伦理规范都是相互的，即是说，都不是指向一个人的，可能是针对一个人，但决不是独自发生的，要么是自我提出的，要么是别人提出的，总之，是发生在间性中的，并在间性中实现的。即是说，即使是由我提出要求，也得取得他者的同意，反之，他者提出与我有关的要求，也得征得我的同意。但我们却不能由此得出这样的结论，伦理作为诸种规范既是间性的，那就是交互的，既是交互的就是对等的或普遍有效的。由间性和交互性过渡到对等性或相互有效性尚需三个必要条件：第一，博弈双方或多方需在资格和机会上平等或对等；第二，需有相当的或相同的话语权力；第三，需有对任何人

① ［德］康德：《实践理性批判》，关文运译，广西师范大学出版社 2002 年版，第 19 页。

都有利的程序。在具体的博弈过程中，由于博弈双方或多方不可能是同一的、无差别的，相反，他们在智力、体力、情感、支配能力、所控制的社会资源等方面都存在着明显的差别，因而在决定规则的生成以及程序的制定中，各种差别会作为背景参与到具体的博弈过程中，致使规则的相互性即对等性受到影响。那么，追求一种将各种差别性的背景“悬置”起来而直接基于意愿和自愿之上、借助“实体公正”和“程序公正”而发生的博弈如何可能呢？那只有在这样一种情境下才有可能发生：第一，各利益主体间的依存性已经达到这样的程度，被日益激发起来的诸种欲望只有通过与其他具有类似情境的他者进行交换和交往，才能得到最大化的满足，这是一个市场化的社会。第二，出于相互依存的需要而发生的交换和交往，为着交换和交往能够顺利进行，必须将各自的“优势”消融于共同性之上，这种共同性是人人具有且是同质的权利：资格与机会、意愿与自愿。在这些权利的保证下，各自的“优势”非但不是造成话语霸权的前提，反而成为交换与交往之必然发生的条件。互通有无、互惠互利正是以差别为前提的。但要在利益相关者之间的互通有无、互惠互利的交往中对伦理规范的生成和生效做出有效性解释却是极为复杂、也极为困难的事情，然而对公民伦理之相互性进行论证来说却是最为重要的环节。

人的愿望和意志作为社会现实元素而存在并且以此发挥着现实的作用，这是一个事实。人的行为以其愿望和意愿为指导，当其愿望和意愿与他人的行为方式有关时，他们总是希望这些人也真正实施相应的行为方式。因此，规范作为存在着的意愿的内容同样也成为社会现实元素并能够作为影响行为的手段发挥现实作用，这同样也是一个事实。因此，任意一种规范的产生，都是因了不同行为人但又是相关的行为人在利益上的交换和意愿上的交流的结果。关于基于不同行为人之意愿之上的规范的交互性，可从鲍曼的论述中见出：“有意针对他人行为的意愿行为的内容则是一种规范。如果有人要求行为人采取某一方式的行为，那么这就意味着行为人应该按照此人愿望采取某一特定方式的行为。如果有人希望行为人可以按某一特定方式行为，这就表示行为人不改动按照该人的意愿以某一特定方式行为。向某一行为人表明一种意愿，即他应该或被允许采取某一特定行为方式，这意味着他人作为‘规范制定者’为作为‘规范对象’的行为人确定一种规范。在这个意义上通常可以认为，经验上源于他人意愿而非行为人本人意愿的行为方式的原因是规范确立。如果规范制定着的目标是通过许可或禁止某一特定行为方式而限制规范对象的决策自主权，那么这就是确立‘义务规范’或者说‘行为规范’，反之，如果行为制定者通过明确允许行为人实施一种通常被禁止的行为方式，因此意在扩大规范对象的决策自主权，则是确立‘许可规范’。最后，如果规范制定者要求规范对象要求服从其他行为人的意愿，所确立的规范便称之为‘授权规范’。”①

可以看出，任何一种规范都是交互性的，至少涉及两个人。既然涉及他人，就必然关涉到不同行为人的意愿，不论是违背意愿还是符合意愿。公民伦理作为不同公民之间在相互交往时提出的有效性要求，也必定是针对不同行为人之不同意愿的，但公民伦理的最大优势就在于尽可能地符合不同行为人的意愿，否则便不符合公民伦理的精神。构成市场社会之公共交往与公共生活的公民伦理基础的主体也趋于多元化。当公民以个人形式交往和生活时，责任就个体化；当公民以组织形式实现正当性要求时，责任就组织化；当国家不能实现个人与组织的正当性要求时，政府就必须承当责任。

其四，作为公共权力之分割和运行的伦理基础的政治伦理。依照人们的生活经验和价值判断，在现代社会因政府决策的失误、利益集团腐败以及行政人员的不负责行为所造成的损失远远大于普通公民因不遵守道德规范所造成的损害。人们日益认识到，尽管政府在市场化社会中逐渐缩小其管理边界，尤其是对经济活动，不再像先前那样通过直接干预经济活动来控制经济行为，而是通过价格机制间接管理，通过宏观调控引导投资与消费，但政府在社会运作中的各个时段以及各个领域仍然发挥着为其他社会组织所无法替代的功能。

---

① ［德］米歇尔·鲍曼：《道德的市场》，肖君、黄承业译，中国社会科学出版社2003年版，第50—51页。

首先，政府是公共政策的制定者、操作者和责任者。尽管有人主张应该削弱组织的力量，期盼组织化社会的终结时代的到来，但迄今为止，组织依然是每个人能够生活下去并有可能过上好生活的基础。自由资本主义者主张奠基于自利性之上的自由交易而无须政府的干预，然而日益复杂化的社会越来越需要一个强有力且是足够管理效率的政府。现在的问题不是政府的有无问题，而是政府如何有效率地管理社会的问题。由其本质所决定，在现代社会，政府的根本职能是提供公共服务。这种提供公共服务的一种核心活动，就是公共政策的制定、执行过程和评估过程。然而与许多人想望使其科学化的动机相反，公共政策的制定和执行从来就不是一个科学的过程，本质上是一个政治过程，① 是各种社会主体运用其所掌握的政治资源，表达其利益要求和愿望，影响政府决策，在以后的政策结果中，使自己的利益偏好得到优先照顾，实现自我利益最大化的过程；是政府决策者运用其掌握的政治权力，对各种社会利益集团的利益需求进行折中和平衡，进行社会价值权威性分配的过程。在公共政策过程中，因此充满着政治冲突，各种利益集团之间、决策者之间的进行反复地博弈、交易和妥协，是公共政策过程中的一个关键特征。科学的知识分析，只是在一定的条件下，有关的决策者和决策参与者为了更有效地运用权力，更好地扮演自己在政策过程中的角色，在各种力量的较量、各种利益的博弈过程中取得主动和优势，所加以运用的一种斗争工具。因此，政府体制的权力结构、决策程序安排、经济和社会机制以及社会力量配置状况，直接影响着政策过程的构造和作为公共决策后果的公共政策的后果。

其次，公共政策决策者的自利性偏好有滥用公共权力的可能。经济人假设尽管受到了来自人本主义经济学以及经济伦理学的挑战，② 但

---

① “politics”和“political”在西方人的日常生活和日常意识中，既不是我们中文中的“政治”和“政治的”意思，也不是西方政治学中的范畴，而是一个贬义词，因为照他们看来，“politicians”（政治家）都是些言不守信的人。“politics”的实际含义是“耍手腕”、“玩把戏”、“搞权术”之类的意思。

② 参见［美］马克·A. 卢兹、肯尼思·勒克斯《人本主义经济学》，西南财经大学出版社 2003 年版；［美］马克·A. 卢兹《经济学的人本化：溯源与发展》，西南财经大学出版社 2003 年版。［印度］阿马蒂亚·森《伦理学与经济学》，商务印书馆 2000 年版。

“经济人”假设的三个命题依然保持着较强的解释力。时至今日，“经济人”假设似乎已成了无须论证的前提，其合法性和合理性尽管受到来自经济学内部的质疑和伦理学的批判，但它依然是西方主流经济学的基本的逻辑前提。效用价值、边际效用、理性经济人、机会成本、帕累托效率、自由选择、需求排序、自由放任等已经成为西方主流形态经济学的关键词。“在微观经济分析中，根据所研究的问题和所要建立的模型的不同需要，假设条件存在着差异。但是，在众多的假设条件中，至少有两个基本的假设条件：第一，合乎理性的人的假设条件。这个条件假设也被称作为‘经济人’的假设条件。‘经济人’被视为经济生活中的一般人的抽象，其本性被假设为是利己的。‘经济人’在一切经济活动中的行为都是合乎所谓理性的，即都是以利己为动机，力图以最小的经济代价去追逐和获得自身的最大的经济利益。第二，完全信息的假设条件。这一假设条件的主要含义是指市场上每一个从事经济活动的个体（即买者和卖者）都对有关的经济情况（或经济变量）具有完全的信息。”① 经济学假设对政治伦理的启发在于，公共政策的制定者和公共权力的行使者存有以权谋私的伦理动机，倘若体制为这种以权谋私提供制度保障，那么他们会在体制的范围内谋得私利；倘若体制设定了某种制约，他们就会在体制内做体制外的事情，倘若没有惩罚机制，这种破坏体制的以权谋私行为就会大量或长期存在。总之，如果没有体制上的限制，指望一个清正廉洁的官吏就只有靠他们的德性修为了。然而这是一个充满风险的心理企盼，只有相信任何人都有利己的动机才有可能制定防范利己行为的规范，反之，相信官吏都是以民为本的决策者、管理者和执行者，就不会有健全的规范体系。

市场社会把三种价值确立为社会运行的基本原则：效率（作为经济活动的价值原则）、正义（作为政治活动的价值原则）、自由（作为文化活动的价值原则）。马克思曾非常简约地概括过市场社会的本质：“劳动力的买和卖是在流通领域和商品交换领域的界限以内进行

① 高鸿业主编：《西方经济学》，中国人民大学出版社 2001 年版，第 22—23 页。

的，这个领域确实是天赋人权的真正乐园。那里占统治地位的只是自由、平等、所有权和边沁。自由！因为商品例如劳动力的买者和卖者，只取决于自己的自由意志。他们是作为自由的、在法律上平等的人缔结契约的。契约是他们的意志借以得到共同的法律表现的最后结果。平等！因为他们彼此只是作为商品所有者发生关系，用等价物交换等价物。所有权！因为他们只支配自己的东西。边沁！因为双方只顾自己。是他们连在一起并发生关系的唯一力量，是他们的利己心，是他们的特殊利益。正因为人人只顾自己，谁也不管别人，所以大家都是在事物的预定的和谐下，在全能的神的保佑下，完成着互惠互利、共同有益、全体有利的事业。"① 当人们依照效率、正义和自由原则要求政治权力的分割与运行时，政治伦理必然产生，而在传统社会，政治伦理却始终不能成为伦理学研究的重要内容。在市场社会环境下，政治伦理除了通过法律的方式运行之外，还借助日益发展起来的大众媒介把民意充分表达出来。

在现代性语境下，政治伦理和公民伦理是市场社会发展的必然要求，与这种必然要求相匹配的伦理道德系统只能从以公民身份相互交往的个体间、个体与企业公民、个体、企业公民②、公益组织与政府

---

① 马克思：《资本论（纪念版）》第1卷，人民出版社2018年版，第204—205页。

② "企业公民"是近几年产生的一个概念。我们的理解是：企业公民指的是以利益共同体而存在的个体公民的集合形式，它以组织的形式拥有权利和担负责任。企业职工尽管以工资或物品的形式从企业那里获得收益，但不以个体公民的形式，而以利益共同体的形式拥有权利并担负责任。美国波士顿学院给出的企业公民定义是："企业公民是指一个公司将社会基本价值与日常商业实践、运作和政策相整合的行为方式。一个企业公民认为公司的成功与社会的健康和福利密切相关，因此，它会全面考虑公司对所有利益相关人的影响，包括雇员、客户、社区、供应商和自然环境。"世界经济论坛认为，企业公民包括四个方面：一是好的公司治理和道德价值，主要包括遵守法律、现存规则以及国际标准，防范腐败贿赂，包括道德行为准则问题以及商业原则问题。二是对人的责任，主要包括员工安全计划，就业机会均等、反对歧视、薪酬公平等等。三是对环境的责任，主要包括维护环境质量，使用清洁能源，共同应对气候变化和保护生物多样性等等。四是对社会发展的广义贡献，主要指广义的对社会和经济福利的贡献，比如传播国际标准、向贫困社区提供要素产品和服务，如水、能源、医药、教育和信息技术等，这些贡献在某些行业可能成为企业核心战略的一部分，成为企业社会投资、慈善或者社区服务行动的一部分。英国的"企业公民会社"认为有下列四点："企业是社会的一个主要部分；企业是国家的公民之一；企业有权利，也有责任；企业有责任为社会的一般发展做出贡献。"

之间的反复商谈、讨论中现出，而不能由他者提供，这是由于，“以物的依赖性为基础的人的独立性，是第二大形态，在这种形态下才形成普遍的社会物质交换，全面的关系，多方面的需求以及全面的能力的体系。”① 普遍的交换、全面的关系、多方面的需求以及全面的能力体系，使得人们愈来愈依赖于所有的人，经济依赖性使不同血缘、地缘和业缘关系的人们联结在一起，组成不断变动着的经济联合体，这些联合体不但提升了人们的理论理性、创制理性，而且发展了他们的实践理性，正是不断完善起来的实践理性以及充分利用实践理性的实现活动，才使人们逐渐确立起了政治伦理和公民伦理。如此一来，以家庭伦理为核心的中国传统伦理体系在市场化的社会历史条件下就陷入了从未有过的困境，是丢弃还是超越，值得深入研究。

第三，中国现代性语境下的传统伦理。

一种道德，一种伦理作为一种信仰、信念、情感和意志；作为一种原则、规范、禁令；作为一种价值，本质上并不取决于人们的主观愿望，而取决于实际生活的需要。尽管每个时代的人们都把幸福作为自足的、终极的目标加以追求，但每个时代的人们追求幸福的方式和满足幸福的程度却极不相同。人们选择了何种样式的生产方式、交换方式和交往方式，人们也就选择了何种样式的生活方式，有怎样的生活方式也就要求着怎样的伦理道德方式，其根本的事项在于社会关系的奠基模式。

现代社会与传统社会的最大区别在于，用社会化大生产代替了村社生产和家庭生产，由生产、分配、交换和消费四个环节构成的连续运动造成了一种复杂的社会设置：普遍的交换、全面的关系、多方面的需求、全面的能力体系。这套复杂的社会设置把先前的纵向的以血缘为轴心的关系变成了横向的以利益为轴心的关系，这种转变造成了两个直接后果：其一，公共领域的扩张。一种或以职业、或以利益相关性、或以思想与情感交流为主要事项的社会交往被广泛地建立起

① 《马克思恩格斯全集》第 46 卷（上），人民出版社 1979 年版，第 104 页。

来，为着维持这些交往关系，同时也为着能够从这些社会关系中获得收益[①]，交往者往往要把绝大部分时间和精力投放到非血缘关系的社会交往中。其二，在一个普遍交换和广泛联系的社会，任何一个人意欲使自己的生活变得丰富多彩，就必须参与到广泛的社会交往中，这样一来，传统意义上的私人领域与私人生活[②]就愈来愈缩小其边界，这就意味着，主要用于家庭（夫妻关系、父母子女关系，以爱情和亲情为基础）、朋友（以友情为基础）、村社（以乡情为基础）的伦理规范也缩小它的范围、降低它的效力。尽管可以说，在中国文化的语境下，中国人在处理公共领域里的公共事项时也或强或弱地依照处理私人生活和私人事项的原则来处理，但主要是一个充满计算的领域、充分利用理性的过程。在反复的交往和生活中，交往者会自觉不自觉地把主要适用于公共领域和公共交往中的游戏规则迁移到私人场合，从而大大降低私人领域和私人生活中的情感成分，于是传统社会中的适用于私人生活领域中的爱情、亲情、友情和乡情就会大大降低它的浓度，稀疏和淡薄的情感关系使得人的私人生活和私人关系变得极为

① 每个人参与社会资源的分配通常有两种途径：一是在既定分配制度的规约下，获得所谓属于自己的份额，以这种方式被分配的资源一般是可数的、可计算的、具有相对明确归属边界的资源；二是被嵌入在社会关系之中的资源，如身份、地位、声望、信任、认同，等等，这种资源与传统的资本不同，它被称为社会资本。“期望在市场上得到回报的社会关系投资。”（［美］林南：《社会资本：关于社会结构与行动的理论》，张磊译，上海人民出版社2005年版，第18页）为什么嵌入在社会关系之中的资源增强了行动的效果呢？有四个解释：第一，它增强了信息流动。在通常的不完备市场情况下，处于某种战略位置或等级位置中的社会关系，能够为个人提供以其他方式不易获得关于机会和选择的有用信息。第二，这些社会关系可以对代理人——他们在涉及行动者的决定中扮演着关键角色——施加影响。一些社会关系，由于它们处于战略性位置和地位上，拥有更多的有价值资源并可以对组织代理人的决策施加更大的影响。因此，有时“说句话”在组织决定是否吸收一个人的过程中具有特定的分量。第三，社会关系可以被组织或代理人确定为个人的社会信用的证明，部分社会信用反映了个人通过社会网络与社会关系获取资源的能力。一些人的“后台”使组织或组织的代理人相信这些人能够提供超越个人自身资本之外的额外资源，其中部分或许对组织有用。第四，社会关系可以强化身份和认同感。确信和认识到自己是一个有价值的个体，是一个共享的利益和资源的社会群体的成员，不仅为个人提供了情感支持，而且为个人对某些资源权利的要求提供了公共承认。总之，信息、影响、社会信用和强化是社会资本的四个根本特征。（同上书，18—20页）

② 人的最为原初或最原始的私人领域是由其意志、情感和思想构成的活动空间和意义空间，它们保持了最大的私人性或隐秘性，它们仅向自己开放。次一级的私人领域和私人生活是由两性关系和亲缘关系构成的共同体，这就是家庭；进一步扩大的私人领域和私人生活就是村社、同事和朋友，以公民身份发生交往的领域被视为公共领域，它们通常被称为社会，它们是选择的结果。

脆弱。公共领域和公共生活中的风险也不同程度地延展到私人领域。

总之，在现代性语境下，传统伦理与公共伦理似乎处于二元结构中，这种二元结构也使得人们的生活陷于悖论境地：一方面，人们在实际的交往和生活中，切实地取消着私人领域和私人生活的伦理基础；另一方面，人们又在苦苦地寻觅着支撑私人领域和私人生活的伦理基础。可以肯定，只要人们切实地生活着，只要人们还需要信念的支撑，情感的支持，意志的磨砺；只要还需要爱情、亲情、友情和乡情，那么以家庭为基本单位的私人领域和私人生活就不可避免。

在当下的生活世界中，人们尚不能认清和体会公共领域和私人领域及其伦理基础的本质区别，只有当生活中的伦理问题严重到使生活不能正常进行时，人们才会深深地反思，也才会努力实践，把公共伦理和私人伦理相对地区分开，并努力保持它们的边界。

在学理的层面上，我们可以依照功能和层次把伦理分成操作伦理和关怀伦理。操作伦理所解决的事项是为着获得资源、机会、信息、信任而发生的交往和生活，本质上，操作伦理不提供终极价值，诸如信仰、信念、关心、呵护，等等。关怀伦理是在一个超功利的领域内所发生的对他人的让与、过问、关心，甚至牺牲。关怀伦理也可以发生在以利益相关性为特征的公共交往中，以及由陌生人随机组成的公共生活中（这种生活是随机的、偶然的，不具有重复性和反复性），但主要是发生在由爱情、亲情和友情构成的私人生活空间，由于这是一个朝夕相处的领域，是以生活为主要内容的，因而是一个具有共同命运、情感和意志的领域，本质上是一个生活共同体，而不纯粹是一个利益联合体，它为每个成员提供着最大的安慰、信心和信念。因此，可以相信，在现代性语境下，家庭虽然受到不同的冲击和解构，但它不会丧失其本质，因为它有其保持其存在的理由：它为每个人提供着为任何其他组织所不能提供的价值。

在实践活动中，个人、组织与政府都有责任为解决公共伦理与私人伦理的二元悖论做出努力。首先，政府与组织应为公平地分配公共资源提供制度安排和利益均衡机制，至少构建一种相对为好的公共领域，在这个领域中，每个公民和组织不但具有形式上的自由出入的可能性，而且具有实质的现实性。划定公共领域与私人领域的清晰边界是十分重要的，在当下的现实生活中，公共领域及其伦理规则以及私人领域及其伦理规则都没有形成相对清晰的边界，许多原本应该依照公共伦理加以处理的事项反而依照私人伦理加以处理，从而伤害了正义原则；而许多本该依照私人伦理加以处理的事项反而应用了充满计算和功利性质的公共伦理加以处理，结果伤害了情感原则。其实，无论是一般的公民还是拥有或使用公共权力的公务员，在实际的生活中都有将公共伦理和私人伦理加以混同的可能性，但根本的原因并不在于这些个体，而在于各种类型的制度或体制，正是体制为将两种伦理规则加以混同提供了内在空间。其次，组织与政府在解决经济与政治的同时，还承担着塑造时代精神、提供用以引领个体的健康生活的精神产品的众人。理性地看待中国时下的文化市场，无论是思想文化还是大众文化（广播电视、报章杂志、网络）几乎没有以重建以私人伦理精神为旨归的文化精品，基于日常生活之上指导人们过一种充满爱情、亲情、友情和同情的文艺作品的缺失，反映了人们的生活结构出现了根本性的问题。韩剧在中国的兴起以及可持续地播出，意味着人们对充满人文关怀的健康的私人生活的怀旧与向往。如何不再将人类的全部精力投入到利益的创造和追逐之中，而是将人的智慧进行合理配置，创造用以提升人的心智力量和生活情趣的精神活动与精神产品，无疑是历史向组织和政府提出的任务。其次，就每一个体而言，是否能够过一种充满财富、德性与幸福的生活，关键在于自身的理论智慧和实践智慧。试图过一种充满情感的生活乃是一种植根于人的心灵深处的需要，既然这种需要是属人，那么，每一个体就不应该把充满计算和功利的公共伦理迁移到家庭、家族、私人团体之中，反复进行的生活实践证明，这种将功利主义伦理观普遍化的做事方式是成本最高而代价最大的。因此，与培养公共理性和公共精神相伴而行的，则是提升自身心性修为的生活实践，实践理性（智慧）才是解决公共理论与私人伦理之悖论的坚实基础。

参考文献

《马克思恩格斯全集》第 42 卷，人民出版社 1979 年版。

《马克思恩格斯文集》10 卷，人民出版社 2009 年版。

马克思：《资本论（纪念版）》，人民出版社 2018 年版。

《毛泽东选集》第 1—4 卷，人民出版社 1991 年版。

中共中央党史研究室：《中国共产党历史》第 2 卷，中共党史出版社 2011 年版。

中共中央文献编辑室编：《邓小平年谱（1975—1997）》上，中央文献出版社 2004 年版。

中共中央文献研究室编：《三中全会以来重要文献选编》，人民出版社 1982 年版。

《西方哲学原著选读》上卷，北京大学哲学系外国哲学史教研室编译，商务印书馆 1981 年版。

高鸿业主编：《西方经济学》，中国人民大学出版社 2000 年版。

李惠斌、薛晓源主编：《全球化与公民社会》，广西师范大学出版社 2003 年版。

苗力田主编：《亚里士多德全集》，中国人民大学出版社 1993 年版。

瓦茨拉夫·胡宾格尔：《人类学与现代性》，中国社会科学杂志社编《人类学的趋势》，社会科学文献出版社 2000 年版。

王亚南：《中国经济原论》，商务印书馆 2017 年版。

张世英：《论黑格尔的精神哲学》，1986 年版。

周楠：《罗马法原论》（上），商务印书馆 1996 年版。

朱熹:《四书章句集注》,中华书局 2011 年版。

[德] 鲍曼:《道德的市场》,肖君、黄承业译,中国社会科学出版社 2003 年版。

[德] 贡德·弗兰克:《白银资本:重视经济全球化中的东方》,刘北成译,中央编译出版社 2005 年版。

[德] 海德格尔:《世界图象的时代》,《海德格尔选集》(下),孙周兴译,上海三联书店 1996 年版。

[德] 黑格尔:《法哲学原理》,范扬、张启泰译,商务印书馆 1961 年版。

[德] 黑格尔:《小逻辑》,贺麟译,商务印书馆 1980 年版,第 43 页。

[德] 胡塞尔:《纯粹现象学通论》,李幼蒸译,商务印书馆 1992 年版。

[德] 康德:《纯粹理性批判》,邓晓芒译,人民出版社 2017 年版。

[德] 康德:《纯粹理性批判》,王玖兴主译,商务印书馆 2018 年版。

[德] 康德:《道德形而上学原理》,苗力田译,上海人民出版社 1986 年版。

[德] 康德:《康德著作全集》,李秋零译,中国人民大学出版社 2007 年版。

[德] 康德:《判断力批判》,邓晓芒译,人民出版社 2002 年版。

[德] 康德:《实践理性批判》,关文运译,广西师范大学出版社 2002 年版。

[德] 康德:《实用人类学》,《康德著作全集》第 7 卷,李秋零译,中国人民大学出版社 2008 年版。

[德] 罗姆巴赫:《结构存在论:一门自由的现象学》,王俊译,浙江大学出版社 2015 年版。

[德] 马克斯·舍勒:《资本主义的未来》,罗悌伦等译,三联书店 2003 年版。

[德] 涂尔干著:《涂尔干文集》第 1 卷,渠敬东译,商务印书馆

2020 年版。

［德］韦伯：《经济与历史 支配的类型》，康乐等译，广西师范大学出版社 2004 年版。

［德］韦伯：《社会学的基本概念》，顾忠华译，广西师范大学出版社 2005 年版。

［德］韦伯：《支配社会学》，康乐、简惠美译，广西师范大学出版社 2004 年版。

［德］乌尔里希·贝克：《风险社会》，何博闻译，译林出版社 2004 年版。

［德］乌尔里希·贝克、约翰内斯·威尔姆斯：《自由与资本主义：与著名社会学家乌尔里希·贝克对话》，路国林译，浙江人民出版社 2001 年版。

［德］西美尔：《货币哲学》，陈戎女等译，华夏出版社 2002 年版。

［德］尤尔根·哈贝马斯：《公共领域的结构转型》，曹卫东译，译林出版社 1991 年版。

［法］保尔·芒图：《十八世纪产业革命》，陈希秦等译，商务印书馆 1997 年版。

［法］布尔迪厄、［美］华康德：《反思社会学引论》，商务印书馆 2015 年版。

［法］布劳代尔：《资本主义的动力》，杨起译，生活·读书·新知三联书店 1997 年版。

［法］费尔南·布劳代尔：《十五至十八世纪的物质文明、经济与资本主义》，顾良、施康强译，商务印书馆 2018 年版。

［法］弗朗索瓦·沙奈：《资本全球化》，齐建华译，中央编译出版社 2001 年版。

［法］马塞尔·毛斯：《社会学与人类学》，佘碧平译，上海译文出版社 2003 年版。

［法］让-雅克·卢梭：《社会契约论》，何兆武译，天津人民出版社 2014 年版。

[古希腊] 亚里士多德：《尼各马可伦理学》，廖申白译，商务印书馆2003年版。

[美] 奥利弗·E. 威廉姆森：《资本主义经济制度：论企业签约与市场签约》，段毅才、王伟译，商务印书馆2002年版。

[美] 彼得·贝格尔：《神圣的帷幕：宗教社会学理论之要素》，高师宁译，上海人民出版社1991年版。

[美] 戴维·布朗、桑杰夫·凯哈格拉姆、马克·摩尔、彼得·弗鲁姆金：《全球化、非政府组织和多部门关系》，李惠斌、薛晓源主编：《全球化与公民社会》，广西师范大学出版社2003年版。

[美] 丹尼尔·A. 科尔曼：《消失的边界：建设一个绿色社会》，梅俊杰译，上海译文出版社2002年版。

[美] 丹尼斯·古莱特：《靠不住的承诺——技术迁移中的价值冲突》，邾立志译，社会科学文献出版社2004年版。

[美] 理查德·麦尔文·黑尔：《道德语言》，万俊人译，商务印书馆1999年版。

[美] 理查德·瑞吉斯特：《生态城市——建设与自然平衡的人居环境》，王如松、胡聃译，社会科学文献出版社2002年版。

[美] 林南：《社会资本：关于社会结构与行动的理论》，张磊译，上海人民出版社2005年版。

[美] 罗伯特·艾尔斯：《转折点——增长范式的终结》，戴星翼、黄文芳译，上海译文出版社2001年版。

[美] 罗尔斯：《公共理性的观念》，参见《协商民主：论理性与政治》，詹姆斯·博曼、威廉·雷吉主编，陈家刚等译，中央编译出版社2006年版。

[美] 马克·A. 卢兹：《经济学的人本化：溯源与发展》，孟宪昌译，西南财经大学出版社2003年版。

[美] 诺曼·迈尔斯：《最终的安全：政治稳定的环境基础》，王正平译，上海译文出版社2001年版。

[美] 乔纳森·弗里德曼：《文化认同与全球性过程》，郭建如译，商

务印书馆 2003 年版。
[美] 斯蒂文 · 贝斯特、道格拉斯 · 凯尔纳：《后现代理论》，中央编译局 1999 年版。
[美] 托马斯 · K. 麦格劳：《现代资本主义：三次工业革命中的成功者》，赵文书、肖锁章译，江苏人民出版社 2000 年版。
[美] 雅诺斯基：《公民与文明社会》，柯雄译，辽宁教育出版社 2000 年版。
[美] 伊曼纽尔 · 沃勒斯坦：《现代世界体系》（第 1 卷），郭方等译，社会科学出版社 2013 年版。
[美] 约翰 · R. 康芒斯：《资本主义的法律基础》，寿勉成译，商务印书馆 2003 年版。
[美] 约翰 · 罗尔斯：《正义论（修订版）》，何怀宏，何包钢，廖申白译，中国社会科学出版社 2009 年版。
[美] 詹姆斯 · 奥康纳：《自然的理由：生态学马克思主义研究》，唐正东、藏佩洪译，南京大学出版社 2003 年版。
[日] 栗本慎一郎：《经济人类学》，王名等译，商务印书馆 1997 年版。
[印度] 阿马蒂亚 · 森：《伦理学与经济学》，王宇、王文玉译，商务印书馆 2000 年版。
[印度] 阿马蒂亚 · 森：《以自由看待发展》，任赜、于真译，中国人民大学出版社 2002 年版。
[英] 埃里克 · 诺伊迈耶：《强与弱：两种对立的可持续性范式》，王寅通译，上海译文出版社 2002 年版。
[英] 爱德华 · B. 泰勒：《人类学：人及其文化研究》，连树声译，广西师范大学出版社 2004 年版。
[英] 赫顿、吉登斯编：《在边缘：全球资本主义生活》，达巍等译，生活 · 读书 · 新知三联书店 2003 年版。
[英] 吉登斯：《现代性与自我认同》，赵旭东、方文译，生活 · 读书 · 新知三联书店 1998 年版。
[英] 吉尔伯特 · 赖尔：《心的概念》，徐大建译，商务印书馆 1992

年版。

[英] 凯文·罗宾斯、弗兰克·韦伯斯特：《技术文化的时代·从信息社会到虚拟生活》，何朝阳、王希华译，安徽科学技术出版社2004年版。

[英] 雷蒙德·弗思：《人文类型》，费孝通译，华夏出版社2002年版。

[英] 迈克尔·曼：《社会权力的来源》第1卷，上海人民出版社2002年版。

[英] 迈克尔·佩罗曼：《资本主义的诞生——对古典政治经济学的一种诠释》，裴达鹰译，广西师范大学出版社2001年版。

[英] 迈克尔·佩罗曼：《资本主义的诞生》，裴达鹰译，广西师范大学出版社2001年版。

[英] 休谟：《人性论》，上下册，关文运译，商务印书馆1980年版。

[英] 亚当·斯密：《道德情操论》，蒋自强等译，商务印书馆1997年版。

[英] 亚当·斯密：《国富论》，郭大力、王亚南译，商务印书馆2015年版。

[英] 约翰·穆勒：《功利主义》，徐大建译，商务印书馆2014年版。